OBRAS

SOBRE

MATHEMATICA

OBRAS

SOBRE

MATHEMATICA

DO

Dr. F. Gomes Teixeira

DIRECTOR DA ACADEMIA POLYTECHNICA DO PORTO,
ANTIGO PROFESSOR NA UNIVERSIDADE DE COIMBRA, ETC.

PUBLICADAS

POR ORDEM DO GOVERNO PORTUGUÊS

VOLUME QUINTO

Publicação official

COIMBRA
Imprensa da Universidade
1909

TRAITÉ

DES

COURBES SPÉCIALES REMARQUABLES

PLANES ET GAUCHES

TRAITÉ

DES

COURBES SPÉCIALES REMARQUABLES

PLANES ET GAUCHES

PAR

F. GOMES TEIXEIRA

Ouvrage couronné et publié par l'Académie Royale des Sciences de Madrid

TRADUIT DE L'ESPAGNOL, REVU ET TRÈS AUGMENTÉ

TOME II

COÏMBRE
Imprimérie de l'Université
1909

PARIS,
GAUTHIER-VILLARS, IMPRIMEUR-LIBRAIRE
DU BUREAU DES LONGITUDES, DE L'ÉCOLE POLYTECHNIQUE,
Quai des Grands Augustins, 55.

CHAPITRE VII.

COURBES TRANSCENDANTES REMARQUABLES.

I.

La logarithmique.

400. On désigne sous le nom de *logarithmique* la courbe définie par l'équation cartésienne

$$y = ae^{\frac{x}{m}}, \quad \text{ou} \quad x = m \log \frac{y}{a}; \tag{1}$$

on lui a donné aussi autrefois le nom de *logistique*. En représentant par (x', y') et (x'', y'') les coordonnées de deux de ses points et en tenant compte des relations

$$y' = ae^{\frac{x'}{m}}, \quad y'' = ae^{\frac{x''}{m}},$$

on peut encore réduire l'équation précédente à la forme

$$\left(\frac{y}{y'}\right)^{x''-x'} = \left(\frac{y''}{y'}\right)^{x-x'} \tag{2}$$

On trouve la première mention connue de la courbe représentée par ces équations et de quelques-unes de ses propriétés dans une lettre adressée par Descartes à Debeaune le 20 fevrier 1639 (*Oeuvres de Descartes,* éd. d'Adam et P. Tannery, t. II, p. 514), où l'on voit un problème dont elle est la solution, problème dont nous nous occuperons au-dessous. La même courbe fut étudiée par Torricelli, qui l'a considérée dans uno lettre adressée en 1644 à Ricci (qu'on peut voir dans la collection de lettres de ce grand géomètre publiée en 1864 par Ghinassi), et qui a consacré à sa théorie un écrit remarquable, trouvé parmi ses papiers et publié par M. Loria dans la *Bibliotheca mathematica* (Leipzig, 3.e série, t. I, p. 80). James

Gregory a envisagé la même courbe dans sa *Geometriae pars universalis,* parue en 1668, où elle est définie par une construction exprimable par l'équation (2), et Huygens en a exposé plusieurs propriétés, parmi lesquelles sont comprises celles qui avaient été démontrées par Torricelli, dans son *Discours sur la cause de la gravité,* publié en 1691. Les démonstrations de ces propriétés, que Huygens n'a pas indiquées, furent données par Nicolas dans son traité *De spiralibus hyperbolicis et lineis logarithmicis,* paru en 1696, et aussi par Guido Grandi dans un ouvrage intitulé: *Demonstratio theorematum Hugenianorum,* publié en 1701.

Les théorèmes énoncés dans les travaux qu'on vient de mentionner, se rapportent à la détermination des tangentes de la courbe considérée, à sa quadrature, à la mesure des volumes des solides qu'elle engendre en tournant autour de l'axe des abscisses ou d'une parallèle à l'axe des ordonnées, au centre de gravité de son aire et à celui du premier de ces solides, etc. L'expression du rayon de courbure de la même courbe et de la longueur de ses arcs ont été obtenues par L'Hospital, qui les a communiquées à Huygens en 1792 (*Oeuvres de Huygens,* t. x, p. 305, 312 et 342), et ce dernier géomètre a encore déterminé l'aire de la surface que la courbe engendre en tournant autour de l'axe des abscisses (l. c., t. x, p. 330). Ces deux dernières questions furent aussi résolues par Cotes dans l'*Harmonia mensurarum* (1722, p. 23 et 92).

Dans l'étude que nous allons faire de la courbe (1), nous supposerons que les axes des coordonnées sont orthogonaux; la généralisation des résultats ainsi obtenus au cas où ces axes sont obliques est très facile.

101. Supposons, pour fixer les idées, que les constantes a et m sont positives. Alors la variable y croît depuis 0 jusqu'à ∞, lorsque x varie depuis $-\infty$ jusqu'à ∞. Par conséquent la courbe a une seule branche, qui s'étend indéfiniment dans le sens des abscisses positives et négatives (*fig. 106*) et dont l'axe des abscisses est une asymptote; par ce motif Torricelli l'a appelée *hemihyperbole.* L'axe des ordonnées est coupé par la courbe au point A, où $OA = a$. La dérivée y'' est positive, quelle que soit la valeur de x, et par conséquent la logarithmique ne possède pas de points d'inflexion.

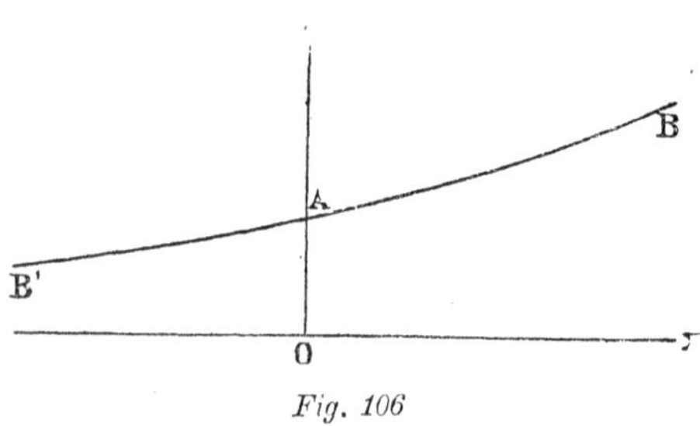

Fig. 106

La sous-tangente, la sous-normale, la longueur de la tangente et la longueur de la normale sont déterminées par les formules

$$S_t = m, \quad S_n = \frac{y^2}{m}, \quad T = \sqrt{y^2 + m^2}, \quad N = \frac{y}{m}\sqrt{y^2 + m^2}.$$

La première de ces relations exprime que *la longueur de la sous-tangente de la logarithmique est constante* (Torricelli, l. c.). On peut ajouter qu'il n'existe pas d'autre courbe jouissant de cette propriété. En effet, l'équation (1) est l'intégrale générale de l'équation différentielle

$$ydx = mdy.$$

Le rayon de courbure a pour expression

$$R = \frac{(y^2 + m^2)^{\frac{3}{2}}}{my} = \frac{m^2 N^3}{y^4} = \frac{N^3}{S_n^2},$$

et il en résulte que ce rayon prend une valeur maxime au point correspondant à l'ordonnée $\frac{1}{2} m\sqrt{2}$ et que cette valeur est égale à $\frac{3}{2} m\sqrt{3}$. La formule qu'on vient d'écrire fut donnée par L'Hospital dans une lettre adressée à Huygens le 23 novembre 1692 (*Oeuvres de Huygens*, t. X, p. 342); le théorème qu'on en vient de déduire est dû à Huygens (l. c., p. 327 et 333).

402. La valeur de l'aire comprise entre la logarithmique, l'axe des abscisses et les ordonnées des points (x_0, y_0) et (x_1, y_1) est déterminée par la formule

$$A = a\int_{x_0}^{x_1} e^{\frac{x}{m}} dx = m(y_1 - y_0) = (y_1 - y_0) S_t;$$

et le volume du solide que cette aire engendre en tournant autour de l'asymptote est déterminé par cette autre:

$$V = \pi a^2 \int_{x_0}^{x_1} e^{\frac{2x}{m}} dx = m\pi \int_{y_0}^{y_1} y\, dy = \frac{1}{2} m\pi (y_1^2 - y_0^2) = \frac{1}{2} \pi (y_1^2 - y_0^2) S_t.$$

En particulier, l'aire de l'espace infini borné par l'asymptote, la partie de la courbe comprise entre les points $(-\infty, 0)$ et (x_1, y_1) et l'ordonnée de ce point est égale à my_1, et le volume du solide que cet espace engendre en tournant autour de l'asymptote est égal à $\frac{1}{2} \pi m y_1^2$.

Le volume V_1 du solide engendré par l'espace infini qu'on vient de considérer en tournant autour de l'ordonnée du point (x_1, y_1) peut être calculé aussi aisément. En transportant l'origine des coordonnées au point $(x_1, 0)$, l'équation de la courbe prend la forme

$$y = ae^{\frac{x+x_1}{m}},$$

et on a par conséquent

$$V_1 = \pi \int_0^{y_1} x^2\, dy = \frac{\pi a}{m} \int_{-\infty}^0 x^2 e^{\frac{x+x_1}{m}}\, dx = 2\pi m^2 y_1.$$

On peut déduire aisément de ces formules les propositions sur l'aire de la courbe et les volumes des solides qu'on vient de considérer, énoncées dans les écrits de Torricelli et Huygens mentionnés ci-dessus. Nous indiquerons seulement celles-ci:

1.° *L'aire de l'espace compris entre la partie de la courbe située à gauche du point* (x_1, y_1), *l'ordonnée de ce point et l'asymptote est double de celle du triangle formé par cette ordonnée, par la tangente au point* (x_1, y_1) *et par la sous-tangente correspondante* (Torricelli et Huygens).

2.° *Le volume du solide que cet espace engendre en tournant autour de l'asymptote, est égal à une fois et demi celui du cône engendré par le même triangle en tournant autour de l'asymptote* (Torricelli et Huygens).

3.° *Le volume du solide engendré par le même espace en tournant autour de l'ordonnée du point* (x_1, y_1) *est égal à six fois le volume du cône engendré par le triangle considéré en tournant autour de cette ordonnée* (Huygens).

103. Représentons par (x', y') les coordonnées du centre de gravité de l'espace infini compris entre la partie de la logarithmique située à gauche du point (x_1, y_1), l'ordonnée de ce point et l'asymptote, et par A_1 l'aire de cet espace. On a, en appliquant les formules générales par lesquelles on détermine les coordonnées du centre de gravité des aires planes,

$$A_1 = my_1, \quad A_1 x' = \int_{-\infty}^{x_1} yx\, dx = my_1 (x_1 - m), \quad A_1 y' = \frac{1}{2}\int_{-\infty}^{x_1} y^2\, dx = \frac{1}{4} m y_1^2,$$

et par conséquent

$$x' = x_1 - m, \quad y' = \frac{1}{4} y_1.$$

Donc, *les distances du centre de gravité de l'aire considérée à l'ordonnée du point* (x_1, y_1) *et à l'asymptote sont, respectivement, égales à la sous-tangente et au quart de cette ordonnée.*

En représentant par x'' l'abscisse du centre de gravité du solide engendré par l'aire qu'on vient de d'envisager en tournant autour de l'asymptote, et par V' le volume de ce solide, on trouve

$$V' = \frac{1}{2}\pi m y_1^2, \quad V' x'' = \pi \int_{-\infty}^{x_1} y^2 x\, dx = \pi a^2 \int_{-\infty}^{x_1} x e^{\frac{2x}{m}}\, dx = \frac{1}{2}\pi m y_1^2 \left(x_1 - \frac{m}{2}\right),$$

et par conséquent

$$x'' = x_1 - \frac{1}{2} m.$$

La distance du centre de gravité du solide considéré à sa base est donc égale à la moitié de la sous-tangente.

De même, en représentant par y'' l'ordonnée du centre de gravité du solide engendré par la même aire en tournant autour de l'ordonnée du point (x_1, y_1) et par V_1 le volume de ce solide, on a (n.° 402)

$$V_1 = 2\pi m^2 y_1, \quad V_1 y'' = \pi \int_0^{y_1} x^2 y dy = \frac{\pi a^2}{m} \int_{-\infty}^{0} x^2 e^{\frac{2(x+x_1)}{m}} dx = \frac{1}{4} \pi m^2 y_1^2,$$

et par conséquent $y'' = \frac{1}{8} y_1$. *La distance du centre de gravité du solide considéré à sa base est donc égale à une huitième de son axe.*

Les propositions qu'on vient de démontrer ont été énoncées par Huygens dans le *Discours sur la cause de la gravité,* mentionné ci-dessus.

404. La longueur de l'arc de la logarithmique compris entre les points (x_0, y_0) et (x_1, y_1) peut être calculée par la formule suivante, due à L'Hospital (l. c.):

$$s = \int_{y_0}^{y_1} \sqrt{1 + \frac{dx^2}{dy^2}} dy = \int_{y_0}^{y_1} \frac{1}{y} \sqrt{m^2 + y^2} dy$$

$$= \sqrt{y_1^2 + m^2} + \frac{m}{2} \log \frac{\sqrt{y_1^2 + m^2} - m}{\sqrt{y_1^2 + m^2} + m} - \left[\sqrt{y_0^2 + m^2} + \frac{m}{2} \log \frac{\sqrt{y_0^2 + m^2} - m}{\sqrt{y_0^2 + m^2} + m} \right],$$

que nous mettrons encore sous la forme

$$s = T_1 - T_0 + m \log \frac{(T_1 - m) y_0}{(T_0 - m) y_1},$$

T_0 et T_1 représentant les longueurs des tangentes à la courbe aux points (x_0, y_0) et (x_1, y_1). À cette dernière relation correspond une règle donnée par Cotes (l. c.) pour construire s.

La valeur de l'aire engendrée par l'arc de la courbe compris entre les points correspondants aux ordonnées 0 et y_1, en tournant autour de l'asymptote, peut être calculée par la formule suivante, donnée par Huygens (*Oeuvres,* t. x, p. 327 et 330) et par Cotes:

$$U = 2\pi \int_0^{y_1} \sqrt{m^2 + y^2} dy = 2\pi m s_1 = \pi \left[y_1 \sqrt{m^2 + y_1^2} + m^2 \log \frac{y_1 + \sqrt{m^2 + y_1^2}}{m} \right],$$

s_1 représentant l'arc de la parabole $y^2 = 2mx$ compris entre les points correspondants aux ordonnées 0 et y_1, ou

$$U = m\pi \left[N_1 + m \log \frac{y_1 + T_1}{m} \right].$$

405. Nous allons considérer maintenant deux problèmes relatifs aux trajectoires orthogonales des logarithmiques, proposés par Jacques Bernoulli dans les *Acta eruditorum* et résolus dans le même recueil par Jean Bernoulli (*Opera,* t. I, p. 260 et 269).

1.° *Chercher les trajectoires orthogonales des logarithmiques à asymptote commune passant par un point* (x', y').

On peut donner à l'équation de la courbe la forme

$$y = y' e^{\frac{x-x'}{m}},$$

et l'équation qui traduit le problème énoncé résulte de l'élimination de m entre cette équation et $ydy + mdx = 0$; elle est donc celle-ci :

$$y(\log y' - \log y)\, dy = (x - x')\, dx.$$

En intégrant cette équation, on obtient celle des trajectoires cherchées, savoir

$$2y^2 \log \frac{y}{y'} + 2x(x - 2x') - y^2 + C = 0.$$

2.° *Chercher les trajectoires orthogonales des logarithmiques à asymptotes parallèles ayant la même sous-tangente* m *et passant par le même point* (x', y').

L'équation des logarithmiques mentionnées est

$$y + h = (y' + h) e^{\frac{x-x'}{m}},$$

et l'équation différentielle des courbes cherchées est donc

$$(y' - y)\, dy + m\left(1 - e^{\frac{x'-x}{m}}\right) dx = 0.$$

En intégrant, on obtient l'équation finie des mêmes courbes, savoir

$$2m^2 e^{\frac{x'-x}{m}} + y(y - 2y') + 2mx + C = 0.$$

406. On est amené à une courbe logarithmique par le problème suivant, proposé par Debeaune à Descartes:

Construire une ligne telle que le rapport de la sous-tangente à l'ordonnée soit égal au rapport d'un segment donné à la partie de l'ordonnée comprise entre la courbe et une droite K, *faisant un angle de 45° avec l'axe des abscisses et passant par l'origine des coordonnées.*

L'équation qui traduit ce problème est

$$\frac{S_n}{y} = \frac{a}{y - x},$$

a représentant la longueur du segment donné, ou

$$(y-x)\,dy = a\,dx.$$

Pour intégrer cette équation, posons $y-x=t$. Il vient

$$dx + \frac{t\,dt}{t-a} = 0$$

et par suite

$$y - x - a = ce^{-\frac{y}{a}}.$$

Cette équation représente la courbe qui répond au problème énoncé, et il en résulte que sa construction dépend du calcul des logarithmes, et qu'elle a une asymptote représentée par l'équation

$$y = x + a;$$

cette asymptote est parallèle à la droite K et passe par le point dont les coordonnées sont $(0,\ a)$.

Représentons par D la distance du point $(x,\ y)$ à l'asymptote de la courbe. On a

$$D = \frac{1}{2}(y-x-a)\sqrt{2} = \frac{1}{2}\,c\sqrt{2}\,e^{-\frac{y}{a}}.$$

En différentiant cette equation, on trouve

$$dD = -\frac{c\sqrt{2}}{2a}\,e^{-\frac{y}{a}}\,dy = -\frac{D}{a}\,dy;$$

donc, *la courbe considérée est le lieu des positions que prend le point d'intersection d'une droite parallèle à l'axe des abscisses avec une droite perpendiculaire à l'asymptote, quand la première droite se meut avec une vitesse constante et l'autre avec une vitesse proportionnelle à sa distance à cette asymptote.*

Le problème de Debeaune est célèbre dans l'histoire des sciences mathématiques, parceque c'était une question d'un nouveau genre à l'époque où il fut proposé à Descartes, qui ne pouvait pas être résolue par l'application directe des méthodes connues. Ce grand géomètre en a trouvé la solution et l'a communiquée à Debeaune en lettre du 20 fevrier 1639 (*Oeuvres de Descartes,* éd. d'Adam et P. Tannery, t. II, p. 514), où il dit que la courbe demandée possède une asymptote parallèle à la droite K et indique la manière de l'engendrer qu'on vient de démontrer. Descartes n'y fait pas mention des logarithmes, mais, comme P. Tannery l'a fait remarquer dans une Note à cette lettre (l. c., p. 520), la nature *(logarithmique)* de la courbe est une conséquence immédiate de cette manière de construire la courbe et de la définition que Neper avait donnée de cet algorithme.

On peut donner à l'équation de la ligne considérée une autre forme qu'on va voir.

Transportons l'origine des coordonnées au point $(0, a)$, où l'asymptote coupe l'axe des ordonnées, et prenons ensuite cette asymptote pour nouvel axe des ordonnées et une parallèle à l'axe primitif des abscisses pour nouvel axe des abscisses. On a, en représentant par x' et y' les nouvelles coordonnées du point (x, y),

$$x' = a + x - y,. \quad y' = (y - a)\sqrt{2},$$

et par conséquent l'équation de la courbe prend la forme

$$x' = -\frac{c}{e} e^{-\frac{y'}{2a}\sqrt{2}}. \tag{3}$$

On voit donc que la courbe considérée est une logarithmique rapportée à des axes obliques.

En représentant par S'_n la longueur de la sous-normale prise sur l'asymptote, c'est-à-dire la longueur du segment de l'asymptote compris entre les points où cette droite est coupée par la tangente au point (x, y) et par la parallèle à l'axe des abscisses passant par ce point, on a

$$S'_n = x' \frac{dy'}{dx'} = -a\sqrt{2}.$$

Donc, la *longueur de la sous-normale prise sur l'asymptote est constante.* Cette proposition fut énoncée par Descartes dans la lettre mentionnée ci-dessus.

Après l'invention de la méthode différentielle le problème de Debeaune fut résolu par Leibniz, d'après ce qu'il affirme dans une lettre adressée à Oldenbourg en 1676 (*Opera,* t. III, 1768, p. 55); il fut aussi résolu par L'Hospital et Jean Bernoulli dans le *Journal des savants* (1692) et dans les *Acta eruditorum* (1693 et 1696), où ils se sont occupés de la construction de la courbe, de sa quadrature, de la détermination du centre de gravité de son aire, etc. On peut encore voir les résultats obtenus par ces géomètres dans les *Opera omnia* de Jean Bernoulli (t. I, p. 62, 65 et 145; t. III, p. 423) et dans quelques lettres de la correspondance de Huygens avec L'Hospital et Leibniz, publiées dans le tome X des *Oeuvres de Huygens.*

Le problème de Debeaune fut généralisé par Jacques Bernoulli en 1696 dans les *Acta eruditorum* (*Opera,* t. II, p. 731). Il a remplacé la droite K par une ligne quelconque. Si cette ligne est une droite formant un angle ω ave l'axe des abscisses, l'équation de la courbe qui satisfait au problème est

$$y = x \operatorname{tang} \omega + a_1 + ce^{-\frac{y}{a'_1}},$$

où $a_1 = a \cot \omega$. La courbe possède donc une asymptote représentée par l'équation

$$y = x \tang \omega + a_1,$$

et, en prenant pour axe des y' cette asymptote et pour axe des x' une parallèle à l'axe des x passant par le point d'intersection de l'asymptote avec l'axe des y, on a

$$x' = x + (a_1 - x) \cot \omega, \quad y - a_1 = y' \sin \omega,$$

et par conséquent on peut donner à l'équation de la courbe la forme

$$x' \tang \omega = c_1 e^{-\frac{y' \sin \omega}{a_1}}$$

407. On est amené à une courbe dont la construction dépend de celle de la logarithmi que par le problème suivant, proposé par Huygens à Leibniz le 24 août 1690 (*Oeuvres de Huygens,* t. IX, p. 472):

Déterminer la courbe dont la sous-tangente est égale à

$$\frac{2x^2y - a^2x}{3a^2 - 2xy}.$$

L'équation différentielle de la courbe est

$$(3a^2 - 2xy)\, y dx = x (2xy - a^2)\, dy.$$

Pour intégrer cette équation, posons $xy = t$. Il vient

$$2a^2 \frac{dx}{x} = \frac{2t - a^2}{t} dt,$$

et par conséquent l'équation finie de la courbe qui satisfait au problème est

$$x^3 y = Ce^{\frac{2xy}{a^2}}.$$

Ce résultat et sa démonstration furent communiqués par Leibniz à Huygens en deux lettres de octobre 1690 (l. c., p. 517) et novembre 1690 (l. c., p. 517 et 532).

Il est à remarquer que, si l'on change le signe de l'expression de la sous-tangente écrite ci-dessus, on obtient une courbe algébrique. Cette circonstance a donné lieu à quelques remarques de Leibniz sur le besoin de tenir compte des signes de la sous-tangente dans les questions de cette nature.

Dans la correspondance de Huygens et Leibniz sont encore mentionnées les courbes de nature logarithmique representées par les équations (*Oeuvres de Huygens,* t. x, p. 15, 20 et 542).

$$1+y=b^x(1-y), \quad y^2=2ax-x^2+nae^{-\frac{x}{a}}.$$

La première de ces courbes a donné lieu à quelques remarques de Leibniz sur la notion de fonction exponentielle, intéressantes pour l'histoire de l'Analyse, contenues dans la lettre adressée par ce géomètre à Huygens le 6 fevrier 1691 (*Oeuvres de Huygens,* t. x, p. 9).

408. Le problème de la détermination de la forme et des dimensions qu'il convient de donner aux gradins d'un amphithéâtre pour que tous les spectateurs puissent voir un point déterminé de la salle, a amené M. E. Saavedra à envisager la courbe représentée par l'équation

$$y=\frac{q}{p}\cdot x+\frac{bx}{a}\log\frac{2x-a}{2p-a},$$

dont les coordonnées sont liées à celle de la logarithmique par des relations rationnelles. Cette courbe passe par les yeux des spéctateurs situés dans une même file verticale, et par ce motif l'illustre ingénieur lui a donné le nom de *visoria* (*Anales de la construción y de la industria,* Madrid, 1886, p. 329).

Les points et les tangentes de cette courbe peuvent être obtenus aisément au moyen des points et des tangentes de la logarithmique, en remarquant que, si l'on pose, dans l'équation de la *visoria* $y=\frac{Yx}{a}$, on trouve

(A)
$$Y-\beta=b\log\left(x-\frac{1}{2}a\right),$$

où

$$\beta=\frac{qa}{p}-b\log\left(p-\frac{1}{2}a\right).$$

Construisons, pour cela, la logarithmique représentée par l'équation

$$y'=b\log x',$$

rapportée aux axes O'X' et O'Y' *(fig. 107),* parallèles aux axes OX et OY, auxquels est rapportée la *visoria,* et passant par un point O' ayant pour coordonnées $\frac{1}{2}a$ et β, par rapport à OX et OY. Cette logarithmique coïncide avec la courbe représentée par l'équation (A).

Cela posé, considérons un point N de cette logarithmique et menons par ce point les droites NK et NR, parallèles aux axes. Traçons ensuite la droite KH, parallèle à OY et à la distance a de cet axe. On a la relation

$$\frac{\mathrm{MR}}{\mathrm{NR}}=\frac{\mathrm{MR}}{\mathrm{KH}}=\frac{\mathrm{OR}}{\mathrm{OH}}, \quad \text{ou} \quad \frac{\mathrm{MR}}{\mathrm{Y}}=\frac{x}{a},$$

d'où il résulte que M est un point de la *visoria*.

Cette manière de construire la *visoria* correspond à considérer cette courbe comme *anti-hyperbolisme* (n.° 114) de la logarithmique. En appliquant donc un théorème démontré au n.° 114, on conclut que la tangente à la visoria au point M et la tangente à la logarithmique au point N se rencontrent à un point situé sur la droite KP.

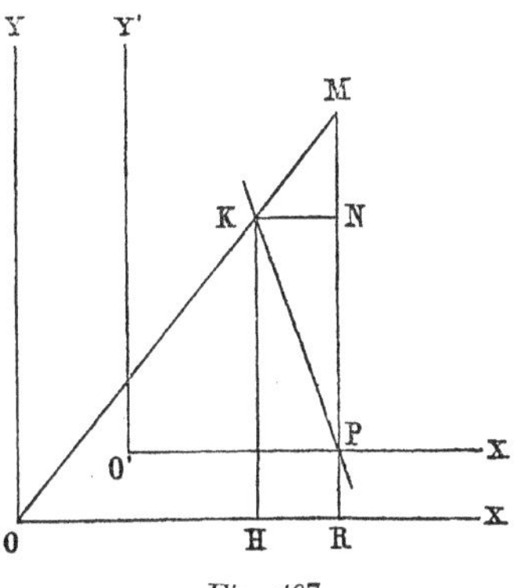

Fig. 107

On voit au moyen de l'équation de la *visoria* et de l'équation

$$y''=\frac{4b}{a(2x-a)}\left[1-\frac{x}{2x-a}\right]$$

que cette courbe possède une *asymptote*, représentée par l'équation $2x=a$; qu'elle a un *point d'inflexion réel* quand $p>\frac{1}{2}a$, *un point d'inflexion imaginaire* quand $p<\frac{1}{2}a$; et qu'elle coupe l'axe des abscisses aux points où

$$x=0, \quad x=\frac{1}{2}a+\left(p-\frac{1}{2}a\right)e^{-\frac{aq}{bp}},$$

et qu'un de ces points est *isolé*.

II.

La chaînette.

409. On appele chaînette la courbe qui représente la forme que prend un fil pesant, flexible, inextensible et homogène, attaché par ses extrémités à deux points fixes. On démontre en Mécanique que l'équation de cette courbe est

$$y=\frac{c}{2}\left(e^{\frac{x}{c}}+e^{-\frac{x}{c}}\right), \tag{1}$$

et on voit au moyen de cette équation qu'elle a la forme indiquée dans la figure 108. Elle est infinie et possède un axe, qui coïncide avec celui des ordonnées, et elle coupe orthogonalement cet axe au point A, où OA $= c$. La chaînette n'a pas d'asymptotes ni de points d'inflexion.

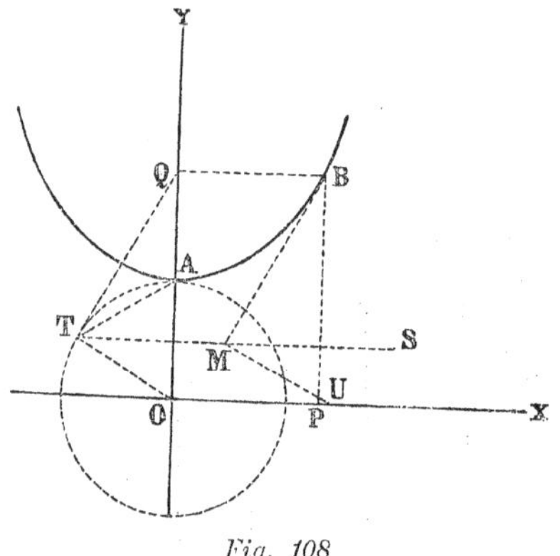

Fig. 108

Le problème de la chaînette, c'est-à-dire le problème qui a pour but de chercher la forme que prend un fil vérifiant les conditions mentionnées plus haut, fut proposé en 1690 par Jacques Bernoulli dans les *Acta eruditorum.* Cette question avait été déjà envisagée plusieurs années avant 1690 par Galilée, Jungius et Huygens, mais ces géomètres n'en avaient pas trouvé la solution; elle fut résolue par Leibniz, Jean Bernoulli et Huygens dans le volume correspondant à 1691 du recueil où elle avait été proposée. Tous ces géomètres ont donné des méthodes pour la construction de la courbe et de ses tangentes, et pour la réctification de ses arcs. Le problème de la quadrature de l'espace AOPB a été réduit par Leibniz et par Jean Bernoulli à celui de la quadrature de l'hyperbole, qu'on savait résoudre depuis plusieurs années; Huygens a reduit le même problème à celui de la quadrature de la courbe des sécantes, mais il n'a pas remarqué que la quadrature de cette dernière courbe dépendait de celle de l'hyperbole. La développée de la chaînette a été envisagée par Jean Bernoulli et par Huygens, la dimension de la surface engendrée par un arc de la même courbe en tournant autour de OY a été calculée par ce dernier géomètre et par Leibniz; la position du centre de gravité de l'arc AB a été déterminée par Jean Bernoulli et Leibniz, et ce géomètre a, en outre, déterminé la position du centre de gravité de l'aire OABP. L'équation cartésienne de la courbe n'a pas été donnée par les géomètres mentionnés, mais elle résulte presque immédiatement de la solution de Leibniz

Les méthodes employées par Jean Bernoulli et par Leibniz pour construire la chaînette sont équivalentes, puisque le premier de ces géomètres a réduit ce problème a celui de la quadrature de l'hyperbole ou à celui de la réctification de la parabole, et l'autre à celui de la construction de la logarithmique; ces réductions ont échappé à Huygens, qui a fait dépendre la construction de la courbe de celle de deux quartiques.

La comparaison des trois solutions mentionnées fut faite par Leibniz dans une Note insérée au volume des *Acta* où les solutions avaient été publiées (*Opera,* t. III, 1768, p. 249) et dans la lettre à Huygens du 24 juillet 1691 (*Oeuvres de Huygens,* t. X, p. 109), et par Huygens dans la réponse à cette lettre en 1 septembre de la même année (l. c., p. 129). On trouve encore dans les tomes IX et X des *Oeuvres de Huygens* plusieurs autres lettres précieuses de ces grands géomètres se rapportant à ces solutions, auxquelles M. Korteweg a ajouté des notes très instructives.

Dans les écrits insérés aux *Acta eruditorum,* les auteurs des trois solutions du problème de la chaînette ont énoncé seulement les propositions qu'ils ont rencontrées, sans indiquer les méthodes suivies pour les obtenir. Les démonstrations d'Huygens furent publiées et annotées par M. Korteweg dans le tome IX, p. 502, et t. X, p. 63, des *Oeuvres* du célèbre géomètre et dans un écrit inséré à la *Bibliotheca mathematica* (3.e série, t. I, p. 97). On peut voir les méthodes suivies par Jean Bernoulli dans ses *Lectiones mathematicae* (*Opera,* t. III, p. 491).

La chaînette est encore la solution de cet autre problème remarquable de Mécanique: déterminer la section verticale d'une voile rectangulaire enflée par le vent, en supposant que deux de ses bords sont fixes à deux côtés horisontals d'un rectangle et que la direction du vent est perpendiculaire à ces droites. La nature de la courbe qui satisfait à ce problème, nommée *courbe de la voile* ou *velaria,* fut indiquée par Jacques Bernoulli, qui, le premier, l'a étudié, en 1692, dans les *Acta eruditorum* (*Opera,* t. I, p. 481); elle fut aussi déterminée par son frère Jean Bernoulli à la même année au *Journal des savants* et de nouveau dans ses *Lectiones mathematicae* (*Opera,* t. I, p. 59, t. III, p. 510). Ils ont reconnu que la partie de la courbe de la voile comprise entre les extrémités de la corde perpendiculaire à la direction du vent coïncide avec un arc cercle, et l'autre partie avec un arc de chaînette. Huygens a pretendu démontrer que cette conclusion n'est pas légitime (*Oeuvres,* t. X, p. 556); mais, en completant son analyse, on en confirme, au contraire, l'exactitude (l. c., p. 560, note 15).

410. En passant maintenant à l'étude des propriétés de la chaînette, nous remarquerons premièrement qu'on a

$$\sqrt{y^2-c^2}=\frac{c}{2}\left(e^{\frac{x}{c}}-e^{-\frac{x}{c}}\right),$$

et par conséquent

$$y'=\frac{\sqrt{y^2-c^2}}{c};$$

on peut construire pourtant la tangente à cette courbe au point B de la manière qu'on va voir.

Traçons une circonférence ayant pour centre l'origine O et pour rayon le segment OA, égal à c *(fig. 108),* et par le point Q, où la parallèle à l'axe des abscisses passant B coupe l'axe des ordonnées, menons la tangente QT à cette circonférence. On a

$$\mathrm{OT}=c,\quad \mathrm{QT}=\sqrt{y^2-c^2},$$

et par conséquent, en supposant que la droite TS est parallèle à l'axe des abscisses,

$$\operatorname{tang}\mathrm{QTS}=\operatorname{tang}\mathrm{QOT}=\frac{\sqrt{y^2-c^2}}{c}=y'.$$

Donc, *la tangente à la courbe au point* B *est parallèle à la droite* QT.

411. Le rayon de courbure de la chaînette au même point B est déterminé par la formule

$$\mathrm{R}=\frac{y^2}{c}=\mathrm{N},$$

N représentant la longueur de la normale. Ce rayon prend donc la valeur *minime* au point A, et cette valeur est égale à c.

Réciproquement, *si le segment de la normale à une courbe à un point quelconque* (x, y) *compris entre ce point et le centre de courbure correspondant est égal et opposé au segment compris entre le point* (x, y) *et le point où la même normale rencontre une droite fixe donnée, la courbe est une chaînette.*

En effet, en prenant la droite donnée pour axe des abscisses, l'équation qui exprime l'égalité des segments mentionnés est

$$\frac{(1+y'^2)^{\frac{3}{2}}}{y''} = \pm y(1+y'^2)^{\frac{1}{2}},$$

ou

$$yy'' \pm y'^2 + 1 = 0,$$

ou, en remplaçant y'' par la valeur donnée par la relation $y''dy = y'dy'$,

$$\frac{y'dy'}{1+y'^2} \pm \frac{dy}{y} = 0.$$

En intégrant ces équations, on obtient ces autres :

$$y(1+y'^2)^{\frac{1}{2}} = c, \quad c(1+y'^2)^{\frac{1}{2}} = y,$$

et en intégrant de nouveau, on voit que la première représente un cercle ayant le centre sur la droite donnée (lequel ne satisfait pas évidemment à l'énoncé), et que l'autre est équivalente à celle-ci :

$$x = c\int \frac{dy}{\sqrt{y^2 - c^2}} = a + c\log\frac{y + \sqrt{y^2 - c^2}}{c}.$$

Or, cette dernière équation peut être mise sous la forme:

$$y + \sqrt{y^2 - c^2} = ce^{-\frac{x-a}{c}},$$

ou

$$y - \sqrt{y^2 - c^2} = ce^{\frac{x-a}{c}},$$

d'où il résulte l'équation

(2) $$y = \frac{c}{2}\left(e^{\frac{x-a}{c}} + e^{-\frac{x-a}{c}}\right),$$

qui représente une chaînette ayant le sommet au point (a, c).

412. En représentant par s la longueur de l'arc AB de la chaînette (1), on a la formule

$$s = \int_0^x y dx = \frac{c}{2}\left(e^{\frac{x}{c}} - e^{-\frac{x}{c}}\right) = \sqrt{y^2 - c^2} = \mathrm{QT} = \mathrm{BM},$$

d'où l'on déduit, au moyen des théorèmes généraux de la théorie des développées, la conséquence importante qu'on va voir.

Le lieu géométrique décrit par le point M d'intersection de la tangente au point B avec TS, quand B varie, est une développante de la chaînette envisagée, et par conséquent la tangente MU à cette dernière courbe doit être perpendiculaire à BM, et par suite parallèle à OT. Donc, on a MU=TO, et par conséquent *la développante de la chaînette ayant l'origine à* O *est une courbe telle que les segments des tangentes compris entre les points de contact et une droite fixe sont égaux.*

Les courbes qui jouissent de la propriété qu'on vient d'énoncer sont nommées *tactrices;* elles seront étudiées bientôt.

Il résulte encore de la dernière formule qu'on vient d'obtenir et de celle qui détermine R, que l'équation en *coordonnées intrinsèques* de la chaînette est

$$c\mathrm{R} = s^2 + c^2,$$

et que par suite cette courbe appartient à la classe de courbes représentées par l'équation

$$c\mathrm{R} = s^2 + a^2,$$

désignées par Cesàro sous le nom de *alysoïdes* (*Nouvelles Annales de Mathématiques,* 1886, p. 75). Parmi les propriétés de ces courbes nous remarquerons celle-ci, qui résulte immédiatement de cette équation: *si une chaînette, ou en générale une alysoïde, roule sur une droite, le centre de courbure du point correspondant au point de contact avec la droite engendre une parabole.*

413. La quadrature de la surface engendrée par l'arc AB de la courbe en tournant autour de OY peut être calculée par la formule

$$\begin{aligned} \mathrm{S} &= 2\pi \int_0^x x ds = \pi \int_0^x x\left(e^{\frac{x}{c}} + e^{-\frac{x}{c}}\right) dx \\ &= c\pi \left[x\left(e^{\frac{x}{c}} - e^{-\frac{x}{c}}\right) - c\left(e^{\frac{x}{c}} + e^{-\frac{x}{c}}\right) + 2c\right] \\ &= 2\pi\left(x\sqrt{y^2 - c^2} - cy + c^2\right). \end{aligned}$$

Si l'on remarque maintenant que la tangente à la courbe au point B coupe l'axe des ordonnées à un point dont l'ordonnée y_1 est égale à $y - \frac{x}{c}\sqrt{y^2 - c^2}$, nous pouvons encore mettre l'expression de S sous la forme

$$S = 2\pi c\,(c - y_1),$$

d'où il résulte que *l'aire* S *est égale à l'aire d'un cercle de rayon égal à la moyenne proportionnelle entre* OA *et le segment de* OY *compris entre le point* O *et le point où cette droite est coupée par la tangente au point* B (Huygens).

414. Les coordonnées (x', y') du centre de gravité de l'arc AB peuvent être déterminées par les formules

$$sx' = \int_0^x xds, \quad sy' = \int_c^y yds = \int_c^y \frac{y^2dy}{\sqrt{y^2 - c^2}},$$

qui donnent (n.º 413), en représentant par x_2 l'abscisse du point où la tangente au point B coupe la tangente au point A,

$$x' = \frac{S}{2\pi s} = \frac{OA}{BM}(OA - y_1) = x_2,$$

$$y' = \frac{1}{2s}\left[y\sqrt{y^2 - c^2} + c^2 \log \frac{y + \sqrt{y^2 - c^2}}{c}\right] = \frac{1}{2}\left(y + \frac{OA}{BM}x\right).$$

415. L'aire A de AOPB est déterminée par la formule

$$A = \frac{c^2}{2}\left(e^{\frac{x}{c}} - e^{-\frac{x}{c}}\right) = cs = c\sqrt{y^2 - c^2},$$

qui exprime que *cette aire est proportionnelle à la longueur de l'arc* AB.

416. Pour déterminer les coordonnées (x'', y'') du centre de gravité de l'aire OABP, on peut employer les formules

$$Ax'' = \int_0^x yxdx, \quad Ay'' = \frac{1}{2}\int_0^x y^2\,dx,$$

qui, en tenant compte de la relation $\frac{ds}{dx} = \frac{y}{c}$, donnent

$$Ax'' = c\int_0^x xds, \quad Ay'' = \frac{c}{2}\int_0^y yds,$$

d'où il résulte

$$x'' = x', \quad y'' = \frac{1}{2}y'.$$

Nous pouvons donc énoncer le théorème suivant:

Les centres de gravité de l'arc AB *et de l'aire* OABP *de la chaînette sont situés sur une parallèle à l'axe* OY, *passant par le point où la tangente au point* B *coupe la tangente au point* O. *L'ordonnée du centre de gravité de l'arc est égale à deux fois celle du centre de gravité de l'aire* (Leibniz).

417. Nous allons considérer maintenant quelques questions sur la chaînette dont la solution dépend de la méthode des variations.

1.° Déterminer la courbe plane dont l'arc compris entre deux points donnés A et B engendre, en tournant autour d'un axe situé dans son plan, une surface dont l'aire soit la minime des aires engendrées par les courbes planes passant par les mêmes points et tournant autour du même axe. On suppose que les points A et B, ainsi que les courbes, sont situés au-dessus de l'axe.

En appliquant la méthode des variations à l'intégrale

$$2\pi \int_a^b y\sqrt{1+y'^2}\, dx,$$

qui représente la valeur de l'aire décrite par un arc d'une courbe plane, compris entre les points ayant pour abscisses a et b, quand il tourne autour de l'axe des abscisses, on obtient d'abord, pour déterminer la courbe qui peut engendrer l'aire minime, l'équation différentielle

$$yy'' - y'^2 - 1 = 0,$$

et ensuite, en intégrant cette équation, on trouve, comme l'a vu ci-dessus, l'équation (2). Donc, la chaînette à axe perpendiculaire à l'axe de rotation est l'unique courbe qui peut satisfaire à la question.

Pour completer la résolution du problème énoncé, on aurait encore besoin de déterminer les paramètres qui entrent dans l'équation (2) en fonction des coordonnées des extrémités de l'arc mentionné, et d'étudier la variation du deuxième ordre de l'intégral écrite ci-dessus; mais nous ne nous arrêterons pas à cette discussion, qu'on peut voir dans les *Researches in the Calculus of Viriations* de Todhunter, p. 55. On y démontre que par les points A et B il peut passer une ou deux chaînettes, ou qu'il n'en peut passer aucune, et que, dans le premier cas, le problème n'admet pas de solution, et, dans le deuxième cas, l'une des chaînettes lui satisfait. Nous mentionnerons encore, d'après Lindelöf et Moigno (*Calcul des variations,* 1850, p. 209) cette propriété caractéristique de la chaînette qui satisfait au problème: *les normales aux extrémités* A *et* B *de l'arc considéré se coupent à un point situé du même côté de l'axe de rotation que les points* A *et* B. Nous ajouterons enfin que dans les *Lectures on the Calculus of variations* (Chicago, 1904) de M. Bolza et dans le *Cours d'Analyse* (Paris, 1905, t. II, ch. XXIII) de M. Goursat il est fait une étude rigoureuse et complète de la question qu'on vient d'envisager.

2.° Considérons les courbes de même longueur l qui joignent deux points A et B donnés et qui soient situées dans un même plan vertical. Déterminons celles dont le centre de gravité est le plus bas et le plus haut.

On a, y' représentant l'ordonnée du centre de gravité des courbes considérées,

$$ly' = \int_a^b y\sqrt{1+y'^2}\,dx;$$

et par conséquent, pour résoudre le problème énoncé, il faut appliquer la méthode des variations à l'intégrale

$$\int_a^b y\sqrt{1+y'^2}\,dx,$$

en tenant compte de l'égalité

$$\int_a^b \sqrt{1+y'^2}\,dx = l.$$

Cette question d'Analyse, dont nous ne nous occuperons pas ici, fut étudiée par Legendre en 1786 dans les *Mémoires de l'Académie des Sciences de Paris*. Elle fut aussi considérée par Lindelöf dans le tome II, p. 160, des *Mathematiche Annalen* et par Mayer dans le tome XIII, p. 65, du même recueil. On en peut voir une étude complète dans l'ouvrage de M. Bolza mentionné ci-dessus (p. 211, 231, 241). On a trouvé que par les points A et B passent deux chaînettes qui satisfont au problème. Ces chaînettes sont évidemment situées symétriquement par rapport à la droite qui passe par les points A et B.

La propriété de la chaînette qu'on vient de considérer fut remarquée par Leibniz (*Opera*, t. III, p. 248) et par Jean Bernoulli (*Opera*, t. III, p. 497), qui l'ont envisagée comme conséquence de la stabilité de l'équilibre du fil que forme la courbe.

3.° Considérons, comme dans le problème précédent, les courbes de même longueur qui joignent deux points A et B et sont situées sur un même plan, et supposons que ces courbes ne coupent pas l'axe des abscisses. On veut déterminer celles qui, en tournant autour de cet axe, engendrent une surface d'aire maxime ou minime.

Pour résoudre ce problème, il faut appliquer la méthode des variations à la même intégrale que dans la question précédente. Par les points A et B passent donc deux chaînettes égales, symétriquement situées par rapport à la droite AB, qui satisfont au problème. L'une de ces chaînettes tourne la convexité vers l'axe de rotation, et elle engendre la surface d'aire minime; l'autre a la concavité tournée vers cet axe, et elle engendre la surface d'aire maxime.

Ajoutons à ce qui précède que la surface qu'on vient de considérer a été nommée *caténoïde* ou *alysséide*, et qu'elle jouit de la propriété suivante, découverte par Meusnier (*Mémoires des savants étrangers*, t. X, p. 477): l'aire bornée par une courbe tracée sur cette surface est *minime* parmi les aires des surfaces courbes limitées par ce contour.

418. Le problème énoncé au n.° 409 est susceptible d'une généralisation évidente. Au lieu de supposer que la densité du fil est constante, on peut supposer qu'elle est déterminée en chaque point par une relation quelconque donnée entre cette quantité et la longueur de l'arc compris entre ce point et l'un des points de suspension. Plusieurs années avant la résolution du problème de la chaînette ordinaire, Huygens a obtenu la solution d'un problème de cette nature, où le fil prend la forme parabolique, en des lettres adressées à Mersenne en 1646 (*Oeuvres de Huygens,* t. I, p. 28 et 34-44). D'autres problèmes de la même nature furent mentionnés par Jacques Bernoulli dans les *Acta eruditorum* (*Opera,* t. I, p. 449), par Jean Bernoulli dans les *Lectiones mathematicae* (*Opera,* t. III, p. 497-505), etc.

Nous ajouterons encore que l'homogénité du fil n'est pas une condition nécessaire pour que la courbe qu'il forme soit la chaînette ordinaire. M. Haton de La Goupillière a, en effet, reconnu (*Nouvelles Annales de Mathématiques,* 1870, p. 554) que, si la densité du fil au point (x, y) est inversement proportionnelle à la longueur de l'arc compris entre ce point et un point fixe, la courbe qu'il forme est encore une chaînette ordinaire, dont la tangente est verticale à l'origine des densités. M. Brocard a donné (l. c.) une démonstration de cette proposition.

III.

La tractrice.

419. Le problème qui a pour but de déterminer une courbe telle que les segments des tangentes compris entre les points de contact et une droite fixe soient égaux à une constante c, peut être traduit analytiquement par l'équation différentielle suivante, en prenant cette droite pour axe des abscisses:

$$y^2 (1 + y'^2) = c^2 y'^2.$$

L'équation finie des courbes qui satisfont à cette question est donc

$$x + a + \sqrt{c^2 - y^2} = c \log \frac{\sqrt{c^2 - y^2} + c}{y},$$

ou, en transportant l'origine des coordonnées au point $(-a, 0)$,

$$x + \sqrt{c^2 - y^2} = c \log \frac{\sqrt{c^2 - y^2} + c}{y}. \tag{1}$$

Le problème qu'on vient de considérer fut résolu par Newton, comme on le voit par sa célèbre lettre à Oldenbourg du 24 octobre 1676, où il en a fait mention et il a indiqué la nature de la courbe qui le vérifie. La même courbe fut étudiée par Huygens en 1692 (*Oeuvres,* t. x, p. 418), et les résultats qu'il a obtenus furent communiqués à B. de Beauval dans une lettre de 1693 (l. c., p. 407), imprimée dans l'*Histoire des ouvrages des savants* (1693, p. 244). Dans cette lettre, le grand géomètre a défini la courbe par la propriété de la tangente mentionnée ci-dessus, il en a indiqué le rôle dans la quadrature de l'hyperbole, et il a exposé la manière d'en déterminer la longueur des axes, la grandeur de l'aire, la valeur du volume et de la surface du solide qu'elle engendre en tournant autour de l'axe des abscisses; il a fait encore remarquer, dans la même lettre, que la courbe est le lieu des positions que prend un point pesant, situé à l'extrémité d'un fil inflexible, en faisant parcourir à l'autre extrémité une droite donnée, et il a donné quelques indications sur un appareil pour la tracer, basé sur cette propriété. On trouve encore mention de la courbe (1) dans une note de Leibniz publiée en 1693 dans les *Acta eruditorum* (*Opera,* 1768, t. III, p. 294), d'où il résulte que ce géomètre a aussi étudié cette courbe, et dans les *Lectiones mathematicae* de Jean Bernoulli (*Opera,* t. III, p. 497-499), où est résolu un problème spécial sur la chaînette formée par un fil pesant de densité variable, dont la même courbe est la solution.

420. La courbe représentée par l'équation (1) fut nommée par Huygens et Leibniz *tractoria,* et elle est connue à présent par le nom de *tractrice* ou *tractoire.* On en détermine aisément la forme au moyen de son équation et de ces autres:

$$y' = -\frac{y}{\sqrt{c^2 - y^2}}, \quad y'' = \frac{c^2 y}{(c^2 - y^2)^2},$$

d'où il résulte que la courbe est symétrique par rapport à l'axe des ordonnées, qu'elle possède une asymptote, qui coïncide avec l'axe des abscisses, et qu'elle est tangente à l'axe des ordonnées au point ayant pour coordonnées $(0, c)$, où elle a un rebroussement. On voit encore que la tractrice n'a pas de points d'inflexion. On a représenté dans la figure 109 la partie de la courbe située d'un côté de son axe.

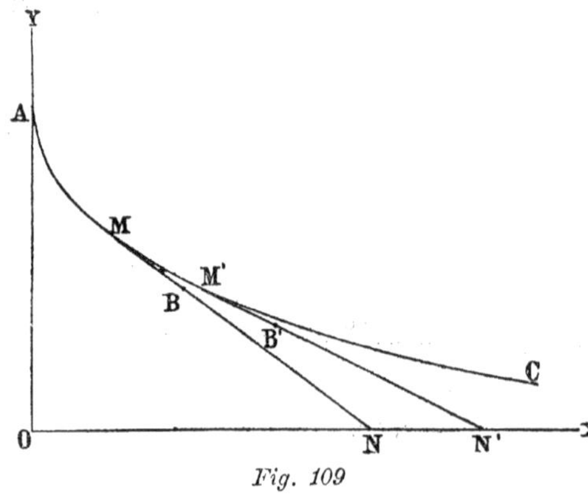

Fig. 109

On peut tracer la tangente à la tractrice au point M, en décrivant la circonférence de rayon égal à AO ayant le centre à M; la droite MN qui passe par M et par le point où cette circonférence coupe l'axe des abscisses positives, est la tangente demandée. En effet, on a $MN = AO = c$.

421. On voit aisément que le rayon de courbure de la tractrice est déterminé par la formule

$$R = \frac{c\sqrt{c^2 - y^2}}{y}.$$

Les expressions des coordonnées du centre de courbure sont

$$x_1 = c \log \frac{c + \sqrt{c^2 - y^2}}{y}, \quad y_1 = \frac{c^2}{y},$$

et on en déduit

$$\frac{c + \sqrt{c^2 - y^2}}{y} = e^{\frac{x_1}{c}}, \quad \frac{c - \sqrt{c^2 - y^2}}{y} = e^{-\frac{x_1}{c}},$$

et par conséquent

$$y_1 = \frac{c}{2}\left(e^{\frac{x_1}{c}} + e^{-\frac{x_1}{c}}\right).$$

Donc, *la développée de la tractrice est la chaînette.* Ce théorème, réciproque de celui qu'on a démontré au n.° 412, est dû à Jean Bernoulli (l. c.).

422. La valeur de l'aire comprise entre la courbe, l'axe des abscisses, la droite OA et une parallèle à cette droite passant par le point (x, y) est donnée par l'égalité

$$A = \int_c^y \frac{y}{y'} dy = -\int_c^y \sqrt{c^2 - y^2}\, dy = \frac{c^2}{4}\pi - \frac{c^2}{2} \operatorname{arc\,sen} \frac{y}{c} - \frac{y}{2}\sqrt{c^2 - y^2},$$

d'où il résulte que *l'aire de l'espace infini borné par la courbe, par* OA *et par l'asymptote est égale au quart de l'aire du cercle de rayon* OA (Huygens).

La distance y_1 du centre de gravité de cette aire à l'asymptote est déterminée par la formule

$$y_1 = \frac{1}{2A}\int_0^c y\sqrt{c^2 - y^2}\, dy = \frac{2c}{3\pi},$$

et dépend, donc, de la quadrature du cercle (Huygens, l. c., p. 421).

423. La longueur de l'arc de la tractrice compris entre le point A et le point M, correspondant aux coordonnées (x, y), est déterminée par la formule

$$s = -\int_c^y \sqrt{1 + \frac{dx^2}{dy^2}}\, dy = -c \log \frac{y}{c}.$$

On peut donc construire s au moyen de la logarithmique. Huygens a remarqué (l. c.) la propriété que cette équation exprime et il a, en outre, donné une règle pour construire s, où, au lieu de la logarithmique, est directement employée la tractrice donnée.

Il résulte encore de formule qu'on vient d'obtenir et de celle qui détermine R la relation

$$R^2 + c^2 = c^2 e^{\frac{2c}{s}}$$

qui est l'*équation intrinsèque* de la tractrice.

La distance y_2 du centre de gravité de l'arc AM à l'asymptote est donnée par la formule

$$y_2 = \frac{1}{s}\int_0^s y\, ds = \frac{c-y}{\log c - \log y}.$$

424. Le volume du solide infini engendré par l'espace compris entre la courbe, la droite OA et l'asymptote, en tournant autour de cette asymptote, est déterminé par la formule

$$V = \pi \int_0^y \frac{y^2}{y'}\, dy = \frac{1}{3}\pi c^3;$$

donc, *le volume* V *est égal au quart de celui de la sphère de rayon* OA (Huygens).

L'aire de la surface engendrée par l'arc de la courbe compris entre le point A et le point M correspondant aux coordonnées (x, y), en tournant autour de l'asymptote, est donnée par la formule

$$U = 2\pi \int_0^x y\sqrt{1+y'^2}\, dx = 2\pi \int_c^y \frac{y}{y'}\sqrt{1+y'^2}\, dy = 2\pi c\,(c-y);$$

donc, *les valeurs des surfaces décrites par* AM, AM′, *etc. sont proportionnelles aux segments compris entre le point* A *et les pieds des perpendiculaires baissées de* M, M′, *etc. sur* OA (Huygens, l. c., p 421). Si le point M est situé à l'infini, l'aire considérée est égale à $2\pi c^2$.

La surface de révolution qu'on vient de considérer, connue par le nom de *pseudo-sphère,* fut étudiée par Beltrami, qui a remarqué le rôle qu'elle joue dans l'interprétation de la Géométrie de Lobatchevsky, comme on peut le voir dans un mémoire important qu'il a publié sur ce sujet dans le *Giornale di Matematiche* (Napoli, t. VI, 1868).

425. La tractrice est la trajectoire orthogonale des cercles de rayon égal à c ayant les centres sur l'axe des abscisses.

En effet, l'équation différentielle de cette trajectoire résulte de l'élimination de a entre les équations

$$(x-a)^2 + y^2 = c^2, \quad (x-a)\, dy = y\, dx,$$

qui donne

$$(c^2 - y^2)\, y'^2 = y^2,$$

c'est-à-dire l'équation différentielle de la tractrice.

426. *La tractrice est une brachistochrone pour les forces situées dans un plan et perpendiculaires à une droite existante dans ce plan, quand ces forces sont proportionnelles aux distances des points d'application à cette droite.*

En effet, en prenant pour axe des abscisses la droite donnée et en supposant que la force qui agit sur le point (x, y) est égale à ky, il résulte du principe des forces vives

$$v^2 = \frac{dx^2 + dy^2}{dt^2} = k\,(y^2 - c^2).$$

Par conséquent, en représentant par t' le temps que le mobile emploie pour aller d'un point donné à l'autre et par α et β les ordonnées de ces points, on a

$$t' = \int_\alpha^\beta \sqrt{\frac{1 + x'^2}{k\,(y^2 - c^2)}}\, dy.$$

En appliquant maintenant la méthode des variations à cette intégrale, on voit que l'équation différentielle de la courbe cherchée est

$$\frac{dx^2}{dy^2} = \frac{y^2 - c^2}{c^2 + \frac{a}{k} - y^2},$$

où a désigne une constante, qu'on doit déterminer par la condition de la courbe passer par l'un des points donnés.

Cette courbe est donc une tractrice lorsque on a $c^2 + \frac{a}{k} = 0$ (M. Haton de La Goupillière: *Mémoires de l'Académie des Sciences de Paris,* t. XXVIII).

427. La tractrice est un cas particulier d'une classe de courbes rapportées à des axes formant un angle θ et définies par la condition d'être constante la puissance des côtés du triangle formé par la tangente, l'ordonné du point de contact et la sous-tangente, courbes qui ont été considérées par M. Duran Loriga (*Intermédiaire des mathématiciens,* t. IV, p. 148).

En représentant par x et y les coordonnées du point de contact et par x_0 l'abscisse du point où la tangente coupe l'axe des abscisses, les longueurs des trois côtés du triangle mentionné sont

$$\sqrt{y^2 + (x_0 - x)^2 - 2y\,(x_0 - x)\cos\theta}, \quad |y|, \quad |x_0 - x|,$$

et, puisqu'on a $x_0 - x = -y\dfrac{dx}{dy}$, l'équation qui exprime la constance de la puissance de ce triangle est

$$y^2\left(\frac{dx}{dy}\right)^2 + y^2\frac{dx}{dy}\cos\theta + y^2 - c^2 = 0.$$

En intégrant cette équation, on obtient celle-ci:

$$x = -\frac{y}{2}\cos\theta \pm \left[\frac{c}{q}\sqrt{q^2-y^2} - c\log\frac{q+\sqrt{q^2-y^2}}{y}\right],$$

où

$$q^2 = \frac{4c^2}{4-\cos^2\theta},$$

qui représente les courbes considérées.

En posant dans cette équation $\theta = \dfrac{\pi}{2}$, on obtient celle de la tractrice.

IV.

La syntractrice.

428. Considérons un point B *(fig. 109)* de la tangente MN à la tractrice et représentons par c la longueur de MN et par a la longueur de BN. La courbe décrite par B, quand la tangente MN varie, a restant constante, est nommée *syntractrice*.

D'après une Note de M. Loria, insérée à la *Bibliotheca mathematica* (3.e série, t. VII, p. 270), cette courbe fut envisagée par Poleni en 1729 dans l'*Epistolarum mathematicarum fasciculus* et fut étudiée par Riccati en 1755 dans les *Banoniensi Commentarii*.

On trouve l'équation de cette courbe en remarquant d'abord qu'on a, (x, y) représentant les coordonnées du point B et (X, Y) celles du point M,

$$aY = cy, \quad x - X = \sqrt{c^2 - Y^2} - \sqrt{a^2 - y^2},$$

et, en éliminant ensuite X et Y entre ces équations et celle de la tractrice:

$$X + \sqrt{c^2 - Y^2} = c\log\frac{c+\sqrt{c^2-Y^2}}{Y}.$$

L'équation de la syntactrice est donc

$$x + \sqrt{a^2 - y^2} = c\log\frac{a+\sqrt{a^2-y^2}}{y}.$$

129. On voit aisément, en tenant compte de la définition de la courbe et des relations

$$\frac{dx}{dy}=\frac{y^2-ac}{y\sqrt{a^2-y^2}},\quad \frac{d^2x}{dy^2}=\frac{a\left[(a-2c)\,y^2+a^2c\right]}{y^2\sqrt{(a^2-y^2)^3}}$$

que la syntractrice possède un axe, qui coïncide avec celui des ordonnées, et une asymptote, qui coïncide avec l'axe des abscisses, et qu'elle peut prendre deux formes différentes. Si $a<c$, elle coupe l'axe des ordonnées à un seul point, dont les coordonnées sont $(0, a)$, où la tangente est parallèle à l'asymptote, et elle a deux points d'inflexion, dont les ordonnées sont égales à $a\sqrt{\frac{c}{2c-a}}$. Si $a>c$, elle a sur l'axe des ordonnées un sommet et un noeud, et elle possède une boucle. Dans ce dernier cas la courbe n'a pas de points d'inflexion réels, et elle possède sur la boucle deux points, correspondants au valeur $\sqrt{ac}$ de y, où la tangente est perpendiculaire à l'asymptote.

Le rayon de courbure de la syntractrice a pour expression

$$R=\frac{a^{\frac{1}{2}}\left[(a-2c)\,y^2+ac^2\right]^{\frac{3}{2}}}{y\left[(a-2c)\,y^2+a^2c\right]}.$$

130. Les valeurs des aires de la courbe peuvent être obtenues au moyen de l'égalité

$$\int\frac{y^2-ac}{\sqrt{a^2-y^2}}\,dy=-\frac{1}{2}\,y\sqrt{a^2-y^2}+\frac{a}{2}\,(a-2c)\arcsin\frac{y}{a},$$

d'où il résulte que la syntractrice est quarrable algébriquement quand $a=2c$, et que, dans les autres cas, sa quadrature dépend de celle du cercle.

En particulier si $a<c$, l'aire A de l'espace compris entre la courbe et l'asymptote est déterminée par l'équation

$$A=2\int_a^0\frac{y^2-ac}{\sqrt{a^2-y^2}}\,dy=\frac{1}{2}\,a\pi\,(2c-a).$$

Si $a>c$, cette formule détermine la différence entre l'aire de l'espace compris entre la courbe et l'asymptote et l'aire de la boucle.

La détermination de la longueur des arcs de la courbe dépend du calcul de l'intégrale

$$\int\frac{\sqrt{(a-2c)\,y^2+ac^2}}{y\sqrt{a^2-y^2}}\,dy,$$

ou, en posant $y^2=t$,

$$\frac{1}{2}\int\frac{\sqrt{(a-2c)\,t+ac^2}}{t\sqrt{c^2-t}}\,dt,$$

laquelle est exprimable par les fonctions élémentaires.

131. Les propriétés spéciales de la syntractrice correspondante à $a=2c$ furent étudiées par M. d'Ocagne dans les *Nouvelles Annales de Mathématiques* (1891, p. 82), et par M. Cifarelli dans le *Giornale di Matematiche* (t. XXXVI, 1898, p. 183). Dans ce cas particulier les formules qu'on vient d'obtenir se simplifient beaucoup. Ainsi, les expressions du rayon de courbure R et de l'aire A se réduisent à celles-ci:

$$R=\frac{c^2}{y}, \quad A=0;$$

donc, *l'aire de la boucle et l'aire de l'espace compris entre la courbe et l'asymptote sont, dans ce cas, égales.*

Les coordonnées du centre de courbure sont

$$x_1=-\frac{1}{2}\sqrt{4c^2-y^2}+c\log\frac{2c+\sqrt{4c^2-y^2}}{y}, \quad y_1=\frac{1}{2}y+\frac{c^2}{y}.$$

Mais les coordonnées du centre de courbure de la tractrice au point (X, Y), correspondant à (x, y), sont (n.° 421)

$$X_1=c\log\frac{c+\sqrt{c^2-Y^2}}{Y}=c\log\frac{2c+\sqrt{4c^2-y^2}}{y}, \quad Y_1=\frac{2c^2}{y}.$$

Par conséquent on a

$$x_1=\frac{1}{2}(x+X_1), \quad y_1=\frac{1}{2}(y+Y_1).$$

Donc, *le centre de courbure de la syntractrice considérée, correspondant au point* (x, y), *est situé au milieu du segment de droite compris entre ce point et le centre de courbure de la tractrice, correspondant au point* (X, Y).

Ces deux propriétés de la syntractrice correspondante à $a=2c$ ont été démontrées géométriquement par M. d'Ocagne dans l'écrit mentionné.

La longueur de l'arc compris entre le sommet et le point (x, y) est alors déterminée par la formule

$$s=2c^2\int_y^{2c}\frac{dy}{y\sqrt{4c^2-y^2}}=c\log\frac{2c+\sqrt{4c^2-y^2}}{y}.$$

En éliminant y entre cette équation et celle qui détermine R, on obtient l'*équation intrinsèque* de la courbe envisagée, savoir:

$$R=\frac{c}{4}\left(e^{\frac{s}{c}}+e^{-\frac{s}{c}}\right),$$

au moyen de laquelle elle a été définie et étudiée par M. Cifarelli.

La courbe considérée appartient donc à la classe de courbes définies par l'équation intrinsèque

$$R = b\left(e^{\frac{s}{c}} + e^{-\frac{s}{c}}\right),$$

envisagées par le même géomètre dans l'écrit mentionné ci-dessus. Cette équation comprend aussi la *chaînette d'égale résistance*, qu'on va étudier aux paragraphes suivants.

V.

Chaînette d'égale résistance.

432. On donne le nom de *chaînette d'égale résistance* à la courbe représentée par l'équation

$$y = -a \log \cos \frac{x}{a}, \quad \left(-\frac{\pi}{2} \lesseqgtr \frac{x}{a} \lesseqgtr \frac{\pi}{2}\right),$$

car cette courbe représente la forme que prend un fil pesant, flexible et inextensible, attaché par ses extrémités à deux points fixes, quand la densité ou l'épaisseur varient de manière que la résistance à la rupture reste constante en tous les points. Le problème de la détermination d'un fil satisfaisant à cette condition a été résolu par D. Gilbert dans un travail inséré aux *Phylosophical Transactions of the R. Society of London* (1826, p. 202) et par Bobillier et Finck dans une Note publiée dans les *Annales de Gergonne* (1826–1827, t. XVII, p. 61). Dans le premier de ces écrits, l'auteur a en vue l'étude de l'équilibre des ponts suspendus, et pour cela il a fait accompagner la solution du problème de tables qui facilitent l'application des résultats obtenus à cette question; les auteurs du second travail ont exposé en même temps la solution du même problème et les principales propriétés géométriques de la courbe. Ces propriétés ont été retrouvées plus tard par Gudermann dans un Mémoire sur les fonctions hyperboliques inséré au *Journal de Crelle* (t. VI, 1830, p. 333), où la courbe considérée est désignée par le nom de *longitudinale;* et le problème mentionné fut résolu de nouveau par Coriolis dans une petite Note insérée au *Journal de Liouville* (t. I, 1836, p. 75), et, avec plus de details, par M. Collignon dans une communication à l'Association française (*Congrès de Rouen,* 1883, p. 102).

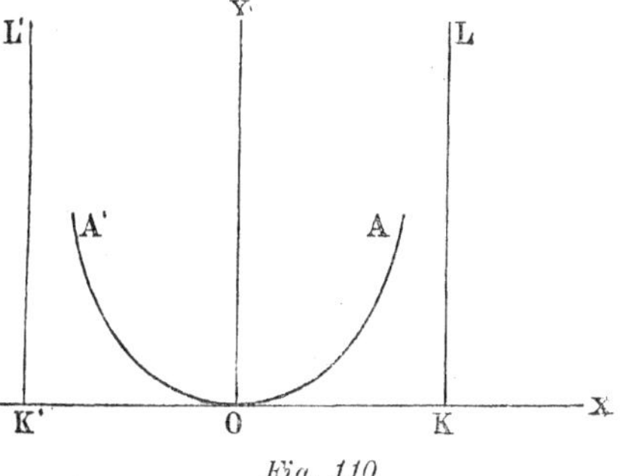

Fig. 110

La chaînette d'égale résistance a la forme représentée dans la figure 110. Elle est symétrique par rapport à l'axe des ordonnées et est tangente à l'axe des abscisses au point O; les droites KL et K'L', correspondantes aux équations $x = \pm \frac{1}{2} a\pi$, en sont des asymptotes; elle ne possède pas de points d'inflexion.

433. On a

$$y' = \operatorname{tang} \frac{x}{a},$$

et par conséquent l'angle φ de la tangente au point (x, y) avec l'axe des abscisses est déterminé par l'équation

$$\varphi = \frac{x}{a}.$$

La valeur du rayon de courbure au même point est donnée par la formule

$$R = \frac{a}{\cos \frac{x}{a}} = \frac{a}{\cos \varphi},$$

d'où il résulte que *la projection du segment de la normale compris entre le point (x, y) et le centre de courbure sur l'axe de la courbe est constante.*

434. La longueur de l'arc de la courbe compris entre le point O et le point (x, y) peut être calculée par l'équation

$$s = \int_0^x \frac{dx}{\cos \frac{x}{a}} = a \log \operatorname{tang} \left(\frac{x}{2a} + \frac{\pi}{4}\right) = a \log \operatorname{tang} \left(\frac{\varphi}{2} + \frac{\pi}{4}\right).$$

On obtient au moyen de cette équation et de celle qui précède, l'équation intrinsèque de la courbe, en remarquant qu'on a

$$\operatorname{tang} \left(\frac{\varphi}{2} + \frac{\pi}{4}\right) = e^{\frac{x}{a}},$$

et par conséquent

$$e^{\frac{s}{a}} + e^{-\frac{s}{a}} = \frac{\text{séc}^2\left(\frac{\varphi}{2} + \frac{\pi}{4}\right)}{\operatorname{tang}\left(\frac{\varphi}{2} + \frac{\pi}{4}\right)} = \frac{2}{\sin\left(\varphi + \frac{\pi}{2}\right)} = \frac{2}{\cos \varphi}.$$

Donc, l'équation cherchée est

$$R = \frac{a}{2}\left(e^{\frac{s}{a}} + e^{-\frac{s}{a}}\right);$$

et il en résulte que, *si la chaînette d'égale résistance roule sur un droite, le centre de courbure correspondant au point de contact avec cette droite engendre la chaînette ordinaire.*

435. La valeur de l'aire comprise entre la courbe, la droite OK et l'asymptote KL peut être calculée par la formule

$$A = -a \int_0^{\frac{a\pi}{2}} \log \cos \frac{x}{a}\, dx = -a^2 \int_0^{\frac{\pi}{2}} \log \cos t\, dt,$$

où $t = \frac{x}{a}$.

Pour calculer la valeur de cette intégrale, nous employerons l'analyse suivante (Todhunter : *A Treatise on the Integral Calculus,* 1883, p. 65) :

On a

$$\int_0^{\frac{\pi}{2}} \log \cos t\, dt = \frac{1}{2} \int_0^{\frac{\pi}{2}} \log\left(\frac{\sin 2t}{2}\right) dt = \frac{1}{2} \int_0^{\frac{\pi}{2}} \log \sin 2t\, dt - \frac{\pi}{4} \log 2,$$

et, en posant $2t = t_1$,

$$\int_0^{\frac{\pi}{2}} \log \sin 2t\, dt = \frac{1}{2} \int_0^{\pi} \log \sin t_1\, dt_1 = \int_0^{\frac{\pi}{2}} \log \sin t_1\, dt_1.$$

Par conséquent

$$\int_0^{\frac{\pi}{2}} \log \cos t\, dt = \int_0^{\frac{\pi}{2}} \log \sin t\, dt = -\frac{\pi}{2} \log 2.$$

La valeur de l'aire considérée est donc déterminée par l'équation

$$A = \frac{1}{2} a^2 \pi \log 2.$$

VI.

Les courbes des sinus, des tangentes et des sécantes.

436. On appele *courbe des sinus ou sinusoïde* la ligne définie par l'équation

$$(1) \qquad y = a \sin \frac{x}{m}.$$

Cette courbe fut étudiée pour la première fois par Roberval, sous la désignation de *compagne* de la cycloïde, dans ses recherches sur cette dernière ligne. Il en a déterminé les tangentes par la méthode cinématique qu'il avait inventée, dans le Mémoire qu'il a consacré à l'exposition de cette méthode (*Mémoires de l'Académie des Sciences de Paris,* t. VI, p. 82), et il a résolu divers problèmes sur ses aires et sur les volumes de ses solides de révolution, qu'on verra ci-dessous, dans les travaux qu'il a consacrés à la théorie de la cycloïde (l. c., p. 361 et 383).

La courbe des sinus fut aussi rencontrée par le même géomètre dans ses recherches sur la courbe qui résulte de l'intersection d'un cylindre de révolution avec une sphère tangente, ayant le centre sur la surface du cylindre (l. c., p. 293 à 310). Il a, en effet, démontré que la transformée de cette ligne, quand on développe la surface du cylindre sur un plan, est la compagne de la cycloïde. On peut démontrer cette proposition par les méthodes modernes de la manière suivante.

Prenons pour plan xy le plan perpendiculaire à l'axe du cylindre, passant par le centre de la sphère, pour plan xz le plan mené par ce même point et par cet axe, pour plan yz le plan perpendiculaire au précédent passant par le même axe. Les équations du cylindre et de la sphère sont

$$x^2+y^2=b^2, \quad (x+b)^2+y^2+z^2=4b^2,$$

ou, en représentant par t l'angle formé par la projection du vecteur du point (x, y, z) de la courbe avec l'axe des abscisses,

$$x=b\cos t, \quad y=b\sin t, \quad z=\pm 2b\sin\frac{t}{2}\cdot$$

Les coordonnées (X, Y) du point de la transformée correspondant au point (x, y, z) sont donc déterminées par les équations

$$\mathrm{X}=bt, \quad \mathrm{Y}=z=\pm 2b\sin\frac{t}{2},$$

dont il résulte

$$\mathrm{Y}=\pm 2b\sin\frac{\mathrm{X}}{2b}\cdot$$

Les recherches de Roberval sur la cycloïde et sa compagne ont été mentionnées par Mersenne en 1637 dans sa *Harmonie universelle* et ont été publiées après sa mort. D'après l'histoire de la cycloïde de Pascal (*Oeuvres,* ed. Hachette, t. III, p. 337 et 340), Roberval a considéré ces courbes et a trouvé le théorème qu'on vient de démontrer vers 1630.

La courbe des sinus fut étudiée aussi par Wallis dans son traité *De cycloïde,* publié en 1659 (*Opera,* t. I, p. 556) et dans la deuxième partie de son traité *De motu,* paru en 1670, où sont consacrées plusieurs pages à la théorie de cette courbe (l. c., p. 752–800). Il a donné de nombreuses propositions sur ses aires, sur les volumes de quelques-uns de ses solides de révolution, sur les centres de gravité de ces aires et de ces solides, etc. L'éminent géomètre a encore démontré (p. 557 et 765) que la courbe considérée est la transformée, dans le développement d'un cylindre droit, de l'ellipse qu'on obtient en coupant ce cylindre par un plan. Cette proposition a été attribuée par Chasles (*Aperçu historique,* 1875, p. 139) à Pitot, qui l'a retrouvé dans un Mémoire présenté en 1724 à l'Académie des Sciences de Paris (*Histoire de l'Académie des Sciences de Paris,* 1724, p. 107), où il a démontré, en outre, que la projection d'une hélice tracée sur un cylindre de révolution sur un plan parallèle à l'axe est aussi une sinusoïde. Cette dernière proposition sera démontrée plus loin; l'autre va être démontrée tout de suite.

Prenons pour axe des z l'axe du cylindre, pour plan xy le plan perpendiculaire à cet axe passant par le point O où il est coupé par le plan de la section considérée, pour axe des y l'intersection des deux plans qu'on vient de mentionner, et pour axe des x la droite perpendiculaire au plan zy. Les coordonnées (x, y, z) d'un point M de la section sont déterminées par les équations

$$x = a \sin \theta, \quad y = a \cos \theta, \quad z = x \operatorname{tang} \omega,$$

où a représente le rayon de la base du cylindre, ω l'angle formé par le plan de la section avec le plan xy, et θ l'angle de l'axe des y avec la projection du vecteur OM du point M sur le plan xy.

Les coordonnées (X, Y) du point correspondant à M dans le développement du cylindre sont par conséquent exprimées par les équations

$$\mathrm{X} = a\theta, \quad \mathrm{Y} = z = a \operatorname{tang} \omega \sin \theta.$$

Pour completer maintenant la démonstration du théorème énoncé, il suffit de remarquer qu'il résulte de ces équations, par l'élimination de θ, l'équation de la sinusoïde.

437. La sinusoïde est composée d'une suite d'arcs égaux à OAB (*fig. 111*), alternativement situés d'un côté et de l'autre de l'axe des abscisses. La corde OB de l'arc OAB est égale à $m\pi$, et cet arc est symétrique par rapport à la droite AP. Les coordonnées du point A sont $\left(\frac{1}{2} m\pi, a\right)$ et à ce point la tangente est parallèle à l'axe des abscisses. La courbe a un nombre infini de points d'inflexion, qui coïncident avec les points O, B, ... où elle coupe l'axe des abscisses, et en ces points on a $\operatorname{tang} \omega = \pm \frac{a}{m}$, ω représentant l'angle formé par la tangente avec l'axe des abscisses.

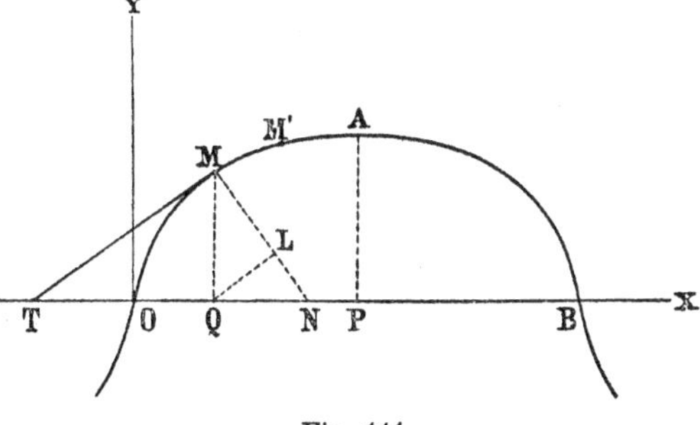

Fig. 111

La sous-tangente, la sous-normale, la longueur de la tangente et la longueur de la normale sont données par les formules

$$S_t = \frac{my}{\sqrt{a^2 - y^2}}, \quad S_n = \frac{y}{m}\sqrt{a^2 - y^2},$$

$$N = \frac{y}{m}\sqrt{m^2 + a^2 - y^2}, \quad T = y\sqrt{\frac{m^2 + a^2 - y^2}{a^2 - y^2}};$$

et le rayon de courbure est déterminé par cette autre:

$$R = \frac{(m^2 + a^2 - y^2)^{\frac{3}{2}}}{my} = \frac{m^2 N^3}{y^4}.$$

438. L'aire de l'espace compris entre la courbe, l'axe des abscisses et l'ordonnée du point (x, y) peut être calculée par la formule

$$A = am\left(1 - \cos\frac{x}{m}\right).$$

Il en résulte que la valeur de l'aire comprise entre la courbe et la corde OB est égale à $2ma$. L'aire du triligne formé par la courbe, par la normale au point A et par la tangente au sommet consécutif $\left(\frac{3}{2}m\pi, \ -a\right)$ est égale à $ma\pi$; donc cette aire est égale à la moitié de celle du rectangle formé par les normales et les tangentes à deux sommets consécutifs de la courbe (Roberval: l. c., p. 392). Ce résultat est d'ailleurs géométriquement évident.

Le volume du solide S engendré par le triligne qu'on vient de considérer, en tournant autour de la droite représentée par l'équation $y = -a$, est déterminé par l'équation

$$V = \pi a^2 \int_{\frac{m\pi}{2}}^{\frac{3m\pi}{2}} \left(\sin\frac{x}{m} + 1\right)^2 dx = \frac{3}{2} m a^2 \pi^2;$$

ce volume est donc à celui du cylindre circonscrit à ce solide comme 3 à 8 (Roberval, l. c., p. 392).

De même, le volume du solide S_1 engendré par l'espace OAB, en tournan tautour de OB, est déterminé par la formule

$$V_1 = \frac{m\pi^2 a^2}{2}.$$

En transportant l'origine des coordonnées au point P, l'équation de la courbe prend la forme

$$y_1 = a \cos\frac{x_1}{m},$$

et par conséquent le volume du solide S_2 engendré par le triligne mentionné ci-dessus, en tournant autour de AP, est déterminé par la formule

$$V_2 = \pi \int_{-a}^{a} x_1^2\, dy_1 = m^2 a\pi^3 - 2\pi \int_{m\pi}^{0} x_1 y_1\, dx_1 = m^2 a\pi^3 - 2a\pi \int_{m\pi}^{0} x_1 \cos\frac{x_1}{m}\, dx_1,$$

ou (Roberval, l. c., p. 410)

$$V_2 = m^2 a\pi(\pi^2 - 4) = \frac{v}{2\pi}(\pi^2 - 4),$$

où v représente le volume du cylindre circonscrit.

De même, le volume du solide S_3 engendré par l'espace AOP, en tournant autour de AP, est déterminé par la formule

$$V_3 = \pi \int_{0}^{a} x_1^2\, dy_1 = -2\pi \int_{0}^{a} x_1 y_1\, dx_1 = a\pi m^2(\pi - 2).$$

Les théorèmes de Roberval furent généralisés par Wallis (l. c.), qui a déterminé l'aire de l'espace compris entre la courbe, l'axe des abscisses et une parallèle quelconque à l'axe des ordonnées, et qui a déterminé les volumes des solides qu'on obtient en coupant les solides de révolution S, S_1, S_2 et S_3 par des plans perpendiculaires à l'axe de rotation.

139. Les centres de gravité des aires et des solides qu'on vient de considérer, furent déterminés par Wallis dans le traité *De motu*, cité ci-dessus. Parmi les théorèmes sur cette question donnés par l'éminent géomètre, nous mentionnerons ceux-ci:

1.° *Le centre de gravité de l'aire bornée par la courbe et par la corde* OB *est situé sur* AP, *à la distance* $\frac{a\pi}{8}$ *de* P.

On a, en effet, en représentant par y' l'ordonnée de ce centre,

$$y' = \frac{1}{4ma} \int_{0}^{m\pi} y^2\, dx = \frac{a\pi}{8}.$$

2.° *Le centre de gravité du solide* S_2 *est situé sur son axe, à la distance* $\frac{(5\pi^2-16)a}{4(\pi^2-4)}$ *du sommet* A.

Cette proposition résulte de l'égalité

$$V_2 y_1' = \pi \int_{-a}^{a} x_1^2 y_1\, dy_1 = -\frac{\pi a^2}{2m} \int_{m\pi}^{0} x_1^2 \sin\frac{2x_1}{m}\, dx_1 = -\frac{a^2 m^2 \pi^3}{4},$$

où y_1' représente l'ordonnée du centre de gravité cherché.

3.° *Le centre de gravité du solide* S_3 *est situé sur son axe, à la distance* $\frac{(14-\pi)a}{16}$ *du sommet.*

En représentant par y_1'' l'ordonnée du point cherché, on a, en effet,

$$V_3 y_1'' = \pi \int_0^a x_1^2 y_1 \, dy_1 = -\frac{\pi a^2}{2m} \int_{\frac{m\pi}{2}}^0 x_1^2 \sin \frac{2x_1}{m} \, dx_1 = \frac{\pi a^2 m^2}{16} (\pi^2 - 4).$$

440. La rectification de la courbe des sinus dépend d'une intégrale elliptique de deuxième espèce. On a, en effet, pour déterminer l'arc compris entre le point O et le point (x, y), l'équation

$$s = \int_0^y \sqrt{\frac{a^2 + m^2 - y^2}{a^2 - y^2}} \, dy,$$

ou, en faisant $y = a \sin \varphi$, $k = \frac{a}{\sqrt{a^2 + m^2}}$,

$$s = \sqrt{a^2 + m^2} \int_0^\varphi \sqrt{1 - k^2 \sin^2 \varphi} \, d\varphi$$

ou

$$s = A . E(k, \varphi),$$

où

$$A = \sqrt{a^2 + m^2}, \quad E(k, \varphi) = \int_0^\varphi \sqrt{1 - k^2 \sin^2 \varphi} \, d\varphi.$$

On vient de voir que la longueur de l'arc considéré est égale à celle d'un arc d'ellipse; par conséquent au théorème de Fagnano relatif aux arcs de cette courbe il correspond un théorème relatif aux arcs de la sinusoïde, que nous allons déduire.

On a *(fig. 111)*

$$OM = AE(k, \varphi), \quad OM' = AE(k, \psi), \quad OA = AE\left(k, \frac{\pi}{2}\right),$$

et par conséquent l'égalité

$$E(k, \varphi) + E(k, \psi) - E\left(k, \frac{\pi}{2}\right) = \frac{k^2 \sin \varphi \cos \varphi}{\sqrt{1 - k^2 \sin^2 \varphi}},$$

démontrée dans la théorie des intégrales elliptiques, donne

$$OM + OM' - OA = OM - AM' = \frac{Ak^2 \sin \varphi \cos \varphi}{\sqrt{1 - k^2 \sin^2 \varphi}},$$

quand les angles φ et ψ sont liés par la relation

$$\cos\varphi\cos\psi = \sin\varphi\sin\psi\sqrt{1-k^2}.$$

Or, on a

$$\frac{Ak^2\sin\varphi\cos\varphi}{\sqrt{1-k^2\sin^2\varphi}} = \frac{y\sqrt{a^2-y^2}}{\sqrt{a^2+m^2-y^2}} = \frac{y^2}{T},$$

T représentant la longueur de la tangente à la courbe au point M. Donc

$$OM - AM' = \frac{y^2}{T},$$

quand

$$\operatorname{tang}\varphi\operatorname{tang}\psi = \frac{\sqrt{a^2+m^2}}{m}.$$

Mais, si MT est la tangente à la courbe au point M, MN la normale, et QL une perpendiculaire à cette normale, menée par le pied de l'ordonnée de M, on a

$$y = MQ = T\sin MTO, \quad QL = y\sin NMQ = y\sin MTO.$$

Donc

$$OM - AM' = QL.$$

441. On appele, respectivement, *courbe des tangentes* ou *tangentoïde* et *courbe des sécantes* ou *sécantoïde* les lignes définies par les équations

$$y = a\operatorname{tang}\frac{x}{m}, \quad y = a\operatorname{séc}\frac{x}{m}.$$

La courbe des tangentes a un nombre infini de branches égales. Celle qui correspond aux valeurs de x comprises entre $-\frac{m\pi}{2}$ et $\frac{m\pi}{2}$ coupe l'axe des abscisses à l'origine des coordonnées, où elle a une *inflexion,* et ce point est un *centre* de la courbe. Les droites correspondantes aux équations $x = -\frac{m\pi}{2}$ et $x = \frac{m\pi}{2}$ en sont des asymptotes.

La courbe des sécantes a aussi un nombre infini de branches. Celle qui correspond aux valeurs de x comprises entre $-\frac{m\pi}{2}$ et $\frac{m\pi}{2}$ est symétrique par rapport à l'axe des ordonnées et coupe cet axe au point $(a, 0)$, où la tangente est parallèle à l'axe des abscisses. Les droites représentées par les équations $x = -\frac{m\pi}{2}$ et $x = \frac{m\pi}{2}$ sont asymptotes de cette branche de la courbe.

La courbe des tangentes est une de celles à laquelle Barrow a appliqué la méthode générale des tangentes exposée dans ses *Lectiones geometricae* (1669, leçon x). Elle fut envisagée aussi, sous le nom de *figure des tangentes,* par Cotes dans l'*Harmonia mensurarum* (1722, p. 78 et 81), où il a calculé l'aire A de l'espace compris entre la courbe, l'axe des abscisses et l'ordonnée d'un point donné, et le volume V du solide que cet espace engendre en tournant autour de l'axe des abscisses. Les valeurs de cette aire et de ce volume sont

$$A = -m \log \cos \frac{x}{m}, \quad V = \pi a^2 \left(m \operatorname{tang} \frac{x}{m} - x\right).$$

La quadrature de la courbe des sécantes fut obtenue par J. Gregory dans ses *Exercitationes geometricae,* publiées en 1668, où il a réduit cette quadrature à celle de l'hyperbole, et par conséquent au calcul des logarithmes. On a, en effet, en représentant par A_1 l'aire de l'espace compris entre l'arc limité par les points (0, 0) et (x, y), l'axe des abscisses et l'ordonnée du dernier point,

$$A_1 = \int_0^x \frac{dx}{\cos x} = \frac{1}{2} \log \frac{1+\sin x}{1-\sin x} = \log \cot \left(\frac{\pi}{4} - \frac{x}{2}\right).$$

Huygens, ayant été amené à s'occuper de ce même problème par celui de la chaînette, a donné une méthode pour calculer A_1 approximativement (*Oeuvres,* t. x, p. 192). Le problème de la quadrature de la courbe des sécantes fut aussi envisagé par Cotes (l. c., p. 79), qui a appelé cette ligne *figure des sécantes.*

VII.

Sur la courbe $|\sin(x+iy)| = c$.

442. La courbe définie par l'équation

$$|\sin(x+iy)| = c, \tag{1}$$

où c représente une constante, i l'imaginaire $\sqrt{-1}$ et $|\sin(x+iy)|$ le module de $\sin(x+iy)$, joue un rôle fondamental dans la théorie du développement des fonctions analytiques en série ordonnée suivant les puissances du *sinus* de la variable, comme on peut le voir en deux travaux que nous avons publiés sur ce sujet dans les *Mémoires de l'Académie des Sciences de Madrid* (t. xviii, 1897, p. 96) et dans le *Journal de Crelle* (t. cxvi, p. 16), où nous avons fait en même temps l'étude de cette ligne.

L'équation (1) peut être mise sous 'a forme

$$|\sin x \cos iy + \sin iy \cos x| = c,$$

où

$$\sin iy = -i\,\frac{e^{-y} - e^{y}}{2}, \quad \cos iy = \frac{e^{-y} + e^{y}}{2},$$

ou

$$\sin^2 x \cos^2 iy - \cos^2 x \sin^2 iy = c^2. \tag{2}$$

Le premier membre de cette équation ne varie pas quand on remplace x par $x+\pi$, et par conséquent y est une fonction périodique de x, à période égale à π; pourtant il suffit de considérer, dans l'étude de la courbe, la branche correspondante aux valeurs de x comprises entre $-\frac{\pi}{2}$ et $\frac{\pi}{2}$. On voit encore, au moyen de la même équation, que la courbe est symétrique par rapport aux axes des coordonnées.

Cela posé, supposons premièrement $c \gtreqless 1$.

La branche considérée de la courbe coupe alors l'axe des y à deux points dont les ordonnées sont égales à $\pm \log(c + \sqrt{c^2+1})$, et l'axe des x à deux points dont les abscisses sont égales à $\pm \arcsin c$.

Mais, en remplaçant dans l'équation (2) $\sin^2 iy$ par $1 - \cos^2 iy$, on trouve

$$\cos^2 iy = c^2 + \cos^2 x, \tag{3}$$

et par conséquent

$$\frac{e^{-y} + e^{y}}{2} = \pm \sqrt{c^2 + \cos^2 x},$$

ou

$$y = \log\left[\pm\sqrt{c^2 + \cos^2 x} \pm \sqrt{c^2 - \sin^2 x}\right].$$

Donc, l'équation cartésienne de la branche de la courbe qui donne pour y les valeurs $\pm \log(c + \sqrt{c^2+1})$, quand $x = 0$, est

$$y = \pm \log\left[\sqrt{c^2 + \cos^2 x} + \sqrt{c^2 - \sin^2 x}\right]. \tag{4}$$

On voit d'abord, au moyen de cette équation, que, quand x varie depuis 0 jusqu'à $\arcsin c$, y décroît constamment depuis $\log(c + \sqrt{c^2+1})$ jusqu'à 0.

En différentiant l'équation (3), on obtient celle-ci:

$$y' = \frac{\sin 2x}{i \sin 2iy}, \tag{5}$$

qui détermine les tangentes à la courbe, et fait voir qu'elle coupe orthogonalement les axes des coordonnées.

Pour obtenir les points d'inflexion de la ligne considérée, remarquons que l'équation (5) donne, en différentiant et en posant ensuite $y'' = 0$,

$$\sin^2 2x \cos 2iy = \cos 2x \sin^2 2iy,$$

et que l'équation (2) peut être mise sous la forme

$$\cos 2iy = 2c^2 + \cos 2x.$$

Les coordonnées des points d'inflexion sont déterminées par ces équations. Or, en éliminant y entre elles, on obtient cette autre:

$$(6) \qquad \cos 2x = -c^2 \pm \sqrt{c^4 - 1},$$

d'où il résulte que la courbe n'a pas de points d'inflexion réels quand $c \overline{\gtrless} 1$.

On conclut de tout ce qui précède que, lorsque $c \overline{\gtrless} 1$, la courbe représentée par l'équation (1) est composée d'un nombre infini *d'ovales convexes* égaux, ayant pour centres les points correspondants aux coordonnées $(0, 0)$, $(0, \pm\pi)$, $(0, \pm 2\pi)$, ... Chacun de ces ovales a deux axes de symétrie, l'un coïncidant avec l'axe des abscisses, et l'autre parallèle à l'axe des ordonnées, et ces axes sont, respectivement, égaux à $2 \operatorname{arc} \sin c$ et $2 \log(c + \sqrt{c^2 + 1})$.

Supposons maintenant $c > 1$. On peut voir, au moyen d'une discussion semblable à celle qu'on vient d'employer, que la courbe est alors composée seulement de deux branches, symétriquement disposées par rapport à l'axe des abscisses, et qui s'étendent jusqu'à l'infini dans les sens des abscisses positives et négatives, en faisant une suite d'ondulations d'amplitude égale à π. L'ordonnée prend une valeur maxime, égale à $\log(c + \sqrt{c^2 + 1})$, dans les points où $x = 0, \pm\pi, \pm 2\pi, \ldots$, et une valeur minime, égale à $\log(c + \sqrt{c^2 - 1})$, aux points où $x = \pm\frac{1}{2}\pi, \pm\frac{3}{2}\pi, \pm\frac{5}{2}\pi, \ldots$. La courbe envisagée a dans ce deuxième cas des points d'inflexion réels, dont les abscisses sont déterminées par l'équation (6).

VIII.

La quadratice de Dinostrate.

443. On désigne sous le nom de *quadratrice de Dinostrate* la courbe engendrée par un point M qui se déplace sur le plan YOX (*fig. 112*) de manière que se vérifie en tous ses positions l'égalité

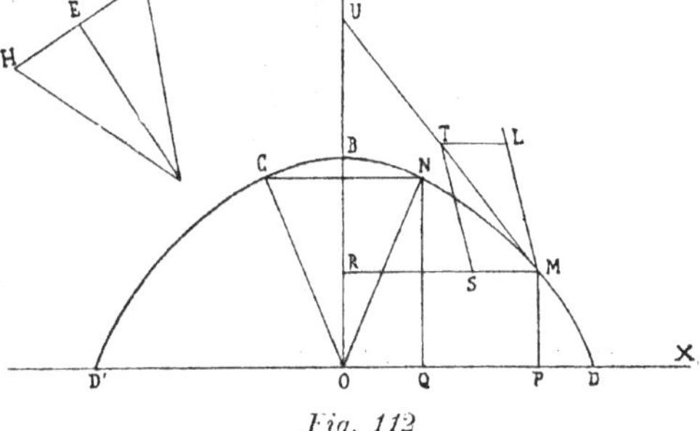

Fig. 112

(1) $$\frac{OP}{OD} = \frac{BOM}{BOD},$$

D étant un point fixe. En représentant par a le segment OD, par θ l'angle MOY et par (x, y) les coordonnées de M, on a

(2) $$y = x \cot \theta, \quad \frac{x}{a} = \frac{2\theta}{\pi},$$

et par conséquent l'équation cartésienne de la courbe est

(3) $$y = x \cot \frac{\pi x}{2a}.$$

Il résulte de ce qui précède qu'on peut construire cette courbe en divisant les angles des axes des coordonnées en 2, 4, 8, 16, 32, ... parties égales et en déterminant ensuite les points qui sont situés sur chacune de ces droites par l'équation (1).

444. On peut obtenir aisément, au moyen de la dernière équation, la forme de la ligne considérée.

On voit, en premier lieu, en posant $x = 0$, que cette ligne coupe l'axe des ordonnées à un point B (*fig. 113*), dont l'ordonnée est égale à $\frac{2a}{\pi}$, et que, en ce point, la tangente est parallèle à l'axe des abscisses. On voit aussi qu'elle est symétrique par rapport à l'axe des ordonnées.

Quand x varie depuis 0 jusqu'à $2a$, y décroît constamment depuis BO jusqu'à $-\infty$, et le point (x, y) décrit l'arc infini BDC, qui coupe l'axe des abscisses au point D, dont les coordonées sont $(a, 0)$, et qui a pour asymptote la droite PQ, correspondante à l'équation $x = 2a$.

Quand x varie depuis $2a$ jusqu'à $4a$, y décroît constamment depuis ∞ jusqu'à $-\infty$, et le point (x, y) décrit la branche infinie GFG' de la courbe, qui coupe l'axe des abscisses au

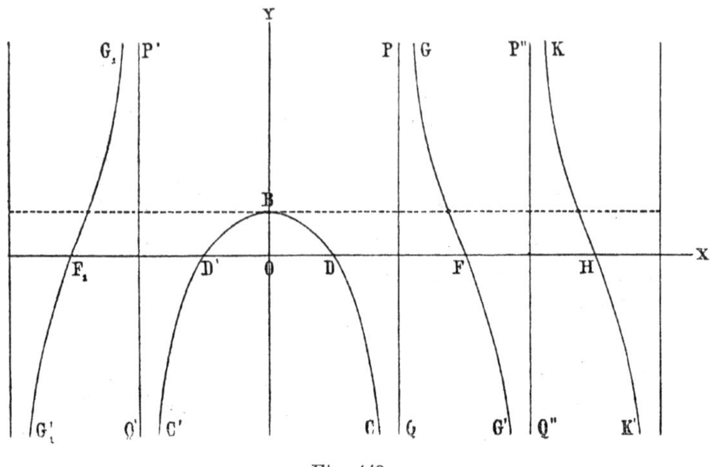

Fig. 113

point F, dont les coordonnées sont $(3a, 0)$, et qui a pour asymptotes les droites PQ et $P''Q''$, correspondantes aux équations $x = 2a$ et $x = 4a$.

En continuant de même, on obtient une suite de branches égales à celle qu'on vient de considérer.

On voit au moyen de l'équation de la courbe et de l'équation $y'' = 0$ que les coordonnées des points d'inflexion sont déterminées par les équations

$$\frac{\pi x}{2a} = \operatorname{tang} \frac{\pi x}{2a}, \quad y = \frac{2a}{\pi};$$

donc, la quadratrice de Dinostrate possède un nombre infini de points d'inflexion, situés sur la parallèle à l'axe des abscisses qui passe par le point B.

145. L'histoire de la courbe qu'on vient d'envisager, est liée à celle des problèmes célèbres de la trisection de l'angle et de la quadrature du cercle, dont les anciens géomètres se sont occupés à bien de reprises. Elle fut employée par Hippias, géomètre qu'on suppose avoir vécu dans la seconde moitié du IVe siècle avant J. C., pour résoudre le premier des problèmes mentionnés, d'après deux passages des livres III et IV des *Commentaires* de Proclus. Plus tard, la même courbe fut employée par Dinostrate et Nicomède pour résoudre le problème de quadrature du cercle, et elle fut par ce motif nommée *quadratrice* par ces géomètres.

Les méthodes suivies par les anciens géomètres pour résoudre au moyen de la courbe (3) les problèmes de la division de l'angle en trois parties égales, ou, en général, en deux autres qui soient dans un rapport donné k, et celui de la quadrature du cercle furent exposées par Pappus dans le livre IV (n.ºs XXX à XXXII) des *Collections mathématiques*.

L'application de cette courbe au premier problème est une conséquence immédiate de sa définition. Soit MOB *(fig. 112)* l'angle donné, BMD la quadratrice et P la projection de M sur OX. Prenons sur cette dernière droite un point Q, tel que $\frac{OQ}{OP} = k$, et ensuite menons par ce point la parallèle NQ à OY, et marquons le point N où elle coupe la quadratrice. L'angle NOB est l'angle cherché. On a, en effet,

$$\frac{OP}{OD} = \frac{2MOB}{\pi}, \quad \frac{OQ}{OD} = \frac{2NOB}{\pi}, \quad \frac{OQ}{OP} = k,$$

et par conséquent

$$\frac{NOB}{MOB} = k,$$

Pour résoudre le problème de la trisection de l'angle MOB, il suffit de faire dans cette construction $OQ = \frac{1}{3} OP$.

Pour voir comme on résout au moyen de la courbe considérée le problème de la quadrature du cercle, remarquons que l'égalité $OB = \frac{2a}{\pi}$ détermine la valeur de π, quand on connaît l'ordonnée du point où la courbe rencontre l'axe OY. Cette solution est toutefois purement théorique, car on ne sait pas tracer la ligne considérée par un mouvement continu. Cette circonstance fut déjà remarquée dans l'antiquité par Sporo, d'après rapport de Pappus (livre IV, n.° XXXI). Pour établir la vérité de l'égalité $OB = \frac{2a}{\pi}$, Pappus a employé la démonstration par exaustion. On peut voir cette démonstration, sous une forme moderne, dans l'*Histoire des Mathématiques* de M. Zeuthen (1902, p. 62).

Voici encore un autre problème que Pappus a résolu au moyen de la quadratrice (prop. 40e): *tracer par deux points donnés* H *et* K *une circonférence telle que le rapport entre la longueur de l'arc compris entre ces points et celle de la corde soit égal à un nombre donné k.* Pour résoudre ce problème, traçons un cercle ayant le centre au point O et un rayon ON tel que $ON = k OB$. Le rapport de l'arc de ce cercle compris entre le point N et le point C, symétrique de N par rapport à OY, et de la corde CN est égal à k. En effet, la seconde des relations (2) et la relation $OB = \frac{2a}{\pi}$ donnent

$$\frac{OQ}{ON \,.\, NOB} = \frac{2a}{NO \,.\, \pi} = \frac{OB}{ON} = \frac{1}{k},$$

et par suite

$$\frac{CN}{ON \,.\, NOC} = \frac{1}{k}.$$

Si on tire donc par les points donnés H et K deux droites formant avec la perpendiculaire à HK, menée par le milieu E de ce segment, des angles égaux à BON, le point où elles se coupent est le centre du cercle cherché.

Pappus a encore ajouté aux propositions sur la quadratrice qui avaient été découvertes par Hippias et Dinostrate, cette autre (prop. 28e):

Si l'on coupe l'hélicoïde gauche par un plan passant par une génératrice et si l'on projette la section sur un plan perpendiculaire à l'axe du cylindre où est située l'hélice directrice, on obtient la quadratrice de Dinostrate.

Cette proposition sera démontrée au chapitre de cet ouvrage où sera étudiée l'hélice cylindrique.

Les anciens géomètres considéraient seulement la partie BD de la courbe qu'on avait besoin d'employer pour résoudre les problèmes mentionnés ci dessus. Roberval, le premier, a considéré toute la branche CBC' *(fig. 113)* et en a déterminé les asymptotes PQ et P'Q', dans le Mémoire sur les tangentes que nous avons déjà souvent cité (*Mémoires de l'Académie des Sciences de Paris*, t. VI, p. 57). Plus tard, mais avant la publication des travaux de Roberval, le P.e Léotaud a aussi envisagé la continuation de la courbe au delà des points B et D et a retrouvé les asymptotes PQ et P'Q', dans un écrit qu'il a consacré à cette courbe, intitulé: *Liber in quo mirabiles quadratricis facultates variae exponuntur,* publié en 1663, comme appendice à sa *Cyclomathia.*

146. La quadratrice de Dinostrate est une des courbes auxquelles Roberval a appliqué la méthode cinématique des tangentes exposée dans le Mémoire que nous venons de mentionner. Huygens (*Oeuvres*, t. x, p. 440) et Wallis (*Opera*, t. II, p. 401) en ont déterminé aussi les tangentes par la même méthode.

Il résulte des relations (2) que la courbe considérée est engendrée par l'intersection de deux droites OM et MP *(fig. 112)*, dont une tourne autour de O et l'autre se déplace parallèlement à OY, avec des vitesses constantes étant dans le rapport de $\frac{\pi}{2}$ à a. Pour tracer la tangente au point M, il suffit donc de prendre sur les droites MS et ML, respectivement perpendiculaires à OY et OM, deux segments MS et ML qui soient dans le rapport de a pour $\frac{\pi}{2}$. La diagonale MT du parallélogramme construit sur ces segments est la tangente demandée.

On trouve au moyen de l'équation de la tangente à la courbe que cette droite coupe l'axe des ordonnées à un point déterminé par l'équation

$$\mathrm{OU} = \frac{\pi x^2}{2a \sin^2 \frac{\pi x}{2a}},$$

qui, en tenant compte de la second des équations (2) et de la relation $x = \mathrm{OM} \sin \theta$, peut être réduite à la forme

$$\mathrm{OU} = \frac{\mathrm{OM}^2 \theta}{x} = \frac{\mathrm{OM}}{\mathrm{OP}}\,\omega,$$

ω représentant la longueur de l'arc du cercle de rayon OM, ayant le centre à l'origine des coordonnées, compris entre point M et l'axe des ordonnées. Cette égalité a été employée par Fermat (*Oeuvres*, t. III, p. 145) pour déterminer la tangente à la courbe au point M.

447. La quadratrice de Dinostrate fut envisagée par Newton dans la lettre à Oldenbourg du 13 juin 1676, publiée dans les *Opera omnia* de Leibniz (t. III, 1768, p. 36). Le grand géomètre y fait application des séries à la détermination de ses points et de ses tangentes, et au calcul de ses aires et de la longueur de ses arcs. Voici les résultats qu'il a obtenus:

$$y = c - \frac{x^2}{3c} - \frac{x^4}{45\,c^3} - \frac{2x^6}{945\,c^5} - \dots,$$

$$\mathrm{Y} = c + \frac{x^2}{3c} + \frac{x^4}{15\,c^3} + \frac{2x^6}{189\,c^5} + \dots,$$

$$\mathrm{A} = cx - \frac{x^3}{9c} - \frac{x^5}{225\,c^3} - \frac{2x^7}{6615\,c^5} - \dots,$$

$$s = x + \frac{2x^3}{27c^2} + \frac{14\,x^5}{2025\,c^4} + \frac{604\,x^7}{89025\,c^6} + \dots,$$

où c représente l'ordonnée du sommet B de la courbe, Y celle du point U, où la tangente au point M coupe son axe, A l'aire de l'espace OBMP (*fig. 112*) compris entre la courbe, l'axe des ordonnées et l'ordonnée du point M, et s la longueur de l'arc BM.

On obtient la première série en développant le second membre de (3). On obtient ensuite les autres en développant les seconds membres des égalités

$$\mathrm{Y} = y - xy', \quad \mathrm{A} = \int_0^x y dx, \quad s = \int_0^x \sqrt{1 + y'^2}\,.\,dx,$$

en tenant compte des développements de y et y'. Les coefficients des termes généraux des trois premières séries dépendent des nombres de Bernoulli; celui de la dernière série est très compliqué.

L'aire A_1 de l'espace DBD' compris entre la quadratrice et l'axe des abscisses peut être exprimée sous une forme finie. On a, en effet, en posant $\frac{\pi x}{2a} = t$,

$$\mathrm{A}_1 = 2\int_0^a x \cot\frac{\pi x}{2a}\, dx = 2\left(\frac{2a}{\pi}\right)^2 \int_0^{\frac{\pi}{2}} t \cot t\, dt,$$

et par conséquent, en intégrant par parties et en tenant compte d'un résultat obtenu au n.° 435,

$$\mathrm{A}_1 = -2\left(\frac{2a}{\pi}\right)^2 \int_0^{\frac{\pi}{2}} \log \sin t\, dt = \frac{4a^2}{\pi} \log 2.$$

448. La quadratrice de Dinostrate appartient à la classe de courbes définies par l'équation

$$y = x \cot \frac{\pi}{2a}(x + a),$$

où a représente une constante. Ces lignes furent étudiées par M. Fouret dans les *Nouvelles Annales de Mathématiques* (3.e série, t. v, 1886, p. 39), où il a fait voir qu'elles coïncident avec les projections orthogonales des sections planes de l'hélicoïde gauche sur un plan perpendiculaire à l'axe de cette surface. Cette proposition, qui est une généralisation du théorème de Pappus mentionné ci-dessus, sera démontrée plus loin.

IX.

La courbe élastique ou lintéaire.

449. On désigne sous le nom de *courbe élastique* ou *courbe lintéaire,* par des motifs qu'on verra ci-dessous, la ligne dont le rayon de courbure, à un point quelconque, est inversement proportionnel à l'abscisse de ce point. Cette ligne est donc représentée par l'équation différentielle de deuxième ordre

$$\frac{(1+y'^2)^{\frac{3}{2}}}{y''} = \frac{a}{2x},$$

où $a > 0$, et par conséquent par celle de premier ordre

$$x^2 + c = a\int \frac{dy'}{(1+y'^2)^{\frac{3}{2}}} = \frac{ay'}{\sqrt{1+y'^2}},$$

ou

$$[a^2 - (x^2 + c)^2]\left(\frac{dy}{dx}\right)^2 = x^2 + c, \tag{1}$$

dont il résulte

$$y = \pm \int \frac{x^2 + c}{\sqrt{a^2 - (x^2 + c)^2}}\, dx.$$

Pour déterminer la forme de la courbe définie par l'équation (1), prenons un point de cette courbe pour origine des coordonnées et envisageons premièrement l'arc correspondant à l'équation

$$y = \int_0^x \frac{x^2 + c}{\sqrt{a^2 - (x^2 + c)^2}}\, dx. \tag{2}$$

Soit $c > 0$ ou $c = 0$. On voit d'abord, en tenant compte de la notion d'intégrale définie, que la valeur de y est imaginaire quand $c > a$, quelle que soit la valeur de x; nous supposerons donc qu'on a $c < a$. Dans ce cas, la même variable devient imaginaire quand $x^2 > a - c$; donc la courbe représentée par (2) ne s'étend pas au delà des points M et M' *(fig. 114)*, dont les abscisses sont égales à $\sqrt{a-c}$ et $-\sqrt{a-c}$. Le point O est un centre de la courbe, vu

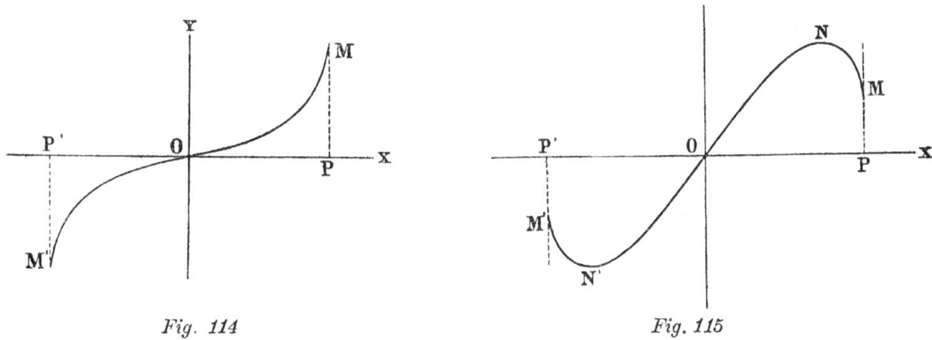

Fig. 114 *Fig. 115*

que la variable y change de signe avec la limite supérieure x de l'intégrale. Il résulte de l'équation (1) que le coéfficient angulaire de la tangente au point O est égal à $\frac{c}{\sqrt{a^2-c^2}}$, que la courbe ne possède pas de points où la tangente soit parallèle à l'axe des abscisses et que les tangentes aux points M et M' sont parallèles à l'axe des ordonnées.

On voit de même que, si $c < 0$ et $a > |c|$, la courbe a la forme indiquée dans la figure 115, où O est encore un centre et où l'abscisse OP de M est égale à $\sqrt{a-c}$. Dans ce cas, la courbe possède deux points N et N' où la tangente est parallèle à l'axe des abscisses, lesquels correspondent aux valeurs $\sqrt{-c}$ et $-\sqrt{-c}$ de x. Les tangentes aux points M et M' sont, comme dans le cas précédent, parallèles à l'axe des ordonnées.

L'arc M'OM des figures 114 et 115 ne représente pas complétement la fonction réelle et continue définie par l'équation différentielle (1), et par la condition initiale: $y = 0$ quand $x = 0$. En premier lieu, remarquons que la courbe possède deux branches, symétriquement placées par rapport aux axes des abscisses, qui vérifient cette condition initiale, lesquelles correspondent aux deux signes du radical dont dépend $\frac{dy}{dx}$. En second lieu, la branche qu'on vient de considérer ne termine pas aux points M et M'. En faisant varier x depuis $\sqrt{a-c}$ jusqu'à $-\sqrt{a-c}$ et en prenant MP pour valeur initiale de l'intégrale de (1), c'est-à-dire en déterminant y par l'équation

$$y = \int_x^{\alpha} \frac{(x^2+c)\,dx}{\sqrt{a^2-(x^2+c)^2}} + \text{MP}, \quad \alpha = \sqrt{a-c},$$

on obtient un autre arc de la courbe, qui satisfait à l'équation différentielle envisagée et qui est symétrique de MOM′, par rapport à la parallèle à l'axe des abscisses menée par le point M. En continuant de même, on obtient une courbe qui s'étend jusqu'à l'infini dans les directions des ordonnées positives et négatives, et qui forme une suite d'ondulations, ayant alternativement les sommets à la droite MP et à la droite M′P′, auxquelles elle est tangente en tous ces sommets.

Les tangentes et les normales à la courbe envisagée peuvent être construites par des procédés qui résultent immédiatement des équations

$$\mathrm{T}=\frac{ay}{x^2+c}, \quad \mathrm{N}=\frac{ax}{x^2+c},$$

où T et N représentent, respectivement, la longueur du segment de la tangente compris entre le point (x, y) et l'axe des abscisses, et celle du segment de la normale compris entre ce point et l'axe des ordonnées.

450. L'intégrale dont dépend la variable y ne peut pas être exprimée par des fonctions élémentaires; mais on peut l'exprimer par des fonctions elliptiques, comme on va le voir.

Faisons $x^2=v^{-1}$. Il vient

$$y=\frac{1}{2\sqrt{a^2-c^2}}\int_v^{\infty}\frac{(cv+1)\,dv}{v\sqrt{\left(v-\frac{1}{a-c}\right)\left(v+\frac{1}{a+c}\right)}},$$

et, en posant maintenant $v=t+\frac{2}{3}\cdot\frac{c}{a^2-c^2}$,

$$y=\frac{c}{\sqrt{a^2-c^2}}\int_t^{\infty}\frac{(ct+\alpha+1)\,dt}{(ct+\alpha)\sqrt{4t^3-g_1t-g_2}}$$

$$=\frac{c}{\sqrt{a^2-c^2}}\left[\int_t^{\infty}\frac{dt}{\sqrt{4t^3-g_1t-g_2}}+\int_t^{\infty}\frac{dt}{(ct+\alpha)\sqrt{4t^3-g_1t-g_2}}\right],$$

où

$$\alpha=\frac{2}{3}\cdot\frac{c^2}{a^2-c^2}, \quad g_1=\frac{4\,(c^2+3a^2)}{3\,(a^2-c^2)^2}, \quad g_2=\frac{8c\,(9a^2-c^2)}{27\,(a^2-c^2)^3}.$$

Par conséquent y dépend d'une intégrale elliptique de *première espèce* et d'une autre de *troisième espèce*, ayant la forme normale adoptée par Weierstrass.

Pour représenter maintenant y par des fonctions elliptiques, posons

$$\int_t^{\infty}\frac{dt}{\sqrt{4t^3-g_1t-g_2}}=u, \quad t=\mathrm{p}u, \quad \frac{dt}{\sqrt{4t^3-g_1t-g_2}}=-du,$$

pu désignant la fonction elliptique de Weierstrass correspondante aux invariants g_1 et g_2. On a

$$y = \frac{c}{\sqrt{a^2 - c^2}} \left[u + \int_0^u \frac{du}{c\,\mathrm{p}u + \alpha} \right],$$

ou, en faisant $\frac{\alpha}{c} = -\mathrm{p}v$,

$$y = \frac{c}{\sqrt{a^2 - c^2}} \left[u + \frac{1}{c} \int_0^u \frac{du}{\mathrm{p}u - \mathrm{p}v} \right],$$

ou, en appliquant l'égalité connue (Halphen: *Traité des fonctions elliptiques*, t. I, p. 138)

$$\zeta(u-v) - \zeta(u+v) + 2\zeta v = \frac{\mathrm{p}'u}{\mathrm{p}u - \mathrm{p}v},$$

et en remarquant que ζu est l'intégrale de $-\mathrm{p}u$,

$$y = \frac{1}{\sqrt{a^2 - c^2}\,\mathrm{p}'v} \left[cu\mathrm{p}'v + \log \frac{\sigma(u-v)}{\sigma(u+v)} + 2u\,\zeta v \right].$$

Cette formule et celle-ci:

$$x^2 = \frac{c}{ct + \alpha} = \frac{1}{\mathrm{p}u - \mathrm{p}v},$$

expriment x^2 et y en fonction du paramètre u, au moyen des fonctions elliptiques de Weierstrass.

451. La longueur de l'arc de la courbe élastique compris entre l'origine des coordonnées et le point (x, y) est déterminée par l'équation

$$s = \int_0^x \frac{a\,dx}{\sqrt{a^2 - (x^2 + c)^2}},$$

ou, en tenant compte des formules obtenues au n.° précédent,

$$s = \frac{a}{\sqrt{a^2 - c^2}} \int_t^\infty \frac{dt}{\sqrt{4t^3 - g_1 t - g_2}} = \frac{a}{\sqrt{a^2 - c^2}}\,u.$$

Les racines e_1, e_2 et e_3 de l'équation

$$4t^3 - g_1 t - g_2 = 0$$

sont déterminées par les formules

$$e_1 = \frac{3a+c}{3(a^2-c^2)}, \quad e_2 = -\frac{2c}{3(a^2-c^2)}, \quad e_3 = \frac{c-3a}{3(a^2-c^2)},$$

et on a $e_1 > e_2 > e_3$. La période réelle 2ω des fonctions elliptiques considérées ci-dessus est donc égale à

$$\int_{e_1}^{\infty} \frac{dt}{\sqrt{4t^3 - g_1 t - g_2}}.$$

La valeur que t prend au point M est égale à e_1; et par conséquent la longueur s_1 de l'arc OM a pour expression

$$s_1 = \frac{a}{\sqrt{a^2-c^2}}\,\omega.$$

Il résulte de l'expression de s obtenue ci-dessus et de théorèmes bien connus de la théorie des fonctions elliptiques, que les arcs de la courbe élastique peuvent être divisés algébriquement en n parties égales. Ainsi, par exemple, si l'on veut diviser l'arc OM en deux parties égales, on doit faire $u = \frac{\omega}{2}$, et ensuite déterminer l'abscisse du milieu de l'arc considéré par la formule

$$x^2 = \frac{c}{cp\frac{\omega}{2} + a},$$

qui, en tenant compte de l'égalité (Halphen: l. c., p. 50)

$$p\frac{\omega}{2} = e_1 + \sqrt{(e_1-e_2)(e_1-e_3)} = \frac{3a+c+3\sqrt{2a(a+c)}}{3(a^2-c^2)},$$

se réduit à celle-ci:

$$\sqrt{2a(a+c)} - (a+c).$$

452. L'équation (1) représente la forme prise par une lame élastique, prismatique et assez mince, quand, l'une des extrémités étant fixe, on applique au centre de l'autre une force située dans le plan perpendiculaire à la largueur de la lame. On peut voir la solution de ce problème dans le *Traité de Mécanique* (1833, t. I, p. 600) de Poisson, où il donne, pour représenter la courbe, l'équation

$$\frac{dy}{dx} = \frac{(2bx-x^2)}{\sqrt{a^2-(2bx-x^2)^2}},$$

qu'on peut réduire à la forme (1) au moyen d'un changement de l'origine des coordonnées.

Le problème de la courbe élastique fut proposé par Jacques Bernoulli en 1691 dans les *Acta eruditorum* (*Opera,* t. I, p. 451) et fut résolu par lui-même en 1694 dans un Mémoire publié dans le même recueil (l. c., p. 576). Dans ce Mémoire, il démontre d'abord que ce problème est équivalent au problème inverse des courbures, quelle que soit la relation entre la tension en une section de la lame parallèle à l'extrémité fixe et la distance de ces deux plans; ensuite il considère spécialement le cas où cette tension est proportionelle à la distance mentionnée. Dans ce dernier cas la forme prise par l'axe de la lame est représentée par l'équation (1); mais l'éminent géomètre a posé comme condition, dans l'énoncé du problème, que la lame prenne une position telle que la tangente au point d'application de la force soit perpendiculaire à la même force, et pour cela, au lieu de l'équation (1), il a obtenu le cas particulier correspondant à $c = 0$. Par ce motif, Huygens a observé que cette solution n'est pas suffisamment générale, dans une lettre à Leibniz du 24 août 1694, dont Bernoulli a eu connaissance, ce qui a amené ce dernier géomètre à s'occuper de nouveau du même problème en 1695 dans les *Acta eruditorum* (*Opera,* t. I, p. 639), où il a donné l'équation (1). Jacques Bernoulli a encore revenu sur la même question dans un travail inséré aux *Mémoires de l'Académie des Sciences de Paris* (*Opera,* t. II, p. 976), où il a examiné soigneusement les conditions physiques du problème et a donné à la solution une forme plus analytique. Dans le deuxième des travaux qu'on vient de citer, on voit plusieurs propriétés de la courbe envisagée. Ajoutons encore que l'auteur, ne pouvant pas exprimer y par les fonctions connues et soupçonnant que cette réduction n'était pas possible, a appliqué les séries au calcul de cette quantité.

Jacques Bernoulli a encore retrouvé la courbe élastique en cherchant la section droite du cylindre formé par une membrane flexible, de forme rectangulaire, suspendue par deux bords à deux côtés opposés d'un rectangle horisontal et étendue par la pression d'un liquide pesant (*Opera,* t. I, pag. 597). Par ce motif, on a donné aussi à la ligne envisagée le nom de *courbe lintéaire.*

Les deux problèmes qu'on vient de mentionner, furent étudiés encore par Jean Bernoulli dans le volume correspondant à 1694 des *Acta eruditorum* et dans les *Lectiones mathematicae* (*Opera,* t. I, p. 122 et t. III, p. 512), où l'on trouve deux résultats remarquables. Dans le premier de ces travaux l'éminent géomètre démontre que, quand $c = 0$, la construction de la courbe dépend de la rectification des arcs de l'ellipse; dans l'autre il fait voir que, en quelques cas, cette construction dépend de la quadrature de l'hyperbole, c'est-à-dire du calcul des logarithmes. On a, en effet, quand $c = -a$

$$y = \int \frac{x^2 + a}{x\sqrt{2a - x^2}}\, dx = -\sqrt{2a - x^2} - \frac{1}{2}\sqrt{2a} \log \frac{\sqrt{2a} - \sqrt{2a - x^2}}{x}.$$

La courbe élastique fut encore rencontrée par Euler en cherchant la solution des problèmes suivants, qu'on peut résoudre par la *méthode des variations:*

1.° Étant donnés deux points, déterminer, parmi les courbes du même périmètre, comprises entre ces points et situées dans un même plan, celle qui, en tournant autour d'une droite située dans le même plan, engendre le solide de volume maxime (*Methodus inveniendi lineas curvas maximi minive proprietate gaudentes,* 1744, cap. v, n.° 46).

2.° Déterminer, parmi les courbes du même périmètre, situées dans un même plan et limitant des espaces de la même aire, celles qui, en tournant autour d'un axe situé dans le même plan, engendrent un solide de volume maxime ou minime (l. c., cap. VII, n.° 22).

Dans les problèmes sur la courbe élastique mentionnés ci-dessus, on suppose que la force est perpendiculaire à la largeur de la lame, comme on l'a déjà dit. Le problème plus général où l'on suppose que la force a une direction quelconque, fut étudié par Binet (*Comptes rendus de l'Académie des Sciences de Paris*, t. XVIII, p. 1115) et Wantzel (l. c., p. 1197); alors la courbe élastique est une ligne de double courbure, dont ces géomètres ont obtenus les équations différentielles, et qu'ils ont réduit aux quadratures. Plus tard, Hermite a exprimé les coordonnées des points de ces courbes par des fonctions elliptiques, dans son beau et important Mémoire *Sur quelques applications des fonctions elliptiques* (Paris, 1885, p. 93).

X.

Courbe isochrone paracentrique.

153. Il fut designé par Leibniz par le nom de *courbe isochrone paracentrique* la ligne qui est la solution du problème suivant, proposé par ce même géomètre en 1689 dans les *Acta eruditorum:*

Chercher la courbe plane qu'un point pesant doit décrire, pour que sa distance à un point fixe varie proportionnellement au temps employé à parcourir chaque arc de la courbe.

Ce problème fut résolu par Jacques Bernoulli, au moyen de l'analyse qu'on va voir, dans le volume correspondant à 1694 du même recueil où il avait été proposé (*Opera,* t. I, p. 601 et 608).

Prenons pour origine des coordonnées le point fixe donné et pour axe des ordonnées positives la verticale qui passe par ce point et est dérigée dans le sens de la pesanteur, et représentons par (x, y) les coordonnées du point mobile, et par r sa distance au point fixe. On a, d'après l'énoncé du problème,

$$\frac{dr}{dt} = \frac{d\sqrt{x^2+y^2}}{dt} = \frac{1}{\sqrt{x^2+y^2}}\, x\left(\frac{dx}{dt} + y\,\frac{dy}{dt}\right) = k,$$

k représentant une quantité constante; et, en vertu d'un théorème très connu de Mécanique, on a aussi

$$\frac{ds^2}{dt^2} = \frac{dx^2+dy^2}{dt^2} = 2g\,(y+h).$$

En éliminant dt entre ces équations, on obtient cette autre:

$$k^2(x^2+y^2)(dx^2+dy^2)=2g(y+h)(xdx+ydy)^2, \tag{1}$$

qui représente la courbe qui satisfait au problème.

Supposons, en particulier, que les constantes h et k sont liées par la relation $k^2=2gh$. Alors l'équation différentielle de la courbe prend la forme

$$h(x^2+y^2)(dx^2+dy^2)=(y+h)(xdx+ydy)^2,$$

ou

$$(xdx+ydy)\sqrt{y}=\sqrt{h}\,(ydx+xdy). \tag{2}$$

Pour intégrer cette équation, il fut employé par Jacques Bernoulli le procédé suivant: Faisons

$$hy=vz,\quad hx=v\sqrt{h^2-z^2}\,;$$

il vient

$$ydx-xdy=-\frac{v^2\,dz}{\sqrt{h^2-z^2}},\quad xdx+ydy=vdv,$$

et par conséquent

$$v^{-\frac{1}{2}}\,dv=-\frac{hdz}{\sqrt{z(h^2-z^2)}}.$$

En intégrant cette équation et en supposant qu'on ait $v=0$, quand $z=z_0$, on trouve

$$v=\frac{1}{4}\,h^2\left[\int_{z_0}^{z}\frac{dz}{\sqrt{z(h^2-z^2)}}\right]^2, \tag{3}$$

ou, en posant $z=h\cos 2\omega$,

$$v=h\left[\int_{\omega_0}^{\omega}\frac{d\omega}{\sqrt{\cos 2\omega}}\right]^2.$$

On voit donc que le calcul des valeurs de x et y dépend de la rectification d'un arc de la lemniscate (n.° 211) envisagée au n.° 205, que Jacques Bernoulli fut ainsi amené à considérer, et que par ce motif a reçu le nom de *lemniscate de Bernoulli*.

454. L'intégration de l'équation différentielle (2) peut être obtenue par une analyse plus simple, en transformant cette équation au moyen des relations $x = \rho \cos\theta$, $y = \rho \sin\theta$. Il vient ainsi

$$(4) \qquad \frac{d\rho}{\rho} = -\sqrt{h}\frac{d\theta}{\sqrt{\sin\theta}},$$

et par suite, en intégrant et en déterminant la constante arbitraire de manière qu'on ait $\rho = 0$, quand $\theta = \theta_0$, on a *l'équation polaire de la courbe:*

$$(5) \qquad \rho = \frac{h}{4}\left[\int_{\theta_0}^{\theta}\frac{d\theta}{\sqrt{\sin\theta}}\right]^2,$$

qui, en faisant $\theta = \frac{\pi}{2} - 2\omega$, peut être mise sous la forme

$$\rho = h\left[\int_{\omega_0}^{\omega}\frac{d\omega}{\sqrt{\cos 2\omega}}\right]^2.$$

L'arc que l'équation (5) détermine, quand θ varie depuis θ_0 jusqu'à π, s'étend du point O *(fig. 116)* jusqu'à un point A_1 situé sur l'axe des abscisses. La normale à cet arc en un point quelconque peut être obtenue au moyen de la sous-normale, dont la valeur est égale à $\sqrt{\frac{h\rho}{\sin\theta}}$. La tangente au point O forme avec l'axe des abscisses un angle égal à θ_0; et la tangente au point A_1 coïncide avec cet axe. Cet arc a un point d'inflexion.

La courbe correspondante à la fonction réelle et continue définie par l'équation (4) et par la condition de ρ être égal à 0, quand $\theta = \theta_0$, ne s'arrête pas au point A_1. Pour la continuer, il faut faire varier θ depuis π jusqu'à 0, en prenant pour valeur initiale de l'intégrale celle qu'elle prend quand $\theta = \pi$. On a alors l'équation

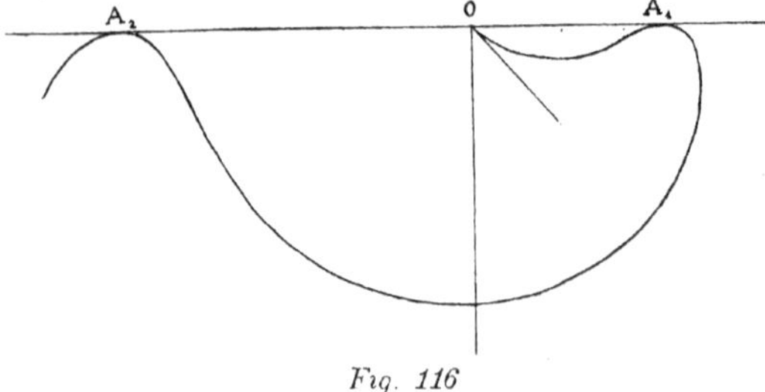

Fig. 116

$$\rho = \frac{h}{4}\left[\int_{\theta}^{\pi}\frac{d\theta}{\sqrt{\sin\theta}} + \int_{\theta_0}^{\pi}\frac{d\theta}{\sqrt{\sin\theta}}\right]^2 = \frac{h}{4}\left[\int_{\theta}^{\pi}\frac{d\theta}{\sqrt{\sin\theta}} + 2\sqrt{\frac{OA_1}{h}}\right]^2,$$

par laquelle on détermine l'arc $A_1 A_2$ de la même courbe, tangente en A_2 à l'axe des abscisses. En continuant de même, on obtient une suite infinie d'arcs de la courbe envisagée, situés au-dessous de l'axe des abscisses. La courbe s'étend donc jusqu'à l'infini dans les sens des abscisses positives et négatives et dans le sens des ordonnées positives.

455. Les coordonnées des points de la courbe isochrone paracentrique peuvent être représentées par des fonctions elliptiques. En posant, pour cela,

$$\sin^2 \omega = \frac{1}{2} \sin^2 \varphi,$$

on a

$$\rho = \frac{h}{8} \left[\int_{\varphi_0}^{\varphi} \frac{d\varphi}{\sqrt{1 - \frac{1}{2} \sin^2 \varphi}} \right]^2,$$

et, en faisant ensuite

$$\int_0^{\varphi} \frac{d\varphi}{\sqrt{1 - \frac{1}{2} \sin^2 \varphi}} = u,$$

on trouve

$$\rho = \frac{h}{8} (u^2 - u_0^2);$$

mais

$$\sin \theta = \cos 2\omega = 1 - \sin^2 \varphi = \mathrm{cn}^2\, u;$$

donc

$$\sin \theta = \mathrm{cn}^2 \sqrt{\frac{8\rho}{h} + u_0^2}.$$

On a ainsi l'équation polaire de la courbe sous une nouvelle forme, qui rend évident que, quand ρ varie depuis 0 jusqu'à l'infini, θ varie périodiquement entre 0 et π, comme on l'avait déjà vu.

On a ensuite

$$x = \frac{h}{8} (u^2 - u_0^2)\, \mathrm{sn}\, u, \quad y = \frac{h}{8} (u^2 - u_0^2)\, cn^2\, u.$$

Le module de ces fonctions elliptiques est égal à $\frac{1}{2}\sqrt{2}$.

456. Nous ajouterons encore à ce qui précède quelques renseignements historiques.

Dans le premier des travaux que Jacques Bernoulli a consacrés au problème de Leibniz, il fait dépendre la construction de la courbe de la rectification des arcs de la courbe élastique. Il y dit encore (l. c., p. 606) qu'on peut réduire cette construction à la quadrature d'une courbe algébrique, mais il ne s'arrête pas à cette dernière méthode, en se contentant d'avoir réduit le problème à celui de la rectification d'une courbe qu'il avait étudiée d'une manière approfondie Et, en effet, il suffit de faire $z = u^2$ dans l'équation (3) pour obtenir celle-ci:

$$v = h^2 \left[\int_{u_0}^{u} \frac{du}{\sqrt{h^2 - u^4}} \right]^2,$$

où l'intégrale représente la longueur d'un arc de la courbe élastique (n.° 451).

Dans le même volume des *Acta eruditorum* où la solution de Bernoulli a été publiée, il fut inséré aussi la solution que Leibniz (*Opera,* Genevae, 1768, p. 303) avait obtenue de son problème, laquelle est fondée sur la quadrature de la courbe représentée par l'équation

$$y = \frac{a}{\sqrt{x(h^2 - x^2)}}.$$

Dans les observations sur la solution de Bernoulli exposées par Leibniz dans cet écrit, l'éminent géomètre se rapporte à la difficulté de la construction de la courbe élastique qu'il faut rectifier pour résoudre son problème. Par ce motif, Bernoulli a donné bientôt, dans le même volume des *Acta* où fut publié l'écrit de Leibniz, une autre méthode pour résoudre le problème, en le réduisant à celui de la rectification de la lemniscate (l. c., p. 608), comme on a vu ci-dessus.

Le problème de Leibniz fut étudié encore par Jean Bernoulli dans le même volume des *Acta eruditorum* où furent publiées les solutions de son frère et dans les *Lectiones mathematicae* (*Opera,* t. I, p. 119 et t. III, p. 486). Dans ce écrit il expose la manière d'obtenir l'équation différentielle qui traduit la question. Dans l'autre il retrouve la réduction du problème à celui de la rectification de la lemniscate, qu'il définit par les équations

$$x = \sqrt{ht + t^2}, \quad Y = \sqrt{ht - t^2},$$

dont il résulte une manière de construire cette ligne au moyen d'un cercle et d'une hyperbole.

On n'a pas pu intégrer l'équation (1) quand $k^2 > 2gh$ ou $k^2 < 2gh$. Mais Huygens a remarqué, dans une lettre à Leibniz publiée dans le volume des *Acta eruditorum* correspondant à 1694 (*Oeuvres de Huygens,* t. X, p. 668 et 671), que les courbes font alors un nombre infini de circonvolutions autour du point O. En effet, en posant dans l'équation mentionnée $x = \rho \cos \theta$, $y = \rho \sin \theta$, il vient

$$(k^2 - 2gh - 2g\rho \sin \theta] \, d\rho^2 + k^2 \rho^2 \, d\theta^2 = 0,$$

ou, en représentant par α l'angle de la tangente avec le vecteur du point de contact,

$$k^2 - 2hg - 2g\rho \sin \theta + k^2 \operatorname{tang}^2 \alpha = 0.$$

Les courbes considérées peuvent donc être représentées, approximativement, quand ρ est très petit, par celles qui correspondent à l'équation

$$k^2 - 2hg + k^2 \frac{\rho' d\theta}{d\rho'} = 0,$$

ou, en intégrant,

$$\rho' = Ce^{-m\theta}, \quad m = \frac{k^2}{k^2 - 2gh};$$

or, chacune des courbes représentées par cette équation fait un nombre infini de circonvolutions autour du pôle, quand θ tend vers l'infini.

XI.

Courbes de Wallis. Courbe gamma.

457. On appelle *courbe de Wallis* la ligne dont l'ordonnée y prend la valeur $y = 1$, quand $x = 1$, et la valeur

$$y = \frac{2.3}{1} \cdot \frac{2.5}{2} \cdot \frac{2.7}{3} \cdots \frac{2(2x-1)}{x-1} = \frac{2^{x-1}.1.3\ldots(2x-1)}{1.2.3\ldots(x-1)},$$

quand l'abscisse x est égale à un nombre entier positif quelconque.

L'invention de cette courbe a eu l'origine aux travaux de Wallis sur l'interpolation arithmétique, et a éte communiquée par cet éminent géomètre à Schooten, qui à son tour l'a fait connaitre à Huygens. Ce dernier géomètre s'est occupé de cette courbe en deux lettres adressées à Schooten en 26 décembre 1652 et 17 janvier 1653 (*Oeuvres de Huygens,* t. I, p. 208 et 217), où il considère impossible la détermination d'une courbe géométrique par les conditions indiquées ci-dessus, sans la connaissance de quelque propriété qui détermine les valeurs des ordonnées aux points intermédiaires entre 1 et 2, 2 et 3, ...; et plus tard il a exposé les mêmes idées dans une lettre adressée à Wallis lui-même en 13 juin 1655 (l. c., p. 331). La manière de calculer ces ordonnées intermédiaires a été indiquée par ce dernier géomètre peu de temps après, en 1655, dans sa *Arithmetica infinitorum* (*Opera,* t. I, p. 476), où en même temps il a fait voir que cette courbe est une quadratrice du cercle (prop. 192e). Pour cela, il a employé une méthode d'interpolation très ingénieuse, par laquelle il a obtenu, pour chaque valeur non entière de x, une suite de nombres dont la limite est la valeur de l'ordonnée correspondante. Il a, en outre, calculé la valeur de cette ordonnée au moyen de la valeur de l'aire de la courbe correspondante à l'équation

$$Y=(1-X^2)^{x-1}.$$

En effet, comme l'on a

$$\int_0^1 (1-X^2)^{x-1}\,dX=\frac{2^{x-1}.1.2.3\ldots(x-1)}{1.3\ldots(2x-1)},$$

quand x est un nombre entier positif, la courbe de Wallis peut être représentée par l'équation

$$(1)\qquad y=2^{2(x-1)}\left[\int_0^1 (1-X^2)^{x-1}\,dX\right]^{-1}$$

En posant $x=\frac{3}{2}$, on trouve $y=\frac{8}{\pi}$; cette courbe est donc une quadratrice.

La courbe dont les ordonnées prennent les valeurs déterminées par l'équation

$$y=\frac{1.3\ldots(2x-1)}{2^{x-1}.1.2.3\ldots(x-1)},$$

quand on donne à x les valeurs 1, 2, 3, ..., fut aussi envisagée par Wallis (l. c., prop. 193e). Son équation est

$$(2)\qquad y=\left[\int_0^1 (1-X^2)^{x-1}\,dX\right]^{-1}$$

Nous faisons ici mention de cette courbe, car elle est la quadratrice employée par ce géomètre pour obtenir sa fameuse expression du nombre π (l. c., p. 467, prop. 191e). On peut voir, sous forme moderne, la voie suivie par Wallis pour arriver à cette expression, dans un travail de Cayley publié dans le tome XIII, p. 22, des *Mathematical Papers*.

458. Parmi les courbes de la même nature que celles qu'on vient de voir, envisagées par Wallis dans l'*Arithmetica infinitorum*, on doit encore remarquer celle qui est définie par la condition d'être

$$y=1.2.3\ldots(x-1),$$

quand $x=2, 3, 4,$ ... Cette ligne représente la fonction *gamma*, et par ce motif elle est appelée *courbe gamma*. Euler l'a nommée *courbe hyper-géométrique*, et il l'a représentée par l'équation

$$y=\Gamma(x)=\lim_{n=\infty}\frac{1.2\ldots n.n^x}{x(x+1)\ldots(x+n)},$$

dans une lettre à Goldbach du 13 octobre 1729. Plus tard il a représenté la même courbe par cette autre équation:

$$y = \Gamma(x) = \int_0^\infty e^{-t}\, t^{x-1}\, dt,$$

dans les *Comm. Acad. Petrop.*, t. v, p. 36, et dans les *Institutiones Calculi integralis*, t. iv, p. 337. La première de ces équations fut employée par Gauss pour étudier la fonction $\Gamma(x)$, dans le Mémoire fondamental qu'il a consacré à sa théorie (Werke, t. iii, p. 123).

On voit immédiatement que la courbe déterminée par la dernière équation satisfait à la condition par laquelle elle a été définie, puisqu'on a, quand x est un nombre entier,

$$\int_0^\infty e^{-t}\, t^{x-1}\, dt = 1 . 2 . . \; (x-1).$$

La coïncidence des courbes définies par les deux équations résulte de l'identité:

$$\int_0^n t^{x-1}\left(1-\frac{t}{n}\right)^n dt = n^x \int_0^1 y^{x-1}(1-y)^n\, dy = \frac{1 . 2 . . . n . n^x}{x(x+1) . . . (x+n)},$$

où n représente un nombre entier positif et où $t = ny$. Elle donne, en effet,

$$\int_0^\infty e^{-t}\, t^{x-1}\, dt = \lim_{n=\infty} \frac{1 . 2 . . . n . n^x}{x(x+1) . . . (x+n)} .$$

La courbe qu'on vient de mentionner, n'a pas d'autre intérêt que celui de rendre évidentes les variations de la fonction importante qu'elle représente. Par ce motif nous n'énoncerons pas ici ses propriétés; on peut les voir dans le tome iii du notre *Curso de Analyse* ou dans autres traités d'Analyse bien connus, ou encore dans les excellents traités spéciaux de la fonction gamma de MM. Godefroy (*La fonction gamma*, Paris, 1901) et Nielsen (*Handbuch der theorie der gamma function*, Leipzig, 1907).

Les ordonnées des courbes envisagées sont liées par des relations très simples, qu'on va voir.

On a, en posant $X^2 = y$,

$$\int_0^1 (1-X^2)^{x-1}\, dX = \frac{1}{2}\int_0^1 y^{-\frac{1}{2}}(1-y)^{x-1}\, dy = \frac{\Gamma(x)\,\Gamma\left(\frac{1}{2}\right)}{2\Gamma\left(x+\frac{1}{2}\right)},$$

et par conséquent on peut donner à l'équation des courbes (1) et (2) les formes, respectivement,

$$y = 2^{2x-1}\,\frac{\Gamma\left(x+\frac{1}{2}\right)}{\Gamma(x)\,\Gamma\left(\frac{1}{2}\right)}, \quad y = 2\,\frac{\Gamma\left(x+\frac{1}{2}\right)}{\Gamma(x)\,\Gamma\left(\frac{1}{2}\right)},$$

ou, en tenant compte de la formule de Legendre

$$\Gamma(x)\,\Gamma\left(x+\frac{1}{2}\right)=\frac{\Gamma\left(\frac{1}{2}\right)}{2^{2x-1}}\,\Gamma(2x),$$

ces autres formes:

$$y=\frac{\Gamma(2x)}{\Gamma^2(x)},\quad y=\frac{\Gamma(2x)}{2^{2(x-1)}\,\Gamma^2(x)}.$$

Les travaux de Wallis sur les courbes précédentes sont extrêmement remarquables, car ils ont ouvert la belle et féconde théorie des *fonctions euleriennes,* que Euler, Legendre et Gauss ont fondée, et que les plus éminents analystes du XIXe siècle ont enrichie d'importantes propositions.

CHAPITRE VIII.

LES SPIRALES.

I.

La spirale d'Archimède.

459. Considérons une droite OM *(fig. 117)* qui tourne autour d'un point fixe O, et sur OM un point M qui en même temps se déplace sur cette droite, et supposons que les vitesses de ces deux mouvements sont constantes et que le point mobile part du point O; le lieu décrit par M est la courbe nommée *spirale d'Archimède,* pour avoir été étudiée pour la première fois par le grand géomètre de Syracuse dans un Traité spécial qu'il a consacré à cette courbe. Quelques auteurs ont attribué à Conon l'invention de cette ligne et de ses principales propriétés, et à Archimède la démonstration de ces propriétés, et par ce motif la spirale mentionnée a été désignée souvent sous le nom de *spirale de Conon* (Pappus: *Collections mathématiques,* livre IV, n.° XXI; Montucla: *Histoire des Mathématiques,* 2.° éd., t. I, p. 226; etc.); mais Nizze, auteur d'une traduction allemande des ouvrages d'Archimède, a démontré l'inexactitude de cette conjecture, et ses conclusions ont été acceptées par les historiens contemporains (P. Tannery, M. Cantor, M. Loria, etc.).

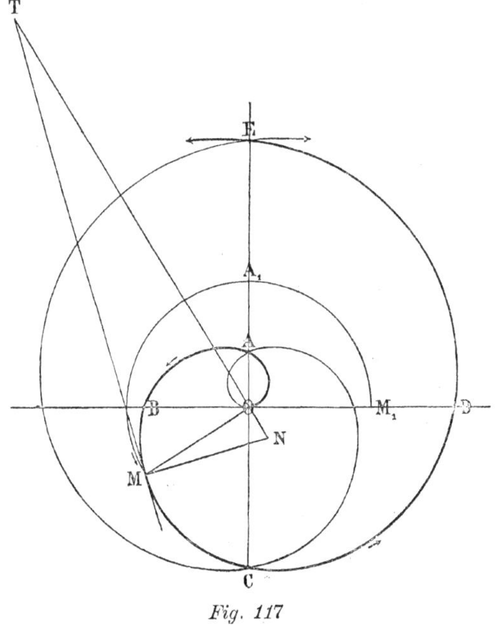

Fig. 117

Les démonstrations des propriétés de la spirale données par Archimède ont été considérées par Libri comme si obscures et compliquées qu'il en a dit : *Après vingt siècles de travaux et de découvertes, les intélligences les plus puissantes viennent encore échouer contre la synthèse difficile du Traité des spirales.* Mais, d'après Peyrard, qui a traduit en français et commenté les ouvrages du célèbre géomètre grec, ces démonstrations sont difficiles seulement pour ceux qui ne sont pas familiarisés avec les anciennes méthodes d'investigation géométrique. Actuellement on obtient les propriétés de la spirale très facilement, par les procédés analytiques modernes, en partant de l'équation, rapportée au pôle O et à l'axe OD,

$$(1) \qquad \rho = \frac{a_1}{2\pi}\,\theta = a\theta,$$

qui résulte de la définition donnée ci-dessus, et est la traduction des propositions 14ᵉ et 15ᵉ d'Archimède.

On voit au moyen de cette équation que, quand θ varie depuis 0 jusqu'à ∞, le point M décrit une partie OABCD... de la courbe, en faisant un nombre infini de circonvolutions autour du pôle O, et en s'éloignant constamment de ce point. Aux valeurs négatives de θ correspond une autre partie de la même ligne, symétrique de OABCD... par rapport à la droite OE, perpendiculaire à l'axe OD. La courbe est tangente à cet axe au pôle O.

La spirale envisagée peut être construite d'une manière très facile. Traçons, pour cela, une circonférence ayant le centre au pôle O et ayant un rayon arbitraire et divisons cette circonférence en 2^i parties égales. Ensuite prenons sur les droites qui passent par les points de division et par le centre, dans le sens où θ augmente, des segments respectivement égaux à $\frac{a_1}{2^i}, \frac{2a_1}{2^i}, \frac{3a_1}{2^i}, \ldots$ Les points qu'on obtient de cette manière appartiennent à la spirale.

Il résulte immédiatement de l'équation (1) que, si (ρ_1, θ_1) et (ρ_0, θ_0) sont deux points de la courbe et si h et k sont deux nombres entiers positifs tels que $k\theta_1 = h\theta_0$, on a

$$\frac{\rho_1}{\rho_0} = \frac{h}{k};$$

la spirale d'Archimède peut donc être employée pour déterminer un angle qui soit pour un autre dans le rapport de deux nombres entiers donnés. Pour cela, on doit mener par le pôle O une droite faisant avec l'axe OD un angle égal à l'angle donné θ_0, et construire ensuite la quatrième proportionnelle entre le vecteur ρ_0 correspondant et les nombres h et k; en traçant enfin le cercle de rayon égal à ρ_1, ayant le centre au pôle, et le vecteur du point où ce cercle coupe la spirale, on obtient l'angle θ_1 cherché.

Il résulte encore de la même équation que, si (ρ_0, θ_0), (ρ_1, θ_1) et (ρ_2, θ_2) sont trois points de la spirale et si $\theta_2 - \theta_1 = \theta_1 - \theta_0$, on a aussi $\rho_2 - \rho_1 = \rho_1 - \rho_0$. Cette propriété de la ligne considérée constitue la proposition 12ᵉ d'Archimède.

460. La sous-normale S_n de la spirale, la sous-tangente S_t, la longueur N de la normale et l'angle V formé par la tangente avec le vecteur du point de contact sont déterminés par les équations

$$S_n = a, \quad S_t = \rho\theta, \quad N = \sqrt{a^2+\rho^2}, \quad \text{tang}\, V = \frac{\rho}{a}\cdot$$

Ces formules peuvent être employées pour tracer les tangentes et les normales à la ligne considérée. La deuxième formule fait voir que *la sous-tangente* OT, *correspondant au point* M, *est égale à la longueur de l'arc* MA_1M_1 *de la circonférence de rayon* OM *ayant le centre au pôle.* Cette relation remarquable entre le problème de la rectification de la circonférence et celui de la construction de la tangente à la spirale a été découverte par Archimède (l. c., prop. 18e, 19e et 20e), qui l'a obtenue par la méthode d'exhaustion. La manière de construire la tangente qui en résulte, est le plus ancien exemple connu de la détermination de la tangente à une courbe au moyen de la sous-tangente.

La spirale considérée est une des lignes auxquelles Roberval a appliqué sa méthode des tangentes (*Mémoires de l'Académie des Sciences de Paris,* t. VI, p. 50). Il résulte de la définition cinématique de la courbe, donnée ci-dessus, que, pour tracer la tangente au point M, il suffit de mener par ce point une perpendiculaire à OM et de prendre sur cette droite, dans le sens où θ augmente, et dans le prolongement de OM deux segments dont le rapport soit égal à a; la diagonale passant par M du parallélogramme construit sur ces segments est tangente à la courbe au point M.

Le rayon de courbure de la spirale d'Archimède a l'expression

$$R = \frac{(\rho^2+a^2)^{\frac{3}{2}}}{\rho^2+2a^2} = \frac{N^3}{N^2+a^2},$$

dont il résulte une manière facile de le construire.

461. L'aire A balayée par le vecteur du point (ρ, θ), quand θ varie depuis θ_0 jusqu'à θ_1, est déterminée par l'équation

$$(2) \qquad A = \frac{a^2}{6}(\theta_1^3 - \theta_0^3) = \frac{1}{6a}(\rho_1^3 - \rho_0^3).$$

On déduit aisément de cette équation les propositions 24e à 28e du traité d'Archimède. Ainsi, en représentant par A_1 et A_2 les aires des secteurs des cercles de rayon égal à ρ_1 et ρ_0 correspondant à l'angle $\theta_1 - \theta_0$, on a

$$A_1 = \frac{1}{2a}\rho_1^2(\rho_1 - \rho_0), \quad A_0 = \frac{1}{2a}\rho_0^2(\rho_1 - \rho_0),$$

et par conséquent (Archimède, prop. 25e, 26e et 28e)

$$\frac{A}{A_1} = \frac{\rho_1^3 - \rho_0^3}{3\rho_1^2(\rho_1 - \rho_0)} = \frac{\rho_1\rho_0 + \frac{1}{3}(\rho_1 - \rho_0)^2}{\rho_1^2}, \tag{3}$$

et

$$\frac{A_1 - A}{A - A_0} = \frac{\rho_0 + 2\rho_1}{\rho_1 + 2\rho_0} = \frac{\rho_0 + \frac{2}{3}(\rho_1 - \rho_0)}{\rho_0 + \frac{1}{3}(\rho_1 - \rho_0)}.$$

De même, en faisant $\theta_0 = 2(n-1)\pi$ et $\theta_1 = 2n\pi$ et en représentant par $A^{(n)}$ la valeur de l'aire balayée par le vecteur correspondant, quand le point qui engendre la courbe décrit la spire d'ordre n, on déduit de la même formule l'égalité (prop. 25e)

$$A^{(n)} = \frac{4}{3}\pi^3 a^2 (3n^2 - 3n + 1),$$

dont résultent quelques relations intéressantes signalées aussi par Archimède, parmi lesquelles nous mentionnerons celles-ci (prop. 24e et 27e):

$$A^{(1)} = \frac{4}{3}\pi^3 a^2, \quad A^{(2)} - A^{(1)} = 8\pi^3 a^2, \quad A^{(n)} - A^{(n-1)} = 8(n-1)\pi^3 a^2. \tag{4}$$

Nous ajouterons encore la formule

$$A^{(1)} + A^{(2)} + \ldots + A^{(n)} = \frac{4}{3} n^3\pi^2 a^2.$$

Nous ferons sur le problème qu'on vient de résoudre deux observations.

Le procédé suivi par Archimède pour déterminer la valeur de A est très remarquable, car il est le germe de la méthode infinitésimale. Comme dans cette méthode, le grand géomètre a, en effet, considéré l'aire A comme la limite des sommes de deux séries de secteurs circulaires entre lesquelles l'aire envisagée est comprise, en employant toutefois, pour éviter l'idée d'infini, la démonstration par *exhaustion,* utilisée toujours par les anciens géomètres dans les questions de cette nature. M. Zeuthen, qui a étudié profondement les méthodes employées par les anciens géomètres, a analysé ce procédé et l'a comparé à la méthode moderne dans son excellent traité de l'*Histoire des Mathématiques* (Paris, 1902, p. 149).

La méthode des indivisibles fut appliquée à la même question, sous forme purement géométrique, par Cavalieri dans sa *Geometria indivisilibus,* parue en 1635, et, sous forme analytique, par Wallis dans l'*Arithmetica infinitorum* (*Opera,* t. I, p. 375). Le premier de ces géomètres a consacré à la quadrature de la spirale d'Archimède le livre VI de son ouvrage;

où il a démontré diverses propositions relatives à cette question au moyen des propriétés de l'aire de la parabole, qu'il avait étudiée au livre IV. La relation entre l'aire de la spirale et celle de la parabole est facile de reconnaitre par les méthodes modernes; en effet, en représentant par B l'aire de l'espace compris entre la parabole définie par l'équation $ay^2 = 2x$, l'axe des ordonnées et deux parallèles à l'axe des abscisses passant par les points où $y = \rho_0$ et $y = \rho_1$, on a $A = B$. Wallis s'est encore occupé de la spirale d'Archimède dans son traité *De motu* (*Opera,* t. I, p. 878), où il a donné diverses propositions sur les centres de gravité de ses aires. La détermination de ces centres par les méthodes employées avant l'invention du Calcul intégral était considérée par Huygens (*Oeuvres,* t. VII, p. 43) comme très difficile.

Avant de terminer cette doctrine, ajoutons que Archimède n'a pas énoncé explicitement la relation (2); mais la relation (3) qu'il a donnée pour la solution générale du problème de la quadrature de la spirale, n'en diffère pas essentiellement. Pour résoudre le même problème Pappus a donné les relations (l. c., livre IV, n.ºs XXII à XXIV)

$$A = \frac{1}{3} A_1, \quad A = \frac{\rho_1^3}{a_1^3} A^{(1)},$$

qui résultent de la formule (2) en y posant $\rho_0 = 0$ et en tenant compte de l'égalité (3), de la première des égalités (4) et de la relation $a_1 = 2\pi a$.

462. La longueur s de l'arc de la spirale compris entre le pôle O et le point (ρ, θ) est déterminée par l'équation

$$s = \int_0^\rho \sqrt{\rho^2 \frac{d\rho^2}{d\theta^2} + 1}\, d\rho = \frac{1}{a} \int_0^\rho \sqrt{\rho^2 + a^2}\, d\rho;$$

elle est donc égale à la longueur de l'arc de la parabole représentée par l'équation $y^2 = 2ax$, compris entre le sommet et le point où $x = \rho$.

La relation entre les arcs de la spirale et de la parabole a été considérée par plusieurs géomètres. D'après les *Cogitata physico-mathematica* de Mersenne, ouvrage paru en 1644, cette relation a été trouvée par Roberval, qui l'a démontrée par une méthode cinématique; et, d'après Wallis (*Opera,* t. I, p. 560), Hobbes s'en est aussi attribué l'invention. Gr. de St Vincent a aussi fait mention de cette propriété de la spirale envisagée dans l'*Opus geometricum* (1647). Pascal a donné une démonstration remarquable de cette proposition par les méthodes de la Géométrie ancienne, laquelle fut communiquée à Huygens par Carcavy en 1659 (*Oeuvres de Huygens,* t. II, p. 346 et 534), et qui fut exposée plus tard par Pascal lui-même dans un écrit intitulé: *Egalité des lignes spirales et paraboliques* (*Oeuvres,* ed. Hachette, t. II, 1889, p. 450).

En appliquant l'expression connue de la longueur des arcs de la parabole, ou en calculant la valeur de l'intégrale dont s dépend, on obtient la formule

$$s = \frac{\rho}{2a}\sqrt{\rho^2 + a^2} + \frac{a}{2} \log \frac{\rho + \sqrt{\rho^2 + a^2}}{a}.$$

II.

Spirale de Galilée.

163. Fermat, dans ses lettres à Mersenne du 26 avril et du 3 juin 1636 et dans un de ses écrits (*Oeuvres*, t. II, p. 5 et 12 et t. III, p. 70), fait mention d'une spirale dont il ne donne pas la définition. Mais l'étude de quelques passages des ouvrages de Mersenne (reproduites dans le tome II, p. 15, des *Oeuvres* de Fermat) a mené P. Tannery à reconnaître que cette spirale est la ligne correspondant à l'équation

$$\rho = a - b\theta^2, \tag{1}$$

où a et b sont deux constantes positives; ligne que Fermat a rencontrée en étudiant, sur la demande de Mersenne, le problème qui a pour but de déterminer la courbe que décrirait à l'intérieur de la terre un point pesant, tombant livrement jusqu'au centre suivant la loi de Galilée, c'est-à-dire avec une accélération constante. Cette trajectoire n'est pas rectiligne, à cause du mouvement de rotation de la Terre, dont il faut tenir compte; elle est une courbe à double courbure, dont la projection sur le plan de l'équateur est la spirale considérée. Le problème mentionné a été posé par Galilée, et par ce motif on a désigné cette ligne par le nom de *spirale de Galilée*.

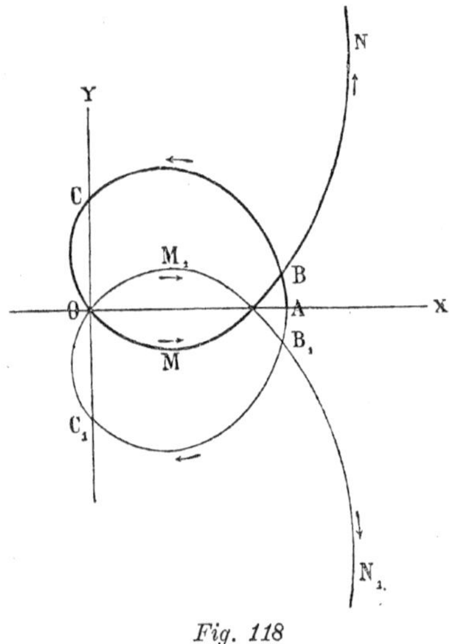

Fig. 118

On obtient aisément la forme de cette spirale (*fig. 118*). Quand θ varie depuis 0 jusqu'à $\sqrt{\frac{a}{b}}$, ρ décroît depuis a jusqu'à 0; et, quand ensuite θ varie de $\sqrt{\frac{a}{b}}$ jusqu'à l'infini, ρ devient négatif, et sa valeur absolue croît depuis 0 jusqu'à l'infini. Donc, le point (θ, ρ), en partant de A, où $OA = a$, décrit d'abord l'arc ACO, et ensuite il s'éloigne indéfiniment du pôle O, en décrivant un nombre infini de spires autour de ce point. La tangente à la courbe au point O forme un angle égal à $\sqrt{\frac{a}{b}}$ avec l'axe OX. Aux valeurs négatives de θ correspond la partie AC_1OM_1 ... de la courbe, symétrique de ACOM... par rapport à l'axe OX.

En représentant par V l'angle formé par la tangente à la courbe au point (θ, ρ) avec le vecteur du point de contact, on a la relation

$$\operatorname{tang} V = -\frac{\rho}{2\sqrt{b(a-\rho)}},$$

d'où il résulte une manière de tracer la tangente à ce point. On voit par cette formule que la tangente au point A est perpendiculaire à OX.

La valeur du rayon de courbure au même point (θ, ρ) est déterminée par l'équation

$$R = \frac{(\rho^2 - 4b\rho + 4ab)^{\frac{3}{2}}}{\rho^2 - 6b\rho + 8ab}.$$

En remplaçant dans le deuxième terme du dénominateur de cette expression ρ par $a - b\theta^2$, on obtient un résultat différent de zéro, quelles que soient les valeurs de ρ et θ; la courbe ne possède pas donc de points d'inflexion réels.

Pour déterminer les *points doubles* situés sur la partie de la courbe correspondant aux valeurs positives de θ, il suffit de remarquer que ces points doivent correspondre à deux valeurs de θ dont la différence soit égale à $(2n+1)\pi$, n désignant un nombre entier et positif quelconque, et à deux valeurs de ρ égales et de signes contraires. Les coordonnées de ces points doivent pourtant vérifier les équations

$$\rho = a - b\theta^2, \quad -\rho = a - b[\theta + (2n+1)\pi]^2.$$

Or, en éliminant ρ entre ces équations, on obtient celle ci:

$$\theta = \frac{-(2n+1)\pi b \pm \sqrt{4ab - b^2\pi^2(2n+1)^2}}{b}, \tag{2}$$

qui donne pour θ deux valeurs, auxquelles correspondent des points de la partie considérée de la courbe, quand elles sont positives, c'est-à-dire quand

$$4a > b\pi^2(2n+1)^2$$

et en même temps

$$\sqrt{4ab - b^2\pi^2(2n+1)^2} > (2n+1)\pi b.$$

Cette dernière condition peut être mise sous la forme

$$2a > b\pi^2(2n+1)^2;$$

et par conséquent la condition pour que l'angle θ soit réel et positif est

$$2a > b\pi^2 (2n+1)^2.$$

À toute valeur de n qui vérifie cette inégalité correspond un point double de la courbe envisagée, dont les coordonnées sont déterminées par les équations (1) et (2).

En posant dans les formules précédentes $n=0$, on voit que ces points doubles existent seulement si $\frac{a}{b} > \frac{\pi^2}{2}$.

Les points doubles que la courbe possède dans la partie $AC_1OM_1\ldots$ sont symétriques de ceux qu'on vient de déterminer par rapport à OX.

La courbe a encore un nombre infini de points doubles sur l'axe des abscisses, qui sont ceux où les deux arcs $ACOM\ldots$ et $AC_1OM_1\ldots$ se coupent.

464. L'aire balayée par le vecteur du point (θ, ρ), quand θ varie, est déterminée par l'équation

$$A = \frac{1}{2}\int_0^\theta \rho^2\, d\theta = \frac{1}{2}\left(a^2\theta - \frac{2}{3}ab\,\theta^3 + \frac{1}{5}b^2\theta^5\right).$$

465. La spirale dont nous nous occupons est rectifiable algébriquement quand $a=0$. On a, en effet, dans ce cas

$$s = b\int_0^\theta \theta\sqrt{\theta^2+4}\, d\theta = \frac{1}{3}\, b\left[(\theta^2+4)^{\frac{3}{2}} - 8\right].$$

Cette proposition fut énoncée par Wallis en 1659 dans son *Tractatus duo* (*Opera*, t. I, p. 561). Elle fut découverte aussi par Fermat (*Oeuvres*, t. II, p. 449), qui l'a communiquée à Carcavy en 1660. Il est à remarquer que dans ce temps on n'avait encore pu rectifier qu'un nombre très limité de courbes.

Le calcul de la longueur des arcs de la même courbe dans les autres cas dépend des intégrales elliptiques de première et de deuxième espèce.

On a, en effet,

$$ds = \sqrt{b^2\theta^4 + 2b(2b-a)\theta^2 + a^2}\,.\,d\theta,$$

ou, en faisant $\theta^2 = z$,

$$ds = \frac{1}{2}\cdot\frac{b^2z^2 + 2b(2b-a)z + a^2}{\sqrt{z\left[b^2z^2 + 2b(2b-a)z + a^2\right]}}\, dz$$

$$= \frac{1}{6}\cdot\frac{\left[F'(z) + 2b(2b-a)z + 2a^2\right]}{\sqrt{F(z)}}\, dz,$$

où

$$F(z) = z\left[b^2z^2 + 2b(2b-a)z + a^2\right].$$

En mettant maintenant cette expression de ds sous la forme

$$ds = \frac{1}{3}\left[dF(z) + \frac{b(2b-a)z + a^2}{\sqrt{F(z)}} dz\right],$$

et en posant ensuite

$$z = v + h, \quad h = -\frac{2(2b-a)}{3b},$$

on trouve enfin

$$ds = \frac{1}{3}\left[\frac{b}{2} d\sqrt{4v^3 - g_1 v - g_2} + \frac{2(2b-a)vdv}{\sqrt{4v^3 - g_1 v - g_2}} + \frac{2a^2 dv}{\sqrt{4v^3 - g_1 v - g_2}}\right],$$

où

$$g_1 = 4\left(3h^2 - \frac{a^2}{b^2}\right), \quad g_2 = 4\left(2h^2 - \frac{a^2}{b^2}\right)h.$$

On voit par cette formule que s dépend d'une intégrale elliptique de première d'une autre de deuxième espèce, qu'on vient de mettre sous la forme normale ad Weierstrass.

Si $2b = a$, l'une de ces intégrales disparait, et la rectification de la spirale considér seulement d'une intégrale de première espèce.

III.

La spirale de Fermat.

466. On appele *spirale de Fermat* la ligne définie par l'équation

$$\rho^2 = a^2\theta,$$

ligne qui a été envisagée par ce grand géomètre dans une lettre adressée à Mersenne 1636 (*Oeuvres*, t. III, p. 277). Cette spirale a la forme indiquée dans la figure 119. Au positives de ρ correspond la partie OABCD... de la courbe, formée d'une infinité aux valeurs négatives de ρ correspond la partie OA'B'..., de forme identique l'autre. Ces deux parties de la courbe forment une ligne continue, tangente en O à abscisses, et ayant à ce point une inflexion et un centre.

L'angle V formé par la tangente à la courbe au point (θ, ρ) avec le vecteur de

la sous-normale S_n et la sous-tangente S_t sont déterminés par les formules

$$\operatorname{tang} V = \frac{2\rho^2}{a^2}, \quad S_n = \frac{a^2}{2\rho}, \quad S_t = \frac{2\rho^3}{a^2},$$

au moyen desquelles on peut construire les tangentes et les normales.

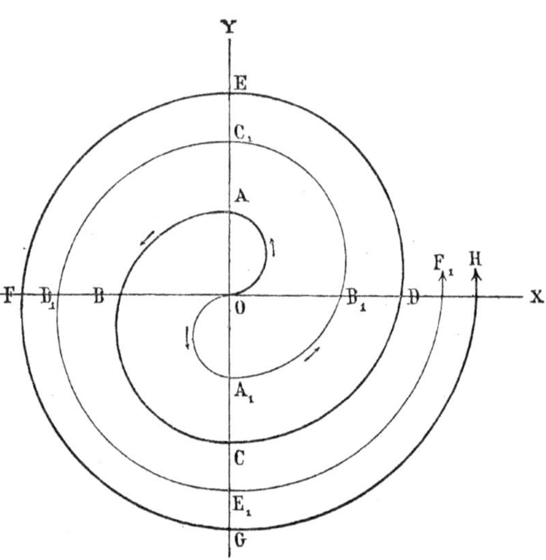

Fg. 119

L'expression du rayon de courbure est

$$R = \frac{(4\rho^4 + a^4)^{\frac{3}{2}}}{2\rho(4\rho^4 + 3a^4)};$$

il en résulte que le pôle O est le seul point d'inflexion que la courbe possède.

467. L'aire balayée par le vecteur ρ, quand θ varie depuis θ_0 jusqu'à θ_1, est déterminée par la formule

$$A = \frac{1}{2}\int_{\theta_0}^{\theta_1} \rho^2 \, d\theta = \frac{a^2}{4}(\theta_1^2 - \theta_0^2),$$

d'où il résulte, en posant $\theta_0 = 0,\ 2\pi,\ 4\pi,\ \ldots,\ \theta_1 = \theta_0 + 2\pi$, que les valeurs $A_1, A_2, A_3, \ldots$ des aires correspondant à une, deux, trois, ... spires sont

$$A_1 = a^2\pi^2, \quad A_2 = 3a^2\pi^2, \quad A_3 = 5a^2\pi^2, \quad \ldots$$

En remarquant maintenant qu'on a $OD = a\sqrt{2\pi}$, on voit que *l'aire* A_1 *est égale à la moitié de l'aire du cercle de rayon* OD. En observant ensuite que la différence de deux nombres consécutifs de la suite qu'on vient d'écrire est égale à $2a^2\pi^2$, on conclut que, *quand le vecteur du point* (θ, ρ) *fait une révolution autour du pôle* O, *l'aire* A *augmente d'une quantité égale à l'aire du même cercle.* Ces propositions ont été énoncées par Fermat dans la lettre mentionnée ci-dessus.

468. La longueur de l'arc de la courbe compris entre le point O et le point ayant pour coordonnées (θ, ρ) est donnée par l'équation

$$s = \int_0^\theta \sqrt{\rho^2 + \left(\frac{d\rho}{d\theta}\right)^2}\, d\theta = \frac{a}{2}\int_0^\theta \frac{(4\theta^2 + 1)\, d\theta}{\sqrt{\theta(4\theta^2 + 1)}},$$

et elle dépend par conséquent des intégrales elliptiques

$$\int_0^\theta \frac{\theta^2\,d\theta}{\sqrt{\theta(4\theta^2+1)}}, \quad \int \frac{d\theta}{\sqrt{\theta(4\theta^2+1)}}.$$

La première de ces intégrales peut être réduite à la seconde, en remarquant que l'intégration par parties donne

$$\int \frac{\theta^2\,d\theta}{\sqrt{\theta(4\theta^2+1)}} = \frac{1}{8}\left[2\sqrt{\theta(4\theta^2+1)} - \int \frac{4\theta^2+1}{\sqrt{\theta(4\theta^2+1)}}\right] d\theta,$$

et qu'on a par suite

$$\int \frac{\theta^2\,d\theta}{\sqrt{\theta(4\theta^2+1)}} = \frac{1}{6}\left[\sqrt{\theta(4\theta^2+1)} - \frac{1}{2}\int \frac{d\theta}{\sqrt{\theta(4\theta^2+1)}}\right].$$

Donc

$$s = \frac{a}{3}\left[\sqrt{\theta(4\theta^2+1)} + \int_0^\theta \frac{d\theta}{\sqrt{\theta(4\theta^2+1)}}\right].$$

La valeur de s dépend pourtant d'une intégrale elliptique de première espèce.

IV.

La spirale parabolique.

469. La spirale de Fermat est un cas particulier de la courbe définie par l'équation

$$(\rho - a)^2 = 2p\,a\theta,$$

laquelle fut étudiée par Jacques Bernoulli dans son *Specimen Calculi differentialis in dimensione parabolae helicoidis,* publié en 1691 dans les *Acta eruditorum* (*Opera,* t. I, p. 431), où il s'est occupé de la détermination des tangentes, des points d'inflexion, des aires et de la longueur des arcs de cette ligne, et où il l'a designée par le nom de *parabole hélicoïdique* ou *spirale parabolique.* On obtient la spirale de Fermat en posant dans cette équation $p = \frac{b^2}{a}$, et ensuite $a = 0$.

La spirale parabolique a la forme indiquée dans la figure 120. La partie ABCD... correspond à l'équation

$$\rho = a + \sqrt{2p\,a\theta}\,;$$

elle part du point A, où $\theta = 0$ et $\rho = OA = a$, et s'étend jusqu'à l'infini, en faisant un nombre infini de circonvolutions autour du pôle O, d'où elle s'éloigne constamment. La partie AOEFG... correspond à l'équation

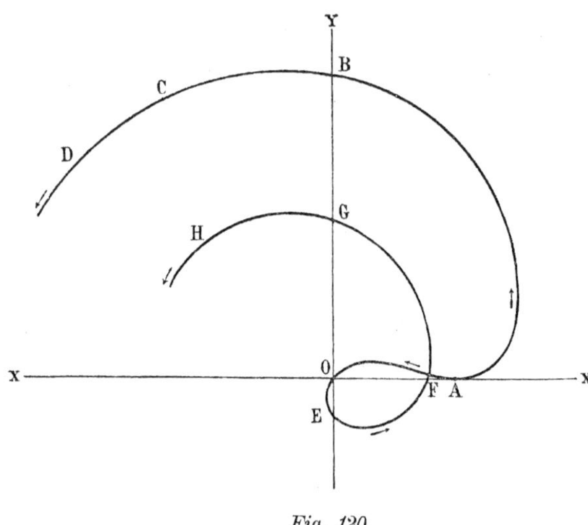

Fig. 120

$$\rho = a - \sqrt{2pa\theta}\,;$$

elle part du même point A et s'approche du pôle O, qu'elle rencontre quand θ prend la valeur $\frac{a}{2p}$, et ensuite elle s'éloigne constamment de ce point, en décrivant aussi un nombre infini de spires autour du même point.

La tangente à la courbe au point O forme un angle égal à $\frac{a}{2p}$ avec l'axe des abscisses. Les tangentes aux autres points furent déterminées par Bernoulli au moyen des formules

$$\text{tang}\,\omega = \frac{\rho(\rho - a)}{ap}, \quad S_t = \frac{\rho^2(\rho - a)}{ap},$$

où ω désigne l'angle formé par la tangente avec le vecteur du point de contact, et S_t la sous-tangente. On voit au moyen de ces relations que la spirale est tangente à l'axe des abscisses au point A.

La courbe envisagée a évidemment des *points doubles*. Pour les déterminer, il faut chercher deux valeurs de θ dont la différence soit égale à $(2n+1)\pi$, n représentant un nombre entier positif, et auxquelles correspondent des valeurs de ρ égales et de signes contraires. Les coordonnées des points cherchés doivent par conséquent vérifier les conditions

$$\rho = a + \sqrt{2p\,a\theta}, \quad -\rho = a - \sqrt{2pa\,[\theta + (2n+1)\pi]},$$

ou ces autres:

$$\rho = a - \sqrt{2p\,a\theta}, \quad -\rho = a - \sqrt{2pa\,[\theta + (2n+1)\pi]}.$$

On trouve dans ces deux cas, en éliminant ρ entre les deux équations,

$$\{4a^2 - 2pa[2\theta + (2n+1)\pi]\}^2 = 16a^2p^2\theta[\theta + (2n+1)\pi],$$

et par suite

$$\theta = \frac{[2a - p(2n+1)\pi]^2}{8ap}.$$

En donnant à n les valeurs 1, 2, 3, ..., on obtient les valeurs que θ prend aux points doubles de la courbe.

Pour déterminer les points d'inflexion de la spirale envisagée, on peut employer la formule générale

$$\rho^2 - \rho\frac{d^2\rho}{d\theta^2} + 2\left(\frac{d\rho}{d\theta}\right)^2 = 0,$$

qui donne

$$\rho^2(\rho - a)^3 + 2a^2p^2(\rho - a) + a^2p^2\rho = 0.$$

On voit au moyen de cette équation que tous les points d'inflexion réels de la courbe sont situés à l'intérieur du cercle de rayon égal à a ayant le centre au point O, et que la valeur de ρ est positive à ces points. Donc, les points d'inflexion doivent être situés sur l'arc AO.

470. L'aire balayée par le vecteur du point (θ, ρ), quand ce point varie, est déterminée par l'équation

$$A = \frac{1}{2}\int_0^\theta \rho^2\,d\theta = \frac{1}{2}\left[a^2\theta + pa\theta^2 \pm \frac{4}{3}a\theta\sqrt{2pa\theta}\right].$$

Il en résulte, en prenant le signe inférieur et en posant $\theta = \frac{a}{2p}$, que l'aire A_1 de l'espace compris entre l'arc OA et la corde correspondante a pour expression

$$A_1 = \frac{a^3}{24p}.$$

471. Pour rectifier l'arc de la spirale envisagée compris entre le point A et le point (θ, ρ), on peut employer la formule

$$s = \int_a^\rho \sqrt{\rho^2\frac{d\theta^2}{d\rho^2} + 1}\cdot d\rho = \frac{1}{ap}\int_a^\rho \sqrt{\rho^2(\rho - a)^2 + a^2p^2}\cdot d\rho;$$

s depend donc d'une intégrale elliptique qui représente l'aire d'une quartique que Bernoulli (l. c., p. 434) a enseigné à construire.

Il résulte de cette égalité une conséquence remarquable, signalée par Bernoulli (l. c.). Soit r le vecteur d'un point de la courbe et posons $a-\rho=\rho'$. Il vient

$$\int_a^r \sqrt{\rho^2(\rho-a)^2+a^2p^2}\,.\,d\rho=\int_{r_1}^0 \sqrt{\rho'^2(\rho'-a)^2+a^2p^2}\,.\,d\rho',$$

où $r_1=a-r$. Par conséquent la longueur de l'arc compris entre le point A et le point où ρ prend la valeur r, est égale à celle de l'arc compris entre le pôle O et le point où ρ prend la valeur $a-r$.

V.

La spirale hyperbolique.

472. La ligne définie par l'équation

$$\rho\theta=m \tag{1}$$

a été envisagée, sous le nom de *spirale hyperbolique* ou *spirale inverse de celle d'Archimède,* par Varignon dans un mémoire présenté en 1704 à l'Académie des Sciences de Paris et publié en 1745 (*Histoire de l'Académie R. des Sciences,* 1745, p. 94), par Jean Bernoulli dans une lettre adressée à Hermann en 1710 (*Opera,* t. I, p. 480) et dans un écrit inséré en 1713 aux *Acta eruditorum* (l. c., p. 552), et par Cotes dans l'*Harmonia mensurarum* (1722, p. 22 et 30-35). Le premier de ces géomètres a étudié, dans le mémoire mentionné, les propriétés infinitésimales d'une classe générale de spirales qu'on verra plus loin, et il a appliqué les résultats obtenus à la spirale (1). Bernoulli a démontré dans les endroits cités que cette spirale est une des courbes que peut décrire un point attiré vers un centre par une force inversement proportionnelle au cube de sa distance à ce centre, et qu'au même problème satisfait aussi la spirale logarithmique (courbe qui sera étudiée bientôt). Cotes a étudié dans son ouvrage ce même problème d'une manière complète et a démontré qu'il existe cinq spirales qui le vérifient, dont deux sont la spirale hyperbolique et la spirale logarithmique; il s'est occupé, en outre, de la rectification de la première de ces lignes (l. c., p. 22).

On détermine aisément la forme de la courbe. Quand θ tend vers ∞, ρ décroît et tend vers 0, et par conséquent le point (θ, ρ) fait un nombre infini de circonvolutions autour du pôle O *(fig. 121),* vers lequel il tend; ce pôle est par conséquent un *point asymptotique* de la courbe. Aux valeurs négatives de θ correspond une autre partie de la courbe, symétrique de celle qui correspond aux valeurs positives de cet angle.

En représentant par x et y les coordonnées cartésiennes d'un point quelconque de la même spirale, on a

$$y = \rho \sin \theta = m \frac{\sin \theta}{\theta} ;$$

donc y tend vers m, quand θ tend vers 0, et la droite AB, parallèle à l'axe OX et située à la distance m de cet axe, est une *asymptote* de la courbe.

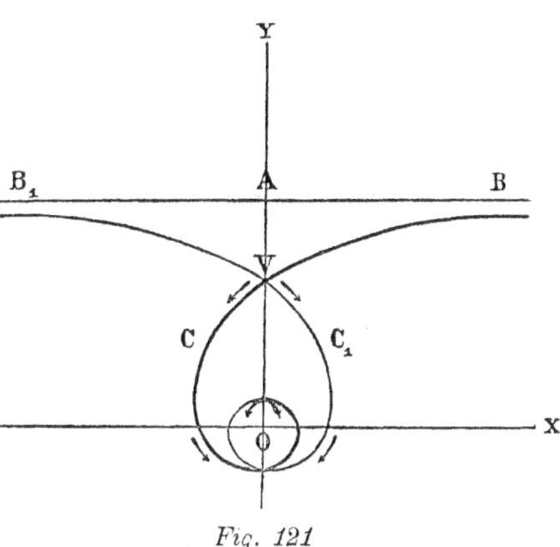

Fig. 121

La *sous-tangente*, la *sous-normale*, la *longueur de la tangente* et la *longueur de la normale* sont déterminées par les relations

$$S_t = -m, \quad S_n = -\frac{m}{\theta^2} = -\frac{\rho^2}{m},$$

$$N = \frac{\rho}{m}\sqrt{\rho^2 + m^2}, \quad T = \sqrt{\rho^2 + m^2} ;$$

la première de ces relations exprime que la sous-tangente de la spirale considérée est constante, et elle donne une manière très facile d'en construire les tangentes.

Le rayon de courbure de la même spirale est donné par l'équation

$$R = \frac{\rho (m^2 + \rho^2)^{\frac{3}{2}}}{m^3} = \frac{N^3}{\rho^2} = \frac{N^3}{m S_n} = \frac{N^3}{S_n S_t} ;$$

il en résulte que cette courbe n'a pas de points d'inflexion.

173. La valeur de l'aire balayée par le vecteur du point (θ, ρ), quand θ varie depuis θ_0 jusqu'à θ_1, peut être calculée par la formule

$$A = \frac{1}{2}\int_{\theta_0}^{\theta_1} \rho^2 \, d\theta = \frac{m}{2}(\rho_0 - \rho_1) ;$$

elle est donc égale à l'aire d'un triangle de base égale à $\rho_0 - \rho_1$ et de hauteur égale à m.

La longueur de l'arc de la courbe compris entre les points (θ_0, ρ_0) et (θ_1, ρ_1) est déterminée par la formule

$$s = \int_{\rho_0}^{\rho_1} \sqrt{\rho^2 \frac{d\theta^2}{d\rho^2} + 1} . d\rho = \int_{\rho_0}^{\rho_1} \rho^{-1} (m^2 + \rho^2)^{\frac{1}{2}} d\rho$$

$$= T_1 - T_0 + \frac{m}{2} \log \frac{(T_1 - m)(T_0 + m)}{(T_1 + m)(T_0 - m)},$$

où T_0 et T_1 représentent les longueurs des tangentes aux points considérés, c'est-à-dire les quantités

$$T_1 = \sqrt{\rho_1^2 + m^2}, \quad T_0 = \sqrt{\rho_0^2 + m^2}.$$

Le résultat qu'on vient d'obtenir fut donné par Cotes, sous forme géométrique, dans l'ouvrage mentionné plus haut.

Nous terminerons cette doctrine en faisant remarquer quelques analogies et relations entre les résultats qu'on vient d'obtenir et ceux qu'on a déduits aux n.os 401, 402 et 404, se rapportant à la courbe logarithmique.

Si l'on considère un point de la *spirale hyperbolique* et un autre de la *courbe logarithmique* (n.° 400) tels que l'ordonnée de celui-ci soit égale au vecteur de celui-là, les longueurs de la sous-tangente, de la sous-normale, de la tangente et de la normale aux deux courbes, correspondant aux points mentionnés, sont égales. De même, si l'on considère deux points de la *spirale hyperbolique* et deux autres de la *courbe logarithmique* tels que les ordonnées de ceux-ci soient égales aux vecteurs de ceux-là, l'aire de l'espace limité par ces vecteurs et par la spirale est égale à la moitié de l'espace limité par les deux ordonnées envisagées, par la courbe logarithmique et par l'axe des abscisses; et la longueur de l'arc compris entre les points considérés de la *spirale* est égale à la longueur de l'arc compris entre les points correspondants de la *courbe logarithmique*.

VI.

Le lituus.

474. Le *lituus* est une spirale étudiée par Cotes dans sa *Harmonia mensurarum* (1722, p. 84), laquelle est définie par l'équation

$$\rho^2\theta = a^2.$$

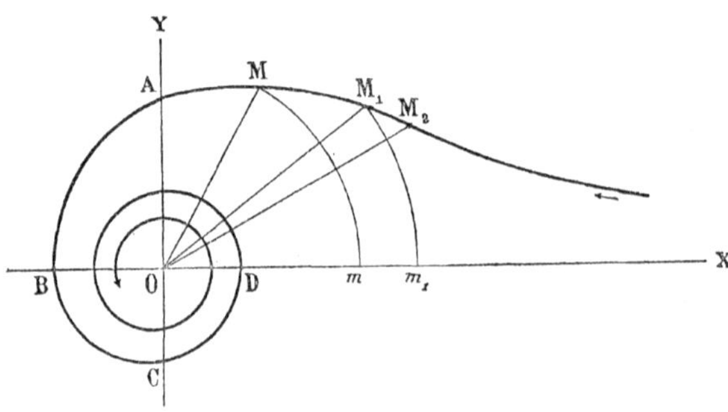

Fig. 122

Cette courbe est donc le lieu d'un point M qui se meut de manière que l'aire du secteur circulaire MOm *(fig. 122)* de centre O et de rayon OM, compris entre OX et OM, reste constante.

On voit au moyen de l'équation qu'on vient d'écrire, que le

lituus a la forme indiquée dans la figure 122. Cette spirale fait un nombre infini de circonvolutions autour du pôle O, qui en est un *point asymptotique,* et elle possède une asymptote, qui coïncide avec l'axe des abscisses. Aux points A, B, C, D, E, ..., où θ est égale à $\frac{\pi}{2}$, $\frac{3}{2}\pi$, $\frac{5}{2}\pi$, ..., ρ prend les valeurs suivantes:

$$OA = a\sqrt{\frac{2}{\pi}}, \quad OB = a\sqrt{\frac{2}{2\pi}}, \quad OC = a\sqrt{\frac{2}{3\pi}}, \quad \ldots .$$

La sous-tangente au point (θ, ρ) a pour expression

$$S_t = \rho^2 \frac{d\theta}{d\rho} = -\frac{2a^2}{\rho},$$

d'où l'on déduit les deux propositions suivantes, énoncées par Cotes (l. c.):

La sous-tangente au lituus au point M *est inversement proportionnelle au secteur* MO *du point de contact et égale au double de l'arc* Mm.

L'aire du triangle formé par le vecteur OM, *par la perpendiculaire à ce vecteur au point* O *et par la tangente au point* M *est égale au double de l'aire du secteur circulaire* MOm.

Le rayon de courbure de la courbe envisagée est donné par la formule

$$R = \frac{\rho(4a^4 + \rho^4)^{\frac{3}{2}}}{2a^2(\rho^4 - 4a^4)}.$$

La courbe possède donc un point d'inflexion, où $\rho = a\sqrt{2}$. Dans ce point la sous-tangente est égale à ρ.

475. L'aire balayée par le vecteur du point (θ, ρ), quand θ varie depuis θ_0 jusqu'à θ_1, est déterminée par l'équation (Cotes, l. c.)

$$A = \frac{1}{2} a^2 \log \frac{\theta_1}{\theta_0} = a^2 \log \frac{\rho_0}{\rho_1}.$$

La rectification de la courbe dépend de l'intégrale

$$\int \sqrt{\rho^2 + \frac{d\rho^2}{d\theta^2}}\, d\theta = a \int \frac{(1 + 4\theta^2)\, d\theta}{2\theta\sqrt{\theta(1 + 4\theta^2)}},$$

et par conséquent de ces autres

$$\int \frac{d\theta}{\theta\sqrt{\theta(1 + 4\theta^2)}}, \quad \int \frac{\theta d\theta}{\sqrt{\theta(1 + 4\theta^2)}}.$$

En tenant compte de l'identité

$$\int \frac{d\theta}{\theta\sqrt{\theta(1+4\theta^2)}} = -\frac{2\sqrt{\theta(1+4\theta^2)}}{\theta} + 4\int \frac{d\theta}{\sqrt{\theta(1+4\theta^2)}},$$

on a pourtant

$$s = a\left[\frac{\sqrt{\theta_0(1+4\theta_0^2)}}{\theta_0} - \frac{\sqrt{\theta_1(1+4\theta_1^2)}}{\theta_1} + 4\int_{\theta_0}^{\theta_1} \frac{\theta d\theta}{\sqrt{\theta(1+4\theta^2)}}\right].$$

Par conséquent s dépend d'une intégrale elliptique de deuxième espèce.

VII.

La spirale logarithmique.

476. On sait que l'angle V formé par le vecteur d'un point d'une courbe, dont les coordonnées polaires sont (θ, ρ), avec la tangente à la même courbe à ce point est déterminé par l'équation

$$\operatorname{tang} V = \frac{\rho\, d\theta}{d\rho}.$$

Si l'on veut donc chercher la courbe pour laquelle cet angle est constant, on doit intégrer l'équation

$$\frac{\rho d\theta}{d\rho} = \frac{1}{c},$$

ce qui donne

$$\rho = Ce^{c\theta}. \tag{1}$$

On obtient cette même équation quand on cherche la courbe dont l'arc compris entre un point fixe et un point variable (θ, ρ) est proportionnel au vecteur ρ de ce point. L'équation $s = a\rho$ donne en effet, en différentiant,

$$\rho^2\, d\theta^2 + d\rho^2 = a^2\, d\rho^2,$$

ou

$$\sqrt{a^2-1}\, d\rho = \rho d\theta,$$

d'où il résulte, en intégrant et en faisant $c = \frac{1}{\sqrt{a^2-1}}$, l'équation (1).

La ligne représentée par l'équation (1) est appelée *spirale logarithmique*. A cause de la première des propriétés qu'on vient d'indiquer, elle a été désignée aussi autrefois par le nom de *spirale équiangle*.

On trouve la première mention de la spirale logarithmique dans une lettre adressée par Descartes (*Oeuvres*, t. II, p. 360) à Mersenne le 12 septembre 1638, où le grand géomètre dit que la ligne qu'un point pesant décrit, quand il descend jusqu'au centre de la Terre suivant la loi du mouvement dans le plan incliné, coupe les droites qui passent par ce centre sous des angles égaux, et que la longueur de l'arc compris entre ce point et un autre quelconque est proportionnelle à leur distance. D'après une Note de M. Loria, insérée aux *Atti della Accademia dei Lincei* (1897, p. 318), on a reconnu par les manuscrits de Torricelli que cet éminent géomètre s'est occupé, vers le même temps, de cette spirale, dont il a donné une définition qui se traduit immédiatement par l'équation (1), et dont il a obtenu les aires et la longueur des arcs. Cette dernière découverte est bien remarquable, parce que le problème de la rectification des courbes était considéré comme très difficile et on n'avait pas encore pu le résoudre en aucun cas. Les résultats obtenus par Torricelli furent retrouvés par Wallis, au moyen de ses méthodes analytiques, et publiés en 1659 dans son *Tractatus duo* (*Opera*, t. I, p. 560). Plus tard la même spirale a été étudiée par Jacques Bernoulli dans trois écrits publiés en 1691, 1692 et 1693 dans les *Acta eruditorum* (*Opera*, t. I, p. 442, 491 et 554). Dans le premier de ces travaux, l'éminent géomètre démontre par le Calcul intégral les résultats obtenus par Torricelli et Wallis. Dans les deux autres, il énonce plusieurs propriétés remarquables de la même spirale, qu'on verra ci-dessous.

On voit au moyen de l'équation (1) que la partie de la spirale logarithmique *(fig. 123)* correspondant aux valeurs de θ comprises entre 0 et ∞, part du point A, où $OA = C$, et fait un nombre infini de circonvolutions autour du pôle O, en s'éloignant constamment de ce point; et que la partie de la même courbe correspondant aux valeurs de θ comprises entre 0 et $-\infty$, part aussi du point A et fait aussi un nombre infini de circonvolutions autour de O, en s'approchant constamment du même point O. Le pôle O est un *point asymptotique de la courbe*.

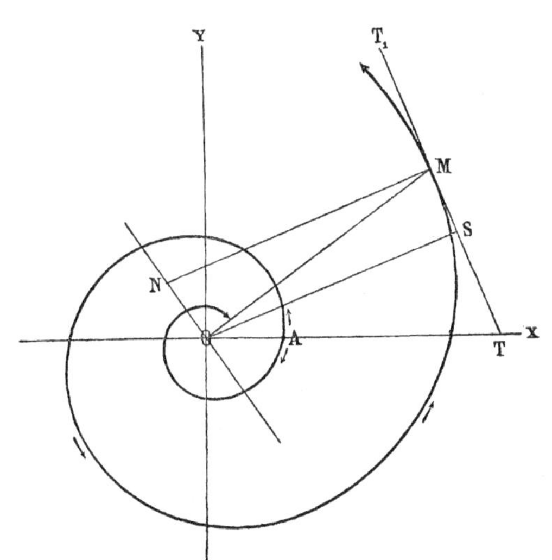

Fig. 123

La sous-normale, la sous-tangente, la longueur de la normale et l'angle α fait par la normale NM avec le vecteur du point M sont déterminés par les relations

$$S_n = c\rho, \quad S_t = \frac{\rho}{c}, \quad N = \rho\sqrt{1+c^2}, \quad \text{tang}\,\alpha = c.$$

On voit donc que S_n, S_t et N *sont proportionnelles à* ρ.

On peut construire au moyen de ces formules les tangentes et les normales à la courbe. La construction correspondant à la première formule a été employée par Cotes dans l'*Harmonia mensurarum* (p. 19).

477. L'aire balayée par le vecteur du point (θ, ρ), quand θ varie, est déterminée par l'équation

$$A = \frac{1}{4c}(\rho^2 - \rho_0^2).$$

et la longueur de l'arc compris entre le pôle et le point (θ, ρ) est déterminée par cette autre :

$$s = \int_0^\rho \sqrt{\rho^2 \frac{d\theta^2}{d\rho^2} + 1}\, d\rho = \frac{\sqrt{1+c^2}}{c}\rho = \frac{\rho}{\cos V}.$$

478. On vient de voir les propriétés de la spirale logarithmique obtenues par Descartes, Torricelli et Wallis. Nous allons maintenant exposer celles qui ont été trouvées par Jacques Bernoulli.

1.° *Les spirales logarithmiques représentées par les équations*

$$\rho = Ce^{c\theta}, \quad \rho = C_1 e^{c\theta}$$

sont égales et ont le même point asymptotique.

En faisant, en effet, $C_1 = Ce^{cu}$, la deuxième équation prend la forme

$$\rho = Ce^{c(\theta+u)} = Ce^{c\theta'}.$$

Si l'on a, en particulier, $u = 2n\pi$, n étant un nombre entier quelconque, les deux spirales considérées coïncident.

Comme conséquence de cette proposition, on voit que *la courbe inverse d'une spirale logarithmique, par rapport au point asymptotique, est une spirale logarithmique égale à la première et ayant le même point asymptotique.*

2.° *La développée d'une spirale logarithmique est une autre spirale logarithmique égale à celle-là et ayant le même point asymptotique.*

Pour démontrer cette proposition, remarquons d'abord que le rayon de courbure de la spirale considérée est déterminé par l'équation

$$R = \rho\sqrt{1+c^2},$$

et que par conséquent *il est égal à la longueur* N *de la normale.*

Donc, si l'on trace la normale MN à la courbe et la perpendiculaire ON au vecteur OM du point M, le point N d'intersection de ces droites est le centre de courbure correspondant au point M.

En remarquant maintenant que ON est la sous-normale, on voit que les coordonnées (θ_1, ρ_1) de ce centre sont déterminées par les équations

$$\rho_1 = \mathrm{ON} = c\rho = Cc\,e^{c\theta}, \quad \theta_1 = \mathrm{NOX} = \theta + \frac{\pi}{2}.$$

Pour obtenir l'équation de la développée de la ligne envisagée, il suffit d'éliminer θ entre ces équations, ce qui donne

$$\rho_1 = Cc\,e^{c\left(\theta_1 - \frac{\pi}{2}\right)} = Ce^{c\left(\theta_1 - \frac{\pi}{2}\right) + \log c}.$$

Cette développée est donc une spirale logarithmique égale à la spirale donnée, et ces deux spirales coïncident lorsqu'on a

$$\frac{\pi}{2} - \frac{\log c}{c} = 2n\pi,$$

n étant un nombre entier.

3.° Soient (x, y) les coordonnées du point M, (X, Y) les coordonnées d'un point situé sur la droite MN et symétrique de N par rapport au point M, et γ l'angle formé par NM avec l'axe des abscisses. On a

$$X = x + \rho\sqrt{1+c^2}\cos\gamma, \quad Y = y + \rho\sqrt{1+c^2}\sin\gamma,$$

et $\gamma = \theta - \alpha$.

Mais

$$\operatorname{tang}\gamma = \frac{\operatorname{tang}\theta - \operatorname{tang}\alpha}{1 + \operatorname{tang}\theta\operatorname{tang}\alpha} = \frac{y - cx}{x + cy}.$$

Donc

$$X = \rho\,(2\cos\theta + c\sin\theta), \quad Y = \rho\,(2\sin\theta - c\cos\theta),$$

et par conséquent

$$X^2 + Y^2 = \rho^2(4 + c^2).$$

En posant maintenant $c = 2\operatorname{tang}\beta$, $X = \rho_1\cos\theta_1$, $Y = \rho_1\sin\theta_1$, on réduit cette équation à la forme

$$\rho_1 = \sqrt{4+c^2}\,\rho = C\sqrt{4+c^2}\,e^{c\,(\theta_1+\beta)}.$$

Par conséquent, *le lieu des positions que prend le point de la normale* MN *à une spirale logarithmique symétrique du centre de courbure* N *par rapport à* M, *quand le point* M *varie, est une spirale logarithmique égale à celle-là.*

4.e Si OS est perpendiculaire à la tangente MT à la courbe considérée, le lieu décrit par le point S, quand M varie, est la *podaire* de cette courbe par rapport au point O. Pour en obtenir l'équation, remarquons qu'on a, en représentant par (θ', ρ') les coordonnées de S et en tenant compte de l'égalité $\mathrm{MOS} = \mathrm{OMN} = \alpha$,

$$\rho' = \mathrm{OS} = \mathrm{OM} \cos \mathrm{MOS} = \frac{\rho}{\sqrt{1+c^2}}, \quad \theta' = \theta - \alpha.$$

En éliminant maintenant ρ et θ entre ces équations et celle de la spirale, on obtient cette autre :

$$\rho' = \frac{\mathrm{C}}{\sqrt{1+c^2}} e^{c(\theta'+\alpha)},$$

d'où il résulte que *la podaire d'une spirale logarithmique, par rapport à son pôle, est une autre spirale logarithmique égale à celle-là.*

Il résulte immédiatement de cette proposition que, si l'on prend sur la droite qui passe par O et S un point K tel qu'on ait $\mathrm{OK} = h\mathrm{OS}$, h étant constante, quelle que soit la position du point M, le lieu des positions de K est une spirale logarithmique égale à la spirale donnée. En particulier, si K est le point symétrique de O par rapport à S, la spirale obtenue ainsi est la ligne nommée par Bernoulli *pericaustique.* Cette dernière ligne est le lieu décrit par le point asymptotique d'une spirale logarithmique égale à la spirale donnée, quand elle roule sur celle-ci, de manière que les deux lignes soient symétriques, par rapport à la tangente commune, en toutes les positions de la spirale mobile.

Ajoutons encore à ce qui précède, que la spirale logarithmique est l'unique courbe qui a pour *podaire,* par rapport à un pôle donné, une ligne égale pouvant être amenée à coïncider avec la courbe donnée par une rotation autour du pôle. Cette propriété de la spirale considérée fut démontrée par M. Haton de La Goupillière dans le *Journal de Lionville* (2.e série, t. XI, 1866, p. 329) au moyen d'une analyse très ingénieuse, que nous ne pouvons pas reproduire ici.

5.e *Les caustiques par réfraction et par réflexion d'une spirale logarithmique pour les rayons lumineux émanés du pôle, sont des spirales logarithmiques égales à celle-là.*

En appliquant un théorème générale que nous avons déjà employé au n.º 249, nous devons chercher, pour obtenir ces caustiques, l'enveloppe du cercle représenté par l'équation

$$\mathrm{X}^2 + \mathrm{Y}^2 - 2\mathrm{C}e^{c\theta}(\mathrm{X}\cos\theta + \mathrm{Y}\sin\theta) = \mathrm{C}^2(h^2-1)e^{2c\theta},$$

θ étant le paramètre arbitraire, et pour cela il faut éliminer θ entre cette équation et cette autre :

$$c(\mathrm{X}\cos\theta + \mathrm{Y}\sin\theta) + (\mathrm{Y}\cos\theta - \mathrm{X}\sin\theta) = -c\mathrm{C}(h^2-1)e^{c\theta}.$$

Pour faire cette élimination, remarquons d'abord que, en posant $X = \rho_1 \cos\omega$, $Y = \rho_1 \sin\omega$, ces équations peuvent être remplacées par celles-ci :

$$\rho_1^2 - 2Ce^{c\theta}\rho_1 \cos(\theta - \omega) = (h^2 - 1)\,C^2 e^{2c\theta},$$
$$\rho_1 \left[c\cos(\theta - \omega) - \sin(\theta - \omega)\right] = -cC(h^2 - 1)\,e^{c\theta},$$

d'où il résulte

(2) $$c\rho_1 - Ce^{c\theta}\left[c\cos(\theta - \omega) + \sin(\theta - \omega)\right] = 0.$$

En éliminant maintenant $e^{c\theta}$ entre cette équation et la deuxième des équations antérieures, on trouve

$$c^2(h^2 - 1) = \sin^2(\theta - \omega) - c^2\cos^2(\theta - \omega),$$

qui donne

$$\cos(\theta - \omega) = \sqrt{\frac{1 - c^2(h^2 - 1)}{c^2 + 1}},$$

ou

$$\theta = \omega + \theta_0, \quad \cos\theta_0 = \sqrt{\frac{1 - c^2(h^2 - 1)}{c^2 + 1}}.$$

En substituant cette valeur de θ dans la relation (2), on obtient l'équation

$$\rho_1 = C\left(\cos\theta_0 + \frac{\sin\theta_0}{c}\right)e^{c(\omega + \theta_0)},$$

qui, d'après un théorème général de la théorie des caustiques, représente une développante de la caustique correspondant à une valeur quelconque de h donnée. En remplaçant c par $\operatorname{tang}\alpha$, on peut encore mettre cette équation sous la forme

$$\rho_1 = C\frac{\sin(\alpha + \theta_0)}{\sin\alpha}e^{c(\omega + \theta_0)}.$$

La caustique de la spirale envisagée est la développée de la courbe représentée par cette équation ; et par conséquent l'équation de cette caustique est

$$\rho_1 = Cc\frac{\sin(\alpha + \theta_0)}{\sin\alpha}e^{c\left(\theta_1 - \frac{\pi}{2} + \theta_0\right)},$$

et la courbe est pourtant une spirale logarithmique égale à la spirale donnée.

La *caustique par réfraction* correspond au cas où $h > 1$ ou $h < 1$. La *caustique par réflexion* correspond au cas où $h=1$; alors on a $\theta_0 = a$, et l'équation précédente prend la forme

$$\rho_1 = 2Cc \cos a\, e^{c(\theta_1 - \frac{\pi}{2} + \theta_0)}.$$

Nous ajouterons encore à ce qui précède cette autre proposition, sans nous arretêr à sa démonstration: *L'image de cette dernière caustique, obtenue par la réflexion dans la spirale donnée et vue du pôle* O, *est une spirale logarithmique égale à celle-ci.*

La propriété dont jouit la spirale logarithmique, de se reproduire de manières si diverses, indiquées dans les propositions précédentes, a surpris le géomètre qui les a découvertes, lequel a exprimé son sentiment d'admiration pour ces renouvellements de la courbe, d'une manière très vive, dans une passage intéressante qui termine le deuxième des écrits mentionnés plus haut, où il a appliqué à la même courbe la divise: *Eadem numero mutata resurget,* et où, par ce motif, il l'a désignée sous le nom de *spira mirabilis.*

479. Aux diverses manières de reproduction des spirales logarithmiques découvertes par Bernoulli, on a ajouté plusieurs autres. Nous en allons exposer quelques-unes, en indiquant en même temps succintement l'analyse par laquelle on les obtient.

1.° *La polaire de la spirale logarithmique, par rapport à une hyperbole équilatère ayant le centre au pôle de la spirale et tangente à cette ligne, est une spirale logarithmique égale à celle-là.*

Cette proposition fut obtenue par M. Klein et S. Lie comme conséquence d'une doctrine générale relative aux transformations linéaires (*Mathematische Annalen,* t. IV, p. 330). Nous en allons donner une démonstration élémentaire directe.

Remarquons d'abord que la spirale logarithmique peut être représentée par les équations

$$(3) \qquad x = C(\sin t + \cos t)\, e^{-ct}, \quad y = C(\cos t - \sin t)\, e^{-ct};$$

en effet, ces équations donnent, en désignant par θ et ρ les coordonnées polaires du point (x, y),

$$\rho^2 = x^2 + y^2 = 2C^2 e^{-2ct}, \quad \text{tang}\, \theta = \frac{y}{x} = \text{tang}\left(\frac{\pi}{4} - t\right),$$

et par conséquent

$$\rho = \sqrt{2}\, C e^{c\left(\theta - \frac{\pi}{4}\right)}.$$

Cela posé, prenons pour axe des abscisses la droite qui passe par le point où la spirale est tangente à l'hyperbole, et remarquons que, pour que l'hyperbole représentée par l'équation

$$x_1^2 - y_1^2 + Ax_1 y_1 + F = 0$$

soit tangente à la spirale à un des points où $y=0$, il faut que l'équation qu'on obtient en remplaçant x_1 et y_1 par les valeurs de x et y données par les équations (3), c'est-à-dire l'équation

$$C^2[2\sin 2t + A\cos 2t] + Fe^{2ct} = 0,$$

ait deux racines égales à $\frac{\pi}{4}+k\pi$, k étant un nombre entier; les conditions pour que cela ait lieu, sont donc

$$2C^2 + Fe^{\omega} = 0, \quad AC^2 - Fce^{\omega} = 0,$$

où $\omega = 2c\left(\frac{\pi}{4}+k\pi\right)$. L'équation de l'hyperbole qui vérifie les conditions énoncées ci-dessus est pourtant

$$x_1^2 - y_1^2 - 2cx_1 y_1 = 2C^2 e^{-\omega}.$$

L'équation de la polaire du point (x, y) de la spirale, par rapport à cette hyperbole, est

$$(x_1 - cy_1)x - (y_1 + cx_1)y = 2C^2 e^{-\omega},$$

et elle donne, en dérivant par rapport à t et en tenant compte des relations (3),

$$(x_1 - cy_1)y + (y_1 + cx_1)x = 2C^2 ce^{-\omega};$$

par conséquent les équations qui déterminent les coordonnées (x_1, y_1) des points de l'enveloppe de la polaire mentionnée sont

$$x_1 = \frac{2C^2 x}{x^2+y^2} e^{-\omega}, \quad y_1 = -\frac{2C^2 y}{x^2+y^2} e^{-\omega},$$

et, en représentant par ρ_1 et θ_1 les coordonnées polaires du point (x_1, y_1), on en déduit

$$\operatorname{tang}\theta_1 = -\operatorname{tang}\theta, \quad \rho_1 = \frac{2C^2}{\rho} e^{-\omega}.$$

Pourtant la polaire de la spirale logarithmique, par rapport à l'hyperbole considérée, est représentée par l'équation

$$\rho_1 = \sqrt{2}\, Ce^{c\left(\theta_1 + \frac{\pi}{4}\right) - \omega},$$

dont il résulte le théorème énoncé.

2.° Envisageons une spirale logarithmique matérielle, dont la densité au point (θ, ρ) soit proportionnelle à la puissance n de la longueur s de l'arc compris entre ce point et le pôle O, et représentons par (x_1, y_1) les coordonnées du centre de gravité de cet arc. En appliquant un théorème bien connu de Mécanique, on trouve

$$lx_1 = \int_{-\infty}^{\theta} xs^n\, ds, \quad ly_1 = \int_{-\infty}^{\theta} ys^n\, ds, \quad l = \int_{-\infty}^{\theta} s^n\, ds.$$

En remplaçant maintenant x, y et s par les valeurs

$$x = \mathrm{C}e^{c\theta} \cos\theta, \quad y = \mathrm{C}e^{c\theta} \sin\theta, \quad s = \frac{\sqrt{1+c^2}}{c}\mathrm{C}e^{c\theta},$$

en intégrant et en posant ensuite $(n+2)c = \cot b$, on obtient pour x_1 et y_1 les expressions

$$x_1 = (n+1)\, c\mathrm{C} \sin b \cos(\theta - b)\, e^{c\theta},$$

$$y_1 = (n+1)\, c\mathrm{C} \sin b \sin(\theta - b)\, e^{c\theta},$$

quand on a $n > -1$.

Ces équations déterminent les coordonnées du centre de gravité de l'arc considéré. On en déduit, en représentant par ρ_1 le vecteur de ce point, et par θ_1 l'angle qu'il fait avec l'axe des abscisses,

$$\rho_1 = (n+1)\, c\mathrm{C} \sin b e^{c\theta}, \quad \theta = b + \operatorname{arctang} \frac{y_1}{x_1} = b + \theta_1.$$

Donc, *le lieu des positions que prend le point* (x_1, y_1), *quand le point* (θ, ρ) *varie, est une spirale logarithmique égale à celle qui est représentée par l'équation* (1).

On voit de même que ce théorème a encore lieu quand $n < -2$, en représentant par (x_1, y_1) les coordonnées du centre de gravité de l'arc compris entre le point (θ, ρ) et le point de la spirale situé à l'infini.

Si $n = -1$ ou $n = -2$, ou si n est compris entre ces deux nombres, le théorème ne subsiste pas.

Ces résultats ont été démontrés par M. Haton de La Goupillière dans une *Étude sur les lieux géométriques des centres de gravité,* insérée aux *Comptes rendus de l'Académie des Sciences de Paris* (t. CXLII, p. 1174).

3.e Considérons un point mobile sur une spirale logarithmique, et supposons qu'il émette une substance avec une intensité constante, de mode à laisser le long de la trajectoire une ligne matérielle. Nous allons déterminer le centre de gravité de l'arc compris entre le point (θ_1, ρ_1) et le pôle de la spirale. La masse totale de cet arc peut être mesurée par le temps t_1 employé à le parcourir, et les moments de la masse de chaque élément par rapport aux axes sont respectivement égaux à xdt et ydt.

On obtient le temps employé par le mobile à parcourir l'arc considéré au moyen du principe des aires, qui donne

$$\frac{\frac{1}{2}\rho^2\,d\theta}{A}=\frac{dt}{t},\quad A=\frac{1}{2}\int_{-\infty}^{\theta}\rho^2\,d\theta=\frac{\rho^2}{4c}$$

et par conséquent $t_1=e^{2c\theta_1}$.

Les coordonnées $(x_1,\ y_1)$ du centre de gravité cherché sont donc déterminées par les équations

$$t_1 x_1=\int_{-\infty}^{\theta_1} x\,dt,\quad t_1 y_1=\int_{-\infty}^{\theta_1} y\,dt,$$

qui, en tenant compte de l'égalité

$$\frac{\frac{1}{2}\rho^2\,d\theta}{A_1}=\frac{dt}{t_1},\quad A_1=\frac{1}{2}\int_{-\infty}^{\theta_1}\rho^2\,d\theta=\frac{\rho_1^2}{4c},$$

donnent

$$x_1=\frac{2c}{\rho_1^2}\int_{-\infty}^{\theta_1}\rho^3\cos\theta\,d\theta=\frac{2c\,C^3}{\rho_1^2}\int_{-\infty}^{\theta_1}e^{3c\theta}\cos\theta\,d\theta,\quad y_1=\frac{2c\,C^3}{\rho_1^2}\int_{-\infty}^{\theta_1}e^{3c\theta}\sin\theta\,d\theta,$$

ou, en intégrant et en posant $3c=\cot b$,

$$x_1=2c\,\rho_1\sin b\cos(\theta_1-b),\quad y_1=2c\,\rho_1\sin b\sin(\theta_1-b).$$

On a donc, en représentant par ρ_2 la distance du point $(x_1,\ y_1)$ au pôle, et par ω l'angle que ce vecteur fait avec l'axe des abscisses,

$$\rho_2=2c\sin b e^{c\theta_1},\quad \theta_1=b+\text{arctang}\,\frac{y_1}{x_1}=b+\omega.$$

Donc, *le lieu du point* $(x_1,\ y_1)$ *est encore une spirale logarithmique égale à celle que l'équation* (1) *représente.*

C'est à remarquer que le lieu qu'on vient d'obtenir, coïncide avec celui qui, dans la question précédente, correspond au cas où $n=1$.

La proposition qu'on vient de démontrer, a été donnée par M. Haton de La Goupillière dans une Note insérée aux *Annaes scientificos da Academia Polytechnica do Porto* (t. I, p. 69), où il a étudié le problème général de la détermination du centre de gravité des arcs d'une courbe matérielle engendrée par un point doué d'un pouvoir émissif d'intensité constante.

480. La spirale logarithmique a mérité d'être envisagée par Newton dans les *Principia* *mathematica.* Le grand géomètre a demontré, dans la proposition IX du livre I de cet ouvrage immortel, que, quand un point décrit une spirale logarithmique par l'action d'une force qui l'attire vers le pôle de cette spirale, la force centripète est inversement proportionnelle au cube de la distance du point mobile au centre; et il a fait voir, dans la proposition XV du livre II du même ouvrage, que la même ligne peut être parcourue par un point attiré vers un centre fixe par une force proportionnelle au carré de la densité du milieu où il se meut, quand cette densité est à chaque point inversement proportionnelle à sa distance au centre fixe. Cette dernière proposition a été généralisée par Jean Bernoulli (*Opera,* t. I, p. 507), lequel a démontré qu'elle a encore lieu quand la densité du milieu est proportionnelle à une puissance quelconque de la distance du mobile au centre.

La spirale logarithmique a été signalée par les zoologistes dans le nautile. La surface de ce molusque a été étudiée par M. Haton de La Goupillière d'une manière approfondie dans un Mémoire très remarquable, publié dans le tome III des *Annaes scientificos da Academia Polytechnica do Porto,* où la spirale logarithmique joue un rôle essentiel.

VIII.

La spirale de Poinsot.

181. On appele *spirale de Poinsot* la ligne définie par l'équation

$$\rho = \frac{2a}{e^{m\theta} + e^{-m\theta}},$$

ligne qui a été envisagée par cet éminent géomètre dans sa célèbre *Théorie nouvelle de la rotation des corps,* présentée à l'Académie des Sciences de Paris en 1834 et publiée dans le *Journal de Liouville* (1.e série, t. XVI, 1851, p. 301)

On voit au moyen de l'équation de la courbe, en tenant compte du signe du second membre de la relation

$$\frac{d\rho}{d\theta} = -2am \frac{e^{m\theta} - e^{-m\theta}}{(e^{m\theta} + e^{-m\theta})^2},$$

que ρ decroît constamment et tend vers 0, quand θ varie depuis 0 jusqu'à ∞. La partie ABCD... *(fig. 124)* de la courbe correspondant à ces valeurs de θ, part donc du point A, où $OA = a$, et fait un nombre infini de circonvolutions autour de O, en s'approchant constamment de ce point. Aux valeurs négatives de θ correspond une autre partie AB_1CD_1 ... de la spirale, symétrique de la première par rapport à la droite OA. Le pôle O est un *point asymptotique* de la courbe.

L'angle V de la tangente à la courbe au point (θ, ρ) et du vecteur de ce point est déterminé par l'équation

$$\operatorname{tang} V = -\frac{2a}{m\rho\,(e^{m\theta} - e^{-m\theta})},$$

d'où il résulte que la tangente au point A est perpendiculaire à OA.

La longueur N de la normale à la courbe au même point est donnée par la relation

$$N = \frac{\rho}{a}\sqrt{(1+m^2)\,a^2 - m^2\rho^2},$$

qui peut être appliquée à la construction de cette droite.

Le rayon de courbure de la spirale de Poinsot est déterminé par l'équation

$$R = \frac{\rho\left[(1+m^2)\,a^2 - m^2\rho^2\right]^{\frac{3}{2}}}{a^3\,(1+m^2)},$$

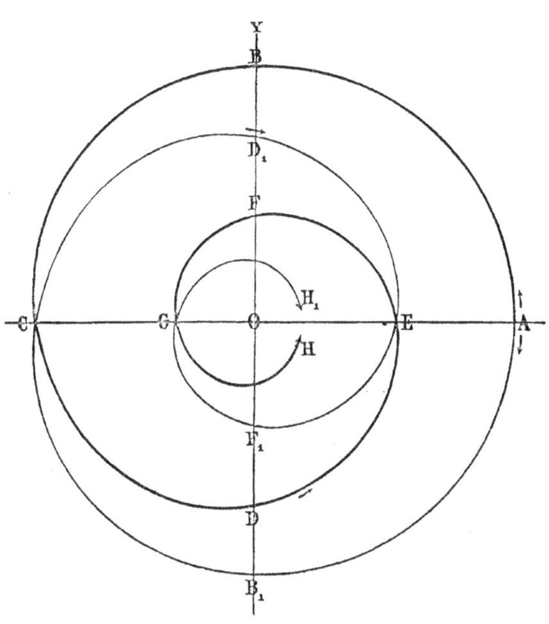

Fig. 124

d'où il résulte que la courbe n'a pas de points d'inflexion. La valeur que ce rayon prend au point A est donnée par la formule

$$R = \frac{a}{1+m^2}.$$

482. L'aire balayée par le vecteur du point (θ, ρ), quand θ varie depuis 0 jusqu'à θ, est déterminée par la formule

$$A = 2a^2 \int_0^\theta \rho^2\, d\theta = \frac{1}{2m}\left[\frac{1}{2} - \frac{1}{1+e^{2m\theta}}\right].$$

La longueur s de l'arc de la même spirale compris entre le point A et le point (θ, ρ) peut être calculée par la formule

$$s = \int_0^\theta \frac{2a}{(e^{m\theta} + e^{-m\theta})^2}\sqrt{(1+m^2)(e^{2m\theta} + e^{-2m\theta}) + 2\,(1-m^2)}\,.\,d\theta,$$

ou, en posant

$$e^{2m\theta}=z,\quad z\left[(1+m^2)z^2+2(1-m^2)z+1+m^2\right]=\mathrm{F}(z),$$

par cette autre

$$s=\frac{a}{m}\int_1^z\frac{\left[(1+m^2)z^2+2(1-m^2)z+1+m^2\right]}{(z+1)^2\sqrt{\mathrm{F}(z)}}dz.$$

Mais

$$\frac{\mathrm{F}(z)}{z(z+1)^2}=1+m^2-4m^2\left[\frac{1}{z+1}-\frac{1}{(z+1)^2}\right].$$

Donc

$$s=\frac{a}{m}\left[(1+m^2)\int_1^z\frac{dz}{\sqrt{\mathrm{F}(z)}}-4m^2\int_1^z\frac{dz}{(z+1)\sqrt{\mathrm{F}(z)}}+4m^2\int_1^z\frac{dz}{(z+1)^2\sqrt{\mathrm{F}(z)}}\right].$$

En appliquant maintenant une formule générale de la théorie des intégrales elliptiques, on trouve

$$\int\frac{dz}{(z+1)^2\sqrt{\mathrm{F}(z)}}=\frac{\sqrt{\mathrm{F}(z)}}{4m^2(z+1)}+\int\frac{dz}{(z+1)\sqrt{\mathrm{F}(z)}}-\frac{1+m^2}{8m^2}\int\frac{(z+1)\,dz}{\sqrt{\mathrm{F}(z)}}.$$

Par conséquent

$$s=\frac{a}{m}\left[\frac{\sqrt{\mathrm{F}(z)}}{z+1}+\frac{m^2+1}{2}\int_1^z\frac{dz}{\sqrt{\mathrm{F}(z)}}-\frac{1+m^2}{2}\int_1^z\frac{z\,dz}{\sqrt{\mathrm{F}(z)}}\right].$$

Pour réduire les intégrales elliptiques qui figurent dans cette relation à la forme normale adoptée par Weierstrass, il suffit de faire

$$z=v+h,\quad h=-\frac{2(1-m^2)}{3(1+m^2)};$$

et on trouve ainsi

$$s=\frac{a\sqrt{1+m^2}}{m}\left[\frac{5+m^2}{3(1+m^2)}\int_{v_0}^{v}\frac{dv}{\Delta v}-\int_{v_0}^{v}\Delta v\,dv+\frac{\Delta v}{2(v+1+h)}-\frac{1}{4}\Delta v_0\right],$$

où

$$v_0=1-h,\quad \Delta v=\sqrt{4v^3-g_1v-g_2},\quad g_1=4(3h^2-1),\quad g_2=4h(2h^2-1).$$

On voit donc que la rectification de la spirale de Poinsot dépend d'une intégrale elliptique de première espèce et d'une autre de seconde espèce.

En particulier, la longueur s_0 de l'arc compris entre le point A et le pôle O est déterminée par la formule

$$s_0 = \frac{a\sqrt{1+m^2}}{m}\left[\frac{5+m^2}{3(1+m^2)}\int_{-h}^{v_1}\frac{dv}{\Delta v} - \int_{-h}^{v_1}\Delta v\, dv\right] + \frac{a}{m},$$

où

$$v_1 = \frac{m^2+5}{3(m^2+1)}.$$

Si l'on veut représenter s par les fonctions elliptiques, on doit poser $v = \mathrm{p}u$, et par conséquent

$$\mathrm{p}'^2 v = 4\mathrm{p}^3 v - g_1\, \mathrm{p}v - g_2,$$

et on trouve

$$s = \frac{a\sqrt{1+m^2}}{m}\left[\frac{m^2+5}{3(m^2+1)}(u_0-u_1) + \zeta u_1 - \zeta u_0 + \frac{\mathrm{p}'u_0}{2(\mathrm{p}u_0+h+1)} - \frac{\mathrm{p}'u_1}{2(\mathrm{p}u_1+h+1)}\right].$$

Il est à remarquer que l'une des racines de l'équation $\Delta v = 0$ est égale à $-h$ et que les autres sont imaginaires. La période réelle des fonctions elliptiques qu'on vient d'employer, est donc égale à $2\int_{-h}^{\infty}\frac{dv}{\Delta v}$.

183. On peut rapprocher de la spirale de Poinsot les courbes définies par les équations

$$\rho = \frac{a}{2}(e^{m\theta}+e^{-m\theta}),\quad \rho = \frac{a}{2}(e^{m\theta}-e^{-m\theta}),\quad \rho = \frac{2a}{e^{m\theta}-e^{-m\theta}},$$

que nous appellerons, respectivement, *spirale du cosinus hyperbolique, spirale du sinus hyperbolique* et *spirale de la cosécante hyperbolique*. La première de ces courbes est inverse de la spirale de Poinsot; les autres sont inverses l'une de l'autre. La spirale des cosinus hyperboliques fut envisagée par Jean Bernoulli (*Opera,* t. IV, p. 248), qui a donné un procédé pour la construire. L'éminent géomètre a été amené à l'étude de cette courbe en cherchant la solution de ce problème: déterminer le lieu décrit par un point se mouvant livrement à l'intérieur d'un tuyau horisontal, quand ce tuyan tourne avec une vitesse constante autour d'un axe verticale passant par l'axe du tuyan.

Les longueurs s_1, s_2 et s_3 des arcs de ces courbes sont déterminées par les équations:

$$ds_1 = \frac{a\sqrt{1+m^2}}{m}\left[\frac{vdv}{\Delta v} + \frac{1-m^2}{3(1+m^2)}\cdot\frac{dv}{\Delta v} - d\frac{\Delta v}{2(v+h)}\right],$$

$$ds_2 = \frac{a\sqrt{1+m^2}}{m}\left[\frac{vdv}{\Delta_1 v} - \frac{1-m^2}{3(1+m^2)}\frac{dv}{\Delta_1 v} - d\frac{\Delta_1 v}{2(v+h)}\right],$$

$$ds_3 = \frac{a\sqrt{1+m^2}}{m}\left[\frac{m^2+5}{3(m^2+1)}\frac{dv}{\Delta_1 v} + \frac{vdv}{\Delta_1 v} - \frac{\Delta_1 v}{2(v+h-1)}\right],$$

ou

$$\Delta_1 v = 4v^3 - g_1 v + g_2.$$

Les racines de cette équation et celles de l'équation $\Delta v = 0$ diffèrent seulement par le signe, et par conséquent les quantités s_1, s_2 et s_3 dépendent des mêmes fonctions elliptiques.

IX.

La spirale tractrice.

184. On désigne sous le nom de *spirale tractrice* la ligne dont la longueur de la tangente, rapportée aux coordonnées polaires, est constante. Cette spirale fut indiquée par Varignon dans le mémoire mentionné au n.° 472, et fut étudiée, sous le nom de *tractrice compliquée,* par Cotes dans l'*Harmonia mensurarum,* p. 82, où il s'est occupé de sa construction, de sa quadrature et de sa rectification, et où il a remarquée qu'elle est inverse de la développante du cercle. Cette propriété, retrouvée plus tard par d'autres géomètres, sera démontrée plus loin, à l'occasion d'étudier cette développante. La même spirale a été étudiée de nouveau par Rouquel dans les *Nouvelles Annales de Mathématiques* (1863, p. 494), où il a résolu quelques questions sur la même courbe qui avaient été proposées antérieurement par M. Haton de La Goupillière (l. c., 1863, p. 336).

Il résulte immédiatement de la définition de la courbe qu'elle peut être représentée par l'équation

$$\rho^2 + \rho^4 \left(\frac{d\theta}{d\rho}\right)^2 = a^2,$$

a étant une quantité constante, ou

$$(1) \qquad d\theta = \pm \frac{\sqrt{a^2 - \rho^2}}{\rho^2} d\rho = \pm \left[\frac{a^2 \, d\rho}{\rho^2 \sqrt{a^2 - \rho^2}} - \frac{d\rho}{\sqrt{a^2 - \rho^2}}\right],$$

ou, en intégrant et en déterminant la constante arbitraire par la condition de θ s'annuler quand $\rho = a$,

$$(2) \qquad \theta = \mp \left[\frac{\sqrt{a^2 - \rho^2}}{\rho} - \text{arc} \cos \frac{\rho}{a}\right].$$

Considérons dans les équations (1) et (2) le signe inférieur. Alors, quand ρ varie depuis a jusqu'à 0, θ croît constamment depuis 0 jusqu'à ∞. La partie correspondant de la courbe, ABCD... *(fig. 125),* commence au point A, où $OA = a$, et fait un nombre infini de circonvolutions autour du pôle O, en s'approchant constamment de ce pôle, qui est un *point asymptotique* de la spirale.

Si l'on prend, dans les équations (1) et (2), le signe supérieur, on obtient la partie AB_1CD_1 ... de la courbe, symétrique de ABCD... par rapport à l'axe OX.

L'équation (1) détermine les sous-normales de la courbe et fait voir qu'elle est tangente à l'axe OX au point A. La spirale a donc à ce point un *rebroussement*.

On voit au moyen de l'équation

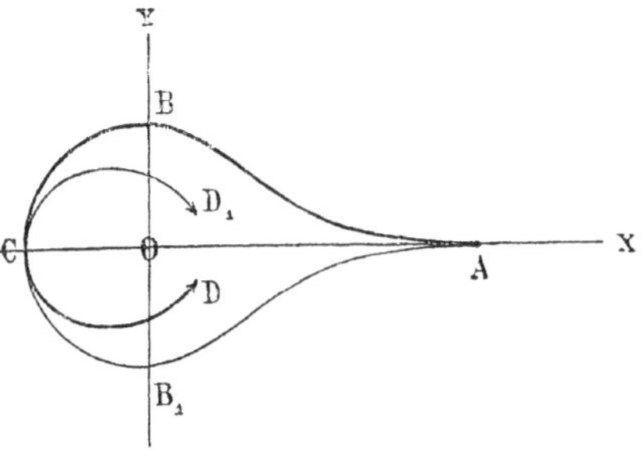

Fig. 125

$$(3) \qquad \frac{dy}{dx} = \frac{\rho \sin\theta \mp \sqrt{a^2-\rho^2}\cos\theta}{\rho\cos\theta \pm \sqrt{a^2-\rho^2}\sin\theta}$$

que les points où la tangente est parallèle à l'axe OX sont déterminés par l'équation de la courbe et par celle-ci :

$$\operatorname{tang}\theta = \frac{\sqrt{a^2-\rho^2}}{\rho}.$$

En posant dans cette équation $x = \rho\cos\theta$ et $y = \rho\sin\theta$, on trouve cette autre :

$$x^2 + y^2 \pm ax = 0,$$

qui représente deux cercles égaux, ayant les centres aux points de l'axe OX dont la distance à O est égale à $\frac{1}{2}a$. Donc, *les points de la spirale tractrice où la tangente est parallèle à l'axe des abscisses sont situés sur les circonférences de ces deux cercles.*

Si l'on remarque maintenant que l'équation (2) ne change pas, si l'on prend pour axe des abscisses une autre droite quelconque passant par le pôle, on peut énoncer le théorème suivant :

Les points de la spirale tractrice où la tangente est parallèle à une droite donnée quelconque, sont situés sur la circonférence de deux cercles qui passent par le pôle et ont les centres sur une parallèle à la droite donnée, passant par ce pôle, à la distance $\frac{a}{2}$ de ce point.

185. *La spirale tractrice est la podaire de la spirale logarithmique $\rho\theta = a$ par rapport au pôle.*

En effet, en représentant par O le pôle, par OX l'axe des coordonnées polaires, par θ_1 et ρ_1 les coordonnées du point T de la podaire de cette spirale correspondant au point M de la même spirale, et par V l'angle OMT, on a

$$\rho_1 = \mathrm{OT} = \rho \sin \mathrm{V} = \frac{a\rho}{\sqrt{\rho^2 + a^2}},$$

$$\theta_1 = \mathrm{TOX} = \theta + \left(\frac{\pi}{2} - \mathrm{V}\right) = \frac{a}{\rho} + \frac{\pi}{2} - \operatorname{arc}\cos\frac{\rho}{\sqrt{a^2 + \rho^2}},$$

et par conséquent, en éliminant ρ entre ces équations, et en changeant θ_1 en $\theta_1 + \frac{\pi}{2}$,

$$(4) \qquad \theta_1 = \frac{\sqrt{a^2 - \rho_1^2}}{\rho_1} - \operatorname{arc}\cos\frac{\rho_1}{a}.$$

Cette proposition a été donnée par Maclaurin dans son fameux *Treatrise of fluxions* (t. I, p. 222, de la traduction française de Pesenas).

486. C'est une conséquence du théorème qu'on vient de démontrer la proposition suivante, remarquée par M. Haton de La Goupillière (l. c.) et démontrée par Rouquel et Laquière (*Nouvelles Annales de Mathématiques,* 1863, p. 549):

Le lieu du pôle d'une spirale hyperbolique qui roule sur une autre égale, dont le pôle coïncide avec celui-là à l'origine du mouvement, est une spirale tractrice.

En effet, il est géométriquement évident que ce lieu est identique à celui des points symétriques du pôle de la spirale fixe par rapport aux points de la podaire qu'on vient de considérer; or, en changeant dans l'équation (4) ρ_1 en $2\rho_1$, on obtient l'équation d'une spirale tractrice.

487. Le rayon de courbure de la spirale envisagée est déterminé par l'expression

$$(4) \qquad \mathrm{R} = \frac{a\rho\sqrt{a^2 - \rho^2}}{a^2 - 2\rho^2},$$

d'où il résulte que la courbe possède deux points d'inflexion, dont les coordonnées sont (Rouquel: l. c.)

$$\rho = \frac{1}{2} a \sqrt{2}, \quad \theta = \pm\left(1 - \frac{\pi}{4}\right).$$

En représentant par α l'angle de la normale au point (θ, ρ) et du vecteur de ce point, on a

$$\cot \alpha = \frac{\sqrt{a^2 - \rho^2}}{\rho}, \quad \operatorname{sen} \alpha = \frac{\rho}{a};$$

pourtant on peut mettre l'expression du rayon de courbure sous la forme (Rouquel: l. c.)

$$R = \frac{1}{2} a \operatorname{tang} 2\alpha.$$

488. La longueur s de l'arc de la spirale considérée compris entre le point (θ, ρ) et le point A est déterminée par la formule

$$s = \int_\rho^a \sqrt{\rho^2 \frac{d\theta^2}{d\rho^2} + 1} \cdot d\rho = a \int_\rho^a \frac{d\rho}{\rho} = -a \log \frac{\rho}{a} = -a \log \sin \alpha.$$

Donc, *la longueur de l'arc compris entre le point* A *et le point* (θ, ρ) *est proportionnelle au logarithme du vecteur de ce point.* Cette propriété de la spirale tractrice a été prise par Cotes pour définition de la même courbe. On en déduit, en différentiant la dernière équation, la propriété par laquelle on a abordé ci-dessus l'étude de cette ligne.

Il résulte de cette égalité et de la relation (4) que l'*équation intrinsèque* de la spirale tractrice est

$$R^2 = a^2 \frac{e^{\frac{2s}{a}} - 1}{\left(e^{\frac{2s}{a}} - 2\right)^2}.$$

L'aire de l'espace balayé par le vecteur de la spirale tractrice, quand il varie depuis a jusqu'à ρ, est déterminée par l'équation

$$A = \frac{1}{4}\left[\frac{1}{2} a^2\pi - \rho\sqrt{a^2 - \rho^2} - a^2 \arcsin \frac{\rho}{a}\right] = \frac{1}{8} a^2 [\pi - 2\alpha - \sin 2\alpha].$$

X.

Tractrice circulaire.

489. On appelle *tractrice circulaire* la courbe qui jouit de la propriété d'être constante la longueur d'un des segments de la tangente compris entre le point de contact et une circonférence donnée. Elle est le lieu décrit par un point entrainé par un autre, auquel il est lié par un fil, quand celui-ci décrit une circonférence.

En représentant par (X, Y) un point quelconque de cette circonférence, par (x, y) le point correspondant de la tractrice, on peut traduire cette définition par les équations

$$X^2+Y^2=a^2,\quad (X-x)^2+(Y-y)^2=b^2,\quad (Y-y)\,dx=(X-x)\,dy,$$

dont la première représente la circonférence donnée, et les deux autres expriment que la distance entre les points (X, Y) et (x, y) est constante et que ces deux points sont situés sur une tangente à la tractrice.

Posons maintenant

$$X=\rho_1\cos\omega,\quad Y=\rho_1\sin\omega,\quad x=\rho\cos\theta,\quad y=\rho\sin\theta.$$

Les équations précédentes prennent la forme

$$\rho_1=a,\quad \rho^2-2\rho\rho_1\cos(\theta-\omega)=b^2-a^2,\quad \rho_1\left[\frac{d\rho}{d\theta}\sin(\theta-\omega)+\rho\cos(\theta-\omega)\right]=\rho^2,$$

d'où il résulte, par l'élimination de $\theta-\omega$,

$$\frac{d\theta}{d\rho}=\frac{\sqrt{4a^2\rho^2-(\rho^2+a^2-b^2)^2}}{\rho(\rho^2-a^2+b^2)}.$$

Donc, l'équation de la tractrice envisagée est

$$\theta=\pm\int_\alpha^\rho\frac{\sqrt{4a^2\rho^2-(\rho^2+a^2-b^2)^2}}{\rho(\rho^2-a^2+b^2)}\,d\rho. \tag{1}$$

L'intégrale dont θ dépend peut être exprimée par des fonctions élémentaires, en posant $\rho^2=t$ et en intégrant ensuite; mais nous n'exposerons pas ici cette réduction, et nous allons étudier la courbe directement au moyen de l'équation (1), où l'on peut supposer que la variable ρ est positive.

Pour déterminer la forme de la spirale envisagée, supposons premièrement qu'on ait $a>b$, et remarquons: 1.° qu'il résulte de l'identité

$$4a^2\rho^2-(\rho^2+a^2-b^2)^2=(b-\rho+a)(b+\rho-a)(\rho+a-b)(\rho+a+b)$$

que l'intégrale dont dépend la valeur de θ est réelle quand ρ est compris entre $a-b$ et $a+b$, et imaginaire quand ρ est compris entre 0 et $a-b$ ou entre $a+b$ et ∞; 2.° que cette intégrale devient infinie quand $\rho^2=a^2-b^2$; 3.° que la même intégrale croît quand ρ augmente; 4.° que $\frac{d\theta}{d\rho}$ est nulle aux points où $\rho=a-b$ ou $\rho=a+b$; 5.° que la courbe est symétrique par rapport à l'axe des abscisses. Cela posé, en faisant dans l'équation (1) $\alpha=a+b$, on obtient l'équation d'une branche de la courbe, qui commence au point de l'axe des abscisses où

$\rho = a + b$, où elle a un *rebroussement* (*fig. 126*), et fait ensuite deux suites de circonvolutions autour du cercle de rayon égal à $\sqrt{a-b}$, ayant le centre au pôle, en s'approchant constamment de cette ligne, qui en est un *cercle asymptotique.* De même, en posant dans l'équation (1) $\alpha = a - b$, on obtient l'équation d'une autre branche de la même spirale, qui commence au point de l'axe des abscisses où $\rho = a - b$, où elle a un *rebroussement*, et fait un nombre infini de circonvolutions autour du pôle et tend vers le cercle mentionné ci-dessus, en restant toujours à son intérieur. Aux valeurs de α différentes de $a-b$ et $a+b$ correspondent d'autres branches de la courbe, égales à celles qu'on vient de considérer, ayant un axe de symétrie différent.

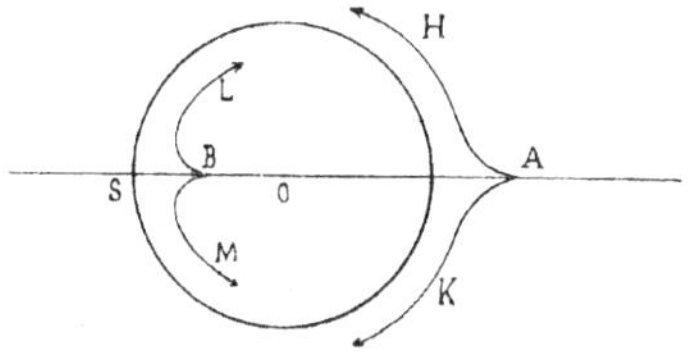

Fig. 126

Si $a < b$, on voit de même que la courbe a la forme d'un ovale avec deux rebroussements aux points où $\rho = b - a$ et $\rho = b + a$.

Si $a = b$, l'équation (1) prend la forme

$$\theta = \pm \int_{\alpha}^{\rho} \frac{\sqrt{4a^2 - \rho^2}}{\rho^2} d\rho,$$

et par conséquent (n.° 484) la *tractrice circulaire* coïncide alors avec la *spirale tractrice.* Ce cas particulier a été envisagé par Huygens, comme on le voit par quelques lignes d'un de ses manuscrits, publiées dans le tome x, p. 422, de ses *Oeuvres*.

490. On voit au moyen de l'équation

$$(2) \qquad \frac{dy}{dx} = \frac{(\rho^2 - a^2 + b^2)\sin\theta + \sqrt{4a^2\rho^2 - (\rho^2 + a^2 - b^2)^2}\cos\theta}{(\rho^2 - a^2 + b^2)\cos\theta - \sqrt{4a^2\rho^2 - (\rho^2 + a^2 - b^2)^2}\sin\theta},$$

que la tangente à la spirale envisagée est parallèle à l'axe des abscisses aux points déterminés par l'équation de la courbe et par celle-ci:

$$(\rho^2 - a^2 + b^2)\sin\theta + \sqrt{4a^2\rho^2 - (\rho^2 + a^2 - b^2)^2}\cos\theta = 0.$$

Or, en posant $x = \rho\cos\theta$, $y = \rho\sin\theta$, cette équation prend la forme

$$(x^2 + y^2)^2 + 2(b^2 - a^2)y^2 - 2(a^2 + b^2)x^2 + (a^2 - b^2)^2 = 0,$$

ou

$$(x \pm b)^2 + y^2 = a^2.$$

Par conséquent les points considérés sont situés sur les circonférences de ces deux cercles. Comme l'équation (2) ne change pas quand on remplace l'axe des abscisses par un autre quelconque passant par le pôle, nous pouvons énoncer le théorème suivant, qui est nouveau, croyons-nous:

Les points de la tractrice circulaire où la tangente est parallèle à une droite donnée quelconque, sont situés sur les circonférences de deux cercles de rayon égal à a, ayant les centres sur la parallèle à la droite donnée passant par le pôle, à la distance b de ce point.

En faisant $a = b$, on retrouve une propriété de la spirale tractrice énoncée au n.° 484.

491. On peut obtenir aisément la longueur des arcs de la courbe considérée, puisqu'on a

$$ds = \sqrt{\rho^2 \frac{d\theta^2}{d\rho^2} + 1}\, d\rho = \frac{2b\rho}{\rho^2 - a^2 + b^2} d\rho;$$

la longueur de l'arc compris entre les points (θ, ρ), et $(0, a)$ est donc déterminée par la formule

$$s = b \log \frac{\rho^2 - a^2 + b^2}{a^2 - a^2 + b^2}.$$

L'aire balayée par le vecteur du point (θ, ρ), quand θ varie, dépend de l'intégrale

$$\int \rho^2 d\theta = \int \frac{\rho\sqrt{4a^2\rho^2 - (\rho^2 + a^2 - b^2)^2}}{\rho^2 - a^2 + b^2} d\rho,$$

qui, en posant $\rho^2 = t$, se transforme dans une autre qu'on sait exprimer par des fonctions élémentaires.

XI.

La cochléoïde.

492. La courbe définie par l'équation

$$\rho = a \frac{\sin\theta}{\theta} \tag{1}$$

fut appelée par Falkenburg et Benthen (*Niew Archief,* 1884, t. x, p. 76) *cochléoïde.* Elle est la ligne *inverse de la quadratrice de Dinostrate.* Les anciens géomètres donnaient au mot *cochléoïde* un sens différent de celui qu'on lui attribue à présent. D'après un commentaire de Jamblique, conservé par Simplicius dans ses *Commentaires sur Aristote,* Pappus a donné le nom de *cochléoïde* à la courbe que Proclus et Eutocius ont appelée *conchoïde,* c'est-à-dire à la courbe étudiée aux n.os 273 à 281. [Voy. P. Tannery: *Histoire des lignes et des surfaces courbes dans l'antiquité* (*Bulletin des Sciences mathématiques,* 1883, p. 183)].

La cochléoïde a été l'objet de plusieurs travaux, comme on peut le voir dans une Notice bibliographique sur cette courbe publiée par M. Wölffing dans le *Bolletino di bibliografia et storia delle scienze mat.* (t. III, 1900). On en trouve la première mention connue dans un écrit anonyme, attribué par M. Wölffing à J. Perks, publié en 1700 dans les *Philosophical Transactions of the London R. Society.* Elle a été étudiée par Cesàro (*Nouvelle Correspondance,* t. IV, 1878, p. 283), Falkenburg (*Archiv der Mathematik,* t. CXX, p. 259), M. Neuberg (*Mathesis,* t. V, 1885, p. 89), etc.

On obtient aisément la forme de la courbe au moyen de son équation. En considérant premièrement les valeurs positives de θ, on voit que, quand θ varie depuis 0 jusqu'à π, le point (θ, ρ) décrit l'arc ABO *(fig. 127),* tangent en O à l'axe OX. Quand ensuite θ varie depuis π jusqu'à 2π, le même point décrit l'arc $OdeO$, qui est aussi tangent en O à l'axe OX. Quand θ continue à augmenter, le point (θ, ρ) décrit une suite infinie d'ovales, comme $OfgO$, qui sont tous tangents au point O à l'axe mentionné. Ces ovales ne peuvent pas se couper, car, si ils avaient un point commun, différent de O, les valeurs prises par θ à ce point devraient vérifier la condition

$$\frac{\sin(\theta + n\pi)}{\theta + n\pi} = \frac{\sin(\theta + m\pi)}{\theta + m\pi},$$

n et m étant deux nombres entiers positifs, l'un *pair* et l'autre *impair,* et l'un des valeurs de θ considérées serait négative. La distance du point A au pôle est égale à a.

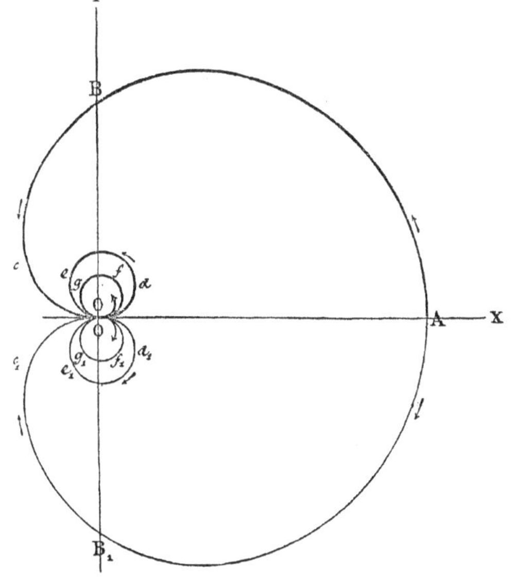

Fig. 127

Aux valeurs négatives de θ il correspond une autre branche de la courbe, symétrique de celle qu'on vient de considérer par rapport à l'axe des abscisses.

On voit au moyen de l'équation

$$\frac{d\rho}{d\theta} = a\frac{\theta\cos\theta - \sin\theta}{\theta^2} = \frac{\rho(a\cos\theta - \rho)}{a\sin\theta},$$

qu'on a $\frac{d\rho}{d\theta} = 0$ quand $\theta = 0$ et quand $\rho = a\cos\theta$; pourtant, *la circonférence de rayon égal à* $\frac{1}{2}$ OA, *ayant le centre au milieu du segment* OA, *coupe la courbe aux points où* ρ *passe par une valeur maxime ou minime.*

Les points où la tangente est parallèle à une droite donnée sont déterminés par l'équation de la courbe et par celle-ci:

$$\frac{dy}{dx}=\frac{2(\theta\sin 2\theta-\sin^2\theta)}{2\theta\cos 2\theta-\sin 2\theta}=\operatorname{tang}\alpha,$$

où α représente l'angle formé par la droite donnée avec l'axe des abscisses.

Or, en éliminant θ au moyen de l'équation de la courbe, cette équation prend la forme

$$\rho=\frac{a\sin(2\theta-\alpha)}{\sin(\theta-\alpha)}.$$

Nous pouvons donc énoncer la proposition suivante (n.º 37), pas encore signalée, croyons-nous:

Les points de la cochléoïde où la tangente est parallèle à une droite donnée sont situés sur une strophoïde, ayant le point double au pôle de la cochléoïde. Cette strophoïde est la cissoïdale du cercle qui passe par le pôle O *et a le centre au point* A, *et son asymptote réelle est parallèle à la droite donnée.*

Si la droite donnée est parallèle à l'axe des abscisses, la strophoïde se réduit au cercle ayant pour équation $\rho=2a\cos\theta$; donc, *les points où la tangente à la cochléoïde est parallèle à l'axe des abscisses sont situés sur la circonférence d'un cercle de rayon égal à a ayant le centre au point* A.

La strophoïde qu'on vient de considérer est *droite* quand la droite donnée est perpendiculaire à l'axe des abscisses.

193. L'équation polaire de la tangente à la cochléoïde au point (θ_1, ρ_1) est

$$\frac{1}{\rho}=-\frac{1}{\rho_1}\sin(\theta-2\theta_1)+\frac{1}{a\sin\theta_1}\sin(\theta-\theta_1).$$

En faisant dans cette équation $\theta=2\theta_1$, on trouve $\rho=a$. Donc, *la tangente à cette courbe au point* (θ_1, ρ_1) *passe par le point* $(2\theta_1, a)$, *c'est-à-dire par le point symétrique du sommet* A *par rapport à la droite qui joint le point* (θ_1, ρ_1) *à l'origine.* Ce théorème est dû à Cesàro (l. c.), et peut être employé pour tracer les tangentes à la courbe considérée.

Le rayon de courbure de cochléoïde est déterminé par la formule

$$R=\frac{\rho(a^2+\rho^2-2a\rho\cos\theta)^{\frac{3}{2}}}{2a^2\sin\theta(a-\rho\cos\theta)};$$

par conséquent, au point A on a $R = \frac{3}{4}a$, et au point O, où θ prend les valeurs $\pm\pi$, $\pm 2\pi$, $\pm 3\pi$, ..., on a $R = \frac{a}{\pi}$ ou $R = \frac{a}{2\pi}$.

494. À ces propriétés de la cochléoïde qu'on vient de démontrer, nous ajouterons encore celle-ci, découverte par Cesàro (l. c.):

Quand un point décrit une circonférence, le centre de gravité de l'arc compris entre ce point et un point fixe décrit une cochléoïde, dont la tangente au point mobile passe par le point qui engendre la circonférence.

En représentant, en effet, par (θ, ρ) les coordonnées du centre de gravité de l'arc du cercle de rayon égal à a avec le centre à l'origine des coordonnées, compris entre les points ayant pour coordonnées polaires $(0, a)$ et (ω, a), et par l la longueur de cet arc, on a

$$l\rho\cos\theta = a^2\int_0^\omega \cos\omega\, d\omega = a^2\sin\omega,$$

$$l\rho\sin\theta = a^2\int_0^\omega \sin\omega\, d\omega = a^2(1-\cos\omega),$$

et par conséquent

$$\omega\rho\cos\theta = a\sin\omega, \quad \omega\rho\sin\theta = a(1-\cos\omega).$$

Or, ces équations donnent

$$\omega\rho - 2a\sin\theta = 0, \quad \operatorname{tang}\theta = \operatorname{tang}\frac{1}{2}\omega.$$

On a donc

$$\rho = a\frac{\sin\theta}{\theta}.$$

Pour démontrer maintenant que la tangente au point (θ_1, ρ_1) de cette courbe passe par le point correspondant (ω, a) ou $(2\theta_1, a)$, il suffit de remarquer que l'équation polaire de cette tangente est vérifiée quand on y remplace ρ et θ par a et $2\theta_1$.

Il est à remarquer que l'équation (1) est la traduction analytique immédiate d'une règle donnée par Wallis pour construire le centre de gravité des arcs de la circonférence (*Opera*, t. I, p. 712).

495. L'aire balayée par le vecteur du point (θ, ρ), quand θ varie, est déterminée par la formule

$$A = \frac{1}{2}\int_0^\theta \rho^2\, d\theta = \frac{1}{4}a^2\int_0^\theta \frac{1-\cos 2\theta}{\theta^2}\, d\theta = \frac{\cos 2\theta - 1}{\theta} + \frac{1}{2}a^2\int_0^\theta \frac{\sin 2\theta}{\theta}\, d\theta.$$

L'intégrale dont dépend A n'est pas exprimible par des fonctions élémentaires et doit être calculée par une série. On déduit de cette égalité que *l'aire balayée par le vecteur* (θ, ρ) *quand* θ *varie depuis* 0 *jusqu'à* ∞, *est égale à* $\frac{1}{4}a^2\pi$.

196. La cochléoïde appartient à une classe de courbes trouvées par *M. Haton de La Goupillière* en cherchant le lieu des centres de gravité des arcs d'un cercle donné, dont la densité varie proportionnellement à une puissance $n+1$ de la longueur de l'arc (*Comptes rendus de l'Académie des Sciences de Paris,* 1906, p. 1130). Les équations de ces courbes sont, en prenant pour origine des coordonnées le centre du cercle considéré et pour axe des abscisses la droite qui passe par l'origine des arcs, en représentant ces arcs par θ, et en supposant le rayon du cercle égal à l'unité,

$$(2) \qquad x = \frac{n+1}{\theta^{n+1}} \int_0^\theta \theta^n \cos\theta \, d\theta, \quad y = \frac{n+1}{\theta^{n+1}} \int_0^\theta \theta^n \sin\theta \, d\theta.$$

On peut obtenir aisément les intégrales qui figurent dans ces équations, mais nous allons indiquer une manière de construire ces courbes, leurs tangentes et leurs cercles de courbure sans faire l'intégration.

1.° Représentons par C_{n+1} et C_{n+2} deux courbes correspondant à deux valeurs successives de l'entier n et par (x_1, y_1) les coordonnées du point de la deuxième courbe qui correspond à la même valeur de θ que le point (x, y) de la première. On a

$$x_1 = \frac{n+2}{\theta^{n+2}} \int_0^\theta \theta^{n+1} \cos\theta \, d\theta, \quad y_1 = \frac{n+2}{\theta^{n+2}} \int_0^\theta \theta^{n+1} \sin\theta \, d\theta,$$

ou, en appliquant la régle d'intégration par parties aux intégrales qui figurent dans ces equations et en tenant compte des équations (2),

$$x_1 = \frac{n+2}{\theta}(\sin\theta - y), \quad y_1 = \frac{n+2}{\theta}(x - \cos\theta).$$

On peut construire de proche en proche, au moyen de ces formules, en partant de la *cochléoïde,* les courbes C_2, C_3, C_4, ...

2.° En représentant par x' et y' les dérivées de x et y par rapport à θ, on a

$$x' = (n+1)\frac{\theta^{n+1}\cos\theta - (n+1)\int_0^\theta \theta^n \cos\theta \, d\theta}{\theta^{n+2}} = -\frac{n+1}{\theta^{n+2}} \int_0^\theta \theta^{n+1} \sin\theta \, d\theta,$$

$$y' = (n+1)\frac{\theta^{n+1}\sin\theta - (n+1)\int_0^\theta \theta^n \sin\theta d\theta}{\theta^{n+2}} = \frac{n+1}{\theta^{n+2}} \int_0^\theta \theta^{n+1} \cos\theta d\theta,$$

et par suite

$$x' = -\frac{n+1}{n+2} y_1, \quad y' = \frac{n+1}{n+2} x_1.$$

Donc

$$\frac{dy}{dx} \cdot \frac{y_1}{x_1} + 1 = 0.$$

Nous avons donc le théorème suivant, au moyen duquel on peut construire la tangente à la courbe C_{n+1} au point (x, y):

La tangente à C_{n+1} au point (x, y) est perpendiculaire à la droite qui passe par l'origine des coordonnées et par le point (x_1, y_1) de C_{n+2}.

3.° En représentant par (x_2, y_2) les coordonnées du point de C_{n+3} qui correspond à la même valeur de θ que les points (x, y) et (x_1, y_1) de C_{n+1} et C_{n+2}, et en représentant par x'' et y'' les dérivées de x' et y' par rapport à θ, on trouve d'abord

$$x_2 = \frac{n+3}{\theta^{n+3}} \int_0^\theta \theta^{n+2} \cos\theta \, d\theta, \quad y_2 = \frac{n+3}{\theta^{n+3}} \int_0^\theta \theta^{n+2} \sin\theta \, d\theta,$$

et ensuite

$$x'' = -\frac{n+1}{\theta^{n+3}} \int_0^\theta \theta^{n+2} \cos\theta \, d\theta = -\frac{n+1}{n+3} x_2,$$

$$y'' = -\frac{n+1}{\theta^{n+3}} \int_0^\theta \theta^{n+2} \sin\theta \, d\theta = -\frac{n+1}{n+3} y_2.$$

En représentant donc par R le rayon de courbure de C_{n+1} au point (x, y), on a

$$R = \frac{(x'^2 + y'^2)^{\frac{3}{2}}}{x'y'' - y'x''} = \frac{(n+1)(n+3)(x_1^2 + y_1^2)^{\frac{3}{2}}}{(n+2)^2 (x_1 x_2 + y_1 y_2)}.$$

On peut construire au moyen de cette formule le rayon R, en déterminant d'abord les points (x_1, y_1) et (x_2, y_2) de C_{n+2} et C_{n+3}.

XII.

La clothoïde.

497. On donne le nom de *clothoïde* à la ligne dont le rayon de courbure R à un point quelconque est inversement proportionnel à la longueur s de l'arc compris entre ce point et un autre fixe. Cette courbe est donc définie par l'équation intrinsèque

$$\text{(1)} \qquad Rs = a^2.$$

Jacques Bernoulli fut qui, le premier, a donné une manière de construire cette courbe, dans une petite Note publiée après sa mort dans le tome II, p. 1084, de ses *Opera.* Elle fut retrouvée plus tard par Cornu, en étudiant les phénomènes de la diffraction de la lumière (*Comptes rendus de l'Académie des Sciences de Paris,* 1864, p. 113), lequel en a déterminé la forme, et elle fut ensuite étudiée par Cesàro (*Nouvelles Annales de Mathématiques,* 3.e série, t. v, 1886 et *Lezioni di Geometria intrinseca,* 1896, p. 15 et 81), qui lui a donné le nom par lequel elle est connue et en a obtenu les principales propriétés.

Pour déterminer les coordonnées (x, y) d'un point quelconque de la clothoïde, appliquons à cette courbe les équations générales

$$\frac{d^2x}{ds^2} = \frac{1}{R}\frac{dy}{ds}, \quad \frac{d^2y}{ds^2} = -\frac{1}{R}\frac{dx}{ds},$$

ce qui donne

$$\frac{d^2x}{ds^2} = \frac{s}{a^2}\frac{dy}{ds}, \quad \frac{d^2y}{ds^2} = -\frac{s}{a^2}\frac{dx}{ds}.$$

Pour intégrer ces équations, faisons $\frac{dx}{ds} = t$, $\frac{dy}{ds} = z$; il vient d'abord

$$\frac{dt}{ds} = \frac{s}{a^2}z, \quad \frac{dz}{ds} = -\frac{s}{a^2}t, \quad t^2 + z^2 = 1,$$

et ensuite

$$\frac{dt}{ds} = \frac{s}{a^2}\sqrt{1-t^2}.$$

On a donc

$$\arcsin t = \frac{s^2}{2a^2} + c_1,$$

et par suite

$$\frac{dx}{ds} = t = \sin\left(\frac{s^2}{2a^2} + c_1\right), \quad \frac{dy}{ds} = z = \sqrt{1-t^2} = \cos\left(\frac{s^2}{2a^2} + c_1\right).$$

Les coordonnées (x, y) sont par conséquent déterminées, en fonction du paramètre s, par les équations

$$x = \int_0^s \sin\left(\frac{s^2}{2a^2} + c_1\right) ds + c_2, \quad y = \int_0^s \cos\left(\frac{s^2}{2a^2} + c_1\right) ds + c_3,$$

ou, en prenant pour origine des coordonnées le point où $s = 0$ et pour axe des ordonnées la tangente à la courbe à ce point,

(2) $$x = \int_0^s \sin \frac{s^2}{2a^2} ds, \quad y = \int_0^s \cos \frac{s^2}{2a^2} ds.$$

C'est au moyen de ces équations que la courbe a été définie par Cornu (l. c.).

198. Pour déterminer la forme de la courbe *(fig. 128)*, remarquons premièrement qu'il résulte immédiatement de l'équation (1) que R est fini quand $s > 0$ ou $s < 0$, et infini quand $s = 0$. La courbe possède donc un seul point d'inflexion, qui coïncide avec l'origine des coordonnées. On voit au moyen de la même équation que la courbure de la clothoïde croît constamment et tend vers l'infini, quand s varie depuis 0 jusqu'à ∞.

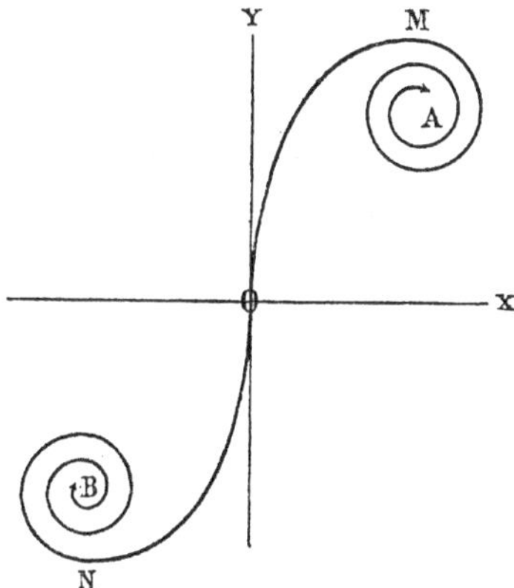

Fig. 128

Les tangentes à la courbe considérée sont déterminées par l'équation

$$\frac{dy}{dx} = \cot \frac{s^2}{2a^2},$$

d'où il résulte que les points où ces tangentes sont parallèles à l'axe des abscisses correspondent aux valeurs de s déterminées par les équations

$$\frac{s^2}{2a^2} = \frac{\pi}{2}, \quad \frac{3}{2}\pi, \quad \frac{5}{2}\pi, \quad \frac{7}{2}\pi, \quad \ldots;$$

et que les points où elles sont parallèles à l'axe des ordonnées correspondent aux valeurs de s données par les équations

$$\frac{s^2}{2a^2} = 0, \quad \pi, \quad 2\pi, \quad 3\pi, \quad \ldots.$$

En posant dans les équations (2) $\frac{s^2}{2a^2} = v$, et en faisant ensuite tendre s vers l'infini, on a

$$\lim_{s=\infty} x = \frac{a}{\sqrt{2}} \int_0^\infty \frac{\sin v}{\sqrt{v}} dv, \quad \lim_{s=\infty} y = \frac{a}{\sqrt{2}} \int_0^\infty \frac{\cos v}{\sqrt{v}} dv.$$

Les intégrales qui figurent dans ces équations, sont connues sous le nom d'*intégrales de Fresnel*, pour avoir été employées par cet éminent physicien dans ses recherches sur l'Optique, et elles sont égales à $\sqrt{\frac{\pi}{2}}$. On a donc les relations

$$\lim_{s=\infty} x = \frac{a}{2}\sqrt{\pi}, \quad \lim_{s=\infty} y = \frac{a}{2}\sqrt{\pi},$$

qui expriment que le point ayant pour coordonnées $\left(\frac{a}{2}\sqrt{\pi}, \frac{a}{2}\sqrt{\pi}\right)$ est un *point asymptotique* de la courbe.

Quand on remplace la limite supérieure des intégrales qui figurent dans les formules (2) par $-s$, les coordonnées x et y changent de signe. Par conséquent la courbe a une autre partie ONB, symétrique de OMA par rapport au point O.

499. Pour chercher la développée de la clothoïde, on peut appliquer les équations générales

$$x - \alpha = -\mathrm{R}\frac{dy}{ds}, \quad y - \beta = \mathrm{R}\frac{dx}{ds},$$

où (α, β) représentent les coordonnées du centre de courbure correspondant au point (x, y); on trouve ainsi les équations

$$x - \alpha = -\frac{a^2}{s}\cos\frac{s^2}{2a^2}, \quad y - \beta = \frac{a^2}{s}\sin\frac{s^2}{2a^2},$$

qui déterminent ces coordonnées en fonction de s.

Il résulte immédiatement de l'équation (1) que, *quand la clothoïde roule sur une droite, le lieu du centre de courbure correspondant au point de contact est une hyperbole équilatère.*

500. Les propriétés plus intéressantes de la clothoïde se rapportent au centre de gravité de ses arcs, et ont été découvertes par Cesàro (l. c.).

1.° Soient s_0 et s_1 les longueurs de deux arcs de la courbe, compris entre l'origine O et deux points (x_0, y_0) et (x_1, y_1), et (X, Y) les coordonnées du centre de gravité de l'arc compris entre ces points. On trouve, en appliquant des formules générales bien connues,

$$(s_1 - s_0) X = \int_{s_0}^{s_1} ds \int_{s_0}^{s} \sin \frac{s^2}{2a^2} ds$$

$$= s_1 \int_0^{s_1} \sin \frac{s^2}{2a^2} ds - s_0 \int_0^{s_0} \sin \frac{s^2}{2a^2} ds - \int_{s_0}^{s_1} s \sin \frac{s^2}{2a^2} ds$$

$$= s_1 \int_0^{s_1} \sin \frac{s^2}{2a^2} ds - s_0 \int_0^{s_0} \sin \frac{s^2}{2a^2} ds + a^2 \left(\cos \frac{s_1^2}{2a^2} - \cos \frac{s_0^2}{2a^2} \right),$$

et de même

$$(s_1 - s_0) Y = \int_{s_0}^{s_1} ds \int_0^{s} \cos \frac{s^2}{2a^2} ds$$

$$= s_1 \int_0^{s_1} \cos \frac{s^2}{2a^2} ds - s_0 \int_0^{s_0} \cos \frac{s^2}{2a^2} ds - a^2 \left(\sin \frac{s_1^2}{2a^2} - \sin \frac{s_0^2}{2a^2} \right).$$

Pourtant, en représentant par (α_0, β_0) et (α_1, β_1) les coordonnées des centres de courbure correspondant aux extrémités de l'arc considéré, on a

$$(s_1 - s_0) X = s_1 \alpha_1 - s_0 \alpha_0, \quad (s_1 - s_0) Y = s_1 \beta_1 - s_0 \beta_0,$$

et par conséquent

$$\begin{vmatrix} X & Y & 1 \\ \alpha_0 & \beta_0 & 1 \\ \alpha_1 & \beta_1 & 1 \end{vmatrix} = 0.$$

Donc, *le centre de gravité d'un arc quelconque de la clothoïde est situé sur la droite qui passe par les centres de courbure correspondant aux extrémités de cet arc.*

2.° Les coordonnées du centre de gravité de l'arc OM sont déterminées par les équations

$$s_1 X = s_1 \int_0^{s_1} \sin \frac{s^2}{2a^2} ds + a^2 \left(\cos \frac{s_1^2}{2a^2} - 1 \right),$$

$$s_1 Y = s_1 \int_0^{s_1} \cos \frac{s^2}{2a^2} ds - a^2 \sin \frac{s_1^2}{2a^2},$$

ou, par conséquent,

$$s_1 X = s_1 \alpha_1 - a^2, \quad Y = \beta_1.$$

Les valeurs de X et Y données par ces équations vérifient l'équation

$$(X-\alpha_1)^2+(Y-\beta_1)^2=\frac{a^4}{s_1^2}$$

qui représente le cercle osculateur de la clothoïde correspondant au point (x_1, y_1). Donc, *le centre de gravité de l'arc* OM *de la clothoïde coïncide avec le point d'intersection du cercle osculateur à* M *avec la perpendiculaire à la tangente à* O, *menée par le point* (α_1, β_1). *Le centre de gravité de la partie* OMA *coïncide avec le point asymptotique* A.

501. L'équation intrinsèque de la clothoïde est un cas particulier de l'équation

$$s^m R=k, \tag{3}$$

laquelle comprend aussi la spirale logarithmique et la développante du cercle, qui correspondent aux valeurs -1 et $-\frac{1}{2}$ de m.

On voit au moyen d'une analyse semblable à celle qui fut employée au n.° 497, que les coordonnées (x, y) des points de la courbe définie par l'équation (3) sont déterminées par les équations

$$x=\int_0^s \sin\frac{s^{m+1}}{(m+1)k}ds,\quad y=\int_0^s \cos\frac{s^{m+1}}{(m+1)k}ds,$$

quand $m+1$ est différent de zéro.

Les coordonnées (α, β) des points de la développée de la même courbe sont déterminées par les équations

$$\alpha=x+\frac{k}{s^m}\cos\frac{s^{m+1}}{(m+1)k},\quad \beta=y-\frac{k}{s^m}\sin\frac{s^{m+1}}{(m+1)k}.$$

Le rayon de courbure R_1 de cette développée à un point quelconque peut être obtenu au moyen des formules générales

$$R_1=R\frac{dR}{ds},\quad s_1+c=R=\frac{k}{s^m},$$

qui donnent, en prenant pour origine des arcs de la développée le point de cette ligne correspondant à celui de la courbe donnée où $s=0$, si $m<0$, ou où $s=\infty$, si $m>0$,

$$R_1=mk^{-\frac{1}{m}}s_1^{\frac{2m+1}{m}}.$$

Donc, *la développée de chacune des courbes définies par l'équation* (3) *est une autre courbe représentée par la même équation.*

En général, la développée d'ordre i de chacune des courbes définies par l'équation (3) est représentée par l'équation intrinsèque

$$R_i = A_i s_i^h, \quad h = \frac{(i+1)m+i}{im+i-1}.$$

Représentons par $R^{(1)}$ et $s^{(1)}$ les rayons de courbure et la longueur des arcs de la *développante principale* de la courbe (3), c'est-à-dire de la développante qui a pour origine le point où $s=0$. On a

$$R^{(1)} = s, \quad R = R^{(1)} \frac{dR^{(1)}}{ds^{(1)}} = s \frac{ds}{ds^{(1)}},$$

et par conséquent

$$a^{m+1} ds^{(1)} = s^{m+1} ds.$$

En intégrant cette équation, et en prenant pour origine des arcs $s^{(1)}$ le point de la développante correspondant à $s=0$, si $m+2>0$, ou le point correspondant à $s=\infty$, si $m+2<0$, on trouve

$$k s^{(1)} = \frac{s^{m+2}}{m+2}.$$

Donc

$$R^{(1)} = (m+2)^{\frac{1}{m+2}} k^{\frac{1}{m+2}} s^{\frac{1}{m+2}}.$$

Cette développante appartient donc à la classe des courbes définies par l'équation (3).

Le rayon de courbure de la développante principale d'ordre i est déterminé par l'équation

$$R^{(i)} = B_i [s^{(i)}]^k, \quad k = \frac{(i-1)m+i}{im+i+1}.$$

Les coefficients A_i et B_i de cette expression et de l'expression de R_i sont des fonctions de i, que nous nous dispensons de reproduire ici.

La courbe définie par l'équation (3) fut envisagée par Puiseux dans le *Journal de Liouville* (t. IX, 1844, p. 396), où il a donné l'expression du rayon de courbure de la développante d'ordre i de cette courbe et où il a fait voir que, quand $m>2$, cette développante tend vers une spirale logarithmique, quand i tend vers l'infini. La même ligne fut encore étudiée par M. Pirondini dans le *Journal de Battaglini* (1892, p. 326) et, sous le nom de *pseudo-spirale,* dans le *Jornal de sciencias mathematicas* (t. XV, p. 145).

XII.

La pseudo-chaînette.

502. On désigne sous le nom de *pseudo-chaînette* la ligne définie par l'équation intrinsèque (Cesàro: *Lezione di Geometria intrinseca,* 1896, p. 17):

$$\mathrm{R} = k^2 a - \frac{s^2}{a}, \tag{1}$$

où R et s représentent le rayon de courbure et la longueur des arcs.

Prenons pour origine des coordonnées et pour origine des arcs le même point O de la courbe, et pour axe des abscisses la tangente à ce point, et représentons par φ l'angle formé par la tangente à un autre point quelconque avec OX. On a

$$\varphi = \int_0^s \frac{ds}{\mathrm{R}} = \int_0^s \frac{a\,ds}{k^2a^2 - s^2} = \frac{1}{2k}\log\frac{ka+s}{ka-s}, \quad \frac{dx}{ds} = \cos\varphi, \quad \frac{dy}{ds} = \sin\varphi. \tag{2}$$

La première de ces formules donne

$$s = ka\,\frac{e^{k\varphi} - e^{-k\varphi}}{e^{k\varphi} + e^{-k\varphi}}, \tag{3}$$

et des deux autres il résulte ensuite

$$\left\{\begin{aligned} x &= \int_0^\varphi \cos\varphi\,\frac{ds}{d\varphi}\,d\varphi = 4ak^2\int_0^\varphi \frac{\cos\varphi}{(e^{k\varphi} + e^{-k\varphi})^2}\,d\varphi, \\ y &= \int_0^\varphi \sin\varphi\,\frac{ds}{d\varphi}\,d\varphi = 4ak^2\int_0^\varphi \frac{\sin\varphi}{(e^{k\varphi} + e^{-k\varphi})}\,d\varphi. \end{aligned}\right. \tag{4}$$

Ces équations déterminent les coordonnées des points de la courbe en fonction de φ.

On obtient aisément au moyen des équations (1), (2) et (4) la forme de la partie de la courbe correspondant aux valeurs de s comprises entre 0 et ka. On voit premièrement au moyen de l'équation (1) que R est fini, quelle que soit la valeur de s, et que par conséquent la courbe ne possède pas de points d'inflexion. Comme les dérivées $\frac{dx}{d\varphi}$ et $\frac{dy}{d\varphi}$ ne peuvent pas s'annuler en même temps, la courbe ne possède pas aussi de points de rebroussement. Le rayon R est égal à k^2a au point O et est nul au point correspondant à $s = ak$. Quand s varie depuis 0 jusqu'à ak, φ croît constamment depuis 0 jusqu'à ∞, et R decroît constamment depuis ak^2 jusqu'à 0; donc l'angle de la tangente et de l'axe OX croît constamment et tend vers l'infini ainsi que la courbure.

On voit au moyen des formules (3) et (4) que, quand on remplace s par $-s$, φ change de signe ainsi que x, et que le signe de y ne varie pas. La courbe considérée est pourtant symétrique par rapport à l'axe des ordonnées.

Aux valeurs de s comprises entre $-ak$ et ak correspond donc une branche BOB' (*fig. 129*), de la courbe, tangente en O à OX, ayant deux *points asymptotiques*, autour de chacun desquels elle fait un nombre infini de circonvolutions. Les coordonnées de ces points sont déterminées par les équations

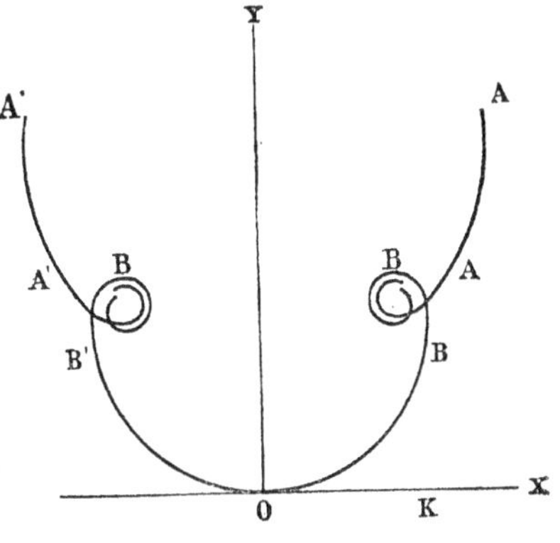

Fig. 129

$$x_1 = \pm 4k^2 a \int_0^\infty \frac{\cos\varphi}{(e^{k\varphi} + e^{-k\varphi})^2} d\varphi, \quad y_1 = 4k^2 a \int_0^\infty \frac{\sin\varphi}{(e^{k\varphi} + e^{-k\varphi})^2} d\varphi.$$

La valeur de la première de ces intégrales est exprimée par l'égalité

$$\int_0^\infty \frac{\cos\varphi}{(e^{k\varphi} + e^{-k\varphi})^2} d\varphi = \frac{\pi}{4k^2\left(e^{\frac{\pi}{2k}} - e^{-\frac{\pi}{2k}}\right)},$$

donnée par M. Cesàro (l. c., p. 17) et démontrée par MM. Kapteyn et Lerch (*Intermédiaire des Mathématiciens*, t. XIV, p. 155 à 158). M. Lerch a en outre fait voir (l. c.) que l'intégrale dont dépend y_1 est égale à la partie réelle de l'expression

$$\frac{1}{8k^2}\left\{\frac{\Gamma'\left(\frac{i}{2k}\right)}{\Gamma\left(\frac{i}{2k}\right)} - \frac{\Gamma'\left(\frac{i}{4h} + \frac{1}{2}\right)}{\Gamma\left(\frac{i}{4k} + \frac{1}{2}\right)}\right\}.$$

503. Considérons maintenant la branche de la courbe correspondant aux valeurs de s comprises entre ka et ∞. En prenant pour origine des coordonnées un point de cette branche, pour axe des abscisses la tangente à la courbe en ce point et en supposant que s_0 est la valeur que s prend au point considéré, on a

$$\varphi = \int_{s_0}^{s} \frac{ds}{R} = \frac{1}{2k}\left[\log\frac{s+ka}{s-ka} - \log\frac{s_0+ka}{s_0-ka}\right],$$

$$x = \int_0^{\varphi} \cos\varphi \frac{ds}{d\varphi} d\varphi, \quad y = \int_0^{\varphi} \sin\varphi \frac{ds}{d\varphi} d\varphi.$$

En posant maintenant $\dfrac{s_0+ka}{s_0-ka} = e^{2h}$, on trouve

$$s = ka \frac{e^{k\varphi+h} - e^{-k\varphi-h}}{e^{k\varphi+h} + e^{-k\varphi-h}},$$

et par suite

$$\frac{ds}{d\varphi} = -\frac{4ak^2}{(e^{k\varphi+h} - e^{-k\varphi-h})^2}.$$

Donc

$$x = -4ak^2 \int_0^{\varphi} \frac{\cos\varphi}{(e^{k\varphi+h} - e^{-k\varphi-h})^2} d\varphi, \quad y = -4ak^2 \int_0^{\varphi} \frac{\sin\varphi}{(e^{k\varphi+h} - e^{-k\varphi-h})^2} d\varphi.$$

On voit, comme dans le cas considéré précédemment, que cette branche AA de la courbe ne possède ni de points d'inflexion ni de rebroussement, et qu'elle a un *point asymptotique,* correspondant à $s = ka$, autour duquel elle fait un nombre infini de circonvolutions. On voit aussi que, quand s tend vers ∞, R tend vers $-\infty$, et pourtant la courbe tend à prendre la forme rectiligne.

Aux valeurs de s comprises entre $-ka$ et $-\infty$, correspond une branche de la courbe A'A' égale à celle qu'on vient de considérer.

Pour établir la continuité de s, on doit réunir les branches AA et A'A' à la branche BOB' par les points asymptotiques.

XIII.

La pseudo-tractrice.

504. On appelle *pseudo-tractrice* la courbe définie par l'équation intrinsèque (Cesàro: *Lezione di Geometria intrinseca*, p. 18)

(1) $$R = ka\sqrt{1-e^{-\frac{2s}{a}}}.$$

Prenons pour origine des coordonnées le point de la courbe correspondant à $s=0$ et pour axe des abscisses la tangente à ce point, et représentons par φ l'angle de la tangente à un point quelconque et de cet axe. On a

$$\varphi = \int_0^s \frac{ds}{R} = \pm\frac{1}{ka}\int_0^s \frac{ds}{\sqrt{1-e^{-\frac{2s}{a}}}} = \pm\frac{1}{ka}\int_0^s \frac{e^{\frac{s}{a}}\,ds}{\sqrt{e^{\frac{2s}{a}}-1}}.$$

Pour obtenir la valeur de cette intégrale, posons $e^{\frac{s}{a}} = t$. Il vient

$$\int \frac{e^{\frac{s}{a}}\,ds}{\sqrt{e^{\frac{2s}{a}}-1}} = a\int\frac{dt}{\sqrt{t^2-1}} = a\log(t+\sqrt{t^2-1}).$$

Donc

(2) $$\varphi = \pm\frac{1}{k}\log\left(e^{\frac{s}{a}}+\sqrt{e^{\frac{2s}{a}}-1}\right),$$

et

$$\frac{dx}{ds} = \cos\varphi = \cos\left[\frac{1}{k}\log\left(e^{\frac{s}{a}}+\sqrt{e^{\frac{2s}{a}}-1}\right)\right],\quad \frac{dy}{ds} = \sin\varphi = \pm\sin\left[\frac{1}{k}\log\left(e^{\frac{s}{a}}+\sqrt{e^{\frac{2s}{a}}-1}\right)\right].$$

Les coordonnées x et y des points de la courbe sont pourtant déterminées par les équations

$$x = \int_0^s \cos\left[\frac{1}{k}\log\left(e^{\frac{s}{a}}+\sqrt{e^{\frac{2s}{a}}-1}\right)\right]ds,\quad y = \pm\int_0^s \sin\left[\frac{1}{k}\log\left(e^{\frac{s}{a}}+\sqrt{e^{\frac{2s}{a}}-1}\right)\right]ds.$$

On peut encore mettre les expressions de x et y sous une autre forme. En effet, en intégrant par parties, on trouve

$$x=\int_0^{\varphi}\cos\varphi\frac{ds}{d\varphi}d\varphi=\sin\varphi\frac{ds}{d\varphi}-\int_0^{\varphi}\sin\varphi\frac{d^2s}{d\varphi^2}d\varphi,$$

$$y=\int_0^{\varphi}\sin\varphi\frac{ds}{d\varphi}d\varphi=\left[-\cos\varphi\frac{ds}{d\varphi}\right]_0^{\varphi}+\int_0^{\varphi}\cos\varphi\frac{d^2s}{d\varphi^2}d\varphi.$$

Mais on a

$$e^{\frac{s}{a}}=\frac{1}{2}\left(e^{k\varphi}+e^{-k\varphi}\right),$$

et par conséquent

$$s=a\log\frac{e^{k\varphi}+e^{-k\varphi}}{2},\quad \frac{ds}{d\varphi}=ak\frac{e^{k\varphi}-e^{-k\varphi}}{e^{k\varphi}+e^{-k\varphi}},\quad \frac{d^2s}{d\varphi^2}=\frac{4ak^2}{(e^{k\varphi}+e^{-k\varphi})^2}.$$

Donc, en tenant compte de l'égalité $\frac{ds}{d\varphi}=\mathrm{R}$,

$$x=\mathrm{R}\sin\varphi-4ak^2\int_0^{\varphi}\frac{\sin\varphi}{(e^{k\varphi}+e^{-k\varphi})^2}d\varphi,$$

$$y=-\mathrm{R}\cos\varphi+4ak^2\int_0^{\varphi}\frac{\cos\varphi}{(e^{k\varphi}+e^{-k\varphi})^2}d\varphi.$$

505. On peut déterminer aisément la forme de la courbe *(fig. 130)*. Elle est symétrique par rapport à l'axe des abscisses, puisqu'à chaque valeur de s correspondent deux valeurs égales et de signes contraires de y et une seule valeur de x. Elle possède un point de rebroussement à O, où $\mathrm{R}=0$, et, comme le rayon R est fini quelle que soit la valeur de s, elle ne possède pas de points d'inflexion. L'expression (2) fait voir que l'angle formé par la tangente avec l'axe des abscisses croît constamment et tend vers l'infini, quand s varie depuis 0 jusqu'à ∞; et l'équation (1) fait voir qu'alors R tend vers ka. Par conséquent, la courbe possède deux *cercles asymptotiques* à l'intérieur de chacun desquels elle fait un nombre infini de circonvolutions. Quand s est négatif, R devient imaginaire.

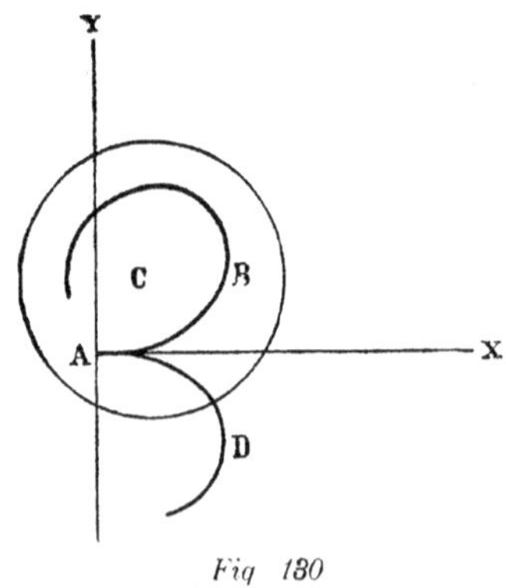

Fig. 130

Les coordonnées des centres des cercles asymptotiques peuvent être obtenues aisément. En effet, les coordonnées (x_1, y_1) du centre du cercle osculateur correspondant au point (x, y)

de la courbe ont les expressions

$$x_1 = x - \mathrm{R} \sin \varphi, \quad y_1 = y + \mathrm{R} \cos \varphi,$$

ou

(3) $$x_1 = -4ak^2 \int_0^{\varphi} \frac{\sin \varphi}{(e^{k\varphi} + e^{-k\varphi})^2} d\varphi, \quad y_1 = 4ak^2 \int_0^{\varphi} \frac{\cos \varphi}{(e^{k\varphi} + e^{-k\varphi})^2} d\varphi.$$

Quand s tend vers ∞, φ tend aussi vers ∞, et le cercle osculateur qu'on vient de considérer, tend vers l'un des cercles asymptotiques; et par conséquent les coordonnées des centres de ces cercles sont données par les équations

$$x_1 = -4ak^2 \int_0^{\infty} \frac{\sin \varphi}{(e^{k\varphi} + e^{-k\varphi})^2} d\varphi, \quad y_1 = \pm 4ak^2 \int_0^{\infty} \frac{\cos \varphi}{(e^{k\varphi} + e^{-k\varphi})^2} d\varphi;$$

les valeurs des intégrales qui figurent dans ces équations ont été données au n.° 502.

Il résulte encore des formules (3), en tenant compte des formules (4) du n.° 502, que *la développée de la pseudo-tractrice est une pseudo-chaînette* (Cesàro: l. c., p. 31).

CHAPITRE IX.

LES PARABOLES ET LES HYPERBOLES GÉNÉRALES. LES SPIRALES CORRESPONDANTES.

I.

Les paraboles.

506. On désigne sous le nom de *paraboles* les lignes définies par l'équation

$$(1) \qquad y = a^{1-k} x^k,$$

où k représente un nombre réel positif. On peut supposer $k > 1$; puisque le cas où $k < 1$ peut être réduit à celui-là en resolvant l'équation par rapport à x. Les mêmes courbes ont été nommées autrefois *paraboloïdes*.

Si k est un nombre irrationnel, la courbe est *transcendante;* si k est rationnel et égal à $\frac{m}{n}$, m et n étant deux nombres entiers, elle est *algébrique,* et son équation prend la forme

$$(2) \qquad a^{m-n} y^n = x^m,$$

où $m > n$.

Les courbes mentionnées ont été étudiées pour la première fois, en France, par Fermat, Roberval et Descartes; en Italie, par Cavalieri et St. de Angelis; en Angleterre, par Wallis. Ils se sont occupés de la détermination de leurs tangentes, de la quadrature de leurs aires, de la cubature des solides qu'elles engendrent en tournant autour des axes des coordonnées et de la détermination des centres de gravité de ces aires et de ces solides, ou, au moins, de quelques-unes de ces questions.

Il résulte de la correspondance de Fermat avec Mersenne et Roberval, publiée dans le tome II des Oeuvres de celui-là, que l'éminent géomètre de Toulouse a étudié les paraboles algébriques dès 1636, et qu'il s'est occupé de toutes les questions qu'on vient de mentionner, en considérant d'abord le cas où k est un nombre entier et plus tard le cas général. On trouve des indications sur les résultats qu'il a obtenus, dans les lettres qu'il a adressées à

Roberval en 22 septembre, 4 novembre et 17 décembre 1636, et à Mersenne en 10 août 1638 (*Oeuvres*, t. II, p. 73, 85, 95 et 166), et dans une communication qu'il a fait à Cavalieri, par intermédiaire de Mersenne (l. c., t. III, p. 169). La méthode qu'il a suivie pour déterminer les aires des lignes considérées a été exposée dans son Mémoire *Sur la transformation et la simplification de lieux* (l. c., t. III, p. 216). Il résulte encore de la même correspondance que, sur les indications de Fermat, Roberval a étudié les mêmes paraboles, en considérant toutefois seulement celles qui correspondent aux valeurs entières de k, et qu'il a obtenu les mêmes résultats que Fermat. Ces résultats ont été divulgués en 1644 par les *Cogitata physico-mathematica* de Mersenne. Vers le même temps, Descartes s'est occupé aussi de la théorie des paraboles correspondant aux valeurs entières de k, comme on le voit par une lettre qu'il a adressée à Mersenne en 1638 (*Oeuvres de Descartes*, t. II, p. 246), et il a retrouvé les propositions obtenues par Fermat.

Les paraboles algébriques du premier degré par rapport à y ont été étudiées encore, en Italie, par Cavalieri, comme on le voit par la communication de Fermat à celui-là mentionnée ci-dessus et par ses *Exercitationes geometricae,* ouvrage paru en 1647, où il s'est occupé de la mesure des aires de ces courbes et de la détermination de la position des centres de gravité de ces aires. Les recherches de cet éminent géomètre ont été continuées par son élève St. de Angelis, qui a démontré de nouveau les résultats obtenus par Cavalieri et qui a exposé plusieurs autres théorèmes sur le même sujet et sur les volumes des solides de révolution que ces courbes engendrent, dans son traité *De infinitis parabolis,* publié en 1659.

En Angleterre, les paraboles ont été étudiées par Wallis, qui a considéré, comme Fermat, le cas où k est un nombre rationnel quelconque, et a résolu les mêmes questions que ce dernier géomètre. Les recherches de l'illustre savant anglais ont été publiées, en 1655, dans l'*Arithmetica infinitorum,* et, en 1670, dans la deuxième partie du traité *De motu* (*Opera,* t. I, p. 390-394 et 683).

507. La forme de chacune des paraboles mentionnées peut être obtenue au moyen des équations

$$y = a^{\frac{n-m}{n}} x^{\frac{m}{n}}, \quad y' = \frac{m}{n} a^{\frac{n-m}{n}} x^{\frac{m}{n}-1}, \quad y'' = \frac{m(m-n)}{n^2} a^{\frac{n-m}{n}} x^{\frac{m}{n}-2},$$

et elle dépend des valeurs de m et n.

Si m est impair et n pair, la courbe est symétrique par rapport à l'axe des abscisses (*fig. 131*) et elle s'étend jusqu'à l'infini dans le sens des abscisses positives. Elle a un point de rebroussement à l'origine O, et elle n'a pas de points d'inflexion à distance finie.

Si m est pair et n impair, la courbe a une forme analogue à celle de la parabole du deuxième ordre.

Si les nombres m et n sont impairs, la courbe a la forme indiquée dans la figure 132. Elle s'étend jusqu'à l'infini dans le sens des abscisses positives et des abscisses négatives, et elle possède un point d'inflexion à l'origine O.

Nous venons de considérer seulement les branches réelles de la courbe. Nous ajouterons que par le point O passent encore, quand n est pair, $n-2$ branches imaginaires, et, quand n

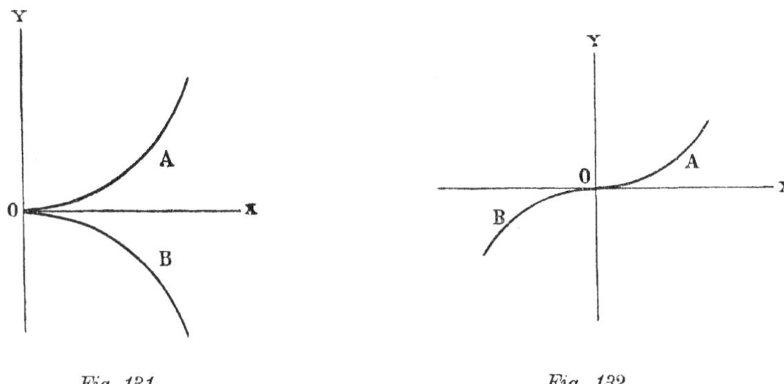

Fig. 131 *Fig. 132*

est impair, $n-1$ branches imaginaires. Le degré de multiplicité de ce point est donc égal à n, et la tangente a, au même point, m points communs avec la courbe.

Si k est irrationnel, la courbe est tangente à l'un des axes à l'origine des coordonnées, où elle possède un point d'arrêt, et elle s'étend indéfiniment dans le sens des abscisses positives et des ordonnées positives, en s'éloignant constamment des axes.

508. L'équation des tangentes aux paraboles représentées par l'équation (1) est

$$xY - kyX = (1-k)\,xy;$$

chaque tangente coupe pourtant l'axe des ordonnées à un point où

$$Y = (1-k)\,y.$$

Il en résulte une manière facile de construire les tangentes aux courbes considérées.

509. Le rayon de courbure des mêmes courbes est déterminé par l'équation

$$R = \frac{(x^2 + k^2y^2)^{\frac{3}{2}}}{k(k-1)\,xy}.$$

En supposant $k > 1$ (n.° 506), on voit au moyen de cette formule que, à l'origine O, ce rayon est *infini* quand $k > 2$, et *nul* quand $k < 2$. Cette circonstance a été remarquée dans une lettre de L'Hospital à Huygens de 1694 (*Oeuvres de Huygens*, t. x, p. 385). Jacques Bernoulli et Leibniz avaient dit dans les *Acta eruditorum* de 1692 que le rayon de courbure aux points d'inflexion est infini; L'Hospital observe dans cette lettre qu'il peut être nul ou infini.

On peut déduire de l'expression de R qu'on vient d'obtenir, une autre expression remarquable de ce rayon qu'on va voir.

Représentons par p la longueur du segment de la normale à une parabole quelconque au point (x, y), compris entre l'axe des abscisses et la perpendiculaire à cet axe passant par le point où il est coupé par la tangente à la parabole au même point (x, y), par b l'ordonnée du point d'intersection de cette perpendiculaire avec la normale, et par α l'angle que la tangente fait avec l'axe des abscisses. On trouve au moyen des équations de la tangente et de la normale

$$\cos\alpha = \frac{x}{\sqrt{x^2 + k^2y^2}}, \quad b = \frac{x^2 + k^2y^2}{k^2y},$$

et par suite, en tenant compte de la relation $b = p\cos\alpha$,

$$R = \frac{k}{k-1}p.$$

Cette expression de R a été donnée par M. R. Godefroy dans les *Nouvelles Annales de Mathématiques* (1886, p. 279). Il en résulte une construction facile de ce rayon.

510. L'aire de l'espace compris entre un arc de parabole, l'axe des abscisses et l'ordonnée du point (x, y) a pour expression

$$A = a^{1-k}\int_0^x x^k\,dx = \frac{xy}{k+1};$$

cette aire et celle du rectangle ayant pour côtés les coordonnées du point (x, y) *sont dans la raison de* 1 *à* $k+1$.

Les coordonnées du centre de gravité de ces aires sont déterminées par les équations

$$x_1 = \frac{k+1}{k+2}x, \quad y_1 = \frac{k+1}{2(2k+1)}y.$$

Le volume du solide engendré par l'aire qu'on vient de considérer, en tournant autour de l'axe des abscisses, est déterminé par l'équation

$$V = \pi\int_0^x y^2\,dx = \frac{\pi}{2k+1}xy^2;$$

et le volume du solide engendré par l'espace compris entre un arc de parabole, l'axe des ordonnées et la perpendiculaire à cet axe menée du point (x, y), en tournant autour du même axe, est exprimé par cette autre:

$$V_1 = \pi\int_0^y x^2\,dy = \frac{k\pi}{k+2}x^2y.$$

Donc, *les volumes* V *et* V_1 *sont aux volumes des cylindres circonscrits comme* 1 *à* $2k+1$, *et comme* k *à* $k+2$, *respectivement.*

Les coordonnées des centres de gravité de ces solides sont, respectivement, $(x', 0)$ et $(0, y')$, x' et y' étant données par les équations

$$x' = \frac{2k+1}{2k+2} x, \quad y' = \frac{k+2}{2(k+1)} y.$$

Les problèmes géométriques qu'on vient de mentionner, correspondent au problème analytique de l'intégration des puissances à exposant positif. En résolvant ces problèmes avant l'invention du Calcul intégral, les géomètres mentionnés ci-dessus ont donc intégré indirectement ces puissances. Il est à remarquer que ceux de ces problèmes qui correspondent à celui de l'intégration des puissances à exposant fractionnaire, ont été résolus seulement par Fermat et Wallis.

511. La longueur de l'arc de chaque parabole, compris entre l'origine des coordonnées et le point (x, y), est déterminée par l'équation

$$s = \int_0^x \sqrt{1 + k^2 a^{2(1-k)} x^{2(k-1)}} \, . \, dx;$$

elle est par conséquent exprimable par les fonctions élémentaires quand l'un des nombres $\frac{1}{2(k-1)}$ ou $\frac{k}{2(k-1)}$ est entier.

512. En comparant l'équation des tangentes aux paraboles envisagées à l'équation

$$uY + vX = 1,$$

on trouve

$$x = \frac{k}{(k-1)v}, \quad y = \frac{1}{(1-k)u}.$$

En substituant maintenant ces valeurs de x et y dans l'équation (1), on obtient l'*équation tangentielle des paraboles* considérées, savoir

$$u = -\frac{(k-1^{k-1}}{k^k} a^{k-1} v^k.$$

En faisant $k = \frac{m}{n}$, on obtient l'équation

$$n^n a^{m-n} v^m = (-1)^n m^m (m-n)^{n-m} u^n,$$

dont il résulte que *la classe de chaque parabole algébrique est égale à l'ordre de la même courbe, et que la polaire réciproque de chacune de ces lignes, par rapport à un cercle de rayon imaginaire ayant le centre à l'origine des coordonnées, est une parabole de même ordre.*

On peut voir aisément, au moyen de cette équation, que la même parabole a un *foyer réel* quand m est un nombre pair et n un nombre impair, et que, dans les autres cas, elle n'a pas de foyers réels.

Ajoutons encore que les paraboles algébriques sont *unicursales*, puisque, en posant $x = t^n$, on trouve $y = a^{n-m} t^m$.

Ajoutons enfin que la parabole (2) est l'*anti-hyperbolisme* de la parabole correspondant à l'équation

$$a^{m-2n} y_1^n = x_1^{m-n};$$

en posant, en effet, dans l'équation (2) $y = \frac{x_1 y_1}{a}$, $x = x_1$, on obtient celle-là. On peut pourtant construire la parabole (2) et ses tangentes au moyen d'une autre d'ordre inférieur, en employant la méthode indiquée au n.° 114. En particulier, si $n = 1$, on peut de proche en proche dériver la courbe (2) de la parabole ordinaire.

513. Les trajectoires orthogonales des paraboles correspondant aux diverses valeurs du paramètre a sont des ellipses représentées par l'équation

$$ky^2 + x^2 = c.$$

Cette proposition, qu'on démontre très-facilement, a été donnée par Jacques Bernoulli en 1698 dans les *Acta eruditorum* (*Opera,* t. II, p. 810).

514. On a donné aussi le nom de *parabole* à la courbe correspondant à l'équation

$$y = a_0 + a_1 x + a_2 x^2 + \ldots + a_n x^n. \qquad (3)$$

Cette courbe a été envisagée par Newton dans l'ouvrage intitulé *Methodus differentialis,* paru en 1711, où il a donné les relations entre les coefficients a_0, a_1, ..., a_n de cette équation et les coordonnées de $n+1$ points de la courbe. Ce problème est étudié dans les traités d'Analyse sous le nom d'interpolation; nous ne nous en occuperons donc pas ici.

L'aire des courbes envisagées est donnée par la formule

$$A = a_0 x + \frac{a_1}{2} x^2 + \ldots + \frac{a_n}{n+1} x^{n+1};$$

résultat qui a suggéré l'idée de recourir, pour l'évaluation approchée des aires, au développement de l'ordonnée en série ordonnée suivant les puissances entières et positives de l'abscisse, et a ainsi ouvert la théorie des séries.

En prenant sur un arc d'une courbe donnée $n+1$ points et en faisant passer par ces points une parabole (3), on peut représenter approximativement l'arc donné par un arc de cette parabole. La méthode d'approximation importante qui résulte de cette remarque, employée par Newton pour l'évaluation approchée des aires, a eu de nombreuses applications. La détermination des conditions de convergence de cette méthode est une question importante d'Analyse que nous ne pouvons pas étudier ici.

La parabole considérée a été utilisée par Fourier, dans l'*Analyse des équations* (Paris, 1830), pour rendre évidentes les règles pour le calcul de la valeur approchée des racines incommensurables des équations algébriques.

II.

La parabole cubique. La parabole semi-cubique.

515. En posant dans l'équation générale des paraboles algébriques $m=3$ et $n=1$, on obtient celle-ci:

$$a^2y=x^3, \tag{1}$$

qui représente la courbe nommée *parabole cubique.* Cette ligne est la plus simple des paraboles d'ordre supérieur au second, et c'est par l'étude de cette courbe qu'on a abordé l'étude des autres. Elle a la forme indiquée dans la figure 132, et elle possède un point de rebroussement à l'infini. La parabole cubique est une des courbes du troisième ordre employées par Chasles (n.° 158) pour représenter la perspective des cubiques; elle représente la perspective des cubiques à point de rebroussement.

Les propriétés de la parabole semi-cubique résultent immédiatement des formules générales données aux n.ºs 508 à 513; nous ne les signalerons pas ici. Nous remarquerons seulement que la rectification de cette courbe dépend d'une intégrale elliptique de première espèce. On a, en effet, en faisant $x^2=t$,

$$s=\int_0^x\sqrt{1+9\frac{x^4}{a^4}}\,dx=\frac{a^2}{3}\int_0^t\frac{dt}{\Delta t}+\frac{3}{a^2}\int_0^t\frac{t^2\,dt}{\Delta t},$$

où

$$\Delta t=\sqrt{4t\left(t^2+\frac{a^4}{9}\right)}.$$

Mais

$$\int \frac{3t^2\,dt}{\Delta t} = \frac{1}{2}\Delta t - \frac{a^4}{9}\int \frac{dt}{\Delta t}.$$

Donc

$$s = \frac{1}{2a^2}\Delta t + \frac{2a^2}{9}\int_0^t \frac{dt}{\Delta t}.$$

Nous allons déduire de cette relation un théorème remarquable de Jean Bernoulli.

En observant qu'on a, T représentant la longueur de la tangente au point (x, y),

$$T = \frac{1}{a^2}\sqrt{t\left(t^2 + \frac{a^4}{9}\right)} = \frac{1}{2a^2}\Delta t$$

on peut mettre cette relation sous la forme

$$s = T + \frac{2a^2}{9}\int_0^t \frac{dt}{\Delta t} = T + \frac{2a^2}{9}\left(\omega - \int_t^\infty \frac{dt}{\Delta t}\right),$$

où $\omega = \int_0^\infty \frac{dt}{\Delta t}$.

De même, s_1 représentant la longueur de l'arc compris entre l'origine et le point où le paramètre t prend la valeur t_1,

$$s_1 = T_1 + \frac{2a^2}{9}\left(\omega - \int_{t_1}^\infty \frac{dt}{\Delta t}\right).$$

Mais, en appliquant le théorème d'addition des intégrales elliptiques de première espèce, on trouve

$$\int_t^\infty \frac{dt}{\Delta t} + \int_{t_1}^\infty \frac{dt}{\Delta t} = \int_{t_2}^\infty \frac{dt}{\Delta t},$$

lorsque

$$t_2 = \frac{1}{4}\left(\frac{\Delta t - \Delta t_1}{t - t_1}\right)^2 - t - t_1,$$

ou

$$x_2^2 = a^4\left(\frac{T - T_1}{x^2 - x_1^2}\right)^2 - x^2 - x_1^2,$$

x_1 et x_2 représentant les abscisses des points où t prend les valeurs t_1 et t_2.

D'un autre côté, on a, en représentant par s_2 la longueur de l'arc compris entre l'origine et le point ayant pour abscisse x_2,

$$s_2 = \mathrm{T}_2 + \frac{2a^2}{9}\left(\omega - \int_{t_2}^{\infty} \frac{dt}{\Delta t}\right).$$

Par conséquent

$$s_2 = \mathrm{T}_2 - \mathrm{T} - \mathrm{T}_1 - \frac{2a^2}{9}\,\omega + s + s_1.$$

En faisant $t=0$, cette relation prend la forme plus simple

$$s_2 = \mathrm{T}_2 - \mathrm{T}_1 - \frac{2a^2}{9}\,\omega + s_1,$$

et la valeur de x_2 est alors déterminée par l'équation

$$(2) \qquad x_2 = \frac{a^2}{3x_1}.$$

De même, en représentant par s'_1 et s'_2 les longueurs des arcs compris entre l'origine et les points ayant pour abscisses x'_1 et x'_2, on a

$$s'_2 = \mathrm{T}'_2 - \mathrm{T}'_1 - \frac{2a^2}{9}\,\omega + s'_1,$$

quand

$$(3) \qquad x'_2 = \frac{a^2}{3x'_1}.$$

Pourtant

$$s_2 - s'_2 - (s_1 - s'_1) = \mathrm{T}_2 - \mathrm{T}'_2 - \mathrm{T}_1 + \mathrm{T}'_1.$$

Donc, *si l'on donne un couple de points* (x_1, y_1) *et* (x'_1, y'_1) *de la parabole cubique, on peut déterminer un autre, au moyen des équations* (2) *et* (3) *et de l'équation de la courbe, tel que la différence entre l'arc compris entre les points du premier couple et l'arc compris entre les deux points de l'autre peut être construite au moyen de la règle et du compas ordinaire.*

Cette proposition a été donnée par Jean Bernoulli en 1698 dans les *Acta eruditorum* (*Opera*, t. I, p. 252). Cette invention de l'éminent géomètre est très remarquable, car elle est antérieure à la découverte des propriétés des arcs de l'ellipse et de la lemniscate avec lesquelles Fagnano a ouvert la théorie des intégrales elliptiques.

516. En faisant dans l'équation générale des paraboles algébriques $m=3$ et $n=2$, on obtient l'équation

$$(4) \qquad ay^2 = x^3,$$

*

qui représente une courbe nommée *parabole semi-cubique,* et encore *parabole de Neil,* par un motif qu'on verra ci-dessous.

Cette courbe a la forme représentée dans la figure 131. Les valeurs des aires, des volumes des solides de révolution qu'elle engendre en tournant autour des axes, et des coordonnées des centres de gravité de ces aires et de ces solides résultent immédiatement des formules générales démontrées aux n.^es 508 à 513. De ce qu'on a dit au n.° 512 il résulte que sa *classe* est égale à 2 ; qu'elle admet pour *polaire réciproque,* par rapport à un cercle de rayon imaginaire ayant le centre à l'origine des coordonnées, une autre parabole semi-cubique ; et qu'elle est un *anti-hyperbolisme* d'une parabole du deuxième ordre.

517. La longueur de l'arc de la courbe considérée compris entre l'origine des coordonnées et le point (x, y) est déterminée par l'équation

$$s = \int_0^x \sqrt{1 + \frac{9}{4a}x}\, dx = \frac{8a}{27}\left[\left(1 + \frac{9}{4a}x\right)^{\frac{3}{2}} - 1\right],$$

d'où il résulte que la *parabole semi-cubique* peut être rectifiée au moyen de la règle et du compas ordinaire.

D'après Wallis, le problème de la rectification de la parabole semi-cubique a été résolu par Neil en 1657, en suivant une idée indiquée par celui-là dans le scolie de la proposition 38.e de l'*Arithmetica infinitorum;* mais le résultat obtenu fut publié seulement en 1659 par Wallis dans son *Tractatus duo* (*Opera,* t. I, p. 551), où ce géomètre en a réproduit la démonstration de Neil et en a donné une autre. La même question a été encore résolue peu de temps après par Van Heuraet, dont la solution a été réproduite dans l'édition de la *Géométrie* de Descartes publiée en 1659 par Van Schooten, et plus tard par Fermat, dans sa *Dissertatio de linearum curvarum cum lineis rectis comparatione* (*Oeuvres,* t I, p. 211), parue en 1660. Neil n'a pas défini directement la courbe par l'équation (4); il en a déterminé l'ordonnée y par la condition qu'elle soit proportionnelle à l'aire du segment de la parabole ordinaire $y = x^2$, comprise entre le sommet de cette dernière courbe et la corde perpendiculaire à l'axe, passant par le point (x, y). Van Heuraet a défini la courbe directement par l'équation (4), et il a encore rectifié toutes les paraboles représentées par l'équation

$$y^{2n} = Ax^{2n+1}.$$

L'invention de la longueur des arcs de la parabole semi-cubique est fameuse dans l'histoire de la Géométrie, car le problème de la rectification des courbes était considéré comme très difficile par tous les géomètres, et même comme insoluble par quelques-uns. Torricelli avait déjà antérieurement rectifié la spirale logarithmique (n.° 476), mais cette découverte était restée inconnue. En outre, cette dernière courbe ne peut pas être construite exactement, tandis que la parabole semi-cubique peut être construite au moyen de la règle et du compas ordinaire.

518. *La parabole semi-cubique est la développée de la parabole du deuxième ordre.* En effet, la développée de la parabole ayant pour équation $y^2=2px$ est représentée par cette autre:

$$y^2=\frac{8}{27p}(x-p)^3,$$

qui correspond à une parabole semi-cubique ayant pour axe celui de la conique donnée et ayant le rebroussement au point de cet axe dont la distance au sommet est double de la distance focale de la même conique. Cette proposition a été donnée par le grand inventeur de la théorie des développées dans l'admirable traité *De horologio oscillatorio* (*Opera varia,* t. I, p. 99), et il en a déduit comme conséquence la longueur des arcs de la parabole semi-cubique.

La polaire réciproque de la développée de la parabole du deuxième ordre, par rapport à un cercle quelconque ayant le centre au foyer de cette parabole, est une cissoïde de Dioclès.

En effet, en prenant le foyer de la parabole donnée pour origine des coordonnées, on peut représenter la développée par les équations

$$X=\frac{1}{2}p+t^2,\quad Y=\frac{2}{3}\sqrt{\frac{2}{3p}}\,t^3.$$

L'équation de la polaire du point (X, Y) par rapport au cercle défini par l'équation

$$x^2+y^2=r^2$$

est

$$4\sqrt{2}\,yt^3+3\sqrt{3p}\,(p+2t^2)\,x-6\sqrt{3p}\,r^2=0.$$

L'équation de l'enveloppe de cette droite, t étant le paramètre arbitraire, est donnée par l'élimination de t entre cette équation et celle-ci:

$$\sqrt{2}\,yt+x\sqrt{3p}+0.$$

L'équation de la polaire réciproque de la développée considérée est donc

$$px\,(x^2+y^2)=r^2y^2,$$

équation qui représente une cissoïde.

519. La parabole semi-cubique est la solution du problème suivant: *déterminer la ligne plane verticale que doit décrire un point pesant, pour qu'il s'approche de l'horizon avec une vitesse constante.*

Pour démontrer cette propriété, prenons un point O de la courbe pour origine des coordonnées et prenons l'axe des y positives vertical et dans le sens de la pesanteur. On a, en vertu de théorèmes bien connus de Mécanique et de l'énoncé du problème considéré,

$$\frac{dx^2+dy^2}{dt^2}=2g(h+y),\quad \frac{dy}{dt}=\sqrt{2hg}\cos\omega,$$

g représentant la gravité, $-h$ l'ordonnée du point de départ du mobile et ω l'angle formé par la tangente à l'origine avec la verticale.

La dernière équation donne

$$y=\sqrt{2hg}\,t\cos\omega,$$

en prenant pour origine du temps l'instant de passage du mobile par O.

En éliminant y et $\frac{dy}{dt}$ entre ces équations, on obtient celle-ci:

$$dx^2=2g(h\sin^2\omega+\sqrt{2hg}\,t\cos\omega)\,dt^2,$$

et, en intégrant et en déterminant la constante arbitraire par la condition de la courbe passer par l'origine des coordonnées,

$$3\sqrt{h}\cos\omega(x+c)=2(h\sin^2\omega+\sqrt{2hg}\,t\cos\omega)^{\frac{3}{2}},$$

où $c=\frac{2h\sin^3\omega}{3\cos\omega}$.

L'équation des courbes qui satisfont au problème est donc

$$3\sqrt{h}\cos\omega(x+c)=2(y+h\sin^2\omega)^{\frac{3}{2}},$$

et pourtant ces courbes sont des paraboles semi-cubiques.

Quand le point de départ du mobile est situé sur la verticale de l'origine O, on a $\omega=0$, et l'équation de la courbe prend la forme

$$4y^3=9hx^2,$$

et alors la verticale est tangente à la courbe à son point de rebroussement. Il résulte de l'expression de $\frac{dy}{dt}$ que cette parabole est celle que le mobile doit parcourir pour descendre dans le temps le plus court.

Le problème qu'on vient d'envisager, fut proposé par Leibniz en 1687 dans les *Nouvelles de la République des lettres*. Il fut résolu par Huygens à la même année et dans ce même recueil (*Oeuvres,* t. IX, p. 224). Leibniz en a publié sa solution dans le volume correspondant à 1689 des *Acta eruditorum* (*Opera,* t. III, p. 225), et Jacques Bernoulli en a donné une autre en 1690 dans ce même journal. La question considérée fut encore envisagée par Jean Bernoulli dans les *Lectiones mathematicae* (*Opera,* t. III, p. 482–486). Ajoutons encore que Huygens a employé dans la solution du problème mentionné ci-dessus les anciennes méthodes, mais on a trouvé parmi ses papiers une autre solution par la méthode différentielle (l. c., p. 229).

520. L'équation (1) est un cas particulier de celle-ci:

$$y = ax^3 + bx^2 + cx + d,$$

qu'on peut mettre encore sous la forme

$$y = ax^2 (x - e),$$

en changeant l'origine des coordonnées. Cette équation est une des formes canoniques auxquelles Newton a réduit l'équation générale des cubiques dans son énumération de ces courbes, comme on l'a vu au n.° 108, et toutes les lignes qu'elle représente sont appelées souvent *paraboles cubiques.* Ces mêmes lignes appartiennent encore à une classe de courbes qui seront étudiées plus loin sous le nom de *perles de Sluse.*

III.

Les hyperboles.

521. Les courbes définies par l'équation

$$y = a^{1+k} x^{-k}, \quad (k > 0,$$

qui comprend comme cas particulier celle de l'hyperbole du deuxième ordre, sont désignées sous le nom d'*hyperboles.* Ces lignes sont *algébriques* quand k est rationnel; elles sont *transcendantes* dans le cas contraire. Dans le premier cas, on peut, en faisant $k = \frac{m}{n}$, représenter ces courbes par l'équation

$$x^m y^n = a^{m+n}.$$

Les géomètres qui, les premiers, ont envisagé les hyperboles d'ordre supérieur au second furent Wallis et Fermat. Après avoir étudié les paraboles d'ordre quelconque, ils se sont occupés de ces hyperboles, pour en chercher les propriétés correspondant à celles des paraboles qu'ils avaient obtenues. Les résultats des recherches de Wallis ont été exposés dans l'*Arithmetica infinitorum* (*Opera,* t. I, p. 408), dans quelques lettres adressées à Digby

(*Oeuvres de Fermat*, t. III, p. 407, 441 et 451), et dans le traité *De motu* (*Opera*, t. I, p. 683). Les théorèmes obtenus par Fermat sont indiqués aussi dans une lettre adressée à Digby (l. c., p. 337) et dans son Mémoire: *Sur la transformation et simplication de lieux* (l. c., p. 216). On voit par cette lettre que les recherches de Fermat sur les hyperboles sont antérieures à la publication de l'*Arithmetica infinitorum*, par laquelle la théorie de ces lignes fut pour la première fois divulguée.

522. On détermine aisément la forme de chaque hyperbole algébrique, en tenant compte des relations

$$y = a_1 x^{-\frac{m}{n}}, \quad y' = -\frac{m}{n} a_1 x^{-\frac{m}{n}-1}, \quad y'' = \frac{m(m+n)}{n^2} a_1 x^{-\frac{m}{n}-2},$$

où $a_1 = a^{\frac{m+n}{n}}$.

Si m est impair et n pair, la courbe a la forme indiquée dans la figure 133. Elle est symétrique par rapport aux axes des abscisses et elle possède deux branches infinies, sans points d'inflexion ni points multiples à distance finie, ayant pour asymptotes les axes des coordonnées.

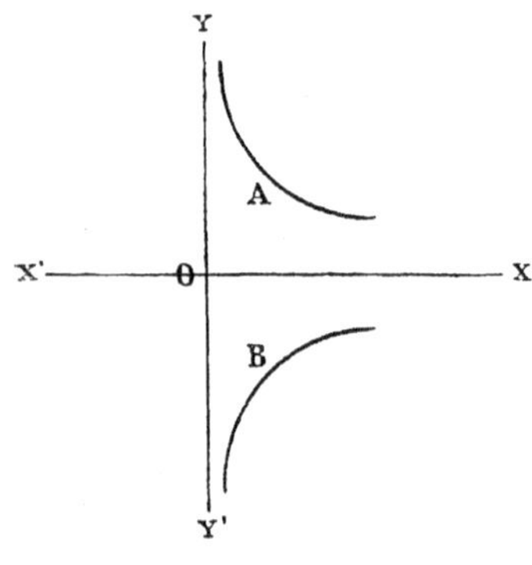

Fig. 133

Si m est pair et n impair, la courbe a la même forme que dans le cas précédent, mais l'axe des ordonnées est alors l'axe de symétrie.

Si les nombres m et n sont impairs, la courbe est composée de la branche A et d'une autre de la même forme, située dans l'angle X'OY' des axes des coordonnées, et symétrique de celle-là par rapport à l'origine O.

Si k est un nombre irrationnel, la courbe a seulement la branche A.

523. En comparant les équations des paraboles et des hyperboles, on voit qu'on peut déduire les propriétés de ces courbes de celles des paraboles, en changeant dans les formules relatives aux premières lignes k en $-k$. On trouve ainsi les résultats suivants.

L'ordonnée du point où la tangente à une hyperbole quelconque au point (x, y) coupe l'axe des ordonnées est déterminée par l'équation

$$Y = (1 + k) y.$$

La valeur du rayon de courbure au même point est

$$R = \frac{(x^2 + k^2 y^2)^{\frac{3}{2}}}{k(k+1) xy} = \frac{(x^{2(1+k)} + k^2 a^{2(1+k)})^{\frac{3}{2}}}{k(k+1) a^{1+k} x^{1+2k}}.$$

Cette valeur tend vers l'infini quand x tend vers 0, et tend vers 0, quand x tend vers l'infini; elle passe par un minimum au point où l'on a

$$x = a\left[\frac{k^2(1+2k)}{2+k}\right]^{\frac{1}{2(1+k)}}.$$

On a encore, comme au n.º 509,

$$R = \frac{k}{k+1}p,$$

p représentant la longueur du segment de la normale au point (x, y) compris entre l'axe des abscisses et la perpendiculaire à cet axe menée par le point où il est coupé par la tangente au point (x, y).

L'aire de l'espace compris entre la courbe, l'axe des abscisses et deux parallèles à l'axe des ordonnées passant par les points (x_0, y_0) et (x, y) est déterminée par l'équation

$$A = a^{1+k}\int_{x_0}^{x} x^{-k}\,dx = \frac{xy - x_0 y_0}{1-k}.$$

Pourtant la quadrature des courbes envisagées est équivalente à l'intégration des puissances à exposant négatif. En déterminant les aires de ces courbes, avant l'invention du Calcul intégral, Wallis et Fermat ont donc intégré indirectement ces puissances.

Les coordonnées x_1 et y_1 du centre de gravité des aires mentionnées ont les valeurs

$$x_1 = \frac{a^{1+k}}{A}\int_{x_0}^{x} x^{1-k}\,dx = \frac{x^2 y - x_0^2 y_0}{(2-k)A}, \quad y_1 = \frac{a^{2(k+1)}}{2A}\int_{x_0}^{x} x^{-2k}\,dx = \frac{y^2 x - y_0^2 x_0}{2(1-2k)A}.$$

La valeur de A est finie, même quand $x = \infty$, si $k > 1$; et, dans ce cas, l'aire considérée a encore un centre de gravité à distance finie quand $k > 2$. La détermination des cas où l'aire infinie qu'on vient de considérer a un centre de gravité, a été envisagée en quelques lettres adressées par Fermat et Wallis à Digby en 1657 (*Oeuvres* de Fermat, t. II, p. 337 et 343, t. III, p. 441).

Le volume du solide engendré par l'aire qu'on vient de mesurer, en tournant autour de l'axe des abscisses, est déterminé par la formule

$$V = \pi\frac{y^2 x - y_0^2 x_0}{1-2k}.$$

Le centre de gravité de ce solide est situé sur l'axe de revolution à une distance x' du point O déterminée par l'équation

$$x' = \pi\frac{y^2 x^2 - x_0^2 y_0^2}{2(1-k)V}.$$

La longueur de l'arc compris entre les points (x_0, y_0) et (x, y) est donnée par l'équation

$$s = \int_{x_0}^{x} \sqrt{1 + k^2 a^{2(1+k)} x^{-2(1+k)}}\, dx,$$

et elle est exprimible par des fonctions élémentaires quand un des nombres $\frac{1}{2(k+1)}$ ou $\frac{k}{2(k+1)}$ est entier.

524. L'équation *tangentielle des hyperboles algébriques* est

$$(m+n)^{m+n} a^{m+n} u^n v^m = n^n m^m;$$

la classe de ces courbes est égale à l'ordre des mêmes courbes, et la polaire réciproque, par rapport à un cercle de rayon imaginaire ayant le centre à l'origine des coordonnées, est une hyperbole du même ordre.

L'hyperbole correspondant à $k = \frac{m}{n}$ est l'hyperbolisme de la ligne ayant pour équation

$$x^{m-n} y^n = a^m,$$

qui représente une parabole quand $n > m$, et une autre hyperbole quand $n < m$. La même courbe est encore l'hyperbolisme de la ligne correspondant à l'équation

$$x^m y^{n-m} = a^n.$$

On peut donc réduire la construction des hyperboles d'ordre $m+n$ à celle des paraboles d'ordre m, si $m > n$, ou d'ordre n, si $n > m$.

IV.

Les spirales paraboliques et hyperboliques.

525. L'étude des spirales définies par l'équation

$$(1) \qquad \rho = a\theta^k,$$

où k représente un nombre arbitraire, a été rattachée à celle des paraboles et des hyperboles d'ordre quelconque par Fermat, dans une lettre adressée à Carcavi en 1659 (*Oeuvres*, t. II, p. 441), par Wallis, dans l'*Arithmetica infinitorum* et dans le traité *De motu* (*Opera*, t. I, p. 385 et 892), et par Varignon, dans un Mémoire sur la théorie générale des spirales présenté en 1704 à l'Académie des Sciences de Paris (*Histoire de l'Académie R. des Sciences,* 1745, p. 69). Ils ont réduit la quadrature et la rectification de ces spirales à celles des paraboles et des hyperboles. Les deux premiers géomètres ont considéré seulement le cas où k est positif; Varignon a étudié le cas général, et a nommé *paraboliques* les spirales qui correspondent aux valeurs positives de k, et *hyperboliques* celles qui correspondent aux valeurs négatives de cette constante. La quadrature des spirales paraboliques a été envisagée encore par St. de Angelis, dans un traité *De infinitorum spiralium spatiorum mensura,* paru en 1660, et par Sluse, dans une lettre adressée à Huygens en août 1663 (*Oeuvres de Huygens,* t. IV, p. 399).

La forme de ces lignes peut être obtenue aisément. Considérons les spirales paraboliques et supposons $k = \frac{m}{n}$. La courbe a une forme analogue à celle de la spirale d'Archimède (n.° 459, *fig. 117*), quand m et n sont impairs; et une forme analogue à celle de la spirale de Fermat (n.° 466, *fig. 119*), quand n est pair et m impair. Si n est impair et m pair, la courbe est formée par deux arcs analogues à l'arc OABC... de ces spirales, mais disposés symétriquement par rapport à l'axe des coordonnées polaires, et elle possède un point de rebroussement à l'origine. Si k est irrationnel, l'un de ces arcs disparaît.

Les spirales hyperboliques sont composées de deux branches égales, symétriquement situées par rapport à l'axe polaire, quand m est pair et n impair, à la perpendiculaire à cet axe passant par l'origine, quand m et n sont impairs, et à l'origine O, quand m est impair et n pair. Si k est irrationel la courbe a une seule branche. Chacune de ces branches a un point d'inflexion réel, déterminé par l'équation

$$\theta^2 + k(k+1) = 0,$$

quand la valeur absolue de k est inférieure à l'unité. La courbe a, dans tous les cas, un point asymptotique à l'origine, et l'axe des coordonnées polaires en est une asymptote quand $|k| < 1$. Si $|k| > 1$, la courbe n'a pas d'asymptote à distance finie.

Les valeurs de la sous-normale, de la sous-tangente et de l'angle formé par la tangente avec le vecteur du point de contact sont données par les relations

$$S_n = \frac{k\rho}{\theta}, \quad S_t = \frac{\rho\theta}{k}, \quad \operatorname{tang} V = \frac{\theta}{k}.$$

526. Le théorème concernant la relation entre les longueurs des arcs de la spirale d'Archimède et de la parabole ordinaire, démontré au n.° 462, fut généralisé par les géomètres mentionnés ci-dessus, comme on va le voir.

La longueur de l'arc de la spirale (1) compris entre les points (ρ_0, θ_0) et (ρ_1, θ_1) est déterminée par la formule

$$s = \int_{\rho_0}^{\rho_1} \sqrt{\rho^2 \frac{d\theta^2}{d\rho^2} + 1} \, . \, d\rho = \int_{\rho_0}^{\rho_1} \sqrt{\frac{\rho^{\frac{2}{k}}}{k^2 a^{\frac{2}{k}}} + 1} \, . \, d\rho.$$

*

D'un autre côté, la longueur de l'arc de la parabole représentée par l'équation

$$y = bx^h,$$

compris entre les points où y prend les valeurs ρ_0 et ρ_1, est donnée par l'équation

$$s_1 = \int_{\rho_0}^{\rho_1} \sqrt{1 + b^2 h^2 x^{2(h-1)}}\, dx.$$

Pourtant, on a $s = s_1$, quand

$$h = 1 + \frac{1}{k}, \quad b = \frac{1}{(k+1)\, a^{\frac{1}{k}}}.$$

527. On a déjà dit que la quadrature des spirales paraboliques dépend de celle des paraboles. On a, en effet, en représentant par A l'aire balayée par le vecteur du point (θ, ρ) quand θ varie depuis 0,

$$A = \frac{a^2}{2} \int_0^\theta \theta^{2k}\, d\theta,$$

d'où il résulte que le calcul de A dépend de la quadrature de la parabole correspondant à l'équation $y = x^{2k}$. À cause de cette relation entre les deux problèmes, découverte avant l'invention du Calcul intégral, on a calculé presque en même temps les aires des paraboles et des spirales mentionnées.

De même, la quadrature des spirales hyperboliques dépend de celle des hyperboles correspondantes.

528. L'équation (1) est un cas particulier de l'équation

$$\rho - h = a\theta^k, \tag{2}$$

qui comprend aussi celle de la spirale de Jacques Bernoulli envisagée au n.° 469. Les spirales que l'équation (2) représente ont été étudiées par Varignon, dans le mémoire cité ci-dessus, sous le nom de *spirales hélicoïdes;* elles sont les conchoïdes des spirales définies par l'équation (1), par rapport au pôle.

CHAPITRE X.

LES COURBES CYCLOIDALES.

I.

La cycloïde ordinaire.

529. On appelle *cycloïde* la courbe engendrée par un point M *(fig. 134)* de la circonférence GMQ d'un cercle, quand ce cercle roule sur une droite OB. En supposant que O est le point de départ de M et que Q est le point de contact du cercle GMQ avec la droite OB, on peut traduire géométriquement cette définition par l'égalité, en chaque position de la circonférence considérée, entre l'arc MQ et le segment OQ.

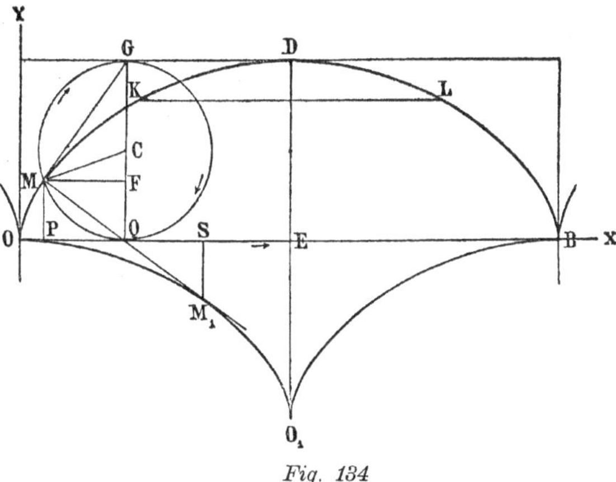

Fig. 134

Le nom par lequel la courbe est désignée à présent a été proposé par Galilée; Roberval l'a nommée *trochoïde,* et Pascal *roulette.*

Il résulte immédiatement de la définition précédente que la cycloïde est composée d'une suite infinie d'arcs égaux à ODB. Cet arc est symétrique par rapport à la droite DE, nommée *axe* de la courbe; le segment DE est égal au diamètre du cercle générateur, et le segment OB, nommé *base* de cet arc, est égal à la longueur de la circonférence du même cercle.

L'attention des géomètres a été appelée en 1615 sur cette ligne par Mersenne, qui en a demandé les propriétés. Elle avait été déjà décrite, d'après Wallis, par De Cusa dans un manuscript de 1454, et elle avait été envisagée par Galilée en 1590; mais on n'en avait encore obtenu aucune propriété. La première proposition concernant cette courbe fut obtenue par Roberval en 1634, qui a trouvé la valeur de l'aire comprise entre ODB et la base OB. La découverte de l'éminent géomètre fut communiquée par lui-même à Fermat et par Mersenne à Descartes; elle a été divulguée par le savant Minime en 1637 dans sa *Harmonie Universelle.* La méthode suivie par Roberval pour calculer la valeur de l'aire mentionnée fut exposée dans son traité *De trochoïde* (*Mémoires de l'Académie des Sciences de Paris,* t. VI, p. 361-382); et une nouvelle démonstration du résultat qu'il a obtenu fut donnée par Descartes dans deux lettres adressées à Mersenne en 1638 (*Oeuvres de Descartes,* éd. de Adam et P. Tannery, t. II, p. 135 et 257). Le problème de la quadrature de l'espace cycloïdale ODB a encore été étudié, en Italie, par Torricelli, qui a retrouvé le théorème de Roberval, et l'a publié en 1644 dans ses *Opera mathematica.* D'autres questions importantes relatives à la cycloïde ont été encore résolues par Roberval; il a déterminé le centre de gravité de l'aire ODB, et il a calculé les dimensions des solides qu'elle engendre en tournant autour de son axe DE ou de la base OB. Les résultats qui se rapportent à ces derniers problèmes ont été communiqués par Mersenne à Huygens en 1647 (*Oeuvres de Huygens,* t. I, p. 52), et ont été démontrés par son inventeur dans la deuxième partie du traité *De trochoïde* (l. c., p. 383-419), et dans le *Traité des indivisibles* (l. c., p. 328).

Les tangentes à la cycloïde ont été obtenues par Roberval, au moyen de sa méthode de la composition des mouvements (l. c., p. 76); par Descartes, qui a donné, pour les tracer, un théorème remarquable qu'on verra ci-dessous; et par Fermat, qui a aussi appliqué à cette courbe la méthode générale des tangentes qu'il avait inventée (*Oeuvres,* t. III, p. 144).

Le problème de la rectification de la cycloïde a été résolu en 1658 par Wren, au moyen des méthodes de l'ancienne Géométrie. Le procédé qu'il a employé pour cela a été exposé par Wallis dans le traité *De cycloïde* (*Opera,* t. I, p. 534-537). L'invention de Wren a été très appréciée par les géomètres, car dans ce temps on n'avait encore rectifié que quelques paraboles (n.º 517) et la spirale logarithmique (n.º 476). De nouvelles démonstrations du résultat obtenu par Wren ont été données par Fermat (d'après mention de Pascal), par Mylon (*Oeuvres de Huygens,* t. II, p. 335 et 343) et par Roberval (l. c., p. 419). Dans l'écrit que ce dernier géomètre a consacré à cette question, il assure qu'il connaissait la longueur de la cycloïde depuis longtemps, mais qu'il ne l'avait communiquée à personne, ce qui est d'accord avec un renseignement donné par Pascal dans l'*Histoire de la roulette* (*Oeuvres,* éd. Hachette, p. 341).

Vers la fin de 1658 fut publié le fameux *Traité générale de la roulette* (l. c., p. 431) de Pascal, où ce grand géomètre a résolu pour la première fois divers problèmes relatifs à la cycloïde, qu'il avait proposó aux géomètres, dont quelques-uns étaient considérés comme très difficiles. Il a généralisé les théorèmes de Roberval, en considérant, au lieu de l'espace ODB, le segment limité par la corde KL, parallèle à OB; il a calculé les dimensions des surfaces engendrées par l'arc DK en tournant autour de DE ou de OB; il a déterminé les centres de gravité de ces surfaces, celui de l'arc KD, et ceux des solides que l'espace KDL engendre en tournant autour de DE ou de KL; etc. Les méthodes qu'il a suivies pour cela ont été exposées dans une lettre adressée la même année à Carcavy (l. c., p. 364). Les problèmes de Pascal ont encore été résolus par Wallis, au moyen des méthodes exposées dans l'*Arithmetica infinitorum,* premièrement dans son traité *De cycloide* (1659) et ensuite dans son traité *De motu* (*Opera,* t. I, p. 496-541 et 800-862).

La développée de la cycloïde a été obtenue par Huygens, par une voie puremeute géométrique, dans son admirable traité *De horologio oscillatorio.* Ce grand géomètre et Jean Bernoulli ont encore découvert deux belles et importantes propriétés mécaniques de la courbe qui seront indiquées ci-dessous.

L'équation de la cycloïde résulte immédiatement de sa définition. En prenant pour origine des coordonnées le point O, pour axe des abscisses la droite OB et pour axe des ordonnées la perpendiculaire OY à cette droite, on a

$$x = \text{OP} = \text{OQ} - \text{PQ} = \text{arc MQ} - \text{PQ}, \quad y = \text{MP} = \text{CQ} - \text{CF},$$

et par conséquent, r représentant le rayon du cercle QMG et t l'angle formé par le rayon MC avec CQ,

$$x = r(t - \sin t), \quad y = r(1 - \cos t). \tag{1}$$

Ces équations déterminent les coordonnées x et y des points de la courbe en fonction du paramètre t, et donnent, en éliminant t, l'équation cartésienne de la courbe, savoir

$$x = r \arccos \frac{r - y}{r} - \sqrt{2ry - y^2}. \tag{2}$$

On peut obtenir les propriétés de la courbe au moyen de cette équation, mais il est préférable d'employer pour cela les équations (1), comme on va le voir.

530. L'équation de la normale à la cycloïde au point M est

$$\text{Y} \sin t + \text{X}(1 - \cos t) = rt(1 - \cos t);$$

cette droite coupe pourtant l'axe des abscisses au point où l'on a $\text{X} = rt = \text{OQ}$.

Donc, *la normale à la cycloïde au point* M *passe par le point de contact* Q *du cercle générateur* GMQ *avec la droite sur laquelle il roule.*

Il résulte de cette proposition que *la tangente au point* M *passe par le point* G.

La tangente à la cycloïde au point O coïncide avec OY, et la courbe a à ce point un *rebroussement.* La tangente au point D est parallèle à la base de la courbe.

L'importante propriété de la normale qu'on vient de démontrer, a été découverte par Descartes, qui l'a communiquée à Mersenne le 23 août 1638 (*Oeuvres de Descartes,* t. II, p. 308). Le grand géomètre l'a généralisée à toute ligne engendrée par un point lié invariablement à une courbe quelconque, située sur un plan passant par ce point, quand cette courbe roule sur une autre courbe fixe arbitraire, située sur le même plan (l. c., p. 312).

La longueur de cette normale a pour expression

$$N = r\sqrt{2(1-\cos t)} = 2r\sin\frac{t}{2};$$

et le rayon de courbure correspondant au même point M est déterminé par l'équation

$$R = \frac{(x'^2+y'^2)^{\frac{3}{2}}}{x'y''-y'x''} = 2r\sqrt{2(1-\cos t)},$$

où x' et y', etc., représentent les dérivées de x et y par rapport à t.

Donc, *le rayon de courbure au point* M *est égal au double de la longueur de la normale à la courbe au même point.*

Si, par conséquent, on prend sur la normale MQ un point M_1 tel que QM_1 soit égal à MQ, ce point est le centre de courbure correspondant au point M. En traçant ensuite la droite M_1S, perpendiculaire à OB, et en tenant compte des relations

$$M_1S = MP, \quad OS = OQ + PQ,$$

on trouve que les coordonnées (x_1, y_1) du point M_1 sont déterminées par les équations

$$x_1 = r(t+\sin t), \quad y_1 = r(\cos t - 1),$$

ou, en changeant la variable indépendante t en $t+\pi$,

$$x_1 = r(t+\pi-\sin t), \quad y_1 = -r(1+\cos t).$$

Ces équations déterminent la développée de la cycloïde envisagée. En transportant l'origine des coordonnées au point O_1, dont les coordonnées sont $(\pi r, -2r)$, elles prennent la forme

$$x_1 = r(t-\sin t), \quad y_1 = r(1-\cos t),$$

d'où il résulte que *la développée de la cycloïde donnée est une cycloïde égale à celle-là, ayant les sommets aux points* O, B, ..., *et ayant un rebroussement au point* O_1 *de l'axe* DE *de la courbe où* $O_1E = DE$ (Huygens, l. c.).

531. La longueur de l'arc MD de la cycloïde est déterminée par la formule

$$s = \int_t^\pi \sqrt{dx^2+dy^2} = 2r\int_t^\pi \sin\frac{t}{2}\,dt = 4r\cos\frac{t}{2},$$

qui, en tenant compte de l'égalité $MG = 2r\cos\frac{t}{2}$, donne $s = 2MG$.

Par conséquent, *la longueur de l'arc* MD *de la cycloïde est égale à deux fois la corde* MG.

En posant $t = 0$, on voit que *la longueur de l'arc* ODB *est égale à huit fois le rayon du cercle qui engendre la courbe.*

Il résulte encore de l'égalité qu'on vient de démontrer, en tenant compte de l'expression de R, que l'équation intrinsèque de la cycloïde est

$$s^2 + R^2 = 16r^2.$$

532. L'aire de l'espace compris entre l'arc OM de la cycloïde, le segment OP la base et l'ordonnée MP du point M est donnée par l'équation

$$A = r^2 \int_0^t (1 - \cos t)^2 dt = r^2 \left(\frac{3}{2} t - 2 \sin t + \frac{1}{4} \sin 2t \right),$$

d'où il résulte que *l'aire de l'espace compris entre la base* OB *et l'arc* ODB *est égale à trois fois l'aire du cercle qui engendre la courbe.*

Nous allons maintenant nous occuper de la solution du problème suivant: *déterminer deux points sur l'arc* ODB *de la cycloïde tels que le calcul de l'aire de l'espace compris entre la corde qui joint ces points et la courbe soit indépendante de la quadrature du cercle.*

En représentant par t_0 et t_1 les valeurs que t prend à ces deux points, par (x_0, y_0) et (x_1, y_1), les coordonnées des mêmes points, et par A_1 la valeur de cette aire, on a, en supposant $t_1 > t_0$,

$$A_1 = \int_{t_0}^{t_1} y dx - \frac{1}{2} (x_1 - x_0)(y_1 + y_0)$$

ou

$$A_1 = r^2 \left[\frac{3}{2} (t_1 - t_0) - 2 \sin t_1 + 2 \sin t_0 + \frac{1}{4} \sin 2t_1 - \frac{1}{4} \sin 2t_0 \right]$$

$$- \frac{1}{2} r^2 (t_1 - t_0 - \sin t_1 + \sin t_0)(2 - \cos t_1 - \cos t_0)$$

$$= r^2 \left[\frac{1}{2} (t_1 - t_0)(1 + \cos t_1 + \cos t_0) - \sin t_1 + \sin t_0 + \frac{1}{2} \sin (t_0 - t_1) \right].$$

Par conséquent, la condition pour que le calcul de A_1 soit indépendant de la quadrature du cercle est

$$\cos t_1 + \cos t_0 + 1 = 0;$$

et il s'ensuit: 1.º que t_0 et t_1 ne peuvent par être inférieurs à $\frac{\pi}{2}$, et que par conséquent les extrémités de la corde qui limite l'aire considérée doivent être situées sur la parallèle à la base de la cycloïde passant par le centre C du cercle générateur, ou au-dessus de cette droite; 2.° que par chaque point de la courbe satisfaisant à cette condition passent, en général, deux cordes qui répondent au problème énoncé.

Si cette équation est vérifiée, la valeur de A_1 est donnée par la formule

$$A_1 = \frac{1}{4} r^2 [2 \sin t_0 - \sin 2t_0 \mp 4 (1 + \cos t_0) \sqrt{-\cos t_0 (2 + \cos t_0)}],$$

où l'on doit employer le signe supérieur quand $t_1 < \pi$ et le signe inférieur quand $t_1 > \pi$.

Le problème qu'on vient de considérer a été résolu par Jean Bernoulli en 1699 dans les *Acta eruditorum* (*Opera*, t. I, p. 322). Antérieurement Huygens avait considéré le cas où $t_0 = \frac{5}{6}\pi$, dans une lettre adressée à Boulliau en 1658 (*Oeuvres de Huygens*, t. II, p. 201), et Leibniz avait considéré le cas où $t_0 = \frac{\pi}{2}$, dans une lettre adressée à Oldenbourg en 1674 (*Opera*, t. III, 1768, p. 28).

Si $t_0 = \frac{2}{3}\pi$, on a $t_1 = \frac{4}{3}\pi$, et ensuite

$$y_0 = \frac{3}{2} r, \quad y_1 = \frac{3}{2} r, \quad A_1 = \frac{3}{4} \sqrt{3}\, r^2;$$

nous avons par suite le théorème de Huygens:

L'aire de l'espace compris entre la cycloïde et la corde KL *(fig. 134), parallèle à la base et située à la distance* $\frac{1}{2} r$ *du sommet, est égale à six fois la valeur que prend l'aire du triangle* MQF *quand* FQ *est égal à la distance du point* D *à la droite* KL.

Si $t_0 = \frac{\pi}{2}$, on a $t_1 = \pi$, et ensuite

$$y_0 = r, \quad y_1 = 2r, \quad A_1 = \frac{1}{2} r^2;$$

et on a par conséquent le théorème de Leibniz:

L'aire de l'espace compris entre la cycloïde et la corde qui passe par D *et par l'un des points où l'arc* ODB *est rencontré par une droite parallèle à la base passant par le centre* C *du cercle générateur, est égale à l'aire du triangle rectangle dont les cathètes sont égaux au rayon de ce cercle.*

533. Voici encore une autre question de la même nature: déterminer algébriquement une zone, comprise entre deux cordes parallèles à la base de la cycloïde, dont l'aire soit indépendante de la quadrature du cercle. Cette question fut résolue par Jacques Bernoulli dans le volume correspondant à 1699 et 1700 des *Acta eruditorum* (*Opera*, t. II, p. 871 et 892) et par Jean Bernoulli dans les volumes de 1700 et 1701 du même recueil (*Opera*, t. I, p. 330 et 386).

Représentons par A′ l'aire de la zone cycloïdale comprise entre deux cordes parallèles à la base de la cycloïde passant par les points où t prend les valeurs t_0 et t_1. On a

$$A' = \pi(y_1 - y_0) - \int_{t_0}^{t_1} x dy$$

ou

$$A' = r^2 [(\pi - t_0)(2\cos t_0 + 1) - (\pi - t_1)(2\cos t_1 + 1)$$
$$+ 2(\sin t_0 - \sin t_1) + \frac{1}{2}(\sin 2t_0 - \sin 2t_1)];$$

et par conséquent, pour que A' soit indépendante de la quadrature du cercle, il faut qu'on ait

$$(\pi - t_0)(2\cos t_0 + 1) = (\pi - t_1)(2\cos t_1 + 1),$$

ou, en posant, pour abréger, $\pi - t_0 = t_0'$, $\pi - t_1 = t_1'$,

$$t_0'(1 - 2\cos t_0') = t_1'(1 - 2\cos t_1').$$

Pour qu'on puisse déterminer algébriquement la zone envisagée, il faut qu'on ait $t_1' = \frac{m}{n} t_0'$, m et n représentant deux nombres entiers. Alors on a

$$\cos t_1' = \cos m \frac{t_0'}{n} = \cos^m \frac{t_0'}{n} - \frac{m(m-1)}{1.2} \cos^{m-2} \frac{t_0'}{n} \sin^2 \frac{t_0'}{n} + \ldots,$$
$$\cos t_0' = \cos \frac{n}{n} t_0' = \cos^n \frac{t_0'}{n} - \frac{n(n-1)}{1.2.3} \cos^{n-2} \frac{t_0'}{n} \sin^2 \frac{t_0'}{n} + \ldots,$$

et, en substituant ces valeurs et celle de t_1' dans l'équation précédente et en tenant compte de la relation $\sin^2 \frac{t_0'}{n} + \cos^2 \frac{t_0'}{n} = 1$, on obtient une équation de la forme

$$\sin^k \frac{t_0'}{n} + \mathrm{H} \sin^{k-1} \frac{t_0'}{n} + \mathrm{L} \sin^{k-2} \frac{t_0'}{n} + \ldots = 0.$$

On détermine algébriquement, au moyen de cette équation, $\sin \frac{t_0'}{n}$; ensuite on obtient, au moyen de celles qui précèdent, $\cos t_1'$ et $\cos t_0'$. Les équations

$$y_1 = r(1 - \cos t_1) = r(1 + \cos t_1'), \quad y_0 = r(1 + \cos t_0')$$

déterminent enfin les distances des cordes qui limitent la zone cherchée, à la base de la cycloïde.

Il est à remarquer que Jean Bernoulli n'a pas résolu le problème de la manière la plus générale, car il a supposé $n=1$; et que cette question a amené l'éminent géomètre à l'invention du développement du cosinus qu'on vient d'employer, et du développement correspondant du sinus.

534. En représentant par V le volume du solide S engendré par la cycloïde en tournant autour de la base, on a

$$V=\pi\int_0^{2\pi r} y^2\,dx=\pi r^3\int_0^{2\pi}(1-\cos t)^3\,dt=5\pi^2 r^3;$$

donc, *ce volume et le volume du cylindre circonscrit à ce solide sont dans le rapport de 5 à 8* (Roberval, l. c., p. 392).

En transportant l'origine des coordonnées au sommet D et en prenant pour axes des abscisses et des ordonnées positives les semi-droites DG et DE, respectivement, les équations de la cycloïde prennent la forme

$$x_1=r(\pi-t)+r\sin t,\quad y_1=r(1+\cos t).$$

On voit au moyen de ces équations que le volume du solide S_1 engendré par l'espace ODE, en tournant autour de DE, a la valeur suivante (Roberval, l. c., p. 415):

$$V_1=\pi\int_\pi^0 x_1^2\frac{dy_1}{dt}\,dt=\frac{1}{6}\pi r^3(9\pi^2-16).$$

De même, le volume du solide S_2 engendré par l'espace compris entre l'arc OD, la droite OY et la droite DG, en tournant autour de DG, est déterminé par l'équation

$$V_2=\pi\int_\pi^0 y_1^2\frac{dx_1}{dt}\,dt=\frac{1}{2}\pi^2 r^3.$$

535. La valeur de la surface engendrée par la cycloïde, quand elle tourne autour de la base, est déterminée par l'équation

$$U=2\pi\int_0^{2\pi} y\sqrt{x'^2+y'^2}\,dt=4\pi r^2\int_0^{2\pi}(1-\cos t)\sin\frac{1}{2}t\,dt=\frac{64}{3}\pi^2 r^2.$$

Donc, *cette aire est égale $\frac{64}{3}$ de l'aire du cercle générateur de la courbe.*

De même, la valeur de la surface engendrée par la cycloïde, en tournant autour de DE, est donnée par la formule

$$U_1=2\pi\int_0^\pi x_1\sqrt{x_1'^2+y_1'^2}\,dt=\frac{8}{3}\pi r^2(3\pi-4);$$

et la valeur de la surface engendrée par OD, en tournant autour de DG, est déterminée par la formule

$$U_2 = 2\pi \int_0^{\pi} y_1 \sqrt{x_1'^2 + y_1'^2}\, dt = \frac{16}{3}\pi r^2.$$

536. Nous allons maintenant indiquer quelques propositions relatives aux centres de gravité des aires et des solides de revolution de la cycloïde. On en peut voir plusieurs autres dans les écrits de Pascal et dans les traités *De cycloïde* et *De motu* de Wallis.

1.° Les coordonnées (a_1, b_1) du centre de gravité de l'arc compris entre les points où t prend les valeurs t_0 et t_1 sont données par les équations

$$sa_1 = \int_{t_0}^{t_1} x ds = 4r^2 \left(2 \sin \frac{t}{2} - t \cos \frac{t}{2} - \frac{2}{3} \sin^3 \frac{t}{2}\right)_{t_0}^{t_1},$$

$$sb_1 = \int_{t_0}^{t_1} y ds = 8r^2 \cos \frac{t}{2} \left(\frac{1}{3} \cos^3 \frac{t}{2} - 1\right)_{t_0}^{t_1}.$$

En particulier, les coordonnées du centre de gravité de l'arc OD sont $\left(\frac{4}{3} r, \frac{4}{3} r\right)$, et celles de l'arc ODB sont $\left(\pi, \frac{4}{3} r\right)$.

2.° Les coordonnées (a_2, b_2) du centre de gravité de l'aire A sont déterminées par les formules

$$Aa_2 = \int_0^t yx dx = r^3 \left(\frac{3}{4} t^2 - 2t \sin t + \frac{1}{4} t \sin 2t - \frac{3}{4} \cos^2 t - \cos t + \frac{1}{3} \cos^3 t\right)_0^t,$$

$$Ab_2 = \frac{1}{2}\int_0^t y^2 dx = \frac{r^3}{2} \left(\frac{5}{2} t - \frac{15}{4} \sin t + \frac{3}{4} \sin 2t - \frac{1}{12} \sin 3t\right).$$

Les coordonnées du centre de gravité de l'aire ODEO sont donc

$$\left[2r\left(\frac{\pi}{4} + \frac{4}{9\pi}\right), \quad \frac{5}{6} r\right];$$

et celles du centre de gravité de ODBO sont $\left(\pi, \frac{5}{6} r\right)$.

3.° Le centre de gravité du solide engendré par l'espace ODE, en tournant autour de la base de la cycloïde, est situé sur cet axe à la distance $\frac{r}{90\pi}\left(45\pi^2 + 128\right)$ de O.

4.° Le centre de gravité du solide S_1 est situé sur ED à la distance $\frac{45\pi^2 - 128}{6(9\pi^2 - 16)}$ de E.

5.° Le centre de gravité du solide S_2 est situé sur DG à la distance $r\left(\frac{\pi}{2}+\frac{32}{9\pi}\right)$ de C.

6.° L'abscisse a_3 du centre de gravité de l'aire décrite par l'arc OD de la cycloïde, en tournant autour de la base, est déterminée par l'équation

$$a_3 = \frac{2\pi}{U}\int_0^\pi xy\sqrt{x'^2+y'^2}\,dt = \frac{11}{240}\pi r.$$

De même, les coordonnées des centres de gravité des surfaces engendrées par OD, en tournant autour de OE et DG, sont situées sur ces droites, respectivement, aux distances $\frac{2\pi r(15\pi-8)}{15(3\pi-4)}$ et $\frac{r}{15}(15\pi-8)$ du sommet D.

537. On a associé à l'étude de la cycloïde celle de la courbe décrite par le point F, quand le cercle GMQ engendre la cycloïde. Cette courbe a été nommée par Roberval *compagne de la cycloïde.*

En représentant par (x_1, y_1) les coordonnées de ce point, on trouve

$$x_1 = rt, \quad y_1 = r(1-\cos t),$$

et l'équation de la courbe envisagée est par suite

$$y_1 = r\left(1-\cos\frac{x_1}{r}\right), \tag{3}$$

ou, en faisant $r - y_1 = y_2$, $x_1 = \frac{\pi r}{2} - x_2$,

$$y_2 = r\sin\frac{x_2}{r}\cdot$$

Donc, *la compagne de la cycloïde est une sinusoïde* (n.° 436).

On rend évident le motif de cette intervention de la sinusoïde dans les recherches sur la cycloïde en tenant compte de l'équation (2), d'où il résulte que la quadrature de cette dernière courbe dépend de celle du cercle et de celle de la courbe correspondant à l'équation (3).

538. *La caustique par réflexion de la cycloïde, quand les rayons lumineux sont perpendiculaires à la base, est une autre cycloïde, engendrée par un cercle de rayon égal à $\frac{1}{2}r$, roulant sur la droite* OB. *La nouvelle cycloïde a un rebroussement au point* O.

Comme les angles formés par la normale MQ à la cycloïde au point M *(fig. 134)* avec MP et CM sont égaux, la caustique de la cycloïde, par rapport aux rayons lumineux perpendiculaires à OB, est l'enveloppe des positions que prend la droite MC, quand M décrit la courbe. Or, l'équation de cette droite est

$$(Y-y)\sin t=(X-x)\cos t,$$

et, en dérivant par rapport à t, on trouve

$$(Y-y)\cos t+(X-x)\sin t=\frac{dy}{dt}\sin t+\frac{dx}{dt}\cos t.$$

Ces équations donnent, en éliminant x et y au moyen des équations (1), celles-ci:

$$X=r\left(t-\frac{1}{2}\sin 2t\right),\quad Y=\frac{1}{2}r(1-\cos 2t),$$

ou, en posant $2t=t'$, ces autres:

$$X=\frac{r}{2}(t'-\sin t'),\quad Y=\frac{r}{2}(1-\cos t'),$$

qui déterminent les coordonnées des points de l'enveloppe de MC en fonction de t'. Le théorème énoncé est une conséquence immédiate de ces équations.

Cette proposition a été démontrée par Jean Bernoulli dans les *Lectiones mathematicae* (*Opera*, t. III, p. 479), et par Jacques Bernoulli, en 1692, dans les *Acta eruditorum* (*Opera*, t. I, p. 506).

539. Nous allons étudier maintenant le problème suivant:

Déterminer le lieu des points du plan de la cycloïde d'où l'on peut mener à cette courbe deux tangentes formant un angle donné α.

Cette question fut résolue par La Hire dans le volume correspondant à 1704 des *Mémoires de l'Académie des Sciences* (Paris, 1745, p. 209). L'illustre géomètre a suivi pour cela une voie purement géométrique; mais on peut la résoudre aussi aisément par l'analyse, comme on va le voir.

On a, en représentant par ω et ω_1 les angles formés par les tangentes à la courbe aux points où t prend les valeurs t et t_1 avec l'axe des abscisses,

$$\operatorname{tang}\omega_1=\operatorname{tang}(\omega+\alpha),\quad \operatorname{tang}\omega=\frac{\sin t}{1-\cos t}=\cot\frac{1}{2},\quad \operatorname{tang}\omega_1=\frac{\sin t_1}{1-\cos t_1}=\cot\frac{t_1}{2},$$

et par conséquent $t_1=t-2\alpha$. On a aussi, (x, y) étant les coordonnées du point où ces tangentes se rencontrent,

$$y \sin \frac{1}{2} t - x \cos \frac{1}{2} t = r \left[2 \sin \frac{1}{2} t - t \cos \frac{1}{2} t \right],$$

$$y \sin \left(\frac{1}{2} t - \alpha \right) - x \cos \left(\frac{1}{2} t - \alpha \right) = r \left[2 \sin \left(\frac{1}{2} t - \alpha \right) - (t - 2\alpha) \cos \left(\frac{1}{2} t - \alpha \right) \right].$$

Ces équations déterminent les valeurs des coordonnées x et y des points du lieu cherché en fonction du paramètre t, savoir

$$x = r \left[t - \alpha + \frac{\alpha}{\sin \alpha} \sin (\alpha - t) \right], \quad y = r \left[2 - \alpha \cot \alpha - \frac{\alpha}{\sin \alpha} \cos (t - \alpha) \right],$$

ou, en posant $t - \alpha = t'$ et en transportant l'origine des coordonnées au point $(0,\ r - r\alpha \cot \alpha)$,

$$x_1 = r \left(t' - \frac{\alpha}{\sin \alpha} \sin t' \right), \quad y_1 = r \left(1 - \frac{\alpha}{\sin \alpha} \cos t' \right).$$

La courbe définie par ces équations sera étudiée bientôt sous le nom de *cycloïde allongée; elle est le lieu décrit par le point de l'aire du cercle de rayon* r *dont la distance au centre est égale à* $\frac{r\alpha}{\sin \alpha}$, *quand ce cercle roule sur une droite parallèle à l'axe des* x, *dont la distance à cet axe soit égale à* $r - r\alpha \cot \alpha$. *Les coordonnées initiales du point qui décrit cette courbe sont* $[x = 0,\ y = 2r(1 - \alpha \cot \alpha)]$.

540. La cycloïde jouit de quelques propriétés mécaniques importantes, que nous allons mentionner, sans nous arrêter à leurs démonstrations.

1.° *Si un point pesant décrit, en tombant dans le vide, une cycloïde située dans un plan vertical, il arrive au point le plus bas dans un même temps, quel que soit le point de la courbe d'où il est parti.*

Cette proposition importante a été découverte par Huygens, qui, en se basant sur cette propriété de la cycloïde et sur la théorie des développées, a fait connaître une manière de construire un pendule à oscillations isochrones, dans le traité *De horologio oscillatorio*. Newton a donné aussi une démonstration de la même proposition dans les *Principia mathematica* (livre I, prop. LI), et il a fait voir, en outre, qu'elle a encore lieu quand le point pesant se meut dans un milieu dont la résistance est proportionnelle à la vitesse (livre II, prop. XXVI). Les méthodes employées par ces grands géomètres pour établir le théorème énoncé sont purement géométriques. Jean Bernoulli a démontré le théorème de Huygens par la méthode différentielle, dans les *Lectiones mathematicae* (*Opera*, t. III, p. 488), et il a, en outre, fait voir que la cycloïde est la seule courbe tautochrone dans le vide.

2.° *La cycloïde est la brachistochrone dans le vide, c'est-à-dire la courbe qu'un point pesant doit parcourir pour descendre d'un point à un autre dans le temps le plus court.*

Le problème de la brachistochrone fut proposé en 1696 par Jean Bernoulli dans les *Acta eruditorum*. Il fut résolu par Newton, dans un écrit anonyme publié en 1697 dans les *Philosophical Transactions*, qui, d'après Bernoulli, est dû au grand géomètre anglais, et par Leibniz (*Opera*, t. III, 1768, p. 340), L'Hospital et Jacques Bernoulli (*Opera*, t. II, p. 768), dans quelques écrits insérés au volume des *Acta eruditorum* correspondant à cette même année. L'inventeur du problème, qui l'avait résolu avant de le proposer aux géomètres, a publié sa solution en 1697 dans les *Acta eruditorum* (*Opera*, t. I, p. 189), et est revenu sur cette question, en 1718, dans un Mémoire présenté à l'Académie des Sciences de Paris (*Opera*, t. II, p. 266), où il l'a traité par une méthode très remarquable, que M. Carathéodory a récemment généralisée aux autres questions du calcul des variations (*Rendiconti del Circolo matematico di Palermo*, t. XXV, 1908, p. 36). Plus tard le même problème a encore été étudié par Euler (*Methodus inveniendi lineas curvas maximi minive proprietates gaudentes*, 1744, n.° 34) et par Lagrange, qui lui a appliqué sa *méthode des variations* (*Oeuvres*, t. II, p. 58; t. X, p. 440).

Une autre question analogue à celle qui précède a été proposée par Jacques Bernoulli dans le travail consacré à la solution du problème de son frère, savoir: *déterminer, parmi toutes les cycloïdes verticales ayant un point de rebroussement commun et ayant la base sur une même droite horizontale, celle que doit parcourir un point pesant, pour arriver à une droite verticale donnée dans le temps le plus court.* Cette question a été résolue par Jean Bernoulli en 1697 dans le *Journal des Savants* (*Opera*, t. I, p. 210), où il a fait voir que la cycloïde qui répond au problème coupe orthogonalement la droite donnée, et où il a remarqué que cette proposition subsiste quand on remplace la droite verticale donnée par une ligne quelconque. Plus tard, en 1698, Jacques Bernoulli s'en est occupé dans les *Acta eruditorum* (*Opera*, t. II, p. 785), où il en a donné une solution géométrique.

Les recherches de Jean Bernoulli sur le problème de la brachistochrone sont très remarquables. Ces recherches et celles d'Euler sur d'autres questions de la même nature ont en effet amené Lagrange à l'invention de la méthode des variations.

On peut se demander s'il existe une force de direction constante et d'intensité variable qui admette pour brachistochrone la cycloïde. Ce cas particulier du problème inverse des brachistochrones a été résolu par M. Haton de La Goupillière, comme application d'une méthode générale pour la résolution de ce problème, dans un Mémoire inséré au tome XXVIII des *Mémoires des Savants étrangers*, où il a démontré que, si une force de direction constante admet pour brachistochrone la cycloïde, l'intensité de la force est constante aussi.

3.° Voici encore un autre problème de Mécanique où figure la cycloïde:

Considérons les cycloïdes verticales qui ont la base sur une même droite horizontale et qui possèdent un point de rebroussement commun O. *On veut déterminer une ligne* C *qui coupe toutes ces cycloïdes en des points tels que les temps employés par des points pesants pour descendre par ces cycloïdes du point* O *jusqu'aux points d'intersection de* C *avec les mêmes cycloïdes soient égaux.*

Ce problème fut résolu par Jean Bernoulli en 1697 dans les *Acta eruditorum* (*Opera*, t. I, p. 192). Il a appelé *synchrones* les courbes qui y répondent, et il a fait voir que cette question est équivalente à cet autre problème géométrique: *déterminer les courbes* C *qui coupent orthogonalement toutes les cycloïdes situées sur un même plan, ayant la base sur une même droite et possédant un point de rebroussement commun.* L'éminent géomètre a indiqué une construction de ces courbes, qui a été démontrée plus tard, en 1717, par Hermann et de nouveau en 1719 par Nicolas Bernoulli dans les *Acta eruditorum;* il n'a pas donné l'équation des mêmes courbes, mais on déduit aisément de cette construction qu'elles peuvent être représentées par les équations

$$(4) \qquad x_1 = r\left(\sqrt{\frac{2a}{r}} - \sin\sqrt{\frac{2a}{r}}\right), \quad y_1 = r\left(1 - \cos\sqrt{\frac{2a}{r}}\right),$$

où a est une constante arbitraire, lesquelles déterminent les coordonnées des points de chacune des courbes C en fonction du paramètre arbitraire r. On peut d'ailleurs vérifier aisément que la courbe définie par ces équations coupe orthogonalement toutes les cycloïdes envisagées, en remarquant que la cycloïde représentée par les équations (1) coupe chacune des courbes représentées par les équations (4) au point où $t = \sqrt{\frac{2a}{r}}$ et qu'à ce point les valeurs des coefficients angulaires des tangentes aux deux courbes vérifient la condition de perpendicularité de deux droites.

541. Le problème des trajectoires d'une famille de courbes donnée a été envisagé à plusieurs reprises par Jean et Jacques Bernoulli. La détermination de la trajectoire des cycloïdes qu'on vient de considérer, est la première question de cette nature qui a été étudiée par Jean Bernoulli. On a vu aux n.os 405 et 513 quelques autres cas que ce géomètre et son frère ont étudiés ensuite, et nous allons encore en envisager un autre qui offre quelque intérêt.

L'équation des cycloïdes ayant les bases sur une même droite et engendrées par des cercles de même rayon est

$$x - a = r \arccos \frac{r-y}{r} - \sqrt{2ry - y^2},$$

et l'équation différentielle de ces courbes est

$$\frac{dy}{dx} = \sqrt{\frac{2r-y}{y}}.$$

L'équation différentielle des trajectoires orthogonales de ces cycloïdes est donc

$$\frac{dy}{dx} = \sqrt{\frac{y}{2r-y}}.$$

En transportant l'origine des coordonnées au point $(0, 2r)$ et en changeant ensuite la direction de l'axe des ordonnées positives, c'est-à-dire en posant $y = 2r - y'$, cette équation prend la forme

$$\frac{dy'}{dx} = \sqrt{\frac{2r - y'}{y'}},$$

et elle représente par conséquent des cycloïdes ayant par rapport aux nouveaux axes la même position que les cycloïdes données avaient par rapport aux axes primitifs.

Donc, *les trajectoires des cycloïdes* C *ayant les bases sur une même droite et engendrées par des cercles égaux sont des cycloïdes* C', *égales aux cycloïdes données, ayant leurs bases sur une droite passant par les sommets des cycloïdes* C. *Les cycloïdes* C *et* C' *tournent leur concavité dans des directions opposées.*

La cycloïde satisfait donc à un problème sur les *trajectoires réciproques* proposé par Nicolas Bernoulli en 1720 dans les *Acta eruditorum*. Ce problème a été étudié dans ce même recueil, en 1721, où lui a été consacré un écrit anonyme, attribué par Nicolas Bernoulli à Penberton, ensuite, en 1722, dans un mémoire de Jean Bernoulli, etc. On peut voir les recherches de Nicolas Bernoulli, de Penberton et de Jean Bernoulli sur cette question dans le tome II des *Opera omnia* de ce dernier géomètre.

542. Nous allons étudier maintenant une question de Géométrie générale où figure la cycloïde.

Considérons un arc convexe AB d'une courbe quelconque, compris entre deux points où les tangentes soient perpendiculaires l'une à l'autre, et soient BC la développante de cet arc ayant l'origine au point B, CD la développante de BC ayant l'origine au point C, DE la développante de CD ayant l'origine à D, etc. Les développantes successives qn'on obtient ainsi tendent vers un arc de cycloïde, compris entre le sommet et un point de rebroussement, quelle que soit la courbe primitive AB. Cette proposition très remarquable a été énoncée par Jean Bernoulli dans le tome IV, p. 98, de ses *Opera*. L'éminent géomètre n'en a pas donné la démostration, mais il l'a appliquée au calcul de l'aire du cercle. Elle a été démontrée pour la première fois par Euler en 1764 dans les *Novi Commentarii Academiae Petropolitanae*, et ensuite par Legendre dans ses *Exercices de Calcul intégral* (1817, t. II, p. 541). Poisson en a donné plus tard, en 1820, une autre démonstration, au moyen des séries périodiques, dans le *Journal de l'École Polytechnique* (cahier XVIII, p. 431), et cette démonstration a été considérablement simplifiée par Puiseux dans le *Journal de Liouville* (1844, p. 398), comme on va le voir.

Soient φ l'angle que la tangente à la courbe BC à un point quelconque M, fait avec la tangente à AB au point B et R_1 le rayon de courbure de la même courbe BC à ce point M. Ce rayon est une fonction de φ, et on a, en appliquant la série de Fourier à la fonction de φ définie par la condition de prendre les mêmes valeurs que R_1 dans l'intervalle de 0 à $\frac{\pi}{2}$, et de reprendre ces valeurs dans l'intervalle de 0 à $-\frac{\pi}{2}$ et ces valeurs avec des signes contraires dans l'intervalle de $\frac{\pi}{2}$ à π,

$$R_1 = A_1 \cos\varphi + A_3 \cos 3\varphi + A_5 \sin 5\varphi + \ldots,$$

A_1, A_3, A_5, ... étant des coefficients constants.

Soit maintenant R_2 la valeur du rayon de courbure de DC au point M_1 où la tangente à CB en M coupe l'arc DC. Il vient, en appliquant une formule générale bien connue, et en remarquant que l'angle de la tangente au point M_1 avec la tangente à CD au point C est égal à φ,

$$R_2 = \int_0^\varphi R_1 d\varphi = A_1 \sin\varphi + \frac{A_3}{3}\sin 3\varphi + \frac{A_5}{5}\sin 5\varphi + \ldots.$$

De même, en représentant par R_3 le rayon de courbure de ED au point M_2 où la tangente à DC en M_1 coupe ED, et en remarquant que l'angle que la tangente à ED au point M_2 fait avec la tangente à DC au point D est égal à φ, on a

$$R_3 = \int_{\frac{\pi}{2}}^\varphi R_1 d\varphi = -\left[A_1 \cos\varphi + \frac{A_3}{3^2}\cos 3\varphi + \frac{A_5}{5^2}\cos 5\varphi + \ldots\right].$$

En continuant de même, on trouve, si n est un entier pair

$$R_n = A_1 \sin\varphi + \frac{A_3}{3^n}\sin 3\varphi + \frac{A_5}{5^n}\sin 5\varphi + \ldots,$$

et pourtant, en faisant $n = \infty$, et en représentant par R la limite de R_n,

$$R = A_1 \sin\varphi; \tag{A}$$

et de même, si n est un entier impair

$$R = -A_1 \cos\varphi. \tag{B}$$

Or, ces équations représentent une même cycloïde. En effet, on a, dans le premier cas,

$$ds = A_1 \sin\varphi\, d\varphi,$$

et par conséquent $s = -A_1 \cos\varphi$. En éliminant φ entre cette équation et l'équation (A), on obtient celle-ci:

$$R^2 + s^2 = A_1^2,$$

qui coïncide avec l'*équation intrinsèque* de la cycloïde. On obtient ce même résultat quand n est impair.

543. Les courbes affines de la cycloïde sont représentées par les équations

$$x = a(t - \sin t), \quad y = r(1 - \cos t).$$

Elles ont été envisagées par Fermat, qui, le premier, a remarqué que la rectification de ces courbes dépend de celle du cercle quand $a > r$, et de celle de la parabole si $a < r$. Ce résultat a été communiqué par l'éminent géomètre à Lalouvère, qui l'a publié en 1660 dans un appendice de sa *Veterum Geometria promota*, et à Carcavy dans deux lettres de cette même année (*Oeuvres de Fermat*, t. II, p. 202, 445 et 448). Cette réduction était si difficile de découvrir par les méthodes connues dans ce temps que Huygens, à qui cette invention a été communiquée par Carcavy, l'a considérée comme très subtile (*Oeuvres de Huygens*, t. III, p. 97). On l'obtient très facilement par le Calcul intégral, comme on va le voir.

En transportant l'origine des coordonnées au point $(0, 2r)$, les équations de la courbe prennent la forme

$$x = a(t - \sin t), \quad y = -r(1 + \cos t),$$

et on a

$$ds^2 = [(a^2 - r^2)\cos^2 t - 2a^2 \cos t + a^2 + r^2]\, dt^2 = \frac{(r^2 - a^2)\, y - 2a^2 r}{r^2 y}\, dy^2.$$

Si $r > a$, cetté égalité donne, le sommet de la courbe étant l'origine des arcs,

$$s = \frac{\sqrt{r^2 - a^2}}{r} \int_0^y \sqrt{\frac{y + p}{y}}\, dy = \frac{\sqrt{r^2 - a^2}}{r}\, s_1,$$

où $p = \dfrac{2a^2 r}{a^2 - r^2}$, et où s_1 désigne la longueur de l'arc de la parabole $x^2 = 2py$ compris entre les points où l'ordonnée prend les valeurs 0 et y.

Si $a > r$, on a

$$s = \frac{\sqrt{a^2 - r^2}}{r} \left[\sqrt{y(p_1 - y)} + \frac{1}{2} p_1 \int_0^y \frac{dy}{\sqrt{y(p_1 - y)}} \right]$$

$$= \frac{\sqrt{a^2 - r^2}}{r} \left[\sqrt{y(p_1 - y)} - \frac{1}{2} p_1 \left(\operatorname{arctang} \sqrt{\frac{p_1 - y}{y}} - \frac{\pi}{2} \right) \right].$$

où $p_1 = -p$.

Les courbes qu'on vient de rectifier ont été nommées par Huygens (l. c., p. 57) ***cycloïdes proportionnelles***.

II.

Les cycloïdes raccourcies et allongées.

544. Considérons sur un plan une droite OO_1, un cercle PCP_1 et un point M (*fig. 135*

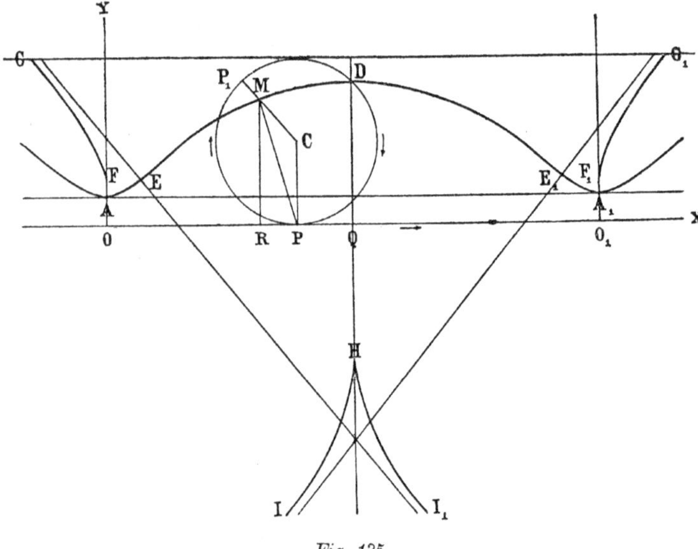

Fig. 135

et 136) invariablement lié à la circonférence de ce cercle. Si le cercle roule sur la droite, ce point décrit une courbe, qui est nommée *cycloïde raccourcie* quand le point est à l'intérieur de la circonférence, et *cycloïde allongée* quand le point est extérieur à la circonférence. Si le point est sur la circonférence de ce cercle, on a la cycloïde ordinaire.

Ces cycloïdes ont été envisagées par quelques-uns des géomètres qui ont étudié la cycloïde ordinaire. Ainsi, Roberval en a donné la valeur des aires dans une lettre adressée à Fermat en juin 1638 (*Oeuvres de Fermat,* t. II, p. 151); Descartes s'est occupé de ces courbes dans sa lettre à Mersenne du 23 août 1638 (*Oeuvres,* t. II, p. 309), où il en a indiqué les formes et la manière d'en construire les tangentes et les points d'inflexion ; Pascal (*Oeuvres,* éd. Hachette, t. III, p. 439) a communiqué à Huygens en janvier 1659 que la rectification de ces courbes dépend de celle de l'ellipse; Wallis a démontré de nouveau ce théorème (*Opera,* t. I, p. 538); etc.

En procédant comme dans le cas de la cycloïde ordinaire (n.° 529), on trouve que les équations des cycloïdes allongées et raccourcies sont

$$(1) \qquad x = rt - a \sin t, \quad y = r - a \cos t,$$

où r représente le rayon du cercle mobile, a la distance du point décrivant M au centre C

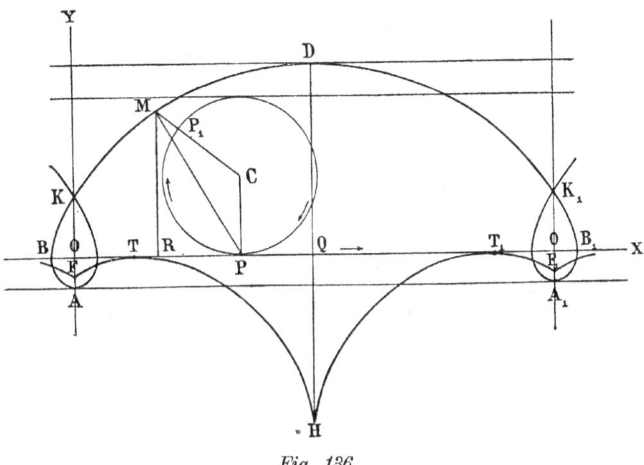

Fig. 136

de ce cercle, t l'angle des droites qui joignent ce centre au point M et au point de contact du cercle avec la droite fixe donnée. Si $a < r$, la cycloïde est *raccourcie;* si $a > r$, elle est *allongée.*

545. On détermine aisément la forme de chacune de cycloïdes considérées en tenant compte des relations

$$\frac{dy}{dx} = \frac{a \sin t}{r - a \cos t}, \quad \frac{d^2y}{dx^2} = \frac{a(r \cos t - a)}{(r - a \cos t)^3}.$$

1.° Si $a < r$, la courbe est formée par une suite d'arcs égaux à l'arc ADA_1 de la figure 135. Aux points A et A_1, dont les coordonnées sont $(0, r-a)$ et $(2\pi r, r-a)$ l'ordonnée, est minime, et au point D, dont les coordonnées sont $(\pi r, r+a)$, l'ordonnée est maxime. La droite DQ, parallèle à OY, est un axe de symétrie de l'arc considéré. Cet arc possède *deux points d'inflexion* E et E_1, correspondant aux valeurs de t compris entre 0 et π qui vérifient l'équation $r \cos t = a$ (Descartes, l. c.).

2.° Si $a > r$, la courbe est composée d'une suite d'arcs égaux à l'arc ADA_1 de la figure 136. Comme dans le cas précédent, aux points A et A_1, dont les coordonnées sont $(0, r-a)$ et $(2\pi r, r-a)$, l'ordonnée est minime, et au point D, dont les coordonnées sont $(\pi r, r+a)$, l'ordonnée est maxime. Les tangentes aux points où la courbe coupe la droite donnée OX sont perpendiculaires à cette droite. La cycloïde n'a pas, dans ce cas, de points d'inflexion réels, mais elle possède un nombre infini de points doubles K, K_1, ...

L'équation de la normale à la cycloïde qu'on vient de considérer, au point (x, y), est

$$a(Y-y)\sin t+(X-x)(r-a\cos t)=0,$$

et il en résulte, en faisant $X=0$,

$$X=x+\frac{ya\sin t}{r-a\cos t}=x+a\sin t=OP.$$

Donc, *la normale à la courbe au point* M *rencontre la droite fixe au point* P *où le cercle* PCP_1 *est tangent à cette droite* (Descartes).

546. En transportant l'origine des coordonnées au point A, et en prenant pour axe des abscisses la tangente AA_1 au cercle de centre C et rayon a, les équations de la courbe prennent la forme

$$x'=a(t-\sin t)+(r-a)t,\quad y'=a(1-\cos t);$$

les cycloïdes considérées peuvent donc être engendrées par un point de la circonférence de rayon a *roulant* et *glissant* en même temps sur la droite AA_1. La mesure du glissement est $(r-a)t$, et la cycloïde est *raccourcie* quand le cercle roule et glisse dans le même sens, et est *allongée* quand les sens de ces deux mouvements sont contraires.

Il est à remarquer que nous avons donné au n.° 544 aux mots *allongée* et *raccourcie* la signification que M. Brocard a adoptée dans ses *Notes de Bibliographie des courbes géométriques* (1897, t. I, p. 110). La Hire, dans le Mémoire mentionné au n.° 539, et L'Hospital, dans l'*Analyse des infiniment petits*, etc., ont appelé *cycloïde raccourcie* celle que nous avons nommée *cycloïde allongée* et *cycloïde allongée* celle que nous avons appelée *cycloïde raccourcie*. Les désignations employées par ces géomètres s'accordent avec la manière de définir ces cycloïdes qu'on vient d'exposer; mais les désignations que nous avons adoptées s'accordent mieux avec la définition donnée au n.° 544.

547. Le rayon de courbure des cycloïdes envisagées a pour expression

$$R=\frac{(r^2+a^2-2ar\cos t)^{\frac{3}{2}}}{a(r\cos t-a)};$$

pourtant les valeurs que ce rayon prend aux points A et D sont respectivement égales à $\frac{(r-a)^2}{a}$ et $\frac{(r+a)^2}{a}$.

Les coordonnées du centre de courbure correspondant au point M d'une cycloïde sont déterminées par les équations

$$x_1 = r\left(t - \frac{(r - a\cos t)\sin t}{r\cos t - a}\right), \quad y_1 = \frac{r(r - a\cos t)^2}{a(r\cos t - a)}.$$

Si $a < r$, la développée de l'arc AD de la cycloïde (*fig. 135*) est composée de deux branches FG et HI_1. L'une de ces branches passe par le point F, déterminé par l'égalité

$$AF = \frac{(r-a)^2}{a},$$

et la normale à la courbe au point d'inflexion E en est une asymptote; l'autre passe par le point H, où

$$HD = \frac{(r+a)^2}{a},$$

et la normale mentionnée en est aussi une asymptote.

Si $a > r$, la développée de l'arc ABKD passe par les points H, T et F (*fig. 136*), situés respectivement sur la droite DQ, sur l'axe des abscisses et sur l'axe des ordonnées, où elle est tangente à ces droites.

Les développées des cycloïdes allongées et raccourcies ont été envisagées par Dieu dans les *Nouvelles Annales de Mathématiques* (1852, p. 131).

548. Pour rectifier les cycloïdes considérées, on peut employer la formule

$$ds = \sqrt{r^2 + a^2 - 2ar\cos t}\, dt,$$

ou, en posant $t = \pi + 2\theta$,

$$ds = 2(r+a)\sqrt{1 - \frac{4ar}{(r+a)^2}\sin^2\theta}\, d\theta.$$

On voit donc que la rectification des cycloïdes considérées depend de celle de l'ellipse. Cette proposition est due à Pascal, comme on a déjà dit; M. Neuberg en a donné une démonstration géométrique dans la *Nouvelle Correspondance mathématique* (t. v, p. 354). Les relations entre chaque cycloïde et l'ellipse correspondante ont été étudiées par M. Gob dans les *Mémoires de la Société R. des Sciences de Liège* (3.ᵉ série, t. IV, 1902).

On voit, au moyen de la dernière équation, que s ne varie pas quand on échange les rôles de a et r. Nous pouvons donc énoncer la proposition suivante, remarquée par Pascal dans la lettre mentionnée plus haut: *les longueurs de deux arcs de deux cycloïdes, l'une allongée et l'autre raccourcie, terminés à deux points correspondant aux mêmes valeurs de t, sont égales quand la base d'une de ces cycloïdes est égale à la longueur de la circonférence génératrice* (n.° 546) *de l'autre.*

549. Pour chercher la valeur de l'aire de l'espace compris entre un arc de cycloïde et une corde parallèle à l'axe des abscisses, transportons l'origine des coordonnées au sommet D de la courbe, et prenons DQ pour axe des ordonnées positives. On obtient d'abord les équations

$$x_1 = r(\pi - t) + a\sin t, \quad y_1 = a(1 + \cos t);$$

et ensuite, pour déterminer l'aire considérée, cette autre:

$$A = 2\int_{\pi}^{t} x\frac{dy}{dt}\,dt = 2a\left[(\pi - t)\,r\left(\cos t + \frac{a}{2}\right) + r\sin t + \frac{a}{4}\sin 2t\right].$$

En posant $t = 0$ dans cette expression, on trouve que la valeur de l'aire comprise entre la courbe et la droite AA_1 est donnée par l'équation

$$A = a\pi(2r + a).$$

Il resulte de cette égalité que, si $a > r$, l'aire de l'espace compris entre la corde qui joint les points A et D et la courbe *(fig. 136)* est égale à la moitié de l'aire du cercle de rayon a; si $a < r$, la corde qui joint les points A et D *(fig. 135)* coupe la courbe à un point situé entre A et D, et la différence entre les aires des deux espaces compris entre cette corde et la courbe est égale à la moitié de l'aire du cercle mentionné. Cette proposition a été énoncée, en partie, dans une lettre adressée par Ricci à Huygens en 1674 (*Oeuvres de Huygens,* t. VII, p. 380), où il définit géométriquement une classe de courbes qui jouissent de cette propriété. On peut représenter ces courbes par les équations

$$x = rt - a\sin t, \quad y = b(1 - \cos t),$$

et elles sont donc *affines* des cycloïdes représentées par les équations (1).

550. En procédant comme au n.° 532, on voit aisément que la condition que doivent vérifier les valeurs que t prend aux extrémités d'une corde, pour que l'aire comprise entre cette corde et la courbe soit indépendante de l'aire du cercle, est

$$a + r(\cos t_1 + \cos t_0) = 0.$$

Cette équation détermine ces valeurs de t, et fait voir que, si $a > 2r$, il n'existe aucune corde qui réponde au problème, et que, dans les autres cas, il en existe une infinité. Cette proposition fut énoncée par Jean Bernoulli en 1700 dans les *Acta eruditorum* (*Opera,* t. I, p. 334).

III.

Les épicycloïdes et les hypocycloïdes.

551. La courbe engendrée par un point d'une circonférence, quand elle roule sur une autre circonférence fixe, située dans le même plan, est appelée *épicycloïde,* si les deux circonférences sont séparées par la tangente commune, *hypocycloïde,* si elles sont placées du même côté de la tangente commune et le rayon de la circonférence fixe est plus grand que celui de la circonférence mobile. Si les deux circonférences sont placées du même côté de la tangente commune et le rayon de la circonférence fixe est plus petit que celui de la circonférence mobile, la courbe engendrée par un point de cette circonférence est encore une épicycloïde, comme on le verra ci-dessous. On désigne souvent ces mêmes courbes par les noms d'*épicycloïde extérieure* et *épicycloïde intérieure,* respectivement.

On trouve la première mention connue de l'épicycloïde dans un ouvrage d'Albert Dürer publié en 1606 sous ce titre: *Institutionum geometricarum libri quatuor* etc., où, d'après M. Brocard, elle est nommée *aranea,* et où le célèbre artiste s'occupe de sa construction. Les propriétés de cette ligne ont été découvertes seulement après le milieu du XVIIe siècle. Le *Principia mathematica* de Newton, paru en 1686, est le premier ouvrage où ont été exposées quelques-unes de ces propriétés. Le grand géomètre a consacré aux épicycloïdes et hypocycloïdes les propositions 48.e à 52.e, où il a déterminé la longueur des arcs de ces lignes, où il a établit que la développée d'une hypocycloïde est une autre hypocycloïde, semblable à celle-là, et où il a généralisé la théorie de Huygens sur le pendule cycloïdal, en démontrant que les oscillations d'un pendule sousmis à l'action d'une force centrale proportionnelle à la distance au centre, sont isochrones, quand ce pendule décrit une hypocycloïde. Il est juste d'ajouter que, avant la publication de l'ouvrage mentionné, la cardioïde (n.º 232), qui, comme on le verra bientôt, est une épicycloïde, avait été déjà carrée et rectifiée par Vaumesle, et que Huygens s'était occupé de la rectification générale des épicycloïdes (*Oeuvres,* t. VIII, p. 117, note 6.e) et de la détermination de leurs développées (t. IX, p. 514).

Les épicycloïdes ont été encore étudiées par La Hire dans son *Traité des épicycloïdes,* publié pour la première fois en 1694, et reproduit dans le tome IX des *Mémoires de l'Académie des Sciences de Paris.* L'éminent géomètre s'est occupé dans ce travail de la quadrature et rectification des épicycloïdes, de la détermination de leurs développées et de l'étude des engrenages formées par des roues à dents de forme épicycloïdale. Leibniz, dans un écrit sur les résistences dans les machines (*Opera,* t. III, 1768, p. 434), a attribué cette application des épicycloïdes au célèbre astronome danois Olaus Roemer; mais, d'après une passage du traité de La Hire, ces roues avaient été inventées et construites depuis longtemps par Desargues.

Newton et La Hire ont employé, pour démontrer les propriétés des épicycloïdes, des

*

méthodes purement géométriques. La méthode différentielle a été appliquée à l'étude de ces courbes par Jean Bernoulli et L'Hospital. Le premier de ces géomètres a considéré ces lignes dans ses *Lectiones geometricae,* où il a consacré à son étude les leçons XXI à XXV (*Opera,* t. III, p. 449-463). Il s'est occupé de la quadrature, rectification et développement de ces courbes; il a distingué celles qui sont algébriques ou transcendantes; et il a indiqué la manière de construire un espace limité par un arc d'une épicycloïde ou hypocycloïde, une circonférence et une droite, dont la quadrature ne dépende pas de celle du cercle. L'Hospital a étudié les mêmes courbes dans son *Analyse des infiniment petits,* ouvrage paru en 1696, où il a envisagé ces mêmes questions.

Ce sont les premiers travaux qui ont été consacrés à la théorie des épicycloïdes et hypocycloïdes. Elles ont été envisagées ensuite par Jacques Bernoulli, Daniel Bernoulli, Euler, etc., qui ont enrichi cette théorie de nouvelles propriétés, qu'on verra ci-après.

552. Soient (*fig. 137*) O le centre du cercle fixe, C le centre du cercle mobile, B le point de contact des deux cercles, α l'angle AOB, β l'angle MCB, M le point décrivant, A la position initiale de ce point. Il résulte de la définition de la courbe l'égalité

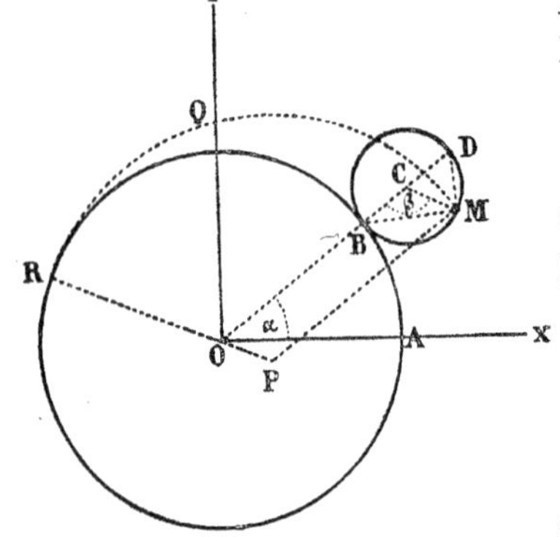

Fig. 137

$$\text{arc AB} = \text{arc BM},$$

ou, en représentant par R le rayon du cercle fixe et par r celui du cercle mobile,

$$\beta = \frac{R}{r}\alpha.$$

Cela posé, pour obtenir l'équation de l'épicycloïde engendrée par M, prenons pour origine des coordonnées le centre O du cercle fixe, pour axe des abscisses la droite OA et pour axe des ordonnées la perpendiculaire OY à OX, et projetons la ligne OCM sur ces axes. On a, en représentant par x et y les coordonnées du point M et en remarquant que les angles formés par les droites OC et CM avec l'axe des abscisses positives sont respectivement égaux à α et $\alpha + \beta + \pi$,

$$(1)\qquad \begin{cases} x = (R + r)\cos\alpha - r\cos(\alpha + \beta), \\ y = (R + r)\sin\alpha - r\sin(\alpha + \beta), \end{cases}$$

ou

$$(2)\qquad \begin{cases} x = (R + r)\cos\alpha - r\cos\dfrac{R + r}{r}\alpha, \\ y = (R + r)\sin\alpha - r\sin\dfrac{R + r}{r}\alpha. \end{cases}$$

Ces équations déterminent les coordonnées des points de l'épicycloïde en fonction du paramètre α, et en donnent, par l'élimination de ce paramètre, l'équation cartésienne; mais, pour étudier les propriétés de la courbe, il est préférable de recourir directement aux équations (2).

On voit de même que, si les deux cercles sont situés d'un même côté de la tangente commune, la courbe engendrée par un point quelconque de la circonférence mobile est représentée par les équations

$$(2') \qquad \begin{cases} x = (R - r)\cos\alpha + r\cos\dfrac{R-r}{r}\alpha, \\ y = (R - r)\sin\alpha - r\sin\dfrac{R-r}{r}\alpha, \end{cases}$$

qui ne diffèrent pas des équations (2) que par le signe de r. Ces équations représentent, quand $R > r$, une hypocycloïde. Mais, si $R < r$, elles correspondent encore à une épicycloïde. En effet, en remplaçant dans ces équations r par $R + r$, on obtient celles-ci:

$$x = (R + r)\cos\alpha_1 - r\cos\frac{R+r}{r}\alpha_1, \quad y = (R + r)\sin\alpha_1 - r\cos\frac{R+r}{r}\alpha_1,$$

où $\alpha_1 = \dfrac{r}{R+r}\alpha$, lesquelles représentent une épicycloïde.

On peut expliquer géométriquement cette double génération des épicycloïdes de la manière suivante.

Menons par le point M *(fig. 137)* la droite MP, parallèle à CO, et par le point O la droite RP, parallèle à MC. On trouve, en remarquant que les angles MPR, BCM et ROC sont égaux, et que la circonférence de rayon PM égal à $R + r$, ayant le centre au point P, passe par R,

$$\frac{\text{arc RM}}{R+r} = \frac{\text{arc BM}}{r} = \frac{\text{arc RB}}{R},$$

et par suite

$$\text{arc RM} - \text{arc BM} = \text{arc RB},$$

ou

$$\text{arc RM} - \text{arc BM} = \text{arc RA} - \text{arc BA},$$

ou enfin

$$\text{arc RM} = \text{arc RA}.$$

Pourtant, *le point* M *de la circonférence de rayon égal à* $R + r$, *ayant le centre au point* P, *à l'intérieur de laquelle est situé le cercle fixe, engendre, quand cette circonférence roule sur ce dernier cercle, la même courbe que le point* M *de la circonférence de rayon* r*, ayant le centre au point* C*, quand elle roule sur le cercle de rayon* R*, ayant le centre au point* O.

De même, *dans le cas des hypocycloïdes, les circonférences de rayon* r *et* $R-r$*, en roulant à l'intérieur du cercle fixe, engendrent une même hypocycloïde.*

Cette double génération des épicycloïdes et des hypocycloïdes a été demontrée pour la première fois par La Hire dans le traité mentionné ci-dessus (p. 390-392), où il en a fait usage, comme lemme, pour réduire le nombre des cas qu'il a considérés dans la solution du problème de la rectification des épicycloïdes et des hypocycloïdes; elle a été retrouvée par Daniel Bernoulli, comme on le voit par une lettre adressée en 1725 par Nicolas Bernoulli à Goldbach, publiée par Fuss dans la *Correspondance de quelques célèbres géomètres du* XVIIIe *siècle* (t. II, p. 168); Euler l'a établie de nouveau dans le volume correspondant à 1781 des *Nova Acta Petropolitana.*

Dans l'étude que nous allons faire des propriétés des courbes mentionnées, nous envisagerons seulement, pour simplifier les énoncés, les épicycloïdes. Les propriétés des hypocycloïdes sont analogues à celles des épicycloïdes, et il suffit de remplacer r par $-r$ dans les formules correspondant à ces dernières courbes, pour obtenir celles qui ont lieu dans le cas de celles-là.

553. Il résulte immédiatement de la définition des épicycloïdes que chacune de ces courbes est formée d'une suite d'arcs égaux, compris entre les points correspondant aux valeurs suivantes de α et β:

$$\alpha = 0,\quad 2\frac{r}{R}\pi,\quad 4\frac{r}{R}\pi,\quad 6\frac{r}{R}\pi,\quad \ldots,$$

$$\beta = 0,\quad 2\pi,\quad 4\pi,\quad 6\pi,\quad \ldots,$$

c'est-à-dire entre les points où la courbe rencontre le cercle fixe. L'arc du cercle fixe compris entre deux de ces points consécutifs est égal à la circonférence du cercle mobile. Chacun de ces arcs possède un axe de symétrie, qui passe par le centre du cercle fixe et coupe le même arc à un point dont la distance au centre de ce cercle est égale à la somme des rayons des deux cercles donnés; ce point est le sommet de l'arc considéré.

Si $\frac{r}{R}$ est égal à un nombre rationnel $\frac{m}{n}$, on a $\alpha = 2m\pi$, quand $\beta = 2n\pi$; par conséquent le point qui engendre la courbe retourne à la position initiale A, après en avoir décrit n arcs égaux. Si ensuite le cercle mobile continue à rouler sur le cercle fixe, le point M décrit de nouveau les arcs de la courbe déjà tracés. Mais, si $\frac{r}{R}$ est un nombre irrationnel, le point M engendre une suite infinie d'arcs égaux, mais qui ne coïncident jamais, quand le cercle mobile roule indéfiniment sur le cercle fixe. Dans le premier de ces cas, la courbe considérée est *algébrique* et *unicursale,* et dans le second cas, elle est *transcendante.* En effet, dans le premier cas, x et y sont des fonctions rationnelles de $\sin\alpha$, $\cos\alpha$, $\sin\frac{n}{m}\alpha$ et

$\cos\frac{n}{m}\alpha$; et, d'après les formules de Jean Bernoulli mentionnées au n.° 533,

$$\sin m\frac{\alpha}{m},\quad \cos m\frac{\alpha}{m},\quad \sin n\frac{\alpha}{m},\quad \cos n\frac{\alpha}{m},$$

sont aussi des fonctions rationnelles de $\sin\frac{\alpha}{m}$ et $\cos\frac{\alpha}{m}$. Mais, en posant $\operatorname{tang}\frac{\alpha}{2m}=t$, on a

$$\sin\frac{\alpha}{m}=\frac{2t}{1+t^2},\quad \cos\frac{\alpha}{m}=\frac{1-t^2}{1+t^2}.$$

Pourtant les coordonnées x et y peuvent être représentées par des fonctions rationnelles de t. Cette division des épicycloïdes en algébriques et transcendantes a été remarquée, comme on l'a déjà dit, par Jean Bernoulli dans les *Lectiones mathematicae* (*Opera,* t. III, p. 451).

On pourrait déterminer par cette méthode l'ordre de chaque épicycloïde, mais nous trouverons bientôt ce nombre par une analyse plus simple.

554. L'équation de la normale à la courbe (1) au point (x, y) est

$$(3)\qquad \frac{Y-y}{X-x}=\frac{\sin(\alpha+\beta)-\sin\alpha}{\cos(\alpha+\beta)-\cos\alpha}=-\cot\frac{2r+R}{2r}\alpha.$$

Cette équation est satisfaite quand on remplace x et y par leurs valeurs, données par les équations de la courbe, et X et Y par les valeurs $R\cos\alpha$ et $R\sin\alpha$ des coordonnées du point B. Donc, *la normale à une épicycloïde au point* M (*fig. 137*) *passe par le point* B, *où le cercle mobile est tangent au cercle fixe; et la tangente à la courbe au même point passe par le point* D, *où* OB *coupe le cercle mobile.* Cette proposition est un cas particulier du théorème général mentionné au n.° 530.

La longueur k du segment BM est déterminée par l'égalité

$$k=BM=\sqrt{(R\cos\alpha-x)^2+(R\sin\alpha-y)^2}=2r\sin\frac{1}{2}\beta.$$

L'équation de la tangente à la courbe envisagée, au point (x, y), est

$$X\sin\frac{R+2r}{2r}\alpha-Y\cos\frac{R+2r}{2r}\alpha=(R+2r)\sin\frac{R}{r}\alpha.$$

La tangente à l'épicycloïde au point A, où $\alpha=0$, passe par le centre O du cercle fixe, et la courbe a, à ce point, un *rebroussement*. On a, en effet, à ce point

$$\lim_{\alpha=0} \frac{dy}{dx} = \lim_{\alpha=0} \frac{\cos\alpha - \cos\frac{R+r}{r}\alpha}{\sin\frac{R+r}{r}\alpha - \sin\alpha} = 0.$$

De même, la courbe a un rebroussement à chacun des points où elle rencontre le cercle fixe.

La tangente à chaque sommet de la courbe est perpendiculaire à la droite qui passe par ce point et par le centre du cercle fixe.

555. Considérons les épicycloïdes algébriques et supposons, comme au n.° 153, $\frac{r}{R} = \frac{m}{n}$. En faisant

$$X = x + iy, \quad Y = x - iy,$$

on transforme les équations (1) dans ces autres

$$X = e^{i\alpha}(R + r - re^{i\beta}), \quad Y = e^{-i\alpha}(R + r - re^{-i\beta}),$$

ou, en posant $e^{i\alpha} = t^m$,

(4) $$X = t^m(R + r - rt^n), \quad Y = t^{-m}(R + r - rt^{-n}).$$

La courbe représentée par ces équations jouit des même propriétés projectives que l'épicycloïde définie par les équations (2), et elle a été employée par quelques géomètres pour l'étude de cette dernière ligne.

On voit aisément qu'une droite arbitraire coupe la courbe que les équations (4) définissent en $2(m+n)$ points; pourtant l'ordre de l'épicycloïde algébrique que les équations (2) représentent quand $\frac{r}{R} = \frac{m}{n}$, est égal à $2(m+n)$.

L'équation de la tangente à la courbe définie par les mêmes équations (4) est

(5) $$t^{n+2m}\,Y - X = (R + 2r)(t^{m+n} - t^m);$$

pourtant la classe de cette ligne est égale à $n + 2m$, ainsi que celle l'épicycloïde mentionnée.

Chacune des droites $X = c$ et $Y = c$ coupe la courbe définie par les équations (4) à $m + n$ points situés à distance finie et à $m + n$ points situés à l'infini, quand c est différent de zéro; pourtant chacune des droite $x + iy = c$ et $x - iy = c$ coupe aussi l'épicycloïde correspondante à $m + n$ points situés à distance finie et à $m + n$ points situés à l'infini. Donc, l'épicycloïde passe $m + n$ fois par chaque point circulaire de l'infini. Chacune des droites $X = 0$ et $Y = 0$

coupe l'épicycloïde à n points situés à distance finie et à $n+2m$ points situés à l'infini; les droites correspondantes $x+iy=0$ et $x-iy=0$ sont pourtant tangentes à l'épicycloïde aux points circulaires de l'infini, et le centre du cercle fixe, où elles se coupent, est un foyer de la courbe.

On peut ajouter que la courbe n'a pas d'autres foyers. En effet, la condition pour que la droite $X=c$ coupe la courbe à deux points coïncidants situés à distance finie, résulte de l'équation $\frac{dX}{dt}=0$, qui donne $t^n-1=0$; or les valeurs de t qui vérifient cette équation annulent $\frac{dY}{dt}=0$, et à ces valeurs correspondent les points de rebroussement de la courbe (4), et pourtant ceux de l'épicycloïde. La droite $x+iy=c$ ne peut donc être tangente à l'épicycloïde quand c n'est pas nul.

De même, en changeant dans les formules précédentes m en $-m$, et en supposant $n>m$, on voit que, si R est différent de $2r$, l'*ordre* de l'hypocycloïde représentée par les équations (2') est égal à $2(n-m)$, que la *classe* de la même ligne est égale à n, que cette courbe passe $n-m$ fois par chaque point circulaire de l'infini, et que les tangentes à ces points coïncident avec la droite de l'infini. L'hypocycloïde n'a pas de foyers à distance finie.

Ces propriétés des épicycloïdes et des hypocycloïdes, et encore diverses autres propriétés intéressantes des tangentes à ces courbes, ont été signalées par Wolstnholm et S. Roberts, dans les *Proceedings of the London mathematical Society* (t. IV, 1871-1873, p. 327 et 354), et par M. Morley, dans *l'American Journal of Mathematics* (t. XIII, 1891, p. 179).

556. Représentons par t_1, t_2, ... les valeurs que t prend aux points de contact des tangentes menées à la courbe définie par les équations (4) d'un point donné, par α_1, α_2, ... les valeurs que prend α aux points de contact des tangentes à l'épicycloïde issues du point M correspondant, et par θ_1 θ_2, ... les angles que ces tangentes font avec l'axe des abscisses. L'équation (5) donne

$$t_1 t_2 t_3 \ldots = (-1)^n \frac{X}{Y} = (-1)^n \frac{x^2-y^2+2xyi}{x^2+y^2},$$

ou, en faisant $x=\rho\cos\theta$, $y=\rho\sin\theta$, θ désignant l'angle que le vecteur du point (x, y) fait avec l'axe des abscisses,

$$t_1 t_2 t_3 \ldots = (-1)^n e^{2i\theta}.$$

Pourtant

$$e^{(\alpha_1+\alpha_2+\ldots)i} = \pm e^{2mi\theta},$$

ou, à un multiple de π près,

$$\alpha_1+\alpha_2+\alpha_3 \ldots = 2m\theta.$$

En tenant maintenant compte des relations

$$\theta_1 = \alpha_1 + \frac{1}{2}\beta_1 = \frac{n+2m}{2m}\alpha_1 - 2\pi, \quad \theta_2 = \frac{n+2m}{2m}\alpha_2 - 2\pi, \quad \ldots,$$

on trouve enfin

$$(6) \qquad \theta_1 + \theta_2 + \theta_3 + \ldots = (n+2m)\theta.$$

De même, dans le cas des hypocycloïdes, on a

$$(7) \qquad \theta_1 + \theta_2 + \theta_3 + \ldots = 0,$$

à un multiple de π près.

Cette dernière relation a été donnée par Laguerre, pour le cas de l'hypocycloïde correspondant à $R = 3r$ (courbe qui sera étudiée spécialement plus loin), dans les *Nouvelles Annales de Mathématiques* (1870, p. 254; *Oeuvres,* t. II, p. 138). Elle a été généralisée par Hervey, dans l'*Educational Times Reprint* (1887, t. L, p. 110), qui a obtenu aussi la relation (6). La relation (7) a été rattachée par M. Humbert à une question générale qu'il a étudiée dans l'*American Journal of Mathematics* (t. X, 188, p. 262).

557. Quand le point (x, y) engendre l'épicycloïde considérée, le point diamétralement opposé (x', y') du cercle mobile engendre évidemment une épicycloïde égale, dont les sommets sont placés sur les droites passant par le centre du cercle fixe et par les points de rebroussement de celle-là. On obtient les équations de cette épicycloïde en remplaçant β par $\beta + \pi$ dans les équations (1), ce qui donne

$$(8) \qquad \begin{cases} x' = (R+r)\cos\alpha + r\cos\dfrac{R+r}{r}\alpha, \\ y' = (R+r)\sin\alpha + r\sin\dfrac{R+r}{r}\alpha. \end{cases}$$

Ces équations représentent donc aussi la première des épicycloïdes envisagées, rapportée à un système d'axes orthogonaux ayant la même origine, mais dont l'axe des abscisses passe par un sommet de l'épicycloïde.

L'équation de la tangente à cette épicycloïde, rapportée aux axes qu'on vient de mentionner, est

$$X\cos\frac{R+2r}{2r}\alpha + Y\sin\frac{R+2r}{2r}\alpha = (R+2r)\cos\frac{R}{2r}\alpha.$$

558. Pour déterminer l'équation de la *podaire* de l'épicycloïde envisagée par rapport au point O, remarquons d'abord que l'équation (3) donne, en représentant par ω l'angle de la normale à la courbe au point M *(fig. 137)* et de l'axe OX,

$$\omega = \frac{2r + \mathrm{R}}{2r}\alpha + \frac{\pi}{2}.$$

Observons ensuite que la distance ρ du point O à la tangente DM est déterminée par l'équation

$$\rho = \mathrm{OD}\sin \mathrm{ODM} = (\mathrm{R}+2r)\sin\frac{1}{2}\beta = (\mathrm{R}+2r)\sin\frac{\mathrm{R}}{2r}\alpha.$$

En éliminant α entre ces équations, on obtient l'équation de la podaire considérée, savoir

$$\rho = (\mathrm{R}+2r)\sin\frac{\mathrm{R}}{2r+\mathrm{R}}\left(\omega - \frac{\pi}{2}\right).$$

La courbe mentionnée appartient à une classe de lignes qui seront étudiées plus loin sous le nom de *rosaces.*

Les coordonnées des points de la *polaire* de l'épicycloïde par rapport à un cercle de rayon p, ayant le centre à l'origine des coordonnées, sont déterminées par les équations

$$y\mathrm{Y} + x\mathrm{X} = p^2, \quad \frac{dy}{d\alpha}\mathrm{Y} + \frac{dx}{d\alpha}\mathrm{X} = 0$$

et par les équations (2), qui donnent

$$\mathrm{X} = \frac{p^2 \sin\frac{\mathrm{R}+2r}{2r}\alpha}{(\mathrm{R}+2r)\sin\frac{\mathrm{R}}{2r}\alpha}, \quad \mathrm{Y} = -\frac{p^2 \cos\frac{\mathrm{R}+2r}{2r}\alpha}{(\mathrm{R}+2r)\sin\frac{\mathrm{R}}{2r}\alpha}.$$

L'équation, rapportée aux coordonnées polaires, de cette courbe est donc

$$\rho = \frac{p^2}{(\mathrm{R}+2r)\sin\frac{\mathrm{R}}{\mathrm{R}+2r}\theta},$$

θ étant l'angle que le vecteur du point (X, Y) fait avec l'axe des ordonnées; et la courbe est pourtant inverse de celle de la podaire qu'on vient d'envisager, ce qui est d'accord avec un théorème général connu.

Les courbes représentées par cette équation seront considérées plus loin sous le nom d'*épis.*

559. Le rayon de courbure des courbes envisagées est déterminé par l'équation suivante :

$$(9) \qquad R_1 = \frac{\left(\frac{dx^2}{d\alpha^2} + \frac{dy^2}{d\beta^2}\right)^{\frac{3}{2}}}{\frac{dx}{d\alpha}\frac{d^2y}{d\alpha^2} - \frac{dy}{d\alpha}\frac{d^2x}{d\alpha^2}} = \frac{4(R+r)r}{R+2r}\sin\frac{1}{2}\beta,$$

qui, en tenant compte de l'expression de k écrite ci-dessus, prend la forme

$$R_1 = \frac{2k(R+r)}{R+2r}.$$

Les coordonnées (x_1, y_1) des points de la développée d'une épicycloïde sont déterminées par les équations

$$x_1 = x - \frac{\frac{dy}{d\alpha}\left(\frac{dx^2}{d\alpha^2} + \frac{dy^2}{d\alpha^2}\right)}{\frac{dx}{d\alpha}\frac{d^2y}{d\alpha^2} - \frac{dy}{d\alpha}\frac{d^2x}{d\alpha^2}}, \quad y_1 = y + \frac{\frac{dx}{d\alpha}\left(\frac{dx^2}{d\alpha^2} + \frac{dy^2}{d\alpha^2}\right)}{\frac{dx}{d\alpha}\frac{d^2y}{d\alpha^2} - \frac{dy}{d\alpha}\frac{d^2x}{d\alpha^2}},$$

d'où il résulte

$$(10) \qquad \begin{cases} x_1 = \dfrac{R}{R+2r}\left[(R+r)\cos\alpha + r\cos\dfrac{R+r}{r}\alpha\right], \\ y_1 = \dfrac{R}{R+2r}\left[(R+r)\sin\alpha + r\sin\dfrac{R+r}{r}\alpha\right], \end{cases}$$

Si l'on remarque maintenant que ces équations peuvent être mises sous la forme

$$x_1 = (R'+r')\cos\alpha + r'\cos\frac{R'+r'}{r'}\alpha,$$

$$y_1 = (R'+r')\sin\alpha + r'\sin\frac{R'+r'}{r'}\alpha,$$

où

$$R' = \frac{R^2}{R+2r}, \quad r' = \frac{Rr}{R+2r},$$

on peut énoncer le théorème suivant :

La développée d'une épicycloïde est une autre épicycloïde. Les rayons du cercle fixe et du cercle mobile de cette développée sont respectivement égaux à $\frac{R^2}{R+2r}$ *et* $\frac{Rr}{R+2r}$, *et le centre du premier coïncide avec le centre de la courbe donnée.*

En tenant compte des relations (8), on peut mettre les équations (10) sous la forme

$$x_1 = \frac{R}{R+2r}x', \quad y_1 = \frac{R}{R+2r}y';$$

pourtant *l'épicycloïde donnée et sa développée sont des courbes affines, et le centre de courbure de celle-là, correspondant au point* M, *est situé sur la droite qui passe par le centre du cercle fixe et par le point du cercle mobile diamétralement opposé au point* M.

En remplaçant dans l'équation

$$yY + xX = R^2,$$

qui représente la polaire du point (x, y) par rapport au cercle fixe, les valeurs de x et y, et, au lieu de Y et Y, celles de x_1 et y_1, on constate que *le centre de courbure de l'épicycloïde au point* M *est sur la polaire de ce point par rapport au cercle fixe.*

En faisant dans les équations (2) *et* (10) $\alpha = 0$, on voit que le point (x, y) coïncide avec le point (x_1, y_1); pourtant les points de rebroussement de la courbe donnée coïncident avec les sommets de sa développée.

Réciproquement, *si l'on développe une épicycloïde quelconque donnée, à partir du sommet, on obtient une autre épicycloïde affine de la première.* En représentant par r' et R' les rayons du cercle fixe et du cercle mobile qui figurent dans la définition de la courbe proposée, les équations

$$r' = \frac{Rr}{R+2r}, \quad R' = \frac{R^2}{R+2r},$$

donnent celles-ci:

$$R = 2r' + R', \quad r = \frac{r'(2r' + R')}{R'},$$

qui déterminent le rayon du cercle fixe et du cercle mobile d'une épicycloïde, qui est affine de la ligne donnée et en est la développante ayant l'origine à son sommet.

560. *L'enveloppe des positions que prend la droite passant par le point qui décrit une épicycloïde et par le centre du cercle mobile, quand ce cercle varie, est une autre épicycloïde.*

En effet, l'équation de la droite CM *(fig. 137)* est

$$Y \cos\frac{R+r}{r}\alpha - X \sin\frac{R+r}{r}\alpha + (R+r)\sin\frac{R}{r}\alpha = 0,$$

et l'équation de sa derivée par rapport à α est

$$Y \sin\frac{R+r}{r}\alpha + X \cos\frac{R+r}{r}\alpha - R\cos\frac{R}{r}\alpha = 0.$$

Ces deux équations déterminent donc les coordonnées X, Y de l'enveloppe de CM. Or ces équations donnent

$$X = -\frac{r}{2}\cos\frac{2R+r}{r}\alpha + \frac{2R+r}{2}\cos\alpha,$$

$$Y = -\frac{r}{2}\sin\frac{2R+r}{r}\alpha + \frac{2R+r}{2}\sin\alpha.$$

Pourtant, l'enveloppe de la droite mentionnée est une épicycloïde engendrée par un cercle de rayon égal à $\frac{r}{2}$ roulant sur un cercle de rayon égal à R.

Cette proposition, qui est la généralisation du théorème sur la cycloïde démontré au n.º 538, a été énoncée par Chasles dans la *Correspondance mathématique et physique* de Quetelet (1832, t. I, p. 41).

561. Considérons un cercle de rayon a, et prenons sur sa circonférence un point fixe A et deux points mobiles M et M_1 tels que arc $AM = h$ arc AM_1, où $h = \frac{R+r}{r}$. *L'enveloppe des positions que la droite* MM_1 *prend, quand* M *et* M_1 *varient, est une épicycloïde égale à l'épicycloïde représentée par les équations* (2), *quand* $a = (h+1)r$.

En effet, en prenant pour origine des coordonnées le centre O du cercle, et pour axe des abscisses le diamètre passant par A, et en représentant par (x_1, y_1) les coordonnées du point M, par (x_2, y_2) celles du point M_1 et par ω l'angle que OM fait avec OA, nous avons

$$x_1 = a\cos\omega,\quad y_1 = a\sin\omega,\quad x_2 = a\cos h\omega,\quad y_2 = a\sin h\omega;$$

pourtant l'équation de la droite qui passe par M et M_1 est

$$Y\sin\frac{1}{2}(h+1)\omega + X\cos\frac{1}{2}(h+1)\omega = a\cos\frac{1}{2}(h-1)\omega;$$

or, cette équation coïncide avec celle des tangentes à une épicycloïde, égale à l'épicycloïde correspondant aux équations (2) et ayant le sommet au point A, quand

$$\frac{R+r}{r} = h,\qquad a = (h+1)r.$$

562. *Si les rayons lumineux issus d'un point situé sur la circonférence d'un cercle se réfléchissent* n *fois dans cette circonférence, la caustique du cercle pour les derniers rayons réfléchis est une épicycloïde.*

Prenons pour origine des coordonnées le centre de la circonférence considérée et pour axe des abscisses la droite passant par le point lumineux A. Les coordonnées polaires des points de cette circonférence où un rayon issu du point A se réfléchit, sont (θ, a), $(2\theta, a)$, ..., $(n\theta, a)$, a représentant le rayon de la circonférence; et l'équation de la droite passant par les points $(n\theta, a)$ et $[(n+1)\theta, a]$ est

$$Y - a \sin n\theta = \frac{\sin (n+1)\theta - \sin n\theta}{\cos (n+1)\theta - \cos n\theta} (X - a \cos n\theta),$$

ou

$$Y \sin \frac{2n+1}{2} \theta + X \cos \frac{2n+1}{2} \theta = a \cos \frac{1}{2} \theta.$$

En éliminant θ entre cette équation et sa dérivée par rapport à θ

$$Y \cos \frac{2n+1}{2} \theta - X \sin \frac{2n+1}{2} \theta = -\frac{a}{2n+1} \sin \frac{1}{2} \theta,$$

on obtient ces autres:

$$X = \frac{n+1}{2n+1} a \cos n\theta + \frac{n}{2n+1} a \cos (n+1)\theta,$$

$$Y = \frac{n+1}{2n+1} a \sin n\theta + \frac{n}{2n+1} a \sin (n+1)\theta,$$

ou, en faisant $n\theta = \alpha$,

$$X = \frac{n+1}{2n+1} a \cos \alpha + \frac{n}{2n+1} a \cos \frac{n+1}{n} \alpha,$$

$$Y = \frac{n+1}{2n+1} a \sin \alpha + \frac{n}{2n+1} a \sin \frac{n+1}{n} \alpha,$$

qui déterminent les coordonnées X et Y de la caustique considérée en fonction de l'angle variable α. Or, ces équations sont identiques à celles de l'épicycloïde engendrée par un cercle de rayon égal à $\frac{na}{2n+1}$ roulant sur un autre de rayon égal à $\frac{a}{2n+1}$.

En faisant $n = 1$, on retrouve une propriété de la cardioïde démontrée au n.° 249.

On pourrait voir par une méthode semblable que le théorème énoncé subsiste quand le point lumineux, au lieu d'être situé sur la circonférence considérée, est à l'infini.

Ces propositions ont été démontrées par Cayley en 1857 dans les *Philosophical Transactions of the London Royal Society* (*Mathematical Papers,* t. II, p. 344), mais, d'après ce qu'il dit, elles étaient déjà connues alors.

563. L'aire de l'espace limité par un arc de la courbe compris entre deux points de rebroussement et par les vecteurs de ses extrémités est déterminée par l'équation

$$A = \frac{1}{2}\int_0^{2\pi}\left(x\frac{dy}{d\beta} - y\frac{dx}{d\beta}\right)d\beta = \frac{(R+r)(R+2r)r\pi}{R}.$$

La longueur de l'arc de chaque épicycloïde compris entre les points où β prend la valeur 0 et une valeur quelconque donnée, inférieure à 2π, est determinée par l'équation

$$s = \int_0^\beta \sqrt{\left(\frac{dx}{d\beta}\right)^2 + \left(\frac{dy}{d\beta}\right)^2}\, d\beta = \frac{8r(R+r)}{R}\sin^2\frac{1}{4}\beta.$$

En éliminant β entre cette relation et la relation (9), on obtient l'*équatiom intrinsèque* des courbes envisagées, savoir

$$R^2 s^2 + (R+2r)^2 R_1^2 = 8Rr(R+r)s,$$

ou, en changeant s en $s + \frac{4r(R+r)}{R}$,

$$R^2 s^2 + (R+2r)^2 R_1^2 = 16(R+r)^2 r^2.$$

561. Les coordonnées (x', y') du centre de gravité de l'arc d'une épicycloïde compris entre le point où β prend la valeur 0 et celui où cet angle prend une valeur quelconque donnée, inférieure à 2π, sont déterminées par les équations

$$x' = \frac{1}{s}\int_0^\beta x\frac{ds}{d\beta}d\beta = \frac{R}{2\sin^2\frac{1}{4}\beta}\left[\sin^2\frac{1+2h}{4}\beta + \frac{1+h}{1-2h}\sin^2\frac{1-2h}{4}\beta - \frac{h}{3+2h}\sin^2\frac{3+2h}{4}\beta\right],$$

$$y' = \frac{1}{s}\int_0^\beta y\frac{ds}{d\beta}d\beta = \frac{R}{4\sin^2\frac{1}{4}\beta}\left[-\sin\frac{1+2h}{2}\beta + \frac{1+h}{1-2h}\sin\frac{1-2h}{2}\beta + \frac{h}{3+2h}\sin\frac{3+2h}{2}\right],$$

où $h = \frac{r}{R}\cdot$

En particulier, en posant $\beta = 2\pi$, on obtient les valeurs des coordonnées du centre de gravité de l'arc compris entre les deux points de rebroussement consécutifs correspondant à $\beta = 0$ et $\beta = 2\pi$, savoir:

$$x'_0 = \frac{3R}{(1-2h)(3+2h)}\cos^2 h\pi, \quad y'_0 = \frac{3R}{2(1-2h)(3+2h)}\sin 2h\pi.$$

Ce point est pourtant situé sur l'axe de l'arc envisagé, et sa distance Δ au centre du cercle fixe est déterminée par l'équation

$$\Delta = \sqrt{x'^2_0 + y'^2_0} = \frac{3\mathrm{R}\cos h\pi}{(1-2h)(3+2h)}.$$

Il résulte de cette formule les conséquences suivantes:

1.° Les conditions nécessaires et suffisantes pour que le centre de gravité de l'arc considéré coïncide avec le centre du cercle fixe sont

$$\cos h\pi = 0, \quad 1 - 2h \gtrless 0;$$

pourtant $2r = (2n+1)\mathrm{R}$, n étant un nombre entier quelconque, différent de 0.

Donc, *la condition pour que le centre de gravité de l'arc d'une épicycloïde compris entre deux points de rebroussement consécutifs coïncide avec le centre du cercle fixe, c'est que la longueur de la circonférence du cercle mobile soit égale au produit de la semi-circonférence du cercle fixe par un nombre impair différent de l'unité.*

Si $h = \frac{1}{2}$, on a $\Delta = \frac{3}{8}\mathrm{R}\pi$. On étudiera bientôt la courbe correspondant à ce cas sous le nom de *nephroïde.*

2.° La distance Δ est égale à un nombre rationnel quand $\cos h\pi = \pm 1$ ou $\cos h\pi = \pm \frac{1}{2}$, c'est-à-dire lorsque $h = n$ ou $h = \frac{3n \pm 1}{3}$.

3.° La distance Δ est égale à la diagonale d'un carré rationnel quand $h = \frac{4n \pm 1}{4}$, car on a, dans ce cas, $\cos h\pi = \frac{1}{2}\sqrt{2}$.

Les centres de gravité des épicycloïdes ont été déterminés par M. Haton de La Goupillière dans un Mémoire publié au cahier XLIII, p. 123, du *Journal de L'École Polytechnique de Paris,* où l'illustre géomètre a donné les propositions que nous venons de démontrer.

565. Entre les courbes qu'on vient d'étudier sont comprises quelques-unes qui offrent un intérêt spécial. Nous indiquerons celles-ci:

1.° Si l'on pose dans les équations des hypocycloïdes $\mathrm{R} = 2r$, on trouve

$$y = 0, \quad x = 2r\cos\alpha;$$

donc, *l'hypocycloïde engendrée par un cercle roulant à l'intérieur d'un autre de rayon double de celui du cercle mobile, est une droite.*

Cette proposition importante a été donnée par Cardan dans son *Opus novum de proportionibus numerorum,* 1570, p. 186.

2.° Si l'on pose dans les mêmes équations $R = 4r$, on obtient ces autres:

$$x = 3r \cos\alpha + r\cos 3\alpha, \quad y = 3r\sin\alpha - r\sin 3\alpha,$$

ou

$$x = 4r\cos^3\alpha, \quad y = 4r\sin^3\alpha,$$

qui représentent (n.° 348) l'*astroïde.*

3.° Si l'on pose dans l'équation des épicycloïdes $R = r$, on obtient celles-ci:

$$x = 2r\cos\alpha - r\cos 2\alpha, \quad y = 2r\sin\alpha - r\sin 2\alpha,$$

qui représentent la *cardioïde.* En effet, en transportant l'origine des coordonnées au point de rebroussement $(r, 0)$ et en posant ensuite $x = \rho\cos\theta$, $y = \rho\sin\theta$, on obtient les équations

$$\rho\cos\theta = 2r(1 - \cos\alpha)\cos\alpha, \quad \rho\sin\theta = 2r(1 - \cos\alpha)\sin\alpha,$$

qui donnent

$$\operatorname{tang}\theta = \operatorname{tang}\alpha, \quad \rho = 2r(1 - \cos\theta).$$

La deuxième équation fait voir (n.° 232) que l'épicycloïde envisagée coïncide avec la cardioïde; l'autre donne cette propriété remarquable de la même épicycloïde: *la droite passant par le point de rebroussement de cette ligne et par le point décrivant est parallèle à la droite passant par le centre du cercle fixe et du cercle mobile.*

4.° L'épicycloïde correspondant à $R = 2r$ et l'hypocycloïde correspondant à $R = 3r$ sont aussi remarquables, et nous allons nous en occuper spécialement.

IV.

L'épicycloïde de Huygens ou nephroïde.

566. L'épicycloïde engendrée par un cercle de rayon r roulant sur un autre de rayon double a été nommée *nephroïde* par Proctor, dans son *Treatrise on the cycloïde* (London, 1878). Elle est représentée par les équations

$$x = r(3\cos\alpha - \cos 3\alpha), \quad y = r(3\sin\alpha - \sin 3\alpha),$$

ou

$$x = 2r(3 - 2\cos^2\alpha)\cos\alpha, \quad y = 4r\sin^3\alpha,$$

dont il résulte son équation cartésienne, savoir

$$(x^2 + y^2 - 4r^2)^3 = 108r^4 y^2.$$

Cette épicycloïde est composée de deux arcs égaux compris entre deux points de rebroussement réels, situés sur un même diamètre du cercle fixe. Elle a été déjà mentionnée au n.° 564, où l'on a vu que le centre de gravité de chacun des arcs qu'on vient de considérer est situé sur l'axe du même arc, à la distance $\frac{3}{8}$ Rπ du centre du cercle fixe.

La nephroïde a été envisagée par Huygens dans son fameux *Traité de la lumière,* ouvrage publié en 1690, mais qui avait été lue à l'Académie de Paris en 1679 (*Oeuvres,* t. VIII, p. 214, note 3.e). Il a été amené à l'étude de cette courbe par le problème suivant: *déterminer la caustique par réflexion du cercle pour les rayons lumineux parallèles.*

Ce problème a été envisagé aussi par Tschirnhausen, en 1682, dans les *Acta euditorum,* par La Hire dans les *Mémoires de l'Académie des Sciences de Paris* (t. IX, p. 448), et par Jean Bernoulli dans les *Lectiones mathematicae.* Il peut être résolu de la manière suivante.

Prenons pour axe des abscisses une droite parallèle à la direction des rayons lumineux, passant par le centre du cercle donné, et pour axe des ordonnées la perpendiculaire à cette droite menée par le même centre. Le cercle peut être représenté par les équations

$$x = a \cos \alpha, \quad y = a \sin \alpha;$$

et par conséquent la droite qui passe par le point (x, y) et qui fait avec la normale au cercle à ce point un angle égal à celui de cette normale et des rayons lumineux, peut être représentée par cette autre équation:

$$\mathrm{Y} - y = \operatorname{tang} 2\alpha\,(\mathrm{X} - x),$$

ou

$$\mathrm{Y} \cos 2\alpha - \mathrm{X} \sin 2\alpha = - a \sin \alpha.$$

La caustique considérée est l'enveloppe de cette droite, et les coordonnées (X, Y) de ses points sont pourtant déterminées par l'équation qu'on vient d'écrire et par cette autre:

$$2\mathrm{Y} \sin 2\alpha + 2\mathrm{X} \cos 2\alpha = a \cos \alpha,$$

qui donnent

$$\mathrm{X} = \frac{a}{2}(\cos \alpha \cos 2\alpha + 2 \sin\alpha \sin 2\alpha) = \frac{a}{4}(3 \cos \alpha - \cos 3\alpha),$$

$$\mathrm{Y} = \frac{a}{2}(\sin 2\alpha \cos \alpha - 2 \sin \alpha \cos 2\alpha) = \frac{a}{4}(3 \sin \alpha - \sin 2\alpha).$$

Donc, *la caustique par réflexion du cercle de rayon a, pour les rayons lumineux parallèles,*

*

coïncide avec l'épicycloïde engendrée par le cercle de rayon égal à $\frac{1}{4}a$, *roulant sur un autre de rayon égal à* $\frac{1}{2}a$.

567. *La caustique par réflexion de la cardioïde, pour les rayons partant du point de rebroussement, est une épicycloïde de Huygens.*

En effet, quand le rayon r du cercle BMD *(fig. 137)* devient égal à celui du cercle RBA, le point M décrit une cardioïde ayant le point de rebroussement à A, et la droite qui passe par A et M devient parallèle à OC (n.° 565). Par conséquent les angles formés par la première de ces droites et par CM avec la normale MB deviennent égaux. La caustique de la cardioïde envisagée, pour les rayons lumineux issus du point de rebroussement A, coïncide donc avec l'enveloppe des positions que prend CM, quand le cercle BMD se déplace. Or, il résulte de ce qu'on a dit au n.° 560 que cet enveloppe coïncide avec l'épicycloïde engendrée par le cercle de rayon $\frac{r}{2}$ roulant sur celui de rayon r.

La proposition qu'on vient de démontrer a été donnée par Jacques Bernoulli en 1692 dans les *Acta eruditorum* (*Opera,* t. I, p. 508).

568. En appliquant les formules démontrées au n.° 559, on voit que *la développée de la nephroïde envisagée est la nephroïde représentée par les équations*

$$x = \frac{r}{2}(3\cos\alpha + \cos 3\alpha), \quad y = \frac{r}{2}(3\sin\alpha + \sin 3\alpha);$$

cette dernière courbe est engendrée par un cercle de rayon égal à la moitié de celui qui a engendré l'épicycloïde donnée, et elle a les sommets sur la droite qui passe par les points de rebroussement de celle-ci.

Réciproquement, la nephroïde représentée par les équations

$$x = 2r(3\cos\alpha + \cos 3\alpha), \quad y = 2r(3\sin\alpha + \sin 3\alpha)$$

est une des *développantes* de la nephroïde donnée. Pour obtenir les autres, cherchons les courbes parallèles à celle qu'on vient de déterminer. Pour cela, remarquons que, en représentant par ω l'angle de la normale à la courbe représentée par ces dernières équations et de l'axe des abscisses, on a

$$\tan g\,\omega = -\frac{\dfrac{dx}{d\alpha}}{\dfrac{dy}{d\alpha}} = \tan g\,2\alpha,$$

et par conséquent $\omega = 2\alpha$. Les équations des développantes de la nephroïde donnée sont donc

$$x = 2r\,(3\cos\alpha - m\cos 2\alpha + \cos 3\alpha),\quad y = 2r\,(3\sin\alpha - m\sin 2\alpha + \sin 3\alpha).$$

En tenant compte du théorème énoncé au n.° 566, on voit encore que les développantes de la caustique par réflexion du cercle de rayon a, pour les rayons lumineux parallèles, c'est-à-dire les *caustiques secondaires* du cercle correspondant à ces rayons, sont représentées par les équations

$$x = \frac{a}{2}(3\cos\alpha - m\cos 2\alpha + \cos 3\alpha),\quad y = \frac{a}{2}(3\sin\alpha - m\sin 2\alpha + \sin 3\alpha).$$

Les courbes représentées par ces équations ont été étudiées par Cayley en 1867 dans les *Philosophical Transactions* (*Mathematical Papers*, t. V, p. 454), où il a fait voir, par un calcul que nous ne reproduirons pas ici, que son équation cartésienne est

$$4\left[3(x^2+y^2) + (m^2-3)a^2\right]^3 = \left[18m(x^2+y^2) - 27ax - (2m^3 - 9m)a^2\right]^2,$$

et où il a déterminé la position et la nature des points singuliers.

Nous nous arrêterons un moment au cas où $m = \frac{3}{2}a$, envisagé par M. Archibald dans la Dissertation intitulée *The Cardioide* (Strasbourg, 1900). Alors, en transportant l'origine des coordonnées au point $\left(\frac{1}{2}a,\, 0\right)$, cette équation prend la forme très simple

$$4(x^2 + y^2 + ax)^3 = 27a^2(x^2+y^2)^2;$$

et, en posant $x = \rho\cos\theta$, $y = \rho\sin\theta$, et en tenant compte de l'identité

$$\cos\theta = 4\cos^3\frac{\theta}{3} - 3\cos\frac{\theta}{3},$$

on obtient l'équation polaire de la même ligne, savoir:

$$\rho = -4a\cos^3\frac{\theta}{3}.$$

Pourtant, la caustique secondaire du cercle pour les rayons parallèles, correspondant à $m = \frac{3}{2}a$, est inverse de la cubique mentionnée au n.° 150, et appartient à la classe des courbes nommées *spirales sinusoïdes*. On voit encore au moyen de cette équation, en procédant comme au n.° 485, que *la même courbe est identique à la podaire de la cardioïde, rapportée au point de rebroussement,* ligne qui a été envisagée par Maclaurin en 1718 dans les *Philosophical Transactions* et en 1720 dans la *Geometria organica* (prop. XVII, p. 111).

On voit de même, en faisant $m = -\frac{3}{2}a$ et en transportant l'origine des coordonnées au point $\left(-\frac{1}{2}a, 0\right)$, que la caustique secondaire du cercle correspondant à cette valeur de m est une spirale sinusoïde égale à celle qui correspond à $m = \frac{3}{2}a$, placée dans un autre position.

V.

Sur l'hypocycloïde à trois rebroussements.

569. En faisant dans l'équation générale des hypocycloïdes $R = 3r$, on obtient ces autres:

$$x = r(2\cos\alpha + \cos 2\alpha), \quad y = r(2\sin\alpha - \sin 2\alpha), \tag{1}$$

qui représentent la ligne engendrée par un point d'une circonférence de rayon égal à r roulant sur une autre de rayon triple de celui-là. La forme de la courbe est indiquée dans la figure 138. Elle est composée de trois parties égales AA_1, A_1A_2 et A_2A, comprises entre trois *points de rebroussement.* Ces trois points sont les sommets d'un triangle équilatéral, inscrit au cercle fixe donné, et leurs coordonnées sont

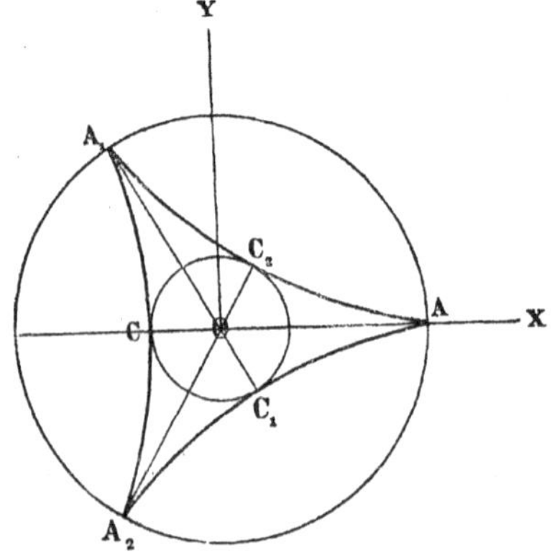

Fig. 138

$$(3r, 0), \quad \left(-\frac{3}{2}r, \quad \frac{3}{2}r\sqrt{3}\right),$$
$$\left(-\frac{3}{2}r, \quad -\frac{3}{2}r\sqrt{3}\right).$$

Les arcs AA_1, A_1A_2 et A_2A sont tangents à un cercle égal au cercle mobile, ayant le même centre que le cercle fixe, aux points C, C_1, C_2, situés sur les bissectrices AC, A_1C_1 et A_2C_2 des angles du triangle mentionné. Ces droites sont normales à l'hypocycloïde aux sommets C, C_1 et C_2.

L'hypocycloïde qu'on vient de considérer, est une *courbe algébrique du quatrième ordre,* représentée par l'équation cartésienne

$$(2) \qquad (x^2+y^2)^2+8rx(3y^2-x^2)+18r^2(x^2+y^2)-27r^4=0,$$

qu'on déduit aisément des équations (1), en éliminant α entre elles. Cette équation fait voir que la courbe passe par les points circulaires de l'infini et qu'elle est à ces points tangente à la droite de l'infini (n.º 555).

Le problème de la détermination d'une courbe telle que les rayons lumineux issus d'un foyer reviennent au point de départ après deux réflexions sur la courbe, a amené Euler à s'occuper pour la première fois de la ligne définie par l'équation qu'on vient d'écrire. Ce problème, proposé en 1745 dans les *Acta eruditorum,* a été étudié par l'éminent géomètre dans plusieurs lettres adressées à Goldbach, lesquelles ont été publiées par Fuss dans le tome I de la *Correspondance de quelques célèbres géomètres du* XVIIIe *siècle.* Dans un mémoire sur cette question annexé à la lettre du 30 novembre 1745 (l. c., p. 341), il est signalée une solution particulière du problème, coïncidant avec la courbe correspondant à l'équation (2). Euler a représenté la courbe par les équations

$$x=2r(1+\cos\alpha)\cos\alpha, \quad y=2r(1-\cos\alpha)\sin\alpha,$$

dont il a déduit son équation cartésienne, et il a déterminé la forme de cette courbe. On réduit ces équations à la forme (1) au moyen d'une transformation trigonométrique simple et d'un changement de l'origine des coordonnées.

La même courbe a été retrouvée plus tard par Steiner, qui en a énoncé plusieurs propriétés en 1857 dans le *Journal de Crelle* (t. LIII, p. 231). L'éminent géomètre a été amené à s'occuper de cette ligne par ce problème: *déterminer l'enveloppe de la droite passant par les pieds des perpendiculaires baissées d'un point variable d'une circonférence sur deux côtés d'un triangle inscrit.* Peu de temps après, la même courbe a été envisagée, dans le même recueil (t. LIV, p. 31), par Schröter, qui a ajouté de nouvelles propositions à celles qui avaient été données par Steiner.

Steiner n'a pas indiqué les démonstrations des propositions qu'il a énoncées. Ces démonstrations ont été données par Cremona dans un beau et important Mémoire inséré en 1865 au *Journal de Crelle* (t. LXIV, p. 101), où il a, en outre, ajouté de nouveaux théorèmes à ceux de Steiner. Les méthodes employées par l'illustre géomètre italien, pour étudier la courbe considérée, sont purement géométriques. Une étude analytique de la même ligne a été communiquée en 1865 à la rédaction des *Nouvelles Annales* par Painvin, et publiée en 1870 dans ce recueil (2.e série, t. IX, p. 202 et 256). Dans cet écrit, Painvin démontre, au moyen des coordonnées trilinéaires et tangentielles, les principaux théorèmes de Steiner et Cremona, et il signale quelques nouvelles propriétés de la courbe. Une étude analytique plus élémentaire de la même ligne, où sont employées seulement les coordonnées cartésiennes, a été publiée en 1884 par G. de Longchamps dans le *Journal de Mathématiques spéciales* (2.e série, t. VIII, p. 169).

Le nombre des écrits qui ont été consacrés à l'hypocycloïde à trois rebroussements est très considérable. Ils ont été signalés par M. Brocard dans l'*Intermédiaire des Mathématiciens* (t. III, 1896, p. 166) et par M. Mackay dans les *Proceedings of the Edinbourg mathematical Society* (t. XXIII, 1905, p. 80). On fera mention dans les paragraphes suivants de quelques-uns de ces écrits.

L'hypocycloïde à trois rebroussements a été nommée aussi *hypocycloïde tricuspide, triangulaire* ou *de Steiner*. Les propriétés intéressantes dont elle jouit sont très nombreuses. Nous en allons exposer les plus importantes.

570. En faisant dans les équations (1) $\operatorname{tang}\frac{1}{2}\alpha = -t$, et en tenant compte des relations

$$\sin\alpha = 2\sin\frac{1}{2}\alpha\cos\frac{1}{2}\alpha = -\frac{2t}{1+t^2}, \quad \cos\alpha = \cos^2\frac{1}{2}\alpha - \sin^2\frac{1}{2}\alpha = \frac{1-t^2}{1+t^2},$$

on obtient les équations

$$x = \frac{r(3-6t^2-t^4)}{(1+t^2)^2}, \quad y = -\frac{8rt^3}{(1+t^2)^2},$$

qui expriment x et y en fonction rationnelle de t; la courbe est pourtant *unicursale*. Comme on a $\frac{dy}{dx} = t$, on voit que t représente la tangente trigonométrique de l'angle formé par la tangente à la courbe au point (x, y) avec l'axe des abscisses.

En remplaçant dans ces équations x par $x+3r$, pour transporter l'origine des coordonnées au point de rebroussement A, on peut encore représenter l'hypocycloïde par les équations

$$(3) \qquad x = -\frac{4rt^2(t^2+3)}{(1+t^2)^2}, \quad y = -\frac{8rt^3}{(1+t^2)^2}.$$

On obtient aisément au moyen de ces équations quelques propriétés importantes des tangentes à la ligne envisagée, comme on va le voir.

L'équation de la tangente à la courbe au point (x, y) est

$$(4) \qquad (1+t^2)(\mathrm{Y}-t\mathrm{X}) - 4rt^3 = 0,$$

et pourtant la condition pour que cette droite passe par un point donné (α, β) est

$$(5) \qquad (4r+\alpha)t^3 - \beta t^2 + \alpha t - \beta = 0.$$

Par chaque point donné dans le plan de la courbe passent par conséquent *trois* tangentes, toutes réelles ou une réelle et deux imaginaires, dont les coefficients angulaires t_1, t_2 et t_3 vérifient les conditions

$$(6) \qquad t_1 + t_2 + t_3 = \frac{\beta}{4r + \alpha}, \quad t_1 t_2 t_3 = \frac{\beta}{4r + \alpha}.$$

Donc, en désignant par a, b et c les angles formés par ces tangentes avec l'axe des abscisses, on a

$$t_1 = \operatorname{tang} a, \quad t_2 = \operatorname{tang} b, \quad t_3 = \operatorname{tang} c,$$

et par suite

$$\operatorname{tang}(a + b + c) = \frac{t_1 + t_2 + t_3 - t_1 t_2 t_3}{1 - t_1 t_2 - t_1 t_3 - t_2 t_3} = 0.$$

On conclut de cette égalité, en remarquant que l'axe des abscisses coïncide avec la tangente à un point de rebroussement, le théorème suivant, dû à Laguerre (*Nouvelles Annales de Mathématiques,* 1870, p. 254; *Oeuvres,* t. II, p. 138):

Les trois tangentes qu'on peut mener à l'hypocycloïde à trois rebroussements par un point donné, font avec une quelconque des tangentes aux points de rebroussement des angles dont la somme est multiple de π.

On a vu au n.° 556 que cette proposition a été généralisée par M. Hervey.

Réciproquement, *si les tangentes* T_1, T_2 *et* T_3 *à l'hypocycloïde à un point donné font avec la tangente à un point de rebroussement* A *des angles* a, b *et* c *tels qu'on ait*

$$a + b + c = 0,$$

à un multiple de π près, ces tangentes passent par un même point.

En effet, si par le point d'intersection de T_1 et T_2 on mène la troisième tangente T' à la courbe, et si a' est l'angle que cette tangente fait avec OA, on a, à un multiple de π près,

$$a' + b + c = 0,$$

et pourtant $a = a'$; mais on voit au moyen de l'équation (4) que la courbe ne possède pas de tangentes parallèles; donc T' coïncide avec T_3.

Ces propositions ont un grand nombre de conséquences intéressantes, obtenues par M. Humbert dans l'*American Journal of Mathematics* (t. x, 1888, p. 265) et dans les *Nouvelles Annales de Mathématiques* (1893, p. 37).

571. En observant que les coordonnées des points A, A_1, A_2 et O, rapportées à l'origine A, sont

$$(0,\,0),\quad \left(-\frac{9}{2}r,\ \frac{3}{2}r\sqrt{3}\right),\quad \left(-\frac{9}{2}r,\ -\frac{3}{2}r\sqrt{3}\right),\quad (-3r,\,0),$$

on constate aisément l'exactitude de cette proposition:

Le produit des distances des points de rebroussement à une tangente quelconque est égal au cube de la distance du centre de la courbe à la même tangente (Painvin, l. c.).

572. La condition pour que deux des tangentes issues du point (α, β) forment un angle droit est

$$t_1 t_2 + 1 = 0,$$

ou, à cause de la deuxième des relations (6),

$$t_3 = -\frac{\beta}{4r+\alpha}.$$

Cette valeur de t_3 doit par conséquent coïncider avec l'une des racines de l'équation (5), et les coordonnées (α, β) doivent pourtant vérifier la condition

$$\frac{2\beta^2}{(4r+\alpha)^2} + \frac{\alpha}{4r+\alpha} + 1 = 0,$$

ou

$$(\alpha + 3r)^2 + \beta^2 = r^2.$$

Nous pouvons donc énoncer le théorème suivant:

Le lieu des points d'où l'on peut mener à une hypocycloïde ***à*** *trois rebroussements deux tangentes faisant un angle droit, coïncide avec la cironférence* CC_1C_2 *qui passe par les sommets.* Cette proposition est due à Steiner. D'après M. Mackay, elle a été retrouvée par Stephen Watson, qui la publiée en 1861 dans *le Lady's and Gentleman's Diary*. Elle a été aussi démontrée par Cremona (l. c.) et par Painvin (l. c.).

Comme on a

$$t_1 t_2 = -1, \quad t_1 + t_2 = \frac{2\beta}{4r+\alpha},$$

les valeurs prises par t aux points de contact de ces tangentes sont déterminées par l'équation

$$(4r+\alpha)\,t^2 - 2\beta t - (4r+\alpha) = 0.$$

573. L'équation de la normale à l'hypocycloïde donnée est

$$(tY+X)(t^2+1)+12rt^2=0.$$

On peut déduire aisément de cette équation, au moyen d'une analyse semblable à celle qui a été employée pour déduire de l'équation de la tangente les propositions précédentes, les théorèmes suivants:

1.er *Si les angles a, b et c formés par les tangentes à l'hypocycloïde considérée à trois points donnés vérifient la condition*

$$a+b+c=\frac{\pi}{2},$$

à un multiple de π près, les normales à la même courbe à ces trois points sont concurrentes, et réciproquement.

2.° *Le lieu des points d'où l'on peut mener à une hypocycloide à trois rebroussements deux normales faisant un angle droit, coïncide avec la circonférence qui passe par les points de rebroussement* (Steiner: l. c.).

574. Traçons par un point de l'hypocycloïde considérée une tangente à cette courbe, et déterminons la distance des deux autres points où elle rencontre la courbe.

Soit λ la valeur que t prend au point donné. L'équation de la tangente à l'hypocycloïde à ce point est alors

$$(\lambda^2+1)(y-\lambda x)-4r\lambda^3=0;$$

et les coordonnées des points où cette droite rencontre la courbe doivent satisfaire à cette équation et aux équations (3). Or, en éliminant x et y entre ces équations, on obtient cette autre:

$$\lambda t^4-2(\lambda^2+1)t^3+\lambda(\lambda^2+3)t^2-\lambda^3=0,$$

ou

$$(t-\lambda)^2(\lambda t^2-2t-\lambda)=0.$$

Les valeurs t_1 et t_2 que t prend aux points où la tangente considérée rencontre de nouveau la courbe, sont pourtant déterminées par l'équation

$$\lambda t^2-2t-\lambda=0,$$

et ces valeurs vérifient la relation

$$t_1 t_2+1=0.$$

Donc, *les tangentes à l'hypocycloïde aux deux points* H et K *où cette courbe est coupée par la tangente* T *à un point donné sont perpendiculaires l'une à l'autre* (Steiner, l. c.; Cremona, l. c.).

Il résulte de cette relation et des relations (6) que le coefficient angulaire t_3 de la troisième tangente passant par le point d'intersection des tangentes aux points H et K est donné par l'équation

$$t_3 = -\frac{1}{2}(t_1 + t_2) = -\frac{1}{\lambda};$$

cette droite est pourtant perpendiculaire à la tangente T.

Pour déterminer la distance Δ entre les points H et K, observons que, si (x', y'), (x'', y'') représentent les coordonnées de ces points, on a

$$\Delta^2 = (x'' - x')^2 + (y'' - y')^2,$$

$$x' = -\frac{4r\, t_1^2 (t_1^2 + 3)}{(t_1'^2 + 1)^2}, \quad y' = -\frac{8rt_1^3}{(t_1^2 + 1)^2},$$

$$x'' = -\frac{4r\, t_2^2 (t_2^2 + 3)}{(t_2^2 + 1)^2}, \quad y'' = -\frac{8rt_2^3}{(t_2^2 + 1)^2},$$

et que, en remplaçant t_2 par $\frac{1}{t_1}$, ces dernières équations prennent la forme

$$x'' = -\frac{4r(3t_1^2 + 1)}{(t_1^2 + 1)^2}, \quad y'' = \frac{8rt_1}{(t_1^2 + 1)^2}.$$

Pourtant

$$\Delta^2 = 16r^2.$$

Donc, *la longueur du segment d'une tangente à l'hypocycloïde considérée compris entre les points où cette droite est coupée par la courbe est égale á* $4r$.

Cette proposition est due à Steiner (l. c.). D'après M. Mackay, elle a été l'objet d'une question proposée par Petrarch en 1860 dans le *Lady's and Gentleman's Diary,* qui en a demandé la démonstration, question qui a été résolue en 1861 dans le même recueil. La même proposition a été démontrée par Cremona (l. c.).

575. *Le lieu du point d'où l'on peut mener à une hypocycloïde à trois rebroussements trois tangentes dont les points de contact soient situés sur une même droite* D, *coïncide avec la circonférence qui passe par les points de rebroussement* (P. Delens: *Journal de Mathématiques spéciales,* 4.ᵉ série, t. XVI, 1892, p. 193).

On peut déduire immédiatement ce théorème d'une propriété générale des quartiques à trois points de rebroussement énoncée au n.° 272. Il résulte, en effet, de ce théorème que le lieu considéré est une conique passant par les trois points de rebroussement. Cette conique passe aussi par les points circulaires de l'infini, vu que la droite de l'infini (n.° 569) est tangente à l'hypocycloïde à ces deux points; et la conique se réduit pourtant à un cercle.

On peut démontrer cette proposition d'une manière plus élémentaire, en remarquant que la droite

$$ux + vy + w = 0$$

coupe l'hypocycloïde en quatre points où t prend les valeurs déterminées par l'équation

$$(w - 4ru)\,t^4 - 8rvt^3 + 2\,(w - 6ru)\,t^2 + w = 0,$$

et en cherchant ensuite les conditions pour que les trois racines de l'équation (5) coïncident avec trois des racines de cette équation. En posant, pour cela,

$$t^4 - \frac{8rv}{w-4ru}t^3 + \frac{2(w-6ru)}{w-4ru}t^2 + \frac{w}{w-4ru} = (t-h)\left[t^3 - \frac{\beta}{4r+\alpha}t^2 + \frac{\alpha}{4r+\alpha}t - \frac{\beta}{4r+\alpha}\right],$$

en égalant les coefficients des mêmes puissances de t dans les deux nombres, et en éliminant h entre les quatre équations qu'on obtient ainsi, on trouve les relations

$$4r\,\beta^2 u + 8r\,\beta\,(\alpha + 4r)\,v - [\beta^2 + (\alpha + 4r)^2]\,w = 0, \quad 2\,(\alpha + 6r)\,u - w = 0,$$

$$4r\,\beta^2 u - [\beta^2 + \alpha\,(\alpha + 4r)]\,w = 0,$$

d'où il résulte l'équation

$$\alpha^2 + \beta^2 + 6r\alpha = 0,$$

qui représente le cercle qui passe par les points de rebroussement.

En éliminant α et β entre cette équation et deux des précédentes, on obtient celle-ci:

$$(u^2 + v^2)\,w - 12ruv^2 = 0,$$

qui est l'*équation tangentielle* de l'enveloppe de la droite D.

En posant $u = vt$, cette courbe peut être encore représentée par les équations

$$u = \frac{t^2+1}{12\,r}, \quad v = \frac{t^2+1}{12\,rt},$$

et par conséquent la droite D peut être représentée par cette autre:

$$(t^2 + 1)\,(tx + y) + 12\,rt = 0,$$

ou, en transportant l'origine des coordonnées au point $(-12r, 0)$,

$$(t^2+1)(tx_1+y)-12rt^3=0.$$

En comparant cette équation à l'équation (4), on obtient le théorème suivant:

L'enveloppe de la droite D *est une hypocycloïde à trois rebroussements circonscrite au cercle* AA_1A_2 *et ayant les sommets aux points* A, A_1 *et* A_2 (Delens, l. c.).

576. La droite représentée par l'équation

$$uY+vX+w=0$$

coïncide avec l'équation (4), et elle est pourtant tangente à l'hypocycloïde, quand on a

$$\frac{u}{w}=-\frac{t^2+1}{4rt^3}, \quad \frac{v}{w}=\frac{t^2+1}{4rt^2};$$

et pourtant, en éliminant t entre ces équations, on obtient l'*équation tangentielle* de la courbe, savoir:

$$4rv^3-w(u^2+v^2)=0.$$

Voyons quelques conséquences de cette équation.

La *polaire* de la droite D représentée par l'équation

$$u_0y+v_0x+w_0=0,$$

par rapport à l'hypocycloïde, est déterminée par l'équation

$$u_0f'_u+v_0f'_v+w_0f'_w=0,$$

où

$$f(u, v, w)=4rv^3-w(u^2+v^2).$$

L'équation tangentielle de cette polaire est pourtant, en posant $w=1$ et $w_0=1$,

$$u^2+(1-12rv_0)v^2+2(u_0u+v_0v)=0; \tag{7}$$

et on en déduit aisément l'équation cartésienne de la même polaire, savoir:

$$(u_0x-v_0y)^2-2(u_0y+v_0x)+24ru_0v_0y=1-12rv_0$$

dont il résulte que la polaire considérée est une *parabole*.

Changeons la direction des axes des coordonnées auxquels cette parabole est rapportée, en posant pour cela

$$x = x_1 \cos\alpha - y_1 \sin\alpha, \quad y = y_1 \cos\alpha + x_1 \sin\alpha,$$

et prenons pour nouvel axe des abscisses une parallèle à la droite donnée. On a alors $\operatorname{tang}\alpha = -\frac{v_0}{u_0}$, et par conséquent l'éqnation de la parabole prend la forme

$$v_0^2 x_1^2 + 2v_0 y_1 \sin\alpha + 24\, ru_0 v_0 (y_1 \cos\alpha + x_1 \sin\alpha) \sin^2\alpha = (1 - 12\, rv_0) \sin^2\alpha$$

En transportant maintenant l'origine des coordonnées au point (h, k), h et k étant déterminés par les équations

$$2h\, v_0^2 + 24\, ru_0\, v_0 \sin^3\alpha = 0,$$

$$v_0^2 h^2 + 2v_0\, k \sin\alpha + 24\, ru_0\, v_0 (k \cos\alpha + h \sin\alpha) \sin^2\alpha = (1 - 12\, rv_0) \sin^2\alpha,$$

on réduit enfin l'équation de la même parabole à la forme

$$v_0^2 x^2 + 2v_0\, y \sin\alpha + 24\, ru_0\, v_0\, y \cos\alpha \sin^2\alpha = 0.$$

On voit au moyen de cette équation que l'axe de la parabole coïncide avec la droite qu'on a prise pour axe des ordonnées; par conséquent *l'axe de la polaire considerée est perpendiculaire à la droite donnée.*

Pour déterminer les coordonnées (a, b) du foyer de la parabole qu'on vient de considérer, rapportées aux mêmes axes que l'hypocycloïde, appliquons à l'équation tangentielle (7) la méthode classique bien connue. En posant pour cela dans cette équation

$$u = -\frac{1}{b + ai}, \quad v = -\frac{i}{b + ai},$$

on trouve cette autre

$$6\, rv_0 - (b + ai)(u_0 + v_0 i) = 0,$$

qui donne

$$u_0 b - v_0\, a = 6\, rv_0, \quad u_0 a + v_0\, b = 0,$$

et pourtant, en posant $\operatorname{tang}\alpha = -\frac{v_0}{u_0}$, α représentant l'angle que la droite donnée fait avec l'axe des abscisses,

$$a \operatorname{tang}\alpha + b = -6r \operatorname{tang}\alpha, \quad a - b \operatorname{tang}\alpha = 0.$$

On a donc

$$a = -6r \sin^2\alpha, \quad b = -6r \sin\alpha \cos\alpha.$$

Il résulte de ces équations que *le foyer de la parabole considérée ne varie pas quand on remplace la droite donnée par une droite parallèle à celle-là.*

En éliminant α entre les équations précédentes, on obtient cette autre:

$$a^2 + b^2 + 6ra = 0;$$

donc, *les foyers de toutes les paraboles, correspondant aux diverses droites, sont situés sur la circonférence qui passe par les points de rebroussement de l'hypocycloïde.*

Si la droite donnée est tangente à l'hypocycloïde, on a

$$4r\, v_0^3 - u_0^2 - v_0^2 = 0;$$

mais, en posant $u = u_0$, $v = v_0$ dans l'équation de la parabole, on obtient ce même résultat; pourtant, *la droite considérée est, dans ce cas, tangente à la parabole.*

On obtient les coordonnées des points où cette droite touche l'hypocycloïde et la parabole, en appliquant l'équation

$$u f'_u(u_0,\ v_0,\ w_0) + v f'_v(u_0,\ v_0,\ w_0) + w f'_w(u_0,\ v_0,\ w_0) = 0,$$

qui détermine les points de contact de la droite avec la courbe représentée par l'équation $f(u,\ v,\ w) = 0$, à l'équation de l'hypocycloïde et à celle de la parabole. On obtient ainsi, pour les deux lignes, un même résultat, savoir

$$2u_0\, u - (12\, rv_0^2 - 2v_0)\, v + v_0^2 + u_0^2 = 0;$$

pourtant la droite D est tangente à l'hypocycloïde et à la parabole à un même point. Comme l'axe de la parabole est perpendiculaire à la droite donnée, nous pouvons enfin énoncer cette proposition:

Si la droite D *est tangente à l'hypocycloïde, ces deux lignes et la parabole sont tangentes au même point, qui coïncide avec le sommet de la parabole.*

Les propriétés qu'on vient de démontrer dans ce paragraphe, ont été découvertes par Cremona. Painvin en a donné des démonstrations analytiques différentes de celles que nous venons d'exposer.

577. Soient x et y les coordonnées d'un point M de l'hypocycloïde, rapportées aux axes OX et OY *(fig. 138)*. Le diamètre du cercle AA_1A_2 passant par ce point coupe la circonférence de ce cercle en deux points ayant pour coordonnées

$$\left(\frac{3rx}{\sqrt{x^2+y^2}},\ \ \frac{3ry}{\sqrt{x^2+y^2}}\right),\ \ \left(-\frac{3rx}{\sqrt{x^2+y^2}},\ \ -\frac{3ry}{\sqrt{x^2+y^2}}\right),$$

et le même point divise ce diamètre en deux segments D_1 et D_2 ayant les valeurs

$$D_1 = 3r + \sqrt{x^2+y^2}, \quad D_2 = 3r - \sqrt{x^2+y^2}.$$

Pourtant

$$D_1^2\, D_2^2 = [9r^2 - (x^2+y^2)]^2$$

ou, en éliminant $(x^2+y^2)^2$ au moyen de l'équation (2),

$$D_1^2\, D_2^2 = 4r\,[2x^3 - 6xy^2 - 9r\,(x^2+y^2) + 27r^3].$$

Mais, d'un autre côté, en représentant par x_1, y_1 et z_1 les distances du point M aux côtés du triangle AA_1A_2, on a

$$(8) \qquad x_1 = x + \frac{3}{2}\,r, \quad y_1 = \frac{1}{2}\,(3r + y\sqrt{3} - x), \quad z_1 = \frac{1}{2}\,(3r - y\sqrt{3} - x).$$

Pourtant les segments D_1 et D_2 et les distances x_1, y_1 et z_1 sont liés par la relation très simple (Painvin, l. c.)

$$D_1^2\, D_2^2 = 32r\, x_1\, y_1\, z_1.$$

Remarquons encore, en passant, que les distances x_1, y_1 et z_1 sont les coordonnées trilinéaires du point M, rapportées au triangle AA_1A_2, et que, en éliminant x, y et z entre les équations (8), on obtient celle-ci:

$$(9) \qquad x_1^2 y_1^2 + y_1^2 z_1^2 + x_1^2 z_1^2 = 2x_1\, y_1\, z_1\,(x_1 + y_1 + z_1),$$

qui est l'équation de l'hypocycloïde, en coordonnées trilinéaires, AA_1A_2 étant le triangle de référence.

578. On peut obtenir aussi aisément l'équation de la courbe rapportée aux coordonnées tangentielles trilatères. En représentant, en effet, par u_1, v_1 et w_1 les distances des points A, A_1 et A_2 à la droite

$$uY + vX + w = 0,$$

et par D la distance de l'origine O à la même droite, on a, comme on le vérifie aisément,

$$D = \frac{u_1 + v_1 + w_1}{3};$$

mais, si la droite considérée est tangente à l'hypocycloïde, le théorème du n.° 571 donne

$$D^3 = u_1 v_1 w_1 ;$$

donc

$$(u_1 + v_1 + w_1)^3 = 27 u_1 v_1 w_1 \tag{10}$$

est l'équation cherchée.

Nous signalons ici les équation (9) et (10) de l'hypocycloïde, car elles ont été employées par quelques auteurs pour démontrer les propriétés de cette ligne.

579. *L'enveloppe de la droite qui passe par les pieds des perpendiculaires baissées d'un point variable* M *d'une circonférence sur deux côtés d'un triangle inscrit dans cette circonférence, est une hypocycloïde à trois rebroussements.*

Prenons pour origine des coordonnées le centre de la circonférence, et représentons par $2r$ le rayon de cette circonférence, par θ_1, θ_2, θ_3 les angles formés par les rayons passant par les sommets du triangle considéré avec l'axe des abscisses et par α l'angle formé par le rayon passant par M avec le même axe.

Les équations des côtés du triangle passant par les points $(\theta_1, 2r)$ et $(\theta_2, 2r)$, et de la perpendiculaire à cette droite baissée du point M sont, respectivement,

$$Y \sin \frac{1}{2}(\theta_1 + \theta_2) + X \cos \frac{1}{2}(\theta_1 + \theta_2) = 2r \cos \frac{1}{2}(\theta_2 - \theta_1),$$

$$Y \cos \frac{1}{2}(\theta_1 + \theta_2) - X \sin \frac{1}{2}(\theta_1 + \theta_2) = 2r \sin \frac{1}{2}(2\alpha - \theta_1 - \theta_2).$$

En multipliant la première équation par $\sin \frac{1}{2}(\theta_3 - \alpha)$ et l'autre par $-\cos \frac{1}{2}(\theta_3 - \alpha)$ et en ajoutant ensuite membre à membre, on obtient l'équation

$$\begin{aligned} X \sin \frac{1}{2}(\theta_1 + \theta_2 + \theta_3 - \alpha) - Y \cos \frac{1}{2}(\theta_1 + \theta_2 + \theta_3 - \alpha) \\ = r\Big[\sin \frac{1}{2}(\theta_1 + \theta_2 + \theta_3 - 3\alpha) + \sin \frac{1}{2}(\theta_1 + \theta_2 - \theta_3 - \alpha) + \sin \frac{1}{2}(\theta_1 + \theta_3 - \theta_2 - \alpha) \\ + \sin \frac{1}{2}(\theta_2 + \theta_3 - \theta_1 - \alpha)\Big], \end{aligned}$$

qui représente une droite passant par le point d'intersection des droites représentées par les équations dont elle résulte.

Si l'on remarque maintenant que cette équation ne change pas quand on remplace le côté envisagé du triangle par chacun des deux autres, on voit que *les pieds des perpendiculaires baissées du point* M *d'une circonférence sur les côtés d'un triangle inscrit sont situés sur une même droite.* On appelle cette droite la *pédale* du point par rapport au triangle. D'après un article de M. Mackay publié dans les *Proceedings of the Edinburgh Mathematical Society* (1891, t. IX, p. 83), cette proposition a été découverte par Wallace. On l'a attribuée aussi à Simson, et par ce motif la droite représentée par la dernière équation est appelée souvent *droite de Simson.*

Prenons maintenant pour axe des abscisses une droite telle qu'on ait $\theta_1 + \theta_2 + \theta_3 = 0$. L'équation de la pédale prend alors la forme

$$\mathrm{X} \sin \frac{1}{2} \alpha + \mathrm{Y} \cos \frac{1}{2} \alpha = r \left[\sin \frac{3}{2} \alpha + \sin \frac{1}{2} (2\theta_1 + \alpha) + \sin \frac{1}{2} (2\theta_2 + \alpha) + \sin \frac{1}{2} (2\theta_3 + \alpha) \right],$$

ou encore, en faisant

$$(11) \qquad \begin{cases} k = r(\sin \theta_1 + \sin \theta_2 + \sin \theta_3), \\ h = r(\cos \theta_1 + \cos \theta_2 + \cos \theta_3), \end{cases}$$

et en transportant l'origine des coordonnées au point (h, k),

$$x \sin \frac{1}{2} \alpha + y \cos \frac{1}{2} \alpha = r \sin \frac{3}{2} \alpha.$$

Cette équation coïncide avec celle des tangentes à l'hypocycloïde considérée, et le théorème énoncé est pourtant démontré.

On a déjà dit que l'enveloppe des pédales des points d'une circonférence, par rapport à un triangle inscrit, a été étudiée pour la première fois par Steiner. L'identité de cette ligne avec l'hypocycloïde à trois rebroussements a été démontrée géométriquement par Cremona (l. c.). La preuve analytique de cette proposition qu'on vient de voir, a été employée par Salmon dans le traité des *Courbes planes* et par Badureau (*Nouvelles Annales de Mathématiques,* 1879, p. 33). Parmi les nombreux écrits consacrés à la démonstration de la même proposition ou à l'étude des propriétés de l'hypocycloïde qui en découlent, mentionnons trois articles de Greer, Ferrers et Cayley, publiés en 1866, 1867 et 1868 dans le *Quarterly Journal of Mathematics,* deux autres de Paul Serret et de M. Fréchet, insérés en 1870 et 1902 aux *Nouvelles Annales de Mathématiques,* une note de Weill, insérée au *Journal de Mathématiques spéciales* (1884, p. 30 et 57), une autre de M. Collignon, publiée dans les *Proceedings of the Edinburgh Mathematical Society* (t. XXIII, 1905, p. 2), et enfin deux travaux de MM. Neuberg et Gob, publiés en 1906 dans les *Mémoires de la Société R. des Sciences de Liège.* Dans les écrits de Serret, Weill, M. Neuberg et M. Gob, le théorème est étudié par des procédés purement géométriques.

Les coordonnées du centre du cercle passant par les trois sommets de l'hypocycloïde envisagée, rapportées aux axes auxquels on a rapporté d'abord le cercle donné, sont (h, k), et le rayon de ce dernier cercle est double du rayon de celui-là; en tenant compte des relations (11), on voit donc que le cercle tritangent mentionné coïncide avec la ligne nommée dans la Géométrie du triangle *cercle d'Euler* ou *cercle des neuf points*.

Nous observerons encore que l'équation de l'hypocycloïde ne dépend pas de la position des sommets du triangle sur la circonférence, et que par conséquent, si le triangle varie, l'hypocycloïde change de position, mais ne change pas de grandeur. Si, en particulier, le triangle est équilatéral, on peut faire $\theta_0 = 0$, $\theta_1 = \frac{2}{3}\pi$, $\theta_2 = -\frac{2}{3}\pi$, et on a $h = 0$, $k = 0$; alors le centre de la courbe coïncide avec le centre du cercle où le triangle est inscrit.

Remarquons enfin: 1.° que la pédale de chaque sommet du triangle est perpendiculaire au côté opposé, et que par conséquent cette droite est tangente à l'hypocycloïde; 2.° que la pédale du point où la droite passant par le centre du cercle circonscrit et par un sommet rencontre de nouveau ce cercle coïncide avec le côté du triangle opposé à ce sommet, et que pourtant l'hypocycloïde est tangente aux trois côtés du triangle.

Le théorème de Steiner peut être généralisé. On peut projeter le point M du cercle sur les côtés du triangle inscrit au moyen de droites formant un angle constant avec ces côtés; les pieds de ces perpendiculaires sont encore situés sur une droite (Poncelet: *Traité des propriétés projectives,* 1822, § 468), et l'enveloppe de cette droite est une hypocycloïde de trois rebroussements. On peut voir dans l'écrit de M. Gob mentionné ci-dessus une démonstration géométrique de cette proposition due à M. Neuberg, et les conséquences qui en découlent.

580. Les *podaires* de l'hypocycloïde à trois rebroussements ont été envisagées par G. de Longchamps dans le *Journal de Mathématiques spéciales* (1887, p. 203 et 220), par M. Brocard dans ce même recueil (1891, p. 32) et par M. Neuberg (l. c.). Elles sont identiques, dans les trois cas qu'on va considérer, à quelques courbes remarquables qui ont été étudiées dans le volume précédent, comme on va le voir.

Prenons pour origine des coordonnées le sommet C de l'hypocycloïde. L'équation (4) des tangentes à cette courbe prend alors la forme

$$(t^2+1)(y-tx)+4rt=0$$

et l'équation de la perpendiculaire à cette droite, issue du point (a, b), est pourtant

$$t(y-b)+x-a=0.$$

En éliminant t entre ces équations, on obtient l'équation de la *podaire* de la ligne considérée, par rapport au point (a, b), savoir:

$$[(x-a)^2+(y-b)^2]\,[y(y-b)+x(x-a)]=4r(x-a)(y-b)^2,$$

ou, en transportant l'origine des coordonnées au point (a, b),

$$(x^2+y^2)[y(y+b)+x(x+a)]=4rxy^2. \tag{A}$$

Si le point (a, b) est situé sur la circonférence tritangente CC_1C_2, on a

$$a=r(1+\cos\omega), \quad b=r\sin\omega,$$

ω désignant l'angle que la droite passant par le centre de cette circonférence et par le point (a, b) fait avec l'axe des abscisses. Alors, en posant $x=\rho\cos\theta$, $y=\rho\sin\theta$, l'équation de la podaire prend la forme

$$\rho=-r[\cos(\theta-\omega)+\cos 3\theta],$$

ou

$$\rho=-2r\cos(2\theta-\frac{1}{2}\omega)\cos(\theta+\frac{1}{2}\omega),$$

ou enfin, en changeant θ en $\theta+\frac{\omega}{4}$,

$$\rho=-2r\cos 2\theta\cos(\theta+\frac{3}{4}\omega).$$

Donc (n.° 323), *la podaire de l'hypocycloïde à trois rebroussements, par rapport à un point quelconque de la circonférence tritangente* CC_1C_2, *est un trifolium* (G. de Longchamps, l. c.).

Supposons maintenant que le point (a, b) est situé sur la droite CA. En posant alors $b=0$ dans l'équation (A), on obtient celle-ci:

$$\rho=-a\cos\theta+4r\cos\theta\sin^2\theta,$$

laquelle représente une *rosace à trois feuilles* quand $a=r$, un *folium double* (n.° 319) lorsque $a=0$, un *folium simple* (n.° 316) si $a=4r$, un *trifolium* (n.° 323) quand $a=2r$ (Brocard, l. c.).

Supposons maintenant que le point (a, b) est situé sur l'hypocycloïde donnée. Alors on a

$$a=r\frac{3-6t^2-t^4}{(1+t^2)^2}+r=\frac{4r(1-t^2)}{(1+t^2)^2}, \quad b=-\frac{8rt^3}{(1+t^2)^2}.$$

Mais, en prenant pour axe des abscisses une droite faisant un angle égal à γ avec l'axe primitif OA, γ désignant l'angle que la tangente à l'hypocycloïde au point (a, b) fait avec OA, et en prenant pour axe des ordonnées la perpendiculaire au nouvel axe des abscisses, on peut mettre l'équation générale des podaires de l'hypocycloïde sous la forme

$$(x_1^2+y_1^2)^2+[a(x_1\cos\gamma-y_1\sin\gamma)+b(x_1\sin\gamma+y_1\cos\gamma)](x_1^2+y_1^2)$$
$$-4r(x_1\cos\gamma-y_1\sin\gamma)(x_1\sin\gamma+y_1\cos\gamma)^2=0.$$

En substituant maintenant dans cette équation les valeurs de a et b, et celles de $\sin\gamma$ et $\cos\gamma$ qui résultent de l'égalité $\tang\gamma=t$, on obtient une équation de la forme

$$(x_1^2+y_1^2)^2=(\mathrm{A}x_1+\mathrm{B}y_1)x_1^2.$$

Donc (n.° 319), *la podaire de l'hypocycloïde par rapport à un point de la courbe est un folium double* (Neuberg, l. c.).

581. *Soient* M *et* N *deux points d'une circonférence (fig. 139) tels que* MOC = 2NOC. *L'enveloppe des positions que la droite* MN *prend, quand* M *et* N *varient, est une hypocycloïde de trois rebroussements ayant un sommet à* C.

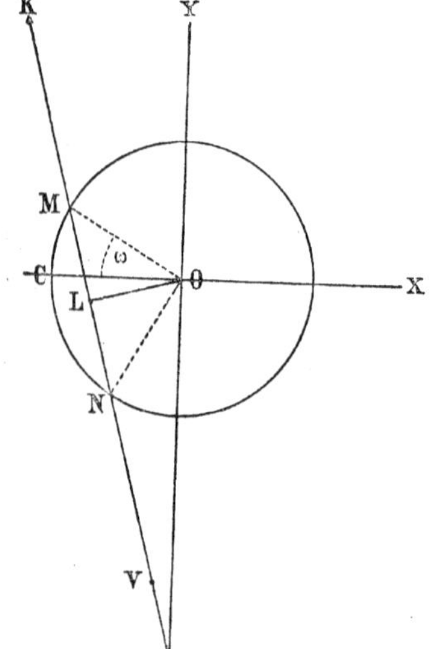

Fig. 139

Cette proposition est un corollaire du théorème démontré au n.° 561. En changeant dans les formules données dans ce paragraphe r en $-r$ et en faisant ensuite $\mathrm{R}=3r$, on obtient la proposition qu'on vient d'énoncer, et on voit que, si le rayon OC du cercle est égal à r, l'hypocycloïde devient identique à celle que les équations (1) représentent.

Prenons sur la droite MN *un point* K *tel que* MK = MN. *Le point* K *appartient à l'hypocycloïde envisagée.*

En effet, en traçant par le point O la droite OL, perpendiculaire à MN, et en projetant la ligne KLO sur les axes des abscisses et des ordonnées, on a, x et y étant les coordonnés du point K,

$$x=-\mathrm{KL}\sin\mathrm{LOC}-\mathrm{LO}\cos\mathrm{LOC},$$
$$y=\mathrm{KL}\cos\mathrm{LOC}-\mathrm{LO}\sin\mathrm{LOC};$$

or, en représentant par ω l'angle MOC et par r le rayon du cercle, nous avons

$$\mathrm{LO}=r\cos\mathrm{LON}=r\cos\frac{3}{2}\omega,\quad \mathrm{KL}=3\mathrm{LN}=3r\sin\frac{3}{2}\omega,\quad \mathrm{LOC}=\frac{1}{2}\omega;$$

pourtant le lieu de K est représenté par les équations

$$x=r(\cos 2\omega-2\cos\omega),\quad y=r(\sin 2\omega+2\sin\omega),$$

qui représentent l'hypocycloïde considérée, comme on le voit immédiatement en remplaçant ω par $\pi - \alpha$.

Les deux propositions qu'on vient d'énoncer ont été démontrées par Cremona. R. Townsend a fait voir, dans l'*Educational Times Reprint* (t. IV, 1866, p. 13), qu'on en peut déduire la plupart des propriétés de la courbe envisagée découvertes par Steiner.

Signalons une conséquence de la première des propositions qu'on vient de démontrer.

La tangente à la circonférence MCN au point C coupe la droite MN à un point P (non marqué dans la figure) tel que les angles MCP et CPM sont égaux. La perpendiculaire baissée de M sur CP divise par conséquent ce segment en deux parties égales. Donc, *la tangente à l'hypocycloïde au sommet* C *coupe une autre tangente quelconque* MN *en un point* P *tel que le pied de la perpendiculaire baissé de l'un des points* M *où cette tangente coupe le cercle passant par les sommets de la courbe sur* CP, *divise* CK *en deux parties égales* (M. Brocard, *Nouvelles Annales de Mathématiques*, 1869, p. 45; M. Cahen, *Nouvelles Annales de Mathématiques*, 1875, p. 21).

582. Considérons un autre point V de la même tangente MN à l'hypocycloïde, tel qu'on ait VN = NM, et cherchons la courbe que V décrit, quand MN engendre l'hypocycloïde.

En projetant pour cela la ligne VLO sur les axes des coordonnées et en représentant par x_1 et y_1 les coordonnées du point V, on trouve

$$x_1 = -(\text{OL} \cos \text{LOC} - \text{LV} \sin \text{LOC}),$$

$$y_1 = -(\text{OL} \cos \text{LOS} + \text{LV} \sin \text{LOS}),$$

ou, en procédant comme dans la question précédente,

$$x_1 = r(\cos \omega - 2 \cos 2\omega), \quad y_1 = -r(\sin \omega + 2 \sin 2\omega).$$

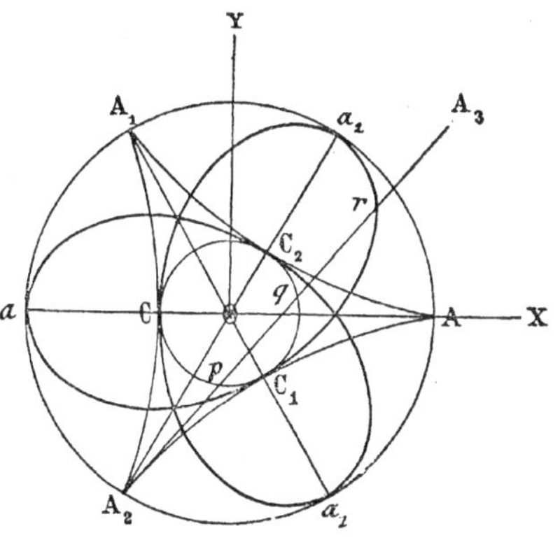

Fig. 140

Ces équations déterminent le lieu de V; et, en éliminant ω entre elles, on obtient l'équation cartésienne de ce lieu, savoir

$$y_1^4 + (2x_1^2 - 3rx_1 - \frac{27}{4} r^2) y_1^2 - (x_1 + r)(x_1 + 3r)(x_1 - \frac{3}{2} r)^2 = 0.$$

La quartique définie par cette équation a été étudiée par G. de Longchamps en 1885, dans le *Journal de Mathématiques spéciales,* et par MM. Brocard et d'Ocagne en 1886, dans le même recueil. Elle est représentée dans la figure 140. Cette ligne possède *trois axes* aA, a_1A$_1$ et a_2A$_2$, qui font des angles de 60° ou 120°, *un centre* O et *trois noeuds*, placés sur ces axes, à la distance $\frac{3}{2} r$ du centre; et elle est tangente aux circonférences de rayon r et $3r$ aux points C, C_1 C_2 et a_1, a_2, a_3, respectivement; ces points sont les sommets de deux triangles équilatéraux. On a encore représenté dans la figure 140 l'hypocycloïde engendrée par K *(fig. 139)*, quand V engendre la quartique qu'on vient de considérer, pour rendre évident la connexion de ces deux lignes.

583. Signalons maintenant quelques propriétés de l'hypocycloïde considérée qui sont des conséquences immédiates des théorèmes généraux sur les hypocycloïdes exposés précédemment.

1.e L'équation de la *polaire* de l'hypocycloïde à trois rebroussements, par rapport à un cercle de rayon égal à p ayant le centre à O, est représentée par l'équation (n.° 558), rapportée aux coordonnées polaires,

$$\rho = \frac{p^2}{r \sin 3\theta},$$

on, en remplaçant θ par $\theta - \frac{\pi}{2}$,

$$\rho = \frac{p^2}{r \cos 3\theta}.$$

Pourtant la polaire considérée coïncide avec la cubique envisagée au n.° 110.

2.e Le rayon de courbure de l'hypocycloïde à trois rebroussements à un point M est déterminé par l'équation

$$R_1 = 8r \sin \frac{3}{2} \alpha = 4k,$$

où k désigne la distance de ce point au point de contact du cercle générateur passant par M avec le cercle fixe.

Les coordonnées (x_1, y_1) du centre de courbure correspondant au même point M sont données par les équations

$$x_1 = 3r(2 \cos \alpha - \cos 2\alpha), \quad y_1 = 3r(2 \sin \alpha + \sin 2\alpha),$$

ou, en remplaçant α par $\alpha + \pi$,

$$x_1 = -3r(2 \cos \alpha + \cos 2\alpha), \quad y_1 = -3r(2 \sin \alpha - \sin 2\alpha).$$

La développée de l'hypocycloïde à trois rebroussements est une autre hypocycloïde de la même nature, engendrée par un cercle de rayon triple de celui qui engendre celle-là. Les sommets de la développée sont situés sur les droites qui passent par le centre du cercle fixe et par les points de rebroussement de l'hypocycloïde donnée.

3.e L'aire A de l'espace compris entre l'hypocycloïde et les rayons du cercle fixe passant par deux points de rebroussement consécutifs est déterminée par l'équation (n.° 563)

$$A = \frac{2}{3}\pi r^2;$$

l'aire de l'espace limité par la courbe est pourtant égale à $2\pi r^2$.

4.e La longueur de l'arc compris entre deux points de rebroussement est égale à $\frac{4}{3}\pi r$, et la longueur totale de la courbe est pourtant égale à $4\pi r$.

5.e L'équation intrinsèque de la même ligne est (n.° 563)

$$27s^2 + R_1^2 = 64r^2.$$

Cette équation a été employée par Cesàro pour démontrer le théorème considéré au n.° 579, dans un article inséré aux *Nouvelles Annales* (1887, p. 257).

584. On a vu au n.° 272 que la cardioïde peut représenter une perspective de toutes les quartiques à trois points de rebroussement. Nous allons maintenant démontrer que l'hypocycloïde à trois rebroussements jouit de la même propriété.

Considérons d'abord une quartique quelconque à trois points doubles de nature arbitraire et rapportons cette courbe à un triangle de référence ayant les sommets à ces points doubles. En représentant par x_1, y_1 et z_1 les coordonnées trilinéaires d'un point quelconque de la courbe, et en observant que chacune des droites $x_1 = 0$, $y_1 = 0$, $z_1 = 0$ coupe la courbe à deux sommets du triangle et que à chacun de ces points sont réunies deux intersections, on voit que l'équation de la quartique considérée a la forme

$$Ay_1^2 z_1^2 + Bx_1^2 z_1^2 + Cx_1^2 y_1^2 + Dx_1^2 y_1 z_1 + Ey_1^2 x_1 z_1 + Fz_1^2 x_1 y_1 = 0.$$

Cette équation représente donc toutes les quartiques à trois points doubles.

Une droite quelconque passant par les points d'intersection des côtés $x_1 = 0$ et $y_1 = 0$ du triangle de référence est représentée par l'équation $y_1 = kx_1$, et coupe la courbe aux quatre points déterminés par cette autre

$$x_1^2 [Ak^2 z_1^2 + Bz_1^2 + Ck^2 x_1^2 + Dkx_1 z_1 + Ek^2 x_1 z_1 + Fkz_1^2] = 0;$$

et pourtant la condition pour que cette droite soit tangente à la quartique au sommet du triangle où $x_1 = 0$ et $y_1 = 0$ est

$$Ak^2 + Fk + B = 0.$$

Aux deux valeurs de k déterminées par cette équation correspondent deux tangentes à la courbe au sommet considéré, et la condition pour que ces tangentes coïncident est

$$F^2 - 4AB = 0.$$

De même, les conditions pour que les tangentes à la quartique à chacun des deux autres sommets du triangle coïncident sont

$$E^2 - 4AC = 0, \quad D^2 - 4BC = 0.$$

Donc les équations qui déterminent les valeurs que doivent avoir F, E et D pour que les trois sommets du triangle considéré soient des points de rebroussement sont

$$F = \pm 2\sqrt{AB}, \quad E = \pm 2\sqrt{AC}, \quad D = \pm 2\sqrt{BC}.$$

Or, on voit aisément que, si dans ces relations on prend les signes supérieurs, l'équation correspondante, savoir

$$(\sqrt{A}y_1 z_1 + \sqrt{B}x_1 z_1 + \sqrt{C}x_1 y_1)^2 = 0,$$

représente deux coniques coïncidentes. De même, quand on prend deux signes inférieurs et un supérieur, ou deux signes supérieurs et un inférieur, l'équation représente encore deux coniques coïncidents. Si l'on prend les signes inférieurs, on obtient l'équation

$$Ay_1^2 z_1^2 + Bx_1^2 z_1^2 + Cx_1^2 y_1^2 = 2x_1 y_1 z_1 (\sqrt{BC}x_1 + \sqrt{AC}y_1 + \sqrt{AB}z_1),$$

qui, en posant

$$x_1 = \sqrt{AX}, \quad y_1 = \sqrt{BY}, \quad z_1 = \sqrt{CZ},$$

prend la forme

$$X^2 Y^2 + X^2 Z^2 + Y^2 Z^2 = 2XYZ (X + Y + Z).$$

Cette équation coïncide avec l'équation (9) du n.° 578. Donc, en tenant compte des relations

$$x = \frac{3r(2X - Y - Z)}{2(X + Y + Z)}, \quad y = \frac{3r\sqrt{3}(Y - Z)}{X + Y + Z},$$

qui résultent des relations (8), et en remarquant que les coordonnées X, Y et Z sont des fonctions linéaires des coordonnées cartésiennes des points de la quartique donnée, on voit que ces dernières coordonnées et celles de l'hypocycloïde à trois rebroussements sont liées par les relations qui définissent la transformation homographique. Pourtant (n.° 148), *l'hypocy-*

cloïde à trois rebroussements peut représenter une perspective de toute quartique à rois rebroussements.

Comme conséquence de cette proposition, on peut généraliser à toutes les quartiques à trois rebroussements les propriétés projectives de l'hypocycloïde considérée.

Remarquons que la dernière équation peut être mise sous la forme

$$\sqrt{XY}+\sqrt{XZ}+\sqrt{YZ}=0,$$

ou

$$X^{-\frac{1}{2}}+Y^{-\frac{1}{2}}+Z^{-\frac{1}{2}}=0,$$

et qu'il résulte de cette équation que les quartiques à trois points de rebroussement appartiennent à la classe des courbes algébriques désignées sous le nom de *courbes triangulaires symétriques,* lesquelles seront étudiées plus loin.

V.

Les développantes du cercle.

585. Parmi les courbes épicycloïdales remarquables on doit encore signaler la *développante du cercle,* laquelle correspond au cas particulier où le rayon du cercle mobile devient infini. Alors ce cercle se réduit à une droite, et l'épicycloide correspondante est engendrée par un point de cette droite, roulant sur le cercle fixe.

Les équations de la développante du cercle peuvent être déduites des équations générales des épicycloïdes, en remplaçant dans celles-ci $\sin\frac{R}{r}\alpha$ et $\cos\frac{R}{r}\alpha$ par leurs développements en série et en faisant ensuite $r=\infty$. On obtient ainsi les équations

$$(1) \qquad x=R(\cos\alpha+\alpha\sin\alpha), \quad y=R(\sin\alpha-\alpha\cos\alpha).$$

La développante du cercle a été envisagée par Huygens vers 1693. Comme les horologes à pendule ne pouvaient être employées à la mer, à cause des peturbations produites par les mouvements des vaisseaux, le célèbre géomètre a cherché un moyen de réaliser un mouvement périodique isochrone à l'abri des ces peturbations; or, dans l'appareil qu'il a imaginé pour cela, la développante du cercle joue un rôle essentiel. Il a fait mention de son invention dans un article inséré au volume correspondant à 1693 des *Acta eruditorum* (*Opera,* t. x, p. 515), mais il ne l'a pas exposée dans cet écrit. On en a eu connaissance par quelques

*

pièces manuscrites, dont un extrait a été publié en 1833 par Uylenbroek dans les *Exercitationes geometricae*.

La développante du cercle a été encore considérée par Jean Bernoulli, dans les *Lectiones mathematicae* (*Opera*, t. III, p. 446), qui en a déterminé les aires et la longueur des arcs, par Cotes, dans l'*Harmonia mensurarum* (1722, p. 84), où il l'a rattachée à la spirale tractrice, par Clairaut, dans les *Mémoires de l'Académie des Sciences de Paris*, 1740, où il a établi une relation entre cette ligne et la spirale d'Archimède, etc. Parmi les auteurs qui ont étudié cette courbe plus modernement, nous mentionnerons Chasles (*Correspondance mathématique* de Quetelet, t. I, 1832, p. 41), Mannheim (*Nouvelles Annales de Mathématiques*, 1880. p. 186), M. Neuberg (*Nouvelle Correspondance*, t. VI, 1880, p. 408), M. Pirondini (*Periodico di Matematica*, t. XII, 1897, p. 112).

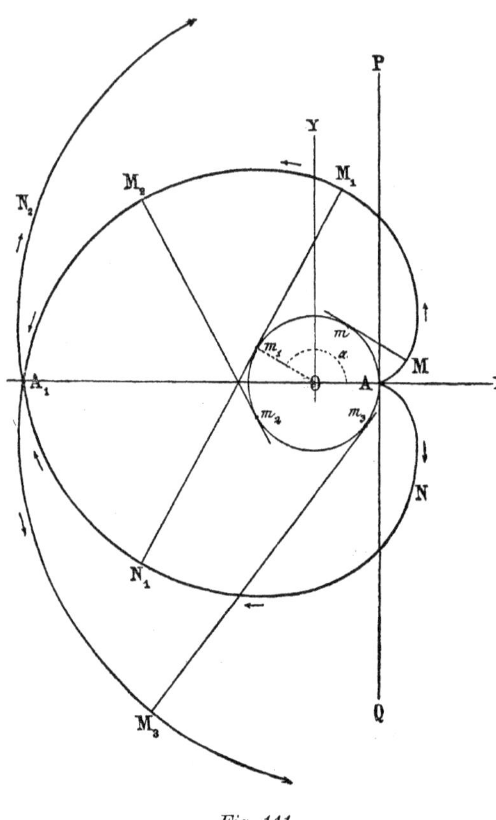

Fig. 141

La courbe qu'on vient de définir peut être construite très aisément. Supposons (*fig. 141*) que AmA soit le cercle fixe donné, que PQ soit la droite mobile et que A soit la position initiale du point générateur de la courbe. Traçons la tangente mM au cercle à un point m quelconque, et prenons sur cette droite un segment mM égal à la longueur de l'arc Am. Le point M appartient à la développante considérée. En faisant varier le point m, on obtient la courbe $AMM_1M_2M_3\ldots$, qui fait un nombre infini de circonvolutions autour du cercle donné. D'après la théorie générale des développantes, la normale à cette courbe à un point quelconque M coïncide avec la tangente Mm au cercle.

586. Pour rectifier la développante du cercle, on peut recourir à la relation

$$ds^2 = dx^2 + dy^2 = R^2\alpha^2 d\alpha^2,$$

dont on déduit, en remarquant que α représente la valeur de l'angle formé par le vecteur du point de contact de la droite mobile avec l'axe OX, que la longueur s de l'arc AMM_1 correspondant à la valeur α de l'angle AOm_1 est déterminée par l'équation $s = \frac{1}{2} R\alpha^2$. Donc, *la longueur de l'arc* AM_1 *est la troisième proportionnelle entre la longueur de l'arc* Am_1 *du cercle et le diamètre* (Jean Bernoulli, l. c.).

L'aire balayée par le vecteur du point M, quand ce point décrit l'arc AM_1, peut être obtenue au moyen de la relation

$$dA = \frac{1}{2}\left(x\frac{dy}{d\alpha} - y\frac{dx}{d\alpha}\right)d\alpha = \alpha^2 d\alpha,$$

qui donne

$$A = \frac{1}{6} R^2 \alpha^3.$$

Comme le segment $M_1 m_1$ est égal à la longueur de l'arc Amm_1 du cercle, c'est-à-dire à $R\alpha$, l'aire de l'espace $AOm_1 M_1 MA$ est égale à $\frac{1}{6} R^2\alpha^3 + \frac{1}{2} R^2 \alpha$. Pourtant l'aire de l'espace compris entre l'arc AMM_1, la droite $m_1 M_1$ et l'arc Amm_1 du cercle est égale à $\frac{1}{6} R^2 \alpha^3$ (Jean Bernoulli, l. c.), et par conséquent égale à l'aire de l'espace compris entre l'arc AMM_1, le vecteur du point M_1 et la droite OA.

587. Comme $m_1 M_1$ est le rayon R_1 de courbure de la développante considérée correspondant au point M_1, on a $R_1 = R\alpha$; pourtant *l'équation intrinsèque* de cette ligne est

$$R_1^2 = 2sR.$$

On en conclut que, *si la développante du cercle roule sur la droite* OA, *les centres de courbure correspondant aux points où la courbe est tangente à cette droite, sont situés sur la parabole représentée par l'équation*

$$y^2 = 2R(x - R).$$

588. *La podaire de la développante du cercle, par rapport au point* O, *est une spirale d'Archimède* (Mannheim, *Nouvelles Annales de Mathématiques*, 1880, p. 186).

La tangente à la courbe considérée est, en effet, représentée par l'équation

$$y \cos\alpha - x \sin\alpha + R\alpha = 0,$$

et la perpendiculaire à cette droite, menée par le point O, par cette autre:

$$y \sin\alpha + x \cos\alpha = 0;$$

or, ces équations donnent

$$x = R\alpha \sin \alpha, \quad y = -R\alpha \cos \alpha;$$

pourtant l'équation cartésienne de la *podaire* mentionnée est

$$x^2 + y^2 = R^2 \left(\text{arc tang} \frac{x}{y}\right)^2,$$

et l'équation polaire de la même courbe, rapportée au pôle O et à l'axe OY, est

$$\rho = R\theta.$$

589. Les équations (1) donnent

$$x \cos \alpha + y \sin \alpha = R, \quad x^2 + y^2 = R^2 (1 + \alpha^2),$$

d'où l'on déduit, en éliminant α, l'équation cartésienne de la développante, savoir:

$$x \cos \frac{\sqrt{x^2 + y^2 - R^2}}{R} + y \sin \frac{\sqrt{x^2 + y^2 - R^2}}{R} = R.$$

L'équation polaire de la même courbe est donc

$$\theta = \frac{\sqrt{\rho^2 - R^2}}{R} - \text{arc cos} \frac{R}{\rho}.$$

Par conséquent (n.° 484) *la courbe inverse de la développante du cercle, par rapport au centre de ce cercle, est la spirale tractrice* (Cotes, l. c.).

590. *La polaire de la courbe considérée par rapport à un cercle* C *de rayon* λ, *ayant le centre au point* O, *est une spirale hyperbolique* (M. Neuberg, l. c.).

En effet, l'équation

$$R (\cos \alpha + \alpha \sin \alpha) x + R (\sin \alpha - \alpha \cos \alpha) y = \lambda^2,$$

qui représente la polaire du point (x, y) de la développante considérée par rapport au cercle C, et l'équation

$$x \cos \alpha + y \sin \alpha = 0,$$

qu'on obtient en dérivant celle-là, donnent ces autres:

$$x = \frac{\lambda^2 \sin \alpha}{R\alpha}, \quad y = -\frac{\lambda^2 \cos \alpha}{R\alpha},$$

qui déterminent les coordonnées de la polaire de la développante par rapport au cercle C. Or ces équations donnent, en faisant $x = \rho \sin \theta$, $y = \rho \cos \theta$,

$$R\rho\theta = \lambda^2.$$

Cette polaire est, comme on le devait attendre, inverse de la podaire de la développante.

591. L'équation du cercle ayant le centre à un point de la développante du cercle et passant par le point O est

$$x^2 + y^2 - 2R[\cos \alpha + \alpha \sin \alpha) x + (\sin \alpha - \alpha \cos \alpha) y] = 0.$$

L'enveloppe des positions que ce cercle prend, quand α varie, est représentée par l'équation qui résulte de l'élimination de α entre cette équation et celle-ci:

$$x \cos \alpha + y \sin \alpha = 0;$$

or, en faisant $x = \rho \sin \theta$, $y = \rho \cos \theta$, cette équation donne $\alpha = -\theta$, et l'autre donne ensuite $\rho = 2R\theta$; pourtant cette enveloppe est une spirale d'Archimède. En appliquant un théorème général de la théorie des caustiques, nous pouvons donc énoncer cette proposition:

La caustique par réflexion de la développante du cercle pour les rayons lumineux issus du centre de ce cercle est la développée de la spirale d'Archimède (Chasles, l. c.).

592. Menons par le point M_1 une tangente à la développante du cercle et prenons sur cette droite un point $(a\ b)$, tel que l'angle formé par cette tangente avec la droite qui passe par ce point et par O ait une valeur donnée η. On a, en représentant par θ l'angle que la dernière droite fait avec OX et en observant que la tangente à la développante au point M_1 est parallèle à la droite Om_1,

$$b \cos \alpha - a \sin \alpha + R\alpha = 0, \quad \eta = \alpha - \theta,$$

et pourtant, en posant $a = \rho \cos \alpha$, $b = \rho \sin \alpha$,

$$\rho \sin \eta = R(\theta + \eta).$$

Le lieu décrit par (a, b), quand la tangente glisse sur la courbe, est donc une spirale d'Archimède (Chasles, l. c.).

593. Si l'on mène la tangente à la développante du cercle au point M_1 et si l'on prend sur cette tangente, à partir de ce point, dans le sens de son intersection aves OX, un segment de longueur égale à celle de l'arc Amm_1 du cercle, on obtient un point de la *deuxième développante* du cercle ayant l'origine au point A. Comme l'angle que la tangente mentionnée fait avec l'axe OX est égal à α et la longueur de l'axe Amm_1 est égale à $\frac{1}{2}R\alpha^2$, les équations de cette développante sont

$$x = R\left(\cos\alpha + \alpha\sin\alpha - \frac{1}{2}\alpha^2\cos\alpha\right),\quad y = R\left(\sin\alpha - \alpha\cos\alpha - \frac{1}{2}\alpha^2\sin\alpha\right);$$

et les équations qui déterminent l'angle ω_2 que la tangente à cette ligne au point (x, y) fait avec l'axe OX, le rayon de courbure à ce point et la longueur de l'arc compris entre les points A et (x, y), sont

$$\omega_2 = \alpha - \frac{\pi}{2},\quad R_2 = \frac{1}{2}R\alpha^2,\quad s_2 = \frac{\alpha^3}{2.3}R.$$

Les équations d'une autre développante de AMM_1 ..., située à la distance h de celle-ci, sont

$$x = R\left(\cos\alpha + \alpha\sin\alpha - \frac{1}{2}\alpha^2\cos\alpha\right) - h\cos\alpha,$$

$$y = R\left(\sin\alpha - \alpha\cos\alpha - \frac{1}{2}\alpha^2\sin\alpha\right) - h\sin\alpha.$$

En représentant par r et par R'_2 le vecteur du point (x, y) de cette courbe et le rayon de courbure au même point, on a

$$r^2 = R^2\left(1 + \frac{1}{4}\alpha^4\right) + h^2 - 2Rh + Rh\alpha^2,$$

$$R'_2 = \frac{1}{2}R\alpha^2 + h,$$

et par suite

$$(R'_2)^2 - r^2 = R(2h - R).$$

Donc, *la différence entre le carré du rayon de courbure* R'_2 *et le carré du vecteur* r *est constante* (M. Lecornu, *Bulletin de la Société mathématique de France,* t. XXI, 1898, p. 85).

Il résulte encore de la dernière relation que *la deuxième développante du cercle correspon-*

dant à $h = \frac{1}{2} R$ *jouit de la propriété d'être nulle, en tout le point, la différence entre le rayon de courbure et le vecteur du même point.*

Les équations de cette dernière développante sont

$$x = \frac{1}{2} R [(1 - \alpha^2) \cos \alpha + 2\alpha \sin \alpha], \quad y = \frac{1}{2} R [(1 - \alpha^2) \sin \alpha - 2\alpha \cos \alpha],$$

et donnent, en posant $x = \rho \cos \theta$, $y = \rho \sin \theta$,

$$\rho \sin (\alpha - \theta) = R\alpha, \quad \rho = \frac{1}{2} R (1 + \alpha^2);$$

l'équation polaire de la même ligne est donc

$$(2) \qquad \theta = \sqrt{\frac{2\rho - R}{R}} - \text{arc} \cos \frac{\rho - R}{\rho}.$$

Le problème qui a pour but de déterminer les courbes dont le rayon de courbure est, en tout le point, égal au vecteur du même point, a été considéré par Sturm dans son *Cours d'Analyse.* L'équation différentielle de ces courbes est

$$\left[\rho^2 + \left(\frac{d\rho}{d\theta}\right)^2\right]^3 = \rho^2 \left[\rho^2 - \rho \frac{d^2\rho}{d\theta^2} + 2 \left(\frac{d\rho}{d\theta}\right)^2\right]^2$$

et il résulte de ce qu'on vient de voir, que la ligne représentée par l'équation (2) en est l'unique solution. En effet, l'équation

$$\theta + c = \sqrt{\frac{2\rho - R}{R}} - \text{arc} \cos \frac{\rho - R}{\rho},$$

qui représente la même ligne que l'équation (2), quelle que soit la valeur de c, satisfait à l'équation différentielle mentionnée, et, comme elle a deux constantes arbitraires c et R, elle en représente l'intégrale générale.

On peut déterminer aisément la troisième, quatrième, etc. développantes du cercle, en observant que les angles formés par les tangentes à ces courbes à l'origine A sont périodiquement égaux à 0, $-\frac{\pi}{2}$, π et $\frac{\pi}{2}$. Les équations de la développante d'ordre n sont

$$x = R \cos \alpha \left(1 - \frac{\alpha^2}{2!} + \frac{\alpha^4}{4!} - \ldots \pm \frac{\alpha^n}{n!}\right) + R \sin \alpha \left(\alpha - \frac{\alpha^3}{3!} + \ldots \mp \frac{\alpha^{n-1}}{(n-1)!}\right),$$

$$y = R \sin \alpha \left(1 - \frac{\alpha^2}{2!} + \frac{\alpha^4}{4!} - \ldots \pm \frac{\alpha^n}{n!}\right) - R \cos \alpha \left(\alpha - \frac{\alpha^3}{3!} + \ldots \pm \frac{\alpha^{n-1}}{(n-1)!}\right),$$

quand n est pair, et

$$x = \mathrm{R}\cos\alpha\left(1-\frac{\alpha^2}{2\,!}+\frac{\alpha^4}{4\,!}-\ldots\pm\frac{\alpha^{n-1}}{(n-1)\,!}\right)+\mathrm{R}\sin\alpha\left(\alpha-\frac{\alpha^3}{3\,!}+\ldots\pm\frac{\alpha^n}{n\,!}\right),$$

$$y = \mathrm{R}\sin\alpha\left(1-\frac{\alpha^2}{2\,!}+\frac{\alpha^4}{4\,!}-\ldots\pm\frac{\alpha^{n-1}}{(n-1)\,!}\right)-\mathrm{R}\cos\alpha\left(\alpha-\frac{\alpha^3}{3\,!}+\ldots\mp\frac{\alpha^n}{n\,!}\right),$$

si n est impair.

La longueur de l'arc compris entre A et le point (x, y) et la valeur du rayon de courbure à ce point sont déterminées par les équations

$$s_n = \mathrm{R}\frac{\alpha^{n+1}}{(n+1)\,!}, \quad \mathrm{R}_n = \mathrm{R}\frac{\alpha^n}{n\,!},$$

d'où il résulte que l'équation intrinsèque de cette développante est

$$\mathrm{R}_n = (n+1)\left(\frac{\mathrm{R}}{n\,!}\right)^{\frac{1}{n+1}} s_n^{\frac{n}{n+1}}.$$

M. Pirondini a donné une démonstration directe élémentaire de cette dernière formule dans le *Periodico di Matematica* (t. XIX, 1903), et en a déduit plusieurs relations intéressantes entre les rayons de courbure, la longueur des arcs et les aires des développantes successives.

VI.

Les épicycloïdes et les hypocycloïdes allongées et raccourcies.

594. Considérons deux cercles tangents, situés sur un même plan, et supposons qu'un de ces cercles soit fixe et que l'autre roule sur le premier. Si le cercle fixe et le cercle mobile sont tangents extérieurement, la ligne engendrée par un point M du plan de ce dernier cercle est nommée *épicycloïde allongée,* quand ce point est à l'extérieur du cercle mobile, et *épicycloïde raccourcie,* si il en est à l'intérieur. De même, si le cercle mobile est à l'intérieur du cercle fixe, la ligne engendrée par M est appelée *hypocycloïde allongée,* quand ce point est à l'extérieur du cercle mobile, et *hypocycloïde raccourcie,* quand il en est à l'intérieur. Si le cercle fixe est à l'intérieur du cercle mobile, la courbe engendrée par M est une épicycloïde, comme on va le voir bientôt. Ces lignes sont aussi nommées quelquefois *épitrochoïdes* et *hypotrochoïdes.*

Représentons par R le rayon du cercle fixe, par r celui du cercle mobile, et par a la distance du point décrivant au centre du cercle mobile. En procédant comme au n.° 552, on trouve que, si la tangente commune aux deux cercles est située entre eux, la courbe engendrée par ce point est représentée par les équations

$$(1) \qquad x = (R+r)\cos\alpha - a\cos\frac{R+r}{r}\alpha, \quad y = (R+r)\sin\alpha - a\sin\frac{R+r}{r}\alpha,$$

et elle est une épicycloïde raccourcie quand $a < r$, et une épicycloïde allongée quand $a > r$. Si les deux cercles sont placés du même côté de la tangente commune, alors la courbe est représentée par les équations

$$(2) \qquad x = (R-r)\cos\alpha + a\cos\frac{R-r}{r}\alpha, \quad y = (R-r)\sin\alpha - a\sin\frac{R-r}{r}\alpha,$$

qui représente une épicycloïde quand $R < r$, et une hypocycloïde quand $R > r$.

Les épicycloïdes représentées par les équations (1) et (2) coïncident. En effet, si l'on remplace dans ces dernières équations α, a, R et r par α_1, a_1, R_1 et r_1, et si l'on pose ensuite

$$R_1 = a\frac{R}{r}, \quad r_1 = a\frac{R+r}{r}, \quad a_1 = R+r, \quad \alpha_1 = \frac{R+r}{r}\alpha,$$

on obtient les équations (1).

De même, si l'on remplace dans les équations (2) α, a, R et r par α_1, a_1, R_1 et r_1 et si l'on fait

$$R_1 = a\frac{R}{r}, \quad r_1 = a\frac{R-r}{r}, \quad a_1 = R-r, \quad \alpha_1 = \frac{R-r}{r}\alpha,$$

où $R > r$, on retrouve les mêmes équations (2). Pourtant, chaque hypocycloïde allongée ou raccourcie peut être engendrée de deux manières différentes par un cercle mobile, roulant à l'intérieur du cercle fixe.

Ces propriétés des épicycloïdes et hypocycloïdes allongées et raccourcies sont la généralisation de celles des épicycloïdes et hypocycloïdes ordinaires énoncées au n.° 552. Elles ont été démontrées géométriquement par Fouret dans les *Nouvelles Annales* (2.e série, t. VIII, 1869, p. 162).

Les épicycloïdes et les hypocycloïdes sont algébriques quand le rapport $\frac{r}{R}$ est égal au rapport $\frac{m}{n}$ de deux entiers, premiers entre eux. En généralisant l'analyse employée au n.° 555, on voit aisément que l'ordre de l'épicycloïde représentée par les équations (1) est égal à $2(m+n)$, et que la classe de cette ligne est égale à ce même nombre. On voit aussi que cette épicycloïde passe $m+n$ fois par chaque point circulaire de l'infini. L'ordre de l'hypocycloïde définie par les équations (2) est égal à $2(n-m)$, et la classe de la même courbe

*

est égale à $2n$. Cette hypocycloïde passe $n-m$ fois par chaque point circulaire de l'infini. Ces propositions ne s'appliquent pas à l'hypocycloïde quand $R=2r$.

595. On voit aisément que chaque épicycloïde ou hypocycloïde est composée d'une suite d'arcs égaux, limités par les points où α prend les valeurs 0, $2\frac{r}{R}\pi$, $4\frac{r}{R}\pi$, ... Chacun de ces arcs a une forme analogue à celle des arcs ADA_1 des cycloïdes allongées et raccourcies *(fig. 135 et 136)* et une position, par rapport au cercle fixe, semblable à celle de ces arcs par rapport à la droite AA_1. Le nombre des mêmes arcs est fini quand $\frac{r}{R}$ est rationnel, et infini dans le cas contraire. Les sommets de la courbe correspondent aux valeurs $\frac{r}{R}\pi$, $3\frac{r}{R}\pi$, ... de α. Si l'on prend pour axe des abscisses la droite passant par un sommet de la courbe et pour axe des ordonnées la perpendiculaire à cet axe passant par le centre du cercle fixe, les équations des épicycloïdes prennent la forme

$$(1') \qquad x=(R+r)\cos\alpha+a\cos\frac{R+r}{r}\alpha, \quad y=(R+r)\sin\alpha+a\sin\frac{R+r}{r}\alpha,$$

et celles des hypocycloïdes cette autre:

$$(2') \qquad x=(R-r)\cos\alpha-a\cos\frac{R-r}{r}\alpha, \quad y=(R-r)\sin\alpha+a\sin\frac{R-r}{r}\alpha.$$

On peut encore voir, en procédant comme dans le cas des épicycloïdes ordinaires, que la normale à un point quelconque d'une épicycloïde (ou hypocycloïde) allongée ou raccourcie passe par le point de contact correspondant du cercle mobile avec le cercle fixe.

596. Le rayon de courbure des lignes considérées est déterminé par l'équation

$$\rho=\frac{4(R+r)(r^2-2ar\cos\beta+a^2)^{\frac{3}{2}}}{r^3-ar(R+2r)\cos\beta+a^2(R+r)},$$

où $\beta=\frac{R}{r}\alpha$; il en résulte que ces courbes ne possèdent pas de points de rebroussement réels quand a est différent de r, et qu'elles possèdent des points d'inflexion quand on a

$$a<r,\ R>\frac{r(r-a)}{a}, \quad \text{ou} \quad a>r,\ R<\frac{r(r-a)}{a};$$

les coordonnées de ces derniers points sont déterminées par l'égalité

$$\cos\beta = \frac{r^3 + a^2(\mathrm{R}+a)}{ar(\mathrm{R}+2r)}.$$

597. La différentielle des arcs des mêmes courbes est déterminée par l'égalité

$$ds^2 = (\mathrm{R}+r)^2\left(1 + \frac{a^2}{r^2} - 2\frac{a}{r}\cos\beta\right)d\beta^2,$$

ou, en faisant $\beta = \pi + 2\theta$,

$$ds^2 = 4(\mathrm{R}+r)^2\left(\frac{r+a}{\mathrm{R}}\right)^2\left[1 - \frac{4ar}{(r+a)^2}\sin^2\theta\right]d\theta^2.$$

Donc, *la rectification des épicycloïdes allongées et raccourcies dépend de celle de l'ellipse.* Cette généralisation du théorème de Pascal relatif aux cycloïdes allongées et raccourcies (n.º 548) a été obtenue par Nicolle (*Mémoires de l'Académie des Sciences de Paris,* 1708). M. Gob a donné, dans les *Mémoires de la Société R. des Sciences de Liège* (3.e série, t. IV, 1902), une démonstration géométrique de la proposition qu'on vient d'énoncer, et il a étudié les relations entre l'épicycloïde et l'ellipse dont dépend sa rectification.

598. Le théorème de La Hire sur la cyloïde démontré au n.º 539 a été généralisé par Chasles dans l'*Aperçu historique* (1875, p. 125), où il a énoncé la proposition suivante:

Si l'on circonscrit à une épicycloïde ordinaire des angles tous égaux entre eux, leurs sommets sont situés sur une épicycloïde allongée ou raccourcie.

Soient η l'angle donné, ω_1 et ω_2 les angles formés par les tangentes aux points où α prend les valeurs α_1 et α_2 avec l'axe des abscisses, et (x_1, y_1) les coordonnées du point d'intersection de ces droites.

Comme l'équation des tangentes à l'épicycloïde ordinaire est

$$\mathrm{Y}\cos\frac{2r+\mathrm{R}}{2r}\alpha - \mathrm{X}\sin\frac{2r+\mathrm{R}}{2r}\alpha + (\mathrm{R}+2r)\sin\frac{\mathrm{R}}{2r} = 0,$$

on a

$$\omega_1 = \frac{2r+\mathrm{R}}{2r}\alpha_1, \quad \omega_2 = \frac{2r+\mathrm{R}}{2r}\alpha_2, \quad \omega_2 = \omega_1 + \eta,$$

et par suite

$$\alpha_2 = \alpha_1 + \frac{2r}{\mathrm{R}+2r}\eta.$$

Les équations qui expriment que les deux tangentes envisagées passent par le point (x_1, y_1) sont donc, en posant pour abréger l'écriture $\frac{2r+R}{2r}=h$,

$$y_1 \cos h\alpha_1 - x_1 \sin h\alpha_1 + (R+2r)\sin(h-1)\alpha_1 = 0,$$

$$y_1 \cos(h\alpha_1+\eta) - x_1 \sin(h\alpha_1+\eta) + (R+2r)\sin(h-1)\left(\alpha_1+\frac{\eta}{h}\right) = 0.$$

Ces équations déterminent les coordonnées des points de la courbe cherchée en fonction de α_1. Les valeurs de ces coordonnées sont

$$x_1 = \frac{R+2r}{\sin\eta}\left[\cos h\alpha_1 \sin(h-1)\left(\alpha_1+\frac{\eta}{h}\right) - \sin(h-1)\alpha_1 \cos(h\alpha_1+\eta)\right],$$

$$y_1 = -\frac{R+2r}{\sin\eta}\left[\sin(h-1)\alpha_1 \sin(h\alpha_1+\eta) - \sin h\alpha_1 \sin(h-1)\left(\alpha_1+\frac{\eta}{h}\right)\right],$$

ou

$$x_1 = \frac{R+2r}{2\sin\eta}\left\{[\sin(2h-1)\alpha_1 - \sin\alpha_1]\left[\cos\frac{h-1}{h}\eta - \cos\eta\right]\right.$$
$$\left. + \left[\sin\frac{h-1}{h}\eta - \sin\eta\right]\cos(2h-1)\alpha_1 + \left[\sin\frac{h-1}{h}\eta + \sin\eta\right]\cos\alpha_1\right\},$$

$$y_1 = \frac{R+2r}{2\sin\eta}\left\{[\cos(2h-1)\alpha_1 - \cos\alpha_1]\left[\cos\eta - \cos\frac{h-1}{h}\eta\right]\right.$$
$$+ \left[\sin\frac{h-1}{h}\eta - \sin\eta\right]\sin(2h-1)\alpha_1 + \left[\sin\frac{h-1}{h}\eta + \sin\eta\right]\sin\alpha_1.$$

En tenant compte des relations

$$\cos\frac{h-1}{h}\eta - \cos\eta = \quad 2\,\text{sen}\,\frac{2h-1}{2h}\eta \sin\frac{\eta}{2h},$$

$$\sin\frac{h-1}{h}\eta - \sin\eta = -2\cos\frac{2h-1}{2h}\eta \sin\frac{\eta}{2h},$$

$$\sin\frac{h-1}{h}\eta + \sin\eta = \quad 2\sin\frac{2h-1}{2h}\eta \cos\frac{\eta}{2h},$$

on peut encore mettre x_1 et y_1 sous les formes

$$x_1 = \frac{R+2r}{\sin\eta}\left\{\sin\frac{2h-1}{2h}\eta\cos\left(\alpha_1+\frac{\eta}{2h}\right) - \sin\frac{\eta}{2h}\cos\left[(2h-1)\alpha_1 + \frac{2h-1}{2h}\eta\right]\right\},$$

$$y_1 = \frac{R+2r}{\sin\eta}\left\{\sin\frac{2h-1}{2h}\eta\sin\left(\alpha_1+\frac{\eta}{2h}\right) - \sin\frac{\eta}{2h}\sin\left[(2h-1)\alpha_1 + \frac{2h-1}{2h}\eta\right]\right\},$$

ou, en posant $a_1 + \frac{\eta}{2h} = \alpha$ et en remplaçant h par sa valeur,

$$x_1 = \frac{R+2r}{\sin\eta}\left[\sin\frac{(R+r)\eta}{R+2r}\cos\alpha - \sin\frac{r\eta}{R+2r}\cos\frac{R+r}{r}\alpha\right],$$

$$y_1 = \frac{R+2r}{\sin\eta}\left[\sin\frac{(R+r)\eta}{R+2r}\sin\alpha - \sin\frac{r\eta}{R+2r}\sin\frac{R+r}{r}\alpha\right].$$

Ces équations représentent une épicycloïde, et le théorème est pourtant démontré. Les rayons R_1 et r_1 du cercle fixe et du cercle mobile, et la distance a_1 du point décrivant au centre du cercle mobile sont déterminés par les équations

$$R_1 = \frac{(R+2r)R}{(R+r)\sin\eta}\sin\frac{(R+r)\eta}{R+2r}, \quad r_1 = \frac{(R+2r)r}{(R+r)\sin\eta}\sin\frac{(R+r)\eta}{R+2r},$$

$$a_1 = \frac{R+2r}{\sin\eta}\sin\frac{r\eta}{R+2r}.$$

Comme on peut changer dans cette analyse η en $\eta+\pi$, $\eta+2\pi$, ..., on voit que la question admet encore les solutions correspondant aux valeurs différentes que prennent $\sin\frac{R+2}{R+2r}\eta$ et $\sin\frac{r\eta}{R+2r}\eta$, quand on remplace η par $\eta+\pi$, $\eta+2\pi$, ...

Considérons, par exemple, le cas où l'épicycloïde donnée est la cardioïde et où $\eta = \frac{\pi}{2}$. On a alors $R = r$, et par conséquent

$$R_1 = \frac{3R}{4}\sqrt{3}, \quad r_1 = \frac{3R}{4}\sqrt{3}, \quad a_1 = \frac{3}{2}R.$$

A ces valeurs de R_1, r_1 et a_1 correspond une épicycloïde allongée. Mais, si l'on pose $\eta = \frac{3}{2}\pi$, il vient $R_1 = 0$, $r_1 = 0$, $a_1 = 3R$, et l'épicycloïde correspondant à cette valeur de η se réduit au cercle représenté par les équations $x_1 = 3R\cos 2\alpha$, $y_1 = 3R\sin 2\alpha$. Ces résultats ont été présentés par Wolstenholme en 1873 dans les *Proceedings of the London Mathematical Society* (t. IV, p. 327). Ils ont été déjà partiellement démontrés au n.° 235. Ces mêmes théorèmes ont été démontrés de nouveau par M. Neuberg en 1877 dans le *Nouvelle Correspondance* (t. III, p. 123).

Il convient de remarquer que la cardioïde n'est pas l'unique courbe auquelle on peut mener par les points d'un cercle deux tangentes formant un angle constant η. Cette propriété appartient à toutes les épicycloïdes vérifiant l'une ou l'autre des conditions

$$\frac{r(\eta+k\pi)}{R+2r} = m\pi, \quad \frac{(R+r)(\eta+k\pi)}{R+2r} = m\pi,$$

k et m étant deux nombres entiers tels que $\eta < \pi$.

Si $\eta = \frac{\pi}{2}$, ces conditions prennent la forme

$$r(1+2k) = 2m(\mathrm{R}+2r), \quad (\mathrm{R}+r)(1+2k) = 2m(\mathrm{R}+2r).$$

En changeant r en $-r$ dans l'analyse employée pour démontrer le théorème de Chasles, on obtient un théorème analogue pour les hypocycloïdes. En particulier, en posant $r = -\frac{1}{3}\mathrm{R}$ et $\eta = \frac{\pi}{2}$, on retrouve la proposition démontrée au n.° 572.

Chasles n'a pas indiqué la voie qu'il a suivie pour arriver au théorème qu'on vient d'établir. Une première démonstration analytique de ce théorème a été donnée par Painvin dans ses *Principes de Géométrie analytique* (1866, p. 441); une démonstration géométrique en a été exposée plus tard par M. Loucheur dans les *Nouvelles Annales de Mathématiques* (1892, p. 374). Mais aucun de ces auteurs a fait remarquer que le lieu considéré est composé, en général, de plusieurs épicycloïdes, et même, quand le rapport $\frac{r}{\mathrm{R}}$ est irrationnel, d'un nombre infini de courbes de cette nature.

599. Traçons sur un plan deux cercles concentriques C et C_1 de rayon égal à a_1 et à b_1 et une droite OX passant par leur centre O. Supposons ensuite que le cercle C soit parcouru par un point A et le cercle C_1 par un point B avec des vitesses constantes, dirigées dans le même sens, dont le rapport soit égal à un nombre k, supérieur à l'unité. On a, en représentant par α l'angle AOX, $\mathrm{BOX} = k\alpha$. Les valeurs des coordonnées des points A et B, rapportées à la droite OX et à la perpendiculaire à cette ligne passant par O, sont

$$(a_1 \cos\alpha, \quad a_1 \sin\alpha), \quad (b_1 \cos k\alpha, \quad b_1 \sin k\alpha),$$

et par conséquent les valeurs des coordonnées du milieu M du segment AB sont

$$x = \frac{1}{2}(a_1 \cos\alpha + b_1 \cos k\alpha), \quad y = \frac{1}{2}(a_1 \sin\alpha + b_1 \sin k\alpha).$$

On conclut donc que *le lieu décrit par le milieu du segment* AB, *quand* A *et* B *se déplacent, est une épicycloïde, dont les paramètres* R, r *et* a *sont déterminés par les équations*

$$\mathrm{R} = \frac{(k-1)\,a_1}{2k}, \quad r = \frac{a_1}{2k}, \quad a = \frac{1}{2}b_1.$$

Si les vecteurs OA et OB tournent autour de O dans des directions contraires, *la courbe engendrée par le milieu de* AB *est une hypocycloïde, dont les paramètres sont déterminés par les relations*

$$\mathrm{R} = \frac{(k+1)\,a_1}{2k}, \quad r = \frac{a_1}{2k}, \quad a = \frac{1}{2}b_1.$$

Il résulte des propositions qu'on vient de démontrer une manière facile de construire les épicycloïdes et les hypocycloïdes.

Il résulte encore de la première des propositions énoncées que le lieu du milieu du segment de droite compris entre les extrémités des aiguilles d'un montre est une épicycloïde. Dans ce cas $k = 12$. Cette question fut envisagée par J. C. Dupain dans les *Nouvelles Annales de Mathématiques* (1857, p. 337).

600. Parmi les hypocycloïdes allongées et raccourcies il est à remarquer celles qui correspondent à $R = 2r$. Les équations de ces lignes sont

$$x = (r + a) \cos \alpha, \quad y = (r - a) \sin \alpha,$$

ou

$$\frac{x^2}{(r + a)^2} + \frac{y^2}{(r - a)^2} = 1.$$

Donc, *l'hypocycloïde allongée ou raccourcie engendrée par un cercle roulant sur un autre de rayon double de celui du cercle mobile est une ellipse.*

601. On a dit au n.° 227 que le *limaçon de Pascal* est une épicycloïde engendrée par un point d'un cercle de rayon R, roulant sur une autre de rayon égal. Nous allons démontrer maintenant cette proposition.

En posant, pour cela, $R = r$ dans les équations (1), on obtient celles-ci:

$$x = 2R \cos \alpha - a \cos 2\alpha, \quad y = 2R \sin \alpha - a \sin 2\alpha,$$

dont il résulte

$$x^2 + y^2 = 4R^2 - 4Ra \cos \alpha + a^2, \quad x = 2R \cos \alpha - a (2 \cos^2 \alpha - 1),$$

et par suite, en éliminant $\cos \alpha$,

$$(x^2 + y^2 - 4R^2 - a^2)(x^2 + y^2 - a^2) = 8R^2 a (a - x),$$

ou, en transportant l'origine des coordonnées au point $(a, 0)$,

$$(x^2 + y^2 + 2ax)^2 = 4R^2 (x^2 + y^2).$$

Cette équation coïncide avec l'équation du limaçon obtenue au n.° 214.

Nous remarquerons à cette occasion que l'épicycloïde qu'on vient d'envisager représente la solution du *problème du pont-levis,* c'est-à-dire du problème où l'on demande la courbe que doit décrire un poids, lié par un fil passant sur une poulie à l'extrémité d'un pont-levis, pour faire équilibre à ce pont, quand il tourne autour d'un axe horizontal. Ce problème a été résolu par L'Hospital et Jean Bernoulli (*Opera,* t. I, p. 129 et 132), en 1695, dans les *Acta eruditorum.* Le premier de ces géomètres a obtenu l'équation de la courbe, et en a donné une construction, et l'autre en a remarqué la nature épicycloïdale; mais ils n'ont pas reconnu l'identité de cette ligne avec le limaçon de Pascal. Cette identité a été remarquée par Maclaurin dans sa célèbre *Geometria organica* (1720, p. 99).

602. Prenons les équations (1) des épicycloïdes allongées et raccourcies et faisons d'abord $a = r + h$, h représentant la distance du point décrivant à la circonférence du cercle mobile, et ensuite $r = \infty$. On obtient les équations

$$x = (\mathrm{R} - h) \cos \alpha + \mathrm{R}\alpha \operatorname{sen} \alpha, \quad y = (\mathrm{R} - h) \sin \alpha - \mathrm{R}\alpha \cos \alpha,$$

qui représentent la courbe engendrée par un point lié invariablement à une droite donnée, et situé à la distance h de cette droite, quand elle roule sur un cercle fixe, situé sur le plan du point et de la droite. En procédant comme dans le cas de la développante du cercle, on voit que cette courbe est représentée par l'équation polaire

$$\theta = \frac{\sqrt{\rho^2 - (\mathrm{R} - h)^2}}{\mathrm{R}} - \operatorname{arc} \cos \frac{\mathrm{R} - h}{\rho} \cdot$$

Si $h = \mathrm{R}$, la courbe considérée est identique à une spirale d'Archimède. Donc, *si un côté d'un angle droit roule sur un cercle, un point situé sur l'autre côté, à la distance du sommet égal au rayon du cercle, décrit une spirale d'Archimède* (Chasles: *Correspondance mathématique de Quetelet,* t. I, 1832, p. 41).

Les courbes représentées par cette équation sont comprises dans une classe de lignes considérées par Clairaut dans le volume correspondant à 1740 des *Mémoires de l'Académie des Sciences de Paris.*

603. Envisageons, comme au n.° 552 *(fig. 137),* un cercle DMB, et supposons que le centre C décrive un autre cercle ABR, en tournant autour de O avec une vitesse angulaire constante. Supposons aussi que le point M décrive le premier cercle DMB avec une vitesse angulaire constante et que, quand le point C est placé sur OX, le point M coïncide avec A. Alors le point M engendre une ligne nommée *courbe épicyclique.*

En désignant par h le rapport des vitesses angulaires de CM et OD, on a $h = \frac{\beta}{\alpha}$; et, en supposant que α et β varient dans le même sens et en procédant comme au n.° 552, on obtient, pour représenter la courbe, les équations

$$x = (\mathrm{R} + r) \cos \alpha - r \cos (1 + h) \alpha, \quad y = (\mathrm{R} + r) \sin \alpha - r \sin (1 + h) \alpha.$$

Nous allons maintenant démontrer que ces équations représentent une épicycloïde. En effet, en comparant ces équations à ces autres:

$$x=(R'+r')\cos\alpha-a'\cos\frac{R'+r'}{r'}\alpha,\quad y=(R'+r')\sin\alpha-a'\sin\frac{R'+r'}{r'}\alpha,$$

on obtient les relations

$$R+r=R'+r',\quad r=a',\quad h=\frac{R'}{r'},$$

ou par suite

$$a'=r,\quad r'=\frac{R+r}{h+1},\quad R'=\frac{(R+r)h}{h+1},$$

qui déterminent les paramètres d'une épicycloïde identique à la courbe épicyclique envisagée.

De même, si le mouvement de M est retrograde, c'est-à-dire si β diminue quand α croît, le paramètre h est négatif, et alors la courbe épicyclique est identique à une épicycloïde quand $h+1>0$, et à une hypocycloïde quand $h+1<0$.

Les courbes épicycliques ont joué un rôle important dans l'Astronomie ancienne, car les orbites décrites par les planètes par rapport à la Terre, supposée fixe, coïncident approximativement avec des courbes de cette nature. On peut voir dans le livre de Proctor: *A Treatrise on cycloide,* les courbes intéressantes parcourues par les planètes principales. Les satellites, dans son mouvement autour du Soleil, décrivent aussi, approximativement, des courbes épicycliques.

VII.

Les Rosaces.

601. Faisons dans les équations des épicycloïdes allongées et raccourcies $a=R+r$. On obtient les équations

$$x=(R+r)\left(\cos\alpha-\cos\frac{R+r}{r}\alpha\right),\quad y=(R+r)\left(\sin\alpha-\sin\frac{R+r}{r}\alpha\right),$$

dont il résulte, en posant $x=\rho\sin\theta$, $y=\rho\cos\theta$,

$$\rho=2(R+r)\sin\frac{R}{2r}\alpha,\quad \tan\theta=-\tan\frac{R+2r}{2r}\alpha;$$

pourtant les courbes considérées peuvent être représentées par l'équation polaire

$$\rho = 2\,(R + r) \sin \frac{R}{R + 2r}\,\theta,$$

et sont identiques aux liges définies par l'équation

$$\rho = c \sin m\theta, \tag{1}$$

lesquelles ont été étudiées, sous le nom de *rosaces,* par Guido-Grandi en 1723 dans un écrit publié dans les *Philosophical Transactions of the London Royal Society,* et en 1728 dans un opuscule intitulé : *Flores geometrici ex rhodonearum et claeliarum curvarum descriptione resultantes.* Si cette dernière équation est donnée, on détermine au moyen des relations

$$R = \frac{cm}{1+m}, \quad r = \frac{c\,(1-m)}{2\,(1+m)}, \quad a = \frac{1}{2}\,c$$

l'épicycloïde ou l'hypocycloïde qui est identique à une rosace quelconque donnée.

D'après M. Loria (*Spezielle ebene Curven,* 1902, p. 495), l'identité des rosaces et d'une classe particulière de courbes cycloïdales a été remarquée en 1752 par Suardi (*Nuovi strumenti per la discrizione di diverse curve* etc) et démontrée pour la première fois en 1844 par Ridolfi (*Di alcuni usi delle epicicloide* etc.).

605. La forme de chaque rosace dépend de la valeur de m.

Quand θ *(fig. 142)* varie depuis 0 jusqu'à $\frac{\pi}{m}$, ρ croît depuis 0 jusqu'à OA, égal à c, et décroît ensuite depuis OA jusqu'à 0, et le point décrivant parcourt la partie OMACO de la courbe; cet ovale est tangent au point O à deux droites qui font avec l'axe des abscisses des angles égaux à 0 et $\frac{\pi}{m}$, et il a un axe de symétrie OA, qui fait avec OX un angle égal à $\frac{\pi}{2m}$. Aux valeurs de θ comprises entre $\frac{\pi}{m}$ et $\frac{2\pi}{m}$ correspond une autre feuille de la rosace, égale à la feuille OMACO. En général, aux valeurs de θ comprises entre chaque couple de nombres successifs de la suite

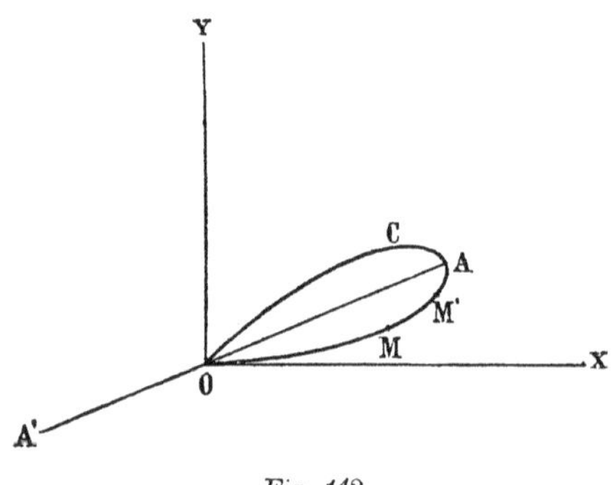

Fig. 142

$$0, \quad \frac{\pi}{m}, \quad \frac{2\pi}{m}, \quad \frac{3\pi}{m}, \quad \ldots$$

correspond une feuille de la courbe; et aux valeurs de $\frac{\pi}{2m}, \frac{3\pi}{2m}, \frac{5\pi}{2m}, \ldots$ de θ correspondent les axes de ces feuilles. Toutes les feuilles sont égales.

Si m est un nombre *irrationnel*, la courbe est composée d'un nombre infini de feuilles distinctes; elle est alors *transcendante*. Mais, si m est un nombre *rationnel*, égal à $\frac{h}{k}$, la courbe est *algébrique* (n.° 553) et a un nombre fini de feuilles. Nous allons déterminer ce nombre.

1.° Si les nombres h et k sont *impairs*, le point générateur de la rosace retourne à la position initiale A quand

$$\theta = \frac{(2h+1)\pi}{2m} = \frac{\pi}{2m} + k\pi,$$

car alors la direction du vecteur correspondant à cette valeur de θ coïncide avec le prolongement OA' de OA et l'équation de la courbe donne $\rho = -c$, quand on y remplace θ par cette valeur; pourtant le nombre des feuilles le la rosace est égal à h.

2.° Si k est *impair* et h *pair*, ou k *pair* et h *impair*, le point décrivant retourne à la position initiale A quand

$$\theta = \frac{(4h+1)\pi}{2m} = \frac{\pi}{2m} + 2k\pi,$$

car alors la direction du vecteur correspondant à cette valeur de θ coïncide avec OA, et l'équation (1) donne $\rho = a$, quand on y remplace θ par cette valeur; le nombre des feuilles est alors égal à $2h$.

Dans le cas particulier où $k = 1$, m est entier, et le nombre des feuilles de la rosace est égal à m ou $2m$ suivant m est *impair* ou *pair*.

Guido-Grandi a employé, pour construire les rosaces, le procédé suivant. Prenons une circonférence de rayon égal à c ayant le centre à O *(fig. 143)*, et sur cette ligne deux arcs AB et AC tels qu'on ait $AB = m.AC$. Sur le rayon AC marquons un point M, tel que OM

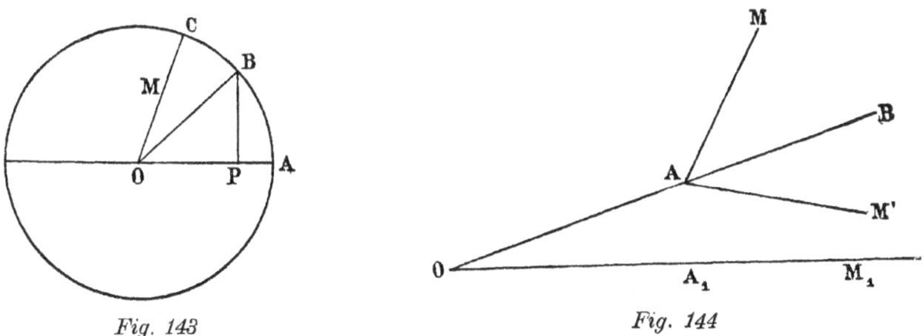

Fig. 143 *Fig. 144*

soit égal au segment BP de la perpendiculaire baissée de B sur OA. Le point M appartient à la rosace (1), puisqu'on a

$$OM = BP = c \sin BOA = c \sin m\, COA.$$

606. Il résulte de ce qu'on a dit aux n.ºs 603 et 604 que les rosaces sont des *courbes épicycliques,* et que par conséquent elles peuvent encore être engendrées par un point décrivant une circonférence dont le centre parcourt une autre, les vitesses de ces deux mouvements étant déterminées convenablement. Ce mode de génération a été établi directement par M. Pirondini (*Mathesis,* 1894, p. 15), comme on va le voir.

Prenons deux droites égales OA et AM (*fig. 144),* articulées aux points O et A, et supposons qu'elles tournent autour de ces points, dans le même sens, avec des vitesses dont le rapport soit égal à n, et que A_1 et M_1 soient les positions initiales des points A et M. En faisant $OM = \rho$, $MOM_1 = \omega$, $OA = \frac{1}{2}c$, il vient

$$\omega = AOM_1 + \frac{1}{2} n AOM_1, \quad \rho = c \cos \frac{n}{2} AOM_1,$$

et par conséquent

$$\rho = c \cos \frac{n}{n+2} \omega,$$

ou, en posant $\omega = \frac{n+2}{n} \cdot \frac{\pi}{2} - \theta$,

$$\rho = c \sin \frac{n+2}{n} \theta,$$

qui est l'équation du lieu engendré par M.

Si M'A et OA tournent dans les sens contraires, et si l'on suppose qu'alors le rapport n est négatif et que $AM' = MA$, on voit que cette même équation représente le lieu décrit par le point M'.

En posant donc $\frac{n}{n+2} = \pm m$, on obtient pour n deux valeurs, l'une positive et l'autre négative, correspondant à une même rosace, *laquelle peut ainsi être engendrée de deux manières différentes, en faisant tourner* OA *et* AM *autour des points* O *et* A, *avec des vitesses dont le rapport soit constant.* Cette double manière d'engendrer chaque rosace correspond à la double génération cycloïdale (n.° 594) de la même ligne.

607. La *sous-normale polaire* des rosaces a pour expression

$$S_n = cm \cos m\theta,$$

d'où il résulte que la normale à la courbe au point A (*fi. 142),* où $\theta = \frac{\pi}{2m}$, coïncide avec l'axe de la feuille.

L'équation polaire de la normale à une rosace quelconque au point où θ prend la valeur θ_1 est

$$\frac{c}{\rho}=\frac{\cos(\theta-\theta_1)}{\sin m\theta_1}+\frac{\sin(\theta-\theta_1)}{m\cos m\theta_1},$$

et elle donne, en faisant $\theta=(m+1)\theta_1+\frac{\pi}{2}$,

$$\rho=\frac{m}{1-m}c.$$

Donc, *la normale à une rosace au point où* $\theta=\theta_1$, *coupe le vecteur correspondant à l'angle* $(m+1)\theta_1+\frac{\pi}{2}$ *au point dont la distance au pôle est égale à* $\frac{mc}{1-m}$. Cette proposition a été donnée par M. Aubry dans le *Journal de Mathématiques spéciales* (t. XVII, 1893, p. 173).

608. On peut déterminer le rayon de courbure des rosaces au moyen de l'équation

$$R=a\frac{[m^2-(m^2-1)\sin^2 m\theta]^{\frac{3}{2}}}{2m^2-(m^2-1)\sin^2 m\theta},$$

dont il résulte que ces courbes n'ont pas de points d'inflexion réels. La valeur que ce rayon prend au centre de ces courbes est égale à $\frac{1}{2}cm$ et celle qu'il prend aux sommets est égale à $\frac{a}{m^2+1}$.

609. L'aire A d'une feuille de rosace a la valeur suivante, obtenue par Guido-Grandi par des méthodes géométriques:

$$A=\frac{\pi c^2}{4m};$$

cette aire dépend donc de celle du cercle.

610. Il résulte de ce qu'on a dit aux n.ºs 597 et 604 que la rectification des rosaces dépend de celle des arcs d'une ellipse. Cette propriété, reconnue par Guido-Grandi (l. c.), peut être obtenue directement, de la manière la plus facile, au moyen de l'équation (1). On trouve, en effet, en considérant l'arc d'une feuille compris entre l'origine des coordonnées et le point (θ, ρ),

$$s=\int_0^\theta\sqrt{\rho^2+\left(\frac{d\rho}{d\theta}\right)^2}\,d\theta=cm\int_0^\theta\sqrt{1-\frac{m^2-1}{m^2}\sin^2 m\theta},$$

ou, en faisant $m\theta = \omega$,

$$s = c\int_0^{\omega} \sqrt{1 - \frac{m^2-1}{m^2}\sin^2\omega\, d\omega}.$$

Si $m^2 < 1$, le *module* de cette intégrale elliptique est imaginaire, mais, en posant $\omega = \frac{\pi}{2} - \tau$, on la réduit à cette autre

$$s = \frac{c}{m}\int_{\tau}^{\frac{\pi}{2}} \sqrt{1-(1-m^2)\sin^2\tau}\,.d\tau,$$

dont le module est réel.

Comme $\omega = \frac{\pi}{2}$ et $\tau = 0$ quand $\theta = \frac{\pi}{2m}$, on voit que la longueur de l'arc OMA, compris entre le pôle et le sommet d'une feuille, a pour expression

$$s = c\int_0^{\frac{\pi}{2}} \sqrt{1 - \frac{m^2-1}{m^2}\sin^2\omega\, d\omega}, \quad \text{si } m^2 > 1,$$

$$s = c\int_0^{\frac{\pi}{2}} \sqrt{1-(1-m^2)\sin^2\tau}\, d\tau, \quad \text{si } m^2 < 1.$$

Il résulte de ce qui précède qu'aux propriétés des arcs de l'ellipse doivent correspondre des propriétés des arcs des rosaces. Nous allons chercher celle qui correspond au théorème de Fagnano.

Considérons *(fig. 142)* les arcs OM, OM′ et OA d'une feuille de rosace, et désignons par φ et ψ les valeurs que ω prend aux points M et M′. La valeur de ω au point A est égale à $\frac{\pi}{2}$.

En appliquant le théorème d'addition des intégrales elliptiques de deuxième espèce et en posant

$$E(k, \omega) = \int_0^{\omega} \sqrt{1-k^2\sin^2\omega}\,.\, d\omega,$$

où $k^2 = \frac{m^2-1}{m^2}$, si $m^2 > 1$, ou $k^2 = 1 - m^2$, si $m^2 < 1$, on trouve

$$E(k, \varphi) + E(k, \psi) - E\left(k, \frac{\pi}{2}\right) = \frac{k^2 \sin\varphi \cos\varphi}{\sqrt{1-k^2\sin^2\varphi}},$$

quand φ et ψ sont liés par la relation

$$\cos\varphi\cos\psi = \sin\varphi\sin\varphi\sqrt{1-k^2}.$$

Mais, on a

$$\mathrm{OM} = c\mathrm{E}(k,\ \varphi),\quad \mathrm{OM}' = c\,\mathrm{E}(k,\ \psi),\quad \mathrm{OA} = c\mathrm{E}\left(k,\ \frac{\pi}{2}\right).$$

Donc

$$\mathrm{OM} + \mathrm{OM}' - \mathrm{OA} = \mathrm{OM} - \mathrm{AM}' = \frac{ck^2\sin\varphi\cos\varphi}{\sqrt{1-k^2\sin^2\varphi}}.$$

Pour construire l'expression qui figure au second nombre de cette égalité, remarquons qu'on a, au point M, $\rho = c\sin\varphi$, et par suite

$$\frac{d\rho}{ds} = \frac{\cos\varphi}{\sqrt{1-k^2\sin^2\varphi}},$$

ou, en observant que $\frac{d\rho}{ds}$ est égal au cosinus de l'angle V que la tangente à la courbe au point M fait avec le vecteur de ce point,

$$\frac{\cos\varphi}{\sqrt{1-k^2\sin^2\varphi}} = \cos\mathrm{V}.$$

Nous avons donc l'égalité

$$\mathrm{OM} - \mathrm{AM}' = ck^2\cos\mathrm{V}\sin\varphi = ck^2\cos\mathrm{V}\sin\frac{\theta}{m},$$

dont le second membre peut être construit aisément.

Nous avons déjà rencontré les rosaces au n.° 558, où l'on a vu qu'elles sont identiques aux *podaires* des épicycloïdes et des hypocycloïdes ordinaires.

VIII.

Les pseudo-cycloïdes.

611. Les courbes définies par les équations, en coordonnées intrinsèques,

$$s^2 - k^2 R^2 = a^2, \tag{1}$$

$$k^2 R^2 - s^2 = a^2 \tag{2}$$

ont été nommées par Cesàro *pseudo-cycloïdes*, par un motif indiqué ci-dessous, dans ses *Lezioni di Geometria intrinseca*. Elles ont été envisagées pour la première fois par Euler, dans deux Mémoires insérés aux *Comm. Ac. Petrop.* (1750) et aux *Nova Acta Ac. Petrop.* (1783), où le grand géomètre s'est occupé de la recherche des courbes qui sont identiques à une de leurs développées successives, courbes que par ce motif ont été nommées des *courbes d'Euler*. Les pseudo-cycloïdes ont été encore rencontrées par M. Laisant (*Nouvelle Correspondance mathématique*, 1879, p. 209) en cherchant les courbes telles que la somme des puissances de chacun de leurs points, par rappor à n cercles donnés, situés sur le même plan, varie proportionnellement au carré de la longueur de l'arc; et plus tard ce savant géomètre les a retrouvées, dans une Communication à l'Association française (1887, p. 25), en cherchant les lignes (C) qui jouissent de la propriété d'avoir pour développées successives trois courbes (C_1), (C_2) et (C_3), telles que, si M est un point quelconque de (C), et si M_1, M_2 et M_3 sont les centres de courbure de (C), (C_1) et (C_2), correspondant aux points M, M_1 et M_2, le centre de courbure de (C_3), correspondant au point M_3, soit M.

Les mêmes courbes ont été encore obtenues par Cesàro (*Mathesis*, 1887, p. 25), en cherchant une ligne (C) telle que l'enveloppe des cercles tangents ayant pour diamètres ses rayons de courbure soit une courbe inverse de (C). M. Mennesson avait antérieurement démontré que les épicycloïdes jouissent de cette propriété.

Il résulte immédiatement des équations (1) et (2) que, si l'une ou l'autre des courbes définies par ces équations roule sur une droite, le lieu du centre de courbure du point de contact est une hyperbole. L'axe réel de cette hyperbole coïncide avec la droite, si la courbe est définie par l'équation (1), et il est perpendiculaire à cette droite, si la courbe correspond à l'équation (2).

612. Étudions premièrement la courbe correspondant à équation (1), et, pour cela, prenons pour axe des abscisses la tangente AX *(fig. 145)* au point A où s prend la valeur a.

L'angle φ que la tangente à un point quelconque fait avec AX est déterminé par l'équation

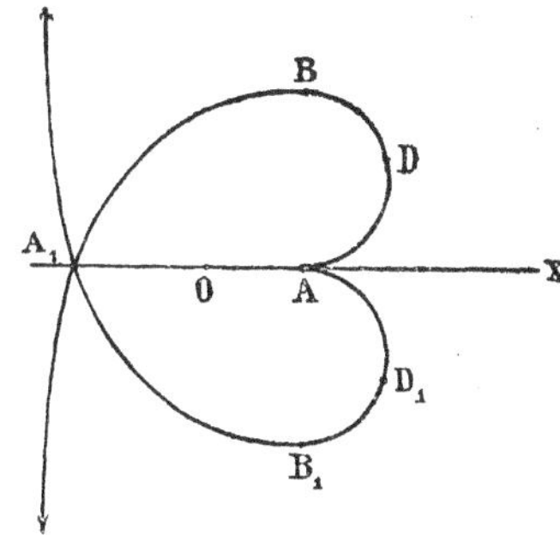

Fig. 145

$$(3) \quad \varphi = \int_a^s \frac{ds}{R} = k \int_a^s \frac{ds}{\sqrt{s^2 - a^2}} = k \log \frac{s + \sqrt{s^2 - a^2}}{a},$$

et on a pourtant

$$s = \frac{a}{2}\left(e^{\frac{\varphi}{k}} + e^{-\frac{\varphi}{k}}\right) = a \cosh y \frac{\varphi}{k},$$

$$R = \frac{a}{2k}\left(e^{\frac{\varphi}{k}} - e^{-\frac{\varphi}{k}}\right) = \frac{a}{k} \sinh y \frac{\varphi}{k}.$$

En prenant pour origine des coordonnées un point O tel qu'on ait $OA = \frac{a}{k^2 + 1}$, les coordonnées cartésiennes d'un point quelconque de la courbe sont données par les équations

$$x = \int_0^\varphi \cos \varphi \frac{ds}{d\varphi} d\varphi + \frac{a}{k^2 + 1} = \frac{a}{2k} \int_0^\varphi \left(e^{\frac{\varphi}{k}} - e^{-\frac{\varphi}{k}}\right) \cos \varphi \, d\varphi + \frac{a}{k^2 + 1},$$

$$y = \int_0^\varphi \sin \varphi \frac{ds}{d\varphi} d\varphi = \frac{a}{2} \int_0^\varphi \left(e^{\frac{\varphi}{k}} - e^{-\frac{\varphi}{k}}\right) \sin \varphi \, d\varphi,$$

ou

$$(4) \quad \begin{cases} x = \dfrac{ak}{k^2 + 1}\left[\dfrac{1}{k} \cosh y \dfrac{\varphi}{k} \cos \varphi + \sinh y \dfrac{\varphi}{k} \sin \varphi\right], \\ y = \dfrac{ak}{k^2 + 1}\left[\dfrac{1}{k} \cosh y \dfrac{\varphi}{k} \sin \varphi - \sinh y \dfrac{\varphi}{k} \cos \varphi\right]. \end{cases}$$

On peut déterminer au moyen de ces équations la forme de la pseudo-cycloïde considérée. On voit premièrement que, si l'on remplace φ par $-\varphi$, x ne change ni de valeur ni de signe et que y change seulement de signe; par conséquent la courbe est symétrique par rapport à l'axe des abscisses. Le rayon de courbure prend la valeur 0 au point A, où $s = a$, et devient imaginaire aux points voisins correspondant à l'inégalité $s < a$; donc la courbe a un *rebroussement* à A. On voit ensuite au moyen de l'équation (3) et de celle ci:

$$\rho^2 = \frac{a^2 k^2}{(k^2 + 1)^2}\left[\frac{1}{k^2} \cosh y^2 \frac{\varphi}{k} + \sinh y^2 \frac{\varphi}{k}\right],$$

où ρ représente le vecteur d'un point quelconque de la même ligne, que φ et ρ augmentent constamment, quand s croît; pourtant les deux parties ADB... et AD_1B_1 ... de la pseudo-cycloïde font un nombre infini de circonvolutions autour du point O, en s'éloignant constamment de ce point et tendant vers l'infini. Comme le rayon de courbure est fini, quelle que soit la valeur de s, la courbe n'a pas de points d'inflexion.

Soit V l'angle que le vecteur d'un point quelconque de la courbe fait avec la tangente à ce point. Nous avons

$$\operatorname{tang} V = \frac{xy' - yx'}{xx' + yy'} = k \frac{\operatorname{sinhy} \frac{\varphi}{k}}{\operatorname{coshy} \frac{\varphi}{k}};$$

par conséquent, quand φ tend vers l'infini, tang V tend vers k. Il résulte de cette même relation et des égalités précédentes

$$\rho \cos V = \frac{a}{k^2+1} \operatorname{coshy} \frac{\varphi}{k} = \frac{s}{k^2+1},$$

$$\rho \sin V = \frac{a}{k^2+1} \operatorname{sinhy} \frac{\varphi}{k} = \frac{k^2 R}{k^2+1};$$

donc, *la projection du vecteur* ρ *d'un point quelconque de la pseudo-cycloïde sur la tangente à ce point est égale à* $\frac{s}{k^2+1}$, *et la projection du même vecteur sur la normale au même point est égale à* $\frac{k^2 R}{k^2+1}$.

Cherchons la *podaire* de la courbe envisagée, rapportée au pôle O. Pour cela, il faut éliminer x et y entre les équations (4) et celles-ci:

$$Y - y = \operatorname{tang} \varphi (X - x), \quad Y \operatorname{tang} \varphi + X = 0,$$

ce qui donne

$$X = \frac{ka}{k^2+1} \operatorname{sinhy} \frac{\varphi}{k} \sin \varphi, \quad Y = - \frac{ka}{k^2+1} \operatorname{sinhy} \frac{\varphi}{k} \cos \varphi.$$

En faisant maintenant $X = \rho \sin \theta$, $Y = \rho \cos \theta$, on trouve

$$\rho = \frac{ak}{k^2+1} \operatorname{sinhy} \frac{\theta}{k}.$$

Donc, *la podaire de la pseudo-cycloïde représentée par l'équation* (1) *est identique à la spirale des sinus hyperboliques* (n.° 483).

On voit aussi que *la polaire de la même pseudo-cycloïde, par rapport à un cercle ayant le centre à* O, *est identique à la spirale des cosécantes hyperboliques* (n.° 483).

613. Considérons maintenant la courbe correspondant à l'équation

$$k^2 R^2 - s^2 = a^2.$$

On a alors

$$\varphi = k \int_0^s \frac{ds^2}{\sqrt{s^2 + a^2}} = \log \frac{s + \sqrt{s^2 + a^2}}{a},$$

et pourtant

$$s = a \sinh \frac{\varphi}{k}, \quad R = \frac{a}{k} \cosh \frac{\varphi}{k};$$

et, en prenant pour origine des coordonnées le point O, situé sur la perpendiculaire à la tangente au point initial A, à la distance $\frac{a}{k^2+1}$ de ce point, et pour axe des abscisses la parallèle OX à cette tangente, on a aussi

$$x = \frac{ak}{k^2+1} \left[\frac{1}{k} \sinh \frac{\varphi}{k} \cos \varphi + \cosh \frac{\varphi}{k} \sin \varphi \right],$$

$$y = \frac{ak}{k^2+1} \left[\frac{1}{k} \sinh \frac{\varphi}{k} \sin \varphi - \cosh \frac{\varphi}{h} \cos \varphi \right],$$

$$\rho^2 = \frac{a^2 k^2}{(k^2+1)^2} \left[\frac{1}{k^2} \sinh^2 \frac{\varphi}{k} + \cosh \frac{\varphi}{k} \right].$$

On voit au moyen de ces formules, comme dans le cas précédent, que la courbe a la forme indiquée dans la figure 146. Elle est symétrique par rapport à la droite OY et elle fait un nombre infini de circonvolutions autour de l'origine des coordonnées, dans deux sens différents, en s'éloignant constamment de ce point. La courbe possède un point double à V et un sommet à A; et elle n'a pas de points d'inflexion.

On constate aussi, comme dans le cas précédent, que l'angle V formé par la tangente à un point quelconque avec le vecteur de ce point varie depuis $\frac{\pi}{2}$ jusqu'à la valeur déterminée par la relation tang $V = k$, et que les projections de ce vecteur sur cette tangente et sur la normale au même point sont respectivement égales à $\frac{s}{k^2+1}$ et $\frac{k^2 R}{k^2+1}$.

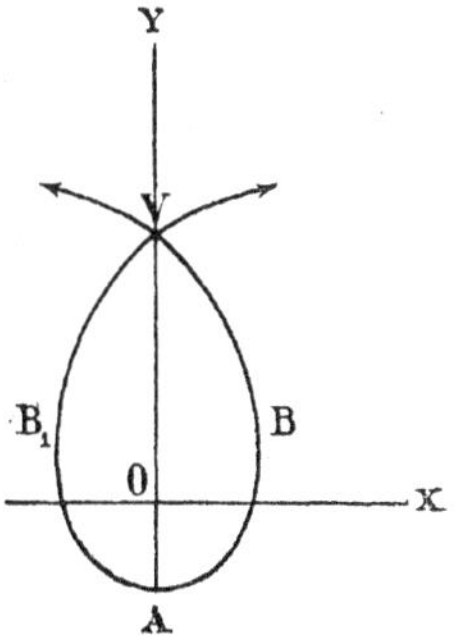

Fig. 146

On voit enfin que les équations de la podaire de la pseudo-cycloïde considérée, rapportée au pôle O, sont

$$X = \frac{ak}{k^2+1} \cosh \frac{\varphi}{k} \sin \varphi, \quad Y = -\frac{ak}{k^2+1} \cosh \frac{\varphi}{k} \cos \varphi,$$

et que pourtant l'équation polaire de cette ligne est

$$\rho = \frac{ak}{k^2+1} \cosh y \frac{\varphi}{k};$$

elle coïncide donc avec *la spirale des cosinus hyperboliques* (n.° 483).

La polaire de la même pseudo-cycloïde est la spirale de Poinsot (n.° 481).

614. En cherchant les développées des pseudo-cycloïdes au moyen des formules générales, on constate que *la développée de la pseudo-cycloïde représentée par l'équation* (1) *est la pseudo-cycloïde correspondant à l'équation* (2) *et que, réciproquement, la développée de celle-ci est celle-là.*

Les courbes envisagées sont donc des solutions du problème d'Euler mentionné ci-dessus.

615. Les pseudo-cycloïdes peuvent être considérées comme épicycloïdes engendrées par des cercles imaginaires, comme l'a fait voir M. Saussure dans un article inséré au tome XVII, p. 269, du *American Journal of Mathematics,* où il a nommé *paracycloïdes* les lignes définies par l'équation (1) et *hipercycloïdes* les lignes définies par l'équation (2).

En remplaçant, en effet, dans l'équation intrinsèque des épicycloïdes

$$R_1^2 s^2 + (R_1 + 2r_1)^2 R^2 = 16 (R_1 + r_1)^2 r_1^2,$$

obtenue au n.° 563, R_1 et r_1 par les valeurs

$$R_1 = -\frac{a}{1+k^2}, \quad r_1 = \frac{a(1-ki)}{2(1+k^2)}, \quad (i = \sqrt{-1})$$

on trouve l'équation (1); et en ramplaçant R_1 et r_1 par les valeurs

$$R_1 = -\frac{ai}{1+k^2}, \quad r_1 = \frac{a(k+i)}{2(1+k^2)},$$

on obtient l'équation (2).

Les courbes représentées par les équations (1) et (2) sont comprises, comme cas particuliers, dans la classe de lignes étudiées par M. Wölffing dans un article inséré au tome XLIV du *Zeitschrift für Mathematik.* Ces lignes sont définies par les équations qui résultent de celles qu'on a employées au n.° 594 pour déterminer les coordonnées des épicycloïdes allongées et raccourcies, en remplaçant R, r, a et α par des valeurs imaginaires, et ont été nommées par ce géomètre *pseudo-trochoïdes.* En déterminant ces quantités de manière que x et y soient réels, il a fait voir que les pseudo-trochoïdes réels peuvent être représentées par les équations

$$x = d_1 \cos h\omega \operatorname{coshy} l\omega + d_2 \sin h\omega \operatorname{sinhy} l\omega,$$

$$y = d_1 \cos h\omega \operatorname{coshy} l\omega - d_2 \cos h\omega \operatorname{sinhy} l\omega,$$

dont il en a déduit les propriétés.

Les lignes définies par ces équations sont encore comprises dans une classe de courbes étudiées par Roth dans le *Reportorium der Physik* (1887).

IX.

La roulette de Delaunay.

616. On désigne sous le nom de *roulette de Delaunay* la ligne décrite par un des foyers d'une ellipse ou d'une hyperbole, quand cette courbe roule sur une droite donnée, ligne qui a été envisagée par cet illustre savant en 1841 dans le *Journal de Liouville* (1.e série, t. VI, p. 209). C'est la plus importante des courbes engendrées par un point du plan d'une conique qui roule sur une droite. Parmi les autres, nous mentionnerons, en passant, celle que décrit le centre de l'ellipse, considérée par Sturm dans le *Journal de Liouville* (1841, p. 318), et celles que décrivent les sommets des coniques, étudiées par M. Brocard, dans un travail inséré à la *Nouvelle Correspondance* (t. II, 1876, p. 373, et t. III, 1877, p. 6 et 33), et par Lane, dans un article publié dans l'*American Journal of Mathematics* (1886, t. VIII, p. 132). M. Brocard a envisagé encore, dans l'écrit mentionné, les roulettes de Delaunay et Sturm, dont il a obtenu les équations par diverses méthodes, et il a proposé, dans le recueil où cet écrit a été inséré, quelques questions relatives aux roulettes des coniques, qui ont été résolues dans le tome VI (1880, p. 325-331).

Supposons que la courbe mobile soit une ellipse AMB (*fig. 147*), dont les demi-axes AC et BC soient respectivement égaux à a et b, et designons par c les distances des foyers F et F′ au centre. On a, en représentant par x' et y' les coordonnées des points de cette ellipse, rapportées aux axes mobiles CX′ et CY′,

$$\frac{x'^2}{a^2} + \frac{y'^2}{b^2} = 1, \quad c = \sqrt{a^2 - b^2}.$$

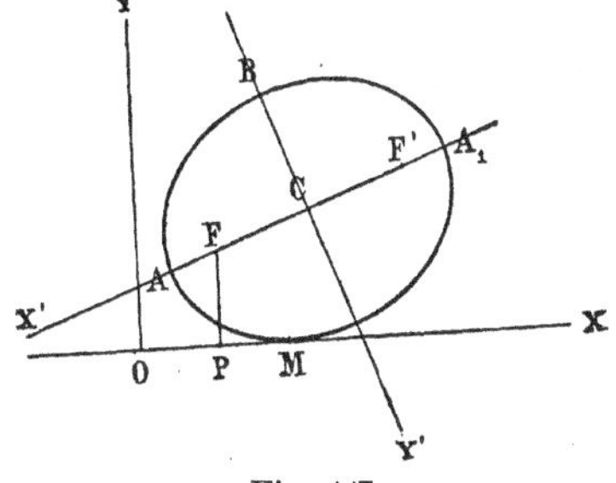

Fig. 147

Supposons encore que les axes des coordonnées

auxquels on veut rapporter la roulette soient la droite OX, sur laquelle roule l'ellipse, et la perpendiculaire OY à cette droite, menée par la position initiale O du sommet A de cette ellipse, et désignons par x et y les coordonnées du foyer F. Nous avons

$$y = \mathrm{FP}, \quad x = \mathrm{OM} - \mathrm{PM} = \operatorname{arc} \mathrm{AM} - \mathrm{PM}.$$

Mais, en déterminant la distance FP entre le foyer F de l'ellipse, dont les coordonnées, rapportées aux axes OX' et OY' sont $(0, c)$, et la tangente OX à la même courbe au point M, dont les coordonnées, rapportées aux mêmes axes, sont (x', y'), on trouve

$$\mathrm{FP} = b\sqrt{\frac{a^2 - cx'}{a^2 + cx'}};$$

et, en tenant compte de la relation $\mathrm{FM} = a - \frac{cx'}{a}$, on a

$$\mathrm{PM} = \sqrt{\overline{\mathrm{FM}}^2 - y^2} = \frac{cyy'}{b^2}.$$

Pourtant

$$x = s' - \frac{cy'y}{b^2}, \quad y = b\sqrt{\frac{a^2 - cx'}{a^2 + cx'}}, \tag{1}$$

où s' représente la longueur de l'arc AM.

Ces équations déterminent les coordonnées x et y des points de la roulette décrite par F en fonction de la quantité arbitraire x'.

Il est évident que le foyer F' décrit une autre courbe, égale à celle qu'engendre le foyer F.

617. Il résulte immédiatement de la définition de la roulette envisagée que cette courbe est composée d'un nombre infini de parties égales à $F_1 F_2 F_3$ *(fig. 148)*. Cet arc commence

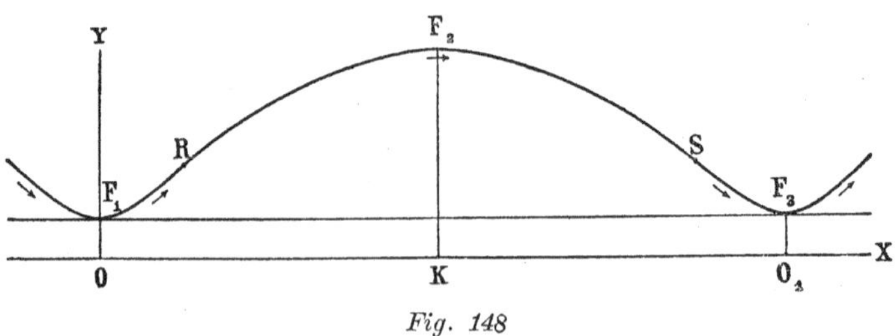

Fig. 148

à un point F_1 situé sur l'axe des ordonnées à la distance $a - c$ de la droite donnée, et possède un axe de symétrie F_2K. Aux points F_1 et F_2 l'ordonnée est maxima et minima, respectivement. La distance F_2K du point F_2 à la droite donnée est égale à $a+c$; et la corde F_1F_3 est égale à la longueur de l'ellipse.

La deuxième des équations (1) et l'équation de l'ellipse donnent ces autres:

$$(2) \qquad x' = \frac{a^2(b^2-y^2)}{c(b^2+y^2)}, \quad y' = \frac{b^2\sqrt{4a^2y^2-(b^2+y^2)^2}}{c(b^2+y^2)},$$

dont il résulte (Serret: *Calcul intégral,* 1880, p. 498).

$$ds' = \sqrt{dx'^2+dy'^2} = \frac{8a^2b^2y^2\,dy}{(b^2+y^2)^2\sqrt{4a^2y^2-(b^2+y^2)^2}},$$

$$\frac{c}{b^2}\,d(yy') = \frac{8a^2b^2y^2-(b^2+y^2)^3}{(b^2+y^2)^2\sqrt{4a^2y^2-(b^2+y^2)^2}}\,dy,$$

et par conséquent

$$(3) \qquad \frac{dx}{dy} = \frac{b^2+y^2}{\sqrt{4a^2y^2-(b^2+y^2)^2}}.$$

Cette égalité détermine le coefficient angulaire de la tangente à la ligne considérée à un point quelconque, et fait voir que les tangentes aux points F_1 et F_2 sont parallèles à la droite OX. On en déduit encore, en tenant compte de la deuxième des équations (2), que l'équation de la normale à la courbe au point F *(fig. 147)* peut être représentée par l'équation

$$cy'(Y-y)+b^2(X-x)=0,$$

dont il résulte, en posant $Y=0$,

$$X = x+\frac{cyy'}{b^2} = OP+PM = OM;$$

donc la normale à la courbe au point F passe par le point M. Ce résultat est d'accord avec un théorème général de Descartes déjà mentionné en d'autres occasions. Il est à remarquer que, en admettant ce théorème, on peut éviter le calcul par lequel on a déduit l'équation (3) des relations (1), puisqu'on peut déterminer l'équation de la normale par la condition de cette droite passer par les points F et M, et en déduire ensuite l'égalité $\frac{dy}{dx}=\frac{cy'}{b^2}$, dont il résulte l'équation (3).

En dérivant l'équation (3) par rapport à y, on obtient celle-ci:

$$(4) \qquad \frac{d^2x}{dy^2} = \frac{4a^2y(y^2-b^2)}{\left[4a^2y^2-(b^2+y^2)^2\right]^{\frac{3}{2}}},$$

d'où il résulte que la courbe possède des points d'inflexion, qui coïncident avec les points où elle est coupée par la parallèle à OX située à la distance b de cette dernière droite. Comme on a $x'=0$ et $y'=b$, quand $y=b$, on voit que l'abscisse du point d'inflexion R *(fig. 148)*, que la courbe possède dans l'arc F_1F_2, est égale à la longueur d'un quart de l'ellipse, et que le coefficient angulaire de la tangente à ce point est égal à $\frac{c}{b}$.

618. Le rayon de courbure de la roulette de Delaunay a pour expression

$$R=\frac{2ay^2}{y^2-b^2},$$

et la longueur de la normale cette autre:

$$N=\frac{2ay^2}{y^2+b^2}.$$

Pourtant R et N sont liés par la relation, remarquée par Delaunay,

$$\frac{1}{R}+\frac{1}{N}=\frac{1}{a}.$$

619. La longueur de l'arc de la courbe compris entre le point F_1 et le point (x, y) est déterminée par l'équation

$$s=\int_{a-c}^{y}\frac{2ay\,dy}{\sqrt{4a^2y^2-(b^2+y^2)^2}}=2a\operatorname{arctang}\sqrt{\frac{y^2-(a-c)^2}{(a+c)^2-y^2}}.$$

En particulier, la longueur de l'arc F_1F_2 est égale à $a\pi$.

On peut déduire aisément de cette formule l'*équation intrinsèque* de la roulette considérée. En effet, on peut mettre cette équation sous la forme

$$y^2-(a-c)^2=[(a+c)^2-y^2]\operatorname{tang}^2\frac{s}{2a},$$

ou

$$y^2+4ac\cos^2\frac{s}{2a}-(a+c)^2=0,$$

ou, en tenant compte de l'expression du rayon de courbure R,

$$cR\left(c-a\cos\frac{s}{a}\right)=a\left(a^2-2ac\cos\frac{s}{a}+c^2\right).$$

Cette équation a été employée par Cesàro, pour étudier la courbe considérée, dans les *Nouvelles Annales de Mathématiques* (1888, p. 219) et dans ses *Lezioni di Geometria intrinseca* (1896, p. 69).

620. L'aire de l'espace compris entre la courbe, l'axe des abscisses, la droite OF_1 et l'ordonnée du point (x, y) peut être calculée par la formule

$$A = \int_{a-c}^{y} \frac{(b^2+y^2)\,y\,dy}{\sqrt{4a^2y^2-(b^2+y^2)^2}} = 2a^2 \int_{a-c}^{y} \frac{y\,dy}{\sqrt{4a^2y^2-(b^2+y^2)^2}} - \frac{1}{2}\sqrt{4a^2y^2-(b^2+y^2)^2},$$

qui donne

$$A = \frac{1}{2}\left[2as - \sqrt{4a^2y^2-(b^2+y^2)^2}\right].$$

En particulier, l'aire de l'espace compris entre la courbe et les droites OO_1, OF_1 et O_1F_3 est égale à $2\pi a^2$.

621. Pour étudier la roulette engendrée par le foyer situé à l'intérieur d'une des branches d'une hyperbole, quand cette branche roule sur une droite, il suffit de changer dans les formules précédentes b^2 en $-b^2$. Alors la courbe n'a pas de points d'inflexion, et les tangentes aux points où $y = b$ sont perpendiculaires à la droite donnée.

En changeant en même temps b^2 en $-b^2$ et c en $-c$ dans les formules précédentes, on obtient celles qui se rapportent à la courbe décrite par le foyer extérieur à la branche de l'hyperbole qui roule sur la droite donnée.

Si la conique donnée est la parabole définie par l'équation $y'^2 = 4ax'$, on trouve au moyen d'une analyse semblable à celle du n.° 616, en observant que l'expression de la longueur s' de l'arc de cette parabole compris entre le sommet et le point (x', y') est

$$s' = \frac{y'}{4a}\sqrt{4a^2+y'^2} + a\log\frac{y'+\sqrt{4a^2+y'^2}}{2a},$$

que la roulette du foyer est représentée par les équations

$$x = a\log\frac{y'+\sqrt{4a^2+y'^2}}{2a}, \quad y = \frac{1}{2}\sqrt{4a^2+y'^2},$$

qui donnent

$$y = \frac{a}{2}\left(e^{\frac{x}{a}} + e^{-\frac{x}{a}}\right).$$

Donc, *la roulette engendrée par le foyer d'une parabole, en roulant sur une droite, est identique à la chaînette.*

(Fl. DD)

*

Cette propriété de la chaînette a été communiquée par Bobillier à Catalan en 1836 (*Nouvelle Correspondance,* t. II, 1876, p. 381).

622. Considérons un cercle tangent à la droite F_1F_3 (*fig. 148*) au point F_1 et situé au-dessous de cette droite, et supposons que le diamètre de ce cercle soit égal au grand axe de l'ellipse génératrice de la courbe $F_1F_2F_3$ (ou à l'axe réel de l'hyperbole, dans le cas de la roulette hyperbolique). Si ensuite on fait rouler ce cercle sur la courbe $F_1F_2F_3$, le point du plan du cercle considéré coïncidant avec F_1 décrit la droite F_1F_3. Cette proposition est due à M. Habich, qui l'a publiée dans *Mathesis* (1886, p. 103). Elle est une conséquence de cette proposition générale de la théorie des roulettes, donnée par le même géomètre dans le recueil mentionné (1882, p. 145): *Si une courbe plane* (C) *roule sur une droite* (D), *et si* (C_1) *est la roulette décrite par un point* P *du plan de cette courbe, la droite* (D) *peut être décrite par le point* P *du plan de la podaire de* (C), *par rapport à* P, *en roulant sur* (C_1).

Pour appliquer ce théorème, il suffit de remarquer qu'il résulte des équations écrites au n.° 266 que la podaire de l'ellipse ou de l'hyperbole, par rapport à un foyer, se réduit à un cercle de rayon nul et à un autre de rayon respectivement égal au grand axe de l'ellipse ou à l'axe réel de l'hyperbole.

En appliquant le même théorème à la roulette parabolique, c'est-à-dire à la chaînette, et en observant qu'il résulte de l'équation des podaires de la parabole (n.° 30) que la podaire d'une parabole par rapport au foyer se réduit à un cercle de rayon nul et à la tangente à cette parabole au sommet, on retrouve la proposition démontrée au n.° 412.

Nous signalerons encore, en passant, une autre application du théorème de M. Habich. Comme la podaire de la *courbe de Talbot,* par rapport au centre, est une ellipse ayant le même centre (n.° 374), il résulte du théorème mentionné que la courbe sur laquelle doit rouler une ellipse, pour que son centre parcoure une droite, est identique à la roulette décrite par le centre de la courbe de Talbot, en roulant sur une droite. L'équation de cette roulette a été obtenue par M. Greenhill dans l'excellent ouvrage: *Les fonctions elliptiques et leurs applications,* traduit en français par M. Griess (Paris, 1895, p. 104).

623. Les lignes qu'on vient d'étudier ont été rencontrées par Delaunay, en cherchant les surfaces de révolution à courbure moyenne constante. Les rayons de courbure principaux de ces surfaces sont, en chaque point, le rayon de courbure de la section méridienne passant par ce point et le segment de la normale compris entre le même point et l'axe de la surface; pourtant, en représentant par R et N ce rayon et ce segment, le problème mentionné se traduit par l'équation

$$\frac{1}{R}+\frac{1}{N}=\frac{1}{a},$$

et il en résulte que les surfaces de révolution dont les courbes méridiennes sont des roulettes de Delaunay, satisfont à ce problème.

Nous pouvons ajouter qu'il n'existe pas d'autres surfaces qui satisfassent à ce problème.

En effet, l'équation précédente est équivalente à l'équation différentielle

$$y\frac{d^2x}{dy^2}+\frac{dx}{dy}\left[1+\left(\frac{dx}{dy}\right)^2\right]=\frac{y}{a}\left[1+\left(\frac{dx}{dy}\right)^2\right]^{\frac{3}{2}},$$

et cette équation coïncide avec celle qu'on obtient en éliminant b entre les équations (3) et (4).

Les surfaces de révolution à courbure moyenne constante ont été étudiées encore par Lindelöf, en 1863, dans les Mémoires de la Société des Sciences de Finlande. Il a désigné les roulettes elliptiques et les roulettes hyperboliques de Delaunay sous le nom de *chaînettes elliptiques* et de *chaînettes hyperboliques;* la roulette du foyer de la parabole coïncide, comme on l'a vu, avec la *chaînette* ordinaire, que le même géomètre a appelée *chaînette parabolique.*

624. Les courbes qu'on vient de considérer sont encore les solutions du problème suivant, résolu aussi par Delaunay: déterminer, parmi les courbes planes comprises entre deux points donnés et engendrant des solides de volume égal, quand elles tournent autour d'un axe, situé dans le même plan, celle qui engendre la surface d'aire minima.

Pour résoudre ce problème, il suffit d'appliquer la méthode des variations à l'intégrale

$$\int_{x_0}^{x_1} y\sqrt{1+\left(\frac{dy}{dx}\right)^2}\,dx,$$

en tenant compte de l'équation:

$$\int_{x_0}^{x_1} y^2\,dx=\text{const.}$$

On trouve ainsi (Serret: *Calcul intégral,* 1880, p. 733) l'équation différentielle

$$dx=\frac{(y^2\pm b^2)\,dy}{\sqrt{4a^2y^2-(y^2\pm b^2)^2}},$$

qui représente les roulettes de Delaunay.

CHAPITRE XI.

SUR DIVERSES CLASSES DE COURBES.

I.

Les perles de Sluse.

625. Pascal et Sluse ont donné le nom de *perles* aux courbes définies par l'équation

$$y^n = k(a-x)^p x^m, \tag{1}$$

où m, n et p désignent des nombres entiers positifs.

On trouve la première mention de ces lignes dans trois lettres adressées par Sluse à Huygens le 14 août 1657, le 8 janvier 1658 et le 12 avril 1658, et dans une autre adressée par le même géomètre à Pascal le 6 avril 1658, lettres qui ont été publiées et commentées par M. Le Paige dans le *Bulletino* de Boncompagni (t. XVII, 1884). Dans cette dernière lettre, Sluse attribue à Pascal l'invention de ces courbes, et lui communique qu'il en a déterminé les tangentes, et, en quelques cas, les dimensions des aires, la position des centres de gravité de ces aires, et le volume des solides de révolution autour de l'axe des abscisses. Dans la réponse à cette lettre, du 10 décembre de la même année, Pascal (*Oeuvres,* éd. Hachette, t. III, p. 444) communique à Sluse qu'il a obtenu au moyen des perles le volume d'un certain solide, qui sera considéré dans le chapitre consacré à l'*hélice conique*. La méthode employée par Sluse pour déterminer les tangentes aux perles, a été exposée par ce même géomètre dans une autre lettre adressée à Pascal le 29 juin 1658; elle est une application d'une méthode générale des tangentes inventée par l'éminent géomètre de Liège vers 1662 (Le Paige, l. c.).

La forme de chaque perle dépend des valeurs des constantes m, n et p, qui figurent dans l'équation (1).

Comme

$$y' = \frac{\sqrt[n]{k}}{n} x^{\frac{m}{n}-1} (a-x)^{\frac{p}{n}-1} [am-(p+m)x] = \frac{y\,[am-(p+m)x]}{nx\,(a-x)},$$

on voit que chaque perle coupe l'axe des abscisses aux points où $x=0$ et $x=a$, et que la tangente au premier de ces points est parallèle à l'axe des abscisses quand $m>n$, et à l'axe des ordonnées si $m<n$; la tangente au deuxième point est parallèle à l'axe des abscisses quand $p>n$, et à l'axe des ordonnées si $p<n$. La tangente est encore parallèle à l'axe des abscisses au point où $x=\frac{ma}{m+p}$.

En représentant par S_t la sous-tangente, on a la relation

$$S_t = \frac{nx\,(a-x)}{ma-(p+m)x},$$

d'où il résulte une manière de construire les tangentes à la courbe. C'est au moyen de la sous-tangente que Sluse a déterminé les tangentes aux perles.

626. L'aire de l'espace compris entre un arc d'une perle, l'axe des abscisses et deux parallèles à l'axe des ordonnées passant par les points dont les abscisses sont x_0 et x_1, est déterminée par l'égalité

$$A = \sqrt[n]{k} \int_{x_0}^{x_1} (a-x)^{\frac{p}{n}} x^{\frac{m}{n}}\, dx;$$

cette aire peut donc être exprimée par des fonctions élémentaires quand un des nombres $\frac{m}{n}$, $\frac{p}{n}$ ou $\frac{m+p}{n}$ est entier.

Le volume V du solide engendré par l'aire qu'on vient de considérer, en tournant autour de l'axe des abscisses, peut être obtenu au moyen de la formule

$$V = \pi k^{\frac{2}{m}} \int_{x_0}^{x_1} (a-x)^{\frac{2p}{n}} x^{\frac{2m}{n}}\, dx;$$

le calcul de ce volume dépend donc du calcul des fonctions élémentaires quand un des nombres $\frac{2p}{n}$, $\frac{2m}{n}$ ou $\frac{2(m+p)}{n}$ est entier

Les coordonnées (x', y') du centre gravité de la même aire sont déterminées par les équations

$$Ax' = \sqrt[n]{k} \int_{x_0}^{x_1} (a-x)^{\frac{p}{n}} x^{\frac{m}{n}+1}\, dx, \quad Ay' = \frac{1}{2}\sqrt[n]{k^2} \int_{x_0}^{x_1} (a-x)^{\frac{2p}{n}} x^{\frac{2m}{n}}\, dx,$$

et peuvent être obtenues au moyen des fonctions élémentaires, quand A est calculable au moyen de ces fonctions.

Les problèmes de la quadrature des perles, du calcul du volume V et de la détermination du centre de gravité de leurs aires coïncident donc avec celui de l'intégration des différentielles binômes. On a déjà dit que Sluse a résolu les trois problèmes géométriques mentionnés, en quelques cas; il a ainsi résolu aussi implicitement ce problème analytique.

627. Parmi les courbes définies par l'équation (1), celle qui correspond à l'équation

$$y^n = kx^n (a - x)$$

offre un intérêt spécial. Cette dernière ligne a été appelée par Pascal *perle du* $n+1^e$ *ordre.*

Si n est un nombre *pair*, la courbe a la forme indiquée dans la figure 149. Elle est symétrique par rapport à l'axe des abscisses et coupe cet axe au sommet A, dont la distance à l'origine O est égale à a. L'abscisse du point B où l'ordonnée prend la plus grande valeur, est égale à $\frac{na}{n+1}$. La courbe a un point multiple d'ordre n à O, où se coupent deux arcs réels et $n-2$ arcs imaginaires; les coefficients angulaires des tangentes à ce point sont égaux à $n(ka)^{\frac{1}{n}}$. En outre, la courbe s'étend jusqu'à l'infini dans le sens des abscisses négatives, et elle ne possède pas de points d'inflexion réels.

Si n est *impair*, la courbe a la forme indiquée dans la figure 150. Le segment OA est égal à a, et l'abscisse du point B, où l'ordonnée est maxima, est égale à $\frac{na}{n+1}$. Dans ce

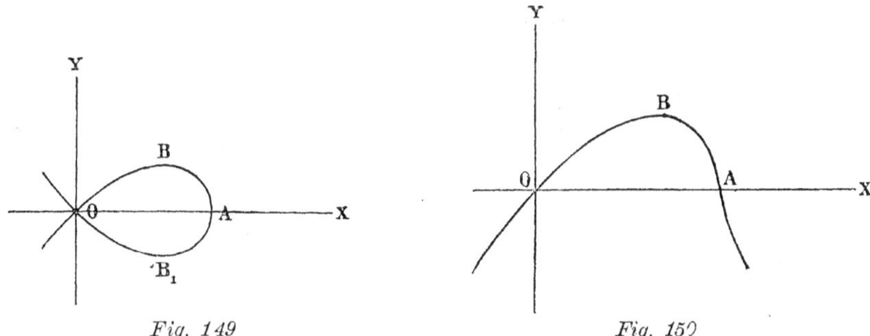

Fig. 149 *Fig. 150*

cas la perle s'étend jusqu'à l'infini dans les sens des abscisses positives et négatives, et coupe à un seul point réel chaque parallèle à l'axe des ordonnées. Elle possède un point d'inflexion réel, dont l'abscisse est égale à $\frac{2na}{1+n}$.

La tangente au point (x, y) coupe l'axe des ordonnées au point où l'ordonnée prend la valeur $\frac{xy}{n(a-x)}$.

La valeur de l'aire A peut être calculée, dans le cas de ces perles particulières, par l'équation

$$A = h^{\frac{1}{n}} \left\{ (a-x_1)^{\frac{n+1}{n}} \left[\frac{n}{2n+1}(a-x_1) - \frac{na}{n+1} \right] - (a-x_0)^{\frac{n+1}{n}} \left[\frac{n}{2n+1}(a-x_0) - \frac{na}{n+1} \right] \right\},$$

d'où il résulte que l'aire A_1 de l'espace OBA *(fig. 149* et *150)* a la valeur

$$A_1 = \frac{nk^{\frac{1}{n}}}{(n+1)(2n+1)} a^{\frac{2n+1}{n}}.$$

628. Les perles de Sluse sont comprises parmi les lignes représentées par l'équation

$$y = kx^{\alpha}(a-x)^{\beta},$$

où α et β sont des nombres positifs. Si α et β sont rationnels, la courbe est algébrique, et dans le cas contraire elle est transcendante. Dans tous les cas, cette courbe passe par les points ayant pour abscisses 0 et *a,* et l'aire de l'espace comprise entre la même courbe et la corde qui joint ces points est déterminée par l'éqnation

$$A = k\int_0^a x^{\alpha}(a-x)^{\beta}\,dx = ka^{\alpha+\beta+1}\int_0^1 t^{\alpha}(1-t)^{\beta}\,dt$$

$$= ka^{\alpha+\beta+1}\,.\,\frac{\Gamma(\alpha+1)\,\Gamma(\beta+1)}{\Gamma(\alpha+\beta+2)},$$

où Γ représente la fonction *gamma.*

De même, le volume V du solide engendré par cet espace, en tournant autour de l'axe des abscisses, a pour expression:

$$V = \pi k^2 \int_0^a x^{2\alpha}(a-x)^{2\beta}\,dx = \pi k^2 a^{2(\alpha+\beta)+1}\,\frac{\Gamma(2\alpha+1)\,\Gamma(2\beta+1)}{\Gamma[2(\alpha+\beta)+1]}.$$

629. Parmi les perles sont comprises les courbes correspondant aux équations

$$ax^2 - x^3 = b^2 y, \quad ax^3 - x^4 = a^2 y^2, \quad ax^3 - x^4 = y^4,$$

lesquelles ont été spécialement étudiées par Sluse, Huygens et Schooten en quelques lettres qu'on peut voir dans le tome II des *Oeuvres de Huygens.* Les courbes représentées par la première et la deuxième de ces équations ont été déjà envisagées, sous le nom de *parabole cubique* et de *quartique piriforme,* aux n.ºs 520 et 308.

II.

La courbe de Jean Bernoulli.

630. Parmi les problèmes inverses de ceux des tangentes étudiés par les géomètres dans les premiers temps après l'invention de la méthode différentielle, figure celui qui suit, proposé par Jean Bernoulli en 1693 dans les *Acta eruditorum:*

Déterminer la courbe dont la longueur de la tangente soit proportionnelle à l'abscisse du point où cette droite coupe l'axe des abscisses.

Ce problème a été étudié par Jacques Bernoulli, L'Hospital et Huygens en 1693 et 1694 dans les *Acta eruditorum*. On peut encore voir la solution de Jacques Bernoulli dans le tome I, p. 574, et tome II, p. 1082, de ses *Opera,* et celle de L'Hospital dans le volume correspondant à 1693 des *Mémoires de l'Académie des Sciences de Paris.* La solution de Huygens ainsi que la méthode employée pour l'obtenir, ont été reproduites dans le tome X, p. 500-508, des *Oeuvres* de ce grand géomètre. On trouve encore dans ce volume plusieurs lettres intéressantes sur cette question que L'Hospital et Huygens se sont adressées l'un à l'autre.

L'équation qui traduit le problème est

$$y^2 (dx^2 + dy^2) = m^2 (xdy - ydx)^2,$$

m étant une quantité positive constante. En posant, comme L'Hospital, $x = uy$, cette équation prend la forme

$$(u^2 + 1)\, dy^2 + 2yu\, du\, dy + (1 - m^2)\, y^2\, du^2 = 0,$$

ou

$$\frac{dy}{y} = -\frac{udu}{u^2+1} + \frac{\sqrt{m^2 u^2 + m^2 - 1}}{u^2+1}\, du.$$

On a donc

$$\log y = -\log\sqrt{u^2+1} + \int \frac{\sqrt{m^2 u^2 + m^2 - 1}}{u^2+1}\, du + \log c. \tag{1}$$

Mais, en posant maintenant $u^2 = z$ et ensuite

$$\frac{m^2 z + m^2 - 1}{m^2 z} = t^2,$$

il vient

$$\int \frac{\sqrt{m^2 u^2 + m^2 - 1}}{u^2+1}\, du = \frac{1}{2} \log \frac{mt-1}{mt+1} - \frac{m}{2} \log \frac{t-1}{t+1}.$$

La courbe peut donc être représentée par les équations

$$(2) \qquad x = \frac{c_1}{m} \cdot \frac{\sqrt{m^2-1}}{mt+1} \left(\frac{t+1}{t-1}\right)^{\frac{m}{2}}, \quad y = c_1 \frac{\sqrt{t^2-1}}{mt+1} \left(\frac{t+1}{t-1}\right)^{\frac{m}{2}},$$

c_1 étant une constante arbitraire. Ces équations déterminent les coordonnées x et y des points de la courbe en fonction du paramètre arbitraire t. En posant

$$v^2 = \frac{t+1}{t-1},$$

on peut donner encore à ces équations la forme

$$y = C \frac{v^{m+1}}{(m+1)v^2 + m - 1}, \qquad x = \frac{\sqrt{m^2-1}\,(v^2-1)}{2mv} y,$$

ou enfin, en faisant

$$(m^2-1)\,v^2 = v_1^2,$$

celle-ci:

$$y = C_1 \frac{v_1^{m+1}}{v_1^2 + (m-1)^2}, \quad x = \frac{v_1^2 - m^2 + 1}{2mv_1} y.$$

On voit au moyen de ces équations que la courbe est algébrique quand m est un nombre rationnel. En posant dans ce cas $v_1 = v_2^q$, q étant le dénominateur de m, on voit que la courbe est alors *unicursale.*

Si m est un nombre irrationnel, la courbe est transcendante.

On voit au moyen de ces mêmes équations que, si $m < 1$, x tend vers l'infini et y vers zéro, quand v_1 tend vers l'infini; donc, dans ce cas, l'axe des abscisses est une asymptote de la courbe.

Huygens (*Oeuvres,* t. X, p. 536, 552, 555) a reconnu que la courbe considérée possède des points de rebroussement réels quand $m < 1$, et il a donné une méthode pour les déterminer. Pour obtenir la valeur que v_1 prend dans chacun de ces points, il suffit de remarquer qu'il résulte de l'équation différentielle de la courbe la condition suivante pour que $\frac{dx}{dy}$ ait deux valeurs égales :

$$z = \frac{1-m^2}{m^2},$$

ou

$$v_1 = \pm\sqrt{1-m^2}.$$

Les coordonnées des points de rebroussement sont donc

$$y = C_1 \frac{(1-m^2)^{\frac{m+1}{2}}}{2(1-m)}, \quad x = C_1 \frac{(1-m^2)^{\frac{m}{2}+1}}{2m(1-m)},$$

et ces points sont réels quand $m < 1$, et imaginaires si $m > 1$.

On a aussi, à ces points,

$$\frac{dy}{dx} = -\frac{(1-m^2)\,y}{m^2 x} = -\frac{\sqrt{1-m^2}}{m};$$

donc le rapport de l'abscisse de chaque point de rebroussement et du segment de la tangente à ce point compris entre le point de contact et l'axe des ordonnées, est égal à m (Huygens: l. c., p. 552).

L'équation (1) donne

$$\log\sqrt{x^2+y^2} = \int \frac{\sqrt{m^2u^2+m^2-1}}{u^2+1} + \log c = \log c\left(\frac{mt-1}{mt+1}\right)^{\frac{1}{2}}\left(\frac{t+1}{t-1}\right)^{\frac{m}{2}}.$$

Donc l'équation polaire de la courbe de Bernoulli est

$$\rho = c\left(\frac{\sqrt{m^2-\sin^2\theta}-\cos\theta}{\sqrt{m^2-\sin^2\theta}+\cos\theta}\right)^{\frac{1}{2}}\left(\frac{\sqrt{m^2-\sin^2\theta}+m\cos\theta}{\sqrt{m^2-\sin^2\theta}-m\sin\theta}\right)^{\frac{m}{2}}. \tag{3}$$

III.

Les épis.

631. Les lignes définies par l'équation

$$\rho = \frac{a}{\sin m\theta}$$

ont été nommées par M. Aubry les *épis* (*Journal de Mathématiques spéciales,* 1895, p. 201); elles sont *inverses* des rosaces (n.° 604).

Quand θ varie depuis 0 jusqu'à $\frac{\pi}{2m}$, ρ décroît depuis ∞ jusqu'à a, et quand θ varie ensuite de $\frac{\pi}{2m}$ à $\frac{\pi}{m}$, ρ croît depuis a jusqu'à ∞. Le point décrivant parcourt donc la branche infinie BAC (*fig.* 151), dont OA est un axe de symétrie, et dont les droites OX et OD sont des asymptotes. L'angle formé par ces asymptotes est égal à $\frac{\pi}{m}$. Une autre branche de la courbe correspond aux valeurs de θ comprises entre $\frac{\pi}{m}$ et $\frac{2\pi}{m}$. En général, à chaque couple de nombres successifs de la suite

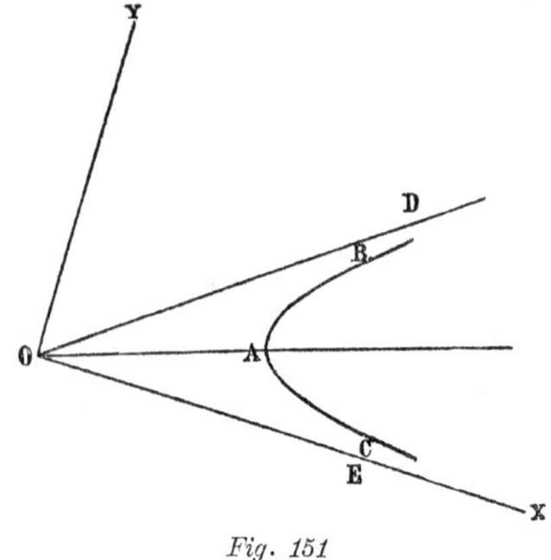

Fig. 151

$$\ldots, \quad -\frac{3\pi}{m}, \quad -\frac{2\pi}{m}, \quad -\frac{\pi}{m},$$
$$0, \quad \frac{\pi}{m}, \quad \frac{2\pi}{m}, \quad \frac{3\pi}{m}, \quad \ldots$$

correspond une branche de la courbe.

En procédant comme au n.° 553, on voit que ces courbes sont *algébriques* quand m est un nombre *rationnel*, et qu'elles sont *trancendantes* quand m est *irrationnel*. Dans le premier cas, si $m=\frac{h}{k}$, on voit comme au n.° 605 que le nombre des branches est égal à h si les entiers h et k sont *impairs*, et que ce nombre est égal à $2h$ quand l'un de ces entiers est *pair* et l'autre *impair*. Si m est irrationnel, le nombre des branches est infini.

632. L'équation de la tangente à une des courbes considérées au point (θ_1, ρ_1), rapportée aux coordonnées polaires, est

$$\frac{a}{\rho}=\sin m\theta_1 \cos(\theta-\theta_1)+m\cos m\theta_1 \sin(\theta-\theta_1).$$

Cette équation, en faisant $\theta=\theta_1+m\theta_1$, donne la relation

$$\frac{a}{\rho}=\frac{1+m}{2}\sin 2m\theta_1,$$

qui détermine le vecteur du point où la tangente coupe la droite passant par l'origine et formant un angle égal à $\theta_1+m\theta_1$ avec l'axe des abscisses.

633. Le rayon de courbure des épis est déterminé par l'équation

$$R=\frac{a(\sin^2 m\theta+m^2\cos^2 m\theta)^{\frac{3}{2}}}{(1-m^2)\sin^4 m\theta},$$

dont il résulte que ces courbes n'ont pas de points d'inflexion à distance finie. La valeur que ce rayon prend aux sommets de ces courbes est

$$R = \frac{1}{1-m^2},$$

et la valeur qu'il prend aux points où $\theta = \pm\frac{\pi}{4m}, \pm\frac{5\pi}{4m}, \pm\frac{9\pi}{4m}, \ldots$ est

$$R = \frac{a(1+m^2)^{\frac{3}{2}}\sqrt{2}}{1-m^2}.$$

34. L'aire balayée par le vecteur d'une des mêmes lignes, quand θ varie de AOX, égal à $\frac{\pi}{2m}$, jusqu'à θ_1, est déterminée par l'équation

$$A = \frac{a^2}{2}\int_{\frac{\pi}{2m}}^{\theta_1} \frac{d\theta}{\sin^2 m\theta} = -\frac{a^2}{2m}\cot m\theta_1;$$

si $\theta_1 = \frac{3\pi}{4m}$, on a $A = \frac{a^2}{2m}$.

La rectification des épis dépend des intégrales elliptiques de première et de deuxième espèce, comme on va le voir.

On a

$$ds = \frac{am}{\sin^2 m\theta}\sqrt{1 - \frac{m^2-1}{m^2}\sin^2 m\theta}\,.\,d\theta,$$

ou, en faisant $m\theta = \omega$, $\frac{m^2-1}{m^2} = k^2$,

$$ds = \frac{a}{\sin^2\omega}\sqrt{1-k^2\sin^2\omega}\,.\,d\omega.$$

En tenant compte maintenant de l'identité

$$\frac{d\left[\cot\omega\sqrt{1-k^2\sin^2\omega}\right]}{d\omega} = -\frac{\sqrt{1-k^2\sin^2\omega}}{\sin^2\omega} - \frac{k^2-1}{\sqrt{1-k^2\sin^2\omega}} - \sqrt{1-k^2\sin^2\omega},$$

on peut mettre l'expression de ds sous la forme

$$ds = -a\,d(\cot\omega\sqrt{1-k^2\sin^2\omega}) - a(k^2-1)\frac{d\omega}{\sqrt{1-k^2\sin^2\omega}} - a\sqrt{1-k^2\sin^2\omega}\,d\omega.$$

Pourtant *la longueur s des arcs des épis dépend d'une intégrale elliptique de première espèce et d'une autre de deuxième espèce.*

Si $m^2 < 1$, k est imaginaire; mais, en posant $m\theta = \frac{\pi}{2} - \tau$, on a

$$ds = -\frac{a}{m\cos^2\tau}\sqrt{1 - k^2\sin^2\tau}\,d\tau, \quad k^2 = 1 - m^2,$$

et, puisque

$$\frac{d\left[\operatorname{tang}\tau\sqrt{1 - k^2\sin\tau}\right]}{d\tau} = \frac{\sqrt{1 - k^2\sin^2\tau}}{\cos^2\tau} - \frac{1}{\sqrt{1 - k^2\sin^2\tau}} + \sqrt{1 - k^2\sin^2\tau},$$

il vient

$$ds = -\frac{a}{m}\left\{d\left(\operatorname{tang}\tau\sqrt{1 - k^2\sin^2\tau}\right) + \frac{d\tau}{\sqrt{1 - k^2\sin^2\tau}} - \sqrt{1 - k^2\sin^2\tau}\,d\tau\right\},$$

où k est réel.

IV.

Les noeuds. Les courbes de Descartes.

635. Les lignes définies par l'équation polaire

$$\rho = a \operatorname{tang} m\theta \tag{1}$$

ont été rencontrées par La Gournerie dans ses recherches sur les lignes asymptotiques des hélicoïdes gauches, publiées en 1851 dans le *Journal de l'École Polytechnique de Paris* (cah. XXXIV, p. 92), dont elles sont des projections. Ces courbes ont été nommées les *noeuds* par M. Aubry dans le *Journal de Mathématiques spéciales* (1895, p. 201). On peut les désigner aussi sous le nom de *tangentoïdes polaires*. Parmi ces lignes sont comprises le *cappa,* qui correspond à $m = 1$, et la *strophoïde* droite, qui correspond à $m = \frac{1}{2}$.

La forme de chacune des courbes représentées par l'équation (1) dépend de la valeur de m. Quand θ varie depuis $-\frac{\pi}{2m}$ jusqu'à $\frac{\pi}{2m}$, ρ croît depuis $-\infty$ jusqu'à ∞, et le point générateur de la courbe en décrit une branche infinie, tangente à l'axe des abscisses à l'origine, et symétrique par rapport à l'axe des ordonnées.

L'équation générale des asymptotes des courbes planes, rapportée aux coordonnées polaires, a pour équation

$$\frac{1}{\rho} = f'(\alpha)\sin(\theta - \alpha),$$

α représentant les racines de l'équation $f(\theta)=0$, et $\rho=\frac{1}{f(\theta)}$ étant l'équation de la courbe. En appliquant cette proposition aux courbes considérées, on conclut que la branche de la courbe (1) qu'on vient de déterminer, a une asymptote représentée par l'équation

$$\frac{a}{\rho}=-m\sin\left(\theta-\frac{\pi}{2m}\right),$$

ou, en coordonnées cartésiennes,

$$y=x\operatorname{tang}\frac{\pi}{2m}-\frac{a}{m\cos\frac{\pi}{2m}},$$

et une autre symétrique de celle-là par rapport à l'axe des ordonnées; ces asymptotes coupent l'axe des abscisses à un point dont la distance au pôle est égale à $\frac{a}{m}\left[\sin\frac{\pi}{2m}\right]^{-1}$

Aux valeurs de θ comprises entre $\frac{\pi}{2m}$ et $\frac{3\pi}{2m}$, $\frac{3\pi}{2m}$ et $\frac{5\pi}{2m}$, ..., ainsi qu'aux valeurs de θ comprises entre $-\frac{\pi}{2m}$ et $-\frac{3\pi}{2m}$, $-\frac{3\pi}{2m}$ et $-\frac{5\pi}{2m}$, ..., correspondent d'autres branches égales à celle qu'on vient de considérer; les tangentes à ces branches à l'origine font des angles égaux, respectivement, à $\frac{\pi}{m}$, $\frac{2\pi}{m}$, ... et à $-\frac{\pi}{m}$, $-\frac{2\pi}{m}$, ... avec l'axe des abscisses.

On voit, comme dans l'étude des épicycloïdes (n.° 553), que, si m est un nombre *irrationnel*, la courbe est *transcendante*; et que, si m est *rationnel*, la courbe est *algébrique* et *unicursale*. Dans le premier cas, le nombre de ses branches est infini; dans le deuxième cas, si $m=\frac{h}{k}$, ce nombre est égal à $2h$ quand les entiers h et k sont impairs, et il est égal à h quand l'un de ces nombres est pair et l'autre impair. Toutes les branches de la courbe se coupent à l'origine des coordonnées, qui en est un point multiple, dont le degré de multiplicité est égal au nombre de ces branches.

636. La *sous-tangente* et la *sous-normale* à un point quelconque des courbes considérées sont déterminées par les équations

$$S_t=\frac{a}{m}\sin^2 m\theta,\quad S_n=\frac{am}{\cos^2 m\theta},$$

d'où il résulte

$$S_t.S_n=\rho^2.$$

Le rayon de courbure des mêmes courbes a pour expression:

$$R=\frac{a\left(4m^2+\sin^2 2m\theta\right)^{\frac{3}{2}}}{8\left(2m^2+\sin^2 m\theta\right)\cos^4 m\theta},$$

qui au point O prend la valeur $R=\frac{1}{2}am$. Il en résulte que les lignes considérées ne possèdent pas de points d'inflexion réels à distance finie.

637. L'aire balayée par le vecteur du point (θ, ρ), quand θ varie de 0 jusqu'à θ_1, peut être calculée par la formule

$$A=\frac{a^2}{2}\int_0^{\theta_1} \operatorname{tang}^2 m\theta\, d\theta=\frac{a^2}{2m}(\operatorname{tang} m\theta-m\theta).$$

La rectification des mêmes lignes dépend des intégrales elliptiques, comme on va le voir. On a

$$ds=\frac{a}{\cos^2 m\theta}\sqrt{\sin^2 m\theta\cos^2 m\theta+m^2}\,d\theta=\frac{a\sqrt{1+4m^2-\cos^2 2m\theta}}{1+\cos 2m\theta}\,d\theta,$$

$$=\frac{a}{\sqrt{1+4m^2}}\left[\frac{1-\cos 2m\theta}{\sqrt{1-k^2\cos^2 2m\theta}}+\frac{4m^2}{(1+\cos 2m\theta)\sqrt{1-k^2\cos 2m\theta}}\right]d\theta,$$

où $k^2=\frac{1}{1+4m^2}$; et pourtant, en posant $2m\theta=\frac{\pi}{2}-\omega$, $\Delta\omega=\sqrt{1-k^2\sin^2\omega}$,

$$ds=\frac{a}{2m\sqrt{1+4m^2}}\left[\frac{\sin\omega-1}{\Delta\omega}-\frac{4m^2}{(1+\sin\omega)\Delta\omega}\right]d\omega.$$

Mais (n.° 43)

$$\int_0^{\omega}\frac{d\omega}{(1+\sin\omega)\Delta\omega}=2\left[1-\frac{\cos\omega\,\Delta\omega}{1+\sin\omega}\right]+\int_0^{\omega}\frac{d\omega}{\Delta\omega}-2\int_0^{\omega}\Delta\omega\,d\omega,$$

$$\int_0^{\omega}\frac{\sin\omega}{\Delta\omega}\,d\omega=\sqrt{2}\log\frac{\sqrt{2}\,\Delta\omega-\cos\omega}{\sqrt{2}-1}.$$

Donc, s représentant la longueur de l'arc compris entre l'origine et le point (θ, ρ),

$$s=\frac{a}{2m\sqrt{1+4m^2}}\left[\sqrt{2}\log\frac{\sqrt{2}\,\Delta\omega-\cos\omega}{\sqrt{2}-1}-8m^2\left(1-\frac{\cos\omega\,\Delta\omega}{1+\sin\omega}\right)\right.$$

$$\left.-(4m^2+1)\int_0^{\omega}\frac{d\omega}{\Delta\omega}+8m^2\int_0^{\omega}\Delta\omega\,d\omega\right].$$

Par conséquent la rectification des courbes représentées par l'équation (1) dépend des intégrales elliptiques de première et deuxième espèce.

638. On peut rattacher aux lignes qu'on vient de considérer celles qui sont la solution de la question suivante, envisagée par Descartes dans une lettre adressée à Mersenne le 13 juillet 1638 (*Oeuvres*, t. II, p. 239): *déterminer la courbe formée à chaque instant par un fil flexible, quand il tombe vers le centre de la Terre en vertu de son poids, en partant d'une position initiale perpendiculaire à la droite passant par le centre de la Terre et par le milieu du fil.*

Soient A et M les positions initiales du milieu du fil et d'un autre quelconque de ses points, A_1 et M_1 les positions que les mêmes points prennent, respectivement, après un temps quelconque, et O le centre de la Terre. On a, en représentant par s la longueur de l'arc A_1M_1, par a le segment AA_1 et par h le segment OA (Descartes, l. c.),

$$OM - OM_1 = a, \quad s = AM = \sqrt{MO^2 - AO^2},$$

et par suite, en représentant par ρ le segment OM_1,

$$s^2 + h^2 = (\rho + a)^2.$$

Descartes a défini ainsi la courbe, mais il ne l'a pas étudiée. Nous en allons chercher l'équation polaire.

On a

$$\sqrt{\rho^2 \frac{d\theta^2}{d\rho^2} + 1} = \frac{ds}{d\rho} = \frac{\rho + a}{\sqrt{(\rho + a)^2 - h^2}},$$

et par conséquent

$$d\theta = \pm \frac{h d\rho}{\rho \sqrt{(\rho + a)^2 - h^2}}.$$

Pour intégrer cette équation, posons

$$\sqrt{(\rho + a)^2 - h^2} = \rho + a + t;$$

il vient d'abord

$$\theta = \pm \int \frac{2h dt}{t^2 + 2at + h^2},$$

et ensuite, en faisant $t = z - a$ et en supposant $h > a$,

$$\theta = \pm \int \frac{2h\, dz}{z^2 + h^2 - a^2} = \pm \left[\frac{2h}{\sqrt{h^2 - a^2}} \operatorname{arctang} \frac{z}{\sqrt{h^2 - a^2 - \rho}} + \theta_0 \right],$$

ou

$$\theta = \pm \left[\frac{2h}{\sqrt{h^2 - a^2}} \operatorname{arctang} \frac{\sqrt{(\rho + a)^2 - h^2} - \rho}{\sqrt{h^2 - a^2}} + \theta_0 \right].$$

C'est l'équation polaire de la courbe. Il en résulte qu'on a $\theta=\theta_0$ quand $\rho=\frac{h^2-a^2}{2a}$.

En prenant pour axe des coordonnées polaires la droite OA, qui passe par le pôle et par le milieu du fil, cette équation doit donner $\theta=0$, quand $\rho=h-a$. On a par conséquent

$$\theta_0=\frac{2h}{\sqrt{h^2-a^2}}\operatorname{arctang}\frac{h-a}{\sqrt{h^2-a^2}}.$$

Quand $\rho=\infty$, on a

$$\theta=\pm\left[\frac{2h}{\sqrt{h^2-a^2}}\operatorname{arctang}\frac{a}{\sqrt{h^2-a^2}}+\theta_0\right];$$

La courbe a donc deux asymptotes, qui forment avec la droite OA des angles déterminés par cette équation.

La longueur de la normale à la même courbe à un point quelconque donné est déterminée par l'équation

$$S_n=\frac{\rho(\rho+a)}{h}.$$

En faisant

$$\rho_1=\sqrt{(\rho+a)^2-h^2}-\rho,\quad \theta-\theta_0=\theta_1$$

et en supposant que θ est une quantité positive on négative, on trouve

$$\rho=\frac{a^2-h^2-\rho_1^2}{2(\rho_1-a)},\quad \rho_1=\sqrt{h^2-a^2}\operatorname{tang}\frac{\sqrt{h^2-a^2}}{2h}\theta_1;$$

pourtant les coordonnées polaires des points des courbes de Descartes sont des fonctions rationnelles de celles des courbes représentées l'équation (1).

V.

Les courbes de Lamé.

639. On désigne sous le nom de *courbes de Lamé* les lignes définies par l'équation

$$\left(\frac{x}{a}\right)^m+\left(\frac{y}{b}\right)^m=1, \tag{1}$$

pour lesquelles cet éminent géomètre a appelé l'attention dans un écrit intitulé: *Examen des différentes méthodes employées pour résoudre les problèmes de Géométrie* (Paris, 1828). Les mêmes courbes ont été nommées aussi *storoïdes* (Leroy: *Géométrie descriptive,* 1872, p. 203) et *ellipses,* et elles ont été étudiées par Euret et Gilbert, dans les *Nouvelles Annales de Mathématiques* (1854, p. 193, et 1870, p. 370), par M. R. Godefroy, dans ce même recueil (1886, p. 271) et dans le *Journal de l'École Polytechnique* (LXIIe cah., 1892, p. 37), etc. Les mêmes courbes sont comprises dans la classe des lignes étudiées, sous le nom de *courbes triangulaires symétriques*, par de La Gournerie, dans ses *Recherches sur les surfaces tétraédrales symétriques,* publiées en 1867, par M. Jamet, dans un mémoire inséré aux *Annales de l'École Normale supérieure de Paris* (1887), etc. Cette classe de courbes sera étudiée ci-dessous.

L'équation des courbes de Lamé comprend, comme cas particulier, celles de quelques courbes spéciales remarquables. Si $m=2$, $m=\frac{1}{2}$ ou $m=-1$, l'équation (1) représente des *coniques;* si $m=-2$, elle représente la *cruciforme* quand a et b sont réels, et la *puntiforme* quand $b=a\sqrt{-1}$; si $m=\frac{2}{3}$, elle représente la *développée de l'ellipse, la développée de l'hyperbole* et *l'astroïde.*

640. Les courbes de Lamé sont *algébriques* quand m est un nombre rationnel, et *transcendantes* dans le cas contraire.

La forme de chacune de ces lignes dépend de la valeur de m; on peut la déterminer aisément au moyen de leur équation et de celles-ci:

$$y'=-\left(\frac{b}{a}\right)^m\left(\frac{x}{y}\right)^{m-1}, \quad y''=-(m-1)\frac{b^{2m}\,x^{m-2}}{a^m\,y^{2m-1}},$$

comme on va le voir. Nous supposerons, pour fixer les idées, que les paramètres a et b sont positifs.

1.° Si $m=\frac{2\beta}{2\alpha+1}>1$, α et β étant deux nombres entiers, la courbe a la forme d'un ovale convexe, symétrique par rapport aux axes des coordonnées. Les coordonnées des quatre sommets de cet ovale sont $(\pm a,\ 0)$, $(0,\ \pm b)$. Ces quatre points sont multiples, quand α est différent de 0, mais une seule des branches qui y passent est réelle. Pour déterminer le degré de multiplicité du point $(a,\ 0)$, transportons l'origine des coordonnées à ce point, en posant pour cela $x=x'+a$. On trouve

$$\left(1+\frac{x'}{a}\right)^{\frac{2\beta}{2\alpha+1}}+\left(\frac{y}{b}\right)^{\frac{2\beta}{2\alpha+1}}=1,$$

ou, en développant le premier membre suivant les puissances de x',

$$\frac{2\beta}{2\alpha+1}\cdot\frac{x'}{a}+\ldots+\left(\frac{y}{b}\right)^{\frac{2\beta}{2\alpha+1}}=0.$$

Pourtant la courbe de Lamé considérée peut être représentée approximativement, dans les environs du point $(a, 0)$, par la parabole définie par l'équation

$$(2\alpha+1)(ay)^{2\beta}+b^{2\beta}(2\beta x')\,x^{2\alpha+1}=0,$$

et il en résulte que le degré de multiplicité de ce point est égal à $2\alpha+1$, et qu'au même point sont réunies 2β intersections de la tangente $x=a$ avec la courbe. De même, le degré de multiplicité des points $(-a, 0)$, $(0, b)$ et $(0, -b)$ est égal à $2\alpha+1$.

2.° Si $m=\dfrac{2\beta}{2\alpha+1}<1$, la courbe a la forme indiquée dans la figure 152. Elle est symétrique par rapport aux axes des coordonnées et possède quatre points de rebroussement réels, dont les coordonnées sont $(\pm a, 0)$, $(0, \pm b)$. Le degré de multiplicité de ces points est égal à 2β.

3.° Si $m=\dfrac{2\beta+1}{2\alpha+1}>1$, la courbe a la forme indiquée dans la figure 153. Elle coupe les

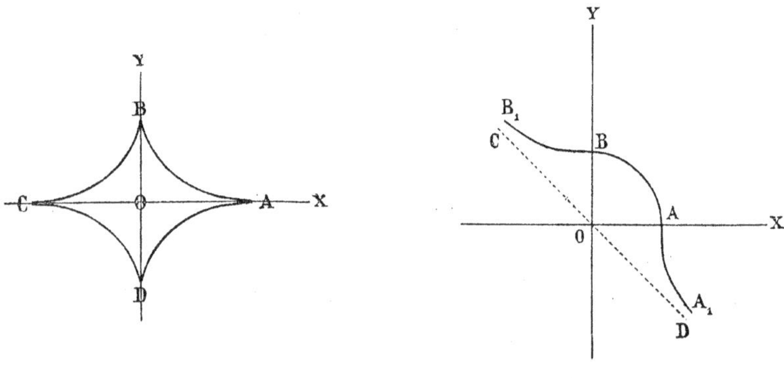

Fig. 152 *Fig. 153*

axes des coordonnées aux points A et B, dont les coordonnées sont $(a, 0)$ et $(0, b)$, et elle s'étend jusqu'à l'infini dans les sens des abscisses positives et négatives, en s'éloignant constamment de l'axe des abscisses. Les points $(a, 0)$ et $(0, b)$ sont multiples d'ordre $2\alpha+1$. La courbe a un point d'inflexion à A, où la tangente est perpendiculaire à l'axe OX, et un autre à B, où la tangente est perpendiculaire à l'axe OY. La droite CD, qui passe par O et qui est parallèle à AB, est une asymptote de la courbe; l'équation de cette droite est $y=-\dfrac{b}{a}x$.

4.° Si l'on a $m=\dfrac{2\beta+1}{2\alpha+1}<1$, la courbe a la forme indiquée dans la figure 154. Elle est tangente aux axes des coordonnées aux points multiples, d'ordre $2\beta+1$, A et B, dont les coordonnées sont $(a, 0)$ et $(0, b)$, et elle a à chacun de ces points une inflexion. La courbe s'étend jusqu'à l'infini dans les sens des abscisses positives et négatives, et elle ne possède pas d'asymptotes réelles.

5.° Si $m = \frac{2\alpha+1}{2\beta} > 1$, la courbe a la forme qu'on voit dans la figure 155. Elle possède deux points de rebroussement à A et B, dont les coordonnées sont $(a, 0)$ et $(0, b)$, et les

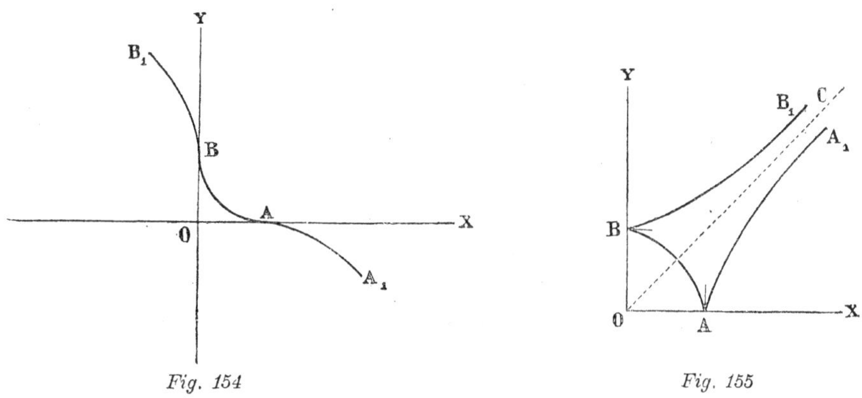

Fig. 154 *Fig. 155*

tangentes à ces points sont perpendiculaires aux axes OX et OY, respectivement. Le degré de multiplicité de ces points est 2β. La droite OC, perpendiculaire à AB, est une asymptote de la courbe.

6.° Si $m = \frac{2\alpha+1}{2\beta} < 1$, la courbe a la forme indiquée dans la figure 156. Elle est tangente aux axes des coordonnées aux points multiples, d'ordre $2\alpha+1$, A et B, ayant pour coordonnées $(a, 0)$, $(0, b)$, et elle est infinie. La courbe ne possède pas de points d'inflexion réels ni d'asymptotes réelles.

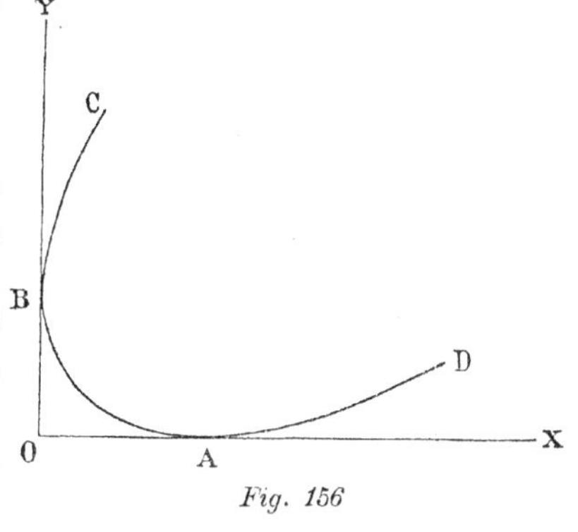

Fig. 156

7.° Si m est un nombre irrationnel, la courbe se réduit à l'arc AB de la figure 153, si $m > 1$, ou à l'arc AB de la figure 154, si $m < 1$.

Nous venons de déterminer, dans tous les cas considérés, le nombre des points multiples réels de la courbe. La détermination du nombre total des points multiples, réels et imaginaires, que possèdent les courbes de Lamé algébriques, a été faite par M. Jamet (l. c.).

Pour énumérer toutes les formes que peuvent prendre les courbes de Lamé, il faudrait encore considérer le cas où m est négatif, et le cas où m est une fraction de numérateur pair et a un nombre imaginaire de la forme $a_1 i$; mais nous n'allongerons plus cette discussion facile.

641. L'équation des tangentes aux courbes de Lamé est

$$a^m y^{m-1} \mathrm{Y} + b^m x^{m-1} \mathrm{X} = a^m b^m.$$

Cette droite coupe les axes des coordonnées aux points

$$\left(X_1 = \frac{a^m}{x^{m-1}}, \quad Y_1 = 0\right), \quad \left(X_2 = 0, \quad Y_2 = \frac{b^m}{y^{m-1}}\right),$$

et les segments compris entre l'origine des coordonnées et ces points vérifient la relation

$$\frac{x}{X_1} + \frac{y}{Y_2} = 1.$$

En comparant l'équation des tangentes aux courbes considérées à celle-ci :

$$uY + vX = 1,$$

on trouve

$$u = \frac{y^{m-1}}{b^m}, \quad v = \frac{x^{m-1}}{a^m}.$$

Pourtant l'*équation tangentielle* des courbes de Lamé est

$$(bu)^{\frac{m}{m-1}} + (av)^{\frac{m}{m-1}} = 1.$$

642. L'expression du rayon de courbure des courbes de Lamé est

$$\text{(2)} \qquad R = \frac{\left[a^{2m} y^{2m-2} + b^{2m} x^{2m-2}\right]^{\frac{3}{2}}}{(m-1)\, a^{2m} b^{2m} x^{m-2} y^{m-2}}.$$

On peut déduire de cette équation une autre expression très simple du rayon de courbure.

Soient M le point donné *(fig. 157)*, MT la tangente, MN la normale et P le point où la perpendiculaire à l'axe OX au point T coupe cette normale. On trouve, au moyen des équations de la courbe, de la tangente et de la normale,

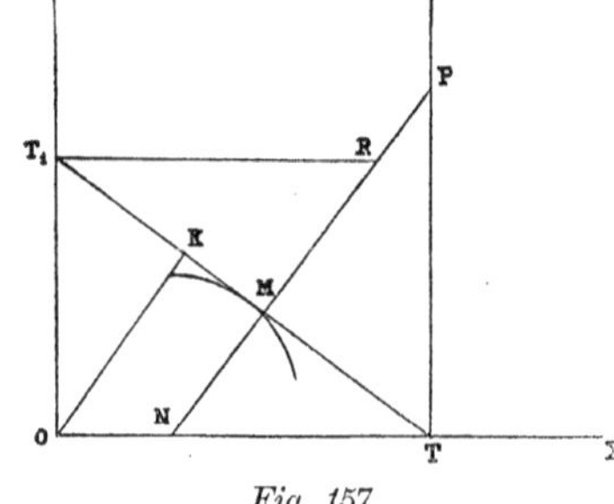

Fig. 157

$$\cos \text{MTO} = \frac{a^m y^{m-1}}{k},$$

$$\text{PT} = \frac{a^m y^{m-1}(a^m - x^m) + b^m y x^{2m-2}}{b^m x^{2m-2}} = \frac{k^2 y}{b^{2m} x^{2m-2}},$$

où

$$k = \sqrt{a^{2m} y^{2m-2} + b^{2m} x^{2m-2}};$$

et par conséquent

$$R = \frac{x^m \,\mathrm{PT}}{(m-1)\, a^m \cos \mathrm{MTO}} = \frac{x^m}{(m-1)\, a^m}\, p,$$

p représentant le segment NP de la normale.

De même, en représentant par q le segment de la normale compris entre l'axe OY et la perpendiculaire à cet axe menée par le point où il est coupé par la tangente MT, on a

$$R = \frac{y^m}{(m-1)\, b^m}\, q.$$

Pourtant, en éliminant x^m et y^m entre ces équations et celle de la courbe,

$$\frac{1}{R} = (m-1)\left(\frac{1}{p} + \frac{1}{q}\right).$$

Cette expression de R a été obtenue par M. R. Godefroy dans les travaux mentionnés ci-dessus. Dans le deuxième écrit il a même considéré l'équation plus générale

$$ax^m + by^n + c = 0$$

et il a démontré que le rayon de courbure des lignes qu'elle définit est déterminé par l'équation

$$\frac{1}{R} = \frac{1-n}{p} + \frac{1-m}{q}.$$

On peut déduire de la même formule (2) une autre expression remarquable de R, qu'on va voir, en observant qu'on a, K étant la projection de l'origine O sur la tangente,

$$\mathrm{OK} = \mathrm{OT} \sin \mathrm{OTK} = \frac{a^m b^m}{k}, \quad \mathrm{MT} = \frac{yk}{b^m x^{m-1}}, \quad \mathrm{MT}_1 = \frac{xk}{a^m y^{m-1}},$$

et que ces relations et l'équation (2) donnent

$$R = \frac{\mathrm{MT}.\mathrm{MT}_1}{(m-1)\,\mathrm{OE}}.$$

Cette formule a été obtenue par M. Fouret (*Comptes rendus de l'Académie des Sciences de Paris,* 1890).

Il est à remarquer le corollaire suivant de cette relation, dont nous ferons bientôt une application :

Si deux courbes de Lamé à exposants m_1 et m_2 sont tangentes en un point, le rapport $\frac{R_1}{R_2}$ *des rayons de courbure au point de contact est égal à* $\frac{m_2-1}{m_1-1}$.

643. L'aire de l'espace compris entre une courbe de Lamé, l'axe des abscisses et deux parallèles à l'axe des ordonnées passant par les points ayant pour abscisses x_0 et x_1, est donnée par l'équation

$$A = b\int_{x_0}^{x_1}\left[1-\left(\frac{x}{a}\right)^m\right]^{\frac{1}{m}} dx;$$

cette aire peut donc être ca'culée au moyen des fonctions élémentaires quand un des nombres $\frac{1}{m}$ ou $\frac{2}{m}$ est entier.

Si $m > 0$, l'aire de l'espace compris entre la courbe et les axes des coordonnées peut être calculée au moyen des fonctions euleriennes. On a, en effet, dans ce cas, en posant $x = at^{\frac{1}{m}}$,

$$A = b\int_0^a\left[1-\left(\frac{x}{a}\right)^m\right]^{\frac{1}{m}} dx = \frac{ab}{m}\int_0^1 t^{\frac{1}{m}-1}(1-t)^{\frac{1}{m}} dt$$

$$= \frac{ab}{m}\cdot\frac{\Gamma\left(\frac{1}{m}\right)\Gamma\left(\frac{1}{m}+1\right)}{\Gamma\left(\frac{2}{m}+1\right)} = \frac{ab}{2m}\cdot\frac{\Gamma^2\left(\frac{1}{m}\right)}{\Gamma\left(\frac{2}{m}\right)}.$$

Le volume du solide engendré par cette aire, en tournant autour de l'axe des abscisses, est déterminé par la formule

$$V = \frac{\pi ab^2}{m}\cdot\frac{\Gamma\left(\frac{1}{m}\right)\Gamma\left(\frac{2}{m}+1\right)}{\Gamma\left(\frac{3}{m}+1\right)} = \frac{\pi ab^2}{3m}\cdot\frac{\Gamma\left(\frac{1}{m}\right)\Gamma\left(\frac{2}{m}\right)}{\Gamma\left(\frac{3}{m}\right)}.$$

644. La polaire du point (x, y) d'une courbe de Lamé, par rapport à la conique correspondant à l'équation

$$\frac{X^2}{\alpha^2}+\frac{Y^2}{\beta^2}=1,$$

est

$$\frac{xX}{\alpha^2}+\frac{yY}{\beta^2}=1.$$

L'équation de l'enveloppe de cette droite, quand le point décrit la courbe considérée, résulte de l'élimination de x, y et $\frac{dy}{dx}$ entre l'équation de la droite et celles-ci:

$$\left(\frac{x}{a}\right)^m+\left(\frac{y}{b}\right)^m=1,\quad \frac{X}{\alpha^2}\,dx+\frac{Y}{\beta^2}\,dy=0,$$

qui donne

$$\left(\frac{aX}{\alpha^2}\right)^{\frac{m}{m-1}}+\left(\frac{by}{\beta^2}\right)^{\frac{m}{m-1}}=1.$$

Donc, *la polaire réciproque d'une courbe de Lamé, par rapport à la conique mentionnée, est une autre courbe de Lamé.*

L'équation de la *polaire* d'un point quelconque (x_1, y_1) du plan d'une courbe de Lamé, par rapport à cette courbe, est

$$x_1\left(\frac{x}{a}\right)^{m-1}+y_1\left(\frac{y}{b}\right)^{m-1}=1,$$

ou, en faisant $a=Ax_1^{\frac{1}{m-1}}$, $b=By_1^{\frac{1}{m-1}}$,

$$\left(\frac{x}{A}\right)^{m-1}+\left(\frac{y}{B}\right)^{m-1}=1.$$

Pourtant *les polaires successives d'un point, par rapport à une courbe de Lamé, sont d'autres courbes de Lamé.*

645. Les courbes de Lamé sont les perspectives des lignes définies par l'équation, rapportée aux coordonnées trilinéaires,

$$\left(\frac{X}{A}\right)^m+\left(\frac{Y}{B}\right)^m+\left(\frac{Z}{C}\right)^m=1, \tag{3}$$

lesquelles ont été étudiées, sous le nom de *courbes triangulaires symétriques,* par de La Gournerie et M. Jamet dans les travaux mentionnés plus haut. Parmi ces courbes sont comprises les *coniques,* qui correspondent à $m=2$, $m=-1$ et $m=\frac{1}{2}$; les *quartiques à trois rebroussements* (n.° 584); etc.

Les propriétés projectives de ces courbes sont des conséquences des propriétés correspondantes des courbes définies par l'équation

$$\left(\frac{x}{a}\right)^m + \left(\frac{y}{b}\right)^m = 1,$$

où

$$a = \sqrt[m]{-\left(\frac{A}{C}\right)^m}, \quad b = \sqrt[m]{-\left(\frac{B}{C}\right)^m}.$$

Ainsi, comme

$$\left(\frac{Ahx}{Cl}\right)^{\frac{m}{m-1}} + \left(\frac{Bky}{Cl}\right)^{\frac{m}{m-1}} = 1$$

est (n.° 644) l'équation de la *polaire réciproque* de la courbe de Lamé définie par l'équation précédente, par rapport à la conique représentée par cette autre:

$$hx^2 + ky^2 + l = 0,$$

on voit que *l'équation de la polaire réciproque de la courbe triangulaire considérée, par rapport à la conique représentée par l'équation, en coordonnées trilinéaires,*

$$hX^2 + kY^2 + lZ^2 = 0,$$

est la courbe triangulaire symétrique représentée par l'équation

$$(AhX)^{\frac{m}{m-1}} + (BkY)^{\frac{m}{m-1}} + (ClZ)^{\frac{m}{m-1}} = 0.$$

De même, *la polaire du point* (X_1, Y_1, Z_1), *par rapport à la courbe triangulaire considérée, est une autre courbe triangulaire, représentée par l'équation*

$$X_1\left(\frac{X}{A}\right)^{m-1} + Y_1\left(\frac{Y}{B}\right)^{m-1} + Z_1\left(\frac{Z}{C}\right)^{m-1} = 0.$$

646. On obtient l'*équation tangentielle* des courbes triangulaires symétriques en remarquant que l'équation de leurs tangentes est

$$uX_1 + vY_1 + wZ_1 = 0,$$

où

$$u = \frac{X^{m-1}}{A^m}, \quad v = \frac{Y^{m-1}}{B^m}, \quad w = \frac{Z^{m-1}}{C^m}.$$

En éliminant X, Y et Z entre ces équations et celle de ces courbes, on obtient l'équation cherchée, savoir

$$(Au)^{\frac{m}{m-1}} + (Bv)^{\frac{m}{m-1}} + (Cw)^{\frac{m}{m-1}} = 0.$$

647. Pour déterminer le rayon de courbure des courbes triangulaires, nous allons nous baser sur le théorème de Géométrie générale suivant:

Le rapport des rayons de courbure de deux courbes tangentes, situées dans un même plan, à leur point de contact, et le rapport des rayons de courbure de leurs transformées par homographie, au point correspondant à celui-là, sont égaux.

Cette proposition est une conséquence immédiate d'un théorème énoncé par Peaucellier, en 1861, dans les *Nouvelles Annales de Mathématiques* (p. 427). Il a été aussi démontré par M. Fouret dans le *Bulletin de la Société mathématique de France* (t. XX, p. 61).

Cela posé, considérons une conique tangente à la courbe représentée par l'équation (3) à un point donné et passant par les sommets du triangle de référence. L'équation de cette conique, rapportée au même triangle, a la forme

$$\frac{A_1}{X} + \frac{B_1}{Y} + \frac{C_1}{Z} = 0.$$

En transformant par homographie l'ensemble de ces deux lignes, on obtient deux courbes de Lamé correspondant aux exposants m et -1. Pourtant, en appliquant le théorème qu'on vient de rappeler et la dernière proposition du n.° 642, nous pouvons énoncer le théorème suivant, dû à M. Jamet (l. c.):

Si une courbe triangulaire symétrique est tangente à une conique passant par les sommets du triangle de référence, le rapport $\frac{R}{R_1}$ *des rayons de courbure de la courbe triangulaire et de la conique au point de contact est égal à la valeur absolue de* $\frac{2}{m-1}$.

VI.

Lignes de poursuite.

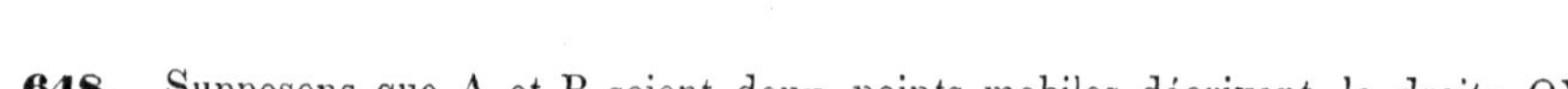

648. Supposons que A et B soient deux points mobiles décrivant la droite OY et la courbe B'BC (*fig. 158*), respectivement, avec des vitesses constantes; et supposons encore que, dans toutes les positions de ces points, la tangente à la courbe au point B rencontre la droite au point A. Le point B se dirige alors constamment sur le point A, et la courbe qu'il décrit a été appelée par Bouguer une *ligne de poursuite*, dans les *Mémoires de l'Académie des Sciences de Paris* (1732, p. 1), car elle est la ligne que décrirait un vaisseau en poursuivant un autre, quand celui-ci parcourt une droite. L'illustre géomètre a obtenu l'équation de cette courbe et en a exposé quelques propriétés dans le travail qu'on vient de mentionner. La même courbe a été retrouvée plus tard par Dubois-Aymé, qui a considéré la ligne décrite par un chien en cherchant à rejoindre son maître, en supposant que celui-ci suivit un chemin rectiligne; et par ce motif elle a été nommée aussi la *courbe du chien*. L'équation qu'il a obtenue, a été indiquée dans la *Correspondance sur l'École Polytechnique* (t. II, p. 275) et a été démontrée par Th. de Saint-Laurent dans les *Annales de Gergonne* (t. XIII, 1822–1823, p. 145); elle coïncide avec l'équation qui avait été obtenue par Bouguer.

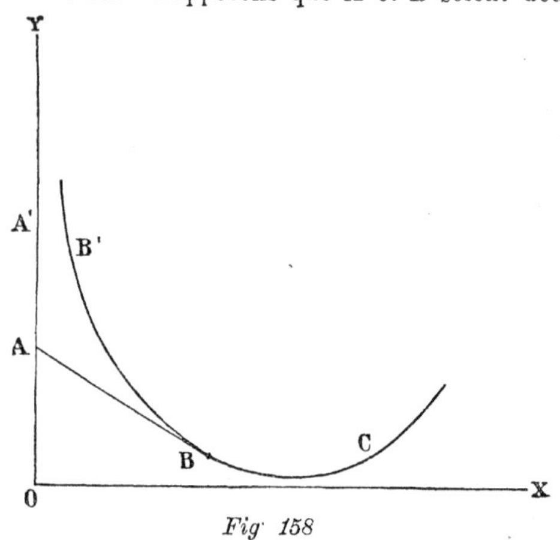

Fig 158

Le problème de Bouguer a été généralisé par Maupertuis dans le volume des *Mémoires de l'Académie des Sciences de Paris* mentionné ci-dessus. Ce dernier géomètre a considéré le cas où le vaisseau poursuivi suit un chemin quelconque, et il a obtenu l'équation différentielle qui dans ce cas général traduit la question. Le problème de Dubois-Aymé a été généralisé aussi, dans les *Annales de Gergonne* (t. XIII, p. 289 et 391), par Th. de Saint-Laurent et C. Sturm, qui ont considéré le cas où le chien, en traversant à nage un canal et en se dirigeant constamment vers son maître, est detourné de la direction qu'il veut prendre par le courant de l'eau, avec une force constante, parallèle à la droite que le maître parcourt. Ce dernier problème fut étudié aussi, dans le même volume du recueil mentionné, par Querret, qui l'a réduit à celui de Bouguer.

Dans ce qui suit nous allons étudier seulement les lignes de Bouguer.

649. Pour chercher l'équation de la ligne B'BC, prenons pour axe des ordonnées la droite donnée OY et pour axe des abscisses la perpendiculaire OX à celle-là, et représentons par (x, y) les coordonnées du point B.

L'équation de la tangente AB à la courbe au point B est

$$Y - y = f'(x)(X - x),$$

et par conséquent l'ordonnée du point A est déterminée par la relation

$$OA = y - xf'(x).$$

Quand le point mobile A prend la position A', le point B prend la position B', et, vu que les vitesses de A et B sont constantes, on a

$$(1) \qquad \frac{AA'}{\text{arc } BB'} = m,$$

m représentant le rapport des vitesses des deux points.

Mais, en représentant par $x + h$ et $y + k$ les coordonnées du point B', on a

$$OA' = y + k - (x + h) f'(x + h),$$

et par suite

$$AA' = k - (x + h) f'(x + h) + xf'(x).$$

Pourtant

$$m = \lim \frac{AA'}{\text{arc } BB'} = -\frac{xf''(x)}{ds},$$

s représentant la longueur de l'arc compris entre le point B et la position initiale C de ce point.

L'équation différentielle des courbes de poursuite est donc

$$x^2 y''^2 = m^2 (1 + y'^2).$$

En intégrant cette équation, il vient d'abord

$$y' = \frac{1}{2} (cx^m - c^{-1} x^{-m}),$$

et ensuite

$$(2) \qquad y = \frac{1}{2} \left[\frac{cx^{m+1}}{m+1} + \frac{1}{(m-1) cx^{m-1}} \right] + C,$$

quand $m > 1$ ou $m < 1$; ou, si $m = 1$

$$(3) \qquad y = \frac{1}{2}\left[\frac{cx^2}{2} - \frac{1}{2}\log x\right] + C.$$

Les équations que nous venons d'obtenir représentent les courbes de poursuite. On détermine les constantes C et c, qui figurent dans ces équations, au moyen des valeurs que y et y' prennent au point de départ de B; mais, dans l'étude des propriétés de ces lignes, on peut faire $C = 0$, ce qui est équivalent à un changement de l'origine des coordonnées.

On voit au moyen des équations qu'on vient d'obtenir, que la droite OY, parcourue par A, est une asymptote de la courbe décrite par B, quand $m > 1$ ou $m = 1$, et que cette courbe rencontre OY si $m < 1$. Dans le premier cas, le point mobile B ne rencontre pas le point A, et, dans le dernier cas, il le rencontre au point où la droite OY est tangente à la courbe.

On voit au moyen des mêmes équations que la courbe est *algébrique* quand m est un nombre rationnel, différent de l'unité, et que dans les autres cas elle est *transcendante*. Nous pouvons ajouter que, dans le premier cas, la courbe est *unicursale*, et que, si $m = \frac{a}{b}$, a et b étant deux nombres entiers premiers entre eux, son ordre est égal à $2a$ si $a > b$, et à $a + b$ si $a < b$. En effet, on peut représenter cette ligne par les équations

$$(4) \qquad x = t^b, \quad y = \frac{b}{2}\left[\frac{ct^{a+b}}{a+b} + \frac{1}{(a-b)\,ct^{a-b}}\right],$$

dont il suit qu'une droite arbitraire coupe la courbe à $2a$ points si $a > b$, et à $a + b$ points si $b > a$. La droite correspondant à l'équation $X = p$ coupe la même courbe à b points situés à distance finie et à $2a - b$ points situés à l'infini, si $a > b$, et elle la coupe à b points situés à distance finie et à a points situés à l'infini, si $b < a$, quelle que soit la valeur de p; donc la courbe possède un point multiple d'ordre $2a - b$ ou a à l'infini sur l'axe des ordonnées. Cet axe coupe la courbe à $2a$ points situés à l'infini si $a > b$, et à b points coïncidants situés à distance finie et à a points situés à l'infini si $a < b$.

L'équation des tangentes à la courbe représentée par les équations (4) est

$$2c\,(a^2 - b^2)\,t^a\,Y + (a^2 - b^2)\,(1 - c^2 t^{2a})\,X$$
$$- a\,(a - b)\,c^2\,t^{2a+b} + a\,(a + b)\,t^b = 0,$$

et il en résulte que la *classe* de cette courbe est égale à $2a + b$.

650. On peut déterminer aisément la forme de chacune des lignes représentées par les équations (2) et (3).

Nous supposerons pour cela qu'on a $c > 0$, et qu'on prend pour origine des coordonnées un point tel qu'on ait $C = 0$.

1.° Si $m = \frac{2a+1}{2b} > 1$, a et b étant deux nombres entiers, la courbe est composée de deux branches égales, ayant la forme indiquée dans la figure 158, situés symétriquement par rapport à l'axe des abscisses. Ces branches s'étendent jusqu'à l'infini dans le sens des abscisses positives et l'axe des ordonnées en est une asymptote. La courbe possède *deux points d'inflexion réels*, correspondant à la valeur $x = (-c^{-2})^{\frac{b}{2a+1}}$ de l'abscisse, quand b est un nombre *pair*, et y passe par un minimum au point où $x = c^{-\frac{2b}{2a+1}}$.

2.° Si $m = \frac{2a+1}{2b+1} > 1$, la courbe possède encore deux branches, symétriquement situées par rapport à l'axe des ordonnées. Elle n'a pas, dans ce cas, de points d'inflexion réels, et y passe par un minimum quand $x = \pm c^{-\frac{2b+1}{2a+1}}$.

3.° Si $m = \frac{2a}{2b+1} > 1$, la courbe possède deux branches situées de manière que l'origine des coordonnées est un *centre* de la courbe. La valeur absolue de y est minima aux points où $x = \pm c^{-\frac{2b+1}{2a}}$.

4.° Si $m = \frac{2a+1}{2b} < 1$, la courbe a la forme signalée dans la figure 159. Elle est tangente à l'axe des ordonnées à l'origine des coordonnées, et elle possède un point double où $x = \left[\frac{m+1}{(1-m)\,c^2}\right]^{\frac{b}{2a+1}}$. La valeur absolue de y est maxima aux points où $x = c^{-\frac{2b}{2a+1}}$.

5.° Si $m = \frac{2a+1}{2b+1} < 1$, la courbe a la forme indiquée dans la figure 160. Elle possède un

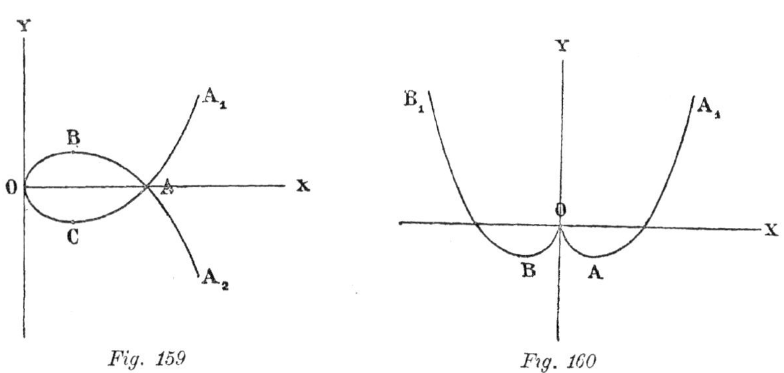

Fig. 159 *Fig. 160*

point de rebroussement à l'origine des coordonnées, et deux points A et B où l'ordonnée est minima, correspondant aux abscisses $x = \pm c^{\frac{2b+1}{2a+1}}$.

6.° Si $m = \frac{2a}{2b+1} < 1$, la courbe a la forme indiquée dans la figure 161. Elle a une inflexion à l'origine des coordonnées.

7.° Si m est un nombre irrationnel, la courbe a la forme indiquée dans la figure 158

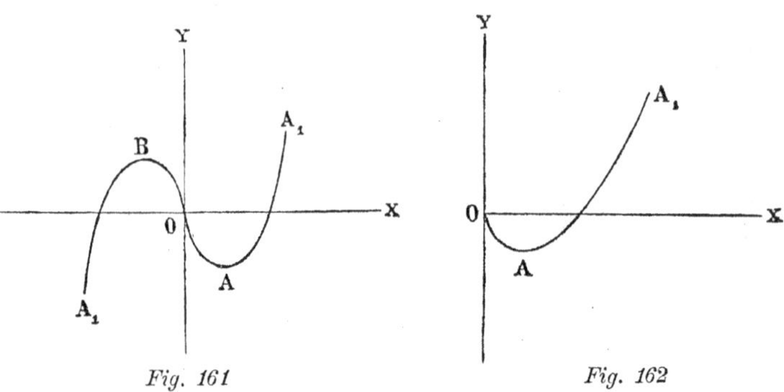

Fig. 161 *Fig. 162*

quand $m > 1$, et la forme signalée dans la figure 162 quand $m < 1$.

8.° Si $m = 1$, la courbe a la forme indiquée dans la figure 158.

651. Le rayon de courbure des courbes de poursuite est déterminé par la formule

$$R = \frac{x\,(cx^m + c^{-1}\,x^{-m})^2}{4m} = \frac{N^2 x}{2my^2},$$

N désignant la longueur de la normale.

Les mêmes courbes peuvent être rectifiées au moyen des fonctions élémentaires, comme Bouguer l'a fait remarquer (l. c.). On a en effet *(fig. 158)*

$$s = BB' = \frac{AA'}{m} = \frac{OA' - OA}{m};$$

et, en représentant par x_1 et x_2 les abscisses des deux points B et B' de la courbe,

$$OA = -\frac{m}{2}\left[\frac{cx_1^{m+1}}{m+1} - \frac{1}{(m-1)\,cx_1^{m-1}}\right],$$

$$OA' = -\frac{m}{2}\left[\frac{cx_2^{m+1}}{m+1} - \frac{1}{(m-1)\,cx_2^{m-1}}\right].$$

VII.

Les spirales sinusoïdes.

652. Les lignes définies par l'équation en coordonnées polaires

$$(1) \qquad \rho^n = a^n \sin n\theta$$

ont été étudiées pour la première fois par Maclaurin en 1718, dans les *Philosophical Transactions*, et en 1720, dans sa *Geometria organica*. La troisième section de cet ouvrage est consacrée à la théorie des podaires et à l'application de cette théorie aux coniques et aux courbes représentées par l'équation (1). On verra ci-dessous les propriétés de ces dernières courbes démontrées par l'éminent géomètre; elles se rapportent à la construction, détermination des podaires, rectification et courbure des mêmes courbes. Maclaurin a défini ses lignes par l'équation (prop. XIII, p. 104)

$$(2) \qquad \rho^n = a^n \sin \mathrm{V},$$

où V désigne l'angle que la tangente au point (θ, ρ) fait avec le vecteur de ce point; mais, en tenant compte de la relation

$$\operatorname{tang} \mathrm{V} = \rho \frac{d\theta}{d\rho},$$

on reconnaît l'identité de ces courbes et de celles que l'équation (1) représente. En effet, en appliquant cette relation à l'équation (1), on trouve $\mathrm{V} = n\theta$; et, réciproquement, en partant de l'équation différentielle des courbes jouissant de la propriété exprimée par l'équation (2), savoir

$$\rho \frac{d\theta}{d\rho} = \frac{\rho^{n-1}}{\sqrt{a^{2n} - \rho^{2n}}},$$

on obtient par intégration l'équation

$$\rho^n = a^n \sin n(\theta - \theta_0),$$

qui représente les mêmes lignes que l'équation (1), rapportées à un autre axe.

Les courbes de Maclaurin ont été étudiées par plusieurs géomètres, qui en ont trouvé de nombreuses propriétés intéressantes. M. Haton de La Goupillière les a désignées sous le nom de *spirales sinusoïdes* dans sa *Thèse de Mécanique,* publiée en 1857, et il a donné dans les *Nouvelles Annales de Mathématiques* (1876, p. 97) une notice très instructive des principales propriétés dont elles jouissent, parmi lesquelles sont comprises plusieurs découvertes par lui-même.

Parmi les travaux sur les spirales sinusoïdes publiés plus tard, nous mentionnerons un écrit de Bassani inséré au *Giornale di Matematiche* (t. XXIV, 1886, p. 23), où l'auteur a démontré analytiquement plusieurs propriétés connues de ces lignes et en a ajouté quelques autres.

653. La forme de chaque spirale sinusoïde dépend de la valeur de n. Si ce nombre égal à $\frac{2g}{2p+1}$, g et p étant des nombres entiers positifs, et si l'on considère d'abord seulement les valeurs positives de ρ, on voit que, quand θ varie depuis 0 jusqu'à $\frac{\pi}{n}$, le point décrivant en parcourt une branche fermée, qui passe par l'origine des coordonnées et est tangente à ce point aux droites faisant avec l'axe des abscisses des angles égaux à 0 et $\frac{\pi}{n}$; cette branche est symétrique par rapport à la droite qui passe par l'origine et fait avec le même axe un angle égal à $\frac{\pi}{2n}$. Si ensuite θ varie depuis $\frac{\pi}{n}$ jusqu'à $\frac{2\pi}{n}$, ρ devient imaginaire. Quand θ, en continuant à augmenter, prend les valeurs comprises entre $\frac{2\pi}{n}$ et $\frac{3\pi}{n}$, entre $\frac{4\pi}{n}$ et $\frac{5\pi}{n}$, etc., le point décrivant parcourt des branches de la courbe égales à celle qu'on vient de considérer, et, quand la même variable prend les valeurs comprises entre $\frac{3\pi}{n}$ et $\frac{4\pi}{n}$, entre $\frac{5\pi}{n}$ et $\frac{6\pi}{n}$, etc., ρ est imaginaire. Quand θ prend la valeur $\theta = \frac{4g\pi}{n} = 2(2p+1)\pi$, le point décrivant retourne au point de départ, après avoir parcouru $2g$ branches réelles de la courbe. Aux valeurs négatives de ρ correspondent des branches coïncidant avec celles qu'on vient d'obtenir.

Si n est négatif et égal à $-\frac{2g}{2p+1}$, et si l'on considère d'abord les valeurs positives de ρ, on voit que, quand θ varie depuis 0 jusqu'à $\frac{\pi}{n}$, ρ varie depuis ∞ jusqu'à a, et par conséquent le point décrivant parcourt une branche ouverte, symétrique par rapport à la droite qui passe par l'origine des coordonnées et fait avec l'axe des abscisses un angle égal à $\frac{\pi}{2n}$; cette branche a pour asymptotes les droites passant par l'origine et faisant avec cet axe des angles égaux à 0 et $\frac{\pi}{n}$; et elle coupe l'axe de symétrie au point $\left(\frac{\pi}{2n}, a\right)$. Aux valeurs de θ comprises entre $\frac{2\pi}{n}$ et $\frac{3\pi}{n}$, entre $\frac{4\pi}{n}$ et $\frac{5\pi}{n}$, etc. il correspond d'autres branches de la courbe, égales à celle qu'on vient de considérer, et aux valeurs négatives de ρ il correspond des branches coïncidant avec celles qu'on vient d'obtenir. Le nombre des branches est, comme dans le premier cas, égal à $2g$.

On obtient des résultats analogues quand $n = \pm \frac{2g+1}{2p}$ ou $n = \pm \frac{2g+1}{2p+1}$.

Dans tous les cas qu'on vient de considérer, la spirale sinusoïde est *algébrique.* Si n est un nombre *irrationnel,* la courbe est *transcendante,* et le nombre des branches est infini.

654. Pour déterminer les tangentes aux spirales sinusoïdes, on peut employer la relation $V = n\theta$, ou la relation $\varphi = (n+1)\theta$, φ désignant l'angle de la tangente à la courbe au point (θ, ρ) et de l'axe des abscisses, laquelle est une conséquence de celle-là.

On voit, au moyen de ces relations, que la tangente est parallèle à l'axe des abscisses aux points où $\theta = \frac{k\pi}{n+1}$, k étant un entier quelconque, et qu'elle est perpendiculaire à cet axe aux points où $\theta = \frac{k\pi}{2(n+1)}$, k étant un entier impair. On voit aussi que la tangente est perpendiculaire au vecteur du point de contact aux points où $n\theta = \frac{1}{2}k\pi$ (k impair), c'est-à-dire à l'une des extrémités des axes de la courbe, et qu'elle coïncide avec ce vecteur aux points $n\theta = k\pi$, c'est-à-dire aux points où ce vecteur devient nul.

Il résulte encore de la relation $\varphi = (n+1)\theta$ que, *si le vecteur du point décrivant tourne uniformement autour du pôle, la tangente tourne en même temps uniformement autour du point de contact.* Par ce motif Laquière a donné à ces lignes le nom de *courbes d'inflexion proportionnelle* (*Nouvelles Annales de Mathématiques,* 1883, p. 118).

Voici encore une autre conséquence de la même relation.

Soient OP et OQ les vecteurs de deux points de la courbe (*fig. 163*), et PM et QM les tangentes à la même courbe aux points P et Q.

En faisant

$$QOX = \theta, \quad POX = \theta', \quad OQM = \alpha, \quad OPM = \alpha'$$

et en appliquant la relation considérée, on a

$$\alpha = \pi - n\theta, \quad \alpha' = n\theta',$$

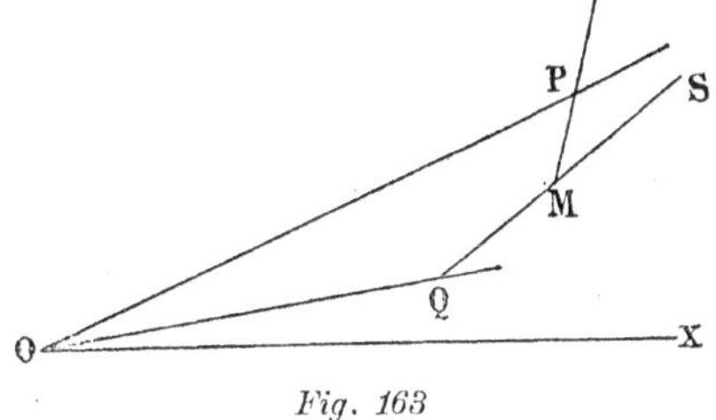

Fig. 163

et par conséquent

$$PMQ + \theta' - \theta + \pi - n\theta + n\theta' = 2\pi.$$

Donc

$$PMQ = \pi - (1+n)(\theta' - \theta), \quad PMS = (1+n)(\theta' - \theta).$$

Ces égalités ont été données par Barbier et Lucas dans les *Nouvelles Annales de Mathématiques* (1866, p. 30); elles déterminent l'angle des tangentes à une spirale sinusoïde à deux points donnés.

655. En tenant compte des relations

$$\frac{d\rho}{d\theta} = \rho \cot n\theta, \quad \frac{d^2\rho}{d\theta^2} = \rho \cot^2 n\theta - \frac{n\rho}{\sin^2 n\theta},$$

on obtient l'expression suivante du rayon de courbure des spirales sinusoïdes:

$$R = \frac{\left(\rho^2 + \frac{d\rho^2}{d\theta^2}\right)^{\frac{3}{2}}}{\rho \frac{d^2\rho}{d\theta^2} - 2\frac{d\rho^2}{d\theta^2} - \rho^2} = \frac{\rho}{(n+1)\sin n\theta} = \frac{a}{n+1}(\sin n\theta)^{\frac{1}{n}-1}.$$

On voit au moyen de cette équation que les spirales sinusoïdes ne peuvent pas avoir de points d'inflexion ni de rebroussement, à distance finie, ailleurs qu'au pôle. Celles qui correspondent à $n > 1$ ont un point d'inflexion, simple ou multiple, à ce pôle; et celles qui correspondent aux valeurs de n comprises entre 0 et 1 ont à ce pôle un rebroussement.

En représentant par N la longueur de la normale au point (θ, ρ), on a

$$N = \sqrt{\rho^2 + \frac{d\rho^2}{d\theta^2}} = \frac{\rho}{\sin n\theta},$$

et pourtant

$$R = \frac{N}{n+1}.$$

Cette relation a été donnée par M. Haton de La Goupillière dans sa *Thèse de Mécanique* (1857, p. 34); elle exprime que *le rayon de courbure au point* (θ, ρ) *est proportionnel à la longueur de la normale au même point.*

Réciproquement, si le rayon de courbure d'une courbe, rapportée aux coordonnées polaires, est proportionnel à la longueur de la normale, cette courbe est une spirale sinusoïde. En effet, l'équation différentielle des courbes jouissant de cette propriété est

$$(3) \qquad (n+1)\left[\rho^2 + \left(\frac{d\rho}{d\theta}\right)^2\right] = \rho^2 + 2\left(\frac{d\rho}{d\theta}\right)^2 - \rho\frac{d^2\rho}{d\theta^2};$$

or, en posant

$$\frac{d\rho}{d\theta} = \rho \cot V, \quad \frac{d^2\rho}{d\theta^2} = \rho \cot^2 V - \rho^2 \frac{\cos V}{\sin^3 V} \cdot \frac{dV}{d\rho},$$

cette équation prend la forme

$$n\frac{d\rho}{\rho} = \frac{\cos V\, dV}{\sin V},$$

d'où il résulte, en intégrant et en représentant par $\log a^n$ la constante arbitraire,

$$\rho^n = a^n \sin V,$$

et pourtant (n.° 652)

$$\rho^n = a^n \sin(\theta - \theta_0).$$

Ce résultat pouvait être prévu, car on savait déjà que les courbes définies par cette équation jouissent de la propriété exprimée par l'équation (3), et, comme elle contient deux constantes arbitraires a et θ_0, elle en est l'intégrale générale.

On peut encore mettre l'expression de R sous la forme

$$(4) \qquad R = \frac{a^n}{(n+1)\rho^{n-1}},$$

d'où l'on conclut que *le rayon de courbure des spirales sinusoïdes au point* (θ, ρ) *est inversement proportionnel à la puissance de degré* $n-1$ *du vecteur de ce point.*

Cette propriété des courbes considérées a été démontrée par Maclaurin dans la *Geometria organica* (prop. XXI, p. 119). M. Bassani a ajouté qu'elle caractérise ces lignes.

En effet, l'équation différentielle des courbes dont le rayon de courbure au point (θ, ρ) est proportionnel à la puissance de degré $n-1$ de ρ est

$$\frac{\left[\rho^2 + \left(\frac{d\rho}{d\theta}\right)^2\right]^{\frac{3}{2}}}{\rho^2 + 2\left(\frac{d\rho}{d\theta}\right)^2 - \rho\frac{d^2\rho}{d\theta^2}} = \frac{C}{\rho^{n-1}};$$

or, cette équation peut être réduite à la forme

$$\frac{\rho\, d\rho}{d(\rho \sin V)} = \frac{C}{\rho^{n-1}},$$

au moyen de la transformation employée ci-dessus pour intégrer l'équation (3), et il en résulte, en intégrant et en remarquant que, si l'on prend pour pôle un point de la courbe, ρ et V s'annulent en même temps,

$$\rho^n = (n+1)\, C \sin V.$$

656. On obtient aisément, au moyen de la relation (4) et des relations

$$R = \frac{1}{n+1} \cdot \frac{ds}{d\theta} \cdot \frac{d\rho}{d\theta},$$

$$\frac{dR}{d\rho} = -\frac{(n-1)a^n}{(n+1)\rho^n}, \quad \frac{d\rho}{d\theta} = \rho \cot n\theta = \sqrt{\frac{a^{2n} - \rho^{2n}}{\rho^{2(n-1)}}},$$

l'*équation intrinsèque* des spirales sinusoïdes, savoir:

$$s = \frac{n+1}{n-1} \int \frac{dR}{\sqrt{\left[\frac{(n+1)R}{a}\right]^{\frac{2n}{n-1}} - 1}},$$

ou, en faisant $a = (n+1)b$,

$$s = \frac{n+1}{n-1} \int \frac{dR}{\sqrt{\left(\frac{R}{b}\right)^{\frac{2n}{n-1}} - 1}}.$$

Cette équation a été employée par Cesàro pour étudier les courbes considérées (*Nouvelles Annales de Mathématiques*, 1888, p. 183; *Lezioni di Geometria intrinseca*, 1896, p. 51). Il en résulte immédiatement que, *si une spirale sinusoïde roule sur une droite, le lieu des positions que prend le centre de courbure du point de contact, est une courbe affine de celle qui est définie par l'équation*

$$x = \int \frac{dy}{\sqrt{\left(\frac{y}{b}\right)^{\frac{2n}{n-1}} - 1}}.$$

Cette dernière ligne sera étudiée bientôt sous le nom de *courbe de Ribaucour*.

657. *Le vecteur ρ_1 de la projection du centre de courbure correspondant au point* (θ, ρ) *sur le vecteur de ce point et ce dernier vecteur sont entre eux dans le rapport* $\frac{n}{n+1}$ (J. A. Serret: *Journal de Liouville*, 1842, p. 118).

En effet, l'angle que la normale fait avec la droite passant par le pôle et par le point (θ, ρ) est égal à $\frac{\pi}{2} - n\theta$, et on a par conséquent

$$\rho_1 = \rho - R \sin n\theta = \rho - \frac{a^n \sin n\theta}{(n+1)\rho^{n-1}} = \frac{n}{n+1}\rho.$$

658. La projection P du segment de la normale au point (θ, ρ) compris entre ce point et le centre de courbure correspondant, sur le vecteur du point (θ, ρ), est égale à $R \sin V$; mais

$$R \sin V = \frac{a^n}{(n+1)\rho^{n-1}} \sin n\theta = \frac{\rho}{n+1};$$

donc, *le rapport de* P *à* ρ *est constant*.

On peut énoncer cette proposition d'une autre manière. En effet, si l'on trace le cercle de courbure correspondant au point (θ, ρ) et le vecteur de ce point, le segment de cette droite compris entre les points où elle est coupée par le cercle est la projection orthogonale du segment de la normale au point (θ, ρ) compris entre les points où cette droite est coupée par le même cercle. Cette projection est pourtant égale à $2R\cos\left(\frac{\pi}{2} - V\right)$, et par suite à $\frac{2\rho}{n+1}$. Donc, *le cercle de courbure au point* (θ, ρ) *intersèpte sur la droite passant par le pôle et par ce point une corde telle que le rapport entre cette corde et le vecteur* ρ *est constant.* Cette propriété a été obtenue par Maclaurin (*Treatrise of Fluxions,* chap. XI). Allégret a démontré qu'elle caractérise les spirales sinusoïdes (*Nouvelles Annales de Mathématiques,* 1872, p. 162). En effet, on voit au moyen de l'équation

$$R \sin V = \frac{\rho}{n+1}$$

que l'équation différentielle des courbes jouissant de cette propriété coïncide avec l'équation (3).

659. Déterminons maintenant les *podaires* des spirales sinusoïdes par rapport à l'origine O des coordonnées.

Soient θ_1 et ρ_1 les coordonnées polaires du point T de la podaire d'une spirale sinusoïde donnée correspondant au point (θ, ρ) de cette courbe. On a

$$\text{(A)} \qquad \rho_1 = \text{OT} = \rho \sin V = \rho \sin n\theta = a (\sin n\theta)^{\frac{1}{n}+1},$$

$$\theta_1 = \text{TOX} = \theta - \left(\frac{\pi}{2} - V\right) = \theta + n\theta - \frac{\pi}{2}.$$

Pourtant

$$\rho_1 = a \left[\sin \frac{n}{1+n} \left(\theta_1 + \frac{\pi}{2}\right)\right]^{\frac{1+n}{n}},$$

ou, en posant $\theta_1 + \frac{\pi}{2} = \theta'$,

$$\text{(B)} \qquad \rho_1 = a \left(\sin \frac{n}{1+n} \theta'\right)^{\frac{1+n}{n}}.$$

Donc, *la podaire d'une spirale sinusoïde, par rapport à l'origine des coordonnées, est une autre spirale sinusoïde.*

Ce théorème a été donné par Maclaurin dans la *Geometria organica* (prop. XIV, p. 106). Il en résulte, comme corollaire, que *la podaire, positive ou négative, d'ordre* k *de la spirale* (1) *est la spirale représentée par l'équation qu'on obtient en remplaçant dans l'équation* (1) n *par* $\frac{n}{1+kn}$.

En représentant par R_1 le rayon de courbure de la spirale (B), on a

$$R_1 = \frac{n+1}{2n+1} \cdot (a^n \rho_1)^{\frac{1}{n+1}},$$

ou, en tenant compte de l'égalité (A),

$$R_1 = \frac{n+1}{2n+1} a (\sin n\theta)^{\frac{1}{n}} = \frac{n+1}{2n+1} \rho.$$

Donc, *le rayon de courbure de la podaire d'une spirale sinusoïde au point* (θ, ρ), *par rapport à l'origine, est proportionnel au vecteur du même point* (Bassani, l. c.).

660. *La polaire d'une spirale sinusoïde, par rapport à un cercle ayant le centre au pôle, est une autre spirale sinusoïde.*

Soit h le rayon de ce cercle. La polaire du point (θ, ρ) de la spirale par rapport au cercle considéré est

$$a (\sin n\theta)^{\frac{1}{n}} (x \cos \theta + y \sin \theta) = h^2.$$

Or, en dérivant cette équation par rapport à θ, on obtient cette autre:

$$x \cos (n+1)\theta + y \sin (n+1)\theta = 0,$$

qui, en faisant $x = \rho_1 \sin \theta_1$, $y = \rho_1 \cos \theta_1$, donne $\theta_1 = -(n+1)\theta$.

En éliminant maintenant x, y et θ entre ces dernières équations et la première des équations antérieures, on obtient celle-ci :

$$\rho_1 = \frac{h^2}{a} \left(\sin \frac{n}{1+n} \theta_1 \right)^{-\frac{n+1}{n}},$$

qui représente la polaire mentionnée dans l'énoncé du théorème. Cette équation et celle de la podaire de la spirale (1) s'accordent avec un théorème général connu.

661. *La caustique par réflexion de la spirale sinusoïde* (1) *pour les rayons lumineux issus du pôle est la spirale sinusoïde qu'on obtient en remplaçant dans* (1) n *par* $\frac{n}{n+1}$ (Haton de La Goupillière, l. c., p. 103).

D'après un théorème général bien connu, la caustique de la spirale (1) pour les rayons issus du pôle est identique à l'enveloppe du cercle passant par ce pôle et ayant le centre sur la spirale. Or, l'équation de ce cercle est

$$x^2 + y^2 - 2 (\sin n\theta)^{\frac{1}{n}} (x \cos \theta + y \sin \theta) = 0.$$

et, en la dérivant par rapport à θ, on trouve cette autre

$$x \cos(n+1)\theta + y \sin(n+1)\theta = 0,$$

qui, en faisant $x = \rho_1 \sin\theta_1$, $y = \rho_1 \cos\theta_1$, donne $\theta_1 = -(n+1)\theta$.

En substituant maintenant dans l'équation du cercle x, y et θ par leurs valeurs en fonction de θ_1 et ρ_1, on obtient l'équation

$$\rho_1 = 2a\left(\sin \frac{n}{n+1}\theta_1\right)^{\frac{n+1}{n}},$$

d'où résulte le théorème énoncé.

662. La tangente à la spirale sinusoïde représentée par l'équation

$$\rho = a\left[\sin n(\theta - \omega)\right]^{\frac{1}{n}}$$

fait avec l'axe des abscisses un angle égal à $n(\theta-\omega)+\theta$. Pourtant l'angle des tangentes à cette ligne et à la ligne (1) aux points où elles se coupent, est égal à $n\omega$. Les spirales sinusoïdes qui correspondent aux diverses valeurs données à a dans la dernière équation sont donc les trajectoires de la famille des spirales sinusoïdes représentées par l'équation (1), a étant le paramètre arbitraire. Ces trajectoires sont orthogonales quand $\omega = \frac{\pi}{2}$.

663. La longueur des arcs des spirales sinusoïdes est déterminée par l'équation

$$s = \int_{\theta_0}^{\theta_1} \sqrt{\rho^2 + \left(\frac{d\rho}{d\theta}\right)^2}\, d\theta = a\int_{\theta_0}^{\theta_1} (\sin n\theta)^{\frac{1}{n}-1} d\theta = \frac{a}{n}\int_{V_0}^{V_1} (\sin V)^{\frac{1}{n}-1} dV,$$

d'où il résulte, en faisant $\sin V = t$,

$$s = \frac{a}{n}\int_{t_0}^{t_1} t^{\frac{1}{n}-1}(1-t^2)^{-\frac{1}{2}} dt.$$

On peut donc exprimer s par des fonctions élémentaires quand le nombre $\frac{1}{n}$ est entier.

En appliquant à l'intégrale dont s dépend une formule de réduction des intégrales binomes, on trouve

$$s = a\left[t^{\frac{1}{n}}(1-t^2)^{\frac{1}{2}}\right]_{t_0}^{t_1} + \frac{1+n}{n} a\int_{t_0}^{t_1} t^{\frac{1}{n}+1}(1-t^2)^{-\frac{1}{2}} dt,$$

ou

$$s=a\left[\sin^{\frac{1}{n}}V\cos V\right]_{V_0}^{V_1}+\frac{1+n}{n}a\int_{V_0}^{V_1}\sin^{\frac{1}{n}+1}VdV.$$

Mais, si l'on considère une autre spirale sinusoïde définie par l'équation

$$\rho=a\left(\sin\frac{n}{1+2n}\theta\right)^{\frac{1+2n}{n}},$$

et si l'on désigne par s_1 la longueur de l'arc compris entre les points où les tangentes font avec les vecteurs des points de contact des angles égaux à V_0 et V_1, on a

$$s_1=a\frac{1+2n}{n}\int_{V_0}^{V_1}\sin^{\frac{1+n}{n}}VdV.$$

Donc les arcs s et s_1 sont liés par la relation

$$s=\rho_1\cos V_1-\rho_0\cos V_0+\frac{1+n}{1+2n}s_1.$$

Cette relation est l'expression analytique de la proposition XV de la *Geometria organica,* où Maclaurin signale encore les corollaires suivants:

1.° La différence entre les arcs correspondants de deux podaires d'ordre pair, ou de deux podaires d'ordre impair, d'une spirale sinusoïde peut être obtenue au moyen de la règle et du compas ordinaire.

2.° Si l'on sait rectifier deux podaires successives d'une spirale sinusoïde, on peut déterminer par la règle et le compas ordinaire les longueurs des arcs de toutes les autres.

Si $\theta_0=0$, $\theta_1=\frac{\pi}{2n}$, on a $t_0=0$, $t_1=1$, et par conséquent

$$s=\frac{a}{n}\int_0^1 t^{\frac{1}{n}-1}(1-t^2)^{-\frac{1}{2}}dt=\frac{a}{n}\mathrm{B}\left(\frac{1}{n},\frac{1}{2}\right),$$

$\mathrm{B}\left(\frac{1}{n},\frac{1}{2}\right)$ désignant une intégrale eulérienne de première espèce, ou, en tenant compte de quelques propriétés de ces intégrales,

$$s=\frac{a}{n}\cdot\frac{\Gamma\left(\frac{1}{2}\right)\Gamma\left(\frac{1}{n}\right)}{\Gamma\left(\frac{1}{2}+\frac{1}{n}\right)}=\frac{a}{n}\cdot\frac{\Gamma\left(\frac{1}{n}\right)}{\Gamma\left(\frac{1}{2}+\frac{1}{n}\right)}\sqrt{\pi}.$$

En appliquant maintenant la relation connue

$$2^{\frac{2-n}{n}}\Gamma\left(\frac{1}{n}\right)\Gamma\left(\frac{1}{n}+\frac{1}{2}\right)=\sqrt{\pi}\,\Gamma\left(\frac{2}{n}\right),$$

on réduit encore cette expression de s à la forme (J. A. Serret: *Journal de Liouville*, 1840, p. 116),

$$s=\frac{a}{n}2^{\frac{2-n}{n}}\cdot\frac{\Gamma^2\left(\frac{1}{n}\right)}{\Gamma\left(\frac{2}{n}\right)}.$$

664. Supposons que n soit un nombre entier et cherchons la distance D du point arbitraire (e, f), à la tangente à la spirale (1) au point (x, y).

En tenant compte des relations

$$ds=\frac{a^n}{\rho^{n-1}}d\theta,\quad d\theta=\frac{xdy-ydx}{x^2+y^2},$$

on obtient l'équation

$$\mathrm{D}=\frac{(e-x)\,dy+(y-f)\,dx}{ds}=\frac{(e-x)\,dy+(y-f)\,dx}{a^n\,(xdy-ydx)}\,(x^2+y^2)^{\frac{n+1}{2}},$$

dont on conclut que D *est une fonction rationnelle de x et y, quand n est impair.*

Les courbes algébriques telles que la distance d'un point quelconque de son plan à la tangente est une fonction rationnelle des coordonnées du point de contact, sont appelées des *courbes de direction;* donc, *les spirales sinusoïdes correspondant aux valeurs entières impaires de n sont des courbes de direction.*

Cette propriété a été indiquée par M. Humbert dans le *Journal de Liouville* (1887, p. 395). L'illustre géomètre a encore fait voir qu'elle subsiste quand n est une fraction irréductible dont le numérateur et le dénominateur sont des nombres impairs.

Quand la spirale (1) est une courbe de direction, la formule

$$ds=\frac{a^n\,(xdy-ydx)}{(x^2+y^2)^{\frac{n+1}{2}}}$$

fait voir que s peut être exprimé par une intégrale abélienne appartenant à la courbe. Alors les arcs de cette courbe jouissent de quelques propriétés remarquables qui ont été déduites de celles des intégrales abéliennes par M. Humbert dans le mémoire mentionné.

665. L'aire balayée par le vecteur d'un point d'une spirale sinusoïde, quand θ varie de θ_0 à θ_1, a pour expression

$$A = \frac{1}{2}\int_{\theta_0}^{\theta_1} \rho^2 \, d\theta = \frac{a^2}{2}\int_{\theta_0}^{\theta_1} (\sin n\theta)^{\frac{2}{n}} \, d\theta$$

ou, en faisant $\sin n\theta = t$,

$$A = \frac{a^2}{2n}\int_{t_0}^{t_1} t^{\frac{2}{n}} (1-t^2)^{-\frac{1}{2}} dt.$$

En représentant maintenant par s_2 la longueur des arcs de la spirale sinusoïde

$$\rho = a\left[\sin \frac{n}{n+2}\,\theta\right]^{\frac{n+2}{n}},$$

on a

$$s_2 = \frac{a(n+2)}{n}\int_{t_0}^{t_1} t^{\frac{2}{n}} (1-t^2)^{-\frac{1}{2}} dt.$$

Donc

$$A = \frac{a}{2(n+2)} s_2.$$

666. Les spirales sinusoïdes jouissent de quelques propriétés mécaniques intéressantes. Nous en signalerons celles-ci:

1.° La force centrale qui fait décrire à un point dans le vide la spirale sinusoïde (1) varie en raison inverse de la puissance $2n+3$ de la distance au pôle (Maclaurin, *Geometria organica,* prop. XXII, p. 120).

2.° Les forces centrales, pour lesquelles la ligne (1) est brachistochrone, sont inversement proportionnelles à la puissance $2n+1$ de la distance au pôle (Haton de La Goupillière, *Nouvelles Annales,* 1876, p. 107).

3.° La courbe (1) est la figure d'équilibre d'une chaînette homogène pour les forces en raison inverse de la puissance $n+2$ de la distance au pôle (Ossian Bonnet: *Journal de Liouville,* 1844, p. 229).

4.° La courbe d'équilibre d'une chaînette homogène et d'épaisseur inégale, pour les forces centrales inversement proportionnelles à la distance au pôle, la tension par unité de section transversale étant constante, est une spirale sinusoïde (Ossian Bonnet: l. c., p. 99).

5.° La courbe qui a le plus grand ou le plus petit potentiel de l'arc est une spirale sinusoïde.

Cette proposition a été démontrée par Ossian Bonnet dans le *Journal de Liouville* (1844, p. 97). L'intégrale à laquelle il a appliqué la méthode des variations, pour l'établir, avait été déjà considérée par Euler dans *Methodus inveniendi* etc. (p. 53); mais, à cause d'un lapsus dans le calcul, qui a faussé le résultat, ce dernier géomètre n'avait pas obtenu les spirales sinusoïdes. Plus tard, M. Haton de La Goupillière, dans une communication à l'Association française (*Congrès de Besançon,* 1893), a démontré qu'on obtient encore une spirale sinusoïde quand on cherche la courbe dont le potentiel de l'arc est maximum ou minimum, parmi celles qui admettent une même valeur pour le potentiel de l'aire, les lois d'attraction relatives aux deux potentiels étant arbitraires.

667. Nous terminerons cette doctrine en considérant quelques cas particuliers remarquables de l'équation (1).

1.° Si $n=1$, l'équation (1) représente le *cercle,* et, si $n=\frac{1}{2}$, elle représente la *cardioïde.* Cette dernière courbe est la *podaire du cercle* par rapport à un point de la circonférence (n.° 218). Les *podaires successives* du même cercle sont représentées par l'équation

$$\rho=a\left(\sin\frac{\theta}{k+1}\right)^{k+1};$$

et, comme la cardioïde est exactement rectifiable (n.° 239), elles sont aussi rectifiables au moyen de la règle et du compas ordinaire quand k est pair, et sa rectification dépend de celle du cercle quand k est impair (Maclaurin: *Geometria organica,* prop. XVII, p. 111).

La première podaire de la cardioïde correspond à $n=\frac{1}{3}$ et est identique au lieu des sommets des paraboles ayant même foyer et tangentes à un cercle passant par ce foyer. Cette proposition a été énoncée par W. Roberts et démontrée par Emery dans les *Nouvelles Annales de Mathématiques* (1848, p. 45 et 194).

2.° Si $n=-1$, l'équation (1) représente la *droite,* et, si $n=-\frac{1}{2}$, elle représente la *parabole.* Cette droite est la podaire de la parabole par rapport au foyer. L'équation des *anti-podaires* successives de la même droite est

$$\rho=a\left(\sin\frac{\theta}{k+1}\right)^{-(k+1)};$$

elles sont exactement rectifiables quand k est pair, et sa rectification dépend de celle de la parabole quand k est impair (Maclaurin: l. c., prop. XVIII, p. 115).

3.° Si $n=-2$, l'équation (1) définit l'*hyperbole équilatère,* et, si $n=2$, elle représente la *lemniscate de Bernoulli.* Cette dernière courbe est la *podaire* de celle-là par rapport au centre, et l'équation de la podaire d'ordre k de la même hyperbole est

$$\rho=a\left(\sin\frac{2\theta}{2k-1}\right)^{\frac{2k-1}{2}};$$

la rectification de ces lignes dépend donc de celle de l'hyperbole quand k est *pair,* et de celle de la lemniscate de Bernoulli quand k est *impair* (Maclaurin: l. c., prop. XIX, p. 116). Le problème de la rectification de ces lignes a été étudié aussi par W. Roberts dans le *Journal de Liouville* (1845, p. 187).

4.° Si $n=-\frac{1}{3}$, on a une ligne considérée au n.° 568.

5.° La spirale sinusoïde correspondant à l'équation

$$\rho^3 = a^3 \cos 3\theta.$$

a été employée par W Roberts pour représenter l'intégrale elliptique de première espèce à module égal à $\sin\frac{\pi}{12}$ (*Journal de Liouville,* 1847, p. 447), intégrale que Legendre a spécialement signalée dans le *Traité des fonctions elliptiques.*

On a (n.° 663), en effet, en faisant $\cos 3\theta = u^3$,

$$s = a\int_0^{\theta} \frac{d\theta}{(\cos 3\theta)^{\frac{2}{3}}} = a\int_0^u \frac{du}{\sqrt{1-u^6}};$$

or, cette dernière intégrale a été considérée par Legendre (l. c., p. 201), qui, en faisant

$$u = \sin t, \quad \operatorname{tang} t = \frac{1}{\sqrt[4]{3}} \operatorname{tang} \frac{1}{2}\varphi,$$

a trouvé

$$\int \frac{du}{\sqrt{1-u^6}} = \frac{1}{2\sqrt[4]{3}} \int \frac{d\varphi}{\sqrt{1-c^2\sin^2\varphi}},$$

où $c^2 = \frac{2-\sqrt{3}}{4} = \sin\frac{\pi}{12}$.

La spirale qu'on vient de considérer est une courbe du sixième ordre, dont l'équation cartésienne est

$$(x^2+y^2)^3 = a^3(x^3-3xy^2).$$

Elle est composée de trois boucles égales réunies à l'origine O des coordonnées, qui est un point *triple;* ces boucles ont les sommets sur une circonférence ayant le centre au point O et ils divisent cette circonférence en trois parties égales. Les droites passant par l'origine et par les sommets sont des axes de symétrie. En appliquant aux arcs de cette ligne le théorème d'Abel, on obtient cette proposition remarquable: *Un cercle passant par* O *coupe la courbe en trois autres points à distance finie, et le plus grand des arcs de cette courbe compris entre* O *et ces points est égal à la somme des autres.* (Humbert: l. c.; Appell et Goursat: *Théorie des fonctions algébriques et de leurs intégrales,* p. 523).

6.° La *spirale logarithmique* peut être considérée comme une spirale sinusoïde correspondant à $n=0$. Cette remarque, faite par M. Haton de La Goupillière dans sa *Thèse de Mécanique*, a été démontrée par M. Allégret (*Nouvelles Annales de Mathématiques*, 1872, p. 163) de la manière suivante. Envisageons la spirale sinusoïde définie par l'équation

$$\rho^n = a^n \frac{\sin(h+n\theta)}{\sin h},$$

et développons dans le second membre $\sin(h+n\theta)$ suivant les puissances de n. On trouve, approximativement,

$$\rho = a(1+n\theta\cot h)^{\frac{1}{n}},$$

et par suite, en faisant n tendre vers zéro,

$$\rho = ae^{\theta\cot h}.$$

668. Les courbes qu'on vient de considérer sont comprises dans une classe plus générale de lignes étudiées par Cesàro dans les *Nouvelles Annales de Mathématiques* (1888, p. 179) et dans les *Lezioni di Geometria intrinseca* (1869, p. 49), lesquelles sont définies par la condition suivante: *le rayon de courbure, en tout point, est proportionnel au segment de la normale compris entre ce point et la polaire du même point, par rapport à un cercle donné.* Si le cercle se réduit à un point, on a les spirales sinusoïdes. Cesàro a représenté ces lignes par leur équation intrinsèque; mais nous en allons chercher l'équation polaire, laquelle est bien plus simple.

Prenons pour origine des coordonnées le centre du cercle donné et représentons par k son rayon. Les coordonnées du point où la normale à la courbe au point (x, y) coupe la polaire de ce point, par rapport au cercle, sont déterminées par les équations (en prenant pour variable indépendante une quantité arbitraire t)

$$x\mathrm{X}+y\mathrm{Y}=k^2, \quad y'\mathrm{Y}+x'\mathrm{X}=yy'+xx',$$

et la distance Δ entre ce point et le point (x, y) est déterminée par cette autre:

$$\Delta^2=(x-\mathrm{X})^2+(y-\mathrm{Y})^2;$$

pourtant

$$\Delta=\frac{x^2+y^2-k^2}{xy'-yx'}\sqrt{x'^2+y'^2}.$$

L'équation différentielle des lignes considérées est donc

$$(n+1)\frac{x'^2+y'^2}{x'y''-y'x''}=\frac{x^2+y^2-k^2}{xy'-yx'}.$$

Posons maintenant $x = \rho \cos \theta$, $y = \rho \sin \theta$, pour rapporter la courbe aux coordonnées polaires. Cette équation prend la forme

$$(5) \qquad (n+1) \frac{\rho^2 + \left(\frac{d\rho}{d\theta}\right)^2}{\rho^2 + 2\left(\frac{d\rho}{d\theta}\right)^2 - \rho \frac{d^2\rho}{d\theta^2}} = \frac{\rho^2 - k^2}{\rho^2},$$

et on peut l'intégrer au moyen de la transformation employée au n.° 655, ce qui donne d'abord

$$\frac{d(\rho \sin \mathrm{V})}{\rho \sin \mathrm{V}} = (n+1) \frac{\rho d\rho}{\rho^2 - k^2},$$

V représentant l'angle que la tangente au point (x, y) fait avec le vecteur de ce point, et ensuite

$$(6) \qquad (\rho^2 - k^2)^{n+1} = a^{2n} \rho^2 \sin^2 \mathrm{V}.$$

Cette équation détermine la valeur que l'angle V prend à chaque point, et on en peut déduire l'équation polaire des lignes considérées, en eliminant V entre cette équation et la relation $\operatorname{tang} \mathrm{V} = \rho \frac{d\theta}{d\rho}$, ce qui donne

$$d\theta = \frac{(\rho^2 - k^2)^{\frac{n+1}{2}}}{\rho \sqrt{a^{2n} \rho^2 - (\rho^2 - k^2)^{n+1}}} d\rho,$$

et en intégrant ensuite cette dernière équation.

On voit au moyen de la relation (6) que, si $n+1$ est différent de zéro, on a $\mathrm{V} = 0$, quand $\rho = k$; pourtant, dans ce cas, la courbe coupe le cercle donné perpendiculairement.

On voit au moyen de la relation (5) que le rayon de courbure est déterminé par l'équation

$$\mathrm{R} = \frac{\rho^2 - k^2}{(n+1)\rho^2} \sqrt{\rho^2 + \left(\frac{d\rho}{d\theta}\right)^2} = \frac{a^n}{(n+1)\sqrt{(\rho^2 - k^2)^{n-1}}},$$

d'où il résulte que, si la courbe possède des points d'inflexion ou de rebroussement, ils sont situés sur le cercle donné.

VIII.

Cassiniennes à n pôles.

669. La courbe représentée par l'équation

$$\rho^{2n} - 2a^n \rho^n \cos n\theta + a^{2n} = b^{2n}, \tag{1}$$

où n est un nombre entier positif, a été étudiée par J. A. Serret dans deux mémoires insérés au *Journal de Liouville* (1843, p. 145 et 495), où il en a indiqué les propriétés principales. La même ligne a été rencontrée par M. Haton de La Goupillière dans ses recherches sur la théorie des lignes isothermes, publiées dans le *Journal de l'École Polytechnique de Paris* (1861, cah. XXXVIII), où il en a étudié de nouveau les propriétés.

La courbe (1) *est le lieu des positions que prend un point du plan d'un polygone regulier de n côtés, quand ce point varie de manière que le produit de ses distances aux n sommets du polygone soit constant.*

Cette interprétation géométrique de l'équation (1) a été démontrée par Serret de la manière suivante.

Prenons pour axe des abscisses une droite passant par le centre du polygone et par un des sommets et pour axe des ordonnées la perpendiculaire à cette droite menée par le centre du polygone, et désignons par a le rayon du cercle circonscrit. Les coordonnées cartésiennes des sommets de ce polygone sont

$$(a,\ 0),\quad \left(a\cos\frac{2\pi}{n},\quad a\sin\frac{2\pi}{n}\right),\quad \ldots,\quad \left(a\cos\frac{2(n-1)\pi}{n},\quad a\sin\frac{2(n-1)\pi}{n}\right),$$

et, en représentant par D_1, D_2, etc. les distances du point $(\theta,\ \rho)$ à ces sommets, nous avons

$$D_1^2\, D_2^2 \ldots D_n^2 = [\rho^2 - 2a\rho\cos\theta + a^2]\left[\rho^2 - 2a\rho\cos\left(\theta - \frac{2\pi}{n}\right) + a^2\right]$$
$$\ldots\left[\rho^2 - 2a\rho\cos\left(\theta - \frac{2(n-1)\pi}{n}\right) + a^2\right].$$

Mais, d'un autre côté, comme les racines de l'équation

$$\rho^{2n} - 2a^n\rho^n\cos n\theta + a^{2n} = 0,$$

sont

$$\rho = a\left[\cos\left(\theta - \frac{2k\pi}{n}\right) \pm i \sin\left[\theta - \frac{2k\pi}{n}\right)\right],$$

où $k = 0, 1, 2, \ldots, n-1$, il vient

$$\rho^{2n} - 2a^n\rho^n \cos n\theta + a^{2n} = [\rho^2 - 2a\rho\cos\theta + a^2] \ldots \left[\rho^2 - 2a\rho\cos\left(\theta - \frac{2(n-1)\pi}{n}\right) + a^2\right].$$

Pourtant

$$D_1 D_2 \ldots D_n = b^n.$$

Si $n = 2$, on a $D_1D_2 = b^2$, et la courbe considérée est un ovale de Cassini; par ce motif on appelle les lignes définies par l'équation (1) *cassiniennes à n pôles.*

En tenant compte du développement de $\cos n\theta$ écrit au n.° 533, on obtient aisément l'équation cartésienne de la courbe (1), savoir

$$(x^2 + y^2)^n - 2a^n\left[x^n - \frac{n(n-1)}{1.2} x^{n-2} y^2 + \frac{n(n-1)(n-2)(n-3)}{1.2.3.4} x^{n-4} y^4 - \ldots\right]$$
$$+ a^{2n} - b^{2n} = 0,$$

d'où il résulte que l'ordre de la courbe considérée est égal à $2n$ et qu'elle passe n fois par chaque point circulaire de l'infini.

670. Pour déterminer la forme de la courbe (1), il faut considérer séparément, comme dans le cas des ovales de Cassini (n.° 177), les trois cas suivants:

1.° Soit $b < a$. Alors, en mettant l'équation (1) sous la forme

$$\rho = [a^n \cos n\theta \pm \sqrt{b^{2n} - a^{2n}\sin^2 n\theta}]^{\frac{1}{n}},$$

on voit aisément qu'aux valeurs de θ comprises entre θ_1 et $-\theta_1$, θ_1 étant la plus petite des racines positives de l'équation

$$a^{2n} \sin^2 n\theta_1 = b^{2n},$$

il correspond un ovale symétrique par rapport à l'axe des abscisses, lequel coupe cet axe à deux points A et B dont les distances au centre du polygone sont égales à $\sqrt[n]{a^n + b^n}$ et $\sqrt[n]{a^n - b^n}$. Les tangentes à ces ovales issues du même centre font avec cet axe des angles égaux à θ_1 et $-\theta_1$.

Quand θ varie depuis θ_1 jusqu'à $\dfrac{2\pi}{n} - \theta_1$, ρ prend des valeurs imaginaires; et, quand ensuite la même variable θ varie depuis $\frac{2\pi}{n} - \theta_1$ jusqu'à $\frac{2\pi}{n} + \theta_1$, ρ reprend les mêmes valeurs que dans l'intervalle de $-\theta_1$ à θ_1. En continuant de même, on voit que la courbe envisagée est composée de n ovales égaux, et que chacun de ces ovales a un axe de symétrie passant par le centre et par un sommet du polygone. Les sommets de tous ces ovales sont situés sur deux circonférences ayant pour équations

$$\rho^n = a^n + b^n, \quad \rho^n = a^n - b^n.$$

2.° Si $a = b$, l'un des sommets de chaque ovale coïncide avec le centre du polygone, où la courbe a un point multiple d'ordre n. Dans ce cas, les tangentes à chaque ovale issues de ce centre font avec l'axe du même ovale des angles égaux à $\frac{\pi}{2n}$. La courbe est, dans ce cas, une *spirale sinusoïde*.

3.° Si $b > a$, une seule des valeurs de ρ correspondant à chaque valeur de θ est réelle, et la courbe se réduit à un seul ovale, ayant pour centre le centre du polygone. Cet ovale est composé de n arcs égaux à celui qui correspond aux valeurs de θ comprises entre 0 et $\frac{2\pi}{n}$.

En représentant par V l'angle que la tangente au point (θ, ρ) fait avec le vecteur de ce point, on a la relation

$$\cos V = \frac{a^n}{b^n} \sin n\theta, \tag{2}$$

qui peut être employée pour la construction de cette tangente.

L'expression du rayon de courbure de la courbe (1) peut être obtenue au moyen d'une généralisation facile de l'analyse qu'on a employée dans le cas particulier des ovales de Cassini. On trouve ainsi

$$R = \frac{2b^n \rho^{n+1}}{(n+1)\rho^{2n} + (n-1)(a^{2n} - b^{2n})}.$$

Les valeurs que ρ prend aux points d'inflexion sont déterminées par l'équation

$$(n+1)\rho^{2n} + (n-1)(a^{2n} - b^{2n}) = 0,$$

et on voit aisément, comme dans le cas des ovales de Cassini, que la courbe a $2n$ points d'inflexion réels quand on a en même temps $b > a$ et $b < a\sqrt[n]{n}$.

En mettant l'expression de R sous la forme

$$R = \frac{b^n \rho}{\rho^n + (n-1) a^n \cos n\theta},$$

on voit que ces points sont placés sur la spirale sinusoïde correspondant à l'équation

$$\rho^n + (n-1) a^n \cos n\theta = 0 .$$

Comme cette équation ne dépend pas de b, on conclut que les points d'inflexion des courbes correspondant aux diverses valeurs de b sont placées sur une même spirale sinusoïde.

671. On a

$$\frac{1}{\rho}\frac{d\rho}{d\theta} = \cot V = \frac{a^n \sin n\theta}{a^n \cos n\theta - \rho^n};$$

par conséquent l'équation différentielle des trajectoires orthogonales des lignes représentées par l'équation (1), b étant le paramètre arbitraire, est

$$\frac{1}{\rho}\frac{d\rho}{d\theta} = -\operatorname{tnag} V = -\frac{a^n \cos n\theta - \rho^n}{a^n \sin n\theta}.$$

En faisant $u = \rho^{-n}$, on réduit l'intégration de cette équation à celle de l'équation linéaire

$$a^n \sin n\theta \frac{du}{d\theta} - n a^n u \cos n\theta + n = 0,$$

qui donne, en faisant $C = \dfrac{\sin n\theta_0}{\cos n\theta_0}$,

$$u = \frac{1}{a^n}\left(\frac{\cos n\theta}{\sin n\theta} + C\right)\sin n\theta = \frac{\cos n(\theta - \theta_0)}{a^n \cos n\theta_0};$$

et pourtant

$$\rho^n = \frac{a^n \cos n\theta_0}{\cos n(\theta - \theta_0)}.$$

Donc, *les trajectoires orthogonales des courbes définies par l'équation* (1), *b étant le paramètre arbitraire, sont des spirales sinusoïdes représentées par la dernière équation.*

672. L'équation (2) donne, en tenant compte de la relation $\cos V = \dfrac{d\rho}{ds}$,

$$\frac{d\rho}{ds} = \frac{a^n}{b^n}\sin n\theta,$$

et par suite, en éliminant $\sin n\theta$ au moyen de l'équation (1),

$$ds = 2b^n \frac{d\rho}{\sqrt{-\rho^{4n} + 2(a^{2n} + b^{2n})\rho^{2n} - (b^{2n} - a^{2n})^2}}.$$

La rectification de la courbe (1) dépend donc, en général, des intégrales hyperelliptiques (Serret, *l. c.*).

Il résulte immédiatement de cette égalité que la longueur de l'arc de la courbe (1) compris entre les points où ρ prend les valeurs de ρ_0 et ρ_1, et la longueur de l'arc de la courbe représentée par l'équation qu'on obtient en échangeant les rôles de a et b, compris entre les points correspondant aux mêmes valeurs de ρ, sont dans le rapport de b^n à a^n.

On a étudié deux cas particuliers de l'équation (1) dans lesquels la rectification de la courbe qu'elle représente dépend de deux intégrales elliptiques de première espèce. Si $n = 2$, cette équation coïncide avec celle des ovales de Cassini, et on a vu déjà que la rectification de ces lignes dépend du calcul de deux intégrales elliptiques de première espèce à modules complémentaires. Si $n = 3$, on a une courbe envisagée par W. Roberts dans le *Journal de Liouville* (1847, p. 445), où il en a réduit aussi le calcul de la longueur des arcs à celui de deux intégrales elliptiques de première espèce.

673. La distance D_k du point (x, y) au sommet du polygone ayant pour coordonnées $\left(a\cos\frac{k\pi}{n}, a\sin\frac{k\pi}{n}\right)$ peut être exprimée de la manière suivante:

$$\begin{aligned} D_k^2 &= \left(x - a\cos\frac{k\pi}{n}\right)^2 + \left(y - a\sin\frac{k\pi}{n}\right)^2 \\ &= \left[x + iy - a\left(\cos\frac{k\pi}{n} + i\sin\frac{k\pi}{n}\right)\right]\left[x - iy - a\left(\cos\frac{k\pi}{n} - i\sin\frac{k\pi}{n}\right)\right] \\ &= \left(x + iy - ae^{\frac{k\pi}{n}i}\right)\left(x - iy - ae^{-\frac{k\pi}{n}i}\right); \end{aligned}$$

et la courbe considérée peut donc être représentée par l'équation

$$PQ = b^{2n},$$

où P et Q représentent les polynomes imaginaires conjugués

$$P = (x + iy - a)\left(x + iy - ae^{\frac{\pi}{n}i}\right)\dots\left(x + iy - ae^{\frac{(n-1)\pi}{n}i}\right),$$

$$Q = (x - iy - a)\left(x - iy - ae^{-\frac{\pi}{n}i}\right)\dots\left(x - iy - ae^{-\frac{(n-1)\pi}{n}i}\right).$$

On vérifie aisément que cette équation peut être encore mise sous la forme

$$(P+\lambda b^n)(Q+\lambda' b^n)=\lambda\lambda'\left(P+\frac{b^n}{\lambda'}\right)\left(Q+\frac{b^n}{\lambda}\right),$$

λ et λ' étant deux nombres arbitraires.

Supposons maintenant que ces nombres λ et λ' soient imaginaires conjugués et faisons

$$P+\lambda b^n=[x+iy-(p_1+iq_1)]\ldots[x+iy-(p_n+iq_n)],$$
$$P+\frac{b^n}{\lambda'}=[x+iy-(u_1+iv_1)]\ldots[x+iy-(u_n+iv_n)],$$

et pourtant

$$Q+\lambda' b^n=[x-iy-(p_1-iq_1)]\ldots[x-iy-(p_n-iq_n)],$$
$$Q+\frac{b^n}{\lambda}=[y-iy-(u_1-iv_1)]\ldots[x-iy-(u_n-iv_n)].$$

L'équation de la courbe prend alors la forme

$$[(x-p_1)^2+(y-q_1)^2]\ldots[(x-p_n)^2+(y-q_n)^2=\lambda\lambda'[(x-u_1)^2+(y-v_1)^2]\ldots[(x-u_n)^2+(y-v_n)^2],$$

ou, en représentant par $r_1, r_2, \ldots, r_n$ les distances du point (x, y) aux pôles (p_1, q_1), $(p_2, q_2), \ldots, (p_n, q_n)$, et par $R_1, R_2, \ldots, R_n$ les distances du même point aux pôles (u_1, v_1), $(u_2, v_2), \ldots, (u_n, v_n)$,

$$r_1 r_2 \ldots r_n=\lambda\lambda' R_1 R_2 \ldots R_n.$$

674. Les courbes qu'on vient de considérer appartiennent à la classe de lignes étudiées par M. Darboux dans l'ouvrage intitulé: *Sur une classe remarquable de courbes et de surfaces algébriques* (1873, p. 66), lesquelles sont définies pour l'équation

$$(3) \qquad r_1 r_2 \ldots r_n=kR_1,\ R_2, \ldots,\ R_m,$$

$r_1, r_2, \ldots, r_n$ et $R_1, R_2, \ldots, R_m$ représentant les distances du point décrivant à deux séries de pôles fixes arbitraires et k étant une quantité constante. Nous avons déjà étudié aux n.ºs 183 et 184 le cas où $n=2$ et $m=2$. En généralisant l'analyse employée pour l'étude de ce cas particulier, on obtient aisément les propriétés suivantes des courbes définies par l'équation (3):

1.° *Toute courbe définie par l'équation* (3) *peut être représentée d'une infinité de manières différentes par d'autres équations de la même forme, rapportées à d'autres pôles convenablement choisis.*

2.° *Toute courbe définie par l'équation* (3) *peut être considérée, et d'une infinité de manières, comme le lieu des points tels que la somme algébrique des angles sous lesquels on voit d'un point de la courbe des segments fixes soit constant.*

Si $A_1, A_2, \ldots, A_n$ et $B_1, B_2, \ldots, B_n$ sont deux systèmes de pôles de la courbe considérée, et si $A'_1, A'_2, \ldots, A'_n$ et $B'_1, B'_2, \ldots, B'_n$ sont les points associés (n.° 60), ces segments sont $A'_1B'_1, A'_2B'_2, \ldots, A'_nB'_n$.

3.° *La transformée par rayons vecteurs réciproques d'une courbe définie par l'équation* (3) *est représentée par une équation de la même forme.*

4.° Soient (e_1, f_1), (e'_1, f'_1), etc. les coordonnées des pôles d'une des séries mentionnées ci-dessus, et (e_2, f_2), (e'_2, f'_2), etc. celles des pôles l'autre série, et posons

$$u = x + iy,\quad v = x - iy,\quad u_1 = e_1 + if_1,\quad v_1 = e_1 - if_1,\quad u_2 = e_2 + if_2,\quad v_2 = e_2 - if_2, \ldots$$

L'équation des cassiniennes ayant ces pôles peut être mise sous la forme

$$\frac{(u-u_1)(u-u'_1)\ldots}{(u-u_2)(u-u'_2)\ldots} = k\frac{(v-v_2)(v-v'_2)\ldots}{(v-v_1)(v-v'_1)\ldots},$$

ou

$$\log\frac{(u-u_1)(u-u'_1)\ldots}{(u-u_2)(u-u'_2)\ldots} = \log k + \log\frac{(v-v_2)(v-v'_2)\ldots}{(v-v_1)(v-v'_1)\ldots}.$$

En appliquant à cette équation la méthode classique pour la détermination des trajectoires orthogonales des courbes, on trouve cette autre:

$$\frac{(u-u_1)(u-u'_1)\ldots}{(u-u_2)(u-u'_2)\ldots} = k_1\frac{(v-v_1)(v-v'_1)\ldots}{(v-v_2)(v-v'_2)\ldots}. \tag{4}$$

Mais, en représentant par $\omega_1, \omega'_1 \ldots$ les angles que les droites passant par le point (x, y) d'une de ces courbes et par les pôles (e_1, f_1), (e'_1, f'_1), ... font avec l'axe des abscisses, et par $\omega_2, \omega'_2, \ldots$ les angles que les droites passant par le même point (x, y) et par les pôles (e_2, f_2), (e'_2, f'_2), ... font avec le même axe, on a, comme au n.° 182,

$$\frac{u-u_1}{v-v_1} = e^{i\omega_1},\quad \frac{u-u_2}{v-v_2} = e^{i\omega_2},\quad \frac{u-u'_1}{v-v'_1} = e^{i\omega'_1}, \ldots$$

Pourtant, en posant $k_1 = e^{ih}$, l'équation (4) peut être mise sous la forme

$$\omega_1 + \omega'_1 + \ldots - (\omega_2 + \omega'_2 + \ldots) = h,$$

à un multiple de π près.

Donc, les trajectoires orthogonales des cassiniennes ayant les mêmes pôles sont caractérisées par la propriété exprimée par cette équation.

On voit aisément que la proposition qu'on vient d'obtenir a encore lieu quand les pôles ne sont pas en même nombre dans les deux séries, et quand quelques pôles coïncident. Si le nombre des pôles d'une des séries est égal a zéro, cette proposition se réduit à une autre démontrée par Michael Roberts dans le *Journal de Liouville* (1845, p. 351). Si les pôles sont en même nombre dans les deux séries, on a ce théorème: *les trajectoires orthogonales des cassiniennes ayant les mêmes pôles sont des courbes telles que la somme des angles sous lesquels on voit les segments* A_1B_1, A_2B_2, ... *est constante.*

IX.

Les courbes de Ribaucour.

675. Nous allons nous occuper des ligne qui sont la solution du problème suivant: *déterminer les courbes dont le rayon de courbure au point variable* (x, y) *est proportionel à la longueur de la normale en ce point.* On les appelle *courbes de Ribaucour,* car elles ont été rencontrées par cet illustre géomètre dans ses recherches sur les surfaces à courbure moyenne constante (*Mémoires couronnés de l'Académie de Belgique,* t. XLIV, 1880). Mais le problème mentionné avait déjà été proposé aux géomètres en 1716, conjonctement avec celui de la recherche des trajectoires orthogonales de ces courbes, par Jean Bernoulli, par intermédiaire de Leibniz, et il avait été résolu par Taylor, dans les *Philosophical Transactions* de 1717, et par Hermann, dans les *Acta eruditorum* de la même année. Jean Bernoulli n'a pas publié la solution qu'il a trouvée de cette question, mais elle a été divulguée par son fils Nicolas Bernoulli dans une intéressante notice sur le problème des trajectoires qu'il a insérée en 1718 aux *Acta eruditorum.* Tous les travaux qu'on vient de mentionner ont été reproduits dans le tome II des *Opera* de Jean Bernoulli.

Plus tard, avant de Ribaucour s'occuper des courbes mentionnées, elles ont été considérées encore par Ossian Bonnet en 1844 dans le *Journal de Liouville* (t. IX, p. 97 et 217), où elles ont été définies par la propriété géométrique mentionnée ci-dessus, et où l'éminent géomètre a étudié quelques questions de Géométrie et de Mécanique dont elles sont la solution.

676. L'équation différentielle des lignes qu'on vient de définir, est

$$\frac{(1+y'^2)^{\frac{3}{2}}}{y''} = my(1+y'^2)^{\frac{1}{2}},$$

m représentant une constante donnée, ou

$$myy'' = 1 + y'^2.$$

En posant $y''=\frac{y'dy'}{dy}$, cette équation prend la forme

$$\frac{my'dy'}{1+y'^2}=\frac{dy}{y},$$

d'où il résulte, en intégrant et en représentant par c la constante arbitraire,

$$1+y'^2=(cy)^{\frac{2}{m}},$$

ou

$$dx=\frac{dy}{\sqrt{(cy)^{\frac{2}{m}}-1}},$$

et enfin

(1) $$x=\int\frac{dy}{\sqrt{(cy)^{\frac{2}{m}}-1}}.$$

Cette équation représente les courbes considérées. L'intégrale dont elle dépend peut être exprimée par des fonctions élémentaires quand m est un nombre entier.

677. Parmi les liges représentées par l'équation (1) sont comprises quelques courbes spéciales qui ont déjà été étudiées.

1.° Si $m=-1$, l'équation (1) représente le *cercle*.

2.° Si $m=1$, on a, en faisant $k=c^{-1}$,

$$\frac{dy}{dx}=\frac{\sqrt{y^2-k^2}}{k};$$

pourtant (n.° 410) l'équation (1) représente dans ce cas la *chaînette*.

3.° Si l'on a $m=-2$, l'équation différentielle de la ligne considérée prend la forme

$$\frac{dy}{dx}=\sqrt{\frac{k-y}{y}},$$

et cette ligne est pourtant (n.° 541) une *cycloïde*.

4.° Si $m=2$, on a

$$x=\int(cy-1)^{-\frac{1}{2}}dy=\frac{2}{c}(cy-1)^{\frac{1}{2}}+c_1,$$

ou

$$(x-c_1)^2=2(y-k);$$

l'équation (1) représente donc dans ce cas la *parabole*.

678. La longueur des arcs de la courbe (1) est déterminée par l'équation

$$s = \int_a^b \sqrt{1 + \left(\frac{dx}{dy}\right)^2}\, dy = \int_a^b \frac{(cy)^{\frac{1}{m}}\, dy}{\sqrt{(cy)^{\frac{2}{m}} - 1}},$$

a et b étant les ordonnées des extrémités de l'arc considéré. L'intégrale qui figure dans cette formule est exprimable par des fonctions élémentaires quand m est un nombre entier.

Le rayon de courbure des mêmes lignes a cette expression:

$$\mathrm{R} = mc^{\frac{1}{m}} y^{1+\frac{1}{m}},$$

d'où il résulte que les courbes considérées ne peuvent avoir ni de points de rebroussement ni de points d'inflexion ailleurs qu'à l'axe des abscisses, et que, si $1 + \frac{1}{m} > 0$, elles ne peuvent pas posséder de points d'inflexion, et que, quand $1 + \frac{1}{m} < 0$, elles ne peuvent pas posséder de points de rebroussement.

La même équation donne

$$d\mathrm{R} = (m+1)(cy)^{\frac{1}{m}} dy,$$

et pourtant on a

$$ds = \frac{d\mathrm{R}}{(m+1)\sqrt{\left(\frac{c}{m}\right)^{\frac{2}{m+1}} \mathrm{R}^{\frac{2}{m+1}} - 1}},$$

ou, en faisant $\frac{m}{c} = a$ et en intégrant,

$$s = \frac{1}{m+1} \int \frac{d\mathrm{R}}{\sqrt{\left(\frac{\mathrm{R}}{a}\right)^{\frac{2}{m+1}} - 1}}.$$

C'est l'*équation intrinsèque* des courbes de Ribaucour, équation qui a été employée par Cesàro (*Nouvelles Annales de Mathématiques,* 1888, p. 179; *Lezioni di Geometria intrinseca,* 1896, p. 49) pour étudier ces lignes.

Il résulte de cette équation que, *si une courbe de Ribaucour roule sur une droite, le lieu des positions que prend le centre de courbure correspondant, au point de contact est une courbe affine d'une autre courbe de Ribaucour.*

679. Voici une autre question, considérée par Ossian Bonnet (l. c., p. 103), dont les courbes représentées par l'équation (1) sont la solution: *déterminer la courbe que décrit le pôle d'une spirale sinusoïde, quand cette courbe roule sur une droite* D.

Prenons pour axe des abscisses la droite donnée et pour axe des ordonnées la perpendiculaire à cette droite menée par le point de contact de la spirale avec la droite D à l'origine du mouvement, et supposons que

$$\rho^n = a^n \sin n\theta$$

soit l'équation de la spirale donnée, rapportée au pôle mobile et à un axe invariablement lié à cette courbe. Supposons encore que (θ_0, ρ_0) et (θ, ρ) soient les coordonnées du point de contact de la spirale avec la droite D à l'origine du mouvement et à l'instant où le point décrivant prend la position correspondant aux coordonnées (x, y). En représentant par V l'angle que la tangente à la spirale au point (θ, ρ) fait avec le vecteur de ce point, par s la longueur de l'arc de cette ligne compris entre les points (θ_0, ρ_0) et (θ, ρ), on trouve, en procédant comme au n.° 616 et en tenant compte des expressions de V et s trouvées aux n.ºs 652 et 663,

$$(2) \qquad \left\{ \begin{aligned} y &= \rho \sin \mathrm{V} = a (\sin n\theta)^{\frac{1}{n}+1}, \\ x &= s - \rho \cos \mathrm{V} = a \int_{\theta_0}^{\theta} (\sin n\theta)^{\frac{1}{n}-1}\, d\theta - a (\sin n\theta)^{\frac{1}{n}} \cos n\theta, \end{aligned} \right.$$

équations qui déterminent les coordonnées du point décrivant en fonction du paramètre θ.

Pour démontrer que la courbe représentée par ces équations est identique à la courbe définie par l'équation (1), remarquons que les mêmes équations (2) donnent

$$\frac{dx}{dy} = \frac{\sin n\theta}{\cos n\theta},$$

et que, en éliminant θ entre cette dernière relation et la première des équations (2), il vient

$$\frac{dx}{dy} = \frac{1}{\sqrt{\left(\frac{y}{a}\right)^{-\frac{2n}{1+n}} - 1}}.$$

Nous remarquerons, en passant, qu'Ossian Bonnet a considéré aussi (l. c., p. 104) les courbes parallèles aux spirales sinusoïdes et a cherché la ligne engendrée par chacune de ces courbes, roulant sur une droite, et qu'il a démontré que l'équation différentielle de ces roulettes est

$$dx = \frac{y dy}{(y-h)\sqrt{\left(\frac{y-h}{a}\right)^{\frac{2n}{1-n}} - 1}},$$

où h désigne la distance de chaque point de la spirale considérée et du point correspondant de la courbe parallèle.

X.

Les courbes de Serret.

680. Le problème de la détermination des courbes, quand on donne la différentielle de l'arc, a été résolu pour la première fois, en quelques cas particuliers, par les deux frères Jacques et Jean Bernoulli. Ainsi, la lemniscate de Bernoulli, employée par Jacques pour construire la courbe élastique et la courbe isochrone paracentrique, a été obtenue par l'éminent géomètre (*Opera,* t. I, p. 601 et 608; t. II, p. 999) au moyen de la différentielle de son arc; et les courbes représentées par les équations

$$X = x^n - x, \quad Y = \frac{2}{n+1}\sqrt{2n}\, x^{\frac{n+1}{2}},$$

$$X = x^{-n} + x, \quad Y = \frac{2}{1-n}\sqrt{2n}\, x^{\frac{1-n}{2}},$$

$$X = x^{-1} + 6x^{\frac{1}{3}}, \quad Y = 6x^{-\frac{1}{3}} + x,$$

où n est un nombre positif différent de l'unité, ont été rencontrées par Jean Bernoulli (*Opera,* t. IV, p. 92) en cherchant des courbes dont les arcs soient égaux à ceux des paraboles et hyperboles définies par les équations $y = x^n$, $y = x^{-n}$, $y = x^{-1}$.

Le problème mentionné fut encore envisagé par Euler, qui s'en est occupé à plusieurs reprises, et qui a considéré les cas où l'on donne la différentielle d'un arc de cercle, d'un arc de parabole ou d'un arc d'ellipse (*Nova Acta Acad. Petrop.,* t. V, p. 54; *Mémoires de l'Académie des Sciences de Saint Petersbourg,* t. XI), et par Fuss (*Nova Acta Acad. Petrop.,* t. XIV), qui a étudié le cas où l'on donne la différentielle d'un arc d'hyperbole équilatère rapportée aux axes. Parmi les courbes obtenues par Euler, mentionnons ici celles qui sont représentées par les équations

$$x = \frac{2}{n^2}\,\frac{\cos nt}{\cos^2 t}, \quad y = \frac{2}{n^2}\,\frac{\sin nt}{\cos^2 t},$$

dont les arcs sont égaux à ceux de la parabole $y^2 = 2ax$. On en trouvera bientôt d'autres dont les arcs sont égaux à ceux du cercle.

Plusieurs années après, la même question fut étudiée d'une manière approfondie par J. A. Serret dans un mémoire important inséré au *Journal de Liouville* (1845, p. 257), où il a exposé une méthode générale pour déterminer les fonctions rationnelles de z qui, étant substituées à x et y dans l'équation

$$dx^2 + dy^2 = Zdz,$$

Z représentant une fonction rationnelle de z, la vérifient. L'éminent géomètre a appliqué cette doctrine à deux cas particuliers importants qu'on va étudier.

681. Voici l'énoncé de celui de ces cas qu'on va considérer en premier lieu: *déterminer les courbes dont l'arc indéfini s'exprime par un arc de cercle et dont les coordonnées cartésiennes sont des fonctions rationnelles de la tangente trigonométrique de cet arc.* Ce problème a été étudié par J. A. Serret en 1853 dans le *Journal de l'École Polytechnique de Paris* (cah. XXXV, p. 69). La même question avait déjà été considérée par Euler dans le tome XI des *Mémoires de l'Académie des Sciences de Saint-Pétersbourg,* mais l'éminent géomètre n'avait pas pu la résoudre d'une manière générale. Cependant il a découvert une classe remarquable de lignes algébriques jouissant de la propriété mentionnée.

L'équation qui traduit le problème est

$$(1) \qquad dx^2 + dy^2 = (dx + idy)(dx - idy) = k^2 \frac{dz}{(1+z^2)^2},$$

k étant une constante et x et y étant des fonctions rationnelles de z.

Comme $dx + idy$ et $dx - idy$ doivent être deux fonctions rationnelles de z imaginaires conjuguées, on a évidemment

$$dx + idy = ke^{i\omega} \cdot \frac{\varphi(z)(z-i)^m}{\psi(z)(z+i)^{m+2}}, \quad dx - idy = ke^{-i\omega} \cdot \frac{\psi(z)(z+i)^m}{\varphi(z)(z-i)^{m+2}},$$

où ω est une quantité constante, et où

$$\varphi(z) = (z-a_1)^{n_1}(z-a_2)^{n_2}(z-a_3)^{n_3} \ldots (z-a_u)^{n_u},$$

$$\psi(z) = (z-b_1)^{n_1}(z-b_2)^{n_2}(z-b_3)^{n_3} \ldots (z-b_u)^{n_u},$$

m, n_1, n_2, n_3, ... étant des nombres entiers positifs, et b_1, b_2, b_3, ... étant des constantes imaginaires, respectivement conjuguées à a_1, a_2, a_3, ...

Les courbes cherchées sont donc comprises entre les lignes définies par l'équation

$$(2) \qquad x + iy = ke^{i\omega} \int \frac{\varphi(z)(z-i)^m}{\psi(z)(z+i)^{m+2}} dz.$$

Toute ligne représentée par cette équation satisfait à la condition (1), mais elle n'est pas nécessairement algébrique. Pour chercher la condition pour que cette ligne soit algébrique, décomposons la fraction rationnelle qui figure dans l'intégrale en des fractions simples, ce qui donne

$$\frac{\varphi(z)(z-i)^m}{\psi(z)(z+i)^{m+2}}=\sum_{v=1}^{v=u}\left[\frac{A_v}{z-a_v}+\frac{A'_v}{(z-a_v)^2}+\ldots+\frac{A_v^{(n_v)}}{(z-a_v)^{n_v}}\right]$$

$$+\frac{B_1}{z+i}+\frac{B_2}{(z+i)^2}+\ldots+\frac{B_{m+2}}{(z+i)^{m+2}},$$

où $A_v^{(n_v)}, \ldots, A'_v, A_v$ et $B_{m+2}, \ldots, B_2, B_1$ sont des constantes égales aux coefficients de $h^0, h, h^2, \ldots, h^{n_v-1}$ et de $h^0, h, h^2, \ldots, h^{m+1}$ dans les développements de

$$\frac{h^{n_v}\varphi(a_v+h)(a_v+h-i)^m}{\psi(a_v+h)(a_v+h+i)^{m+2}} \text{ et } \frac{\varphi(h-i)(h-2i)^m}{\psi(h-i)}$$

suivant les puissances de h; et remarquons ensuite que les conditions pour que l'intégrale de cette fraction soit algébrique sont

$$A_1=0, \quad A_2=0, \quad \ldots, \quad A_u=0, \quad B_1=0.$$

Ces conditions ne sont pas toutes distinctes. En effet, comme le degré de z dans numérateur de la fraction considérée est inférieur de deux unités à celui du dénominateur, on a, en vertu d'un théorème connu,

$$A_1+A_2+\ldots+A_u+B_1=0.$$

Pourtant le nombre des conditions pour que la courbe définie par l'équation (2) soit algébrique, est égal à u, et, comme $A_1, A_2, \ldots$ sont des fonctions de $a_1, a_2\ldots$, ces équations déterminent, en général, ces quantités.

682. Le problème algébrique auquel on est ainsi amené, a été résolu complètement par Serret dans le cas particulier intéressant que nous allons considérer.

Supposons $n_2=0, n_3=0, \ldots, n_u=0$, et remplaçons n_1, a_1 et b_1 par n, a et b. Alors l'équation (2) devient

$$x+iy=ke^{i\omega}\int\frac{(z-a)^n(z-i)^m}{(z-b)^n(z+i)^{m+2}}dz, \tag{3}$$

et, en faisant

$$\frac{z-i}{z+i}=\frac{a-i}{a+i}t \quad \zeta=\frac{(a+i)(b-i)}{(a-i)(b+i)}, \tag{4}$$

la dernière équation prend la forme

$$x+iy=\frac{1}{2i}ke^{i\omega}\left(\frac{a+i}{b+i}\right)^n\left(\frac{a-i}{a+i}\right)^{m+1}\int\frac{t^m(t-1)^n}{(t-\zeta)^n}dt.$$

La condition pour que la courbe représentée par l'équation (3) soit algébrique est pourtant

$$\text{(5)}\qquad \left[\frac{d^{n-1}[(\zeta+h)^m(\zeta+h-1)^n]}{dh^{n-1}}\right]_{h=0}=\frac{d^{n-1}[\zeta^m(\zeta-1)^n]}{d\zeta^{n-1}}=0.$$

En appliquant à l'équation $\zeta^m(\zeta-1)^n=0$ le théorème de Rolle, on voit que l'équation $\frac{d[\zeta^m(\zeta-1)^n]}{d\zeta}=0$ a pour racines 0, 1 et ζ_1, ζ_1 étant un nombre réel compris entre 0 et 1. On voit ensuite, au moyen du même théorème, que l'équation $\frac{d^2[\zeta^m(\zeta-1)^n]}{d\zeta^2}=0$ a pour racines 0 et 1 et deux nombres réels compris entre 0 et 1. En continuant de même, on voit que l'équation (5) a pour racines 0 et 1 et, en outre, $n-1$ ou m nombres réels compris entre 0 et 1, solon $n-1<m$ ou $n-1>m$. Les valeurs de a et b pour lesquelles la courbe définie par l'équation (3) est algébrique, sont déterminées par la deuxième des équations (4), en remplaçant ζ par les racines de (5). Or, comme l'on a, en posant $a=p+iq$,

$$\text{(6)}\qquad p^2+(q+1)^2=\zeta[p^2+(q-1)^2],$$

et comme l'un des nombres p et q reste arbitraire, on voit que, à chacune de ces racines, il correspond un nombre infini de courbes satisfaisant au problème envisagé.

Considérons d'abord la solution $\zeta=0$. Alors la deuxième des équations (4) donne $a=-i$ ou $b=i$; mais, comme les racines a et b sont conjuguées, ces équations ont lieu en même temps. La courbe correspondant à cette solution est déterminée par l'équation

$$x+iy=ke^{i\omega}\int\frac{(z-i)^{m-n}}{(z+i)^{m-n+2}}dz=-\frac{ke^{i\omega}i}{2(m-n+1)}\left(\frac{z-i}{z+i}\right)^{m-n+1}$$

Comme on a aussi

$$x-iy=\frac{ke^{-i\omega}i}{2(m-n+1)}\left(\frac{z+i}{z-i}\right)^{m-n+1},$$

il vient

$$x^2+y^2=(x+iy)(x-iy)=\frac{k^2}{4(m-n+1)^2};$$

l'équation (3) représente donc alors un cercle.

Si $\zeta=1$, la deuxième des équations (4) donne $a=b$, et on voit de même que l'équation (3) représente un cercle.

Les solutions du problème énoncé sont donc données par les équations (3) et (6), en remplaçant ζ par les racines de (5) comprises entre 0 et 1.

683. Parmi les courbes qu'on vient de considérer, celles qui correspondent à $m=1$ offrent un intérêt spécial. Ce sont les lignes qu'Euler a obtenues en étudiant le problème qu'on vient de résoudre. Alors l'équation (3) devient

$$x+iy=ke^{i\omega}\int\frac{(z-a)^n(z-i)}{(z-b)^n(z+i)^3}dz$$

et on a, pour déterminer ζ, l'équation

$$\frac{d^{n-1}[\zeta(\zeta-1)^n]}{d\zeta^{n-1}}=\zeta\frac{d^{n-1}(\zeta-1)^n}{d\zeta^{n-1}}+(n-1)\frac{d^{n-2}(\zeta-1)^n}{d\zeta^{n-2}}$$
$$=3.4\ldots n[2\zeta+(n-1)(\zeta-1)](\zeta-1)=0,$$

qui donne

$$\zeta=\frac{n-1}{n+1},\tag{7}$$

et ensuite, pour déterminer p ou q, cette autre:

$$p^2+q^2+1+2nq=0.\tag{8}$$

Pour obtenir maintenant les équations qui déterminent x et y en fonction de z, décomposons la fraction rationnelle qui figure dans l'expression de $x+iy$ en des fractions simples, ce qui donne, quand p et q vérifient la relation précédente, un résultat de la forme

$$\frac{(z-a)^n(z-i)}{(z-b)^n(z+i)^3}=\frac{A_2}{(z-b)^2}+\ldots+\frac{A_n}{(z-b)^n}+\frac{B_2}{(z+i)^2}+\frac{B_3}{(z+i)^3},$$

et ensuite intégrons et ajoutons la constante arbitraire. Il vient

$$\int\frac{(z-a)^n(z-i)}{(z-b)^n(z+i)^3}dz=\frac{\phi(z)}{z-b)^{n-1}(z+i)^2},$$

$\phi(z)$ représentant une fonction entière de z du degré $n+1$. Pour déterminer cette fonction, remarquons que, si l'on prend cette intégrale de manière qu'elle s'annule pour $z=a$, et si l'on développe la fonction ϕ suivant les puissances de $z-a$, on a

$$\phi(z)=K_1(z-a)+K_2(z-a)^2+\ldots+K_{n+1}(z-a)^{n+1},$$

et que l'identité

$$(z-a)^n (z-i) = \phi'(z)(z+i)(z-b) - \phi(z)[(n-1)(z+i)+2(z-b)]$$

donne, en développant les deux membres suivant les puissances de $z-a$ et en égalant les coefficients des mêmes puissances de ce binome dans les deux membres,

$$K_1 = 0, \quad K_2 = 0, \quad \ldots, \quad K_n = 0,$$

$$K_{n+1} = \frac{1}{2[p+i(nq+1)]} = \frac{p-i(nq+1)}{2[p^2+(nq+1)^2]}.$$

Les courbes considérées peuvent donc être représentées par l'équation

$$x+iy = \frac{k e^{i\omega}[p-i(nq+1)]}{2[p^2+(nq+1)^2]} \cdot \frac{(z-a)^{n+1}}{(z-b)^{n-1}(z+i)^2},$$

d'où l'on déduit deux autres qui déterminent x et y en fonction rationnelle de z.

Nous avons supposé dans l'analyse qui précède que n est un nombre entier. Mais les valeurs de x et y déterminées par cette équation vérifient l'équation (1) quelle que soit la valeur de n, et la solution obtenue est donc plus générale que celle qu'on demandait. Si $n = \frac{f}{e}$, e et f étant deux nombres entiers premiers entre eux, la courbe définie par la dernière équation est algébrique, mais les coordonnées x et y ne sont pas alors des fonctions rationnelles de z. Cependant, si l'on fait $\frac{z-a}{z-b} = t^e$, ces coordonnées sont des fonctions rationnelles de t, et la courbe est encore *unicursale*. Si n est un nombre irrationnel, la courbe est *transcendante*.

684. Représentons par ρ le vecteur du point (x, y). On a

$$\rho^2 = (x+iy)(x-iy) = \frac{k^2}{4[p^2+(nq+1)^2]} \cdot \frac{(z^2-2pz+p^2+q^2)^2}{(1+z^2)^2}.$$

Mais, d'un autre côté, en prenant pour origine de l'arc s le point de la courbe correspondant à $z=0$, l'équation (1) donne $z = \operatorname{tang}\frac{s}{k}$; et pourtant on peut donner à l'expression de ρ la forme suivante:

$$\rho = \frac{k}{2[p^2+(nq+1)^2]^{\frac{1}{2}}} \left[\sin^2\frac{s}{k} - p\sin 2\frac{s}{k} + (p^2+q^2)\cos^2\frac{s}{k}\right],$$

ou, en tenant compte de la relation (8),

$$\rho = -\frac{k}{2\left[p^2+(nq+1)^2\right]^{\frac{1}{2}}}\left[nq+p\sin 2\frac{s}{k}+(1+nq)\cos 2\frac{s}{k}\right],$$

ou, en posant $1+nq=-p\cot\omega$,

$$\rho = -\frac{knq}{2\left[p^2+(nq+1)^2\right]^{\frac{1}{2}}}+\frac{k}{2}\cos\left(\frac{2s}{k}+\omega\right),$$

ou enfin, en changeant l'origine des arcs,

$$(9)\qquad \rho = -\frac{knq}{2\left[p^2+(nq+1)^2\right]^{\frac{1}{2}}}+\frac{k}{2}\cos\frac{2s}{k}.$$

Cette relation remarquable a été découverte par Euler (l. c.). Les quantités p, q et n, qui y figurent, sont liées par la relation (8).

On peut déduire de cette équation et de ces autres:

$$d\rho = -\sin\frac{2s}{k}\,ds,\quad d\rho^2+\rho^2\,d\theta^2=ds^2,$$

l'équation des courbes considérées, rapportée aux coordonnées polaires. Prenons $\frac{k}{2}$ pour unité. On obtient d'abord, en éliminant s et ds parmi ces équations, l'équation différentielle de ces lignes, savoir

$$d\theta = \frac{\rho - \mathrm{A}}{\rho\sqrt{1-(\rho-\mathrm{A})^2}}\,d\rho,$$

où l'on a posé, pour abréger,

$$\mathrm{A} = -\frac{nq}{2\left[p^2+(nq+1)^2\right]^{\frac{1}{2}}}.$$

Ensuite, en intégrant, on obtient l'équation demandée

$$\theta = -\operatorname{arc\,cos}(\rho-\mathrm{A})+\frac{2\mathrm{A}}{\sqrt{\mathrm{A}^2-1}}\operatorname{arc\,tang}\sqrt{\frac{(\mathrm{A}-1)}{(\mathrm{A}+1)}\frac{(1+\mathrm{A}-\rho)}{(1-\mathrm{A}+\rho)}},$$

ou

$$(10)\qquad \theta = -\alpha+\frac{2\mathrm{A}}{\sqrt{\mathrm{A}^2-1}}\beta,$$

où

$$(11) \qquad \cos\alpha = \rho - A, \quad \cos\beta = \sqrt{\frac{(A+1)(1-A+\rho)}{2\rho}}.$$

Si $\dfrac{2A}{\sqrt{A^2-1}}$ est égal à un nombre entier m, on voit au moyen des relations

$$x = \rho(\cos m\beta \cos\alpha + \sin m\beta \sin\alpha), \quad y = \rho(\sin m\beta \cos\alpha - \cos m\beta \sin\alpha)$$

et des formules qui donnent les développements de $\cos m\beta$ et $\sin m\beta$ suivant les puissances de $\sin\beta$ et $\cos\beta$, en tenant compte des valeurs de $\sin\beta$, $\cos\beta$, $\sin\alpha$ et $\cos\alpha$, que x et y ont les formes

$$x = \frac{f(\rho)}{\rho^m}, \quad y = \frac{F(\rho)}{\rho^m}\sqrt{1-(\rho-A)^2},$$

$f(\rho)$ et $F(\rho)$ représentant des fonctions entières de ρ.

Parmi les cas particuliers de cette équation, nous signalerons, d'après Serret, ceux qui correspondent à $A = \frac{2}{3}\sqrt{3}$ et $A = \frac{3}{4}\sqrt{2}$, savoir

$$3\rho^2\sqrt{3}\cos\theta = \rho^3 + 6\rho - 2,$$

$$8\rho^3\cos\theta = \rho^4 + 14\rho^2 - 8\rho + 1.$$

685. En passant maintenant à l'étude de la deuxième des questions importantes auxquelles Serret a appliqué la doctrine mentionnée au n.° 680, nous allons chercher les fonctions rationnelles de z qui, étant substituées à x et y dans l'équation

$$(12) \qquad dx^2 + dy^2 = (dx + idy)(dx - idy) = k^2 \frac{dz^2}{(z^2-a^2)(z^2-b^2)},$$

a et b étant deux constantes imaginaires conjuguées, la vérifient. Cette question a été étudiée par l'éminent géomètre dans le mémoire cité au n.° 680, et dans deux autres travaux publiés aussi dans le *Journal de Liouville* (1845, p. 351 et 421; 1846, p. 89).

On vérifie aisément que les fonctions x et y déterminées par l'équation

$$(13) \qquad x + iy = ke^{i\omega}\int \frac{(z-a)^m(z+a)^n}{(z-b)^{m+1}(z+b)^{n+1}}\,dz,$$

où ω désigne une constante réelle, sont des solutions de l'équation (12); il suffit, pour cela, de multiplier les expressions de $dx+idy$ et $dx-idy$ que cette équation détermine. Ces fonctions satisfont au problème considéré, quand a et b sont deux constantes telles que cette intégrale soit algébrique, et elles en sont les solutions les plus simples et les plus importantes.

Pour chercher la condition pour que l'intégrale qui figure au second membre de l'équation (13) soit algébrique, posons dans cette équation

$$\frac{z+a}{z+b}=\frac{2a}{b+a}t,\quad \zeta=\frac{(a+b)^2}{4ab},\tag{14}$$

ce qui donne

$$x+iy=\mathrm{K}\int\frac{t^n(t-1)^m}{(t-\zeta)^{m+1}}dt,$$

K représentant une constante. On voit donc, comme au n.° 682, que cette condition est

$$\frac{d^m[\zeta^n(\zeta-1)^m]}{d\zeta^m}=0.\tag{15}$$

Cette équation détermine ζ, et ensuite la deuxième des équations (14), en faisant $a=p+iq$, $b=p-iq$, détermine l'une des quantités p ou q, quand on donne arbitrairement l'autre.

Toutes les courbes définies par l'équation (13) satisfont à l'équation (12), et on vient d'obtenir celles qui sont algébriques. Si l'on remarque maintenant que, en posant dans cette dernière équation $z=\sqrt{ab}\,\mathrm{tang}\,\frac{1}{2}\,\omega$, elle prend la forme

$$ds=\frac{k}{2\sqrt{ab}}\,\frac{d\omega}{\sqrt{1-\frac{(a+b)^2}{4ab}\sin^2\omega}},\tag{16}$$

on voit que les valeurs des arcs des courbes considérées sont égales aux valeurs des intégrales elliptiques de première espèce. Avant les recherches de Serret sur le problème mentionné, la représentation géométrique des intégrales elliptiques de première espèce n'avait été obtenue que dans le cas où le module est égal à $\frac{1}{2}\sqrt{2}$ (n.° 211).

Cette manière d'exprimer la condition que a et b doivent vérifier, a été indiquée par Serret dans un des mémoires mentionnés ci-dessus (*Journal de Liouville*, 1845, p. 357). Liouville en a donné une nouvelle démonstration, au moyen de la série de Lagrange, dans une note sur ce mémoire (l. c., p. 456).

686. Supposons en particulier $m=1$, n étant arbitraire. Alors l'équation (15) donne $\zeta=\frac{n}{n+1}$, et par conséquent la relation que a et b doivent vérifier, pour que les courbes représentées par l'équation (13) soient algébriques, est

$$\frac{a^2+b^2}{ab}=2\,\frac{n-1}{n+1}.\tag{17}$$

On voit ensuite, en procédant comme au n.° 683, que l'équation des courbes correspondant à ces valeurs de a et b qui satisfont au problème énoncé plus haut, est

$$(18) \qquad x + iy = ce^{i\omega_1} \frac{(z+a)^{n+1}}{(z-b)(z+b)^n},$$

c étant déterminé par la relation $4c^2 nab = k^2$.

Dans ce cas, le module de l'intégrale elliptique de première espèce que chacune de ces courbes représente, est égal à $\sqrt{\frac{n}{n+1}}$.

Il résulte de l'équation (18) deux autres qui déterminent les coordonnées x et y des points de chacune des courbes qu'elle représente, en fonction du paramètre z. On en peut aussi deduire aisément l'équation de la même courbe, rapportée aux coordonnées polaires, comme on va le voir.

Représentons par (θ, ρ) les coordonnées polaires du point (x, y). L'équation (18) donne

$$\rho^2 = (x+iy)(x-iy) = c^2 \frac{(z+a)(z+b)}{(z-a)(z-b)},$$

$$d\rho^2 + \rho^2 d\theta^2 = ds^2 = 4c^2 nab \frac{dz^2}{(z^2-a^2)(z^2-b^2)}.$$

En éliminant maintenant z et dz entre ces équations et celle-ci:

$$\rho d\rho = c^2 \frac{(a+b)(ab-z^2)}{(z-a)^2(z-b)^2} dz,$$

on obtient l'équation différentielle des courbes considérées, savoir

$$(19) \qquad d\theta = \frac{\rho^2 - (2n+1)c^2}{\rho\Delta} d\rho,$$

où

$$\Delta = \sqrt{-\rho^4 + 2c^2(2n+1)\rho^2 - c^4}.$$

Cette équation peut être intégrée par les méthodes classiques, au moyen de la substitution $\rho^2 = t$. On trouve ainsi l'équation demandée:

$$(20) \qquad \theta = n\alpha - (n+1)\beta,$$

où

$$(21) \qquad \cos\alpha = \frac{\rho^2 - 1}{2\rho\sqrt{n}}, \quad \cos\beta = \frac{\rho^2 + 1}{2\rho\sqrt{n+1}}.$$

Il résulte de ces équations une définition géométrique remarquable des lignes considérées, donnée par Serret dans le dernier mémoire mentionné ci-dessus (*Journal de Liouville,* 1846, p. 89).

Prenons un triangle OMP dont les côtés OP et MP soient respectivement égaux à $\sqrt{n}$ et $\sqrt{n+1}$, et représentons par θ l'angle que OM fait avec une droite fixe OX, par ρ le segment OM, par α l'angle MOP et par β l'angle OMP. Si le point O ne se déplace pas et le point M varie de manière qu'on ait constamment

$$\theta = n\alpha - (n+1)\beta,$$

le point M décrit une des courbes qu'on vient de considérer. On trouve, en effet, immédiatement, au moyen d'une formule classique de Trigonométrie,

$$\cos \mathrm{MOP} = \cos\alpha = \frac{\rho^2 - 1}{2\rho\sqrt{n}}, \quad \cos \mathrm{OMP} = \cos\beta = \frac{\rho^2+1}{2\rho\sqrt{n+1}}.$$

687. Voici maintenant quelques propriétés des courbes considérées, qui résultent des formules obtenues au n.° 686.

1.° L'aire de l'espace compris entre la courbe considérée et les vecteurs des points $(0,\ \rho_0 = \sqrt{n+1} \pm \sqrt{n})$ et $(\theta,\ \rho)$ est déterminée par la formule

$$\mathrm{A} = \frac{1}{2}\int_{\rho_0}^{\rho} \rho^2\, d\theta = \frac{1}{2}\int_{\rho_0}^{\rho} \frac{\rho^3 - c^2(2n+1)\rho}{\Delta}\, d\rho = \frac{1}{4}\Delta;$$

en observant que l'aire du triangle OMP est égale à $\frac{\Delta}{4}$, on voit que l'aire A est égale à l'aire de ce triangle.

2.° Le vecteur ρ et l'arc s sont liés par la relation

$$ds^2 = \left[\rho^2\left(\frac{d\theta}{d\rho}\right)^2 + 1\right] d\rho^2 = 4n(n+1)c^2\frac{d\rho^2}{\Delta^2},$$

laquelle fait voir que s est une fonction elliptique de ρ. On peut la réduire à la forme normale, en substituant à ρ la variable α déterminée par la première des équations (21), ce qui donne, en posant $\lambda^2 = \frac{n}{n+1}$,

$$ds = c\sqrt{n}\frac{d\alpha}{\sqrt{1-\lambda^2\sin^2\alpha}},$$

et pourtant, en prenant pour origine de l'arc le point correspondant à $\alpha = 0$,

$$s = c\sqrt{n}\int_0^{\alpha}\frac{d\alpha}{\sqrt{1-\lambda^2\sin^2\alpha}}.$$

Ce résultat coïncide avec celui qui résulte des formules (16) et (17) et de la relation $4c^2 naa = \lambda^2$.

3.° L'angle V que la normale fait avec le vecteur du point de contact peut être déterminé aisément en remarquant que l'équation (21) et celles-ci:

$$\sin\alpha = \frac{\Delta}{2c\rho\sqrt{n}}, \quad \sin\beta = \frac{\Delta}{2c\rho\sqrt{n+1}},$$

qui en découlent, donnent

$$\sin(\alpha+\beta) = \frac{\Delta}{2c^2\sqrt{n(n+1)}} = \frac{d\rho}{ds} = \sin V,$$

et pourtant $\alpha+\beta = V$. En observant que la tangente au cercle circonscrit au triangle OMP fait avec OM un angle égal à $\alpha+\beta$, on conclut que la normale à la courbe au point M est tangente à ce cercle au même point, et que par conséquent la tangente à la courbe au point M passe par le centre du même cercle.

4.° Le rayon de courbure est déterminé par l'expression suivante:

$$R = \frac{2\rho c\sqrt{n(n+1)}}{3\rho^2 - (2n+1)c^2}.$$

688. Liouville, qui s'est occupé des courbes de Serret dans une Note insérée au tome X, p. 293, de son *Journal*, a remarqué que, lorsque n est une fraction ou un nombre irrationnel, les arcs des courbes définies par l'équation (18) représentent encore l'intégrale elliptique de première espèce.

Ces courbes sont *algébriques* quand n est rationnel, et elles sont *transcendantes* si n est irrationnel. L'éminent géomètre a encore donné, dans la même Note, des expressions des coordonnées x et y qu'il convient de signaler.

Remarquons d'abord que, en appliquant à l'équation (18) la transformation des axes des coordonnées définie par les équations

$$x = X\cos\omega - Y\sin\omega, \quad y = X\sin\omega + Y\cos\omega,$$

cette équation prend la forme

$$(22) \qquad X + iY = c\,\frac{(z+a)^{n+1}}{(z-b)(z+b)^n}.$$

En posant maintenant

$$a = p + iq, \quad b = p - iq, \quad z + p = q\,\frac{\cos\varphi}{\sin\varphi},$$

et en tenant compte de la relation $p = q\sqrt{n}$, qui résulte de l'équation (17), l'équation (22) devient

$$X + iY = c\,\frac{\cos(2n+1)\varphi + i\sin(n+1)\varphi}{\cos\varphi - 2\sqrt{n}\sin\varphi + i\sin\varphi},$$

et on a par conséquent

$$X = \frac{c\,[\cos 2n\varphi - 2\sqrt{n}\sin\varphi\cos(2n+1)\varphi]}{1 - 4\sqrt{n}\sin\varphi\cos\varphi + 4n\sin^2\varphi},$$

$$Y = \frac{c\,[\sin 2n\varphi - 2\sqrt{n}\sin\varphi\sin(2n+1)\varphi]}{1 - 4\sqrt{n}\sin\varphi\cos\varphi + 4n\sin^2\varphi}.$$

Il résulte de ces égalités que, si n est un nombre rationnel, la courbe correspondante est *unicursale*.

Les formules qu'on vient de démontrer ont été employées par Allégret, dans un mémoire inséré aux *Annales de l'École Normale Supérieure* (1873, p. 180), pour démontrer que *les courbes inverses des courbes de Serret correspondant à $m = 1$, par rapport à l'origine des coordonnées, sont des épicycloïdes.*

En effet, en désignant par X_1 et Y_1 les coordonnées du point inverse de (X, Y), on a

$$X_1 = \frac{chX}{X^2 + Y^2} = h\,[\cos 2n\varphi - 2\sqrt{n}\sin\varphi\cos(2n+1)\varphi],$$

$$Y_1 = \frac{chY}{X^2 + Y^2} = h\,[\sin 2n\varphi - 2\sqrt{n}\sin\varphi\sin(2n+1)\varphi],$$

ou, en posant $\operatorname{tang}\omega = \sqrt{n}$,

$$X_1 = \frac{h}{\cos\omega}\,[\cos(2n\varphi - \omega) - \sin\omega\sin 2(n+1)\varphi],$$

$$Y_1 = \frac{h}{\cos\omega}\,[\sin(2n\varphi - \omega) + \sin\omega\cos 2(n+1)\varphi].$$

En faisant maintenant la transformation

$$X_2 = X_1\sin\beta + Y_1\cos\beta,\quad Y_2 = X_1\cos\beta - Y_1\sin\beta,$$

où $\beta = (n+1)\left(\omega + \frac{\pi}{2}\right)$, pour rapporter la courbe à d'autres axes orthogonaux ayant la même origine, il vient

$$X_2 = \frac{h}{\cos\omega}\left[\cos n\left(2\varphi+\omega+\frac{\pi}{2}\right)+\sin\omega\cos(n+1)\left(2\varphi+\omega+\frac{\pi}{2}\right)\right],$$

$$Y_2 = -\frac{h}{\cos\omega}\left[\sin n\left(2\varphi+\omega+\frac{\pi}{2}\right)+\sin\omega\sin(n+1)\left(2\varphi+\omega+\frac{\pi}{2}\right)\right],$$

ou, en faisant $n\left(2\varphi+\omega+\frac{\pi}{2}\right)=-\varphi_1$,

$$X_2 = \frac{h}{\cos\omega}\left[\cos\varphi_1+\sin\omega\cos\frac{n+1}{n}\varphi_1\right],$$

$$Y_2 = \frac{h}{\cos\omega}\left[\sin\varphi_1+\sin\omega\sin\frac{n+1}{n}\varphi_1\right].$$

Or cette équation représente (n.° 595) une épicycloïde engendrée par un point du plan d'un cercle de rayon égal à $h\operatorname{sen}\omega\operatorname{tang}\omega$, roulant sur un autre de rayon égal à $h\cos\omega$, la distance du point décrivant au centre du cercle mobile étant égale à $h\operatorname{tang}\omega$.

689. Considérons maintenant la courbe correspondant à $n=1$. Alors on a $p=q$, et l'équation (2) devient

$$X+iY = c\,\frac{[z+p(1+i)]^2}{z^2+2p^2 i}, \tag{23}$$

ou, en posant $z=p\sqrt{2}\,t$,

$$X+iY = c\,\frac{(\sqrt{2}\,t+1+i)^2}{2(t^2+i)} = c\,\frac{t^4+\sqrt{2}\,t^3+\sqrt{2}\,t+1+i\sqrt{2}\,(t^3-t)}{t^4+1}.$$

Donc

$$X = c\,\frac{t^4+\sqrt{2}\,t^3+\sqrt{2}\,t+1}{t^4+1},\quad Y = c\,\frac{\sqrt{2}\,(t^3-t)}{t^4+1},$$

ou, en transportant l'origine des coordonnées au point $(-c,\ 0)$

$$X = c\sqrt{2}\,\frac{t^3+t}{t^4+1},\quad Y = c\sqrt{2}\,\frac{t^3-t}{t^4+1}.$$

En comparant ces équations aux équations de la *lemniscate de Bernoulli*, données au n.° 208, on conclut que la courbe de Serret correspondant à $n=1$ coïncide avec cette lem-

*

niscate, et que l'un des foyers de cette courbe coïncide avec l'origine des coordonnées auxquelles l'équation (23) était rapportée.

Nous ferons ici deux remarques sur ce cas particulier des lignes de Serret. Nous observerons premièrement que, si l'on applique à la lemniscate de Bernoulli la construction générale de ces lignes exposée au n.° 686, le sommet fixe du triangle employé pour cette construction coïncide avec l'un des foyers de la courbe. Nous remarquerons en second lieu que, en appliquant à cette lemniscate la doctrine exposée au n.° 688, on obtient cette proposition, qui peut-être n'a pas encore été remarquée: *la courbe inverse de la lemniscate de Bernoulli, par rapport à un foyer, est un limaçon de Pascal* (n.° 601).

En terminant cette doctrine, ajoutons que les lignes que l'équation (13) représente quand $m=2$ furent aussi spécialement considérées par Serret dans son premier mémoire sur ce sujet. Elles sont moins simples et moins intéressantes que celles qu'on vient d'étudier, et nous ne nous en occuperons pas ici.

XI.

Cycliques planes. Courbes de direction.

690. Le mot *cycliques*, dans le sens plus général, désigne les courbes algébriques qui passent par les points circulaires de l'infini. L'équation de ces courbes est donc

$$(x^2+y^2)^n\,\varphi(x,\ y)=\psi(x,\ y), \tag{1}$$

$\varphi(x,\ y)$ et $\psi(x,\ y)$ représentant deux fonctions entières, telles que le degré du second membre soit inférieur à celui du premier.

Les lignes dont l'équation contient, comme dans ce cas, des fonctions générales n'entrent pas dans le plan de cet ouvrage; cependant, comme l'équation (1) comprend celles d'un nombre considérable de courbes considérées dans les chapitres précédents, nous allons étudier succintement deux classes des lignes qu'elle définit, qui offrent plus d'intérêt. En effet, on a vu que les cubiques circulaires, les quartiques bicirculaires, le folium simple (n.° 316), double (n.° 319) et triple (n.° 323), les conchoïdes focales des coniques (n.° 333), la courbe de Watt, la courbe équipotentielle de Cayley, les épicycloïdes et les hypocycloïdes, les cassiniennes à n pôles, etc. passent par les points circulaires de l'infini.

691. La première classe des cicliques que nous allons envisager, correspond à l'équation

$$(x^2+y^2)^n=\psi(x,\ y), \tag{2}$$

$\psi(x,\ y)$ étant une fonction de degré inférieur à $2n$.

Ces lignes, nommées *courbes de puissance constante* et encore *courbes isotropiques,* ont été considérées par Breton de Champ et Brassine, en 1848, dans les *Nouvelles Annales de Mathématiques* (p. 209 et 369), et, d'après MM. Juel et Retali (*Intermédiaire des Mathématiciens,* (1897, p. 141), par J. Petersen, en 1869, dans le *Tidsschrift fur Mathematik* de Copenhague, et par M. Ruffini dans les *Memorie dell'Accademia delle Scienze di Bologna* (série 4.e, t. x). Elles ont été étudiées encore par M. d'Ocagne dans le *Journal de Mathématiques spéciales* (1887, p. 125).

Les propriétés dont ces lignes jouissent, sont la généralisation de celles du cercle. Nous en allons exposer quelques-unes.

1.° Le produit des distances d'un point A quelconque du plan de la courbe aux points où elle est coupée par une droite passant par A est constant, quelle que soit la direction de cette droite, si le point n'est pas situé sur la courbe.

Nous pouvons supposer que le point coïncide avec l'origine des coordonnées, vu que l'équation de la courbe ne change pas de forme, quand on transporte cette origine à un point quelconque. Or, en rapportant l'équation de la courbe aux coordonnées polaires (θ, ρ) et en faisant ensuite $\theta = \omega$, ω étant l'angle de la droite donnée et de l'axe des abscisses, on obtient une équation du degré $2n$, par rapport à ρ, telle que le produit des racines est égal au terme de l'équation (2) indépendant de x et y.

2.° Représentons par $f(x, y)$ la somme des termes du degré $2n-1$ de $\psi(x, y)$. On a

$$f(x, y) = Ax^{2n-1} + Bx^{2n-2}y + \ldots + My^{2n-1}.$$

La droite correspondant à l'équation

$$y = hx + k$$

rencontre la courbe à $2n$ points déterminés par l'équation

$$(1+h^2)^n x^{2n} + [2n(1+h^2)^{n-1}hk - f(1, h)]\, x^{2n-1} + \ldots = 0,$$

et on a par conséquent, en représentant par $x_1, x_2, \ldots, x_{2n}$ les racines de cette équation,

$$x_1 + x_2 + \ldots + x_{2n} = -\frac{2nhk}{1+h^2} + \frac{f(1, h)}{(1+h^2)^n}.$$

Les diamètres de la courbe parallèles à la droite considérée sont donc déterminés par les équations qui résultent de l'élimination de k entre les équations

$$x = -\frac{hk}{1+h^2} + \frac{f(1, h)}{2n(1+h^2)^n}, \quad y = hx + k,$$

et par conséquent l'équation de ces diamètres est

$$2n(1+h^2)^{n-1}(hy+x)=f(1, h).$$

On voit donc que *les diamètres des courbes* (2) *sont perpendiculaires aux cordes correspondantes.*

3.º La condition pour que ces diamètres passent par un même point (α, β), est

$$2n(1+h^2)^{n-1}(h\beta+\alpha)=f(1, h),$$

quelle que soit la valeur de h. Donc, pour que la courbe (2) jouisse de cette propriété, il faut qu'on ait

$$f(x, y)=(x^2+y^2)^{n-1}(\mathrm{H}x+\mathrm{K}y),$$

H et K étant constantes. Alors on a

$$2n(\alpha+\beta h)=\mathrm{H}+\mathrm{K}h,$$

et les valeurs des coordonnées (α, β) du point d'intersection des diamètres sont celles-ci:

$$\alpha=\frac{\mathrm{H}}{2n}, \quad \beta=\frac{\mathrm{K}}{2n}.$$

4.º La courbe inverse de la ligne représentée par l'équation (2) est une courbe de la même nature, si le centre d'inversion n'est pas situé sur la courbe (2).

692. On a associé, sous un certain point de vue, à la théorie des courbes de puissance constante celle des courbes définies par l'équation tangentielle

$$f^2(u, v)(u^2+v^2)=\mathrm{F}^2(u, v), \tag{3}$$

où $f(u, v)$ et $\mathrm{F}(u, v)$ représentent deux fonctions rationnelles de u et v. Cette classe de lignes a été considérée par Salmon dans son traité des *Courbes planes* (trad. de O. Chemin, p. 150), et ensuite par Laguerre dans les *Comptes rendus de l'Académie des Sciences de Paris* (1882; *Oeuvres,* t. II, p. 620) et dans les *Nouvelles Annales de Mathématiques* (1883; *Oeuvres,* t. II, p. 636 et 661). Ce dernier géomètre les a nommées *courbes de direction.* Plus tard, M. Humbert s'est occupé de ces mêmes courbes dans trois écrits importants insérés au *Journal de Liouville* (1887, p. 327; 1888, p. 129 et 133).

Les lignes de direction peuvent être définies géométriquement par la propriété suivante: *les distances d'un point quelconque de leur plan aux tangentes sont des fonctions rationnelles des coordonnées du point de contact.* L'identité de cette définition et de la definition par l'équation (3) est une conséquence de l'expression classique de la distance d'un point à une droite. Il résulte de cette même expression qu'*une courbe algébrique définie par l'équation cartésienne* $\Phi(x, y) = 0$ *est de direction quand* $\Phi_x'^2(x, y) + \Phi_y'^2(x, y)$ *est le carré d'une fonction rationnelle des coordonnées des points de la courbe.*

On déduit aisément de la dernière proposition cette autre : *La courbe inverse d'une courbe de direction est une autre courbe de direction.*

En posant, en effet,

$$x = \frac{k^2 X}{X^2 + Y^2}, \quad y = \frac{k^2 Y}{X^2 + Y^2},$$

on trouve

$$\Phi_X'^2(x, y) + \Phi_Y'^2(x, y) = \frac{k^4 (X^2 - Y^2)^2}{(X^2 + Y^2)^2} [\Phi_x'^2(x, y) + \Phi_y'^2(x, y)].$$

Si le centre d'inversion n'est pas sur la courbe, la transformée de la courbe $\Phi(x, y) = 0$ est une courbe de puissance constante. Comme la transformée de la tangente à la courbe donnée correspondant à l'équation $ux + vy + w = 0$ est un cercle représenté par celle-ci :

$$uX + vY + w(X^2 + Y^2) = 0,$$

on voit que la courbe de puissance constante et de direction qu'on obtient de cette manière est l'enveloppe du cercle représenté par la dernière équation, w étant une constante et u, v étant deux paramètres liés par l'équation (3).

693. Soit $\varphi(u, v, w) = 0$ l'équation tangentielle d'une courbe donnée C et

$$ux + vy + w = 0$$

l'équation de ses tangentes. L'équation

$$ux + vy + w + h\sqrt{u^2 + v^2} = 0$$

représente les droites parallèles à celles-là, situées à la distance h; et par conséquent l'équation de la courbe parallèle à la courbe C, située à la distance h, est

$$\varphi(u, v, w + h\sqrt{u^2 + v^2}) = 0,$$

ou, en développant le premier membre suivant les puissances de h et en représentant par φ', φ'', ... les dérivées de $\varphi(u, v, w)$ par rapport à w,

$$\varphi + h(u^2 + v^2)^{\frac{1}{2}} \varphi' + \frac{1}{2} h^2 (u^2 + v^2) \varphi'' + \ldots = 0,$$

ou enfin

$$\left[\varphi+\frac{1}{2}h^2(u^2+v^2)\varphi''+\ldots\right]^2=h^2(u^2+v^2)\left[\varphi'+\frac{1}{2.3}h^2(u^2+v^2)\varphi'''+\ldots\right]^2.$$

Donc, les courbes parallèles à la courbe C sont, en général, des courbes de direction d'ordre double de celle de C.

Appliquons cette méthode à la courbe de direction

$$f^2(u,\ v,\ w)(u^2+v^2)=F^2(u,\ v,\ w).$$

L'équation des courbes parallèles est

$$f^2(u,\ v,\ w+h\sqrt{u^2+v^2})(u^2+v^2)=F^2(u,\ v,\ w+h\sqrt{u^2+v^2}),$$

ou, en développant les fonctions f et F suivant les puissances de w et en représentant par $f', f'', \ldots, F', F'', \ldots$ les dérivées de f et F par rapport à w,

$$\left[f+f'h\sqrt{u^2+v^2}+\frac{1}{2}f''h^2(u^2+v^2)+\ldots\right]^2(u^2+v^2)=\left[F+F'h\sqrt{u^2+v^2}\right.$$
$$\left.+\frac{1}{2}F''h^2(u^2+v^2)+\ldots\right]^2,$$

ou

$$f\sqrt{u^2+v^2}+f'h(u^2+v^2)+\frac{1}{2}f''h^2(u^2+v^2)^{\frac{3}{2}}+\ldots=\pm\left[F+F'h(u^2+v^2)^{\frac{1}{2}}\right.$$
$$\left.+\frac{1}{2}F''h^2(u^2+v^2)+\ldots\right],$$

ou enfin

$$\left\{f+\frac{1}{2}f''h^2(u^2+v^2)+\ldots\mp\left[F'h+\frac{1}{2.3}F'''h^3(u^2+v^2)+\ldots\right]\right\}^2(u^2+v^2)$$
$$=\left\{F+\frac{1}{2}F''h^2(u^2+v^2)+\ldots\mp\left[f'h(u^2+v^2)+\frac{1}{2.3}h^3(u^2+v^2)^2+\ldots\right]\right\}^2.$$

Donc, *les courbes parallèlles à une courbe de direction correspondant à une même valeur de h sont deux courbes algébriques distinctes.* En d'autres termes, *l'enveloppe d'un cercle dont le centre parcourt une courbe de direction est composée de deux courbes algébriques distinctes* (Salmon: l. c.).

694. L'arc de la courbe $\phi(x, y)=0$ est exprimé par l'intégrale

$$s=\int\frac{\sqrt{\phi'^2_x(x, y)+\phi'^2_y(x, y)}}{\phi'_y(x, y)}dx;$$

donc, si la courbe est de direction, s est exprimé par l'intégrale d'une fonction rationnelle des coordonnées de la courbe, c'est-à-dire par une *intégrale abélienne relative à la courbe.* Aux propriétés de ces intégrales correspondent des propriétés des courbes considérées, qui ont été signalées par M. Humbert dans deux des écrits mentionnés plus haut. L'illustre géomètre a démontré que la condition nécessaire et suffisante pour que l'arc d'une courbe algébrique soit exprimé par une intégrale abélienne de première espèce relative à la courbe, c'est que la courbe soit en même temps de direction et de puissance constante. Les propriétés des arcs des courbes qui satisfont à ces deux conditions offrent un intérêt spécial, comme on peut le voir dans les mémoires mentionnés.

Ajoutons encore que, dans le dernier des mémoires cités plus haut, M. Humbert a démontré que la condition pour que l'arc d'une courbe algébrique puisse être exprimé par une fonction rationnelle des coordonnées des points de la courbe, c'est que cette courbe soit de direction et qu'elle ne soit pas coupée orthogonalement par la normale en plus d'un point, et qu'il a en même temps démontré et complété deux théorèmes de Laguerre sur les développées et les caustiques des courbes de direction.

695. Les courbes de direction de troisième classe et les courbes de direction de troisième ordre ont été spécialement considérées par Laguerre (*Nouvelles Annales,* 1883; *Oeuvres,* t. II, p. 660) et par M. Humbert (*Journal de Liouville,* 1887, p. 376). Le premier de ces géomètres a démontré que la courbe de direction de troisième classe la plus générale est représentée par l'équation

$$\phi(x, y)=27p(x^2+y^2)-2(x+2p)^3=0;$$

et l'autre a établi que toutes les cubiques de direction de troisième ordre sont représentées par cette équation ou par celle-ci:

$$\Psi(x, y)=x^3-3xy^2-a^3=0.$$

On vérifie aisément que ces équations représentent deux courbes de direction, car on a

$$\phi'^2_x(x, y)+\phi'^2_y(x, y)=36(x+2p)^2(x-4p)^2,$$
$$\Psi'^2_x(x, y)+\Psi'^2_y(x, y)=9(x^2+y^2)^2.$$

La première des courbes qu'on vient de mentionner a été envisagée déjà au n.° 150. Les équations polaires des deux courbes sont, respectivement,

$$2\rho \cos^3 \frac{1}{3} p = -1, \quad \rho^3 \cos 3\theta = a^3;$$

donc la propriété dont elles jouissent, d'être des courbes de direction, est d'accord avec un théorème énoncé au n.° 664.

696. L'autre classe des courbes passant par les points circulaires de l'infini que nous allons considérer ici est celle des *courbes anallagmatiques*. On a déjà dit (n.° 82) qu'on désigne sous ce nom les lignes qui coïncident avec leurs transformées par rayons vecteurs réciproques, quand le centre d'inversion est convenablement choisi, et que la théorie de cette classe de lignes a été étudiée par Moutard. Nous en allons indiquer les propriétés fondamentales.

Remarquons d'abord que les courbes qui ne passent pas par les points circulaires de l'infini ne peuvent pas être anallagmatiques. En effet, en posant

$$x = \frac{m^2 x_1}{x_1^2 + y_1^2}, \quad y = \frac{m^2 y_1}{x_1^2 + y_1^2}$$

dans l'équation

$$u_i + u_{i-1} + \ldots + u_1 + u_0 = 0,$$

où u_0, u_1, ..., u_i désignent des fonctions entières de x et y respectivement du degré 0, 1, 2, ..., i, on reconnait que le degré de l'équation qu'on obtient est supérieur à i, si u_i n'est pas divisible par $x^2 + y^2$. Supposons donc qu'on ait

$$(x^2 + y^2)^n \varphi(x, y) + u_{i-1} + \ldots + u_1 + u_0 = 0,$$

$\varphi(x, y)$ étant une fonction entière du degré a. Alors, en appliquant à cette équation la transformation par rayons vecteurs réciproques et en supposant que le centre d'inversion ne soit pas sur la courbe, on obtient une autre du degré $2n + 2a$; et pourtant, pour que la courbe soit anallagmatique, il faut encore qu'on ait $a = 0$. Si le centre d'inversion est un point de la courbe et si e est l'ordre de ce point, c'est une condition nécessaire pour que la courbe soit anallagmatique qu'on ait $a = e$.

697. Soient A, B, C, D quatre points d'une courbe anallagmatique et P le centre de transformation. On a, par définition,

$$\text{PA} \cdot \text{PB} = \text{PD} \cdot \text{PC} = m^2;$$

et par conséquent la circonférence passant par les points A, B et C doit passer aussi par D.

Cette circonférence tend vers une autre (C), tangente à la courbe donnée aux points D et C, quand la droite AB tend vers DC. Mais, si l'on représente par F le point de contact de la circonférence variable avec la tangente menée du point P, on a, quelle que soit la position de cette circonférence, $PF^2 = PA.PB$, et par conséquent $PF^2 = m^2$. Donc la circonférence (C) coupe perpendiculairement la circonférence de rayon m ayant le centre au point P. On a donc le théorème suivant:

Toute courbe anallagmatique est l'enveloppe d'une circonférence bitangente, dont le centre décrit une courbe déterminée, et qui coupe orthogonalement la circonférence de rayon égal au module de la transformation, ayant le centre au centre d'inversion.

La droite passant par les deux points de contact de chaque cercle bitangent passe par le centre d'inversion.

Le lieu décrit par le centre du cercle mobile a été appelé par Moutard la *déférente* de la courbe anallagmatique envisagée. Le cercle fixe est appelé *cercle directeur.*

698. Nous allons maintenant démontrer la proposition réciproque de celle qu'on vient d'établir, et chercher l'équation générale des courbes anallagmatiques.

Supposons que

$$f(x, y) = 0, \quad X^2 + Y^2 = m^2$$

soient les équations d'une courbe et d'une circonférence données et que

$$(X - x)^2 + (Y - y)^2 = R^2$$

soit l'équation d'une autre circonférence (C) ayant le centre sur la courbe donnée et coupant orthogonalement la première circonférence. On a, en vertu de cette dernière condition,

$$x^2 + y^2 - R^2 = m^2, \tag{3}$$

et par conséquent on peut mettre l'équation de (C) sous la forme

$$X^2 + Y^2 - 2(xX + yY) + m^2 = 0.$$

L'équation de l'enveloppe de cette circonférence, quand (x, y) parcourt la courbe donnée, résulte de l'élimination de x et y entre l'équation de cette courbe, celle de (C) et celle-ci:

$$X\frac{\partial f}{\partial y} - Y\frac{\partial f}{\partial x} = 0.$$

Or ces dernières équations peuvent être mises sous la forme

$$2x\frac{X}{X^2 + Y^2 + m^2} + 2y\frac{Y}{X^2 + Y^2 + m^2} = 1,$$

$$\frac{X}{X^2 + Y^2 + m^2}\cdot\frac{\partial f}{\partial y} - \frac{Y}{X^2 + Y^2 + m^2}\cdot\frac{\partial f}{\partial x} = 0.$$

Pourtant l'équation de la courbe anallagmatique engendrée par (C) a la forme

$$F\left(\frac{X}{X^2+Y^2+m^2}, \frac{Y}{X^2+Y^2+m^2}\right)=0.$$

Ajoutons que toutes les courbes représentées par une équation de cette forme sont anallagmatiques. En effet, en rapportant ces courbes aux coordonnées polaires, on trouve

$$F\left(\frac{\rho\cos\theta}{\rho^2+m^2}, \frac{\rho\sin\theta}{\rho^2+m^2}\right)=0,$$

et ensuite, en posant $\rho\rho_1=m^2$, il vient

$$F\left(\frac{\rho_1\cos\theta}{\rho_1^2+m^2}, \frac{\rho_1\sin\theta}{\rho_1^2+m^2}\right)=0;$$

or ces deux équations représentent la même ligne.

699. Les foyers ordinaires d'une courbe anallagmatique coïncident avec les points de la déférente qui sont les centres des cercles bitangents de rayon nul. Or, l'équation (3) fait voir que les coordonnées de ces points vérifient l'équation

$$x^2+y^2=m^2.$$

Pourtant *ces foyers coïncident avec les points d'intersection de la déférente avec le cercle directeur.*

700. Par un point quelconque (x, y) de la déférente menons une tangente à cette courbe et abaissons de l'origine des coordonnées une perpendiculaire sur cette droite. Les coordonnées du point d'intersection de ces droites sont déterminées par les équations

$$Y-y=y'(X-x), \quad Yy'+X=0,$$

et le lieu de (X, Y) est la podaire da la déférente par rapport à l'origine. En posant $X=\rho\cos\theta$, $Y=\rho\sin\theta$, (θ, ρ) étant les coordonnées polaires du point (X, Y), on obtient les équations

$$\rho\sin\theta-y=y'(\rho\cos\theta-x), \quad y'\sin\theta+\cos\theta=0,$$

et, en éliminant x, y et y' entre ces équations et celle de la déférente, on trouve ensuite l'équation polaire de cette podaire.

Si maintenant on prend sur la droite passant par l'origine des coordonnées et par le point (X, Y), à partir de l'origine, deux segments ρ_1 déterminés par l'équation

$$\rho^2 = (\rho_1 - \rho)^2 + m^2,$$

laquelle donne

$$\rho = \frac{\rho_1^2 + m^2}{2\rho_1},$$

on obtient deux points M et M' d'une courbe dont l'équation polaire résulte de l'élimination de x, y et y' entre l'équation de la déférente et ces autres:

$$\rho_1^2 + m^2 - 2\rho_1 (x \cos\theta + y \sin\theta) = 0, \quad y' \sin\theta + \cos\theta = 0, \quad \frac{\partial f}{\partial x} + \frac{\partial f}{\partial y} y' = 0.$$

L'équation cartésienne de la même ligne résulte de l'élimination de x, y et y' entre l'équation de la déférente et celles-ci:

$$X' + Y^2 + m^2 - 2(xX + yY) = 0, \quad y'Y + X = 0, \quad \frac{\partial f}{\partial x} + \frac{\partial f}{\partial y} y' = 0.$$

Donc la ligne qu'on vient d'obtenir coïncide avec la courbe anallagmatique considérée au n.° 698.

Il résulte de ce qu'on vient d'exposer une manière facile de construire les courbes anallagmatiques, quand on donne la déférente. Cette méthode avait été déjà employée aux n.os 93 et 268 pour construire les courbes anallagmatiques du second et du troisième ordre.

Les vecteurs des deux points qui correspondent à chaque point de la déférente vérifient la condition $OM.OM' = m^2$, et ces points sont par conséquent inverses l'un de l'autre.

On voit aisément, comme au n.° 94, que la tangente à la déférente au point (x, y) est perpendiculaire à MM' en le milieu de ce segment. Donc, *le lieu des points qui divisent en deux parties égales les cordes comprises entre deux points inverses coïncide avec la podaire de la déférente.*

CHAPITRE XII.

SUR LES CYCLIQUES SPHÉRIQUES.

I.

La courbe de Viviani.

701. En 1692, Viviani, élève de Galilée, a proposé aux géomètres le problème suivant: *construire sur un dôme hémisphérique quatre fenêtres égales, telles que le restant de la surface du dôme soit absolument quarrable.*

Ce problème est indéterminé, et on en a donné plusieurs solutions. Il a été résolu dans la même année où il a été proposé par Leibniz (*Opera,* 1768, t. III, p. 267) et Jacques Bernoulli (*Opera,* t. I, p. 512), dans les *Acta eruditorum;* par Wallis (*Opera,* t. II, p. 478), dans une lettre adressée à G. Bridgman et publiée dans son *Algebra,* et, d'après une lettre de L'Hospital à Huygens (*Oeuvres de Huygens,* t. X, p. 346), par le premier de ces géomètres, qui en a communiqué trois solutions à l'auteur de la question.

La solution de Viviani a été publiée par ce géomètre dans un opuscule intitulé: *Formazione e misura di tutti i cieli, con la structura e quadratura esatta d'un novo cielo ammirabile* (*Firenze,* 1692), et elle coïncide avec une des solutions données par Jacques Bernoulli. L'un et l'autre ont employé, pour resoudre le problème, la ligne qui résulte de l'intersection de la sphère avec un cylindre de révolution passant par le centre de la sphère et tangent à cette surface. Par ce motif on désigne cette ligne sous le nom de *courbe de Viviani.* Mais il est à remarquer que, bien d'années avant, elle avait été considérée par Roberval dans son *Traité des indivisibles* (*Mémoires de l'Académie des Sciences de Paris,* t. V, p. 293), et par Laloubère dans sa *Veterum Geometria promota.* La même courbe appartient à la classe des lignes cyclo-cylindriques employées par Descartes pour résoudre un problème qu'on verra plus loin.

Ni Viviani ni Bernoulli n'ont indiqué la démonstration de la solution qu'on vient de mentionner. Cette démonstration a été donnée par Guido-Grandi en 1699 dans un opuscule intitulé : *Geometrica divinatio Vivanearum problematum.* On en a rencontré aussi une démonstration dans une pièce trouvée parmi les papiers d'Huygens, laquelle a été publiée dans le tome X, page 336, des *Oeuvres* de ce grand géomètre. Cette pièce contient encore quelques propriétés de la courbe employée pour résoudre le problème.

Ajoutons encore que P. Tannery croit probable que la courbe de Viviani coïncide avec une ligne nommée *paradoxus de Menelaus,* dont on trouve une vague indication dans les *Collections* de Pappus (*Bulletin des Sciences mathématiques,* 1883, p. 290), et qu'elle appartient à une classe de courbes considérées par Eudoxe, et nommées *hippopèdes,* lesquelles seront étudiées bientôt.

Ajoutons enfin que le problème de la détermination d'une aire sphérique exactement quarrable avait été déjà résolu, dans l'antiquité, par Pappus, au moyen d'une courbe qui sera étudiée plus loin sous le nom de *spirale de Pappus,* comme l'a fait remarquer Hermann dans les *Commt. Acad. Petrop.,* t. I, p. 210.

702. Prenons (*fig. 164*) pour origine des coordonnées le centre O de la sphère, pour axe des x la tangente au point O à la base OBQ du cylindre, pour axe des y la droite passant par le point O et par le point B où la sphère est tangente au cylindre et pour axe des z la génératrice du cylindre passant par O. Les équations de la courbe de Viviani sont

$$(1) \qquad x^2+y^2+z^2=a^2, \quad x^2+y^2-ay=0,$$

a représentant le rayon de la sphère.

On peut déduire de ces équations l'équation en coordonnées sphériques de la même courbe. En représentant par θ l'angle que le vecteur d'un point quelconque de la courbe fait avec le plan XY et par φ l'angle que la projection de ce vecteur sur ce plan fait avec OY, on a d'abord

$$x=a\sin\varphi\cos\theta, \quad y=a\cos\varphi\cos\theta, \quad z=a\sin\theta,$$

et ensuite la deuxième des équations (1) donne $\theta=\varphi$. Donc, *en tout point d'une courbe de Viviani, la longitude est égale à la latitude* (Jacques Bernoulli: l. c.).

On déduit des formules précédentes les expressions suivantes des coordonnées x, y et z:

$$x=a\sin\varphi\cos\varphi, \quad y=a\cos^2\varphi, \quad z=a\sin\varphi;$$

et en posant ensuite $\operatorname{tang}\frac{1}{2}\varphi=t$, on obtient ces autres:

$$x=2at\frac{1-t^2}{(1+t^2)^2}, \quad y=a\frac{(1-t^2)^2}{(1+t^2)^2}, \quad z=a\frac{2t}{1+t^2}.$$

Donc, *la courbe de Viviani est une une ligne unicursale du quatrième ordre.*

En éliminant x, y et z entre ces équations et celle-ci:

$$Ax+By+Cz+D=0,$$

on obtient une autre dont il résulte que les valeurs que t prend aux quatre points d'intersection de ce plan avec la courbe vérifient la condition

$$t_1 t_2 t_3 t_4 = -1.$$

On voit au moyen de cette relation que le plan osculateur de la courbe considérée, au point dont la longitude est égale à φ, coupe cette ligne à un point dont la longitude φ_1 est donnée par l'équation

$$\operatorname{tang} \frac{\varphi_1}{2} = -\cot^3 \frac{\varphi}{2}.$$

La courbe de Viviani a la forme d'un huit décrit sur la surface de la sphère. Elle est symétrique par rapport aux plans YZ et XY, elle a un point double à B, et elle est tangente au plan XZ en deux points, situés sur l'axe des z, qui en sont les sommets.

703. Voyons maintenant comme on peut résoudre le problème de Viviani au moyen de la courbe qu'on vient de définir.

Coupons la sphére par deux cylindres égaux ayant pour bases les cercles OBQ et OAN de rayon égal à $\frac{1}{2}a$, situées sur le plan d'un même grand cercle de la sphère et tangentes à ce dernier cercle aux point A et B de la droite AOB, et cherchons l'aire S de la partie d'un des hémisphères séparés par le cercle ACBD qui se projette sur ANOQBCA.

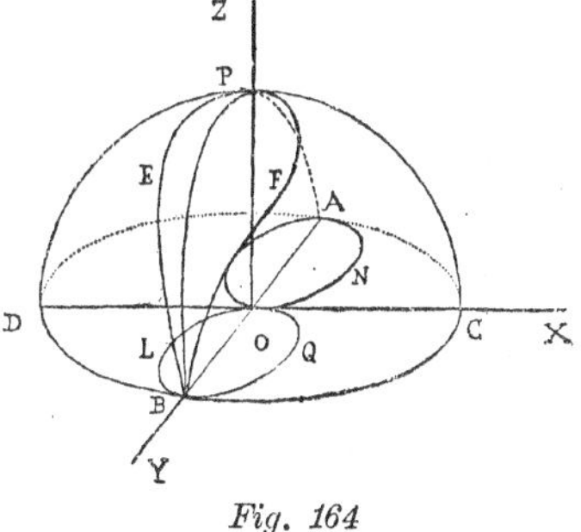

Fig. 164

En représentant par A la figure OQBCO, on a

$$S = 2a \iint_A \sqrt{1 + \left(\frac{dz}{dx}\right)^2 + \left(\frac{dz}{dy}\right)^2}\, dx\, dy = 2 \iint_A \frac{a}{z}\, dx\, dy,$$

ou, en substituant aux variables x et y les variables ρ et φ liées à x et y par les équations $x = \rho \sin \varphi$, $y = \rho \cos \varphi$,

$$S = 2a \iint_A \frac{\rho d\rho\, d\varphi}{\sqrt{a^2 - \rho^2}}.$$

En observant maintenant que l'équation de l'arc OQB est $\rho = a \cos \varphi$ et que l'équation de l'arc BC est $\rho = a$, et en tenant compte de l'égalité

$$\int_{a \cos \varphi}^{a} \frac{\rho d\rho}{\sqrt{a^2 - \rho^2}} = a \sin \varphi,$$

on trouve

$$S = 2a \int_0^{\frac{\pi}{2}} d\varphi \int_{a\cos\varphi}^{a} \frac{\rho d\rho}{\sqrt{a^2-\rho^2}} = 2a^2.$$

En supposant que la base du dôme hémisphérique considéré par Viviani est située sur le plan YZ et que le sommet est le point C, on voit que, si ce dôme a quatre fenêtres dont les contours se projettent sur les demi-cercles BQO et ANO, l'aire de la partie du dôme comprise entre ce sommet et ces fenêtres est égale à $4a^2$.

704. La partie de la surface du cylindre qui figure dans la définition de la courbe de Viviani, comprise entre le plan XY et la surface de la sphère, est aussi absolument quarrable.

Pour démontrer cette proposition, rappelons d'abord le théorème suivant, dû à Roberval et démontré au n.° 436:

Si l'on développe le cylindre qui contient la courbe de Viviani sur un plan, cette courbe se transforme dans une sinusoïde, représentée par l'équation

$$Y = a \sin \frac{X}{a}.$$

L'aire de la partie de ce cylindre comprise entre la courbe de Viviani et le plan XY est égale à l'aire de l'espace compris entre l'arc de cette sinusoïde correspondant aux valeurs que X prend entre $X = 0$ et $X = a\pi$ et la corde. *Cette aire est donc égale à* $2a^2$ (Roberval, l. c.).

705. Cherchons maintenant les équations de la projection de la courbe de Viviani sur le plan qui passe par les sommets et qui fait un angle ω avec le plan XZ.

En rapportant la courbe à trois nouveaux axes des coordonnées OX_1, OY_1 et OZ_1, passant par le centre O de la sphère, tels que OZ_1 coïncide avec OZ, que OX_1 coïncide avec l'intersection du plan donné avec le plan XY et que OY_1 soit perpendiculaire au plan X_1Z_1, les équations de cette courbe prennent la forme

$$x_1^2 + y_1^2 + z_1^2 = a^2, \quad x_1^2 + y_1^2 - a(x_1 \sin\omega + y_1 \cos\omega) = 0.$$

L'équation de la projection de la même courbe sur le plan X_1Z_1 est donc

$$a^2 \cos^2\omega\,(x_1^2 + z_1^2) + (a^2 - z_1^2 - a x_1 \sin\omega)^2 = a^4 \cos^2\omega,$$

ou, en transportant l'origine des coordonnées au point $(a \sin\omega,\ 0)$,

$$(z_1^2 + a x_1 \sin\omega)^2 = a^2 \cos^2\omega\,(z_1^2 - x_1^2).$$

Pourtant *les projections de la courbe sur les plans passant par les sommets sont des besaces* (n.° 282).

En posant dans l'équation précédente $\omega = 0$ et $\omega = \frac{\pi}{2}$, on voit que *la projection de la courbe de Viviani sur le plan* XZ *est un huit* (n.° 287), *et que la projection de la même courbe sur le plan* YZ *est une parabole.* De la première proposition il résulte que les tangentes à la courbe de Viviani au point double sont perpendiculaires l'une à l'autre.

On voit de même que les projections de la courbe de Viviani sur les plans passant par le centre de la sphère et par le point double de la courbe sont représentées par l'équation

$$(y_2^2 \sin^2 \omega - z_2^2 \cos 2\omega + a^2 \cos^2 \omega - a y_2)^2 = z_2^2 (a^2 - y_2^2 - z_2^2) \sin^2 2\omega,$$

ω représentant maintenant l'angle que le plan considéré fait avec le plan XY, ou, en transportant l'origine au point double,

$$(y_2^2 \sin^2 \omega - a y_2 \cos 2\omega - z_2^2 \cos 2\omega)^2 + z_2^2 (y_2^2 + z_2^2 + 2a y_2) \sin^2 2\omega = 0,$$

ou

$$(z_2^2 + y_2^2 \sin^2 \omega - a y_2 \cos 2\omega)^2 = -4a z_2^2 y_2 \cos^2 \omega,$$

et enfin

$$z_2 = -\cos \omega \sqrt{-a y_2} + \sin \omega \sqrt{-y_2^2 - a y_2}.$$

Donc, *les projections de la courbe de Viviani sur les plans passant par le centre de la sphère et par le point double sont des paraboles virtuelles* (n.° 282), *quand* ω *est différent de* 0 *et de* $\frac{\pi}{2}$.

Ces propositions m'ont été communiquées par M. Gabriel Marie; elles sont démontrées géométriquement dans la 4.e édition (sous presse) de ses excellents *Exercices de Géométrie descriptive.*

706. Avant de continuer l'étude de la courbe de Viviani, nous allons rappeler quelques notions de Géométrie générale dont nous ferons ensuite plusieurs applications.

Rappelons d'abord qu'on appelle *projection stéréographique* d'une courbe sphérique sur un plan passant par le centre la perspective de cette courbe, vue d'un point d'intersection de la sphère avec la perpendiculaire au plan considéré, menée par le centre de la sphère. Rappelons ensuite que la *transformation par rayons vecteurs réciproques* dans l'espace est définie par les équations

$$(2) \qquad x = \frac{k^2 x_1}{x_1^2 + y_1^2 + z_1^2}, \quad y = \frac{k^2 y_1}{x_1^2 + y_1^2 + z_1^2}, \quad z = \frac{k^2 z_1}{x_1^2 + y_1^2 + z_1^2},$$

ou $r r_1 = k^2$. Il en résulte que la transformation stéréographique est une transformation par rayons vecteurs réciproques particulière. En effet, si l'on prend un point P de la sphère pour centre d'inversion et pour origine des coordonnées et la droite passant par P et par le centre O de la sphère pour axe des x, et si l'on pose $k=a\sqrt{2}$, l'équation de la sphère, savoir

$$(x-a)^2+y^2+z^2=a^2,$$

se transforme dans l'équation $x_1=a$, qui représente un plan (P), perpendiculaire à la droite OP au centre O de la sphère; et le point M_1, correspondant à un point quelconque M de la sphère, coïncide avec l'intersection de ce plan avec la droite PM.

Rappelons enfin quelques propriétés de la transformation stéréographique dont nous ferons application.

1.° *Dans cette transformation, à un cercle situé sur la sphère correspond un autre situé sur le plan* (P), *si le cercle ne passe pas par le centre d'inversion, ou une droite, si le cercle passe par ce point. Aux grands cercles passant par le centre d'inversion cerrespondent les droites passant par le centre de la sphère.*

La partie de cette proposition qui se rapporte aux cercles passant par le centre d'inversion est géométriquement évidente. La première partie de la même proposition est une conséquence immédiate de cette autre: la surface inverse d'une sphère qui ne passe pas par le centre d'inversion est une autre sphère. On obtient immédiatement cette dernière proposition en appliquant les formules (2) à l'équation de la sphère rapportée au centre d'inversion.

2.° Voici une autre propriété importante de la transformation envisagée.

Représentons par M et M_1 deux points correspondants de deux courbes inverses, par MT et MT_1 leurs tangentes aux points M et M_1, par s et s_1 les arcs des mêmes courbes, et par P le centre d'inversion.

On a

$$\cos TMP = \frac{x}{r}\cdot\frac{dx}{ds}+\frac{y}{r}\cdot\frac{dy}{ds}+\frac{z}{r}\cdot\frac{dz}{ds}=\frac{dr}{ds},$$

ou, en tenant compte des relations

$$dr=-\frac{k^2}{r_1^2}dr_1, \qquad ds=\frac{k^2}{r_1^2}ds_1,$$

qui résultent de l'équation $rr_1=k^2$ et de la relation $ds^2=dr^2+r^2d\theta^2$,

$$\cos TMP = -\frac{dr_1}{ds_1}=-\cos T_1M_1P,$$

et par conséquent $TMP=T_1M_1P_1$.

Remarquons maintenant que les droites MT et M_1T_1 sont situées sur un même plan, vu que ces droites sont tangentes au cône ayant pour sommet le point P et passant par les courbes considérées en deux points de la même génératrice.

Cela posé, considérons une autre courbe passant par M, et désignons par MT′ et M_1T_1 les tangentes à cette ligne et à la courbe inverse aux points M et M_1. Les trièdres MPTT′

et $M_1PT_1T_1'$ sont égaux, car ils ont un dièdre égal compris entre deux angles plans respectivement égaux; et par conséquent l'angle TMT' est égal à l'angle $T_1M_1T_1'$.

Donc *l'angle de deux courbes sphériques et l'angle de leurs transformées par inversion sont égaux.*

4.° Si A et B sont deux points d'une courbe sphérique, si A_1 et B_1 sont les points correspondants de la transformée, et si P est le centre d'inversion, on a

$$\frac{AB}{A_1B_1} = \frac{PA}{PB_1} = \frac{k^2}{PB_1 . PA_1}. \tag{3}$$

5.° Tout point de la surface d'une sphère est le centre d'un cercle de rayon nul, et le point correspondant du plan (P) est le centre d'un autre cercle de rayon nul correspondant à celui-là. Si le premier cercle est bitangent à une courbe sphérique, son centre est un *foyer* de cette courbe et le point correspondant est un foyer de la transformée.

Si le centre d'inversion coïncide avec un foyer de la courbe sphérique, le foyer correspondant de la transformée est à l'infini.

707. Cela posé, cherchons la transformée stéréographique de la courbe de Viviani représentée par les équations (1), quand on prend pour centre d'inversion le point B, ayant pour coordonnées (0, a, 0), et quand on donne au module la valeur $a\sqrt{2}$.

En transportant pour cela l'origine des coordonnées au centre d'inversion, les équations de la courbe de Viviani prennent la forme

$$x^2 + y^2 + z^2 + 2ay = 0, \quad x^2 + y^2 + ay = 0,$$

et en appliquant à ces équations la transformation définie par les équations (2), et en faisant $k = a\sqrt{2}$, on obtient les équations de la transformée de la même courbe, savoir:

$$y_1 = -a, \quad 2a(x_1^2 + y_1^2) + y_1(x_1^2 + y_1^2 + z_1^2) = 0.$$

En éliminant y_1 entre ces équations, on obtient celle-ci :

$$z_1^2 - x_1^2 = a^2,$$

d'où il résulte que *la projection stéréographique de la courbe de Viviani sur le plan* XZ *est l'hyperbole équilatère représentée par cette équation, quand le centre d'inversion est le point double* B *de la première courbe.*

On voit de même que la *projection stéréographique de la courbe de Viviani sur le plan* XZ *est la lemniscate de Bernoulli représentée par l'équation*

$$(x_1^2 + z_1^2)^2 = a^2(z_1^2 - x_1^2),$$

si le centre d'inversion est le point A *diamétralement opposé au point double de la courbe.*

La courbe sphérique qui correspond dans la transformation stéréographique à la lemniscate de Bernoulli a été l'objet d'une question proposée par D'Arrest dans les *Nouvelles Annales* (1855, p. 401). Cette question a été résolue, dans le même recueil (1856, p. 53), par Delaire, qui a remarqué l'identité de la ligne sphérique considérée avec la courbe de Viviani.

On obtient aussi aisément l'équation de la projection stéréographique de la courbe de Viviani sur le plan XY, le centre d'inversion étant un des sommets de la courbe.

En transportant l'origine des coordonnées au point (0, 0, a) et en appliquant ensuite les équations (2), où nous poserons $k = a\sqrt{2}$, on trouve les équations

$$z_1 = -a, \quad 2a(x_1^2 + y_1^2) - y_1(x_1^2 + y_1^2 + z_1^2) = 0,$$

d'où il résulte, en éliminant z_1,

$$y_1(x_1^2 + y_1^2) - 2a(x_1^2 + y_1^2) + a^2 y_1 = 0. \tag{3}$$

C'est l'équation de la courbe cherchée. En transportant l'origine des coordonnées au point B, où $x_1 = 0$, $y_1 = a$, elle prend la forme

$$y_1(y_1^2 + x_1^2) + a(y_1^2 - x_1^2) = 0.$$

Donc, *la projection stéréographique de la courbe de Viviani sur le plan* XY *est la strophoïde représentée par cette équation, quand on prend un sommet de la première courbe pour centre d'inversion* (Aubry: *Journal de Mathématiques spéciales*, 1895, p. 268).

En se basant sur les théorèmes qu'on vient de démontrer, on peut déduire de quelques-unes des propriétés de l'hyperbole, de la strophoïde et de la lemniscate de Bernoulli des propriétés correspondantes de la courbe de Viviani. Mentionnons celles-ci:

1.° La courbe de Viviani possède deux foyers réels, qui correspondent aux foyers réels des courbes précédentes.

2.° La tangente en un point quelconque de la courbe de Viviani est la bissectrice de l'angle des cercles passant respectivement par ce point, par le centre d'inversion et par chacun des foyers.

3.° Les distances d'un point quelconque de la courbe de Viviani aux foyers et au point A sont liées par une relation linéaire homogène.

708. La projection centrale de la courbe de Viviani sur le plan XZ, le centre se trouvant sur la droite passant par le point double et par le centre de la sphère, a été envisagée par M. Gabriel Marie. On obtient aisément l'équation de cette projection.

Représentons par d la distance du centre de la sphère au centre de projection. Les équations d'une droite quelconque passant par ce point sont

$$x = h(y - d), \quad z = l(y - d),$$

et la condition pour que cette droite coupe la courbe de Viviani est

$$(ah^2 + a - dl^2)^2 = a(ah^2 + al^2 + a - 2dl^2).$$

En éliminant h et l entre ces trois équations, on trouve celle-ci:

$$[ax^2 + a(y-d)^2 - dz^2]^2 = a(y-d)^2[ax^2 + a(y-d)^2 + az^2 - 2dz^2],$$

qui représente le cône ayant pour sommet le centre de projection et pour directrice la courbe de Viviani.

En posant dans cette équation $y = 0$, on obtient l'équation de la projection considérée, savoir

$$(ax^2 - dz^2)^2 = a^2 d^2 (z^2 - x^2).$$

En posant $d = a$ et $d = -a$, on retrouve deux propositions démontrées au n.° 707.

709. Considérons un des sommets P de la courbe de Viviani, et désignons par S une sphère de rayon a_1, concentrique à celle où est tracée cette courbe. Menons par le centre O des sphères une droite qui coupe la courbe à un point quelconque A, et désignons par A′ l'un des points où elle coupe la sphère S. Les droites passant respectivement par P et par chacun des points A et A′ déterminent sur le plan XY deux points A_1 et A_1'. Le premier de ces points décrit, quand A parcourt la courbe de Viviani, une strophoïde droite (n.° 707); nous allons chercher l'équation du lieu décrit par l'autre.

Les coordonnées sphériques des points A et A′ sont

$$(a \sin\varphi \cos\theta,\quad a\cos\varphi\cos\theta,\quad a\sin\theta),\quad (a_1\sin\varphi\cos\theta,\quad a_1\cos\varphi\cos\theta,\quad a_1\sin\theta).$$

Pourtant les équations de la droite OA sont

$$\frac{Y}{a\cos\varphi\cos\theta} = \frac{X}{a\sin\varphi\cos\theta} = \frac{Z-a}{a(\sin\theta - 1)},$$

et les coordonnées du point A_1 ont par suite les valeurs

$$Y = \frac{a\cos\varphi\cos\theta}{1-\sin\theta},\quad X = \frac{a\sin\varphi\cos\theta}{1-\sin\theta}.$$

La distance ρ du point (X, Y) au point O est donc déterminée par l'équation

$$\rho = \frac{a\cos\theta}{1-\sin\theta}.$$

De même, la distance du point A_1 au centre O est exprimée par l'équation

$$\rho_1 = \frac{a_1 \cos\theta}{a - a_1 \sin\theta}.$$

Donc

$$\frac{\rho_1}{\rho} = \frac{a_1^2(1-\sin\theta)}{a(a-a_1\sin\theta)}.$$

Mais

$$\sin\theta = \frac{\rho^2 \pm a^2}{\rho^2 + a^2}.$$

Pourtant

$$\frac{\rho_1}{\rho} = \frac{2a_1^2 a}{a_1(a^2-\rho^2) + a(a^2+\rho^2)}.$$

Comme le lieu de A_1 est la strophoïde représentée par l'équation (3), et l'équation polaire de cette ligne est

$$\rho = \frac{a}{\cos\theta'}(1 - \sin\theta'),$$

il vient

$$\rho_1 = \frac{aa_1 \cos\theta'}{a + a_1 \sin\theta'}.$$

C'est l'équation du lieu de A_1'.

La courbe correspondant à cette équation a été envisagée par Poncelet, sous le nom de *capricorne*, dans les *Applications d'Analyse et de Géométrie*. Cette relation entre cette ligne et la courbe de Viviani a été obtenue par M. Cappello dans le *Giornale di Matematiche* (1908, p. 213).

II.

Les courbes cyclo-cylindriques. Les cassiniennes sphériques.

710. La courbe de Viviani est un cas particulier de la ligne définie par les équations

$$(1) \qquad x^2 + y^2 + z^2 = a^2, \quad (y-b)^2 + x^2 = b^2,$$

laquelle représente le lieu des points de la surface d'un cylindre de révolution équidistants d'un point de cette surface. Cette ligne a été nommée *courbe cyclo-cylindrique;* la courbe de Viviani correspond au cas où $a=2b$. Il est évident que la courbe cyclo-cylindrique est symétrique par rapport aux plans YZ et XY, et qu'elle est composée de deux ovales quand $a>2b$, et qu'elle se réduit à un ovale lorsque $a<2b$.

L'équation de la courbe, rapportée aux coordonnées sphériques, est

$$a \cos \theta = 2b \cos \varphi,$$

θ et φ ayant la même signification que dans le cas de la courbe de Viviani (n.° 702).

711. En transportant l'origine des coordonnées au point où l'axe du cylindre coupe le plan XY, les équations de la courbe prennent la forme

$$x^2 + z^2 + (y+b)^2 = a^2, \quad x^2 + y^2 = b^2.$$

En désignant maintenant par t l'angle que la projection sur le plan XY de la droite passant par la nouvelle origine des coordonnées et par le point (x, y, z) de la courbe fait avec l'axe des y, on voit que la courbe peut être encore représentée par les équations

$$x = b \sin t, \quad y = b \cos t, \quad z = \sqrt{a^2 - 4b^2 \cos^2 \frac{1}{2} t}.$$

Il en résulte que la transformée de la courbe cyclo-cylindrique qu'on obtient en développant le cylindre sur un plan, peut être représentée par les équations

$$X = bt, \quad Y^2 = a^2 - 4b^2 \cos^2 \frac{1}{2} t,$$

ou

$$Y^2 = a^2 - 4b^2 \cos^2 \frac{X}{2b}.$$

On en conclut que l'aire du segment du cylindre compris entre la courbe cyclo-cylindrique considérée et le plan XY est déterminée par l'égalité

$$A = 2a \int_0^{b\pi} \sqrt{1 - \frac{4b^2}{a^2} \cos^2 \frac{X}{2b}} \cdot dX,$$

et que, par conséquent, ce segment est absolument quarrable quand $a = 2b$, comme on a déjà vu (n.° 704), et que son aire dépend d'une intégrale elliptique de deuxième espèce dans les autres cas.

712. Il résulte d'un passage d'une lettre adressée par Descartes à Mersenne en octobre

1629 (*Oeuvres de Descartes,* t. I, p. 25) que ce grand géomètre a employé les courbes cyclo-cylindriques pour diviser le cercle en 27 parties égales. On ne connaît pas la méthode suivie par Descartes pour cela, mais, d'après Lucas (*Nouvelles Annales,* 1876, p. 8), il a employé probablement la construction qui suit.

Prenons un cylindre droit de base circulaire, et désignons par O le centre de cette base, par b la grandeur du rayon, et par A, B et C trois points de la circonférence de la même base, tels que l'angle BOA soit égal à un angle donné α et l'angle COA soit égal à l'angle supplémentaire de celui-là. Envisageons ensuite une sphère de rayon égal à $2b$ ayant le centre au point B. En prenant pour axe des x la droite OA, pour axe de z l'axe du cylindre et pour axe des y la perpendiculaire au plan ZOX issue du point O, cette sphère est représentée par l'équation

$$(x-b\cos\alpha)^2+(y-b\sin\alpha)^2+z^2=4b^2,$$

et elle détermine, par son intersection avec le cylindre, une courbe de Viviani définie par cette équation et par celle du cylindre. Signalons ensuite sur la génératrice du cylindre passant par C un point D dont la distance au plan XY soit égale à $a\cos\alpha$. La sphère ayant ce point pour centre et passant par le point de la base du cylindre diamétralement opposé au point C détermine, par son intersection avec le cylindre, une courbe cyclo-cylindrique représentée par l'équation $x^2+y^2=b^2$ et par cette autre:

$$(x+b\cos\alpha)^2+(y-b\sin\alpha)^2+(z-b\cos\alpha)^2=4b^2+b^2\cos^2\alpha.$$

Or, on voit au moyen des équations des deux sphères que les points d'intersection des deux lignes mentionnées sont situées sur un plan; le nombre de ces points est par conséquent égal à quatre. On vérifie aisément que les coordonnées de ces points sont

$$x=b\cos\alpha,\quad y=-b\sin\alpha,\quad z=2b\cos\alpha,$$

$$x=b\cos\frac{\alpha+2k\pi}{3},\quad y=b\sin\frac{\alpha+2k\pi}{3},\quad z=2b\cos\frac{\alpha+2k\pi}{3},$$

où $k=0,\ 1,\ 2$.

La projection du point correspondant à $k=0$ sur le plan de la base du cylindre est un point F ayant pour coordonnées $\left(b\cos\frac{\alpha}{3},\ b\sin\frac{\alpha}{3}\right)$, et par conséquent la droite OF divise l'angle AOB en trois parties égales. On vient donc de faire la trisection de l'angle α au moyen de deux courbes cyclo-cylindriques. Pour diviser la circonférence de la base du cylindre en 27 parties égales, il suffit de diviser l'angle de 40° en trois parties égales.

713. Changeons dans les équations (1) y en $y-a$, pour transporter l'origine des coordonnées au point (0, $-a$, 0). Les équations de la courbe prennent la forme

$$x^2+(y-a)^2+z^2=a^2,\quad (y-a-b)^2+x^2=b^2.$$

En appliquant maintenant à ces équations la transformation par rayons vecteurs réciproques (n.° 706), en prenant pour centre de transformation la nouvelle origine des coordonnées et en donnant au module la valeur $a\sqrt{2}$, on obtient deux équations qui donnent, en éliminant y_1,

$$(a+2b)(x_1^2+z_1^2)^2=2a^3(z_1^2-x_1^2)-a^4(a-2b).$$

On a donc (n.° 176) le théorème suivant, qui n'a pas encore peut être été remarqué:

L'ovale de Cassini représenté par cette équation est une projection stéréographique de la courbe cyclo-cylindrique considérée.

L'équation bipolaire de cet ovale est

$$r_1 r_2 = \frac{2a^2b}{2b+a},$$

et la distance des pôles au centre est égale à $\sqrt{\dfrac{a^3}{2b+a}}$.

En posant $b=\dfrac{a}{2}$, l'ovale de Cassini se réduit à la lemniscate de Bernoulli, et on retrouve un théorème énoncé au n.° 708.

De même, si l'on prend pour centre de transformation le point $(0, a, 0)$, diamétralement opposé dans la sphère à celui qu'on vient de considérer, on obtient l'équation

$$(2b-a)(x_1^2+z_1^2)^2=2a^3(x_1^2-z_1^2)+a^4(a+2b),$$

qui représente aussi un ovale de Cassini.

Quand $2b=a$, cette équation se réduit à celle d'une hyperbole équilatère, ce qui est d'accord avec un théorème énoncé au n.° 708.

En se basant sur l'un des théorèmes qu'on vient de démontrer, et en tenant compte des propriétés de la transformation stéréographique, on peut déduire de quelques-unes des propriétés de la courbe de Cassini des propriétés correspondantes des courbes cyclo-cylindriques. Signalons celles-ci:

1.° *La courbe considérée possède quatre foyers réels, dont deux sont sur le plan* ZY *et les deux autres sur le plan* XY (n.ºs 180 et 706).

Le produit des distances d'un point quelconque de la courbe aux foyers situés sur le plan ZY *est dans un rapport constant avec le carré de la distance du même point au point de l'axe des* y *où* $y=-a$ (n.° 706, 4.°). *Les foyers situés sur le plan* XY *et le point de l'axe des* y *où* $y=a$ *jouissent d'une propriété analogue quand* $2b>a$.

2.° *On peut construire sur la sphère, et d'une infinité de manières, deux couples de pôles tels que le produit des distances d'un point quelconque de la courbe aux pôles d'un couple soit dans un rapport constant avec celui des distances du même point aux pôles de l'autre.*

Il résulte de cette dernière proposition que les courbes cyclo-cylindriques appartiennent à la classe des lignes sphériques définies par l'équation

$$r_1 r_2 = k R_1 R_2,$$

où r_1 et r_2 représentent les distances d'un point quelconque de la courbe à deux pôles situés sur la sphére, R_1 et R_2 les distances du même point à deux autres, et k une constante. Ces lignes ont été étudiées, sous le nom de *cassiniennes sphériques*, par Laguerre en 1868 dans le *Bulletin de la Société philomathique* (*Oeuvres*, t. II, p. 46); et elles sont comprises entre les courbes sphériques définies par l'équation

$$r_1 r_2 \ldots r_n = h R_1 R_2 \ldots R_m,$$

$r_1, r_2, \ldots, r_n$ et $R_1, R_2, \ldots, R_m$ représentant les distances d'un point quelconque de la courbe à deux séries de pôles fixes arbitraires situés sur la surface de la sphère, courbes qui ont été étudiées d'une manière approfondie par M. Darboux dans l'ouvrage *Sur une classe remarquable de courbes* etc. (1873, p. 28). Parmi ces dernières courbes sont encore comprises, comme M. Darboux l'a fait remarquer, les lignes sphériques considérées par W. Roberts en 1845 dans le *Journal de Liouville* (p. 254).

III.

L'hippopède d'Eudoxe.

714. L'*hippopède* est une ligne considérée dans l'antiquité par Eudoxe de Cnido, disciple de Platon. Eudoxe est l'auteur du plus ancien système astronomique connu, et, dans ce système, les hippopèdes jouent un rôle fondamental, comme l'a fait voir Schiapparelli, qui l'a reconstitué dans l'ouvrage intitulé: *Le sfere omocentriche di Eudosso, di Callipo e di Aristolele*, paru en 1875. D'après l'illustre astronome milanais, l'hippopède est la courbe qui résulte de l'intersection d'un cylindre de révolution avec une sphère tangente. La courbe de Viviani est pourtant une hippopède particulière, correspondant au cas où le rayon de la sphère est double de celui de la base du cylindre.

En prenant pour origine des coordonnées le centre O de la sphère, pour axe des y la droite qui passe par O et par le point de contact du cylindre avec la sphère, pour axe des z la parallèle aux génératrices du cylindre issue du point O, et pour axe des x la perpendiculaire au plan ZY menée par ce point, les équations de l'hippopède sont

$$x^2 + y^2 + z^2 = a^2, \quad x^2 + (y - b)^2 = (a - b)^2,$$

a étant le rayon de la sphère et b la distance du centre à l'axe du cylindre. On peut supposer $b > 0$ et $a > b$.

La forme de l'hippopède est semblable à celle de la courbe de Viviani. Elle a la forme d'un huit décrit sur la surface de la sphère. Les plus XY et ZY sont deux plans de symétrie de la courbe, et le point double coïncide avec le point de contact de la sphère avec le cylindre. Les deux sommets de la courbe ont pour coordonnées $(0,\ a-2b,\ 0)$. À cause de sa forme, la courbe a été nommée par Schiapparelli *lemniscate sphérique.*

715. En employant une analyse semblable à celle dont on a fait usage dans le cas de la courbe de Viviani, on obtient les propriétés suivantes de l'hippopède:

1.° La projection de cette courbe sur le plan YZ est la parabole représentée par l'équation

$$z^2 + 2by - 2ab = 0;$$

et la projection de la même courbe sur le plan XZ est représentée par l'équation

$$z^2\left[4(a-b)b - z^2\right] = 4b^2x^2,$$

qui est celle d'une parabole virtuelle considérée au n.° 287.

2.° La projection stéréographique de la courbe, rapportée au centre d'inversion $(0, -a, 0)$, est représentée par l'équation

$$b(x^2 + z^2)^2 = a^2(a-b)z^2 - a^2bx^2,$$

qui est celle de la spirique de Perseus étudiée au n.° 198 sous le nom de *lemniscate hyperbolique.*

La projection stéréographique de l'hippopède, rapportée au centre d'inversion $(0, a, 0)$, est l'hyperbole définie par l'équation

$$(a-b)z^2 - bx^2 = ab^2.$$

Donc les hippopèdes possèdent deux foyers réels, et les distances à ces points et au point $(0, a, 0)$ sont liées par une relation linéaire homogène.

716. La valeur A de l'aire cylindrique comprise entre l'hippopède et le plan XY peut être calculée par la formule

$$A = 2\int_{2b-a}^{a} \sqrt{a^2 - x^2 - y^2} \cdot \frac{ds}{dy}\,dy,$$

où s représente la longueur des arcs de la circonférence de la base du cylindre. En remplaçant x et $\frac{ds}{dy}$ par les valeurs données par l'équation du cylindre et par celle-ci:

$$\frac{ds^2}{dy^2} = \frac{(a-b)^2}{x^2},$$

on obtient enfin le résultat

$$A = 2(a-b)\int_{2b-a}^{a} \frac{\sqrt{2b(a-y)}}{\sqrt{(a-b)^2-(y-b)^2}}\, dy = 8(a-b)\sqrt{b(a-b)}.$$

En faisant $b = \frac{1}{2}a$, on retrouve le théorème de Roberval démontré au n.° 704. Le théorème général qu'on vient d'obtenir, a été indiqué par Montucla dans l'*Histoire des Mathématiques* (t. III, p. 101).

IV.

L'ellipse sphérique. Les courbes de W. Roberts.

717. Soient A et B (*fig. 165*) deux points fixes situés sur la circonférence d'un grand cercle d'une sphère et M un point qui se déplace sur la même surface de manière qu'on ait, en toutes les positions qu'il prend,

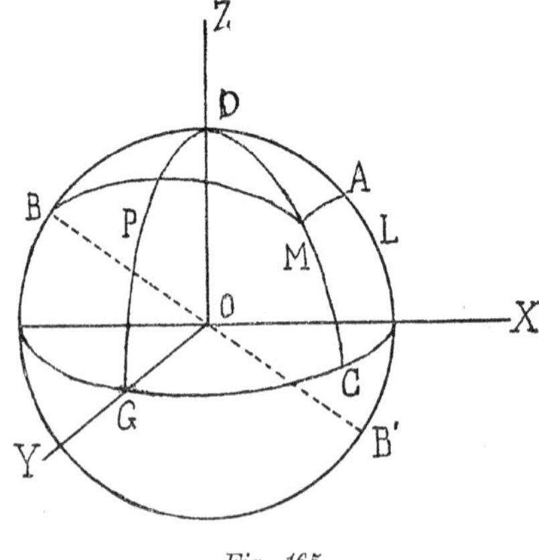

Fig. 165

$$(1) \qquad MA + MB = 2c,$$

$2c$ représentant un arc de DABD constant, supérieur à l'arc BA, et MA et MB étant des arcs de deux grands cercles de la même sphère. Le lieu décrit par M est un ovale, symétrique par rapport au plan du grand cercle qui passe par A et B et au plan du grand cercle GPD perpendiculaire à celui-là au milieu de l'arc AB, et cet ovale coupe l'arc DA à un point L tel que

$$DL = \frac{1}{2}(AL + BL) = c,$$

et l'arc DG à un point P tel que $PA = PB = c$.

Pour déterminer l'équation de la ligne qu'on vient de définir, prenons pour plan XZ le plan du grand cercle qui passe par les points fixes A et B, pour plan YZ le plan du grand cercle DPG, et pour plan XY le plan perpendiculaire à OD au centre O de la sphère, et désignons par φ la *longitude* ADC et par θ la *colatitude* DM du point M.

En appliquant le théorème fondamental de la Trigonométrie sphérique, et en représentant par d l'arc AD, on a

$$\cos \mathrm{MA} = \cos\theta \cos d + \sin\theta \sin d \cos\varphi,$$

$$\cos \mathrm{MB} = \cos\theta \cos d - \sin\theta \sin d \cos\varphi;$$

par conséquent

$$\cos\frac{\mathrm{MB}-\mathrm{MA}}{2}\cos\frac{\mathrm{MB}+\mathrm{MA}}{2} = \frac{1}{2}(\cos\mathrm{MB}+\cos\mathrm{MA}) = \cos\theta\cos d,$$

$$\sin\frac{\mathrm{MB}-\mathrm{MA}}{2}\sin\frac{\mathrm{MB}+\mathrm{MA}}{2} = \frac{1}{2}(\cos\mathrm{MA}-\cos\mathrm{MB}) = \sin\theta\sin d\cos\varphi.$$

Il résulte de ces équations et de la relation (1) cette autre:

$$(2)\qquad \frac{\cos^2\theta\cos^2 d}{\cos^2 c} + \frac{\sin^2\theta\sin^2 d\cos^2\varphi}{\sin^2 c} = 1,$$

qui est l'équation, en *coordonnées sphériques*, du lieu décrit par M.

Il convient de donner à l'équation (2) une autre forme où figure l'arc DP, que nous désignerons par b, au lieu de la constante d.

L'équation précédente donne d'abord, en posant $\varphi = \frac{\pi}{2}$ et $\theta = b$,

$$\frac{\cos^2 b\cos^2 d}{\cos^2 c} = 1,$$

et ensuite, en éliminant d au moyen de cette relation,

$$(3)\qquad \sin^2\theta\left[\frac{\cos^2\varphi}{\sin^2 c} + \frac{\sin^2\varphi}{\sin^2 b}\right] = 1.$$

L'une des équations de la courbe, en coordonnées cartésiennes, est celle de la sphére; l'autre résulte de l'équation précédente, en posant $x = a\sin\theta\cos\varphi$, $y = a\sin\theta\sin\varphi$, a représentant le rayon de la sphère, et elle est donc celle-ci:

$$(4)\qquad \frac{x^2}{\sin^2 c} + \frac{y^2}{\sin^2 b} = a^2.$$

On voit donc que *la ligne considérée résulte de l'intersection de la sphère avec le cylindre de base elliptique représenté par cette équation.*

La ligne définie par l'équation (1) et la ligne symétrique de celle-là par rapport au plan XY sont deux branches de la courbe algébrique du quatrième ordre qui résulte de l'intersection de la sphère par le cylindre qu'on vient de considérer. On appelle cette courbe *ellipse sphérique*. Le point D, le point diamétralement opposé, et les points où les axes OX et OY coupent la sphère en sont les *centres*.

Les projections de l'ellipse sphérique sur les plans XZ et YZ sont une *ellipse* et une *hyperbole* représentées par les équations

$$\sin^2 b\left[\frac{1}{\mathrm{tang}^2 b}-\frac{1}{\mathrm{tang}^2 c}\right]x^2+z^2=a^2\cos^2 b, \tag{5}$$

$$\sin^2 c\left[\frac{1}{\mathrm{tang}^2 c}-\frac{1}{\mathrm{tang}^2 b}\right]y^2+z^2=a^2\cos^2 c. \tag{6}$$

718. *L'ellipse sphérique est l'intersection de la sphère avec un cône du second ordre dont le sommet est au centre de la sphère et dont les axes passent par les centres de l'ellipse.*

En effet, les équations de la droite qui passe par le point M de la courbe et par le centre de la sphère sont

$$\frac{X}{x}=\frac{Y}{y}=\frac{Z}{z},$$

et, en éliminant x, y et z entre ces équations, celle de la sphère,

$$x^2+y^2+z^2=a^2,$$

et l'équation (4), on obtient celle-ci:

$$\frac{X^2}{\mathrm{tang}^2 c}+\frac{Y^2}{\mathrm{tang}^2 b}=Z^2,$$

qui représente un cône droit de base elliptique.

L'intersection de ce cône avec le plan tangent à la sphère au point D est déterminée par les équations

$$Z=a,\quad \frac{X^2}{\mathrm{tang}^2 c}+\frac{Y^2}{\mathrm{tang}^2 b}=a^2.$$

On peut ajouter que tout cône du second ordre ayant le sommet au centre de la sphère détermine par son intersection avec la surface de cette sphère une ellipse sphérique, vu que nous pouvons couper le cône par un plan tangent à la sphère qui donne dans le cône une section elliptique.

719. Il convient de remarquer ici que la courbe décrite par le point M de la sphère quand

$$\mathrm{MB} - \mathrm{MA} = 2c$$

n'est pas distincte de l'ellipse sphérique.

En effet, en désignant par B' le point de la sphère diamétralement opposé au point B, on a

$$\mathrm{MB}' + \mathrm{MA} = \pi - \mathrm{MB} + \mathrm{MA} = 2\left(\frac{\pi}{2} - c\right).$$

720. La projection stéréographique de l'ellipse sphérique, rapportée au centre d'inversion $(0, -a, 0)$, peut être déterminée aisément en appliquant la méthode exposée au n.° 706 à la sphère et au cylindre représenté par l'équation (4), en transportant d'abord l'origine des coordonnées au centre d'inversion. On voit ainsi que cette projection est identique à la *quartique bicirculaire* représentée par l'équation

$$(x^2+y^2)^2 + 4a^2 \frac{\sin^2 b}{\cos^2 b}\left[\frac{1}{\operatorname{tang}^2 c} - \frac{1}{\operatorname{tang}^2 b} + \frac{\cos^2 b}{2\sin^2 b}\right] x^2$$
$$+ 4a^2 \operatorname{tang}^2 b \left[\frac{\cos^2 b}{2\sin^2 b} - \frac{1}{\sin^2 b}\right] z^2 + a^4 = 0.$$

Il est évident que cette quartique est composée de deux ovales égaux. La forme et la disposition de ces ovales a été l'objet d'une Note de Cayley, insérée en 1863 au *Philosophical Magazine* (*Mathematical Papers,* t. v, p. 106).

En appliquant la doctrine exposée au n.° 255, on voit qu'un des lieux des cercles bitangents à cette quartique est représenté par l'équation

$$\frac{\cos^2 b \sin^2 c}{\sin^2 c - \sin^2 b} x^2 + z^2 \cos^2 b = a^2,$$

et que le grand cercle BDA de la sphère est le cercle directeur correspondant.

Les foyers de la courbe coïncident (n.° 261) avec les points qui résultent de l'intersection de cette conique et de ce cercle, et par conséquent les valeurs que z prend à ces points sont déterminées par l'équation

$$z = \pm a \frac{\cos c}{\cos b} = \pm a \cos d.$$

Les foyers de l'ellipse sphérique coïncident (n.° 706) avec ceux de la quartique considérée, et nous pouvons par conséquent énoncer le théorème suivant:

Les quatre foyers réels de l'ellipse sphérique coïncident avec les points A *et* B *(fig. 165) et les points diamétralement opposés.*

Signalons encore une propriété des foyers de l'ellipse sphérique. Représentons par K le point (non marqué dans la figure) où le grand cercle BM coupe le cercle perpendiculaire à la droite BB′ mené par le sommet L. *L'arc du grand cercle* MA *compris entre le point* M *de la courbe et le foyer* A *est égal à l'arc du grand cercle passant par les foyers* B *et* B′ *compris entre le point* M *et le point* K.

Cette proposition résulte de l'égalité (1) et de celles-ci:

$$MK = BK - BM = BL - BM, \quad BL = 2DL = 2c.$$

Mentionnons enfin les propriétés focales suivantes de l'ellipse sphérique, analogues à des propriétés bien connues de l'ellipse plane:

1.° *Le grand cercle tangent à un point de l'ellipse sphérique fait des angles égaux avec les deux grands cercles qui passent par ce point et par les foyers* (Magnus: *Annales de Gergonne,* t. XVI, 1825–1826, p. 33).

2.° *Le lieu des positions que prennent les points d'intersection d'un grand cercle tangent à l'ellipse sphérique à un point* M *et du grand cercle mené par un foyer perpendiculairement à celui-là, est une ellipse sphérique* (Gudermann: *Journal de Crelle,* t. VI, 1830, p. 244).

3.° *Le produit des sinus des arcs perpendiculaires à un grand cercle tangent à l'ellipse à un point* M, *baissés des foyers* A *et* B, *est constant, quelle que soit la position de* M (Vannson: *Nouvelles Annales,* 1859, p. 14).

721. L'aire A de la partie de la surface sphérique limitée par l'ellipse peut être calculée au moyen de la formule bien connue

$$dA = a^2 \sin\theta \, d\theta \, d\varphi,$$

laquelle donne

$$A = a^2 \int_0^{2\pi} d\varphi \int_0^{\theta} \sin\theta \, d\theta = a^2 \int_0^{2\pi} (1 - \cos\theta) \, d\varphi,$$

où l'on doit remplacer $\cos\theta$ par la valeur suivante, déterminée par l'équation (3):

$$\cos\theta = \cos c \left[\frac{1 + \dfrac{\operatorname{tang}^2 c}{\operatorname{tang}^2 b} \operatorname{tang}^2 \varphi}{1 + \dfrac{\sin^2 c}{\sin^2 b} \operatorname{tang}^2 \varphi} \right]^{\frac{1}{2}}.$$

On a donc

$$A = a^2 \left\{ 2\pi - 4 \cos c \int_0^{\frac{\pi}{2}} \left[\frac{1 + \dfrac{\operatorname{tang}^2 c}{\operatorname{tang}^2 b} \operatorname{tang}^2 \varphi}{1 + \dfrac{\sin^2 c}{\sin^2 b} \operatorname{tang}^2 \varphi} \right]^{\frac{1}{2}} d\varphi \right\},$$

et, en posant

$$\operatorname{tang}\psi = \frac{\operatorname{tang} c}{\operatorname{tang} b}\operatorname{tang}\varphi,$$

on trouve ensuite

$$A = a^2 \left\{ 2\pi - 4\cos c\,\frac{\operatorname{tang} b}{\operatorname{tang} c}\int_0^{\frac{\pi}{2}} \frac{d\psi}{\left[1 - \frac{\operatorname{tang}^2 c - \operatorname{tang}^2 b}{\operatorname{tang}^2 c}\sin^2\psi\right]\sqrt{1 - \frac{\cos^2 b - \cos^2 c}{\cos^2 b}\sin^2\psi}} \right\}.$$

Mais les côtés b, c et d du triangle PDA sont liés par la relation $\cos b \cos d = \cos c$, d'où il résulte

$$\sin^2 d = \frac{\cos^2 b - \cos^2 c}{\cos^2 b};$$

et, en représentant par e l'excentricité de l'ellipse considérée au n.° 718, on a

$$e^2 = \frac{\operatorname{tang}^2 c - \operatorname{tang}^2 b}{\operatorname{tang}^2 c}.$$

Donc

$$A = a^2 \left\{ 2\pi - 4\cos c\,\frac{\operatorname{tang} b}{\operatorname{tang} c}\int_0^{\frac{\pi}{2}} \frac{d\psi}{(1 - e^2\sin^2\psi)\sqrt{1 - \sin^2 d\sin^2\psi}} \right\}.$$

L'aire A *dépend donc d'une intégrale elliptique de troisième espèce.*

Ce résultat a été obtenu par Gudermann dans le *Journal de Crelle* (t. XIV, 1835, p. 217). La démonstration qu'on en vient de donner a été exposée par Booth, en 1844, dans le *Philosophical Magazine* et plus tard dans l'ouvrage intitulé: *A Treatise on somme new geometrical methods* (t. II, 1877, p. 13).

722. Pour obtenir l'expression de la longueur des arcs de l'ellipse sphérique, mettons l'équation de la projection de cette courbe sur le plan XY sous la forme

$$x = A\cos\omega, \quad y = B\sin\omega, \qquad A = a\sin c, \quad B = a\sin b.$$

Alors l'équation de la sphère prend la forme

$$z = \sqrt{a^2 - (A^2\cos^2\omega + B^2\sin^2\omega)},$$

et on a par suite

$$\frac{ds^2}{d\omega^2} = \left(\frac{dx}{d\omega}\right)^2 + \left(\frac{dy}{d\omega}\right)^2 + \left(\frac{dz}{d\omega}\right)^2 = B^2\,\frac{1 + \frac{A^2(a^2 - B^2)}{B^2(a^2 - A^2)}\operatorname{tang}^2\omega}{1 + \frac{a^2 - B^2}{a^2 - A^2}\operatorname{tang}^2\omega}.$$

Posons maintenant

$$\operatorname{tang}\psi = \frac{A}{B}\sqrt{\frac{a^2 - B^2}{a^2 - A^2}}\operatorname{tang}\omega.$$

Il vient

$$ds = \frac{B^2}{A}\sqrt{\frac{a^2 - A^2}{a^2 - B^2}} \cdot \frac{d\psi}{\left[1 - \frac{a^2(A^2 - B^2)}{A^2(a^2 - B^2)}\sin^2\psi\right]\sqrt{1 - \frac{A^2 - B^2}{A^2}\sin^2\psi}},$$

$$= a\sin b\,\frac{\tan b}{\tan c} \cdot \frac{d\psi}{\left[1 - \frac{\tan^2 c - \tan^2 b}{\tan^2 c}\sin^2\psi\right]\sqrt{1 - \frac{\sin^2 c - \sin^2 b}{\sin^2 c}\sin^2\psi}}.$$

Mais

$$e^2 = \frac{\tan^2 c - \tan^2 b}{\tan^2 c} = \frac{\sin^2 c - \sin^2 b}{\sin^2 c\cos^2 b}.$$

Donc

$$ds = a\sin b\,\frac{\tan b}{\tan c} \cdot \frac{d\psi}{(1 - e^2\sin^2\psi)\sqrt{1 - e^2\cos^2 b\sin^2\psi}}.$$

Cette formule, due à Gudermann (l. c., p. 169), exprime que *la rectification de l'ellipse sphérique dépend d'une intégrale elliptique de troisième espèce.* Booth (l. c.) a donné aussi une démonstration de cette proposition et diverses propriétés des arcs de cette ellipse.

723. L'ellipse sphérique a été étudiée par Fuss dans deux mémoires insérés en 1788 aux tomes II et III des *Nova Acta Petropolitana.* Voici les titres de ces mémoires: *Problema quorundam sphaericorum solutio* et *De proprietatibus quibusdam ellipseos in superficie sphaerica descriptae.* Plus tard la même courbe fut envisagée par Schubert, dans un mémoire intitulé: *Problemata ex doctrina sphaerica,* inséré au tome XII du même recueil. D'après Chasles, qui a consacré quelques pages très intéressantes de l'*Aperçu historique* à l'histoire de la Géométrie de la sphère, c'est Fuss qui a découvert l'identité de la courbe définie par la relation (1) avec celle qui résulte de l'intersection de la sphère avec un cône du second ordre. Cette propriété a été retrouvée plus tard par Magnus (l. c.), qui a, en outre, découvert la première des propriétés mentionnées à la fin du n.º 720. Ce sont les premiers travaux où l'ellipse sphérique a été envisagée; elle a été étudiée ensuite par Steiner, dans le *Journal de Crelle* (t. II, 1827, p. 45), par Gudermann, dans ce même recueil (t. VI, 1830), et principalement par Chasles, dans les *Mémoires de l'Académie des Sciences de Belgique* (t. VI, 1831) et dans les *Comptes rendus de l'Académie des Sciences de Paris* (1860). Parmi les nombreux travaux où la même ligne est considérée, nous signalerons encore celles-ci: Borgnet, *Essai de la Géométrie de la sphère* (Tours, 1847); Lebesgue, *Sur les cônes du second degré* (*Nouvelles Annales,* 1848, p. 150); Vannson, *Formules fondamentales de l'Analyse sphérique* (*Nouvelles Annales,* 1858 et 1859); Cremona, *Sur les coniques sphériques* (*Nouvelles Annales,* 1860); Voght, *Die zphärische Kegelschnitt* (*Breslau,* 1873). Les travaux de Vannson et Borgnet contiennent une exposition systématique de la théorie analytique de l'ellipse sphérique.

Parmi les ouvrages didactiques où l'ellipse sphérique est considéré, nous signalerons le *Treatise on the analytic Geometrie of three dimensions* (1874, p. 189) de Salmon, et le *Tratado de Geometria de la posición* (1890, p. 672) de M. E. Torroja.

Les propriétés de l'ellipse sphérique peuvent être obtenues directement, au moyen des coordonnées sphériques, ou peuvent être déduites de celles du cône de second ordre. Cette dernière méthode a été suivie par Chasles dans les mémoires mentionnés ci-dessus. Antérieurement l'éminent géomètre avait étudié ce cône dans un mémoire présenté en 1830 à l'Académie des Sciences de Belgique. Les théorèmes de Chasles sur l'ellipse sphérique se rapportent aux foyers de cette courbe et aux relations de la même courbe avec les grands cercles situés sur les plans parallèles aux sections cycliques du cône. Ces grands cercles jouent dans la théorie de l'ellipse sphérique un rôle analogue à celui que les asymptotes de l'hyperbole jouent dans la théorie de cette courbe.

724. L'ellipse sphérique est un cas particulier des courbes qui résultent de l'intersection de la sphère avec un cône du second ordre, dont un des axes passe par le centre de la sphère. Ces courbes ont été envisagées par W. Roberts dans le *Journal de Liouville* (1843, p. 263; 1844, p. 155; 1845, p. 297), où l'illustre géomètre s'est occupé de la rectification de leurs arcs, de la quadrature de leurs aires, etc.

Prenons pour origine des coordonnées le centre de la sphère, pour axe des z l'axe du cône passant par le centre de la sphère, et pour plans zx et zy les plans passant par cet axe et par les deux autres axes du cône. Si l'axe du cône qui passe par le centre de la sphère est à l'intérieur du cône, les équations de la courbe considérée sont

$$x^2+y^2+z^2=a^2, \quad \frac{x^2}{\operatorname{tang}^2 c}+\frac{y^2}{\operatorname{tang}^2 b}=(z-z')^2,$$

z' étant la distance du sommet du cône au centre de la sphère. Si l'axe du cône qui passe par le centre de la sphère est extérieur au cône, les équations de la courbe sont

$$x^2+y^2+z^2=a^2, \quad x^2\operatorname{tang}^2 c-y^2\frac{\operatorname{tang}^2 c}{\operatorname{tang}^2 b}=(z-z')^2.$$

La rectification de ces courbes dépend, dans les deux cas, de deux intégrales elliptiques de *troisième espèce*, sauf quand

$$z'=0, \quad z'=a, \quad z'^2=a^2\frac{\cot^2 c-\cot^2 b}{\cos^2 c\cot^2 c}.$$

Dans les deux premiers de ces cas, la rectification de la courbe dépend d'une seule intégrale elliptique, et on peut même représenter toutes les intégrales elliptiques de première, seconde et troisième espèce par les arcs des courbes correspondant au second cas.

Si z' vérifie la troisième condition et l'axe du cône qui passe par le centre de la sphère est extérieur au cône, la rectification de la courbe dépend de deux intégrales elliptiques de *première espèce*. Dans ce cas, la courbe envisagée est le lieu d'un point M qui se déplace de manière qu'on ait, en toutes ses positions,

$$\sin\frac{1}{2}\mathrm{MOA}.\sin\frac{1}{2}\mathrm{MOB}=\sin\frac{1}{2}c,$$

O désignant le centre de la sphère, A et B deux points fixes de sa surface, et c un angle constant. Comme

$$\mathrm{MA} = 2\sin\frac{1}{2}\,\mathrm{MOA}, \quad \mathrm{MB} = 2\sin\frac{1}{2}\,\mathrm{MOB},$$

on a $\mathrm{MA}.\mathrm{MB} = \text{const.}$, et la courbe est donc une *cassinienne sphérique.*

Si z' vérifie en même temps les deux dernières conditions, la courbe a la forme d'un huit décrit sur la surface de la sphère. Les arcs de cette ligne, qu'on peut nommer *lemniscate de W. Roberts,* dépendent d'une intégrale elliptique de *première espèce.*

Ces résultats ont été obtenus par W. Roberts au moyen d'une analyse un peu longue, que nous ne reproduirons pas ici. Le même géomètre a encore démontré que la quadrature des courbes considérées dépend aussi des intégrales elliptiques.

V.

Les cycliques sphériques.

725. Les courbes du *quatrième ordre* qui résultent de l'intersection d'une sphère avec un cône du second ordre ont été nommées par M. Darboux *cycliques sphériques* et par Laguerre *anallagmatiques sphériques.* En prenant pour origine des coordonnées le centre de la sphère et pour axes les parallèles aux axes du cône passant par ce point, les équations de ces courbes sont

$$(1) \qquad x^2 + y^2 + z^2 = a^2, \quad \mathrm{A}(x-\alpha)^2 + \mathrm{B}(y-\beta)^2 + \mathrm{C}(z-\gamma)^2 = 0,$$

α, β, γ étant les coordonnées du sommet du cône et a le rayon de la sphère.

Parmi ces lignes sont comprises les courbes spéciales du quatrième ordre qu'on vient d'étudier dans ce chapitre.

Toute courbe résultant de l'intersection d'une sphère avec une surface du second ordre est une cyclique sphérique; car, d'après un théorème de Poncelet, démontré par l'éminent géomètre dans un Supplément au *Traité des propriétés projectives des figures,* et étudié analytiquement par Painvin dans les *Nouvelles Annales de Mathématiques* (1868, p. 481, et 1869, p. 49, 145 et 193), par une telle courbe passent quatre cônes du second ordre, réels ou imaginaires, distincts ou coïncidants.

La courbe qu'on obtient en coupant par une sphère la surface définie par l'équation

$$(x^2 + y^2 + z^2)^2 + u_1(x^2 + y^2 + z^2) + u_2 = 0,$$

où u_1 désigne une fonction entière homogène du premier degré, et u_2 une fonction entière du second degré, est aussi une cyclique, puisque, en éliminant $x^2 + y^2 + z^2$ entre cette équation et celle de la sphère, on obtient une équation du second degré. Les surfaces représentées par cette équation, qui comprend comme cas particulier celle du *tore* et les équations de plusieurs autres surfaces remarquables, ont été nommées par M. Darboux *cyclides*.

L'étude générale des cycliques sphériques a été commencée par M. Darboux dans un écrit inséré en 1864 aux *Nouvelles Annales de Mathématiques* (p. 199) et elle a été continuée par Laguerre dans un autre, publiée en 1867 dans le *Bulletin de la Société Philomatique de Paris* (*Oeuvres*, t. II, p 27). Le premier de ces éminents géomètres a consacré plus tard à la théorie de ces lignes l'ouvrage magistral, que nous avons déjà mentionné plusieurs fois, intitulé: *Sur une classe remarquables de courbes et de surfaces algébriques* (Paris, 1873), où elles sont étudiées d'une manière approfondie, ainsi que les cyclides. Parmi d'autres travaux où les mêmes lignes sont étudiées, nous mentionnerons encore un mémoire sur les cyclides, publié par M. Humbert dans le cahier LV du *Journal de l'École Polytechnique*, où sont consacrés quelques paragraphes à la théorie des cycliques, et un autre mémoire inséré par le même géomètre au *Journal de Liouville* (1888, p. 323), où il démontre quelques propriétés des aires que ces courbes limitent sur la sphère.

726. En passant à étudier succintement les propriétés principales des cycliques sphériques (1), nous commencerons par chercher leurs transformées par rayons vecteurs réciproques.

Représentons par (x_1, y_1, z_1) les coordonnées du centre d'inversion et transportons l'origine des coordonnées à ce point. Les équations de la courbe prennent la forme

$$(x+x_1)^2+(y+y_1)^2+(z+z_1)^2=a^2,$$
$$A(x+x_1-\alpha)^2+B(y+y_1-\beta)^2+C(z+z_1-\gamma)^2=0.$$

En faisant maintenant

$$x=\frac{k^2X}{X^2+Y^2+Z^2},\quad y=\frac{k^2Y}{X^2+Y^2+Z^2},\quad z=\frac{k^2Z}{X^2+Y^2+Z^2},$$

on obtient les équations de la transformée de la cyclique considérée, savoir:

$$(a^2-x_1^2-y_1^2-z_1^2)(X^2+Y^2+Z^2)-2k^2(x_1X+y_1Y+z_1Z)-k^4=0,$$
$$[A(x_1-\alpha)^2+B(y_1-\beta)^2+C(z_1-\gamma)^2](X^2+Y^2+Z^2)^2$$
$$+2k^2[A(x_1-\alpha)X+B(y_1-\beta)Y+C(z_1-\gamma)Z](X^2+Y^2+Z^2)$$
$$+k^4(AX^2+BY^2+CZ^2)=0.$$

dont on déduit les conséquences suivantes:

1.° Ces équations représentent une sphère et une cyclide; pourtant *la transformée par rayons vecteurs d'une cyclique est un autre cyclique.*

2.° Si le centre d'inversion est sur la sphère, on a $x_1^2+y_1^2+z_1^2=a^2$, et par conséquent la première des équations précédentes devient

$$2(x_1X+y_1Y+z_1Z)+k^2=0,$$

et la courbe est plane. En la rapportant à un nouveau système d'axes orthogonaux, tels que l'axe des z soit perpendiculaire au plan de la courbe, la deuxième des équations de cette courbe prend la forme

$$(X^2+Y^2)^2+u_1(X^2+Y^2)+u_2=0,$$

où u_1 et u_2 ont la même signification qu'au n.° 725. Par conséquent *la transformée de la cyclique* (1) *est, dans ce cas, une quartique bicirculaire.* On peut donc déduire des propriétés des quartiques sphériques, par inversion, de celles des quartiques planes, ou réciproquement.

Les équations de la transformée prennent une forme très simple quand le centre d'inversion est situé sur un des axes des coordonnées. En supposant, par exemple, $x_1=0$, $y_1=0$, $z_1=a$, $k=a\sqrt{2}$, les équations de la transformée sont

$$Z=-a,$$

$$H(X^2+Y^2)^2-4a^2(A\alpha X+B\beta Y)(X^2+Y^2)$$
$$+[4a^4A+2a^2H+4Ca^3(a-\gamma)]X^2+[4a^4B+2a^2H+4Ca^3(a-\gamma)]Y^2+M=0,$$

où H et M sont deux quantités indépendantes de X et Y.

La courbe représentée par cette équation est un *cartésienne* (n.° 254) quand $A=B$, c'est-à-dire quand la cyclique sphérique considérée résulte de l'intersection de la sphère avec un cône de révolution. Dans ce cas, cette cyclique est nommée *cartésienne sphérique.* D'après Chasles (*Aperçu historique,* 1875, p. 141), ces cycliques ont été envisagées par Courcier, en 1663, dans son *Opusculum de sectione superficiei sphaericae per superficiem sphericam, cylindricam atque conicam.*

3.° Si le centre d'inversion est situé sur la cyclique sphérique (1), on a

$$x_1^2+y_1^2+z_1^2=a^2,\quad A(x_1-\alpha)^2+B(y_1-\beta)^2+C(z_1-\gamma)^2=0,$$

et la transformée de cette cyclique est une *cubique circulaire.*

4.° Si le centre d'inversion coïncide avec le sommet du cône et le module k est égal au segment des tangentes à la sphère issues de ce sommet, compris entre ce point et le point de contact, le cône et la sphère se reproduisent, quand on leur applique la transformation considérée, ainsi que, par conséquent, la courbe qui résulte de l'intersection de ces surfaces. *La cyclique est pourtant anallagmatique par rapport aux sommets des quatre cônes qui passent par cette courbe.*

5.° Supposons, en particulier, que la cyclique considérée résulte de l'intersection de la sphère avec un cylindre de révolution. On peut représenter cette ligne par les équations

$$x^2+y^2+z^2=a^2, \quad x^2+(y-b)^2=c^2.$$

En prenant pour centre de transformation le point (0, a, 0) et en posant $k=a\sqrt{2}$, on voit que les équations de la transformée, rapportée à des axes parallèles aux axes primitifs, passant par le centre d'inversion, sont $y=-a$ et

$$\left[(a-b)^2-c^2\right](x^2+z^2)^2+2a^2\left[a^2+b^2-c^2\right]x^2+2a^2(b^2-a^2-c^2)z^2+a^4\left[(a+b)^2-c^2\right]=0.$$

En posant

$$l^2=\frac{a^4}{c^2-(a-b)^2}, \quad h^2-R^2=\frac{a^2(b^2-c^2)}{(a-b)^2-c^2}, \quad h=\frac{cl}{a},$$

cette équation prend la forme

$$(x^2+z^2+l^2+h^2-R^2)^2=4l^2(x^2+h^2).$$

Donc *la projection stéréographique de la courbe qui résulte de l'intersection d'une sphère avec un cylindre de révolution, est une spirique de Perseus* (n.° 165), *quand le centre d'inversion est situé sur la section droite du cylindre passant par le centre de la sphère et sur la droite qui joint le centre de cette section au centre de la sphère.*

Cette proposition n'a pas encore été remarquée, croyons-nous. Elle contient les propositions démontrées aux n.os 713 et 715.

Si $(a-b)^2-c^2=0$, la transformée considérée se réduit à une *conique.*

Si l'on prend pour centre d'inversion le point (0, $-a$, 0), on obtient une proposition analogue. Alors la projection stéréographique de la cyclique se réduit à une conique quand $(a+b)^2-c^2=0$.

727. Soient P le sommet d'un des cônes (P) du second ordre qui passent par la cyclique, et (L) le cercle de contact de la sphère avec le cône circonscrit ayant le même sommet. Les plans tangents au cône (P) coupent la sphère suivant des cercles (C) bitangents à la cyclique considérée.

D'un autre côté, chacun des cercles (C) est bitangent à deux grands cercles de la sphère situés sur des plans passant par P, et les points de contact sont placés sur la circonférence de (L). Par conséquent les cercles (C) coupent orthogonalement le cercle (L), qu'on appelle *cercle directeur.*

Le pôle de chacun des cercles (C) est situé sur la perpendiculaire baissée du centre de la sphère sur le plan tangent au cône (P) qui contient ce cercle. Donc les pôles des cercles (C) forment une courbe coïncidant avec celle qui résulte de l'intersection de la sphère avec le cône supplémentaire de (P), lequel a pour équation

$$\frac{x^2}{A}+\frac{y^2}{B}+\frac{z^2}{C}=0\,;$$

et cette courbe est par conséquent une *ellipse sphérique* (E).

Nous pouvons donc énoncer le théorème suivant:

La cyclique sphérique est l'enveloppe des cercles bitangents (C) *qui coupent orthogonalement le cercle de contact de la sphère avec le cône circonscrit ayant le sommet au point* P, *et dont les pôles sont placés sur une ellipse sphérique.*

Aux quatre cônes passant par la cyclique correspondent quatre systèmes de cercles dont la courbe est l'enveloppe.

Comme les foyers de la cyclique sont les centres des cercles bitangents de rayon nul, ces points doivent coïncider avec les points de contact de la sphère avec les plans qui sont en même temps tangents à la sphère et à l'un des quatre cônes (P). Les quatre points d'intersection de la circonférence de (L) avec la ellipse sphérique (E) sont donc des foyers de la cyclique considérée, et aux quatre modes de génération de la courbe comme enveloppe de cercles bitangents correspondent 16 foyers, réels ou imaginaires, distincts ou coïncidants.

728. Appliquons ces théorèmes à l'ellipse sphérique.

Trois des quatre cônes du second degré qui, d'après la théorie générale des cycliques, doivent passer par cette courbe, se réduisent aux trois cylindres projetant la courbe sur les plans des coordonnées (n.° 717). Sur chacun de ces cylindres sont situés quatre foyers, et nous allons chercher ceux qui existent sur le cylindre correspondant à l'équation

$$\sin^2 b\,(\cot^2 b-\cot^2 c)\,x^2+z^2=a^2\cos^2 b. \tag{2}$$

Ces foyers doivent coïncider (n.° 727) avec les points de contact de la sphère avec les plans tangents communs à cette surface et au cylindre; par conséquent ils doivent être placés sur la circonférence du grand cercle de la sphère situé sur le plan xz et sur les tangentes communes à ce cercle et à l'intersection du cylindre avec ce plan. Pour obtenir ces foyers, il suffit d'appliquer à l'équation (2) et à l'équation $x^2+z^2=a^2$ la méthode classique pour la détermination des points de contact des tangentes communes à deux figures données. On trouve ainsi, en désignant par x', y', z' les coordonnées des foyers cherchés,

$$x'=\pm a\frac{\cos c}{\cos b}\,,\quad y'=0,\quad z'=\pm a\sin d.$$

Ce résultat coïncide avec celui qu'on avait déjà obtenu au n.° 720.

Les quatre foyers qu'on vient de déterminer sont réels; les autres sont tous imaginaires.

729. Considérons deux sphères (S) et (S') dont la distance des centres soit h. On peut les représenter par les équations

$$x^2+y^2+z^2=a^2, \quad x^2+y^2+(z-h)^2=a_1^2.$$

L'équation du plan qu'elles déterminent par leur intersection a pour équation

$$2hz=a^2-a_1^2+h^2,$$

et par conséquent la distance D du point (x_1, y_1, z_1) de la sphère (S') à ce plan est donnée par la relation

$$\mathrm{D}=z_1-\frac{a^2-a_1^2+h^2}{2h}.$$

D'un autre côté, le segment t de la tangente à la sphère (S) compris entre le point (x_1, y_1, z_1) et le point de contact a pour expression

$$t^2=x_1^2+y_1^2+z_1^2-a^2=2hz_1+a_1^2-a^2-h^2.$$

Pourtant

$$(3) \qquad t^2=2h\mathrm{D}.$$

Si la sphère (S') se réduit à un point S situé sur la sphère (S), et si l'on représente par ρ la distance d'un point quelconque M de la dernière sphère au point S, on a

$$(4) \qquad \rho^2=2a\mathrm{D},$$

D désignant la distance du point M au plan tangent à la sphère (S) au point S.

Cela posé, considérons trois plans P_1, P_2, P_3 tangents au cône (P), et représentons par t_1, t_2, t_3 les longueurs des segments des tangentes menées d'un point (x, y, z) de la cyclique (1) à trois sphères passant par les cercles qui résultent de l'intersection des plans mentionnés avec la sphère qui contient la cyclique, et par D_1, D_2, D_3 les distances du même point aux trois plans tangents au cône.

En désignant respectivement par (x_1, y_1, z_1), (x_2, y_2, z_2), (x_3, y_3, z_3) les coordonnées de trois points du cône (P) situés respectivement sur les trois génératrices de contact de ce cône avec les plans P_1, P_2, P_3, il résulte des équations (1) que ces plans peuvent être représentés par les équations sont

$$A(x_1-\alpha)(X-\alpha)+B(y_1-\beta)(Y-\beta)+C(z_1-\gamma)(Z-\gamma)=0,$$
$$A(x_2-\alpha)(X-\alpha)+B(y_2-\beta)(Y-\beta)+C(z_2-\gamma)(Z-\gamma)=0,$$
$$A(x_3-\alpha)(X-\alpha)+B(y_3-\beta)(Y-\beta)+C(z_3-\gamma)(Z-\gamma)=0.$$

Les distances du point (x, y, z) de la cyclique à ces plans sont pourtant déterminées par les équations

$$KD_1=A(x_1-\alpha)(x-\alpha)+B(y_1-\beta)(y-\beta)+C(z_1-\gamma)(z-\gamma),$$
$$KD_2=A(x_2-\alpha)(x-\alpha)+B(y_2-\beta)(y-\beta)+C(z_2-\gamma)(z-\gamma),$$
$$KD_3=A(x_3-\alpha)(x-\alpha)+B(y_3-\beta)(y-\beta)+C(z_3-\gamma)(z-\gamma),$$

où K désigne une constante.

En éliminant $x-\alpha$, $y-\beta$ et $z-\gamma$ entre ces équations et la deuxième des équations (1), on obtient une équation homogène du second degré par rapport à D_1, D_2 et D_3, savoir

$$PD_1^2+QD_2^2+RD_3^2+SD_1D_2+TD_1D_3+UD_2D_3=0;$$

et, comme les plans considérés sont tangents au cône, le premier membre de cette équation doit se réduire à un carré parfait quand $D_1=0$, $D_2=0$ ou $D_3=0$. Elle peut donc prendre la forme

$$(MD_1+ND_2-LD_3)^2-4MND_1D_2=0,$$

ou

$$\sqrt{M}\sqrt{D_1}+\sqrt{N}\sqrt{D_2}+\sqrt{L}\sqrt{D_3}=0. \tag{5}$$

On déduit de cette équation, en tenant compte de la relation (3), que *les ségments t_1, t_2 et t_3 sont liés par une équation linéaire homogène*

$$ht_1+kt_2+lt_3=0,$$

où h, k et l sont des constantes.

Supposons maintenant que les plans P_1, P_2 et P_3, tangents au cône (P), sont aussi tangents à la sphère. Alors les points de contact de ces plans avec la sphère sont des foyers de la cyclique, et on déduit de l'équation (5), en représentant par ρ_1, ρ_2 et ρ_3 les distances du point (x, y, z) de la cyclique à ces foyers et en tenant compte de la relation (4), le théorème suivant:

Les distances ρ_1, ρ_2, ρ_3 d'un point quelconque de la cyclique à trois foyers situés sur un *même cercle directeur vérifient l'équation linéaire homogène*

$$p\rho_1 + q\rho_2 + r\rho_3 = 0,$$

où p, q et r sont des constantes.

Les propositions qu'on vient de démontrer sont dues à M. Darboux.

Réciproquement, toute surface représentée par une équation de cette forme détermine par son intersection avec la sphère une cyclique. En effet, en éliminant ρ_1, ρ_2 et ρ_3 au moyen des relations

$$\rho_1^2 = (x - a_1)^2 + (y - b_1)^2 + (z - c_1)^2, \quad \rho_2^2 = (x - a_2)^2 + (y - b_2)^2 + (z - c_2)^2, \ \ldots$$

on obtient l'équation d'une *ciclide* (n.° 725).

730. En prenant pour axe de z la droite passant par le centre de la sphère et le sommet du cône, on peut mettre les équations de la cyclique sous la forme

$$x^2 + y^2 + z^2 = a^2, \quad Ax^2 + By^2 + C(z - \gamma)^2 = 0,$$

ou, en les résolvant par rapport à x et y,

$$x = \sqrt{az^2 + bz + c}, \quad y = \sqrt{a_1 z^2 + b_1 z + c_1},$$

a, b, c, a_1, b_1, c_1 représentant des constantes.

On peut maintenant exprimer x en fonction rationnelle d'une nouvelle variable t au moyen d'une des transformations classiques bien connues, et alors on obtient pour y une expression où figure la racine carrée d'une fonction entière de t du quatrième degré. On peut donc exprimer encore x, y et z par des fonctions elliptiques méromorphes d'une variable u.

Nous ne nous arrêterons pas ici aux conséquences de cette propriété, car elle appartient à une classe plus générale de quartiques gauches, qu'on verra plus loin.

CHAPITRE XIII.

SUR QUELQUES COURBES SPHÉRIQUES.

I.

La spirale de Pappus.

731. Considérons sur une sphère ayant le centre à O deux grands cercles passant par les pointes P et P′, et supposons que l'un de ces cercles soit fixe, et que l'autre tourne uniformement autour de OP. Prenons sur la circonférence mobile un point M, et supposons que ce point parcourt cette circonférence avec une vitesse constante, telle que le temps employé à en parcourir un quart soit égal au temps employé par la même circonférence à faire une révolution autour de PO. Le lieu décrit par M est connu sous le nom de *spirale de Pappus,* pour avoir été envisagée par ce grand géomètre dans la proposition 30ᵉ du livre IV de ses fameuses *Collections mathématiques.*

Soient a le rayon de la sphère, φ la longitude du point M et θ la colatitude du même point, rapportée au pôle P. Il résulte immédiatement de la définition de la courbe que son équation, rapportée aux coordonnées sphériques, est

$$\theta = \frac{\varphi}{4}.$$

Les coordonnées cartésiennes des points de la même courbe, rapportées à des axes orthogonaux OX, OY et OZ, tels que l'axe des z positifs passe par le pôle P et l'axe des x soit situé sur le méridien fixe, sont pourtant déterminées par les équations

$$(1) \qquad x = a \sin\frac{\varphi}{4}\cos\varphi, \quad y = a\sin\frac{\varphi}{4}\sin\varphi, \quad z = a\cos\frac{\varphi}{4},$$

dont il résulte qu'elle est *unicursale*. En faisant, en effet, $t = \operatorname{tang}\frac{\varphi}{8}$, on obtient les équations

$$x = 2a\frac{t(1-28t^2+70t^4-28t^6+t^8)}{(1+t^2)^5},$$

$$y = 16a\frac{t^2(1-t^2)(1-6t^2+t^4)}{(1+t^2)^5},$$

$$z = a\frac{1-t^2}{1+t^2}.$$

En éliminant x, y et z entre ces équations et l'équation générale du plan, on obtient une équation du dixième degré. Pourtant *la spirale de Pappus est une courbe du dixième ordre* (Loria: *Archiv der Mathematik und Physik*, 3.ᵉ série, t. XII, 1907, p. 46).

En désignant par r le rayon du parallèle passant par M et par ρ la distance du pôle P au point où la droite qui passe par le centre de la sphère et par le point M, coupe le plan tangent à la sphère au pôle P, on a

$$r = a\sin\theta = a\sin\frac{\varphi}{4}, \quad \rho = a\operatorname{tang}\theta = a\operatorname{tang}\frac{\varphi}{4}.$$

Donc *la projection de la spirale de Pappus sur le plan* XY *est une rosace* (n.° 604); *et la perspective de la même spirale sur le plan tangent à la sphère au pôle* P, *vue du centre de la sphère, est un noeud* (n.° 635).

On détermine aisément la forme de la courbe algébrique définie par les équations (1). Aux valeurs de φ comprises entre 0 et 2π, il correspond un arc qui s'étend depuis le pôle P, où il est tangent au grand cercle fixe, jusqu'au point où l'axe des x positifs coupe la sphère, en faisant une circonvolution autour de P et s'approchant constamment du plan XY. Aux autres valeurs de φ correspondent quatre arcs égaux à celui-là. Les quatre arcs sont disposés symétriquement par rapport aux plans XY et YZ. La courbe a deux points doubles sur le plan XY et deux autres sur le plan YZ.

732. On sait que la différentielle de l'aire U d'une courbe sphérique a pour expression

$$d\mathrm{U} = a^2 \sin\theta\, d\varphi\, d\theta;$$

l'aire de l'espace compris entre la spirale de Pappus et les plans XZ et XY peut donc être calculée par la formule

$$\mathrm{U} = a^2\int_0^{2\pi} d\varphi \int_{\frac{\varphi}{4}}^{\frac{\pi}{2}} \sin\theta\, d\theta,$$

d'où il résulte

$$U = 4a^2.$$

On a donc le théorème de Pappus (l. c.): *l'aire de l'espace sphérique compris entre la spirale considérée, le méridien fixe et le plan* XY *est égale au carré du diamètre de la sphère.*

Cette invention de Pappus est très-remarquable, car elle constitue le plus ancien exemple de la quadrature exacte d'une surface courbe.

733. Le volume du solide limité par la partie de la surface de la sphère comprise entre la spirale et le plan XY, par ce plan et par le cylindre droit passant par la courbe, peut être obtenu au moyen de la formule classique

$$V = \iint f(r\cos\varphi,\ r\sin\varphi)\, r dr\, d\varphi,$$

$z = f(x, y)$ représentant l'équation de la surface et r la projection du vecteur du point (x, y) sur le plan XY. Comme l'on a, dans le cas considéré,

$$f(r\cos\varphi,\ r\sin\varphi) = \sqrt{a^2 - r^2},$$

et comme l'équation de la projection de la spirale sur le plan de l'équateur est $r = a\sin\frac{\varphi}{4}$, il vient

$$V = \int_0^{2\pi} d\varphi \int_{a\sin\frac{\varphi}{4}}^{\varphi} \sqrt{a^2 - r^2}\, rdr$$

et par conséquent

$$V = \frac{8}{9}a^2.$$

734. La rectification de la spirale de Pappus dépend de celle de l'ellipse. On a, en effet, en désignant par x', y', z' les dérivées de x, y, z par rapport à φ,

$$s = \int_0^{\varphi} \sqrt{x'^2 + y'^2 + z'^2}\, d\varphi = a\int_0^{\varphi} \sqrt{\frac{1}{16} + \sin^2\frac{\varphi}{4}}\, d\varphi$$

$$= \frac{1}{4}\sqrt{17}\, a \int_0^{\varphi} \sqrt{1 - \frac{16}{17}\cos^2\frac{\varphi}{4}}\, d\varphi,$$

ou, en posant $\frac{\varphi}{4} = \frac{\pi}{2} - \omega$,

$$s = \sqrt{17}\, a \int_{\omega}^{\frac{\pi}{2}} \sqrt{1 - \frac{16}{17}\sin^2\omega}\, d\omega.$$

Cette proposition est un cas particulier d'une autre, due à Guido-Grandi, qu'on verra bientôt.

II.

Les clélies.

735. Considérons trois plans orthogonaux XY, XZ et YZ passant par le centre O d'une sphère de rayon égal à a, et supposons que l'axe OZ coupe la sphère aux points P et P', et que φ soit la longitude et θ la colatitude MOP d'un point M de la surface de cette sphère. Si ce point se déplace sur cette surface de manière qu'on ait, en toutes ses positions,

$$(1) \qquad \theta = m\varphi,$$

m étant une constante, le lieu qu'il décrit est une ligne étudiée, par des méthodes purement géométriques, par Guido-Grandi en 1728, sous le nom de *clélie,* dans le premier des écrits, mentionnés au n.° 604, où il a étudié les *rosaces*.

La spirale de Pappus et la courbe de Viviani sont des clélies particulières. La première correspond à $m = \frac{1}{4}$, et l'autre à $m = 1$.

Les coordonnées du point M de la clélie (1) sont déterminées par les équations

$$x = a \sin m\varphi \cos\varphi, \quad y = a \sin m\varphi \sin\varphi, \quad z = a \cos m\varphi.$$

L'équation de la courbe décrite par la projection S du point M sur le plan XY est représentée par l'équation

$$r = \mathrm{OS} = a \sin m\varphi;$$

donc *la projection de la clélie* (1) *sur le plan* XY *est une rosace* (n.° 604).

En représentant par ρ la distance entre le point P de la sphère et le point où la droite passant par le centre et par le point M coupe le plan tangent à la sphère au point considéré, on a

$$\rho = a \operatorname{tang} \theta = a \operatorname{tang} m\varphi;$$

donc *la perspective de la clélie sur le plan tangent à la sphère au point* P *est un noeud* (n.° 635).

Toute clélie est composée d'une série d'ovales égals réunis aux pôles P ou P' de la sphère, où elle possède deux points multiples. Chaque ovale a un axe de symétrie et un sommet, où il est tangent au plan XY. Le nombre de ces ovales est infini quand m est un nombre irrationnel, et alors la courbe est *transcendante*. Si m est rationnel, le nombre des ovales est fini, et la clélie est une courbe *algébrique unicursale*. Dans ce cas, le nombre des ovales situés de chaque côté du plan XY est égal au nombre des ovales de la rosace correspondante (n.° 605).

736. La grandeur des arcs de la clélie est déterminée par la formule

$$ds = a\sqrt{1+m^2}\sqrt{1-\frac{1}{1+m^2}\cos^2 m\varphi}\, d\varphi,$$

ou, en faisant $m\varphi = \frac{\pi}{2} - \psi$,

$$ds = a\frac{\sqrt{1+m^2}}{m}\sqrt{1-\frac{1}{1+m^2}\sin^2\psi}\, d\psi.$$

Pourtant *la rectification de la clélie dépend de celle de l'ellipse* (Guido-Grandi, l. c.).

737. Les clélies ont été employées par Guido-Grandi pour déterminer sur la surface de la sphère des espaces absolument quarrables. On a déjà vu que la spirale de Pappus et la courbe de Viviani jouissent de cette propriété, qu'on généralise aisément à toutes les clélies.

En effet, on voit comme au n.° 732 que l'aire U de l'espace sphérique compris entre le plan XY, le méridien qui fait avec ZX un angle égal à $\frac{\pi}{2m}$, et l'arc de clélie correspondant aux valeurs que φ prend entre 0 et $\frac{\pi}{2m}$, est déterminée par l'égalité

$$\text{U} = a^2\int_0^{\frac{\pi}{2m}} d\varphi \int_{m\varphi}^{\frac{\pi}{2}} \sin\theta\, d\theta = \frac{a^2}{m}.$$

Le volume V du solide compris entre le plan XY, le méridien qui fait avec le plan ZX un angle égal à $\frac{\pi}{2m}$, la surface de la sphère et le cylindre ayant pour base la projection de la clélie sur le plan XY, a pour expression

$$\text{V} = \int_0^{\frac{\pi}{2m}} d\varphi \int_{a\sin m\varphi}^{a} \sqrt{a^2-r^2}\cdot r\,dr = \frac{2a^3}{9m}.$$

*

738. Nous venons d'envisager la plus simple des lignes auxquelles Guido-Grandi a donné le nom de clélies. Ce géomètre a considéré encore les courbes définies par les équations

$$a \sin \theta = b \sin m\varphi, \quad a \sin \theta = a - b \sin m\varphi,$$

auxquelles il a donné le même nom.

On voit au moyen des équations

$$x = a \sin \theta \cos \varphi, \quad y = a \sin \theta \sin \varphi$$

que la projection de la première courbe sur le plan XY est représentée par l'équation

$$\rho = b \sin m\varphi;$$

elle est donc une *rosace* ayant le centre au centre de la sphère et inscrite dans le cercle de rayon égal à b. La projection de la deuxième courbe sur le plan XY est représentée par l'équation

$$\rho = a - b \sin m\varphi;$$

elle est donc une *conchoïde* de la même rosace.

III.

Les épicyloïdes sphériques.

739. On désigne sous le nom d'*épicycloïde sphérique* la courbe décrite par un point d'une circonférence mobile, quand elle roule sur une autre circonférence fixe, dont le plan fait avec celui de la première un angle constant.

Les épicycloïdes sphériques ont été étudiées pour la première fois par Hermann dans un mémoire intitulé: *De epicycloidibus in superficie spherica descriptis,* lequel a été publié dans les *Comment. Acad. Petrop.* (t. I, p. 210). Il a été amené à s'occuper de ces courbes par un problème proposé en 1718 par Offenbourg dans les *Acta eruditorum,* dans lequel on demandait *la construction sur la surface de la sphère d'une fenêtre à contour algébriquement recti-*

fiable. Les mêmes courbes ont été étudiées ensuite par Jean Bernoulli, en 1732, dans un travail inséré aux *Mémoires de l'Académie des Sciences de Paris,* reproduit dans le tome III, p. 216, des *Opera omnia,* et dans un écrit publié en 1742 dans ces *Opera* (t. III, p. 230). Dans ces travaux l'éminent géomètre s'occupe de la rectification des épicycloïdes sphériques, et fait voir que la solution du problème d'Offenbourg donnée par Hermann n'est pas exacte.

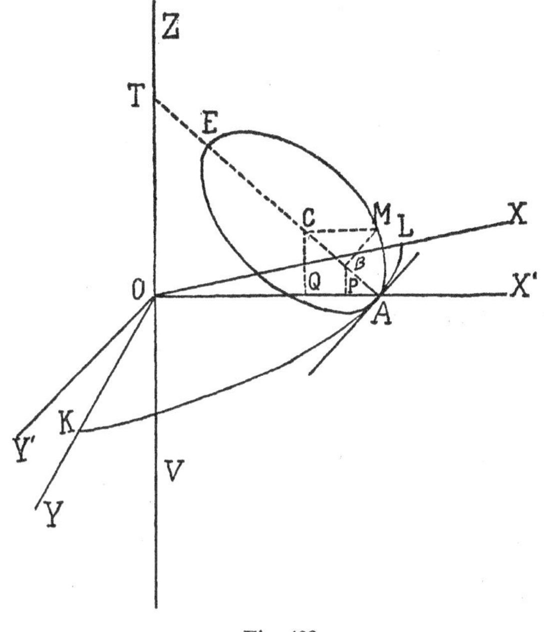

Fig. 166

740. Cherchons les équations des épicycloïdes sphériques, et, pour cela, supposons: 1.° que LAK (*fig. 168*) soit le cercle fixe, et que ce cercle soit placé sur le plan XY et ait le centre à l'origine O des coordonnées; 2.° que le cercle mobile soit AMEA et qu'il ait le centre au point C; 3.° que le point générateur de l'épicycloïde soit M et qu'il parte du point L, situé sur l'axe des x; 4.° que OX′ et OY′ soient deux droites perpendiculaires l'une à l'autre, situées dans le plan XY, dont la première passe par le point de contact A du cercle mobile avec le cercle fixe; 5.° que OY soit perpendiculaire à OX et que OZ soit perpendiculaire au plan XY.

En menant par le point M la parallèle MB à la tangente commune aux deux cercles au point A, cette parallèle coupera la droite CA à un point B du plan ZOA, qui se projette sur le plan XY au point P de la droite OX′. Le point C se projette sur le plan XY au point Q de la même droite OX′. L'angle CAQ est égal à l'angle des plans des deux cercles considérés, que nous désignerons par ω.

Cela posé, représentons par t l'angle MCA, par θ l'angle LOA, par r le rayon du cercle mobile et par ρ celui du cercle fixe. On a, en remarquant que l'arc MA du cercle mobile est, par définition, égal à l'arc AL du cercle fixe,

$$rt = \rho\theta.$$

Mais, les coordonnées du point M, rapportées aux axes OX′, OY′ et OZ, sont

$$x' = \mathrm{OP}, \quad y' = \mathrm{MB}, \quad z' = \mathrm{BP},$$

et par conséquent on a

$$x' = \text{OA} - \text{AP} = \text{OA} - (\text{CA} - \text{CB}) \cos \omega = \rho - r(1 - \cos t) \cos \omega,$$

$$y' = -r \sin t, \quad z' = \text{BA} \sin \omega = r(1 - \cos t) \sin \omega,$$

ou

$$x' = \rho - r\left(1 - \cos \frac{\rho}{r}\right) \cos \omega,$$

$$y' = -r \sin \frac{\rho}{r} \theta, \quad z' = r\left(1 - \cos \frac{\rho}{r} \theta\right) \sin \omega.$$

Mais, en représentant par x, y et z les coordonnées du point M, rapportées aux axes OX, OY et OZ, on a

$$x = x' \cos \theta - y' \sin \theta, \quad y = x' \sin \theta + y' \cos \theta, \quad z = z'.$$

Donc

$$x = \rho \cos \theta - r\left(1 - \cos \frac{\rho}{r} \theta\right) \cos \omega \cos \theta + r \sin \frac{\rho}{r} \theta \sin \theta,$$

$$y = \rho \sin \theta - r\left(1 - \cos \frac{\rho}{r} \theta\right) \cos \omega \sin \theta - r \sin \frac{\rho}{r} \theta \cos \theta,$$

$$z = r\left(1 - \cos \frac{\rho}{r} \theta\right) \sin \omega.$$

Ces équations expriment les coordonnées des points de l'épicycloïde sphérique en fonction du paramètre variable θ, et font voir, en procédant comme au n.° 753, que cette courbe est *algébrique et unicursale* quand le rapport $\frac{\rho}{r}$ est rationnel, et qu'elle est *transcendante* quand ce rapport est irrationnel.

741. Si par le centre du cercle mobile on mène une perpendiculaire au plan de ce cercle, cette droite coupe l'axe des z à un point V, indépendant de θ, lequel peut être considéré comme le sommet d'un cône de révolution dont la base soit le cercle considéré. Par conséquent *l'épicycloïde sphérique peut être engendrée par un point de la circonférence de la base d'un cône de révolution, en faisant rouler ce cône sur un autre cône fixe, dont le sommet coïncide avec celui du cône mobile et dont la base soit le cercle fixe.*

742. Tous les points de l'épicycloïde considérée sont situés sur la surface d'une sphère, dont le centre coïncide avec le point V et dont le rayon S est égal à VL. Pour déterminer la valeur de ce rayon, transportons l'origine des coordonnées au point V, en posant pour cela $Z = z + h$, h étant une quantité qu'on va déterminer ensuite.

Nous avons

$$S^2 = x^2 + y^2 + Z^2,$$

et par conséquent

$$S^2 = \rho^2 + 2r^2 - 2r^2 \cos\frac{\rho}{r}\theta - 2\rho r\left(1 - \cos\frac{\rho}{r}\theta\right)\cos\omega$$

$$+ h^2 + 2hr\left(1 - \cos\frac{\rho}{r}\theta\right)\sin\omega;$$

or cette expression doit être indépendante de θ; donc il vient

$$h = \frac{\rho\cos\omega - r}{\sin\omega},$$

et par conséquent

$$S^2 = \rho^2 + \left(\frac{\rho\cos\omega - r}{\sin\omega}\right)^2.$$

743. Pour déterminer la grandeur s des arcs de l'épicycloïde considérée, remarquons qu'on a

$$\frac{dx}{d\theta} = -\rho\sin\theta + r\left(1 - \cos\frac{\rho}{r}\theta\right)\cos\omega\sin\theta$$

$$-\rho\sin\frac{\rho}{r}\theta\cos\omega\cos\theta + r\sin\frac{\rho}{r}\theta\cos\theta + \rho\cos\frac{\rho}{r}\theta\sin\theta,$$

$$\frac{dy}{d\theta} = \rho\cos\theta - r\left(1 - \cos\frac{\rho}{r}\theta\right)\cos\omega\cos\theta$$

$$-\rho\sin\frac{\rho}{r}\theta\cos\omega\sin\theta + r\sin\frac{\rho}{r}\theta\sin\theta - \rho\cos\frac{\rho}{r}\theta\cos\theta,$$

$$\frac{dz}{d\theta} = \rho\sin\frac{\rho}{r}\theta\sin\omega,$$

et par conséquent

$$ds^2 = \left[A + B\cos\frac{\rho}{r}\theta - r^2\cos^2\frac{\rho}{r}\theta\sin^2\omega\right]^2 d\theta^2,$$

où

$$A = 2\rho^2 + r^2\cos^2\omega + r^2 - 4\rho r\cos\omega,$$
$$B = -2\rho^2 - 2r^2\cos^2\omega + 4r\rho\cos\omega.$$

En posant maintenant $\cos\frac{\rho}{r}\theta = t$, il vient

$$ds = \frac{r}{\rho}\sqrt{\frac{r^2t^2\sin^2\omega - Bt - A}{t^2 - 1}}\,dt = \frac{r}{\rho}\sqrt{\frac{r^2t\sin^2\omega + r^2\sin^2\omega - B}{t+1}}\,dt$$

ou

$$ds = \frac{r^2}{\rho} \sin \omega \sqrt{\frac{t+k}{t+1}} dt,$$

où

$$k = \frac{r^2 \sin^2 \omega - B}{r^2 \sin^2 \omega} \cdot$$

En intégrant, on a

$$s = \frac{r^2}{\rho} \sin \omega \int \frac{(t+k)\, dt}{\sqrt{(t+1)(t+k)}} = \frac{r^2}{\rho} \sin \omega \left\{ \sqrt{t^2 + (k+1)\, t + k} \right.$$

$$\left. + \frac{1}{2} (k-1) \log \left[k + 1 + 2t + 2\sqrt{t^2 + (k+1)\, t + k}\right] \right\},$$

et par suite

$$s = \frac{r^2}{\rho} \sin \omega \left\{ \sqrt{\cos^2 \frac{\rho}{r} \theta + (k+1) \cos \frac{\rho}{r} \theta + k} \right.$$

$$\left. + \frac{1}{2} (k-1) \log \left[k + 1 + 2 \cos \frac{\rho}{r} \theta + 2 \sqrt{\cos^2 \frac{\rho}{r} \theta + (k+1) \cos \frac{\rho}{r} \theta + k} \right] \right\} \cdot$$

La rectification de l'épicycloïde sphérique dépend donc des logarithmes, sauf quand $k = 1$, ou $\cos \omega = \frac{\rho}{r}$. Ce cas singulier a lieu quand le rayon r du cercle mobile est égal à AT, c'est-à-dire quand *le centre du cercle mobile coïncide avec celui de la sphère;* et on a alors

$$s = \frac{r^2}{\rho} \sin \omega \left(\cos \frac{\rho}{r} \theta + 1 \right).$$

Si, dans ce dernier cas, le rapport $\frac{\rho}{r}$ est rationnel, c'est-à-dire si l'épicycloïde est algébrique, elle est rectifiable algébriquement. C'est le seul cas où l'épicycloïde sphérique est une solution du problème d'Offenbourg (Jean Bernoulli: l. c.).

744. L'équation du plan normal à l'épicycloïde au point M est

$$\left(1 - \cos \frac{\rho}{r} \theta\right) (r \cos \omega - \rho) (X \sin \theta - Y \cos \theta)$$

$$+ \sin \frac{\rho}{r} \theta\, (r - \rho \cos \omega) (X \cos \theta + Y \sin \theta)$$

$$+ \rho Z \sin \frac{\rho}{r} \theta \sin \omega = \rho\, (r - \rho \cos \omega) \sin \frac{\rho}{r} \theta.$$

Cette équation est évidemment satisfaite quand on pose $X = \rho \cos \theta$, $Y = \sin \theta$, et par conséquent *le plan normal à la courbe au point* M *passe par le point* A *de contact du cercle mobile avec le cercle fixe.*

On peut déduire de ce théorème un moyen de tracer la tangente à l'épicycloïde au point M, employé par Hachette dans la *Correspondance sur l'École Polytechnique* (t. II, 1809-1813, p. 22): cette tangente coïncide avec l'intersection du plan tangent au point M à la sphère qui contient la courbe, avec le plan tangent au même point à la sphère qui a le centre à A et qui a pour rayon la distance de A à M. Ce même problème a été résolu, dans le recueil mentionné (t. II, p. 27 et 87), par Gaultier au moyen de la méthode de Roberval.

IV.

La loxodromie.

745. On appelle *loxodromie* la courbe sphérique qui coupe tous les grands cercles passant par les mêmes pôles P et P′ sous un angle constant V.

Désignons par O le centre de la sphère, par M et M_1 deux points de la loxodromie et par S le point où le parallèle passant par M coupe le méridien passant par M_1. On trouve, en considérant le triangle MM_1S,

$$\frac{M_1S}{MS} = \frac{\sin M_1MS}{\sin MM_1S}.$$

Mais, en prenant pour unité le rayon de la sphère, en représentant par φ la *longitude* et par θ la *colatitude* de M, rapportée au pôle P, et en remarquant que le rayon du parallèle mentionné est égal à $\sin \theta$, on a, quand le point M_1 tend vers le point M,

$$\lim \frac{M_1S}{|d\theta|} = 1, \quad \lim \frac{MS}{\sin \theta \,|d\varphi|} = 1, \quad \lim \frac{\sin M_1MS}{\cos V} = 1, \quad \lim \frac{\sin MM_1S}{\sin V} = 1.$$

Donc, si l'on compte les longitudes de manière que φ augmente quand θ décroît, on a

$$d\varphi = -\operatorname{tang} V \frac{d\theta}{\sin \theta}.$$

En intégrant cette équation, on obtient cette autre:

$$\varphi - \varphi_0 = -\operatorname{tang} V \int_{\theta_0}^{\theta} \frac{d\theta}{\sin\theta}; \tag{1}$$

ou

$$\varphi - \varphi_0 = \operatorname{tang} V \log \frac{\operatorname{tang} \frac{1}{2}\theta_0}{\operatorname{tang} \frac{1}{2}\theta},$$

qui est l'équation de la loxodromie, rapportée aux coordonnées sphériques.

En prenant pour *premier méridien* celui qui passe par le point où la courbe coupe l'équateur, cette équation prend la forme plus simple

$$\varphi = -\operatorname{tang} V \log \operatorname{tang} \frac{1}{2}\theta. \tag{2}$$

On voit au moyen de cette équation que φ augmente constamment et tend vers l'infini, quand θ décroît constamment et tend vers zéro; donc la courbe fait un nombre infini de circonvolutions autour du pôle, en s'approchant constamment de ce point, qui en est un *point asymptotique*.

On obtient les coordonnées cartésiennes des points de la loxodromie au moyen des équations

$$x = \sin\theta\cos\varphi, \quad y = \sin\theta\sin\varphi, \quad z = \cos\theta,$$

d'où il résulte, en désignant par ρ le vecteur de la projection du point (x, y, z) de la courbe sur le plan xy, $\rho = \sin\theta$, et ensuite, en éliminant θ de cette équation au moyen de l'équation (2),

$$\rho = \frac{2}{e^{h\varphi} + e^{-h\varphi}}, \quad h = \cot V.$$

Pourtant *la projection de la loxodromie sur le plan de l'équateur est une spirale de Poinsot* (n.° 481).

746. La rectification de la loxodromie dépend de celle de la circonférence, comme on va le voir.

Considérons encore le triangle MM_1S. En procédant comme au n.° précédent, on trouve la relation

$$ds.\cos V = d\theta,$$

s représentant les arcs de la loxodromie, d'où il résulte, en intégrant,

$$s \cos V = \theta_1 - \theta_0,$$

relation qui détermine la longueur de l'arc de la courbe considérée compris entre les points dont la colatitude est respectivement θ_0 et θ.

On détermine aussi aisément la valeur S de l'aire balayée par l'arc d'un parallèle compris entre la loxodromie et le méridien passant par le point où elle coupe l'équateur, quand la colatitude du parallèle varie depuis $\frac{\pi}{2}$ jusqu'à θ.

En reprenant, en effet, les considérations qu'on emploie pour établir directement la formule classique pour l'évaluation des surfaces de révolution, on voit que la différentielle de S a pour expression

$$dS = \varphi \sin \theta \, d\theta.$$

Donc

$$S = -\operatorname{tang} V \int_{\frac{\pi}{2}}^{\theta} \log \operatorname{tang} \frac{1}{2}\theta \sin \theta \, d\theta = \operatorname{tang} V \left(\cos \theta \log \operatorname{tang} \frac{1}{2}\theta - \log \sin \theta\right).$$

747. *La projection stéréographique de la loxodromie, vue d'un des pôles* P *ou* P', *est une spirale logarithmique.*

Soient M un point de la loxodromie *(fig. 167)*, P' le centre d'inversion et C le point correspondant à M. Il résulte d'une propriété des projections stéréographiques (n.° 706) que la courbe décrite par C, quand M décrit la loxodromie, doit couper le vecteur de C sous un angle V. Pourtant ce point décrit (n.° 476) une spirale logarithmique.

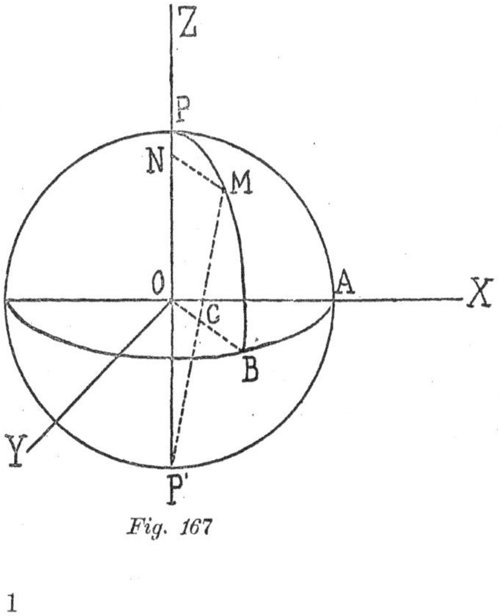

On peut obtenir directement cette proposition de la manière suivante.

Menons par M la perpendiculaire MN à OP et représentons par r le vecteur OC du point C. On a

$$\frac{CO}{MN} = \frac{OP'}{P'N}, \quad NM = \sin \theta, \quad NO = \cos \theta,$$

Fig. 167

et par conséquent

$$\frac{r}{\sin \theta} = \frac{1}{1 + \cos \theta}.$$

*

Donc

$$r = \frac{\sin\theta}{1+\cos\theta} = \operatorname{tang}\frac{1}{2}\theta = e^{-h\varphi}$$

En se basant sur la proposition qu'on vient de démontrer, on peut dériver de quelques-unes des propriétés de la spirale logarithmique des propriétés correspondantes de la loxodromie. Signalons celles qui correspondent aux propriétés dont jouit la spirale logarithmique, d'avoir pour podaire et pour caustique par réflexion la même spirale dans une autre position, savoir:

1.° *Si par le pôle* P′ *on mène un cercle tangent à la loxodromie à un point* M *et un grand cercle perpendiculaire à celui-là, le lieu des positions prises par le second point d'intersection de ces deux cercles, quand* M *varie, est une loxodromie.*

2.° *Si par le pôle* P′ *et par le point* M *de la loxodromie on fait passer un grand cercle* (C), *un cercle* (C_1) *perpendiculaire à la même courbe, et un cercle* (C_2) *tel que l'angle de* (C_1) *et* (C_2) *soit égal à l'angle de* (C) *et* (C_1), *l'enveloppe des positions que* (C_2) *prend, quand le point* M *varie, est une loxodromie.*

En représentant par ρ_1 la distauce du pôle P au point où la droite MO coupe le plan tangent à la sphère au point P, on a

$$\rho_1 = \operatorname{tang}\theta = \frac{2}{e^{h\varphi} - e^{-h\varphi}};$$

donc *la perspective de la loxodromie sur le plan tangent à la sphère au pôle* P, *vue du centre de cette sphère, est une spirale des cosécants hyperboliques* (n.° 483).

718. La loxodromie a eu une grande importance dans l'ancienne Nautique, car c'était la ligne parcourue par un vaisseau sur la mer. Elle a été étudiée pour la première fois, sous le nom de *ligne du rumb,* par P. Nunes, dans son *Tratado em defensam da carta de marear,* paru en 1537, et plus tard, en 1546, dans le traité *De arti atque ratione navigandi.* Il s'en est occupé encore dans le livre *De regulis et instrumentis artis navigandi,* publié dans les *Petri Nonii Salaciensis Opera* (*Basileae,* 1566). L'illustre géomètre portugais a déterminé la forme de la courbe et s'est occupé des questions de navigation où elle intervient. Ces mêmes questions ont été considérées plus tard par Stevin, en 1608, dans un écrit intitulé: *Wisconstige Gedachtenissen,* dont une traduction française annotée a été publiée en 1634 par Albert Girard dans le tome II des *Oeuvres mathématiques de Simon Stevin;* et par Snellius, en 1624, dans l'ouvrage intitulé: *Typhys Batavus,* où la désignation employée par Nunes est remplacée par celle de loxodromie. Dans l'intervalle de 1624 à 1668, la loxodromie a été encore considérée dans quelques ouvrages sur la navigation, mais on n'a rien ajouté d'essentiel à sa théorie; cependant on en a perfectionné l'exposition. On peut voir l'analyse de ces travaux dans les *Studien zur Geschichte der Math. und Phy. Geographie* (Halle, 1879) de M. Günther, ou dans le compte-rendu minutieux que M. Brocard a donné de cet ouvrage dans le *Bulletin des Sciences mathématiques* (1879, 1.e partie, p. 486).

Dans les premiers travaux sur la loxodromie, on calculait la différence $\varphi-\varphi_0$ des longitudes de deux points M et M_1 de la courbe au moyen de la résolution d'une série de triangles. En effet, en représentant par (φ_1, θ_1), (φ_2, θ_2), ... les coordonnées sphériques d'une série de points M', M'', ... de la courbe, situés entre les points M et M_1, et en traçant les méridiens qui passent par M', M'', ... et les parallèles qui passent par M, M', ..., on obtient une série de triangles, qu'on peut considérer comme rectilignes, si les distances MM', M'M'', ... sont assez petites. Or, en résolvant ces triangles, on trouve, approximativement,

$$\varphi-\varphi_0=\operatorname{tang} V\left[\frac{\theta_1-\theta_0}{\sin\theta_0}+\frac{\theta_2-\theta_1}{\sin\theta_1}+\ldots\right].$$

Si l'on donne aux points M', M'' ... une position telle que la distance entre deux points consécutifs soit constante, on a

$$\varphi-\varphi_0=(\theta_1-\theta_0)\operatorname{tang} V\left[\frac{1}{\sin\theta_0}+\frac{1}{\sin\theta_1}+\ldots\right].$$

Cette formule, dont résulte immédiatement la formule (1), est la traduction de la méthode qu'on employait pour le calcul de $\varphi-\varphi_0$. On réduisait ainsi le calcul de cette quantité à celui d'une somme de cosécants, et, pour simplifier ce calcul, Snellius a construit une table de ces sommes.

Plus tard, en 1668, le calcul de $\varphi-\varphi_0$, a été réduit à celui de l'aire de l'hyperbole, et par conséquent au calcul logarithmique, par James Gregory, dans ses *Exercitationes geometricae.* Cette réduction a été retrouvée, sous une forme analytique, par Leibniz, qui l'a exposée en 1691 dans les *Acta eruditorum* (*Opera,* t. III, p. 241), et l'a communiquée à Huygens en deux lettres de cette même année (*Oeuvres de Huygens,* t. X, p. 111 et 161). Dans la réponse à cette lettre (l. c., p. 185), Huygens a attiré l'attention de Leibniz sur la priorité de James Gregory dans cette invention.

La loxodromie a été considérée encore par Jacques Bernoulli, qui en a indiqué en 1691, dans les *Acta eruditorum* (*Opera,* t. I, p. 444), une construction, moins simple que celle qui résulte de la formule (2), et qui a déterminé l'aire de l'espace sphérique compris entre la loxodromie, l'équateur et un méridien.

La relation entre la loxodromie et la spirale logarithmique indiquée au n.° 747, a été découverte par Halley, qui l'a publiée en 1686 dans les *Philosophical Transactions of the London Royal Society,* où il a appellé cette dernière ligne *spirale proportionnelle.*

La doctrine générale sur les courbes sphériques exposée par Gudermann dans l'*Analytiche Sphärik* (*Köln,* 1830) a été appliquée à la loxodromie par lui-même (*Journal de Crelle,* t. XI, 1830, p. 394) et par D'Arrest (*Astronomische Nachrichten,* 1853, p. 351). Les théorèmes énoncés par cet illustre astronome ont été reproduits dans les *Nouvelles Annales*

(1855, p. 396). Vannson a donné, dans ce même recueil (1861, p. 227), la démonstration de quelques-uns de ces théorèmes.

Parmi d'autres travaux consacrés à la loxodromie, nous mentionnerons encore la *Loxodromische Trigonometrie,* ouvrage publié en 1849 par Grunert.

749. Considérons maintenant une surface de révolution quelconque. On appelle encore *loxodromie* la courbe qui coupe les méridiens sous un angle constante V. On peut déterminer cette ligne au moyen de sa projection sur un plan perpendiculaire à l'axe de révolution, et on obtient l'équation différentielle de cette projection de la manière suivante.

Prenons pour axe des z l'axe de révolution de la surface et par axes des x et des y deux droites perpendiculaires l'une à l'autre, situées dans le plan de projection, et réprésentons par $z=f(\sqrt{x^2+y^2})$ l'équation de la surface. On a, en désignant par φ et ρ les coordonnées polaires de la projection du point (x, y, z) sur le plan xy, et par s et s_1 les arcs de la loxodromie et du méridien de la surface,

$$ds^2 = d\rho^2 + \rho^2 d\varphi^2 + dz^2, \quad dz^2 + d\rho^2 = ds_1^2.$$

Mais, en considérant le triangle formé par un arc de la loxodromie, par le méridien qui passe par l'une des extrémités et par le parallèle qui passe par l'autre, et en procédant comme au n.° 746, on trouve

$$ds_1 = \cos V ds.$$

En éliminant maintenant ds, ds_1 et dz entre les équations précédentes et l'équation $dz=f'(\rho)\,d\rho$, on obtient l'équation différentielle cherchée:

$$d\varphi = \operatorname{tang} V \frac{1}{\rho} \sqrt{1+f'^2(\rho)}\, d\rho, \tag{3}$$

d'où l'on déduit l'équation de la projection considérée au moyen d'une quadrature.

Les formules précédentes donnent encore celle-ci:

$$ds = \frac{1}{\cos V} \sqrt{1+f'^2(\rho)}\, d\rho,$$

qui peut être employée pour rectifier la courbe.

En tenant compte de la relation $\rho d\varphi = \sin V . ds$, on voit que la différentielle de l'aire de l'espace sphérique compris entre la loxodromie considérée, un méridien et deux parallèles, est déterminée par l'équation

$$dS = \sin V \cos V\, s ds,$$

par laquelle on obtient S.

Donc, *si la courbe méridienne de la surface donnée est rectifiable, la loxodromie l'est aussi, et l'aire* S *est quarrable.*

Les loxodromies tracées sur une surface de révolution quelconque ont été étudiées pour la première fois par Wallz, en 1741, dans un écrit publié dans les *Acta eruditorum* sous ce titre: *Disquisitio de curva loxodromica in superficie solidi cujuscunque, rotatione curvae circa axem suam geniti* etc. Les mêmes lignes ont été considérées plus tard par Gergonne dans un travail inséré aux *Annales de Mathématiques* (t. VIII, 1817-1818, p. 125), où il a obtenu l'équation différentielle de la projection de ces lignes sur un plan perpendiculaire à l'axe de révolution écrite ci-dessus. La même équation a été retrouvée par Aoust (*Journal de Liouville,* 1846, p. 187) et par M. Laisant (*Nouvelles Annales,* 1874, p. 571) au moyen d'une analyse plus simple. La théorie générale des loxodromies a été encore l'objet d'un opuscule de Boymann intitulé: *De lineis loxodromicis in superficiebus* (Berlin, 1839). Parmi les travaux plus récents consacrés aux mêmes lignes, nous mentionnerons encore une Note de M. Pirondini, publiée dans les *Nouvelles Annales* (1888, p. 486), où il obtient l'équation de ces courbes, quand on en détermine chaque point au moyen des arcs u et v du méridien et du parallèle qui s'y coupent, compris entre ce point et un méridien et un parallèle fixes, et où il détermine la courbe méridienne de la surface correspondant à une loxodromie donnée.

Les lignes loxodromiques des surfaces du second ordre ont été spécialement considerées par Walz et Gergonne dans les travaux mentionnés, par Maupertuis dans les *Mémoires de l'Académie des Sciences de Paris* (1744, p. 462), et par Boymann dans deux écrits insérés aux *Archiv der Mathematik und Physik* (1.e série, t. VII, 1846, t. XIII, 1849). Dans ce cas l'équation (3) est intégrable. Les lignes loxodromiques du cylindre et du cône de révolution seront étudiées, sous le nom d'*hélices,* dans le chapitre suivant.

V.

La chaînette sphérique.

750. La *chaînette sphérique* est la courbe d'équilibre d'un fil pesant, homogène, flexible et inextensible, posé sur une sphère, sur laquelle il peut glisser sans frottement, et attaché par ses extrémités à deux points fixes de cette sphère.

Le problème de la détermination de cette courbe a été étudié pour la première fois par Bobillier dans les *Annales de Gergonne* (t. XX, 1829-1830, p. 153). La même question a été proposée en 1834 par Gudermann dans le *Journal de Crelle* (t. XI, p. 200), et a été considérée à la même année par Minding dans ce même recueil (t. XII, p. 179), où il a donné l'équation différentielle de cette courbe, et où il a établi, au moyen du Calcul des variations, qu'elle coïncide avec celle qu'on obtient quand on cherche, parmi les courbes sphériques de même longueur, aboutissant aux deux points fixes, celle dont le centre de gravité est le plus bas. Plus tard, en 1846, la courbe a été étudiée par Gudermann, dans un beau mémoire intitulé: *De curvis catenariis sphaericis dissertatio,* inséré au le tome XXXIII du *Journal de Crelle,* où l'éminent géomètre en a exposé les principales propriétés géométriques et mécaniques.

En prenant pour origine des coordonnées le centre de la sphère, et en désignant par φ et r les coordonnées polaires de la projection du point (x, y, z) de la courbe sur le plan xy et par a le rayon de la sphère, on peut représenter cette courbe par l'équation différentielle

$$(1) \qquad d\varphi = \frac{\mathrm{A}a}{(z^2 - a^2)\sqrt{\mathrm{Z}}}\, dz, \quad \mathrm{Z} = (z-h)^2(a^2 - z^2) - \mathrm{A}^2,$$

et par l'équation $r^2 = a^2 - z^2$, où h et A sont deux constantes.

Nous n'exposerons pas ici les considérations par lesquelles on obtient ces équations. On peut les voir dans les mémoires de Minding et Gudermann et dans quelques traités de Mécanique, parmi lesquels nous signalerons celui de M. Appell (*Traité de Mécanique rationnelle,* t. I, p. 202).

Représentons par α, β, γ et δ les racines de l'équation $\mathrm{Z} = 0$, et remarquons que, pour que φ soit réel, il faut que deux, au moins, de ces racines soint réelles. Si les racines α et β sont réelles et les deux autres imaginaires, le radical qui figure dans l'équation (1), est réel quand z est compris entre α et β, et imaginaire dans le cas contraire, et par conséquent les valeurs de z doivent être prises entre α et β; alors la courbe correspondant à la branche de fonction φ définie par l'équation (1) et par la condition de φ prendre la valeur φ_0, quand $z = z_0$, est comprise entre les cercles qui résultent de l'intersection de la sphère avec les plans $z = \alpha$ et $z = \beta$, et elle a ses sommets sur ces cercles. On voit par des considérations analogues à celles qu'on a exposées au n.° 449, à propos d'une question qui mène à une analyse semblable: 1.° que cette courbe fait une suite d'ondulations égales entre les deux parallèles considérés, et que le méridien passant par un sommet quelconque est un plan de symétrie de l'arc compris entre les deux sommets voisins; 2.° que la différence des longitudes de deux points de contact consécutifs de la courbe avec les parallèles mentionnés est égale à l'intégrale, prise entre les limites α et β, du second membre de l'équation (1); 3.° que la condition pour que la courbe soit fermée, c'est que le rapport de cette différence à π soit rationnel.

Si les quatres racines α, β, γ et δ sont réelles et si $\delta > \gamma > \beta > \alpha$, la fonction $\sqrt{\mathrm{Z}}$ est réelle quand la variable z est comprise entre α et β, et quand elle est comprise entre γ et δ; et alors la courbe est placée entre les plans $z = \alpha$ et $z = \beta$, quand z_0 est compris entre α et β, et elle est placée entre les plans $z = \gamma$ et $z = \delta$, quand z_0 est compris entre γ et δ.

Les racines α, β, γ et δ peuvent être obtenues immédiatement quand $h = 0$. La chaînette correspondant à ce cas particulier, nommée *chaînette parabolique,* a été étudiée, avant la publication du mémoire de Gudermann, par Perger, dans la dissertation inaugurale: *De curva catenaria sphaerica parabolica* (*Berolini,* 1838).

La résolution de l'équation $\mathrm{Z} = 0$ dans les autres cas a été effectuée par Gudermann et

Clebsch (*Journal de Crelle*, t. LVII, 1860, p. 103). Ce dernier géomètre a mis Z sous la forme suivante, dont on constate aisément l'exactitude:

$$Z = -(z^2 + 2kz\sin^2\varepsilon + k^2\sin^2\varepsilon - a^2\cos^2\varepsilon)(z^2 - 2kz\cos^2\varepsilon + k^2\cos^2\varepsilon - a^2\sin^2\varepsilon),$$

où, au lieu des constantes arbitraires A et h, entrent les constantes k et ε, liées à celles-là par les relations

$$h = k\cos 2\varepsilon, \quad A = \frac{1}{2}(a^2 - k^2)\sin 2\varepsilon.$$

Il résulte immédiatement de ces équations que deux des racines de $Z=0$ sont égales quand $k\sin\varepsilon = a$ ou $k\cos\varepsilon = a$. Dans ces cas, l'intégrale dont φ dépend peut être exprimée par des fonctions élémentaires. Ces cas ont été spécialement considérés par M. Fischer, dans le *Katalog mathematischer Modelle* de L. Brill.

Si les conditions précédentes n'ont pas lieu, il faut employer les fonctions elliptiques, pour obtenir l'expression de φ. Cette application de ces fonctions au problème considéré a été faite par Gudermann, dans le mémoire mentionné, et plus tard par Clebsch (l. c.), Biermann (*Problemata quaedam mechanica functionum ellipticarum ope soluta*, Berlin, 1865), etc. Nous en allons nous occuper, et, pour cela, mettons l'équation (1) sous la forme

$$d\varphi = \frac{A}{2}\left[\frac{dz}{(z-a)\sqrt{Z}} - \frac{dz}{(z+a)\sqrt{Z}}\right].$$

Considérons le premier terme de cette égalité, et posons

$$t = \frac{\alpha - z}{z - \beta},$$

α et β étant deux racines réelles de l'équation $Z=0$. On a

$$\frac{dz}{(z-a)\sqrt{Z}} = \frac{dz}{(z-a)\sqrt{(\alpha-z)(z-\beta)(z-\gamma)(z-\delta)}}$$
$$= \frac{K}{\beta - a}\left[\frac{dt}{\sqrt{t(t^2+pt+q)}} + \frac{\beta-\alpha}{\beta-a}\cdot\frac{dt}{(t-a_1)\sqrt{t(t^2+pt+q)}}\right],$$

où

$$a_1 = \frac{a-\alpha}{\beta-a}, \quad p = \frac{\alpha-\gamma}{\beta-\gamma} + \frac{\alpha-\delta}{\beta-\delta}, \quad q = \frac{(\gamma-\alpha)(\delta-\alpha)}{(\beta-\gamma)(\beta-\delta)},$$
$$K = -(\beta-\gamma)^{-\frac{1}{2}}(\beta-\delta)^{-\frac{1}{2}}.$$

Faisons maintenant $t = t_1 - \frac{1}{3}p$. On réduit l'équation précédente à la forme

$$\frac{dz}{(z-a)\sqrt{Z}} = \frac{2K}{\beta - \alpha}\left[\frac{dt_1}{\sqrt{T}} + \frac{\beta-\alpha}{\beta-a}\cdot\frac{dt_1}{(t_1 - a_1')\sqrt{T}}\right],$$

où

$$T = 4t_1^3 - g_1 t - g_2, \quad a_1' = a_1 + \frac{1}{3}p,$$

g_1 et g_2 étant deux constantes.

En introduisant maintenant les fonctions elliptiques de Weierstrass, posons $t_1 = \mathrm{p}u$, et représentons par u_1 une racine de l'équation $\mathrm{p}u = a_1'$. Il vient

$$\frac{dz}{(z-a)\sqrt{Z}} = \frac{2K}{\alpha-\beta}\left[du + \frac{\beta-\alpha}{\beta-a}\cdot\frac{du}{\mathrm{p}u - \mathrm{p}u_1}\right],$$

Appliquons maintenant le théorème de décomposition de Hermite à la fonction $\frac{1}{\mathrm{p}u - \mathrm{p}u_1}$, et remarquons, pour cela, qu'elle a deux pôles u_1 et $-u_1$ dans un parallélogramme des périodes, et que les résidus de cette fonction par rapport à ces pôles sont égaux à $\frac{1}{\mathrm{p}'u_1}$ et $-\frac{1}{\mathrm{p}'u_1}$. On trouve

$$\frac{1}{\mathrm{p}u - \mathrm{p}u_1} = \frac{1}{\mathrm{p}'u_1}\left[\zeta(u-u_1) - \zeta(u+u_1) + 2\zeta u_1\right],$$

et par conséquent

$$\int \frac{du}{\mathrm{p}u - \mathrm{p}u_1} = \frac{1}{\mathrm{p}'u_1}\left[\log\frac{\sigma(u-u_1)}{\sigma(u+u_1)} + 2u\,\zeta u_1\right].$$

Nous allons chercher maintenant la valeur de $\mathrm{p}'u_1$. Pour cela, remarquons qu'on a

$$\lim_{z=a}\frac{1}{\sqrt{Z}} = -\frac{i}{A};$$

et, d'un autre côté,

$$\lim_{z=a}\frac{1}{\sqrt{Z}} = \frac{K}{\beta-\alpha}\lim_{t=a_1}\frac{(t+1)^2}{\sqrt{t(t^2+pt+q)}}$$

$$= \frac{2K}{\beta-\alpha}\lim_{t_1=a_1'}\frac{\left(t_1 - \frac{1}{3}p + 1\right)^2}{\sqrt{4t_1^3 - g_1 t - g_2}} = \frac{2K}{\alpha-\beta}\lim_{u=u_1}\frac{\left(\mathrm{p}u - \frac{1}{3}p + 1\right)^2}{\mathrm{p}'u}$$

$$= \frac{2K}{\alpha-\beta}\cdot\frac{(a_1+1)^2}{\mathrm{p}'u_1} = \frac{2K(\alpha-\beta)}{(\beta-a)^2\,\mathrm{p}'u_1};$$

donc

$$\frac{1}{p'u_1} = \frac{(\beta - a)^2 i}{2AK(\beta - \alpha)}.$$

Pourtant on a

$$\int \frac{du}{pu - pu_1} = \frac{(\beta - a)^2 i}{2AK(\beta - \alpha)} \left[\log \frac{\sigma(u - u_1)}{\sigma(u + u_1)} + 2u\,\zeta u_1\right],$$

et par suite

$$\int \frac{dz}{(z - a)\sqrt{Z}} = \frac{2K}{a - \beta} u - \frac{i}{A} \left[\log \frac{\sigma(u - u_1)}{\sigma(u + u_1)} + 2u\,\zeta u_1\right].$$

De même

$$\int \frac{dz}{(z + a)\sqrt{Z}} = -\frac{2K}{\beta + a} u - \frac{i}{A} \left[\log \frac{\sigma(u - u_2)}{\sigma(u + u_2)} + 2u\,\zeta u_2\right],$$

où

$$a_2 = -\frac{a + \alpha}{a + \beta}, \quad pu_2 = a_2 + \frac{1}{3} p.$$

Donc

(2)
$$\varphi - \varphi_0 = \lambda u - \frac{i}{2} \log \frac{\sigma(u - u_1)\,\sigma(u + u_2)}{\sigma(u + u_1)\,\sigma(u - u_2)},$$

où

$$\lambda = KA\left[\frac{a}{a^2 - \beta^2} + i(\zeta u_2 - \zeta u_1)\right].$$

On a en même temps

(3)
$$z = \frac{\beta\left(pu - \frac{1}{3} p\right) + \alpha}{pu - \frac{1}{3} p + 1}.$$

Nous avons ainsi deux formules qui déterminent φ et z en fonction du paramètre u.

M. Appell a donné, dans le *Bulletin de la Société mathématique de France* (t. XIII, 1885, p. 65) une autre solution très remarquable du problème considéré; il a, en effet, exprimé les coordonnées des points de la courbe par des fonctions elliptiques uniformes d'un paramètre, comme on va le voir.

En éliminant $a - \alpha$ entre les équations

$$z - a = \frac{(\beta - a)\left(pu - \frac{p}{3}\right) + \alpha - a}{pu - \frac{1}{3} p + 1}, \quad pu_1 = \frac{a - \alpha}{\beta - a} + \frac{1}{3} p,$$

et en faisant $\mathrm{p}u' = \frac{1}{3}p - 1$, on trouve

$$z - a = \frac{(\beta - a)(\mathrm{p}u - \mathrm{p}u_1)}{\mathrm{p}u - \mathrm{p}u'},$$

ou, en appliquant une formule fondamentale très connue de la théorie des fonctions elliptiques,

$$z - a = \frac{(\beta - a)\,\sigma^2 u'}{\sigma^2 u_1}\,\frac{\sigma(u_1 + u)\,\sigma(u_1 - u)}{\sigma(u' + u)\,\sigma(u' - u)}.$$

De même

$$z + a = \frac{(\beta + a)\,\sigma^2 u'}{\sigma^2 u_2}\,\frac{\sigma(u_2 + u)\,\sigma(u_2 - u)}{\sigma(u' + u)\,\sigma(u' - u)}.$$

Mais

$$(x + iy)^2 = r^2 e^{2i\varphi} = (a^2 - z^2)\,e^{2i\varphi}.$$

Donc, à cause des formules précédentes et de la formule (2),

$$x + iy = \frac{\sqrt{a^2 - \beta^2}\,\sigma^2 u'}{\sigma u_1\,\sigma u_2} \cdot \frac{\sigma(u - u_1)\,\sigma(u_2 + u)}{\sigma(u' + u)\,\sigma(u' - u)}\,e^{i(\varphi_0 + \lambda u)}. \tag{4}$$

De même

$$x - iy = \frac{\sqrt{a^2 - \beta^2}\,\sigma^2 u'}{\sigma u_1\,\sigma u_2} \cdot \frac{\sigma(u_1 + u)\,\sigma(u - u_2)}{\sigma(u' + u)\,\sigma(u' - u)}\,e^{-i(\varphi_0 + \lambda u)}. \tag{5}$$

On déduit immédiatement des formules (4) et (5) les expressions de x et y en fonction uniforme du paramètre u. C'est le résultat obtenu par M. Appell, que nous venons de trouver au moyen d'une analyse differente de celle qui a été employée par l'éminent géomètre.

Il est à remarquer que, en des cas particuliers, l'intégrale dont dépend φ peut être pseudo-elliptique, et la chaînette est alors algébrique. Ces cas ont été étudiés par M. Greenhill dans un mémoire important inséré aux *Proceedings of the London mathematical Society* (1895, t. XXVII, p. 123).

751. Considérons un triangle infinitésimal formé par l'arc de la chaînette compris entre le point (x, y, z) et un point infiniment voisin, par le parallèle passant par le premier point et par un méridien passant par l'autre. On trouve, comme au n.° 745, en représentant par θ la colatitude du point (x, y, z) et par V l'angle de la tangente à ce point avec le méridien du même point, $a d\theta = r \cot \mathrm{V}\, d\varphi$; et par conséquent, à cause des relations $z = a\cos\theta$, $r = a\sin\theta$, $r^2 = a^2 - z^2$ et de l'équation (1),

$$\cot \mathrm{V} = \frac{\sqrt{\mathrm{Z}}}{\mathrm{A}}.$$

On peut déterminer par cette formule la position de la tangente à la courbe au point (x, y, z).

752. Le triangle qu'on vient de considérer donne encore $ad\theta = ds \cos V$; et par suite

$$ds = \frac{a(h-z)}{\sqrt{Z}} dz. \tag{6}$$

Il résulte immédiatement de cette égalité que la chaînette peut être rectifiée au moyen des fonctions élémentaires quand $h=0$. On a, en effet, alors, en posant $z^2 = t$,

$$s = a\int \frac{zdz}{\sqrt{Z}} = \frac{a}{2}\int \frac{dt}{\sqrt{(a^2-t)t - A^2}} = \frac{a}{2} \arcsin \frac{2t - a^2}{\sqrt{a^4 - 4A^2}} + C.$$

Pour déterminer l'arc compris entre deux sommets consécutifs de la courbe, il faut prendre l'intégrale entre les limites $\frac{a^2}{2} + \sqrt{a^4 - 4A^2}$ et $\frac{a^2}{2} - \frac{a^2}{2}\sqrt{a^4 - 4A^2}$; la valeur de cet arc est donc égale à $a\,\frac{\pi}{2}$, et par suite cette valeur ne dépend pas de celle de A (Gudermann, l. c.).

Quand h est différent de zéro, on peut calculer s au moyen des fonctions elliptiques. En procédant comme dans la question précédente, on trouve

$$ds = 2Ka\left[(\beta - h)\,du + (\alpha - \beta)\frac{du}{\wp u - \wp u'}\right],$$

et par conséquent

$$s = 2Ka\left\{(\beta - h)\,u + \frac{\alpha - \beta}{\wp' u'}\left[\log \frac{\sigma(u-u')}{\sigma(u+u')} + 2u\,\zeta u'\right]\right\} + \text{const.}$$

Mais on a

$$\lim_{z=\infty} \frac{z^2}{\sqrt{Z}} = -i,$$

et, d'un autre côte,

$$\lim_{z=\infty} \frac{z^2}{\sqrt{Z}} = \frac{K}{\beta - \alpha} \lim_{t=-1} \frac{(\alpha + \beta t)^2}{\sqrt{t(t^2 + pt + q)}} = \frac{2K}{\alpha - \beta} \lim_{u=u'} \frac{\left(\alpha + \beta \wp u - \frac{1}{3} p\beta\right)^2}{\wp' u}$$

$$= \frac{2K(\alpha - \beta)}{\wp' u'}.$$

Donc

$$\frac{1}{\wp' u'} = \frac{i}{2K(\beta - \alpha)},$$

et par suite

$$s = \lambda_1 u - ai \log \frac{\sigma(u-u')}{\sigma(u+u')} + \text{const.},$$

où

$$\lambda_1 = 2Ka(\beta - h) - 2ai\zeta u'.$$

753. Voici maintenant la forme que prennent quelques propriétés de la courbe énoncées ci-dessus, quand on les déduit au moyen des fonctions elliptiques.

1.° Désignons par 2ω la période réelle des fonctions elliptiques qui entrent dans les expressions de φ, x, y, z et s. Si dans les formules (2) et (3) on change u en $u+2\omega$, z ne varie pas, mais φ augmente de $2\lambda\omega$, et s augmente de $2\lambda_1\omega$. Donc *la courbe fait une suite p'ondulations entre deux parallèles de la sphère, et la différence des longitudes de deux points de contact consécutifs avec chacun de ces parallèles est constante et égale à* $2\lambda\omega$; *et la longueur de l'arc compris entre ces points est égale à* $2\lambda_1\omega$.

2.° En changeant u en $u+2m\omega$ dans les équations (4) et (5), m étant un nombre entier, et en désignant par X et Y les valeurs qu'alors prennent x et y, on trouve

$$X + iY = e^{2im\lambda\omega}(x+iy), \quad X - iY = e^{-2im\lambda\omega}(x-iy).$$

Donc la condition pour que la chaînette soit une ligne fermée est

$$2im\lambda\omega = 2n\,i\pi,$$

n étant un nombre entier, ou, en d'autres termes, que $\frac{\lambda\omega}{\pi}$ soit un nombre rationnel.

754. Gudermann, dans le mémoire mentionné, a considéré, conjointement avec la chaînette, le lieu des pôles sphériques des grands cercles tangents à cette courbe. Il a fait voir que ce lieu peut être représenté par les équations

$$d\varphi = \frac{a(A+hz)\,dz}{(a^2-z^2)\sqrt{z^2(a^2-z^2)-(A+hz)^2}}, \quad r^2 = a^2 - z^2;$$

il a envisagé sur cette ligne les mêmes problèmes que sur la chaînette; et il a établi diverses relations entre les deux courbes. Les équations précédentes se réduisent à celles de la chaînette parabolique quand $h=0$; donc *le lieu des pôles sphériques des grands cercles tangents à la chaînette parabolique est une chaînette égale à celle-là*.

Il est bon de remarquer que le même géomètre, dans ses travaux sur la Géométrie de la sphère, mentionnés au n.° 748, a donné le nom de *chaînette sphérique* à la courbe représentée par les équations, rapportées aux coordonnées sphériques,

$$\operatorname{tang}\theta = \frac{e^{m\varphi} + e^{-m\varphi}}{2}.$$

Pour cela il n'a pas tenu évidemment compte des propriétés mécaniques de la courbe, mais seulement de la forme de l'équation, analogue à celle de la chaînette plane. Il a trouvé quelques relations entre cette ligne et la loxodromie, et entre la même ligne et la cycloïde.

755. Avant de terminer cette doctrine, il convient de remarquer que Bobillier a étudié, dans le mémoire mentionné plus haut, le problème de la chaînette sur une surface quelconque. Il a obtenu, pour déterminer la courbe d'équilibre du fil, une équation différentielle du second ordre, où figurent z et s. Il a, en outre, appliqué les résultats qu'il a trouvés aux cas de la chaînette sur un plan incliné, un cylindre, un cône de révolution ou une sphère.

VI.

La courbe du pendule sphérique.

756. La théorie analytique de la *courbe du pendule sphérique* a beaucoup d'analogie avec celle de la chaînette sphérique. Nous allons nous en occuper, mais nous n'en considérons pas les propriétés mécaniques.

On démontre dans la Mécanique (Appell: *Traité de Mécanique,* t. I, p. 485) que, si l'on rapporte la courbe à des axes orthogonaux passant par le centre de la sphère, elle est représentée par les équations

$$(1) \qquad d\varphi = \frac{\mathrm{A}a\,dz}{(z^2 - a^2)\sqrt{\mathrm{Z}}}, \quad r^2 = a^2 - z^2,$$

où

$$\mathrm{Z} = (z - h)(a^2 - z^2) - \mathrm{A}^2,$$

a représentant le rayon de la sphère, r et φ les coordonnées polaires de la projection du point (x, y, z) sur le plan xy, et A et h deux constantes.

Les valeurs de z doivent être prises entre $-a$ et a. On voit par les signes que Z prend quand $z = -a$ et quand $z = -\infty$, qu'une des racines de $\mathrm{Z} = 0$ est comprise entre $-a$ et $-\infty$. Par conséquent, si les deux autres racines étaient imaginaires, $\sqrt{\mathrm{Z}}$ serait imaginaire pour toutes les valeurs de z comprises entre $-a$ et a. Les trois racines de $Z=0$ doivent donc être réelles. Comme on a, en outre, α, β et γ représentant ces racines,

$$\alpha\beta+\alpha\gamma+\beta\gamma=-a^2,$$

on conclut que les trois racines ne peuvent pas être toutes négatives. Donc l'équation $Z=0$ a deux racines α et β entre $-a$ et ∞ et une racine γ négative. En remarquant maintenant que la fonction $\sqrt{Z}$ est réelle quand z est compris entre les deux racines α et β, et imaginaire dans les autres cas, on voit que la courbe est comprise entre les parallèles qui résultent de l'intersection de la sphère avec les plans $z=\alpha$ et $z=\beta$, et qu'elle est tangente à ces cercles.

Soit z_0 un nombre compris entre α et β. En procédant comme dans une question analytique semblable envisagée au n.° 449, on voit que la courbe définie par les équations (1) et par la condition d'être $\varphi=\varphi_0$, quand $z=z_0$, fait une suite d'ondulations égales entre les deux parallèles considérés; et que le méridien passant par un sommet quelconque est un plan de symétrie de l'arc compris entre les sommets voisins. La différence des longitudes de deux points de contact consécutifs avec l'un des parallèles mentionnés est égale à $2Aa\int_\alpha^\beta \frac{dz}{(z^2-a^2)\sqrt{Z}}$, et la condition pour que la courbe soit fermée, c'est que le rapport de ce nombre à π soit rationnel.

757. Nous allons maintenant exprimer φ au moyen des fonctions elliptiques, et, pour cela, mettons la première des équations (1) sous la forme

$$d\varphi=\frac{A}{2}\left[\frac{dz}{(z-a)\sqrt{Z}}-\frac{dz}{(z+a)\sqrt{Z}}\right]$$

et faisons $z=t-\frac{1}{3}h$.

On trouve d'abord

$$\frac{dz}{(z-a)\sqrt{Z}}=-\frac{2i\,dt}{(t-a_1)\sqrt{T}},$$

où

$$T=4t^3-g_2t-g_3,\quad a_1=a+\frac{1}{3}h,$$

et ensuite, en posant $t=\mathrm{p}u$, $\mathrm{p}u_1=a_1$,

$$\frac{dz}{(z-a)\sqrt{Z}}=\frac{2i\,du}{\mathrm{p}u-\mathrm{p}u_1}.$$

Par conséquent, en procédant comme au n.° 750, on trouve

$$\int \frac{dz}{(z-a)\sqrt{Z}} = \frac{2i}{p'u_1}\left[\log \frac{\sigma(u-u_1)}{\sigma(u+u_1)} + 2u\,\zeta u_1\right].$$

Remarquons maintenant qu'on a

$$\lim_{z=a} \frac{1}{\sqrt{Z}} = -\frac{i}{A},$$

et, d'un autre côté,

$$\lim_{z=a} \frac{1}{\sqrt{Z}} = -2i \lim_{t=a_1} \frac{1}{\sqrt{T}} = 2i \lim_{u=u_1} \frac{1}{p'u} = \frac{2i}{p'u_1}.$$

Donc $p'u_1 = -2A$, et par suite

$$\int \frac{dz}{(z-a)\sqrt{Z}} = -\frac{i}{A}\left[\log \frac{\sigma(u-u_1)}{\sigma(u+u_1)} + 2u\,\zeta u_1\right].$$

De même

$$\int \frac{dz}{(z+a)\sqrt{Z}} = -\frac{i}{A}\left[\log \frac{\sigma(u-u_2)}{\sigma(u+u_2)} + 2u\,\zeta u_2\right],$$

u_2 étant déterminé par l équation $pu_2 = -a + \frac{1}{3}h$.

Donc

$$\varphi - \varphi_0 = Gu + \frac{i}{2}\log \frac{\sigma(u-u_2)\,\sigma(u+u_1)}{\sigma(u+u_2)\,\sigma(u-u_1)}, \tag{2}$$

où

$$G = i(\zeta u_2 - \zeta u_1).$$

On a en même temps

$$z = pu - \frac{1}{3}h. \tag{3}$$

Nous avons ainsi les formules qui expriment φ et z en fonction du paramètre u à l'aide des fonctions elliptiques. Mais on peut déduire de ces formules d'autres qui déterminent les coordonnées des points de la courbe en fonction uniforme de u.

Remarquons, pour cela, qu'on a, à cause de l'égalité $pu_1 = a + \frac{1}{3}h$,

$$z - a = pu - pu_1 = \frac{\sigma(u_1+u)\,\sigma(u_1-u)}{\sigma^2 u\,\sigma^2 u_1};$$

et de même, à cause de l'égalité $\mathrm{p}u_2 = \frac{1}{3} h - a$,

$$z + a = \mathrm{p}u - \mathrm{p}u_2 = \frac{\sigma(u_2 + u)\,\sigma(u_2 - u)}{\sigma^2 u\, \sigma^2 u_2}.$$

Mais

$$(x - iy)^2 = r^2 e^{-2i\varphi} = (a^2 - z^2)\, e^{-2i\varphi},$$

et par conséquent

$$x - iy = \frac{i\sigma(u_2 - u)\,\sigma(u_1 + u)}{\sigma^2 u\, \sigma u_1\, \sigma u_2}\, e^{-i(\varphi_0 + Gu)}.$$

De même

$$x + iy = \frac{i\sigma(u_2 + u)\,\sigma(u_1 - u)}{\sigma^2 u\, \sigma u_1\, \sigma u_2}\, e^{i(\varphi_0 + Gu)}.$$

Ces formules déterminent x et y en fonction uniforme du paramètre u. La formule (3) donne z en fonction uniforme de u.

758. Considérons, comme au n.° 751, le triangle infinitésimal formé par un arc de la courbe considérée ayant une extrémité au point (x, y, z), par le parallèle passant par ce point et par le méridien passant par le point infiniment voisin, et représentons par V l'angle que la tangente à la première courbe au point (x, y, z) fait avec le méridien passant par le point de contact. On trouve

$$\operatorname{tang} V = \frac{A}{\sqrt{Z}}.$$

On trouve aussi, comme au paragraphe 752,

$$s = a \int \frac{(h - z)\, dz}{\sqrt{Z(z - h)}}.$$

Le calcul employé pour exprimer la longueur des arcs de la chaînette par des fonctions elliptiques (n.° 752) est applicable à la question que nous considérons à présent. Il faut seulement remplacer les valeurs des constantes α, β, γ et δ, qui figurent dans les calculs exposés aux n.os 750 à 752, par les racines de l'équation $Z(z - h) = 0$.

En représentant par 2ω la période réelle des fonctions elliptiques dont dépendent les coordonnées x et y des points de la courbe du pendule sphérique, et en procédant comme au n.° 753, on voit que les propriétés de cette ligne mentionnées ci-dessus prennent la forme suivante:

1.° *La courbe fait une suite d'ondulations égales entre les parallèles qui limitent la zône qui la contient, et la différence des longitudes de deux points de contact consécutifs avec un même parallèle est égal à* $2G\omega$.

2.° *La condition pour que le pendule décrive une ligne fermée, c'est que* $\frac{G\omega}{\pi}$ *soit un nombre rationnel; dans les autres cas il décrit une ligne faisant un nombre infini d'ondulations entre les parallèles qui limitent la zône qui la contient.*

On peut voir le mode de démontrer au moyen des fonctions elliptiques d'autres propriétés de la courbe dans les travaux mentionnés au paragraphe suivant.

759. Le problème du pendule sphérique a été envisagé par Clairaut en 1735, dans les *Mémoires de l'Académie des Sciences de Paris,* et plus tard, d'une manière plus complète, par Lagrange dans le chapitre premier de l'huitième section de la *Mécanique analytique.* Le même problème a été contidéré ensuite par Puiseux, dans le *Journal de Liouville* (1842, p. 517), qui a démontré que la différence des longitudes de deux sommets consécutifs de la courbe qu'il décrit est plus grand que $\frac{1}{2}\pi$. Les fonctions elliptiques ont été appliquées à ce problème par Tissot dans sa *Thèse de Mécanique,* publiée dans le *Journal de Liouville* (1852, p. 88), et plus tard par Hermite, dans un écrit inséré au *Journal de Crelle* (t. LXXXV, 1878, p. 246) et dans le fameux mémoire *Sur quelques applications des fonctions elliptiques* (Paris, 1885, p. 112), par De Sparre dans un travail inséré aux *Annales de la Société scientifique de Bruxelles* (1884–1885, p. 82), etc. Parmi les traités des fonctions elliptiques ou de leurs applications où ce problème est étudié, nous mentionnerons: Durège, *Theorie der ellipt. functionen* (Prag, 1878, p. 304); Halphen, *Traité des fonctions elliptiques* (t. II, 1888, p. 126); Greenhill, *Les fonctions elliptiques et leurs applications,* ouvrage publié en 1892 en anglais et traduit par M. Griss en 1895; J. Tannery et J. Molk, *Éléments de la théorie des fonctions elliptiques* (t. IV, 1902, p. 176).

CHAPITRE XIV.

SUR LES HÉLICES. SUR QUELQUES COURBES DE L'HÉLICOÏDE GAUCHE.

I.

Les hélices cylindriques.
Les lignes de courbure, d'ombre, de perspective etc. de l'hélicoïde gauche.

760. Considérons un cylindre droit ayant pour base APB... *(fig. 168)* et supposons que le point M se déplace sur la surface de ce cylindre de manière que, en toutes les positions qu'il prend, le rapport de l'ordonnée MP et de la longueur s de l'arc AP soit constant. La courbe décrite par M est nommée une *hélice cylindrique,* et, si $F(x, y) = 0$ est l'équation de la surface du cylindre, les équations de cette courbe sont

$$F(x, y) = 0, \quad z = cs.$$

761. On peut déterminer aisément l'angle que les tangentes à l'hélice font avec les génératrices du cylindre. En effet, en représentant par θ cet angle, on a

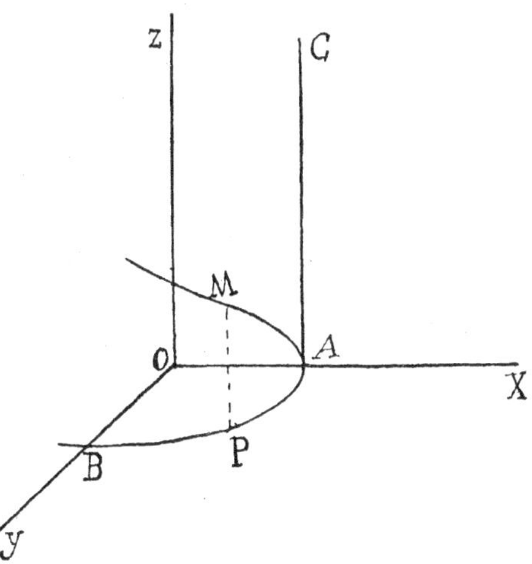

Fig. 168

$$\cos\theta = \frac{dz}{\sqrt{dx^2 + dy^2 + dz^2}};$$

mais

$$dx^2 + dy^2 + dz^2 = ds^2 + dz^2 = \left(1 + \frac{1}{c^2}\right) dz^2;$$

donc

$$\cos \theta = \frac{c}{\sqrt{1 + c^2}}.$$

Donc l'*hélice coupe les génératrices du cylindre sous un angle constant.*

Il est bien facile de voir que, réciproquement, *toute courbe dont les tangentes font un angle constant avec une droite donnée, est une hélice cylindrique.*

En effet, en prenant pour axe des z la droite donnée, la courbe peut être représentée par les équations

$$\frac{dz}{\sqrt{dx^2 + dy^2 + dz^2}} = c, \quad \mathrm{F}(x, y) = 0;$$

et, en désignant par s la longueur de l'arc de la base du cylindre représenté par la seconde équation, compris entre un point fixe et le point (x, y), on a

$$dx^2 + dy^2 = ds^2.$$

Donc

$$(1 - c^2) dz^2 = c^2 ds^2, \quad \mathrm{F}(x, y) = 0,$$

et par suite, en intégrant,

$$z = \frac{c}{\sqrt{1 - c^2}} s + z_1, \quad \mathrm{F}(x, y) = 0.$$

Il résulte de ces équations que la courbe considérée est une hélice.

762. *Les hélices cylindriques sont les lignes géodésiques des surfaces cylindriques sur lesquelles elles sont placées.*

En effet, si l'on développe la surface cylindrique considérée sur le plan tangent au point A *(fig. 168)*, la transformée de l'hélice coupe les transformées des génératrices du cylindre suivant un angle constant, et, comme ces dernières droites sont parallèles, la transformée de l'hélice est une droite. En observant maintenant que l'arc d'une courbe situé sur un cylindre et l'arc correspondant de la transformée sont égaux, on conclut que les hélices cylindriques sont les lignes géodésiques de cette surface.

763. En prenant l'arc s pour variable indépendant, on peut mettre les équations de l'hélice sous la forme

$$x = \varphi(s), \quad y = \psi(s), \quad z = cs. \tag{1}$$

Les équations de la tangente à l'hélice au point (x, y, z) sont donc

$$\frac{X-x}{\varphi'(s)}=\frac{Y-y}{\psi'(s)}=\frac{Z-z}{c};$$

et pourtant cette droite coupe le plan XY à un point situé sur la tangente à la courbe AB au point P, et dont la distance à P est égale à la longueur de l'arc AP.

764. En appliquant aux équations (1) les formules classiques pour la détermination du *rayon de courbure* R et du *rayon de torsion* r des courbes, on trouve

$$R=\frac{1+c^2}{(x''^2+y''^2)^{\frac{1}{2}}},$$

$$r=\frac{c^2(x''^2+y''^2)+(y'x''-x'y'')^2}{c(y''x'''-x''y''')},$$

où $x', y', z', \ldots$ désignent les dérivées de x, y et z par rapport à s.

En tenant compte des relations

$$x'^2+y'^2=s'^2=1, \quad x'x''+y'y''=0,$$

on peut encore mettre r sous la forme

$$r=\frac{(1+c^2)(x''^2+y''^2)}{c(y''x'''-x''y''')}.$$

Il résulte des expressions de R et r qu'on vient d'obtenir, une propriété importante de l'hélice, qu'on va voir.

On a

$$\frac{r}{R}=\frac{(x''^2+y''^2)^{\frac{3}{2}}}{c(y''x'''-x''y''')}.$$

Mais

$$\frac{(x''^2+y''^2)^{\frac{3}{2}}}{y''x'''-x''y'''}$$

est l'expression du rayon de courbure de la ligne plane représentée par les équations

$$X=x'=\varphi'(s), \quad Y=y'=\psi'(s),$$

et, à cause de la relation $x'^2+y'^2=1$, cette ligne est identique à la circonférence correspondant à l'équation

$$X^2+Y^2=1.$$

Donc

$$\frac{r}{R}=\frac{1}{c}.$$

Pourtant, *dans l'hélice cylindrique, le rapport du rayon de torsion au rayon de courbure est constant.*

765. Réciproquement, *si le rapport du rayon de courbure au rayon de torsion d'une courbe est constant, la courbe est une hélice cylindrique.*

Ce théorème est dû à Bertrand, qui l'a publié en 1848 dans le *Journal de Liouville* (t. XIII, p. 423). La démonstration qu'on en va exposer, est due à Serret (*Journal de Liouville,* 1851, p. 423).

Soient (a, a', a''), $(b, b' b'')$ et (c, c', c'') les cosinus des angles que la tangente, la normale principale et la binormale font respectivement avec les axes des coordonnées. Ces angles sont liés par neuf relations, connues sous le nom de *formules de Frenet,* parmi lesquelles sont comprises celles-ci:

$$\frac{da}{ds_1}=\frac{b}{R}, \quad \frac{da'}{ds_1}=\frac{b'}{R}, \quad \frac{da''}{ds_1}=\frac{b''}{R},$$

$$\frac{dc}{ds_1}=-\frac{b}{r}, \quad \frac{dc'}{ds_1}=-\frac{b'}{r}, \quad \frac{dc''}{ds_1}=-\frac{b''}{r},$$

s_1 désignant la longueur des arcs de la courbe.

Ces équations donnent, en faisant $m=-\frac{r}{R}$,

$$\frac{da}{dc}=\frac{da'}{dc'}=\frac{da''}{dc''}=m,$$

et par suite, en intégrant,

$$a=mc+A, \quad a'=mc'+B, \quad a''=mc''+C,$$

A, B et C désignant des constantes, dont deux sont arbitraires et l'autre est déterminée par l'équation

$$A^2+B^2+C^2=(a-mc)^2+(a'-mc')^2+(a''-mc'')^2=1+m^2,$$

laquelle résulte des équations précédentes et de ces autres:

$$a^2+a'^2+a''^2=1, \quad c^2+c'^2+c''^2=1, \quad ac+a'c'+a''c''=0.$$

Rapportons maintenant la courbe à un nouveau système d'axes orthogonaux, tels que le nouvel axe des z coïncide avec la droite dont les coefficients angulaires, par rapport aux axes primitifs, étaient A et B. Les nouvelles valeurs que ces coefficients prennent, sont

$$A = 0, \quad B = 0, \quad C = \sqrt{1 + m^2},$$

et on a

$$a = mc, \quad a' = mc', \quad a'' = mc'' + \sqrt{1 + m^2}.$$

En multipliant maintenant la première de ces équations par a, la deuxième par a' et la troisième par a'', et en additionant les équations résultantes membre à membre, on trouve, en tenant compte des équations antérieures,

$$a'' = \frac{1}{\sqrt{1 + m^2}}.$$

Donc la tangente à la courbe considérée fait un angle constant avec l'axe des z, et par conséquent elle est une hélice cylindrique.

766. *Les plans osculateurs de l'hélice cylindrique font un angle constant avec les génératrices du cylindre sur lequel elle est située.*

En effet, la troisième des formules de Frenet écrites ci-dessus donne, dans le cas de l'hélice cylindrique, $b'' = 0$; et la sexième des mêmes formules fait voir ensuite que $\frac{dc''}{ds_1} = 0$, et que par conséquent c'' est constant.

Il résulte encore de l'équation $b'' = 0$ que *les normales principales de l'hélice considérée sont perpendiculaires aux génératrices de la surface cylindrique où elle est tracée.*

767. La rectification des hélices cylindriques peut être obtenue aisément. En représentant par s_1 la longueur de l'arc AM et en tenant compte de la relation $\varphi'^2(s) + \psi'^2(s) = 1$, nous avons

$$s_1 = \int_0^s \sqrt{x'^2 + y'^2 + c^2}\,.\,ds = \sqrt{1 + c^2}\,.\,s,$$

résultat qu'il est également facile d'obtenir par la Géométrie pure.

768. Parmi les hélices cylindriques, il en est la plus importante celle qui est tracée sur le cylindre de révolution. On trouve mention de cette hélice dans les *Collections mathématiques* de Pappus (prop. 28ᵉ et 30ᵉ du livre IV, et prop. 24ᵉ du livre VIII) et dans le *Commentaire sur le 1.er livre d'Euclide* (éd. *Taylor*, t. I, p. 129) de Proclus, d'où il résulte que cette ligne avait été déjà envisagée par Apollonius (P. Tannery: *Bulletin des Sciences mathématiques,*

1883, p. 278) et par Geminus (Chasles: *Aperçu historique,* 2.e édit., p. 25), dans des ouvrages qui nous ne sont point parvenus.

Prenons pour axe des coordonnées orthogonales l'axe du cylindre, et désignons par a le rayon de la base. Les équations de l'hélice sont alors

$$x^2+y^2=a^2,\quad z=cs,$$

ou

$$x=a\cos\frac{s}{a},\quad y=a\sin\frac{s}{a},\quad z=cs.$$

769. Voici les propriétés les plus intéressantes de ces courbes.

1.° *La projection de l'hélice considérée sur un plan parallèle à l'axe du cylindre est une sinusoïde.*

En effet, les équations de la courbe ne changent pas quand on remplace les plans des xz et yz par d'autres plans orthogonaux, et l'équation de la projection de la courbe sur le plan yz est

$$y=a\sin\frac{z}{ac}\cdot$$

C'est le théorème de Pitot, mentionné au n.° 436.

2.° *La projection conique de la même courbe sur un plan perpendiculaire à l'axe du cylindre est une spirale hyperbolique, quand le sommet du cône est placé sur cet axe* (Olivier: *Cours de Géométrie descriptive,* 2.e partie, 1853, p. 216).

En effet, si l'on désigne par O le sommet du cône, par M un point de l'hélice, par R le point où la droite OM coupe le plan donné, et par S et T les pieds des perpendiculaires baissées de M et R sur l'axe du cylindre, on a TR.OS = SM.OT, et par conséquent, en représentant par ρ et θ les coordonnées polaires de la projection du point R sur le plan xy,

$$c\rho\theta=\mathrm{OT}.$$

3.° *La projection cylindrique oblique de l'hélice sur le plan perpendiculaire à l'axe du cylindre qui contient la courbe, est une cycloïde, quand les génératrices du cylindre projetant sont parallèles à la tangente à l'hélice en un point donné.*

Nous pouvons supposer que le point donné est situé sur l'axe des x, et alors les équations de la tangente à l'hélice en ce point sont

$$\mathrm{X}=a,\quad c\mathrm{Y}=\mathrm{Z}-cs,$$

et les équations des droites parallèles à cette tangente, passant par les points de l'hélice, sont

$$\mathrm{Y}-a\sin\frac{s}{a}=\frac{1}{c}(\mathrm{Z}-cs),\quad \mathrm{X}-a\cos\frac{s}{a}=0.$$

En posant $Z=0$, on voit que l'intersection du cylindre formé par ces droites avec le plan xy est représentée par les équations

$$Y = a \sin \frac{s}{a} - s, \quad X = a \cos \frac{s}{a},$$

qui sont identiques à celles de la cycloïde décrite par un point du cercle de rayon égal à celui de la base du cylindre qui contient l'hélice, roulant sur la parallèle à l'axe des y passant par le point de contact de la tangente donnée avec l'hélice. La cycloïde a à ce dernier point un rebroussement, et elle a les sommets sur la parallèle à l'axe des y passant par le point diamétralement opposé.

D'après une communication faite en 1847 par Olivier à la *Société Philomatique de Paris,* cette proposition est due à Guillery.

4.e *Les rayons de courbure et torsion de l'hélice tracée sur le cylindre de révolution sont constants. L'hélice est l'unique courbe jouissant de cette propriété.*

La première partie de cette proposition résulte des formules générales écrites au n.° 764, qui donnent

$$R = a(1+c^2), \quad r = \frac{a(1+c^2)}{c}.$$

La deuxième partie de la même proposition a été démontrée pour la première fois par Puiseux dans le *Journal de Liouville* (1842, p. 65). On en constate aisément l'exactitude en observant que, si les rayons R et r d'une courbe sont constants, le rapport $\frac{R}{r}$ est aussi constant, et que par conséquent la courbe est (n.° 765) une hélice. Pour reconnaitre maintenant que cette hélice est située sur un cylindre de révolution, il suffit de remarquer que l'expression de R obtenue au n.° 764 fait voir que, dans ce cas, la quantité $(x''^2 + y''^2)^{-\frac{1}{2}}$ est aussi constante, et que, d'après un théorème classique, cette expression représente le rayon de courbure de la courbe définie par les équations $x = \varphi(s)$, $y = \psi(s)$, c'est-à-dire le rayon de courbure du contour de la base du cylindre. Cette base est donc limitée par une circonférence.

5.e En appliquant des formules classiques bien connues, on obtient pour les coordonnées (x_0, y_0, z_0) du centre de courbure de l'hélice relatif au point (x, y, z) les expressions

$$x_0 = -ac^2 \cos \frac{s}{a}, \quad y_0 = -ac^2 \sin \frac{s}{a}, \quad z_0 = cs;$$

donc *le centre de courbure de l'hélice relatif au point (x, y, z) est situé sur une droite parallèle à la base du cylindre sur lequel la courbe est placée, passant par le point donné et par l'axe du cylindre, et le lieu des positions que ce centre prend, quand le point (x, y, z) varie, est une hélice du même pas que l'hélice donnée, située sur un cylindre ayant le même axe que celui-là, et ayant pour base un cercle de rayon égal à ac^2.*

*

6.e Les équations de la tangente à l'hélice considérée au point (x, y, z) font voir que cette droite coupe le plan xy au point (X, Y) déterminé par les équations

$$c(X-x)=z\sin\frac{s}{a}, \quad c(Y-y)=-z\cos\frac{s}{a}.$$

En éliminant x, y et z de ces équations au moyen de celles de la courbe, on obtient ces autres:

$$X=a\cos\frac{s}{a}+s\sin\frac{s}{a}, \quad Y=a\sin\frac{s}{a}-s\cos\frac{s}{a},$$

d'où il résulte que, *quand le point (x, y, z) décrit la courbe, le point où la tangente à ce point coupe le plan de la base du cylindre, décrit sur ce plan une développante du cercle qui en est la base; ou, en d'autres termes, que la courbe d'intersection de l'hélicoïde développable décrit par la tangente à l'hélice considerée avec un plan perpendiculaire à l'axe du cylindre, est une développante du cercle d'intersection du même plan avec le cylindre* (Monge: *Géométrie descriptive*, 5.e éd., 1827, p. 119).

6.e L'équation du plan osculateur de la courbe au point (x, y, z) est

$$c\left(X\sin\frac{s}{a}-Y\cos\frac{s}{a}\right)+Z-cs=0.$$

Ce plan fait donc avec l'axe du cylindre un angle ω déterminé par l'équation

$$\cos\omega=\frac{1}{\sqrt{1+c^2}}.$$

7.e L'équation du plan normal à la courbe au point (x, y, z) est

$$X\sin\frac{s}{a}-Y\cos\frac{s}{a}-cZ=-c^2s.$$

L'enveloppe des positions que ce plan prend, quand s varie, est déterminée par cette équation et par cette autre:

$$X\cos\frac{s}{a}+Y\sin\frac{s}{a}=-c^2a.$$

En posant $Z=0$ et en éliminant X et Y entre ces équations, il vient

$$X=-c^2\left(a\cos\frac{s}{a}+s\sin\frac{s}{a}\right), \quad Y=-c^2\left(a\sin\frac{s}{a}-s\cos\frac{s}{a}\right),$$

d'où il résulte (n.° 585) que *la surface polaire de l'hélice coupe le plan de la base du cylindre suivant une développante d'un cercle de rayon égal à ac^2. Ce cercle est la base de la surface cylindrique sur laquelle sont situés les centres de courbure de l'hélice* (n.° 769, 5.°).

770. Envisageons la surface engendrée par une droite qui se déplace de manière à rencontrer une hélice donnée et à couper perpendiculairement l'axe de la surface cylindrique sur laquelle cette courbe est placée, c'est-à-dire la surface *hélicoïde rampante* ou *à plan directeur. La projection sur un plan, perpendiculaire à l'axe du cylindre, de la courbe qui résulte de l'intersection de cette surface avec un plan passant par une de ses génératrices, est une quadratrice de Dinostrate.* C'est le théorème de Pappus mentionné au n.° 445, que nous allons maintenant démontrer [1].

Prenons pour axe des z l'axe du cylindre, pour plan xy le plan perpendiculaire à cet axe au point où il est coupé par le plan donné, pour axe des x l'intersection de ces deux plans, et pour axe des y la perpendiculaire au plan xz. Les équations des génératrices de l'hélicoïde sont

$$z = cs, \quad x = y \cot \frac{s}{a},$$

et l'équation du plan donné est

$$y = z \operatorname{tang} \omega,$$

ω désignant l'angle qu'il fait avec le plan zx.

En éliminant s parmi les premières équations, on obtient l'équation de l'hélicoïde, savoir:

$$x = y \cot \frac{z}{ac};$$

et, en éliminant ensuite Z entre cette équation et celle du plan donné, on trouve l'équation de la projection sur le plan xy de l'intersection de celui-là avec l'hélicoïde, savoir:

$$x = y \cot \frac{y}{ac \operatorname{tang} \omega};$$

cette courbe est pourtant une quadratrice de Dinostrate.

Ajoutons que la projection de la courbe considérée sur le plan xz est aussi une quadratrice de Dinostrate quand $\omega = \frac{\pi}{4}$.

---

[1] Ce théorème a lieu seulement dans le cas de l'hélicoïde à plan directeur. On doit donc remplacer dans l'énoncé du n.° 445 les mots *hélicoïde gauche* par les mots *hélicoïde à plan directeur*.

Si le plan ne passe pas par une génératrice de l'hélicoïde, il peut être représenté par l'équation

$$y = z \tang \omega + h,$$

et l'équation de la projection de l'intersection avec l'hélicoïde sur le plan xy est

$$x = y \cot \frac{y - h}{ac \tang \omega}.$$

La courbe représentée par cette équation a été envisagée par M. Fouret, comme on a dit au n.° 448.

771. *L'intersection de l'hélicoïde considéré avec un cylindre de révolution dont une génératrice coïncide avec l'axe de la première surface, est une hélice.*

On a déjà vu que les génératrices de l'hélicoïde peuvent être représentées par les équations

$$z = cs, \quad x = y \cot \frac{s}{a}.$$

Le cylindre peut être représenté par l'équation

$$x^2 + y^2 - 2by = 0,$$

et par conséquent les coordonnées des points d'intersection du cylindre et de l'hélicoïde sont déterminées par les équations

$$x = b \sin 2 \frac{s}{a}, \quad y = 2b \sin^2 \frac{s}{a} = b\left(1 - \cos 2 \frac{s}{a}\right), \quad z = cs.$$

En transportant l'origine des coordonnées au centre de la base du cylindre, ces équations prennent la forme

$$x_1 = b \sin 2 \frac{s}{a}, \quad y_1 = -b \cos 2 \frac{s}{a}, \quad z_1 = cs,$$

d'où il résulte le théorème énoncé.

Ce théorème a été donné par Th. Olivier dans ses *Développements de Géométrie descriptive* (1843, p. 52).

772. La projection sur le plan xy de la courbe C qui résulte de l'intersection de l'hélicoïde considéré avec la surface de révolution dont la courbe méridienne est définie par les équations $z=\psi(x)$, $y=0$, a pour équation

$$x=y\cot\frac{\psi(\sqrt{x^2+y^2})}{ac},$$

ou, en posant $x=\rho\cos\theta$, $y=\rho\sin\theta$,

$$\theta=\frac{\psi(\rho)}{ac}.$$

L'équation de la courbe méridienne de la surface de révolution considérée, rapportée aux coordonnées cartésiennes, et l'équation de la projection de C sur le plan perpendiculaire à l'axe de l'hélicoïde, rapportée aux coordonnées polaires, ont la même forme, quand l'axe de l'hélicoïde et celui de la surface de révolution coïncident. Ainsi, par exemple, si la courbe méridienne est une *droite*, c'est-à-dire si la surface de révolution est une cône, la projection de l'intersection avec l'hélicoïde est une *spirale d'Archimède;* si la courbe méridienne est une *logarithmique,* la projection de l'intersection avec l'hélicoïde est une *spirale logarithmique;* si la courbe méridienne de la surface de révolution est une *hyperbole* équilatère ayant pour asymptote l'axe de l'hélicoïde, la projection de l'intersection des deux surfaces est une *spirale hyperbolique;* etc.

Cette remarque est due à Chasles, qui en a profité pour tracer les tangentes et pour déterminer les rayons de courbure de la spirale d'Archimède, de la spirale logarithmique, etc. (*Aperçu historique,* 2.e éd., p. 297).

773. En appliquant à l'hélicoïde considéré l'équation classique des lignes de courbure, on obtient l'équation

$$(a^2c^2x^2+x^4-y^4)\,dy^2-2xy\,[2\,(x^2+y^2)+a^2c^2]\,dx\,dy+(a^2c^2y^2-x^4+y^4)\,dx^2=0,$$

ou

$$(a^2c^2+x^2+y^2)\,(xdy-ydx)^2-(ydy+xdx)^2=0,$$

ou, en faisant $x=\rho\cos\theta$, $y=\rho\sin\theta$,

$$d\rho^2=(a^2c^2+\rho^2)\,d\theta^2.$$

En intégrant cette équation, on obtient cette autre:

$$\rho=ac\,\frac{e^{\theta}-e^{-\theta}}{2},$$

d'où il résulte que les lignes de courbure de l'hélicoïde à plan directeur sont identiques à des lignes que nous avons considérées au n.° 483, et auxquelles nous avons donné le nom de *spirales des sinus hyperboliques*.

Le problème de la détermination des lignes de courbure de l'hélicoïde à plan directeur a été résolu par De la Gournerie dans un mémoire inséré au *Journal de l'École Polytechnique de Paris* (cahier XXXIV, 1851, p. 94), où elles ont été obtenues par une méthode spéciale.

774. L'hélicoïde qu'on vient de considérer est un cas particulier de l'hélicoïde engendré par une droite qui rencontre une hélice et l'axe du cylindre correspondant, en faisant un angle constant avec cet axe. Les équations de la génératrice sont, comme on le voit aisément,

$$x = y \cot \frac{s}{a}, \quad y - a \sin \frac{s}{a} = \frac{1}{h} \sin \frac{s}{a} (z - cs),$$

h désignant la tangente trigonométrique de l'angle que ces droites font avec le plan xy, et l'équation de l'hélicoïde est pourtant

$$z = ac \operatorname{arc} \cot \frac{x}{y} + h[\sqrt{x^2 + y^2} - a],$$

où l'on peut supposer $h > 0$.

Il existe sur la surface de cet hélicoïde quelques lignes remarquables, qui sont identiques à des courbes étudiées déjà dans cet ouvrage, ou qui en sont une généralisation immédiate, dont nous allons nous occuper.

1.° En posant dans la dernière équation $z = 0$, $x = \rho \cos \theta$, $y = \rho \sin \theta$, il vient

$$\rho = a - \frac{ac}{h} \theta;$$

donc *l'intersection de l'hélicoïde avec un plan perpendiculaire à l'axe est une spirale d'Archimède.*

2.° En faisant dans la même équation $x = b \cos \theta$, $y = b \sin \theta$, il vient

$$z = ac\theta + h(b - a);$$

pourtant *les courbes qui résultent de l'intersection de l'hélicoïde avec les cylindres de révolution ayant le même axe que cette surface sont des hélices du même pas.*

3.° On obtient aisément les *lignes asymptotiques* de l'hélicoïde en appliquant l'équation classique générale des lignes asymptotiques. On trouve ainsi

$$2ac\, xy\,(dy^2 - dx^2) + 2ac\,(x^2 - y^2)\, dx\, dy - h\,(xdy - ydx)^2 \sqrt{x^2 + y^2} = 0,$$

ou, en faisant $x = \rho \cos \theta$, $y = \rho \sin \theta$,

$$2ac\, d\rho - h\rho^2 d\theta = 0.$$

En intégrant et en désignant par θ_0 et ρ_0 deux constantes arbitraires, on trouve $\rho=\rho_0$, quand $h=0$, et

$$h\rho(\theta_0-\theta)=2ac,$$

quand h est différent de zéro.

Donc *les lignes asymptotiques de l'hélicoïde à plan directeur sont des hélices, situées sur un cylindre ayant le même axe que la surface, et les lignes asymptotiques des autres hélicoïdes considérés sont des spirales hyperboliques* (De la Gournerie, l. c., p. 94).

4.° Nous allons envisager maintenant la ligne de contact de l'hélicoïde avec un cône de révolution ayant le sommet à un point O, que nous pouvons supposer, sans particulariser, situé sur le plan xz. Cette courbe a été étudiée par De la Gournerie dans le mémoire mentionné ci-dessus.

Représentons par $(\alpha, 0, \gamma)$ les coordonnées du point O. La condition pour que le plan tangent à la surface au point (x, y, z) passe par ce point est

$$z-\gamma=\frac{\partial z}{\partial x}(x-\alpha)+\frac{\partial z}{\partial y}y,$$

ou

$$(A)\qquad (z-\gamma)(x^2+y^2)=ac\alpha y+h[x^2+y^2-\alpha x]\sqrt{x^2+y^2}.$$

Cette équation et celle de l'hélicoïde définissent la courbe de contact du cône ayant le sommet au point O avec cet hélicoïde, c'est-à-dire le contour apparent de l'hélicoïde, vu de O.

En éliminant z entre les deux équations et en posant ensuite $x=\rho\cos\theta$, $y=\rho\sin\theta$, on obtient l'équation polaire de la projection de la courbe sur le plan xy, savoir:

$$\rho=\frac{ac\alpha\sin\theta}{ac\theta-h\alpha-\gamma+\alpha h\cos\theta}.$$

La discussion de cette courbe n'offre pas de difficulté. Elle est composée d'un nombre infini d'ovales passant par l'origine des coordonnées, et, en général, de quelques branches infinies passant aussi par cette origine. Les points situés à l'infini correspondent aux racines de l'équation

$$ac\theta-h\alpha-\gamma+\alpha h\cos\theta=0.$$

Chaque branche infinie a une asymptote, qui fait avec l'axe des abscisses un angle θ' déterminé par cette dernière équation, et la distance de l'origine des coordonnées à cette droite est égale à

$$\frac{ac\alpha\sin\theta'}{ac-\alpha h\sin\theta'}.$$

La courbe gauche dont cette équation représente la projection, est formée, par conséquent, d'une spirale rencontrant l'axe de l'hélicoïde à un nombre infini de points, et, en général, de quelques branches infinies rencontrant aussi cet axe, et ayant pour plans asymptotiques les plans parallèles à l'axe de l'hélicoïde passant par les asymptotes de la projection.

Quand θ tend vers l'infini, ρ tend vers 0, et l'équation de l'hélicoïde, mise sour la forme

$$z = ac\theta + \rho(\rho - a),$$

fait voir que z tend vers l'infini. Donc l'axe de l'hélicoïde est une asymptote de la courbe.

L'équation (A) peut être mise sous la forme

$$(z-\gamma)\rho = ac\alpha\sin\theta + h(\rho - \alpha\cos\theta),$$

d'où il résulte que les points où le plan passant par l'axe de l'hélicoïde et faisant un angle θ_0 avec le plan xz, coupe la courbe de contact du cône et de l'hélicoïde, sont placés sur une hyperbole, qui, en prenant pour axe des X la droite qui résulte de l'intersection du plan donné avec le plan xy, et pour axe des Z l'axe de l'hélicoïde, est représentée par l'équation

$$(Z-\gamma)X = ac\alpha\sin\theta_0 + hX(X - \alpha\cos\theta_0);$$

l'axe de l'hélicoïde est une asymptote de cette hyperbole.

Il est à remarquer le cas particulier où l'hélicoïde a un plan directeur. Alors on a $h=0$, et la projection du contour apparent sur le plan xy est définie par l'équation

$$\rho = \frac{ac\alpha\sin\theta}{ac\theta - \gamma},$$

ou, quand le point O est situé sur l'axe des x, c'est-à-dire sur la surface de l'hélicoïde,

$$\rho = \frac{\alpha\sin\theta}{\theta};$$

la projection du contour apparent de l'hélicoïde est donc alors une *cochléoïde* (n.° 492).

5.° Une autre ligne de l'hélicoïde qu'il convient de remarquer, c'est la courbe de contact de cette surface avec un cylindre circonscrit, dont les génératrices sont parallèles à une droite donnée. Cette courbe a été envisagée par Hachette et François, dans la *Correspondance de l'École Polytechnique* (t. II, 1809–1813, p. 13, 69 et 447; t. III, 1814–1816, p. 18); par Poncelet, dans les *Applications d'Analyse et de Géométrie* (t. I, p. 447–461); par Persy, dans un mémoire publié par Th. Olivier dans les *Applications de Géométrie descriptive* (Paris, 1847, p. 35); par ce dernier géomètre, dans un écrit publié dans l'ouvrage qu'on vient de mentionner (p. 45); par De la Gournerie dans le mémoire signalé plus haut; etc. Les recherches de Poncelet sur la courbe considérée ont été publiées seulement en 1862, mais l'article où elles sont exposées est conforme à un manuscript de 1809-1810, et, d'ailleurs, une exposition de ces recherches, rédigée par Bardin, à qui Poncelet les avait communiquées en 1827, avait été publiée par Th. Olivier dans les *Applications de Géométrie descriptive* (p. 95-104).

Nous pouvons supposer, sans particulariser, que la droite donnée est située sur le plan xz, et qu'elle fait un angle aigu avec la direction positive de l'axe des z. En la représentant par les équations $x = kz$, $y = 0$, où $k > 0$, la condition pour que les plans tangents à l'hélicoïde soient parallèles à cette droite est

$$(x^2 + y^2 + acky)^2 = h^2k^2 x^2 (x^2 + y^2).$$

Cette équation et celle de l'hélicoïde déterminent la courbe de contact de cette surface et du cylindre envisagé.

En faisant $x = \rho \cos\theta$, $y = \rho \sin\theta$, on voit que l'équation polaire de la projection de la courbe sur le plan xy est

$$\text{(B)} \qquad \rho = \frac{ack \sin\theta}{hk\cos\theta - 1};$$

donc cette ligne coïncide avec la courbe désignée par Poncelet sous le nom de *capricorne,* que nous avons rencontrée déjà au n.° 709. Elle a été étudiée par l'éminent géomètre dans l'ouvrage mentionné ci-dessus, où il en a déterminé la forme, où il a donné une manière facile de la construire, et où il a appliqué la méthode de Roberval au tracé de ses tangentes. Dans cette étude, Poncelet a employé les méthodes purement géométriques; dans le mémoire de De la Gournerie la courbe est étudiée par les méthodes analytiques.

On détermine aisément la forme de la courbe. Elle est symétrique par rapport à l'axe des y, et elle a un noeud à l'origine des coordonnées, où sont réunis deux points doubles, et un autre noeud au point $(0, -ack)$; elle est par conséquent *unicursale*. Les arcs qui forment le noeud situé à l'origine sont tangents à l'axe des abscisses, et ont la concavité tournée dans le même sens quand $hk < 1$, et dans des sens contraires quand $hk > 1$. Dans le premier de ces cas, la courbe est fermée, et, dans l'autre cas, elle est infinie. Si $hk = 1$, la courbe se réduit à une droite coïncidant avec l'axe des x, et à une *strophoïde droite* (n.° 41) ayant le sommet sur l'axe de la surface. Donc *la projection sur le plan xy de la courbe de contact de l'hélicoïde avec un cylindre circonscrit, dont les génératrices font avec l'axe de l'hélicoïde un angle égal à celui de cet axe et des génératrices de l'hélicoïde, est une strophoïde droite.*

Voici la méthode employée par Poncelet pour construire le capricorne. Prenons un cercle de rayon égal à $\frac{ac}{h}$, ayant le centre à l'origine O des coordonnées, et sur ce cercle signalons deux points A et B, tels que l'angle AOB soit égal à $\frac{\pi}{2}$. Ensuite menons par un point P, ayant pour coordonnées $(0, -ack)$, la droite PA; le lieu décrit par le point d'intersection M de PA et OB, quand l'angle BOA tourne autour du centre du cercle, est le capricorne. En effet, en représentant par (θ, ρ) les coordonnées polaires du point M, l'équation de la droite PM est

$$\frac{y+ack}{x}=\frac{\rho\sin\theta+ack}{\rho\cos\theta};$$

et, comme cette droite doit passer par le point A, dont les coordonnées sont $\left(\theta-\frac{\pi}{2}, \frac{ac}{h}\right)$, et comme par suite cette équation est satisfaite quand on fait $x=\frac{ac}{h}\sin\theta$, $y=-\frac{ac}{h}\cos\theta$, on a l'équation

$$\frac{hk-\cos\theta}{\sin\theta}=\frac{\rho\sin\theta+ack}{\rho\cos\theta},$$

qui est identique à l'équation (B).

Si $k=\infty$, l'équation du capricorne se réduit à celle-ci:

$$\rho=\frac{ac}{h}\operatorname{tang}\theta;$$

donc *la projection sur le plan xy de la courbe de contact de l'hélicoïde avec un cylindre dont les génératrices sont parallèles à l'axe de l'hélicoïde, est un cappa* (n.° 290).

Ces cas particuliers ont été spécialement signalés par Poncelet, qui a même énoncé une propriété de la courbe correspondant à $hk=1$ qui coïncide avec une propriété de la strophoïde démontrée au n.° 41.

Il convient de remarquer encore le cas où $h=0$, c'est-à-dire le cas où l'hélicoïde a un plan directeur. Alors la courbe de Poncelet se réduit à un cercle, et la courbe gauche correspondante est située sur un cylindre dont une génératrice coïncide avec l'axe de l'hélicoïde. On a donc (n.° 772) le théorème suivant: *la ligne de contact d'un cylindre avec l'hélicoïde à plan directeur est une hélice.*

La courbe de Poncelet a été encore employée par De la Gournerie (l. c., p. 25) pour séparer, dans la projection de la ligne de contact d'un cône avec l'hélicoïde, la partie qui correspond aux arcs parasites de cette ligne de celle qui correspond aux arcs réels.

Ajoutons enfin que ce géomètre et Olivier ont encore considéré, dans les mémoires cités, les lignes de contact du cône et du cylindre avec l'hélicoïde engendré par une droite qui se déplace de manière que tous ses points décrivent des hélices situées sur des cylindres de révolution ayant le même axe, mais qui ne rencontre pas cet axe.

II.

Sur les hélices coniques. Sur quelques spirales coniques.

775. Considérons un cône de révolution, et rapportons cette surface à un système d'axes orthogonaux, ayant pour origine le sommet O du cône et pour axe des z l'axe de cette surface *(fig. 169)*, et supposons que OA soit une génératrice du cône. Si le point M se déplace sur cette génératrice, en même temps qu'elle tourne autour de OZ, de manière que la distance MP de ce point au plan XY soit proportionnelle à l'angle POL, le point considéré décrit sur le cône une ligne qu'on appelle *hélice conique*.

En désignant par (x, y, z) les coordonnées du point M et par ρ, θ et φ le segment OP, l'angle AOZ et l'angle POL, on peut représenter la courbe par les équations

$$x = \rho \cos\varphi, \quad y = \rho \sin\varphi, \quad z = \rho \cot\theta = a\varphi,$$

a étant une constante, ou encore

$$x = a\varphi \cos\varphi \operatorname{tang}\theta, \quad y = a\varphi \sin\varphi \operatorname{tang}\theta,$$

$$z = a\varphi.$$

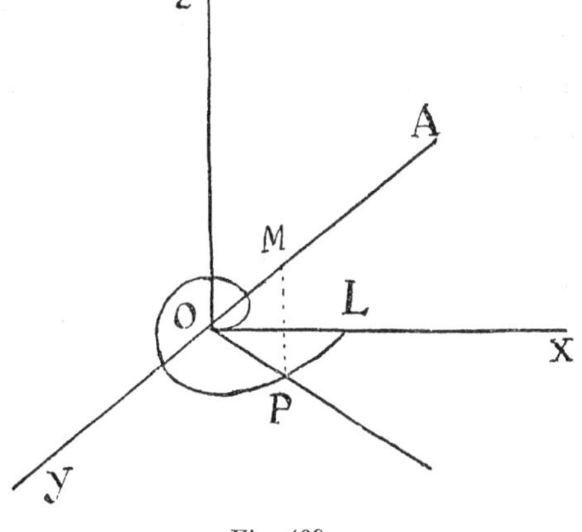

Fig. 169

La courbe décrite par le point P sur le plan XY, quand M décrit l'hélice conique, a pour équation $\rho = a\varphi \operatorname{tang}\theta$; donc *la projection de l'hélice conique sur un plan perpendiculaire à l'axe du cône est une spirale d'Archimède.*

Le lieu des droites passant par les points de l'hélice et coupant perpendiculairement l'axe du cône est l'hélicoïde à plan directeur. En effet, on peut représenter ces droites par les équations

$$Y = X \operatorname{tang}\varphi, \quad Z = a\varphi,$$

qui, par l'élimination de φ, donnent

$$Z = a \operatorname{arc}\cot \frac{X}{Y},$$

qui est l'équation de l'hélicoïde mentionné (n.° 770).

Pourtant *l'hélice conique résulte de l'intersection du cône avec un hélicoïde à plan directeur ayant pour axe celui du cône.*

L'hélice conique est une des lignes à double courbure considérées par les anciens géomètres. On en trouve mention dans les *Collections mathématiques* de Pappus (livre IV, prop. 29), où le célèbre géomètre démontre les propositions qu'on vient d'énoncer, et dans le *Commentaire sur la 4.e définition du premier livre d'Euclide* de Proclus. La méthode de description de la spirale d'Archimède qui résulte des théorèmes de Pappus qu'on vient d'obtenir, a été généralisée par Chasles dans la Note VIII de l'*Aperçu historique,* comme on l'a vu au n.° 772. En outre, ce géomètre et Olivier (*Développements de Géométrie descriptive,* 1843, p. 96) se sont basés sur ces mêmes théorèmes pour étudier la spirale d'Archimède.

776. Les cosinus des angles que la droite OA fait avec les axes des x, y et z sont respectivement égaux à $\cos\varphi \sin\theta$, $\sin\varphi\sin\theta$ et $\cos\theta$; et les cosinus des angles que la tangente à la courbe au point M fait avec les mêmes axes sont égaux à $\frac{dx}{ds}$, $\frac{dy}{ds}$ et $\frac{dz}{ds}$. Donc on a, en désignant par ω l'angle que la tangente fait avec la génératrice du cône passant par le point de cantact,

$$\cos\omega = \frac{dx}{ds}\cos\varphi\sin\theta + \frac{dy}{ds}\sin\varphi\sin\theta + \frac{dz}{ds}\cos\theta.$$

Mais

$$\frac{dx}{d\varphi} = a \operatorname{tang}\theta(\cos\varphi - \varphi\sin\varphi), \quad \frac{dy}{d\varphi} = a\operatorname{tang}\theta(\sin\varphi + \varphi\cos\varphi), \quad \frac{dz}{d\varphi} = a,$$

$$\frac{ds}{d\varphi} = a\sqrt{(1+\varphi^2)\operatorname{tang}^2\theta + 1}.$$

Pourtant on a, pour déterminer les tangentes à la courbe, l'équation

$$\cos\omega = \frac{1}{\sqrt{1+\varphi^2\sin^2\theta}}.$$

Pour la construction graphique des mêmes tangentes, on peut employer une méthode exposée par Garbinski dans les *Annales de Gergonne* (t. XVI, 1825-1826, p. 167), et basée sur la propriété dont jouit l'hélice considérée, de résulter de l'intersection du cône avec un hélicoïde à plan directeur. Il obtient ces tangentes au moyen des plans tangents au cône et à l'hélicoïde, dont la construction n'offre pas de difficulté.

777. L'équation du plan tangent au cône au point (x, y, z) de l'hélice est

$$xX + yY = 0,$$

et l'équation du plan normal à cette courbe à ce même point est

$$a \operatorname{tang} \theta [(\cos\varphi - \varphi \sin\varphi) X + (\sin\varphi + \varphi\cos\varphi) Y] + aZ = a^2 \varphi \sec^2\theta.$$

La droite qui résulte de l'intersection de ces plans coupe le plan XY à un point ayant pour coordonnées

$$X = -2a \sin\varphi \operatorname{cos\acute{e}c} 2\theta, \quad Y = 2a \cos\varphi \operatorname{cos\acute{e}c} 2\theta.$$

Donc *la droite qui résulte de l'intersection du plan tangent à l'hélice au point* M *de la courbe et du plan normal au même point coupe le plan perpendiculaire à l'axe du cône, passant par le sommet, en un point qui décrit une circonférence, quand* M *décrit l'hélice. Le centre de cette circonférence coïncide avec le sommet du cône* (Th. Olivier: l. c., p. 108).

778. Le volume du solide compris entre le cylindre droit ayant pour base l'espace plan limité par l'arc OPL de la projection de l'hélice sur le plan XY, ce plan et la surface du cône, peut être obtenu par la formule connue

$$V = \int\int f(\rho\cos\varphi, \ \rho\sin\varphi)\, \rho\, d\rho\, d\varphi,$$

qui détermine le volume du solide compris entre la surface définie par l'équation $z = f(x, y)$, le plan XY et un cylindre ayant la base sur ce plan. Comme les équations du cône et de la ligne OPL sont

$$z^2 = (x^2 + y^2)\cot^2\theta, \quad \rho = a\varphi \operatorname{tang}\theta,$$

on a

$$V = \int_0^{2\pi} d\varphi \int_0^{a\varphi \operatorname{tang}\theta} \rho^2 \cot\theta\, d\rho = \frac{4}{3} a^3 \pi^4 \operatorname{tang}^2\theta.$$

Ce résultat a été trouvé par Pascal, au moyen de la méthode des indivisibles, dans un écrit intitulé: *Dimension d'un solide formé par le moyen d'une spirale autour d'un cône* (*Oeuvres,* éd. Hachette, t. III, p. 448).

779. La longueur de l'arc de l'hélice considérée compris entre le point O et un autre point quelconque est déterminée par l'équation

$$s = \frac{a}{\cos\theta} \int_0^{\varphi} \sqrt{1 + \varphi^2 \sin^2\theta}\, d\varphi$$

$$= \frac{a}{2\cos\theta} \left[\varphi (1 + \varphi^2 \sin^2\theta)^{\frac{1}{2}} + \frac{1}{\sin\theta} \log (\varphi \sin\theta + \sqrt{1 + \varphi^2 \sin^2\theta}) \right].$$

Donc il existe une parabole dont les arcs sont égaux aux arcs de l'hélice considérée. Cette proposition a été établie par des méthodes purement géométriques par Guido-Grandi, qui l'a communiquée à Th. Ceva dans une lettre publiée, comme appendice, à l'ouvrage sur la logarithmique mentionné au n.° 400.

Dans la même lettre, Guido-Grandi remarque que la transformée de l'hélice, quand on développe le cône, est une spirale d'Archimède, et il en déduit la valeur A de l'aire balayée sur le cône par le vecteur d'un point de l'hélice, quand ce point se déplace dès le sommet jusqu'à un point donné. Il est, en effet, facile de voir que, si ρ_1 et φ_1 représentent les coordonnées de la transformée d'une courbe quelconque située sur le cône, rapportée au point correspondant au sommet, comme pôle, et à la droite correspondant à la génératrice située sur le plan ZX, comme axe, on a

$$\rho_1 \sin\theta = \rho, \quad \varphi_1 = \varphi \sin\theta;$$

et, en appliquant ces équations à l'hélice, on voit que la transformée de cette ligne est la spirale d'Archimède ayant pour équation

$$\rho_1 = \frac{2a}{\sin 2\theta}\varphi_1.$$

On a donc

$$A = \frac{a^2 \sin\theta}{6\cos^2\theta}\varphi^3.$$

Cette méthode est applicable, comme Guido-Grandi l'a remarqué, à toutes les courbes situées sur le cône. On peut même réduire la quadrature de toutes ces courbes à celle de leurs projections respectives sur le plan perpendiculaire à l'axe du cône. On a, en effet,

$$A = \frac{1}{2}\int_0^{\varphi_1} \rho_1^2 d\varphi_1 = \frac{1}{2\sin\theta}\int_0^{\varphi\sin\theta} \rho^2 d\varphi.$$

Il est à remarquer que, d'après une passage d'une lettre adressée par Roberval à Torricelli (*Mémoires de l'Académie des Sciences de Paris,* t. VI, p. 458), le premier de ces géomètres avait considéré les spirales coniques ayant pour projection sur le plan perpendiculaire à l'axe du cône les spirales paraboliques (n.° 525), et il avait réconnu que la quadrature et la rectification de ces lignes dépend de celles de ces dernières spirales. On obtient ce résultat par la méthode précédente en observant que la transformée d'une spirale conique ayant pour projection sur un plan perpendiculaire à l'axe du cône une spirale parabolique, est une autre spirale parabolique, et en tenant compte des théorèmes démontrés aux n.ºs 526 et 527.

780. Les équations de la tangente à l'hélice au point M sont

$$Y - a\varphi\sin\varphi\,\mathrm{tang}\,\theta = (\sin\varphi + \varphi\cos\varphi)\,\mathrm{tang}\,\theta\,(Z - a\varphi),$$
$$X - a\varphi\cos\varphi\,\mathrm{tang}\,\theta = (\cos\varphi - \varphi\sin\varphi)\,\mathrm{tang}\,\theta\,(Z - a\varphi).$$

En faisant $Z=0$, on voit que cette droite coupe le plan XY au point déterminé par les équations

$$X = a\varphi^2 \sin\varphi \operatorname{tang}\theta, \quad Y = -a\varphi^2 \cos\varphi \operatorname{tang}\theta.$$

Or, ces équations donnent

$$X^2 + Y^2 = a^2 \varphi^4 \operatorname{tang}^2\theta, \quad \frac{Y}{X} = -\cot\varphi,$$

et pourtant, en posant $X = \rho' \sin\varphi'$, $Y = \rho' \cos\varphi'$,

$$\rho' = a\varphi'^2 \operatorname{tang}\theta.$$

Donc *la surface développable formée par les tangentes à l'hélice conique coupe le plan perpendiculaire à l'axe du cône, mené par le sommet, suivant une spirale de Galilée* (n.° 463).

Cette proposition a été démontrée par Vallès dans les *Annales de Gergonne* (t. XVII, 1826-1827, p. 159 et 349). Ce géomètre a trouvé aussi l'équation des développantes de l'hélice considérée, mais l'équation qui les représente n'est pas simple et n'offre pas d'intérêt.

781. Parmi les spirales du cône de révolution qui se projettent sur un plan perpendiculaire à l'axe du cône suivant quelqu'une des spirales planes qui ont été étudiées dans cet ouvrage, nous en signalerons encore ici celles qui correspondent à la spirale hyperbolique (n.° 472) et à la spirale de Galilée, ayant le pôle sur l'axe du cône. On étudiera plus loin celle qui correspond à la spirale logarithmique.

1.° La première des spirales mentionnées peut être représentée par les équations

$$x = a\frac{\cos\varphi}{\varphi}\operatorname{tang}\theta, \quad y = a\frac{\sin\varphi}{\varphi}\operatorname{tang}\theta, \quad z = a\varphi,$$

et alors la projection sur le plan xy est définie par l'équation polaire $\varphi\rho = a \operatorname{tang}\theta$. Cette ligne a été étudiée par Olivier, sous le nom de *spirale hyperbolique conique,* dans l'ouvrage mentionné ci-dessus (p. 87), où il a donné des méthodes pour en construire le plan osculateur et le rayon de courbure. Parmi ses propriétés, nous signalerons celle-ci: *les tangentes à la spirale considérée coupent le plan perpendiculaire à l'axe du cône, mené par le sommet, suivant une circonférence dont le centre coïncide avec le sommet du cône et dont le rayon est égal à* $a \operatorname{tang}\theta$. On obtient cette propriété par une analyse semblable à celle qu'on a employée au n.° 780 pour démontrer une propriété analogue de l'hélice conique.

2.° La spirale conique qui se projette sur un plan perpendiculaire à l'axe du cône considéré suivant la spirale de Galilée:

$$\rho = h + k\varphi^2$$

est le lieu que décrirait à l'interieur de la Terre un point mobile, en descendant jusqu'à son centre suivant la loi de Galilée, c'est-à-dire avec une accélération constante, et en tournant en même temps autour de la ligne des pôles avec un vitesse constante. Le point décrit évidemment une droite qui passe par le centre de la Terre et tourne autour de la ligne des pôles, et, si l'on désigne par R le rayon de la Terre, par b et a deux constantes, par t le temps employé par le point mobile pour descendre dès la surface de la Terre jusqu'au point situé à la distance r du centre, et par φ l'angle parcouru par le méridien du point pendant le temps t, on a, d'après les hypothèses énoncées,

$$r = \mathrm{R} - bt^2, \quad \varphi = at;$$

mais, si ρ est le vecteur de la projection du point mobile sur le plan XY, on a $\rho = r \sin\theta$; donc l'équation de la projection sur ce plan de la spirale décrite par le point mobile sur le cône est

$$\rho = \mathrm{R}\sin\theta - \frac{b}{a^2}\varphi^2 \sin\theta,$$

et cette courbe est par suite une *spirale de Galilée*. Le problème qu'on vient de considérer a été posé par Galilée, et il a amené, comme on a dit au n.° 463, Mersenne et Fermat à s'occuper de la spirale définie par la dernière équation.

782. Quelques auteurs appellent *loxodromie conique*, et d'autres *hélice conique*, la ligne qui coupe sous un angle constant les génératrices d'un cône quelconque. Si l'on veut donner à ces mots la dernière signification, on doit remplacer le nom donné par Chasles à la courbe étudiée ci-dessus par un autre. Il serait juste de l'appeler *spirale conique de Pappus*, vu que c'est dans les *Collections mathématiques* de ce célèbre géomètre qu'on en trouve la première mention connue.

Considérons un cône quelconque engendré par une droite OA, *(fig. 169)*, et supposons, comme au n.° 775, que P soit la projection du point M de la surface du cône sur le plan XY, que les axes des coordonnées OX, OY et OZ soient orthogonaux, que φ et θ désignent les angles POX et AOZ et ρ le segment OP, et que $\varphi = f(\theta)$ soit l'équation du cône. On obtient l'équation différentielle de la ligne qui coupe les génératrices de ce cône sous un angle constant de la manière suivante.

Les cosinus des angles que la droite OA fait avec les axes des coordonnées ont pour expressions

$$\cos \mathrm{AOX} = \cos\varphi \sin\theta, \quad \cos \mathrm{AOY} = \sin\varphi \sin\theta, \quad \cos \mathrm{AOZ} = \cos\theta,$$

et les cosinus des angles que la tangente à une courbe quelconque décrite par le point M fait avec les mêmes axes sont égaux à $\frac{dx}{ds}$, $\frac{dy}{ds}$, $\frac{dz}{ds}$. Donc la condition pour que M décrive une courbe qui coupe les génératrices du cône sous un angle constant est exprimée par l'équation

$$\frac{dx}{ds}\cos\varphi\sin\theta+\frac{dy}{ds}\sin\varphi\sin\theta+\frac{dz}{ds}\cos\theta=c,$$

qui, en tenant compte des égalités

(1) $$x=\rho\cos\varphi,\quad y=\rho\sin\varphi,\quad z=\rho\cot\theta,$$

lesquelles donnent

$$dx=\cos\varphi\,d\rho-\rho\sin\varphi\,d\varphi,\quad dy=\sin\varphi\,d\rho+\rho\cos\varphi\,d\varphi,$$

$$dz=\cot\theta\,d\rho-\rho\frac{d\theta}{\sin^2\theta},\quad ds^2=\frac{d\rho^2}{\sin^2\theta}+\rho^2\,d\varphi^2+\frac{\rho^2\,d\theta^2}{\sin^4\theta}-\frac{2\rho\cos\theta}{\sin^3\theta}\,d\theta\,d\rho$$

peut être mise sous la forme

(2) $$d\frac{\rho}{\sin\theta}=cds,$$

ou

(3) $$d\frac{\rho}{\sin\theta}=c\left[\frac{d\rho^2}{\sin^2\theta}+\rho^2\,d\varphi^2+\frac{\rho^2}{\sin^4\theta}\,d\theta^2-\frac{2\rho\cos\theta}{\sin^3\theta}\,d\rho\,d\theta\right]^{\frac{1}{2}}.$$

En éliminant φ de cette équation au moyen de l'équation $\varphi=f(\theta)$ du cône, et en intégrant ensuite, on obtient une équation qui détermine ρ en fonction de θ; ensuite les équations (1) déterminent x, y et z.

La courbe peut être rectifiée au moyen de l'équation (2), qui donne

$$cs=\frac{\rho}{\sin\theta}+\text{const.}=\frac{x^2+y^2}{y}+\text{const.}$$

Nous allons étudier maintenant le cas où le cône donné est de révolution.

*

III.

Les hélices cylindro-coniques.

783. Cherchons les équations des lignes qui coupent les génératrices du cône de révolution sous un angle constant.

En supposant, pour cela, θ constant dans l'analyse exposée au n.° précédent, on obtient l'équation

$$\frac{d\rho}{\rho} = \frac{c}{\sqrt{1-c^2}} \sin\theta \, d\varphi,$$

et ensuite, en intégrant,

$$\rho = he^{a\varphi}, \quad a = \frac{c}{\sqrt{1-c^2}} \sin\theta.$$

Les équations de la courbe qui coupe les génératrices du cône de révolution sous un angle constant sont donc

$$(1) \qquad x = he^{a\varphi}\cos\varphi, \quad y = he^{a\varphi}\sin\varphi, \quad z = he^{a\varphi}\cot\theta.$$

La courbe qu'on vient d'envisager a été considérée pour la première fois par Guido-Grandi dans la lettre à Th. Ceva mentionnée au n.° 779, où il a fait voir, par un moyen purement géométrique, que la courbe qui résulte de l'intersection du cône de révolution avec le cylindre droit ayant pour base la spirale logarithmique, coupe les génératrices du cône et celles du cylindre sous des angle constants, quand l'axe du cône est une génératrice du cylindre. Plus tard, la même ligne a été étudiée par Th. Olivier, sous le nom de *spirale logarithmique conique,* dans les *Développements de Géométrie descriptive* (1843, p. 56-76), par Tissot, dans les *Nouvelles Annales de Mathématiques* (1852, p. 454), par P. Serret, dans sa *Théorie nouvelle géométrique et mécanique des lignes à double courbure* (1860, p. 101), etc.

784. Voici quelques propriétés de cette courbe.

1.° L'équation de la projection de la courbe sur le plan XY a pour équation $\rho = he^{a\varphi}$; donc *la projection de l'hélice cylindro-conique sur un plan perpendiculaire à l'axe du cône est une spirale logarithmique.*

2.° L'angle ω que la tangente à cette courbe à un point quelconque fait avec l'axe des z est déterminée par l'équation

$$\cos\omega = \frac{dz}{\sqrt{dx^2+dy^2+dz^2}} = \frac{a\cos\theta}{\sqrt{\sin^2\theta + a^2}}.$$

Donc *la courbe qui coupe les génératrices d'un cône de révolution sous un angle constant, coupe aussi sous un angle constant les génératrices d'un cylindre, dont une génératrice coïncide avec l'axe du cône et dont la base est une spirale logarithmique ayant le pôle sur cet axe.*

C'est le théorème de Guido-Grandi mentionné ci-dessus, et, à cause de cette propriété, la spirale conique considérée a été nommée par P. Serret (l. c.) *hélice cylindro-conique.*

3.° Il résulte de la propriété dont jouit l'hélice cylindro-conique, d'avoir pour projection sur le plan perpendiculaire à l'axe du cône une spirale logarithmique ayant le pôle sur cet axe, que l'hélice considérée fait un nombre infini de circonvolutions autour de l'axe du cône, en s'approchant constamment et indéfiniment du sommet.

4.° La transformée de la même hélice, quand on développe le cône, doit couper sous un angle constant les transformées de ces génératrices, et cette courbe est pourtant une spirale logarithmique. On voit par la méthode employée au n.° 779 que l'équation de cette spirale est

$$\rho_1 \sin\theta = he^{\frac{\varphi_1}{\sin\theta}}.$$

785. Les équations de la tangente à l'hélice cylindro-conique au point M sont

$$a(\mathrm{Y} - he^{a\varphi}\sin\varphi) = (a\sin\varphi + \cos\varphi)\operatorname{tang}\theta\,(\mathrm{Z} - he^{a\varphi}\cot\theta),$$

$$a(\mathrm{X} - he^{a\varphi}\cos\varphi) = (a\cos\varphi - \sin\varphi)\operatorname{tang}\theta\,(\mathrm{Z} - he^{a\varphi}\cot\theta).$$

En faisant $\mathrm{Z}=0$, on voit que cette droite coupe le plan XY au point déterminé par les équations

$$(2) \qquad \mathrm{X} = \frac{he^{a\varphi}\sin\varphi}{a}, \quad \mathrm{Y} = -\frac{he^{a\varphi}\cos\varphi}{a}.$$

En considérant φ comme un paramètre variable, on voit, comme au n.° 780, que ces équations représentent une courbe dont l'équation polaire est

$$\rho = \frac{he^{-a\varphi}}{a};$$

donc le lieu des tangentes à l'hélice coupe le plan XY suivant une spirale logarithmique.

On constate aisément que les valeurs des différentielles de x, y, X et Y, données par les équations (1) et (2), vérifient l'équation

$$dx\,d\mathrm{X} + dy\,d\mathrm{Y} = 0,$$

et que par conséquent les tangentes à la courbe (1) au point φ sont perpendiculaire aux tangentes à la courbe (2) au point correspondant.

Nous avons donc le théorème suivant:

L'hélice cylindro-conique possède une développante plane située sur le plan perpendiculaire à l'axe du cône passant par le sommet, et cette développante est une spirale logarithmique, dont le pôle coïncide avec le sommet du cône.

Cette proposition a été démontrée, au moyen d'une analyse différente, par un auteur anonyme et par Vallès dans les *Annales de Gergonne* (t. XVII, 1826–1827, p. 166 et 349). Ils ont même démontré que l'hélice considérée est l'unique spirale du cône de révolution jouissant de la propriété mentionnée.

En effet, on peut représenter les spirales du cône considéré par les équations

$$x = \rho \cos \varphi, \quad y = \rho \sin \varphi, \quad z = A\rho,$$

A représentant une constante.

Les équations des tangentes à cette ligne coupent le plan XY aux points déterminés par les équations

$$X = \frac{\rho^2 \sin \varphi}{\dfrac{d\rho}{d\varphi}}, \quad Y = -\frac{\rho^2 \cos \varphi}{\dfrac{d\rho}{d\varphi}}.$$

La condition pour que la tangente à cette courbe au point φ et la tangente à la spirale conique au point correspondant soient perpendiculaires est

$$\rho \frac{d^2\rho}{d\varphi^2} = \left(\frac{d\rho}{d\varphi}\right)^2.$$

Or, il résulte de cette équation, en intégrant,

$$\rho = Ce^{m\varphi},$$

C et m étant les constantes arbitraires.

786. En appliquant aux équations (1) les formules classiques pour le calcul des rayons de courbure et torsion, on trouve

$$R = \frac{he^{a\varphi}(a^2 + \sin^2 \theta)}{\sqrt{a^2+1} \sin^2 \theta}, \quad r = \frac{he^{a\varphi}(a^2 + \sin^2 \theta)}{a \cos \theta};$$

donc R *et* r *sont proportionnels aux distances du point donné au plan perpendiculaire à l'axe du cône passant par le sommet.*

En désignant par (x_1, y_1, z_1) les coordonnées du centre de courbure de l'hélice relatif au point (x, y, z), et en appliquant aux équations (1) les formules générales pour la détermination des coordonnées des centres de courbure, on obtient les équations

$$x_1 = -\frac{ah\left[(a^2+\sin^2\theta)\sin\varphi - a^2\cos^2\theta\cos\varphi\right]}{(a^2+1)\sin^2\theta}\, e^{a\varphi},$$

$$y_1 = \frac{ah\left[(a^2+\sin^2\theta)\cos\varphi - a^2\cos^2\theta\sin\varphi\right]}{(a^2+1)\sin^2\theta}\, e^{a\varphi}, \quad z_1 = z,$$

qui, en posant

$$a^2 + \sin^2\theta = a\cos^2\theta \operatorname{tang}\psi,$$

prennent la forme

$$x_1 = -\frac{a^2h\cot^2\theta}{(a^2+1)\cos\psi}\, e^{a\varphi}\cos(\varphi-\psi), \quad y_1 = -\frac{a^2h\cot^2\theta}{(a^2+1)\cos\psi}\, e^{a\varphi}\sin(\varphi-\psi), \quad z_1 = z.$$

La projection de la ligne représentée par ces équations sur le plan xy est une spirale logarithmique, ayant le pôle à l'origine des coordonnées. Donc nous avons le théorème suivant (Tissot, l. c.):

Le lieu des centres de courbure d'une hélice cylindro-conique est une autre hélice cylindro-conique, située sur un cylindre dont les génératrices sont parallèles à celles du cylindre sur lequel est l'hélice donnée, et sur un cône dont l'axe coïncide avec celui du cône sur lequel est cette dernière hélice. Le point (x, y, z) et le centre de courbure correspondant sont sur un plan perpendiculaire à l'axe du cône.

787. L'équation du plan normal à la courbe au point (x, y, z) est

$$(a\cos\varphi - \sin\varphi)\,X + (a\sin\varphi + \cos\varphi)\,Y + aZ\cot\theta = \frac{ah}{\sin^2\theta}\, e^{a\varphi}.$$

En dérivant deux fois cette équation par rapport à φ et en résolvant ensuite les trois équations qu'on obtient, il vient

$$X = -\frac{ha^2}{\sin^2\theta}\, e^{a\varphi}\cos\varphi, \quad Y = -\frac{ha^2}{\sin^2\theta}\, e^{a\varphi}\sin\varphi, \quad Z = \frac{2he^{a\varphi}}{(1+a^2)\sin 2\theta}.$$

Pourtant (P. Serret, l. c.), *l'arête de rebroussement de la surface polaire de l'hélice cylindro-conique est une autre hélice cylindro-conique, placée sur un cône ayant le même axe et le même sommet que le cône donné, et sur un cylindre ayant pour base la spirale logarithmique définie par l'équation*

$$\rho = \frac{ha^2}{\sin^2\theta}\, e^{a\varphi}.$$

788. On peut se demander s'il existe d'autres courbes qui coupent les génératrices d'un cône et celles d'un cylindre sous des angles constants. Cette question a été considérée par M. Pirondini dans le *Journal de Crelle* (t. CXVIII, 1897, p. 61), où il a démontré qu'il existe une infinité de lignes jouissant de cette propriété. Nous allons chercher ces courbes.

Envisageons une hélice cylindrique et un cône passant par l'hélice, et supposons que les équations de cette hélice, rapportées à un système d'axes orthogonaux, tels que l'axe des x passe par le sommet du cône et l'axe des z soit parallèle aux génératrices du cylindre sur lequel est l'hélice, soient (n.° 763)

$$x = \varphi(s), \quad y = \psi(s), \quad z = cs,$$

s représentant les arcs de la base du cylindre.

Les cosinus directeurs d'une tangente à l'hélice et de la génératrice du cône passant par le point de contact sont respectivement

$$\left(\frac{dx}{ds_1}, \frac{dy}{ds_1}, \frac{dz}{ds_1}\right), \quad \left(\frac{x-a}{\mathrm{D}}, \frac{y}{\mathrm{D}}, \frac{z}{\mathrm{D}}\right),$$

où a désigne la distance du sommet du cône à l'origine des coordonnées, et où

$$ds_1 = \sqrt{dx^2 + dy^2 + dz^2} = \frac{dz}{c}\sqrt{1+c^2}, \quad \mathrm{D} = \sqrt{(x-a)^2 + y^2 + z^2}.$$

Pourtant la condition pour que ces droites forment un angle constant est

$$\frac{(x-a)\,dx + y\,dy + z\,dz}{\sqrt{(x-a)^2 + y^2 + z^2}} = \mathrm{C}\sqrt{1+c^2}\,dz,$$

ou, en intégrant

$$(x-a)^2 + y^2 + z^2 = [\mathrm{C}z\sqrt{1+c^2} + \mathrm{C}_1]^2$$

ou

$$[\varphi(s) - a]^2 + \psi^2(s) + c^2 s^2 = [\mathrm{C}cs\sqrt{1+c^2} + \mathrm{C}_1]^2.$$

Donc, la condition pour que la courbe d'intersection du cylindre et du cône coupe les génératrices des deux surfaces sous des angles constants, c'est que les fonctions $\varphi(s)$ et $\psi(s)$ vérifient cette équation, où C et C_1 désignent deux constantes arbitrairement choisies.

IV.

Les hélices sphériques. Les hélices biconiques.

789. On a vu (n.ºs 740 et 743) que les équations des épicycloïdes sphériques rectifiables sont

$$x = \rho \cos \frac{\rho}{\rho_1} \theta \cos \theta + \rho_1 \sin \frac{\rho}{\rho_1} \theta \sin \theta,$$

$$y = \rho \cos \frac{\rho}{\rho_1} \theta \sin \theta - \rho_1 \sin \frac{\rho}{\rho_1} \theta \cos \theta,$$

$$z = \sqrt{\rho_1^2 - \rho^2} \left(1 - \cos \frac{\rho}{\rho_1} \theta\right),$$

ρ étant le rayon du cercle fixe et ρ_1 celui du cercle mobile. On a vu aussi (n.° 743) que la longueur des arcs de ces courbes est déterminée par l'équation

$$s = \frac{\rho_1}{\rho} \sqrt{\rho_1^2 - \rho^2} \left(\cos \frac{\rho}{\rho_1} \theta + 1\right).$$

On a donc, en désignant par i l'angle que la tangente à une épicycloïde sphérique à un point quelconque fait avec l'axe des z,

$$\cos i = \frac{dz}{ds} = -\frac{\rho}{\rho_1}.$$

L'angle i est donc constant, et l'épicycloïde est par conséquent une hélice cylindrique.

On peut mettre les équations de la projection de cette courbe sur le plan xy sous la forme

$$x = \frac{1}{2}\left[(\rho - \rho_1) \cos \left(\frac{\rho}{\rho_1} + 1\right) \theta + (\rho + \rho_1) \cos \left(\frac{\rho}{\rho_1} - 1\right) \theta\right],$$

$$y = \frac{1}{2}\left[(\rho - \rho_1) \sin \left(\frac{\rho}{\rho_1} + 1\right) 0 - (\rho + \rho_1) \sin \left(\frac{\rho}{\rho_1} - 1\right) \theta\right],$$

ou, en faisant $\rho+\rho_1=2(R_1-r_1)$ et $\rho_1-\rho=2r_1$, $(\rho_1-\rho)\theta=\rho_1\theta_1$,

$$x=(R_1-r_1)\cos\theta_1-r_1\cos\frac{R_1-r_1}{r_1}\theta_1,\quad y=(R_1-r_1)\sin\theta_1+r_1\sin\frac{R_1-r_1}{r_1}\theta_1\,;$$

cette projection est donc une épicycloïde ou une hypocycloïde (n.° 557).

Nous avons donc le théorème suivant:

L'épicycloïde sphérique est l'hélice d'un cylindre ayant pour section droite une épicycloïde ou une hypocycloïde et pour génératrices des droites perpendiculaires au plan du cercle fixe.

Cette proposition est, en partie, due à P. Serret (*Théorie des lignes à double courbure,* 1860, p. 53).

790. Cherchons maintenant l'équation générale des hélices sphériques.

Prenons pour cela les équations

$$x=\varphi(s),\quad y=\psi(s),\quad z=cs$$

d'une hélice cylindrique, et les équations (n.ºs 764 et 767)

$$R=cr,\quad R=\frac{1+c^2}{(x''^2+y''^2)^{\frac{1}{2}}},\quad s_1=\sqrt{1+c^2}\,s,$$

où R et r sont les rayons de courbure et de torsion de cette courbe, et où s_1 et s sont les arcs de l'hélice et de sa projection sur le plan xy.

Si cette hélice est sur une sphère, les rayons R et r doivent vérifier l'équation intrinsèque des courbes sphériques:

$$R\,ds_1+r\,d\left(r\frac{dR}{ds_1}\right)=0,$$

ou, en tenant compte des équations précédentes,

$$c^2(1+c^2)\,ds+d\left(R\frac{dR}{ds}\right)=0.$$

En intégrant deux fois cette équation, il vient

$$R^2=-c^2(1+c^2)\,s^2+hs+k,$$

h et k désignant les constantes arbitraires.

En changeant l'origine des arcs s, on peut mettre cette équation sous la forme

$$R^2 + c^2(1+c^2)s^2 + k + \frac{h^2}{4c^2(1+c^2)} = 0,$$

d'où il résulte (n.° 563) que les épicycloïdes sphériques sont les uniques hélices sphériques.

L'hélice sphérique qui a pour projection sur le plan perpendiculaire aux génératrices du cylindre l'épicycloïde à deux rebroussements (n.° 566), est une courbe algébrique unicursale du *sixième ordre,* qui a été étudiée complètement par M. Angelo Buffone dans le *Journal de Battaglini* (1896, p. 152).

791. Avant de terminer ce chapitre, nous appelerons l'attention sur deux questions de la même nature que celle qu'on vient de considérer, étudiées par M. Pirondini dans le mémoire mentionné au n.° 788. Il a démontré qu'il existe des courbes qui coupent en même temps les génératrices de deux cônes sous des angles constants, et qu'il existent des courbes sphériques qui coupent les génératrices d'un cône sous un angle constant. Il a démontré, en outre, ces propositions remarquables: 1.° si l'on développe le cylindre dont les génératrices sont parallèles à la droite passant par les sommets de deux cônes, et dont la directrice est une courbe coupant les génératrices des deux cônes sous des angles constants, la transformée de cette courbe est une cycloïde ; 2.° si une courbe sphérique coupe les génératrices d'un cône sous un angle constant, elle coupe aussi sous un angle constant les génératrices d'un autre cône.

*

CHAPITRE XV.

SUR QUELQUES COURBES ALGÉBRIQUES GAUCHES.

I.

Sur l'horoptère.

792. Une question d'Optique physiologique considérée par Helmholtz dans l'ouvrage admirable qu'il a consacré à cette science, a mené à l'étude de la courbe correspondant aux équations

$$(1) \qquad x = \frac{2r}{1+\lambda^2 z^2}, \quad y = \frac{2r\lambda z}{1+\lambda^2 z^2},$$

qu'on appelle *horoptère*.

Les propriétés de cette ligne ont été obtenues par des méthodes analytiques et géométriques par Ludwig, dans un opuscule intitulé: *Die horopterkurve* etc. (Halle, 1902); par Schur, dans un écrit inséré au *Zeitschrift für Mathematik* (t. XLVII, 1902); par M. Stuyvaert, dans un travail publié dans *Mathesis* (1903, p. 153); etc.

Nous n'exposerons pas ici les considérations d'Optique et de Géométrie par lesquelles on arrive aux équations de l'horoptère, et qu'on peut voir dans les travaux qu'on vient de mentionner; nous allons seulement indiquer la forme de la courbe et quelques-unes de ses propriétés.

Il résulte immédiatement des équations (1) que le plan arbitraire

$$ax + by + cz + d = 0,$$

coupe la courbe à trois points, correspondant aux trois valeurs de z qui donne l'équation qu'on obtient en éliminant x et y entre cette équation et les équations (1); l'horoptère est pourtant une *cubique gauche*. On étudiera plus loin ces cubiques, et on verra alors que toutes elles jouissent des même propriétés projectives; et, par ce motif, nous ne considérerons pas ici les propriétés de cette nature de l'horoptère.

Il résulte des mêmes équations (1) que la courbe est située sur la surface du cylindre de révolution correspondant à l'équation

$$y^2 = x(2r - x),$$

et qu'elle se projette sur le plan xz suivant une *cubique d'Agnesi* (n.° 123) et sur le plan yz suivant une *anguinea* (n.° 111). Comme la construction de la cubique d'Agnesi est très facile, on peut employer cette ligne et le cylindre mentionné pour construire l'horoptère et ses tangentes.

Les mêmes équations (1) font encore voir que l'horoptère est située sur la surface du paraboloïde hyperbolique représenté par l'équation

$$y = \lambda xz,$$

d'où il résulte une autre manière de construire la même courbe. L'un des systèmes de génératrices rectilignes de ce paraboloïde est formé par des droites parallèles au plan xy, coupant la courbe et l'axe des z, et l'autre est formé par des droites parallèles au plan yz, coupant la courbe et l'axe des x.

Remarquons enfin que la courbe est sur la surface de révolution représentée par l'équation

$$(x^2 + y^2)(1 + \lambda^2 z^2) = 4z^2,$$

dont l'axe coïncide avec celui des z.

On voit aisément, au moyen des équations de la courbe, qu'elle a la forme indiquée dans la figure 170. Elle part du point A, où elle coupe l'axe OX, et s'étend indéfiniment dans le sens OZ et dans le sens opposé, en s'approchant constamment de l'axe OZ, qui en est une asymptote. Les cordes parallèles au plan YZ sont divisées en deux parties égales par la droite OA, qui est par conséquent un axe de la courbe, et le cosinus de l'angle que la tangente au point A fait avec le plan XY est égal à $2r\lambda$.

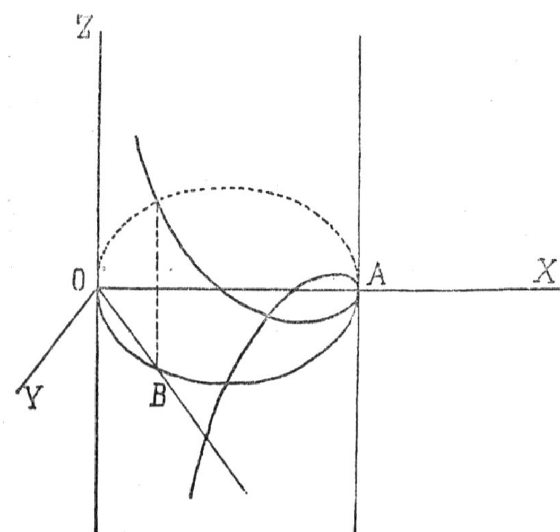

Fig. 170

La tangente à la courbe au point (x, y, z) coupe le plan XY à un point dont les coordonnées sont déterminées par les équations

$$X = \frac{2r(1 + 3\lambda^2 z^2)}{(1 + \lambda^2 z^2)^2}, \quad Y = \frac{4\lambda^3 z^3}{(1 + \lambda^2 z^2)^2},$$

ou, en faisant $\lambda z = t_1$ et en transportant l'origine des coordonnées au point $(2r, 0)$,

$$X_1 = \frac{2rt_1^2(1-t_1^2)}{(1+t_1^2)^2}, \quad Y_1 = \frac{4rt_1^3}{(1+t_1^2)^2}.$$

Donc *le lieu des intersections des tangentes à l'horoptère avec le plan* XY *est une cardioïde, conchoïde du cercle de rayon égal à* $\frac{1}{2}r$ (Stuyvaert, l. c.).

793. En posant $y = x \operatorname{tang} t$, les équations de l'horoptère prennent la forme

$$x = 2r\cos^2 t, \quad y = r\sin 2t, \quad z = \frac{1}{\lambda}\operatorname{tang} t.$$

En appliquant à ces équations l'équation générale du plan osculateur:

$$A(X-x) + B(Y-y) + C(Z-z) = 0,$$

où

$$A = z'y'' - y'z'', \quad B = x'z'' - z'x'', \quad C = y'x'' - x'y'',$$

on trouve premièrement

$$A = -\frac{4r\sin 3t}{\lambda\cos^3 t}, \quad B = \frac{4r\cos 3t}{\lambda\cos^3 t}, \quad C = -8r^2,$$

et ensuite

$$Y\cos 3t - X\sin 3t - 2r\lambda Z\cos 3t + 3r\cos t\sin 2t = 0.$$

C'est l'équation des plans osculateurs de l'horoptère, et elle fait voir que le plan osculateur à un point (x, y, z) coupe l'axe OZ à un point dont la distance au plan XY est égale à $3z$ (Stuyvaert, l. c.).

En appliquant aux mêmes équations les formules classiques pour la détermination des rayons de courbure et torsion R et T, on trouve

$$R = \frac{(1+4\lambda^2 r^2\cos^4 t)^{\frac{3}{2}}}{4r\lambda^2\cos^3 t(1+4\lambda^2 r^2\cos^6 t)^{\frac{1}{2}}}, \quad T = \frac{1+4\lambda^2 r^2\cos^6 t}{3\lambda\cos^2 t}.$$

Ces formules font voir que les valeurs du rayon de courbure et de torsion au point A sont respectivement

$$\frac{1+4\lambda^2 r^2}{4r\lambda^2}, \quad \frac{1+4\lambda^2 r^2}{3\lambda},$$

et que la courbe ne possède pas de points réels à plan osculateur stationnaire.

794. Cherchons la transformée de l'horoptère quand on développe le cylindre qui passe par cette courbe, et supposons pour cela qu'on rapporte cette transformée à un axe des ordonnées correspondant à la génératrice OZ du cylindre et à un axe des abscisses perpendiculaire à celui des ordonnées, passant par le point correspondant à O. On a alors, en représentant par X et Y les coordonnées du point de la transformée correspondant au point (x, y, z) de l'horoptère, et en remarquant que t est égal à l'angle BOX que la projection B de ce dernier point sur le plan XY fait avec OX,

$$Y = z = \frac{1}{\lambda} \operatorname{tang} t, \quad X = r(\pi - 2t),$$

et par conséquent la transformée de l'horoptère, quand on développe le cylindre, est la courbe représentée par l'équation

$$Y = \frac{1}{\lambda} \cot \frac{X}{2r}.$$

En transportant l'origine des coordonnées au point $(\pi r, 0)$, on voit que cette courbe coïncide avec celle qu'on a étudiée au n.° 441 sous le nom de *courbe des tangentes.*

II.

L'ellipse logarithmique, l'hyperbole logarithmique et la parabole logarithmique.

795. La courbe qui résulte de l'intersection du paraboloïde de révolution *(fig. 171)* engendré par la parabole aOb, en tournant autour de son axe OZ, avec le cylindre de base elliptique ayant pour axe celui du paraboloïde, a été nommée par J. Booth *ellipse logarithmique,* dans son *Treatise on some new geometrical Methods* (t. II, 1877, p. 51). C'est une courbe gauche du quatrième ordre, dont les équations, rapportées à un système d'axes orthogonaux, tels que l'axe des z coïncide avec l'axe du paraboloïde et les axes des x et des y avec les axes de la base du cylindre, sont

$$2kz = x^2 + y^2, \quad \frac{x^2}{a^2} + \frac{y^2}{b^2} = 1.$$

Les projections de cette courbe sur les plans XZ et YZ sont les paraboles représentées par les équations

$$\left(\frac{1}{a^2}-\frac{1}{b^2}\right)x^2+\frac{2k}{b^2}z=1,$$

$$\left(\frac{1}{b^2}-\frac{1}{a^2}\right)y^2+\frac{2k}{b^2}z=1.$$

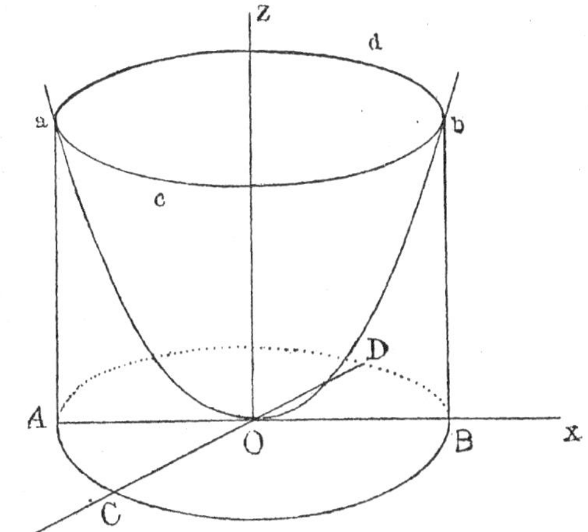

Fig. 171

Les tangentes à la courbe aux points qui se projettent aux sommets C et D de la base du cylindre, sont parallèles à l'axe AB, et les tangentes aux points qui se projettent aux sommets A et B, sont parallèles à l'axe CD.

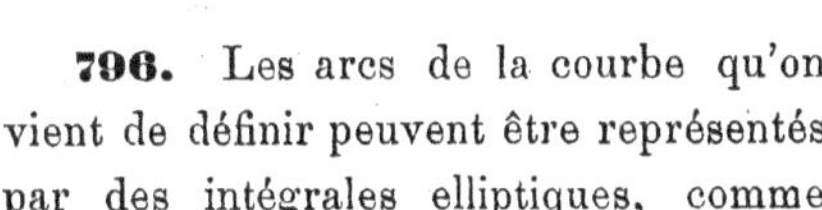

796. Les arcs de la courbe qu'on vient de définir peuvent être représentés par des intégrales elliptiques, comme Booth l'a fait voir dans l'ouvrage mentionné, où il s'est occupé de cette représentation et des propriétés de ces arcs qui en résultent.

On a

$$\frac{ds^2}{dy^2}=1+\frac{dx^2}{dy^2}+\frac{dz^2}{dy^2}=\frac{(a^2-b^2)^2y^4-b^2(a^2-b^2)(k^2+a^2-b^2)y^2-b^6k^2}{k^2b^4(y^2-b^2)}.$$

Mais, d'un autre côté, si l'on pose

$$\frac{(a^2-b^2)^2}{b^4}y^4-\frac{a^2-b^2}{b^2}(k^2+a^2-b^2)y^2-b^2k^2$$

$$=(A+By^2)(C+By^2)=AC+B(A+C)y^2+B^2y^4,$$

les constantes A, B et C peuvent être déterminées par les équations

$$B=\frac{b^2-a^2}{b^2},\quad A+C=k^2+a^2-b^2,\quad AC=-b^2k^2,$$

dont la première donne la valeur de B, et dont il résulte que A et C sont les racines de l'équation

$$X^2-(k^2+a^2-b^2)X-b^2k^2=0.$$

L'une de ces racines est négative; nous la désignerons par A.

Nous pouvons donc écrire

$$ds^2 = \frac{(A + By^2)(C + By^2)}{k^2 (y^2 - b^2)} dy^2.$$

Posons maintenant

$$y = b \sin \theta, \quad \operatorname{tang} \theta = \frac{A + Bb^2}{A} \operatorname{tang}^2 \varphi.$$

Il vient

$$ds = K \frac{(1 - \alpha^2 \sin^2 \varphi) \, d\varphi}{(1 - \lambda \sin^2 \varphi)^2 \sqrt{1 - \alpha^2 \sin^2 \varphi}}$$

où

$$K = \frac{AC}{k \sqrt{- C (A + Bb^2)}}, \quad \lambda = \frac{Bb^2}{A + Bb^2},$$

$$\alpha = \frac{Bb^2 (C - A)}{C (A + Bb^2)} = \frac{1 - \frac{A}{C}}{1 + \frac{A}{Bb^2}}.$$

Il est à remarquer que, comme les quantités A et B sont négatives, K est réel, et comme la valeur absolue de A est inférieure à C, on a $0 < \alpha^2 < 1$.

Mais

$$\frac{1 - \alpha^2 \sin^2 \varphi}{(1 - \lambda \sin^2 \varphi)^2} = \frac{1}{\lambda} \left[\frac{\alpha^2}{1 - \lambda \sin^2 \varphi} + \frac{\lambda - \alpha^2}{(1 - \lambda \sin^2 \varphi)^2} \right].$$

Donc

$$s = \frac{K}{\lambda} \left[\alpha^2 \int \frac{d\varphi}{(1 - \lambda \sin^2 \varphi) \, \Delta\varphi} + (\lambda - \alpha^2) \int \frac{d\varphi}{(1 - \lambda \sin^2 \varphi)^2 \, \Delta\varphi} \right],$$

où

$$\Delta\varphi = \sqrt{1 - \alpha^2 \sin^2 \varphi}.$$

On peut encore donner à cette expression de s une autre forme. On démontre, en dans la théorie des intégrales elliptiques les identités suivantes, qu'on peut d'ailleurs vé par différentiation :

$$(1) \quad \left\{ \begin{aligned} & \int \frac{d\varphi}{(1 - \lambda \sin^2 \varphi)^2 \, \Delta\varphi} = \frac{\lambda^2}{2 (1 - \lambda)(\lambda - \alpha^2)} \Big\{ - \Phi \\ & + \frac{\alpha^2}{\lambda^2} \int (1 - \lambda \sin^2 \varphi) \frac{d\varphi}{\Delta\varphi} - \frac{3\alpha^2 - 2\lambda\alpha^2 - 2\lambda + \lambda^2}{\lambda^2} \int \frac{d\varphi}{(1 - \lambda \sin^2 \varphi) \, \Delta\varphi} \Big\}, \\ & \int (1 - \lambda \sin^2 \varphi) \frac{d\varphi}{\Delta\varphi} = \left(1 - \frac{\lambda}{\alpha^2} \right) \int \frac{d\varphi}{\Delta\varphi} + \frac{\lambda}{\alpha^2} \int \Delta\varphi \, d\varphi, \end{aligned} \right.$$

où

$$\phi = \frac{\sin\varphi \cos\varphi \, \Delta\varphi}{1 - \lambda \sin^2\varphi}.$$

Nous avons donc l'équation

$$s = \frac{K}{2(1-\lambda)} \left\{ -\lambda \phi + \frac{\alpha^2 - \lambda}{\lambda} \int \frac{d\varphi}{\Delta\varphi} + \int \Delta\varphi \, d\varphi \right.$$
$$\left. + \frac{2\lambda - \alpha^2 - \lambda^2}{\lambda} \int \frac{d\varphi}{(1 - \lambda \sin^2\varphi)\,\Delta\varphi} \right\},$$

qui exprime s par des intégrales elliptiques de première, deuxième et troisième espèce.

L'intégrale de troisième espèce qui figure dans cette expression, est de nature *logarithmique,* et c'est par ce motif que la courbe considérée a été appelée par Booth ellipse logarithmique. Cette courbe est un des premiers exemples qu'on a rencontrés, des lignes dont les arcs sont exprimées par des fonctions elliptiques de troisième espèce de nature logarithmique. Booth a pris cette courbe, celles que nous allons considérer aux paragraphes suivants et l'ellipse sphérique pour base d'une théorie géométrique des intégrales elliptiques.

797. La courbe qui résulte de l'intersection d'un paraboloïde de révolution avec un cylindre droit, ayant pour base une hyperbole dont le centre soit sur l'axe du paraboloïde, est une autre des courbes employées par Booth pour représenter les intégrales elliptiques de troisième espèce de nature logarithmique, dans l'ouvrage mentionné plus haut (t. II, p. 76). Il a donné à cette ligne le nom d'*hyperbole logarithmique.*

Les équations de cette courbe sont

$$2kz = x^2 + y^2, \quad \frac{x^2}{a^2} - \frac{y^2}{b^2} = 1,$$

et les projections de la même courbe sur les plans XZ et YZ sont des paraboles.

L'hyperbole logarithmique est composée de deux branches égales, symétriquement disposées par rapport aux plans YZ et XZ. Ces branches partent des points a et b (*fig. 172*), correspondant aux sommets de l'hyperbole, et s'étendent jusqu'à l'infini. Les tangentes à la courbe aux points a et b sont parallèles à l'axe des y. Les asymptotes de l'hyperbole déterminent deux plans perpendiculaires au plan XY, qui coupent le paraboloïde suivant deux paraboles, qui sont des asymptotes de la courbe gauche considérée.

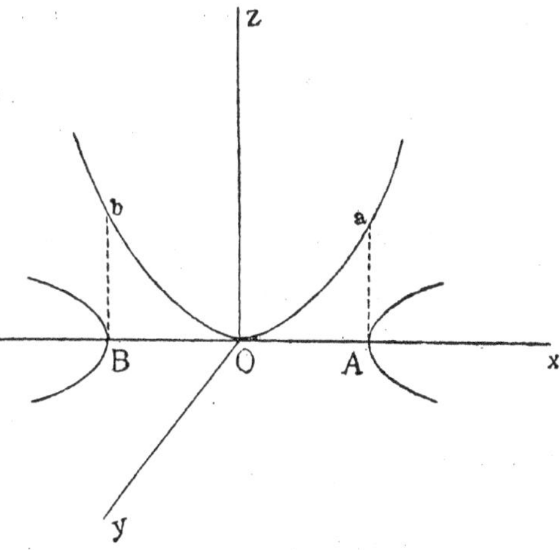

Fig. 172

*

798. Pour déterminer la longueur des arcs de l'hyperbole logarithmique, on peut partir de la formule qu'on obtient en changeant b^2 en $-b^2$ dans l'analyse exposée au n.° 796, savoir

$$ds^2 = \frac{(A + By^2)(C + By^2)}{k^2(y^2 + b^2)} dy^2,$$

où

$$B = \frac{a^2 + b^2}{b^2},$$

et où A et B sont les racines de l'équation

$$X^2 - (k^2 + a^2 + b^2) X + b^2 k^2 = 0;$$

ces racines sont positives et nous supposerons $A > C$.

En faisant

$$A + By^2 = (C + By^2) \frac{A}{C} t^2, \tag{2}$$

ce qui donne

$$y^2 = \frac{AC(t^2 - 1)}{B(C - At^2)}, \quad dy = \frac{AC(C - A)\, dt}{\sqrt{B}(C - At^2)^2 \sqrt{\frac{AC(t^2-1)}{C - At^2}}},$$

l'expression de la différentielle de s prend la forme

$$ds = \frac{K t^2\, dt}{(1 - \lambda t^2)^2 \sqrt{(1 - t^2)(1 - \alpha^2 t^2)}},$$

où

$$\lambda = \frac{A}{C}, \quad \alpha^2 = \frac{A(C - Bb^2)}{C(A - Bb^2)} = \frac{A[C - (a^2 + b^2)]}{C[A - (a^2 + b^2)]}, \quad K = \frac{A(C - A)^2}{kC\sqrt{C}\sqrt{A - Bb^2}}.$$

Mais

$$\frac{t^2}{(1 - \lambda t^2)^2} = \frac{1}{\lambda}\left[\frac{1}{(1 - \lambda t^2)^2} - \frac{1}{1 - \lambda t^2}\right].$$

Donc

$$ds = K\left[\frac{dt}{(1 - \lambda t^2)^2 \sqrt{(1 - t^2)(1 - \alpha^2 t^2)}} - \frac{dt}{(1 - \lambda t^2)\sqrt{(1 - t^2)(1 - \alpha^2 t^2)}}\right].$$

Remarquons maintenant que l'égalité (2) donne pour t^2 des valeurs positives inférieures à l'unité, quand y^2 varie depuis zéro jusqu'à l'infini, et que nous pouvons donc faire $t = \sin\varphi$.

On a donc

$$s = K\left[\int \frac{d\varphi}{(1-\lambda\sin^2\varphi)^2\Delta\varphi} - \int \frac{d\varphi}{(1-\lambda\sin^2\varphi)\Delta\varphi}\right],$$

où

$$\Delta\varphi = \sqrt{1-\alpha^2\sin^2\varphi}.$$

En appliquant maintenant les formules (1), on réduit cette équation à celle-ci:

$$s = \frac{K}{2(1-\lambda)(\lambda-\alpha^2)}\left[-\lambda^2\varphi + \lambda\int\Delta\varphi\, d\varphi + (\alpha^2-\lambda)\int\frac{d\varphi}{\Delta\varphi} + (\lambda^2-\alpha^2)\int\frac{d\varphi}{(1-\lambda\sin^2\varphi)\Delta\varphi}\right].$$

Observons maintenant que les quantités A et B ont le même signe et que $C-(a^2+b^2)$ et $A-(a^2+b^2)$ ont des signes contraires; pourtant le nombre α^2 est négatif, et α par conséquent imaginaire. Mais, en faisant $\varphi = \frac{\pi}{2} - \psi$, on trouve

$$s = \frac{K}{2(1-\lambda)(\lambda-\alpha^2)}\left[-\lambda^2\psi_1 - \int\Delta\psi\, d\psi - (\alpha^2-\lambda)\int\frac{d\psi}{\Delta\psi} - (\lambda^2-\alpha^2)\int\frac{d\psi}{(1-\lambda\cos^2\psi)\Delta\psi}\right],$$

où

$$\psi_1 = \frac{\sin\psi\cos\psi\, A\psi}{1-\lambda\cos^2\psi}, \quad \Delta\psi = \sqrt{1-\alpha^2\cos^2\psi};$$

et comme

$$\Delta\psi = \sqrt{1-\alpha^2}\sqrt{1-\beta^2\sin^2\psi}, \quad 1-\lambda\cos^2\psi = (1-\lambda)(1-\lambda_1\sin^2\psi),$$

où

$$\beta^2 = \frac{\alpha^2}{\alpha^2-1} = \frac{A(C-a^2-b^2)}{(C-A)(a^2+b^2)}, \quad \lambda_1 = \frac{\lambda}{\lambda-1},$$

on a enfin

$$s = \frac{K}{2(1-\lambda)(\lambda-\alpha^2)}\Bigg[-\lambda^2\psi_1 - \sqrt{1-\alpha^2}\int\Delta_1\psi d\psi$$

$$-\frac{\alpha^2-\lambda}{\sqrt{1-\alpha^2}}\int\frac{d\psi}{\Delta_1\psi} - \frac{\lambda^2-\alpha^2}{(1-\lambda)\sqrt{1-\alpha^2}}\int\frac{d\psi}{(1-\lambda_1\sin^2\psi)\Delta_1\psi}\Bigg],$$

où

$$\Delta_1\psi = \sqrt{1-\beta^2\sin^2\psi}.$$

La quantité β^2, qui entre dans cette formule, est réelle et inférieure à l'unité.

La formule précédente fait dépendre le calcul de s de celui des intégrales elliptiques de première, second et troisième espèce. On peut voir que cette dernière intégrale est de nature logarithmique.

799. Nous allons envisager maintenant la courbe qui résulte de l'intersection d'un paraboloïde de révolution avec un cylindre droit ayant pour base une parabole située sur un plan perpendiculaire à l'axe du paraboloïde et dont le foyer coïncide avec un point de cet axe. Cette courbe, nommée par Booth (l. c., p. 110) *parabole logarithmique,* peut être représentée par les équations

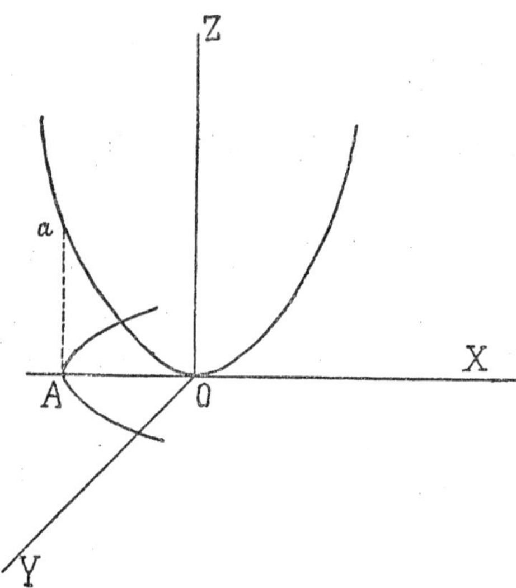

Fig. 173

$$2kz = x^2 + y^2, \quad y^2 = 4h^2 + 4hx;$$

elle est symétrique *(fig. 173)* par rapport au plan ZX, et s'étend depuis le point a, où la génératrice du cylindre passant par le sommet de la parabole rencontre le paraboloïde, et où la tangente est parallèle à l'axe OY, jusqu'à l'infini.

La rectification des arcs de cette ligne, obtenue par Booth, dépend des intégrales elliptiques, comme on va le voir.

Nous avons, pour déterminer s, l'équation

$$\frac{ds}{dx} = \frac{(2h+x)\,[k^2 + (x+h)(x+2h)]}{k\sqrt{(x+h)(x+2h)\,[k^2+(x+h)(x+2h)]}},$$

qui, en faisant

$$(x+2h)(x+h) = k^2 \operatorname{tang}^2 \psi,$$

prend la forme

$$(3) \qquad ds = k\frac{d\psi}{\cos^2\psi} + hk\frac{d\psi}{\cos^3\psi\sqrt{h^2+4k^2\operatorname{tang}^2\psi}}.$$

Si $h = 2k$, cette équation donne

$$s = k\int\frac{d\psi}{\cos^3\psi} + k\int\frac{d\psi}{\cos^2\psi},$$

et la courbe considérée peut être rectifiée au moyen des fonctions élémentaires.

Si $h > 2k$, il résulte de la même équation

$$s = k\int\frac{d\psi}{\cos^3\psi} + k\int\frac{d\psi}{\cos^2\psi\sqrt{1-\frac{h^2-4k^2}{h^2}\sin^2\psi}},$$

où

$$0 < \frac{h^2 - 4k^2}{h^2} < 1.$$

La première des intégrales qui figure dans cette équation, peut être exprimée par des fonctions élémentaires ; l'autre représente un arc d'une hyperbole, et peut, par conséquent, être représentée par des *intégrales elliptiques de première et deuxième espèce.*

Si $2k > h$, faisons dans le second terme de l'équation (3)

$$\text{tang}\,\psi = \frac{h}{2k}\,\text{tang}\,\nu,$$

ce qui donne

$$ds = k\frac{d\psi}{\cos^3\psi} + \frac{h^3 + h(4k^2 - h^2)\cos^2\nu}{8k^2\cos^2\nu\sqrt{1 - \frac{4k^2 - h^2}{4k^2}\sin^2\nu}}\,d\nu,$$

et par suite

$$s = k\int\frac{d\psi}{\cos^3\psi} + \frac{h^3}{8k^2}\int\frac{d\nu}{\cos^2\nu\,\Delta\nu} + h\frac{4k^2 - h^2}{8k^2}\int\frac{d\nu}{\Delta\nu},$$

où

$$\Delta\nu = \sqrt{1 - \frac{4k^2 - h^2}{4k^2}\sin^2\nu}, \quad 0 < \frac{4k^2 - h^2}{4k^2} < 1;$$

donc s dépend d'une intégrale exprimable par des fonctions élémentaires, d'une intégrale qui représente un arc d'une hyperbole, et d'une intégrale elliptique de première espèce.

III.

Sur l'intersection de deux cônes de révolution à axes parallèles.

800. La courbe qui résulte de l'intersection de deux cônes de révolution à axes parallèles est un des exemples considérés par Monge, dans sa *Géométrie descriptive* (5.ᵉ éd., 1827, p. 78), de la méthode pour le tracé graphique des projections de l'intersection de deux surfaces du second ordre. Plus tard elle fut considérée par Quetelet, dans la *Correspondance mathématique* (t. v, 1829, p. 112), et par Chasles, dans les (*Nouvelles Annales,* 1856, p. 52). Nous allons envisager ici cette ligne, à cause de la relation qui existe entre elle et les ovales de Descartes.

Les distances de chacun des points de la courbe gauche résultant de l'intersection de deux cônes de révolution à axes parallèles aux sommets des deux cônes sont liées par une relation linéaire. Par la courbe passe, en général, un troisième cône de révolution jouissant de la même propriété, et l'axe de ce dernier cône est parallèle à l'axe des deux autres et est sur le même plan.

Cette proposition, due à Chasles, a été démontrée géométriquement par Lucas dans le même recueil où elle a été énoncée par celui-là (1856, p. 157). Nous en allons donner une nouvelle démonstration analytique, plus simple que celle de Lucas.

Rapportons les cônes à trois axes orthogonaux, tels que l'axe des z coïncide avec l'axe d'un des cônes, le plan xy passe par son sommet et le plan zx passe par l'axe de l'autre cône. Les équations de ces surfaces prennent la forme

$$A(x^2+y^2)=z^2, \quad B[(x-a)^2+y^2]=(z-b)^2,$$

a et b représentant des coordonnées du sommet du second cône; et on a, en désignant par ρ et ρ_1 les distances d'un point quelconque de l'intersection de ces surfaces à leurs sommets,

$$\rho^2=x^2+y^2+z^2, \quad \rho_1^2=(x-a)^2+y^2+(z-b)^2.$$

En éliminant x et y entre ces quatre équations, on obtient celles-ci:

$$A\rho^2=(1+A)z^2, \quad B\rho_1^2=(1+B)(z-b)^2,$$

d'où il résulte, en éliminant z,

$$\rho\sqrt{\frac{A}{1+A}}+\rho_1\sqrt{\frac{B}{1+B}}=b.$$

En représentant par ω et ω_1 les angles que les génératrices des deux cônes font respectivement avec leurs axes, on a $A=\cot^2\omega$, $B=\cot^2\omega_1$, et l'équation précédente prend la forme

$$\rho\cos\omega+\rho_1\cos\omega_1=b.$$

La première partie du théorème de Chasles est donc démontrée; et nous en allons démontrer la seconde partie.

Pour cela, remarquons que l'équation des cônes de révolution passant par la courbe considérée et ayant pour axes des droites parallèles aux axes de ces cônes, placées sur le même plan, est

$$A(x^2+y^2)-z^2+\lambda\{B[(x-a)^2+y^2]-(z-b)^2\}=C[(x-a_1)^2+y^2]-H(z-b_1)^2,$$

λ, C, H, a_1 et b_1 étant des constantes déterminées par les équations

$$A + B\lambda = C, \quad 1 + \lambda = H, \quad a\lambda B = Ca_1, \quad \lambda b = Hb_1, \quad (Ba^2 - b^2)\lambda = Ca_1^2 - Hb_1^2,$$

ou

$$\lambda = 0, \quad \lambda = \infty, \quad \lambda = \frac{A(b^2 - Ba^2)}{B(Aa^2 - b^2)},$$

$$C = A + B\lambda, \quad H = 1 + \lambda, \quad a_1 = \frac{Ba\lambda}{A + B\lambda}, \quad b_1 = \frac{b\lambda}{1 + \lambda}.$$

Les deux premières valeurs de λ correspondent aux deux cônes employés pour définir la courbe considérée, et la troisième correspond à un nouveau cône passant par la courbe. Les coordonnées a_1 et b_1 sont déterminées par les dernières équations et la constante $\frac{C}{H}$, qui figure dans l'équation

$$C[(x - a_1)^2 + y^2] = H(z - b_1)^2$$

de ce cône, est déterminée par l'équation

$$\frac{C}{H} = \frac{A + \beta\lambda}{1 + \lambda}.$$

Quand $b^2 = Ba^2$ ou $b^2 = Aa^2$, c'est-à-dire quand le sommet de l'un des cônes donnés est sur la surface de l'autre, le troisième cône coïncide avec un de ceux-là.

D'après un théorème de Poncelet, qui sera démontré bientôt, il doit passer par la courbe considérée quatre cônes du second ordre. Nous venons d'en trouver trois; le quatrième se réduit au cylindre qui projette la courbe sur le plan xz.

801. Désignons respectivement par r et r_1 les projections sur le plan xy des segments rectilignes compris entre un point de la courbe et les sommets des cônes donnés. On a $r = \rho \sin \omega$, $r_1 = \rho_1 \sin \omega_1$; et par conséquent

$$r \cot \omega + r_1 \cot \omega_1 = b;$$

donc *la projection de la courbe sur un plan perpendiculaire aux axes des cônes est un ovale de Descartes.* Nous venons de retrouver un théorème de Quetelet démontré au n.° 248.

On pouvait, réciproquement, déduire le théorème énoncé ci-dessus de cette proposition et de la propriété des ovales de Descartes démontrée au n.° 242.

IV.

Sur les cubiques gauches et les quartiques gauches.

802. Les courbes étudiées dans le chapitre XII, les courbes qu'on vient de considérer dans ce chapitre, les lignes de courbure de l'ellipsoïde (Monge, *Application de l'Analyse à la Géométrie,* § XVI), etc. appartiennent à la classe des lignes qui résultent de l'intersection de deux surfaces de second ordre. Nous n'exposerons pas ici en détail la théorie générale de ces lignes importantes; mais nous allons donner quelques indications générales sur cette théorie et quelques renseignements succincts sur leur histoire et bibliographie.

Soient (S_1) et (S_2) les deux surfaces données. Un plan arbitraire détermine, par son intersection avec ces surfaces, deux coniques, qui se coupent en quatre points; donc la courbe d'intersection de (S_1) et (S_2) est, en général, une *quartique gauche.* Mais, si (S_1) et (S_2) sont deux surfaces réglées, et ont une génératrice rectiligne commune, un des points d'intersection du plan considéré avec ces surfaces est sur cette droite, et l'intersection des deux surfaces doit se réduire à la génératrice commune et à une *cubique gauche.* En quelques cas particuliers, l'intersection des deux surfaces est formé par des lignes planes, et elle se réduit alors à des coniques. Sur ces cas, on connait des théorèmes importants dus à Monge, Chasles, etc., mais nous ne les exposerons pas ici.

Les quartiques gauches qui résultent de l'intersection de deux quadriques ont été nommées par Laguerre *biquadratiques gauches,* et par quelques autres géomètres *quartiques gauches de première espèce.* Salmon et Cayley (*Cambridge Mathematical Journal,* 1850) ont remarqué qu'il existe des quartiques gauches par lesquelles il ne peut passer qu'une quadrique; ces courbes sont nommées *quartiques gauches de seconde espèce.*

803. Prenons pour origine des coordonnées auxquelles les surfaces (S_1) et (S_2) sont rapportées, un point de la courbe d'intersection, et pour plans yz et xz les plans tangents à ces surfaces en ce point. Les équations des surfaces prennent la forme

$$(1)\qquad \begin{cases} S_1 = Ax^2 + By^2 + Cz^2 + Dxy + Exz + Fyz + Hx = 0, \\ S_2 = A_1x^2 + B_1y^2 + C_1z^2 + D_1xy + E_1xz + F_1yz + K_1y = 0. \end{cases}$$

En faisant maintenant $y = tx$, $z = t_1x$, ces équations donnent

$$(A + Bt^2 + Ct_1^2 + Dt + Et_1 + Ftt_1)\,x + H = 0,$$

$$(A_1 + B_1t^2 + C_1t_1^2 + D_1t + E_1t_1 + F_1tt_1)\,x + K_1t = 0.$$

En éliminant x entre ces équations, on obtient une équation de la forme

$$(at+b)t_1^2-(ct^2+dt+e)t_1+ft^3+ht^2+kt+l=0,$$

d'où il résulte

$$t_1=\frac{ct^2+dt+e\pm\sqrt{\phi(t)}}{2(at+b)},$$

où $\phi(t)$ représente une fonction entière du quatrième degré. Donc x, y et z peuvent être exprimés par une fonction rationnelle de t et de $\sqrt{\phi(t)}$.

Deux cas peuvent maintenant se présenter.

I. Si l'équation $\phi(t)=0$ a deux ou trois racines égales, on peut exprimer le radical $\sqrt{\phi(t)}$, ainsi que x, y et z, par des fonctions rationnelles d'un autre paramètre u, au moyen d'une des substitutions classiques bien connues. La courbe qui résulte de l'intersection des deux surfaces, est alors *unicursale*. Elle a un *noeud* ou un *rebroussement* au point correspondant à la racine double de $\phi(t)=0$, et, à ce point, les surfaces (S_1) et (S_2) sont tangentes. La courbe ne peut pas avoir deux points doubles, car, d'après un théorème bien connu, si deux quadriques sont tangentes en deux points, leur intersection se réduit à deux coniques.

II. Si les racines de $\phi(t)=0$ sont inégales, on peut exprimer x, y et z par des fonctions doublement périodiques uniformes d'un paramètre u.

En se basant sur cette représentation des coordonnées x, y et z, on peut obtenir de la manière la plus facile bien de propriétés des biquadratiques correspondantes. Il suffit pour cela de recourir à la proposition suivante, qu'on démontre d'une manière semblable à celle qu'on a employée pour établir le théorème analogue énoncé au n.° 156:

Le condition nécessaire et suffisante pour que les quatre points de la biquadratique où la variable u prend les valeurs u_1, u_2, u_3 *et* u_4, *soient placés sur un même plan, c'est que* u_1, u_2, u_3 *et* u_4 *vérifient la relation*

$$u_1+u_2+u_3+u_4=c,$$

à des multiples des périodes près, c étant une constante.

On obtient au moyen de ce théorème les propriétés suivantes des biquadratiques considérées:

1.° *Si un plan coupe une biquadratique aux points* A, B, C, D, *le plan passant par* A, B *et un autre point* O *de la courbe, et le plan passant par* C, D *et* O *coupent la biquadratique à deux autres points* E *et* F, *tels que le plan qui passe ces derniers points et par* O *est tangent à la quartique en ce point.*

En effet, si u_1, u_2, u_3, u_4, u', u_1' et u_2' sont les valeurs que u prend aux points A, B, C, D, O, E et F, on a, à des multiples des périodes près,

$$u_1+u_2+u_3+u_4=c,\quad u_1+u_2+u'+u_1'=c,\quad u_3+u_4+u'+u_2'=c,$$

*

et par conséquent

$$2u' + u_1' + u_2' = c.$$

On déduit de cette proposition une construction du plan osculateur de la biquadratique à un point quelconque semblable à celle qu'on a employée au n.° 270 pour tracer les cercles osculateurs des quartiques bicirculaires.

2.° *Si un plan coupe la biquadratique aux points* A, B, C, D, *si un autre plan coupe cette courbe aux points* A, B, E, F, *et si un troisième plan coupe la même biquadratique aux points* C, D, G, H, *les points* E, F, G, H *sont situés sur un plan.*

En effet, en désignant par u_1, u_2, u_3, u_4, u_1', u_2', u_3' et u_4' les valeurs que u prend aux points A, B, C, D, E, F, G et H, on a

$$u_1 + u_2 + u_3 + u_4 = c, \quad u_1 + u_2 + u_1' + u_2' = c, \quad u_3 + u_4 + u_3' + u_4' = c,$$

et par suite

$$u_1' + u_2' + u_3' + u_4' = c.$$

Cette proposition est une généralisation d'un théorème de M. Darboux sur les cycliques sphériques (*Sur un classe remarquable de courbes* etc., 1873, p. 34).

3.° *Les plans osculateurs d'une biquadratique correspondant à quatre points situés sur un plan, coupent la même courbe en quatre nouveaux points situés aussi sur un plan.*

En effet, en désignant par u_1, u_2, u_3 et u_4 les valeurs que u prend aux points donnés et par u_1', u_2', u_3' et u_4' les valeurs que cette variable prend aux points d'intersection des plans osculateurs mentionnés avec la courbe, on a

$$u_1 + u_2 + u_3 + u_4 = c, \quad 3u_1 + u_1' = c, \quad 3u_2 + u_2' = c, \ \ldots$$

et par conséquent

$$u_1' + u_2' + u_3' + u_4' = c.$$

4.° Les points de la courbe où la torsion est nulle sont déterminés par l'équation

$$4u = c + h\omega_1 + k\omega_2,$$

où ω_1 et ω_2 désignent les périodes des fonctions considérées, et où l'on doit remplacer h et k par tous les nombres entiers auxquels correspondent des points distincts de la courbe. Ces points correspondent donc aux valeurs 0, 1, 2, 3 de h et de k, et par conséquent la courbe possède 16 points de cette nature.

Soient u_1, u_2, u_3 les valeurs que u prend en trois de ces points. On a, à des multiples des périodes près,

$$u_1 + u_2 + u_3 = \frac{3}{4} c + \frac{m}{4} \omega_1 + \frac{n}{4} \omega_2,$$

m et n étant deux nombres entiers positifs, qui doivent prendre les valeurs 0, 1, 2, 3. Donc, si u_4 représente la valeur de u au point de torsion nulle où h et k prennent respectivement les valeurs $4-m$ et $4-n$, on a, à des multiples des périodes près,

$$u_1 + u_2 + u_3 + u_4 = c,$$

où le nombre u_4 peut être différent des nombres u_1, u_2 et u_3, ou coïncider avec un de ces nombres.

Nous avons donc le théorème suivant:

Le nombre des points de la courbe considérée où la torsion est nulle, est égal à 16, et le plan passant par trois de ces points, ou passe par un des treize autres, ou il est tangent à la courbe en l'un des trois points considérés.

5.° La condition pour qu'un plan soit tangent à la quartique aux points où u prend les valeurs u_1 et u_2 est

$$2u_1 + 2u_2 = c + h\omega_1 + k\omega_2;$$

et, par conséquent, par le point où u prend la valeur u_1 on peut mener *quatre* plans tangents à la courbe en ce point et en un autre. Les valeurs u_2 que u prend aux quatre nouveaux points de contact, sont déterminées par l'équation précédente, en donnant à h et k les valeurs 0 et 1.

6.° On voit de même, au moyen de l'équation

$$u_1 + u_2 + 2u_3 = c + h\omega_1 + k\omega_2,$$

que *par la corde passant par les points où u prend les valeurs u_1 et u_2, on peut faire passer quatre plans tangents à la biquadratique considérée.*

7.° Les valeurs que u prend aux points par lesquels on peut tracer un plan osculateur passant par un point correspondant à une valeur u' attribuée à u, sont déterminées par l'équation

$$3u + u' = c + h\omega_1 + k\omega_2,$$

et correspondent aux valeurs 0, 1, 2 de h et k. Le nombre de ces points est donc égal à 9, et on vérifie aisément que les valeurs u_1, u_2 et u_3 de u, correspondant à trois quelconques de ces points, vérifient l'équation

$$u_1 + u_2 + u_3 + u' = c,$$

à des multiples des périodes près. Donc nous avons le théorème suivant, dû en partie à Chasles (*Aperçu historique,* 2.ᵉ éd., p. 249):

Par un point donné sur une quartique gauche on peut mener neuf plans osculateurs à cette courbe en neuf autres points, et le plan qui passe par trois quelconques de ces points, passe aussi par le point donné.

Les méthodes de Clebsch pour l'étude des courbes au moyen des fonctions elliptiques ont été appliquées aux biquadratiques gauches par cet éminent géomètre dans un mémoire fondamental, inséré au *Journal de Crelle* (t. LXIII, 1864, p. 235), où l'on trouve la plupart des propositions qu'on vient d'énoncer. Plus tard, Laguerre, dans un mémoire inséré au *Journal de Liouville* (1870, p. 197), a étudié, en employant ces fonctions, une construction de ces quartiques donnée par Chasles. Les fonctions elliptiques ont encore été appliquées aux biquadratiques gauches par Léauté, dans une communication à l'Académie de Paris (*Comptes rendus,* 1876), développée plus tard dans un mémoire publié dans le *Journal de l'École Polytechnique* (cah. XLVI, 1879, p. 65); par Harnack, dans un travail inséré aux *Mathematische Annalen* (t. XII, 1877, p. 47); par Cayley, dans un écrit publié en 1885 dans ce même recueil (*Mathematical Papers,* t. XII, p. 321); etc. Ces géomètres ont démontré de nouveau les propriétés découvertes par Clebsch et en ont ajouté d'autres.

804. On peut obtenir au moyen de la proposition 5.ᵉ du n.° précédent ce beau et important théorème de Poncelet: *par une biquadratique gauche passent quatre cônes du second ordre, réels ou imaginaires, distincts ou coïncidents;* proposition dont nous avons déjà considéré un cas particulier au n.° 725.

En effet, les plans bitangents à la quartique considérée ont pour enveloppes quatre surfaces développables, et chaque caractéristique de ces surfaces ne peut pas rencontrer chacune des quadriques (S_1) et (S_2) en des points différents de ceux qui appartiennent à la ligne d'intersection de ces quadriques. Pourtant la courbe d'intersection C d'un plan quelconque avec une des surfaces développables doit couper cette surface suivant une ligne qui intersepte en quatre points la conique résultant de l'intersection du même plan avec la quadrique (S_1). Donc la courbe C doit être une conique, et par conséquent la surface développable considérée doit être du second ordre.

Nous avons supposé, dans ce qui précède, qu'aucune des caractéristiques des surfaces développables considérées ne coïncide avec une génératrice de (S_1) ni de (S_2). Si une de ces caractéristiques coïncide avec une génératrice de (S_1), le plan bitangent de la quartique correspondant est tangent à cette quadrique en deux points, et elle est une des quatre surfaces coniques passant par la quatrique.

Cette démonstration fait voir que les quatre cônes sont distincts quand la quartique gauche n'est pas unicursale, mais elle n'est pas applicable aux quartiques unicursales. Pour obtenir une démonstration analytique applicable à toutes les biquadratiques gauches, il suffit de remarquer que les quadriques passant par l'intersection de (S_1) et (S_2) peuvent être représentées par l'équation

$$S_1 + \lambda S_2 = 0,$$

λ étant une constante, et que la condition pour que cette équation représente un cône est exprimée par une équation du quatrième degré par rapport à λ, qui détermine cette constante, et par trois équations linéaires par rapport aux coordonnées du sommet de ce cône. On peut voir les détails de ce calcul et la discussion de l'équation qui détermine λ dans le mémoire de Painvin mentionné au n.° 725 et dans un écrit de M. Lucien Levy publié, comme celui de Painvin, dans les *Nouvelles Annales* (1891, p. 65). On y démontre que, si la quartique a un *noend,* deux des cônes considérés coïncident, et que, si elle a un *rebroussement,* trois de ces cônes coïncident.

Le théorème de Poncelet qu'on vient de considérer, est la première proposition générale sur les biquadratiques gauches qu'on a obtenue. Antérieurement on avait envisagé quelques biquadratiques gauches particulières, et Hachette, dans une breve note publiée dans la *Correspondance sur l'École Polytechnique* (t. I, 1804–1809, p. 368), s'était occupé de la construction et forme de la projection sur un plan de la courbe d'intersection de deux cônes du second ordre.

805. Un cône ayant le sommet à un point quelconque de la biquadratique considérée coupe un plan arbitraire P suivant une cubique. En effet, tout le plan P_1 passant par le sommet du cône coupe la biquadratique à trois autres points, et la droite qui résulte de l'intersection de ce plan avec P coupe la courbe qui résulte de l'intersection du cône et de P en trois points, qui correspondent à ceux où le plan P_1 coupe la quartique; cette courbe est donc une cubique.

Supposons que le plan P soit parallèle au plan yz et cherchons l'équation de cette cubique.

Les coordonnées des points où une droite passant par l'origine des coordonnées et par un point (x, y, z) de la biquadratique représentée par les équations (1) coupe un plan parallèle au plan yz, sont déterminées par les équations

$$(2)\qquad \frac{Z}{z}=\frac{Y}{y}=\frac{h}{x},$$

$X=h$ étant l'équation du plan P, ou

$$Z=ht_1,\quad Y=ht,$$

ou

$$Z=ht_1=h\frac{ct^2+dt+e\pm\sqrt{\phi(t)}}{2(at+b)},\quad Y=ht.$$

Ces équations déterminent les coordonnées des points de la cubique considérée en fonction du paramètre t.

Si l'on remarque maintenant que la courbe résultant de l'intersection du cône considéré avec un plan non parallèle au plan yz est une perspective d'une courbe résultant de l'intersection du même cône avec le plan $X = h$, nous pouvons énoncer le théorème suivant:

La perspective de la quartique considérée sur un plan quelconque, vue d'un point de cette quartique, est une cubique unicursale, quand la quartique est unicursale; et, si les coordonnées des points de la quartique sont exprimables par des fonctions elliptiques, les coordonnées des points de la cubique dépendent aussi de ces fonctions.

On obtient l'équation cartésienne de la cubique considérée en éliminant x, y, z entre les équations (1) et (2), ce qui donne

$$(CK_1Y - HC_1h)Z^2 + [FK_1Y^2 + (EK_1 - HF_1)hY$$
$$- HE_1h^2]Z + BK_1Y^3 + (DK_1h - HB_1)Y^2 + (AK_1 - HD_1)h^2Y - HA_1h^3 = 0.$$

En faisant dans cette équation

$$C = 0, \quad E = 0, \quad F = 0, \quad B_1 = 0, \quad D_1 = 0, \quad E_1 = 0, \quad F_1 = 0, \quad h = 1, \quad H = 1, \quad K_1 = 1,$$

elle prend la forme

$$C_1Z^2 = BY^3 + DY^2 + AY - A_1$$

qui est l'équation générale des *paraboles divergentes* (n.° 147). On a vu que ces cubiques peuvent représenter la perspective de toutes les autres cubiques; et par conséquent toute cubique plane est la perspective d'une quartique gauche résultant de l'intersection des surfaces représentées par les équations

$$Ax^2 + By^2 + Dxy + x = 0, \quad A_1x^2 + C_1z^2 + y = 0.$$

Nous avons donc le théorème suivant:

Toute courbe plane du troisième ordre est la perspective d'une biquadratique gauche, vue d'un point de cette courbe.

La proposition qu'on vient de démontrer est due à Quetelet et à Chasles. Le premier de ces géomètres a établi, dans la *Correspondance mathématique* (t. v, 1829, p. 195), que toute cubique plane est la perspective d'une courbe résultant de l'intersection de deux surfaces du second ordre, vue d'un point convenablement choisi; l'autre a reconnu que, pour obtenir ainsi toutes les cubiques planes, il suffit de prendre le centre de projection sur une biquadratique gauche (*Aperçu historique*, 2.e éd., p. 249).

On peut obtenir au moyen du premier des théorèmes démontrés dans ce paragraphe cette autre proposition importante:

Le rapport anharmonique des angles des quatre plans tangents à une biquadratique gauche non unicursale, passant par une corde (n.° 803, 6.°), *reste constante, quand la corde varie.*

En effet, le cône qui a pour sommet une extrémité de la corde et pour directrice la biquadratique coupe un plan P perpendiculaire à la corde suivant une cubique, et les intersections des plans tangents à la biquadratique passant par la corde coupent le plan P suivant quatre droites tangentes á la cubique, lesquelles passent par le point où la corde coupe le plan P; et on a vu au n.° 156 que le rapport anharmonique des angles de ces tangentes est constant. Il suffit de remarquer maintenant que ces angles sont égaux à ceux des quatre plans tangents à la biquadratique considérés, pour obtenir le théorème énoncé.

Cette proposition a été démontrée par Cremona dans un mémoire inséré au *Journal de Crelle* (t. LXVIII, 1868, p. 133); elle joue un rôle important dans les travaux de Léauté et Harnack mentionnés ci-dessus.

806. Supposons maintenant que le centre de projection ne soit pas sur la courbe, et désignons par (α, β, γ) les coordonnées de ce centre. Alors les droites qui passent par ce point et par le point (x, y, z) de la courbe considérée coupent un plan P à un point dont les coordonnées sont déterminées par les équations

$$\frac{Z-\gamma}{z-\gamma}=\frac{Y-\beta}{y-\beta}=\frac{h-\alpha}{x-\alpha},$$

qui donnent

$$(3)\qquad Y=\beta+(h-\alpha)\frac{tx-\beta}{x-\alpha},\quad Z=\gamma+(h-\alpha)\frac{t_1x-\gamma}{x-\alpha}.$$

Mais, d'une autre côte, chacun des plans passant par le centre de projection coupe la quartique gauche en quatre points, auxquels correspondent quatre points de sa perspective placés sur une droite. Donc la perspective de la courbe gauche considérée est une quartique.

En remarquant maintenant que les dernières équations et les équations (1) déterminent Y et Z en fonction rationnelle de t et de $\sqrt{\phi(t)}$, on obtient le théorème suivant:

La perspective de la quartique gauche qui résulte de l'intersection de deux surfaces du second ordre, sur un plan quelconque, vue d'un point non situé sur cette courbe, est une quartique plane unicursale, quand la courbe gauche est unicursale, et elliptique, quand la courbe gauche est elliptique.

Comme conséquence de cette proposition nous signalerons ce théorème de Chasles (l. c.): *La perspective de la quartique gauche considérée, vue d'un point non placé sur la courbe, est une quartique à deux ou trois points doubles.*

Il résulte de ce qui précède que par un point non placé sur la biquadratique gauche on peut lui mener deux bisécantes, si elle n'est pas unicursale, et trois, si elle est unicursale. En effet, un cône ayant le sommet au point donné et passant par la courbe coupe le plan P suivant une quartique ayant deux points doubles, dans le premier cas, et trois, dans le second cas, et ces points doubles sont les points d'intersection du plan P avec les génératrices du cône qui coupent la biquadratique en deux points.

807. Considérons maintenant le cas où les surfaces (S_1) et (S_2) ont une génératrice commune. Alors l'intersection des deux surfaces est, comme on l'a dit, une *cubique gauche*, et, en raisonnant comme au n.° 805, on démontre le théorème suivant:

La perspective d'une cubique gauche, vue d'un point donné, est une conique, si le point est sur la cubique, et est une cubique plane, si le point n'est pas sur la cubique gauche.

Il résulte de cette proposition que la cubique gauche peut être représentée par les équations de deux cônes du second ordre, ayant les sommets sur la courbe.

Pour trouver ces équations, supposons qu'on prenne pour axe des z la génératrice commune de ces surfaces, et pour origine des coordonnées le sommet d'un des cônes. Alors les équations des deux surfaces prennent la forme

$$Ax^2 + By^2 + Dxy + Exz + Fyz = 0,$$
$$A_1x^2 + B_1y^2 + D_1xy + E_1x(z-c) + F_1y(z-c) = 0,$$

d'où il résulte le théorème suivant (Chasles, l. c., p. 403): *Par six points donnés on peut faire passer, en général, une cubique gauche.*

En effet, si l'on prend deux de ces points pour les sommets de deux cônes, un de ces sommets pour origine des coordonnées et la droite qui les joint pour axe des z, la condition pour que ces cônes passent par les autre quatre points, est exprimée par les huit relations qu'on obtient en remplaçant dans les équations précédentes x, y et z par les coordonnées de ces derniers points. Or ces relations déterminent les huit constantes distinctes qui figurent dans les équations précédentes.

808. On peut représenter la cubique gauche par deux équations plus simples que celles qu'on a écrites ci-dessus, en prenant pour plans zx et zy les plans tangents aux cônes qui la déterminent, le long de la génératrice commune. Alors les équations de cette courbe prennent la forme

$$(4) \qquad \left\{ \begin{aligned} Ax^2 + By^2 + Dxy + xz &= 0, \\ A_1x^2 + B_1y^2 + D_1xy + y(z-c) &= 0, \end{aligned} \right.$$

c étant la distance des sommets des cônes, et on a, en faisant $y = tx$, $z = t_1x$,

$$A + Dt + Bt^2 + t_1 = 0,$$
$$(A_1 + D_1t + B_1t^2 + tt_1)x = ct.$$

La cubique gauche peut donc être représentée par les équations

$$(5) \qquad x = \frac{ct}{\Delta}, \quad y = \frac{ct^2}{\Delta}, \quad z = -\frac{c(A + Dt + Bt^2)t}{\Delta},$$

où

$$\Delta = A_1 + D_1t + B_1t^2 - (A + Dt + Bt^2)t.$$

On voit au moyen de ces équations que *la cubique gauche est une courbe unicursale.*

On voit encore, en raisonnant comme dans le cas des biquadratiques, que *la perspective de la cubique gauche, vue d'un point non situé sur cette courbe, est une cubique unicursale, et que par ce point passe une bisécante de la cubique gauche.*

809. Il résulte des équations (5) que toute cubique gauche a trois points à l'infini, lesquels correspondent aux racines de l'équation $\Delta = 0$, et que par cette courbe passent trois cylindres du second ordre, réels ou imaginaires, distincts ou coïncidents, dont les génératrices sont respectivement parallèles aux trois droites que les équations

$$y = tx, \quad z + (A + Dt + Bt^2)x = 0$$

déterminent, quand on remplace t par les racines de $\Delta = 0$. L'un de ces cylindres, au moins, est réel.

Il résulte de ce qui précède la classification suivante des cubiques gauches, proposée par Seydewitz (*Archiv der Mathematik,* 1847): 1.° la cubique gauche à trois points réels et distincts à l'infini, qu'on appelle *hyperbole cubique;* 2.° la cubique gauche à un point réel et deux imaginaires à l'infini, qu'on appelle *ellipse cubique;* 3.° la cubique ayant à l'infini deux points coïncidents, appellée *parabole hyperbolique cubique;* 4.° la cubique ayant à l'infini trois points coïncidents, nommée *parabole cubique.*

L'horoptère (n.° 792) est une cubique elliptique. Cremona a considéré, dans les *Nouvelles Annales* (1859, p. 198), une parabole cubique gauche particulière, qui est l'arête de rebroussement de l'enveloppe des plans abc qu'on obtient en prenant sur trois segments rectilignes OA, OB et OC trois points a, b et c, tels que les segments Oa, Ob et Oc aient des valeurs données. Les cubiques gauches par lesquelles passent trois cylindres réels, dont les génératrices soient parallèles à trois axes orthogonaux, ont été spécialement étudiées par M. Bioche, sous le nom de *cubiques gauches équilatères,* dans les *Proceedings of the Edinburgh Mathematical Society* (1895, t. XIII, p. 146).

810. On obtient des équations de la cubique gauche plus simples que les équations (5), en remplaçant la seconde des équations (4) par celle d'un cylindre réel du second ordre passant par la courbe. Comme l'équation de ce cylindre est

$$A_1x^2 + B_1y^2 + D_1xy = y,$$

les équations de la cubique prennent la forme

$$x = \frac{t}{\Delta_1}, \quad y = \frac{t^2}{\Delta_1}, \quad z = -\frac{t(A + Dt + Bt^2)}{\Delta_1}, \tag{6}$$

où

$$\Delta_1 = A_1 + D_1t + B_1t^2.$$

On obtient encore une nouvelle simplification des équations de la cubique en prenant le plan osculateur de la courbe à l'origine des coordonnées pour plan xy. Alors le plan $z=0$ doit couper la courbe en trois points coïncidents, et la dernière des équations précédentes fait voir que, dans ce cas, on a $A=0$ et $D=0$; pourtant les équations de la cubique prennent la forme

$$x=\frac{t}{\Delta_1}, \quad y=\frac{t^2}{\Delta_1}, \quad z=-\frac{Bt^3}{\Delta_1}. \tag{7}$$

On peut déduire de ces formules une propriété remarquable des tangentes à la courbe considérée, qu'on va voir.

La tangente à la courbe à un point quelconque t coupe le plan xy à un point déterminé par les équations

$$X=x-\frac{x'}{z'}z, \quad Y=y-\frac{y'}{z'}z,$$

x', y' et z' désignant les dérivées de x, y et z par rapport à t, ou

$$X=\frac{2t}{3A_1+2D_1t+B_1t^2}, \quad Y=\frac{t^2}{3A_1+2D_1t+B_1t^2}.$$

Nous avons donc le théorème suivant:

Le plan osculateur d'une cubique gauche à un point quelconque est coupé par les tangentes à cette courbe suivant une conique.

Cette proposition est due à Möbius, qui l'a démontrée dans son *Barycentrische Calcul* (1827, p. 120).

811. On a

$$x'y''-y'x''=\frac{2A_1}{\Delta_1^3}, \quad x'z''-z'x''=\frac{2Bt}{\Delta_1^3}(B_1t^2-3A_1),$$

$$y'z''-z'y''=-\frac{2Bt^2}{\Delta_1^3}(3A_1+D_1t),$$

et par conséquent l'équation du *plan osculateur* de la courbe est

$$A_1Z+B(3A_1-B_1t^2)tY-B(3A_1+D_1t)t^2X+Bt^3=0.$$

Il en résulte que *par un point* (x_0, y_0, z_0), *placé hors de la courbe, passent trois plans osculateurs,* dont les points de contact correspondent aux valeurs de t qui vérifient l'équation

$$A_1z_0+B(3A_1-B_1t^2)ty_0-B(3A_1+D_1t)t^2x_0+Bt^3=0.$$

Les équations (7) donnent

$$t = \frac{A_1 x}{1 - B_1 y - D_1 x}, \quad t^2 = \frac{A_1 y}{1 - B_1 y - D_1 x}, \quad t^3 = -\frac{A_1 z}{B(1 - B_1 y - D_1 x)},$$

et, en remplaçant dans l'équation précédente t, t^2 et t^3 par ces valeurs, il vient celle-ci:

$$(3BA_1 y_0 - D_1 z_0) x - (3BA_1 x_0 + B_1 z_0) y - (1 - B_1 y_0 - D_1 x_0) z + z_0 = 0,$$

qui représente le plan qui passe par les points de contact des trois plans osculateurs considérés. Cette équation est vérifiée quand on pose $x = x_0$, $y = y_0$, $z = z_0$; pourtant ce plan passe par le point (x_0, y_0, z_0). Nous avons donc le théorème suivant, dû à Chasles (*Journal de Liouville,* 1857, p. 404):

Les points de contact des plans osculateurs d'une cubique gauche, issus d'un point donné, sont sur un plan qui passe par ce point.

En éliminant t entre l'équation du plan osculateur et celle qu'on obtient en la dérivant par rapport à t, on obtient une équation du troisième degré par rapport à X, Y et Z. Donc *le lieu des tangentes à la cubique gauche est une surface du quatrième ordre* (Chasles, l. c.). Le théorème de Möbius énoncé ci-dessus est une conséquence de celui-ci. En effet, tout plan osculateur de la cubique est tangent à cette surface, et la courbe du quatrième ordre qui résulte de son intersection avec elle doit se réduire à deux droites coïncidentes et à une conique.

812. Si l'on veut représenter la cubique gauche par des équations plus simples que celles qu'on a obtenues précédemment, il faut recourir aux coordonnées tétraédriques, comme on va le voir.

Rapportons la courbe à un tétraèdre de référence ABCD et supposons: 1.° que AB coïncide avec la génératrice commune aux deux cônes, et que A soit le sommet du cône (A) et B celui du cône (B); 2.° que le plan ABC soit tangent au cône (A) et que le plan ABD soit tangent au cône (B); 3.° que le plan ACD passe par une génératrice AD du cône (A) et soit tangent à ce cône le long de cette génératrice; 4.° que le plan CBD passe par une génératrice BC du cône (B) et soit tangent à ce cône le long de cette génératrice; 5.° que x_1, x_2, x_3, x_4 soient respectivement les distances d'un point aux plans ACD, ADB, ABC, BCD.

Cela posé, on peut représenter tout le cône ayant le sommet à A par l'équation

$$Ax_1^2 + Bx_2^2 + Cx_3^2 + Dx_1x_2 + Ex_1x_3 + Fx_2x_3 = 0,$$

et, en observant que, pour que cette équation représente le cône (A), il faut qu'elle donne pour x_2 deux valeurs nulles quand $x_1 = 0$ et pour x_2 deux valeurs nulles quand $x_3 = 0$, on voit que ce cône peut être représenté par l'équation

$$Bx_2^2 + Ex_1 x_3 = 0.$$

De même, le cône (B) peut être représenté par l'équation

$$C_1 x_3^2 + F_1 x_2 x_4 = 0.$$

Donc la cubique peut être représentée par les équations

$$x_1 x_3 = h\, x_2^2, \quad x_2 x_4 = k x_3^2,$$

ou

$$\frac{x_1}{x_2} = h \frac{x_2}{x_3} = k \frac{x_3}{x_4}.$$

Les propriétés projectives de cette courbe ne diffèrent pas de celles de la courbe définie par les équations

$$\frac{x_1}{x_2} = \frac{x_2}{x_3} = \frac{x_3}{x_4},$$

au moyen desquelles on peut retrouver les propositions qu'on a obtenues ci-dessus, d'une manière moins élémentaire, mais en employant une analyse plus simple, comme on peut le voir dans une leçon de M. Stuyvaert sur les propriétés plus essentielles des courbes considérées, publiée dans *Mathesis* (1903, p. 5).

813. Les équations paramètriques des cubiques gauches, rapportées à un tétraèdre de référence quelconque sont

$$\frac{x_1}{P} = \frac{x_2}{Q} = \frac{x_3}{R} = \frac{x_4}{S},$$

où P, Q, R et S désignent des fonctions entières du troisième degré du paramètre t. Nous en allons signaler encore deux cas particuliers.

1.° Supposons qu'on prenne pour plans des coordonnées les plans osculateurs en quatre points de la courbe. Comme chacun de ces plans doit couper la cubique en quatre points coïncidents, les équations précédentes prennent la forme

$$\frac{a_1 x_1}{(t-\alpha)^3} = \frac{a_2 x_2}{(t-\beta)^3} = \frac{a_3 x_3}{(t-\gamma)^3} = \frac{a_4 x_4}{(t-\delta)^3},$$

d'où il résulte, par l'élimination de t, ces autres

$$\left(\frac{x_1}{a}\right)^{\frac{1}{3}}+\left(\frac{x_2}{b}\right)^{\frac{1}{3}}+\left(\frac{x_4}{c}\right)^{\frac{1}{3}}=0,\quad \left(\frac{x_1}{a_1}\right)^{\frac{1}{3}}+\left(\frac{x_3}{b_1}\right)^{\frac{1}{3}}+\left(\frac{x_4}{c_1}\right)^{\frac{1}{3}}=1,$$

qui représentent deux cônes ayant pour sommets respectifs les sommets ($x_1=0$, $x_2=0$, $x_4=0$) et ($x_1=0$, $x_3=0$, $x_4=0$) du tétraèdre de référence et pour directrices deux courbes triangulaires symétriques (n.° 645). Nous avons donc le théorème suivant:

La perspective de la cubique gauche sur un plan osculateur quelconque P, *vue d'un point* O *non situé sur la courbe, est une courbe triangulaire symétrique, rapportée au triangle qui résulte de l'intersection du plan* P *avec les trois plans osculateurs qui passent par* O.

2.° Prennons maintenant pour tétraèdre de référence un tétraèdre quelconque ayant les sommets sur la cubique. Les équations de cette courbe sont alors

$$\frac{x_1}{(t-\alpha)(t-\gamma)(t-\delta)}=\frac{x_2}{(t-\alpha)(t-\beta)(t-\gamma)}=\frac{x_3}{(t-\alpha)(t-\beta)(t-\delta)}=\frac{x_4}{(t-\beta)(t-\gamma)(t-\delta)}.$$

En éliminant t, on obtient deux équations de la forme

$$\frac{a}{x_1}+\frac{b}{x_2}+\frac{c}{x_4}=0,\quad \frac{a_1}{x_1}+\frac{b_1}{x_3}+\frac{c_1}{x_4}=0,$$

qui représentent deux cônes du second ordre. On retrouve, au moyen d'une de ces équations, que la perspective de la cubique gauche, vue d'un point de la courbe, est une conique. On verra plus loin une application importante de ces équations.

814. Les cubiques gauches ont été étudiées pour la première fois par Möbius, dans l'ouvrage mentionné plus haut, et ensuite par Chasles, dans la Note de l'*Aperçu historique* qu'on a aussi déjà citée. Dans cette Note l'éminent géomètre donne quelques propriétés de ces courbes, expose une manière de les construire et indique plusieurs questions de Géométrie et de Mécanique où ces lignes se présentent. Plus tard le même géomètre s'est occupé de nouveau des cubiques gauches dans un mémoire inséré au *Journal de Liouville,* qu'on a déjà aussi mentionné. Ces travaux ont été la source de plusieurs recherches, parmi lesquelles nous signalerons celles de M. Appell sur une théorie des pôles et des plans polaires de ces courbes analogue à celle des pôles et des polaires des coniques, théorie que l'illustre géomètre a développée dans un mémoire important inséré aux *Annales scientifiques de l'École Normale supérieure* (1876, p. 245). Parmi les premièrs travaux consacrés aux cubiques mentionnées nous signalerons encore un mémoire de Schröter, publié dans le *Journal de Crelle* (t. LVI, 1859, p. 27), et les importants travaux de Cremona, publiés dans les *Annali di Matematica* (t. I, 1858; t. II, 1859), dans le *Journal de Crelle* (t. LVIII, 1861, p. 138), etc. Une famille remarquable de cubiques gauches a été étudiée par M. Lelieuvre dans les *Comptes rendus* *de l'Académie des Sciences de Paris* (t. CXVII, 1893, p. 537 et 616). Dans la plupart des travaux mentionnés, on a employé, pour l'étude des cubiques gauches, les méthodes de la geométrie projective. Dans l'étude de quelques questions sur les mêmes courbes on a appliqué avec beaucoup de succès les méthodes algébriques, et en particulier celles qui dérivent de la théorie des formes binaires. Ces méthodes ont été employées par Beltrami en 1868, dans un travail inséré aux *Rendiconti del Instituto lombardo* (*Opere*, t. I, p. 353), par Laguerre en 1872, dans le *Bulletin de la Société philomathique* (*Oeuvres*, t. II, p. 277), par M. d'Ovidio, dans un mémoire présenté en 1876 à l'Académie des Sciences de Turin et publié en 1877 dans les *Memoires* de cette Académie, par M. Appell, dans le mémoire mentionné ci-dessus, etc.

815. Considérons maintenant les quartiques gauches définies par les équations

$$(8)\quad x=\frac{a_0+a_1t+\ldots+a_4t^4}{h_0+h_1t+\ldots+h_4t^4},\quad y=\frac{b_0+b_1t+\ldots+b_4t^4}{h_0+h_1t+\ldots+h_4t^4},\quad z=\frac{c_0+c_1t+\ldots+c_4t^4}{h_0+h_1t+\ldots+h_4t^4}.$$

Comme l'équation générale des quadriques contient neuf paramètres distincts, on peut faire passer par neuf points de cette courbe une quadrique (S_1), et n'en on peut faire passer qu'une seul. Mais, d'un autre côté, en éliminant t entre les équations précédentes et l'équation générale des quadriques, on obtient une équation du huitième degré, qui détermine les huit points où chacune de ces surfaces coupe la quartique; et par conséquent la quadrique qui passe par les noeuf points de la quartique, est sur cette surface. Donc par la quartique définie par les équations (8) passe une quadrique (S_1), et n'en passe qu'une.

Cette conclusion n'a pas lieu quand la courbe définie par les équations (8) a un point double. Alors la quadrique qui passe par le point double et par sept autres points de la quartique, contient cette courbe, et, comme par huit points on peut faire passer une infinité de quadriques, on conclut que par la courbe considérée il passe une infinité de ces surfaces.

Donc *la courbe définie par les équations* (8) *est une quartique gauche de second espèce, quand elle n'a pas de point double, et est une biquadratique unicursale, si elle a un point double.*

On voit aisément, par des considérations analogues, que par une quartique de seconde espèce on peut faire passer une infinité de surfaces de troisième ordre. Chacune de ces surfaces coupe une quadrique quelconque suivant une ligne du sixième ordre, qui, quand cette quadrique coïncide avec (S_1), doit se réduire à une conique et à la quartique définie par les équations (8).

Donc *par la quartique* (8) *il passe une infinité de surfaces de troisième ordre, qui coupent encore la quadrique* (S_1) *suivant une conique.*

816. Transportons l'origine des coordonnées auxquelles la quartique (8) est rapportée, à un point (x_0, y_0, z_0), qui sera ensuite déterminé. On a

$$X=x+x_0,\quad Y=y+y_0,\quad Z=z+z_0.$$

Considérons maintenant un plan quelconque représenté par l'équation

$$AX + BY + CZ + D = 0,$$

et remarquons que ce plan est rencontré par la quartique aux quatre points correspondant aux valeurs de t déterminées par l'équation qui résulte de l'élimination de X, Y, Z, x, y, z entre cette équation, celles qui précèdent et les équations (8), savoir

$$[A(a_4 + h_4 x_0) + B(b_4 + h_4 y_0) + C(c_4 + h_4 z_0) + Dh_4]\, t^4 + \dots$$
$$+ A(a_0 + h_0 x_0) + B(b_0 + h_0 y_0) + C(c_0 + h_0 z_0) + Dh_0 = 0.$$

Déterminons maintenant x_0, y_0 et z_0 par les équations

$$h_4(a_0 + h_0 x_0) = h_0(a_4 + h_4 x_0), \quad h_4(b_0 + h_0 y_0) = h_0(b_4 + h_4 y_0),$$
$$h_4(c_0 + h_0 z_0) = h_0(c_4 + h_4 z_0).$$

L'équation précédente prend la forme

$$h_4[A(a_0 + h_0 x_0) + B(b_0 + h_0 y_0) + C(c_0 + h_0 z_0) + Dh_0]\, t^4 + \dots$$
$$+ h_0[A(a_0 + h_0 x_0) + B(b_0 + h_0 y_0) + C(c_0 + h_0 z_0) + Dh_0] = 0.$$

En désignant par t_1, t_2, t_3, t_4 les quatre racines de cette équation, on a donc

$$t_1 t_2 t_3 t_4 = \frac{h_0}{h_4}.$$

Pourtant, *c'est une condition nécessaire et suffisante pour qu'un plan passe par quatre points donnés sur la courbe* (8), *que le produit des valeurs que t prend à ces points soit égal à la constante* $\frac{h_0}{h_4}$.

Cette proposition est semblable à une proposition sur les biquadratiques non unicursales établie au n.° 803, et on en peut déduire des conséquences analogues à celles qu'on a démontrées à ce paragraphe. On voit ainsi que les trois premières propriétés des biquadratiques non unicursales énoncées au paragraphe mentionné subsistent dans le cas des courbes définies par les équations (8). On voit aussi que les autres propositions doivent être remplacées par celles-ci:

1.° Les points de la courbe définie par les équations (8) où la torsion est nulle, sont déterminés par l'équation $h_4 t_1^4 = h_0$; le nombre de ces points est donc égal à *quatre*.

2.° Par chaque point t_3 d'une courbe (8) passent deux plans tangents à la courbe à ce point et un autre, déterminé par l'équation $h_4\, t_1^2\, t_3^2 = h_0$.

3.° Par deux points t_3 et t_4 de la même courbe passent deux plans tangents à la courbe. Les valeurs que t prend aux points de contact respectifs sont déterminées par l'équation $h_4\, t_1^2 t_3\, t_4 = h_0$.

4.° Par un point donné t_4 sur la quartique (8) on peut mener trois plans osculateurs en trois autre points. Les points de contact sont déterminés par l'équation $h_4\, t_1^3 t_4 = h_0$. Le plan qui passe par ces points, passe aussi par le point donné.

817. Cherchons les cordes de la courbe considérée telles que le plan osculateur à l'une des extrémités passe par l'autre.

En représentant par t_1 et t_2 les valeurs que t prend aux extrémités de chacune de ces cordes, on a, pour les déterminer, les équations

$$(9) \qquad h_4\, t_1\, t_2^3 = h_0, \quad h_4\, t_1^3\, t_2 = h_0.$$

Ces équations sont satisfaites par les solutions des équations $h_4\, t_1^4 = h_0$, $t_2 = t_1$, mais à ces solutions correspondent les points à torsion nulle. Les équations (9) sont aussi vérifiées par les solutions des équations $h_4\, t_1^4 = -h_0$, $t_2 = -t_1$, et, en représentant par t', $-t'$, t'', $-t''$ les racines de la première équation, on voit que les points correspondant à $t_1 = t'$, $t_2 = -t'$, et les points correspondant à $t_1 = t''$, $t_2 = -t''$ sont les extrémités de deux cordes jouissant de la propriété mentionnée. Les équations (9) admettent encore les solutions $t_1 = 0$, $t_2 = \infty$, et à ces valeurs correspond une troisième corde jouissant de la même propriété.

Donc *la courbe* (8) *possède trois cordes telles que le plan osculateur à l'une des extrémités passe par l'autre.*

Les propriétés de ces cordes, nommées *cordes principales,* ont été exposées par Bertini, en 1872, dans les *Rendiconti del Instituto Lombardo.* Avant cela, les courbes correspondant aux équations (8) avaient été étudiées par Cremona dans les *Annali di Mathematica* (t. IV, 1861), par Chasles dans les *Comptes rendus de l'Académie des Sciences de Paris* (t. LIII, 1861, p. 767), par Em. Weyr, qui s'en était occupé dans un écrit inséré en 1871 aux *Mathematische Annalen* et dans plusieurs communications faites en 1871, 1875, 1876, 1878 à l'Académie des Sciences de Vienne.

818. Le nombre des propriétés des courbes gauches du troisième et du quatrième ordre qu'on a découvertes jusqu'à présent et le nombre des problèmes dont elles ont été l'objet sont très considérables. On peut voir plusieurs de ces propriétés dans le précieux *Repertorio di Matematiche superiori* (t. II, 1900, p. 353–374) de M. Pascal. Les travaux qu'on a consacrés à ces courbes sont aussi très nombreux, et nous en avons déjà mentionné plusieurs. On en peut voir les titres de plusieurs autres et l'indication des recueils où ils ont été publiés dans l'important ouvrage de M. Loria: *Il passato ed il presente delle principali teorie geometriche* (3.° éd., 1907, p. 132–140 et 379–382). Parmi les ouvrages didactiques où ces courbes sont envisagées, nous mentionnerons: *A Treatise on the analytic Geometrie of three dimensions* de Salmon; *Die Geometrie der Lage* de M. Reye, la *Teoria geometrica de las lineas* *alabeadas* de M. Ed Torroja et le *Grundzüge einer rein-geometrichen Theorie der Raumcurven vierter Ordenung erster Species* de Schroeter, spécialement consacré à l'étude des biquadratiques gauches. M. Dumont a consacré aux cubiques gauches quelques pages de son *Introduction à la Géométrie du troisième ordre.*

V.

Courbe d'Architas.

819. Soient OBA *(fig. 174)* une demi-circonférence donnée, OZ une tangente à OBA au point A, et OCA′ une autre demi-circonférence égale à OBA et placée sur un plan perpendiculaire à OZ. On donne le nom de *courbe d'Architas* à la ligne qui résulte de l'intersection du tore engendré par le cercle OBA, en tournant autour de OZ, avec le cylindre ayant pour base le cercle OCA′, car cette courbe a été considérée par Architas, géomètre qui a vécu vers 400 ans avant J. C., lequel l'a employée pour résoudre le problème de Délos, c'est-à-dire pour construire deux moyennes proportionnelles entre deux segments rectilignes donnés.

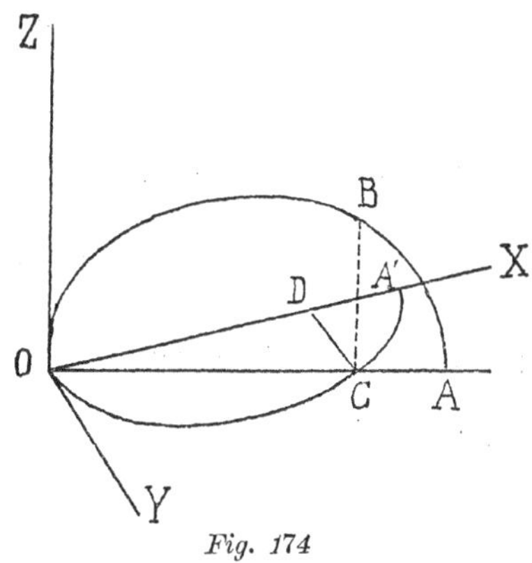

Fig. 174

En prenant pour axe des x la droite qui passe par le point O et par le centre du cercle OCA′, les équations de la courbe d'Architas sont

$$(x^2+y^2+z^2)^2 = a^2(x^2+y^2), \quad x^2+y^2-ax=0,$$

dont la première représente le tore, et l'autre le cylindre considéré.

La méthode employée par Architas pour résoudre le problème de Délos, est connue par une passage d'Eudemus, reproduite par Eutocius dans son *Commentaire au livre II d'Archimède,* publié dans *Archimedis Opera omnia* (éd. Heiberg, t. III, p. 99). Nous allons l'exposer.

Supposons que C soit le point où la demi-circonférence OCA′ coupe la droite OA, que B soit le point de la demi-circonférence OBA qui se projette sur le plan XY au point C, et que CD soit la perpendiculaire baissée de C sur OA′. Le point B appartient à la courbe d'Architas, quelle que soit la droite OA. Or on peut donner à cette droite une position telle qu'on ait $\frac{\text{OD}}{\text{OB}} = \frac{b}{a}$, où $b < a$, en déterminant B par l'intersection de la courbe d'Architas avec le cône de révolution dont l'axe est OX et dont la génératrice fait avec cet axe un angle θ, donné par l'équation $\cos\theta = \frac{b}{a}$. Les segments OB et OC sont les deux moyennes cherchées.

On a, en effet,

$$OC^2 = a.OD, \quad OB^2 = a.OC,$$

et, en éliminant OD au moyen de la relation écrite ci-dessus,

$$OC^2 = b.OB, \quad OB^2 = a.OC,$$

ou

$$\frac{a}{OB} = \frac{OB}{OC} = \frac{OC}{b}.$$

Cette méthode pour la solution du problème de Délos, purement théorique, est très remarquable, car elle est le plus ancien exemple connu de la résolution d'un problème de Géométrie plane au moyen d'une courbe gauche.

820. La courbe qui résulte de l'intersection du cône qui figure dans la construction précédente avec le tore, est représentée par les équations

$$b^2(x^2+y^2+z^2) = a^2x^2, \quad (x^2+y^2+z^2)^2 = a^2(x^2+y^2),$$

et l'équation de la projection de cette courbe sur le plan XY est

$$(1) \qquad a^2x^4 = b^4(x^2+y^2),$$

ou, en coordonnées polaires,

$$\rho = \frac{b^2}{a\cos^2\theta}.$$

On obtient au moyen de la courbe représentée par cette équation une autre solution du problème de Délos. En effet, le vecteur ρ_1 du point d'intersection de cette courbe avec la circonférence représentée par l'équation $\rho = a\cos\theta$, est déterminé par l'égalité $\rho_1^3 = ab^2$, et par conséquent on a

$$\frac{b}{\rho_1} = \frac{\rho_1}{v} = \frac{v}{a}, \quad v = \sqrt{a\rho_1}.$$

Il résulte d'une lettre d'Eratosthène à Ptolémée III, publiée dans le *Commentaire* d'Eutocius mentionné ci-dessus, qu'Eudoxe a employé, pour résoudre le problème de Délos, une courbe plane avec des points d'inflexion, qu'il a désignée sous le nom de *kampile*. On ne sait pas quelle était la courbe que les anciens géomètres connaissaient sous ce nom: mais la circonstance d'Eudoxe avoir été élève d'Architas et celle de la courbe représentée par l'équation (1) figurer dans la méthode de ce dernier géomètre pour la solution du problème de Délos, ont mené P. Tannery à considérer comme probable la coïncidence de la *kampile* avec la ligne correspondant à l'équation (1) (*Mémoires de la Société des Sciences physiques et naturelles de Bordeaux,* 2.e série, t. II, p. 277 ; *Bulletin des Sciences mathématiques,* 1884, p. 101).

VI.

Sur les courbes tétraédrales symétriques.

821. Considérons maintenant les courbes gauches définies par les équations

$$(1) \qquad \left(\frac{x}{a}\right)^m + \left(\frac{y}{b}\right)^m = 1, \quad \left(\frac{x}{a_1}\right)^m + \left(\frac{z}{b_1}\right)^m = 1,$$

où m désigne le nombre positif ou négatif $\frac{p}{q}$, p et q étant deux entiers premiers entre eux. Ces courbes résultent de l'intersection de deux cylindres ayant pour directrices deux *courbes de Lamé* (n.° 640).

La projection de la courbe (1) sur le plan yz est représentée par l'équation

$$(2) \qquad \left(\frac{y}{b}\right)^m - \left(\frac{a_1 z}{a b_1}\right)^m = \text{A}, \quad \text{A} = 1 - \left(\frac{a_1}{a}\right)^m;$$

elle *est donc formée par q courbes de Lamé, qui correspondent aux q valeurs de* A.

Si q est impair, une seule des valeurs de A est réelle, et par conséquent une seule des courbes de Lamé représentées par l'équation (2) est réelle. Si q est pair, deux des valeurs de A sont réelles, ainsi que deux des courbes de Lamé représentées par cette équation.

On détermine aisément l'ordre des courbes définies par les équations (1). Remarquons, pour cela, que, si m est positif, une droite arbitraire $y = \text{A}x$, passant par l'origine, coupe la courbe définie par la première des équations (1) en pq points, qui correspondent aux racines de l'équation

$$x^p \left[1 + \left(\frac{\text{A}a}{b}\right)^{\frac{p}{q}}\right] = a^p,$$

et que par consequent cette courbe est de l'ordre pq. Si m est négatif, et si l'on fait $p = -p_1$, les équations (1) prennent la forme

$$(3) \qquad \left(\frac{x}{a}\right)^{\frac{p_1}{q}}+\left(\frac{y}{b}\right)^{\frac{p_1}{q}}=\left(\frac{xy}{ab}\right)^{\frac{p_1}{q}}, \quad \left(\frac{x}{a_1}\right)^{\frac{p_1}{q}}+\left(\frac{z}{b_1}\right)^{\frac{p_1}{q}}=\left(\frac{xz}{a_1 b_1}\right)^{\frac{p_1}{q}},$$

et, en faisant $y=\text{A}x$, on a

$$x^{p_1}\left[1+\left(\frac{\text{A}a}{b}\right)^{\frac{p_1}{q}}\right]^q=\left(\frac{\text{A}}{ab}\right)^{p_1}x^{2p_1};$$

et par conséquent les droites passant par l'origine coupent la courbe représentée par chacune des équations (3) en $2p_1q$ points, dont p_1q coïncident avec l'origine des coordonnées.

Il résulte de ce qui précède qu'un plan quelconque coupe chacun des cylindres représentés par les équations (1) suivant deux courbes d'ordre pq, quand m est positif. Si m est négatif, chacun des cylindres représentés par les équations (3) est coupé par un plan passant par l'origine des coordonnées suivant deux courbes d'ordre égal à $2p_1q$, et par conséquent ces courbes se coupent en $4p^2q^2$ points. Mais, comme p^2q^2 de ces intersections coïncident avec l'origine des coordonnées, et la courbe définie par les équations (1) ne passe pas par ce point, le nombre de points où le plan considéré coupe cette courbe est égal à $3p^2q^2$. Nous avons donc le théorème suivant:

L'ordre de la ligne définie par les équations (1) *est égal à p^2q^2, quand m est positif, et il est égal à $3p^2q^2$, quand m est négatif. Dans le premier de ces cas, cette ligne se dédouble en q courbes dont l'ordre est égal à p^2q; et, dans le second cas, elle se dédouble en q courbes dont l'ordre est égal à $3p^2q$.*

822. Considérons un systéme de valeurs de x et z vérifiant la deuxième des équations (1). La parallèle à l'axe des y passant par ce point coupe la surface représentée par la première de ces équations à pq points, situés à distance finie, correspondant aux valeurs qu'elle détermine pour y. Donc *la génératrice du cylindre représenté par une des équations* (1) *coupe chacune des courbes qui forment l'intersection des deux surfaces définies par ces équations, en p points.*

823. Envisageons maintenant la courbe définie par les équations suivantes, rapportées à un même tétraèdre:

$$(4) \qquad \left(\frac{x_1}{a}\right)^m+\left(\frac{x_2}{b}\right)^m+\left(\frac{x_4}{d}\right)^m=0, \quad \left(\frac{x_1}{a_1}\right)^m+\left(\frac{x_3}{c_1}\right)^m+\left(\frac{x_4}{d_1}\right)^m=0.$$

Chacune de ces équations représente une surface conique ayant pour sommet un des sommets du tétraèdre de référence et pour directrice une courbe triangulaire symétrique, dont le triangle correspondant est une face du trétraèdre. Ces surfaces et les lignes qu'elles déterminent par leur intersection ont été étudiées, ainsi que celles que nous venons de considérer au paragraphe précédent, par De la Gournerie, dans ses importants *Recherches sur les surfaces réglés tétraédrales symétriques* (Paris, 1867), et plus tard par M. Jamet, dans un Thèse réproduite dans les *Annales de l'École Normale supérieure de Paris* (1887). Dans ces travaux, déjà mentionnés au n.° 639, ces géomètres ont étudié aussi les courbes de Lamé et les courbes triangulaires symétriques, dont la théorie est liée à celle des courbes gauches que nous considérons à présent. De la Gournerie a désigné sous le nom de *cône triangulaire* le cône défini par chacune des équations précédentes, et sous le nom de *courbe tétraédrale symétrique* la ligne qui résulte de l'intersection des deux cônes.

La cubique gauche est comprise entre ces courbes. Elle peut être considérée comme une courbe tétraédrale (n.° 813) à exposant $\frac{1}{3}$ ou à exposant -1.

824. Les équations précédentes prennent la forme (1), quand on pose $\frac{x_1}{x_4}=x$, $\frac{x_2}{x_4}=y$, $\frac{x_3}{x_4}=z$; donc la courbe définie par les équations (1) est une transformée homographique de la courbe définie par les dernières équations. Il en résulte le théorème suivant:

L'ordre de la courbe définie par les équations (4) *est égal à p^2q, quand l'exposant m est positif, et il est égal à $3p^2q$, si m est négatif.*

Chaque génératrice d'un des cônes coupe la courbe à p points non situés au sommet du cône. Si m est négatif, elle passe, en outre, par ce sommet.

825. Considérons les cubiques gauches définies par les équations (n.° 813)

$$\frac{\alpha}{x_1}+\frac{\beta}{x_2}+\frac{\gamma}{x_4}=0,\quad \frac{\alpha_1}{x_1}+\frac{\beta_1}{x_3}+\frac{\gamma_1}{x_4}=0,$$

rapportées au même tétraèdre de référence que les équations (4). Ces cubiques passent par les sommets du tétraèdre, et, en déterminant convenablement les quatre paramètres distincts qui figurent dans ces équations, on obtient une cubique particulière passant par un point donné M sur la courbe tétraédrale (4) et ayant à ce point le même plan osculateur que cette dernière ligne.

Rappelons maintenant que le rapport des rayons de courbure de deux courbes tangentes à un point et ayant à ce point le même plan osculateur, relatifs au point de contact, et le rapport des rayons de courbure des transformées par homographie de ces courbes, relatifs au point correspondant à celui-là, sont égaux. Cette proposition générale, obtenue premièrement par Peaucellier pour le cas des courbes planes, a été étendue par M. Fouret aux courbes gauches, dans un écrit mentionné au n.° 647, où nous l'avons déjà mentionnée.

Tout cela posé, considérons deux cônes ayant pour sommet commun un des sommets du tétraèdre auquel la courbe tétraédrale (4) et la cubique gauche mentionnée sont rapportées, et pour directrices ces deux lignes. Les intersections de ces cônes avec la face du tétraèdre opposée au sommet des cônes sont une courbe triangulaire à exposant m et une conique passant par les sommets de son triangle, et ces deux lignes sont tangentes au point correspondant au point M de la courbe tétraédrale. D'après un théorème démontré au n.° 647, le rapport des rayons de courbure de ces courbes, relatifs au point de contact, est égal à la valeur absolue de $\frac{2}{m-1}$, et par suite, en tenant compte du théorème général qu'on a rappelé ci-dessus, on peut énoncer la proposition suivante:

Par un point quelconque M *d'une courbe tétraédrale et par les sommets du tétraèdre de référence on peut faire passer une cubique gauche ayant au point* M *le même plan osculateur que la courbe tétraédrale. Le rapport du rayon de courbure de cette dernière courbe et de celui de la cubique, relatifs au point de contact, est égal à la valeur absolue de* $\frac{2}{m-1}$.

Cette proposition est due à M. Jamet (l. c.). La démonstration qu'on en vient de donner, a été indiquée par M. Fouret dans l'écrit mentionné au n.° 647.

826. Considérons maintenant la courbe définie par les équations

$$(5)\quad \left(\frac{x_1}{a}\right)^m + \left(\frac{x_2}{b}\right)^m + \left(\frac{x_3}{c}\right)^m + \left(\frac{x_4}{d}\right)^m = 0,\quad \left(\frac{x_1}{a_1}\right)^m + \left(\frac{x_2}{b_1}\right)^m + \left(\frac{x_3}{c_1}\right)^m + \left(\frac{x_4}{d_1}\right)^m = 0,$$

rapportées à un même tétraèdre.

En éliminant x_3 on obtient l'équation

$$\left[1-\left(\frac{ac_1}{ca_1}\right)^m\right]\left(\frac{x_1}{a}\right)^m + \left[1-\left(\frac{bc_1}{cb_1}\right)^m\right]\left(\frac{x_2}{b}\right)^m + \left[1-\left(\frac{dc_1}{cd_1}\right)^m\right]\left(\frac{x_4}{d}\right)^m = 0,$$

qui représente q^3 cônes triangulaires distincts, correspondant aux q valeurs distinctes de chaque coefficient de cette équation. Le sommet de ce cône coïncide avec un des sommets du tétraèdre auquel les équations précédentes sont rapportées. En éliminant x_2, x_3 et x_4 entre les mêmes équations, on obtient des résultats analogues. Nous pouvons donc énoncer la proposition suivante:

La ligne déterminée par les équations (5) *est composée de* q^3 *courbes tétraédrales, et par chacune de ces courbes passent quatre cônes triangulaires.*

Les surfaces représentées par chacune des équations (5) ont été étudiées par De la Gournerie et par M. Jamet dans les mémoires mentionnées ci-dessus, sous le nom de *surfaces tétraédrales symétriques*. Dans cette étude, les courbes tétraédrales à exposant -2 et $\frac{2}{3}$ jouent un rôle important, et, par ce motif, elles ont été spécialement considérées par le premier de ces géomètres.

CHAPITRE XVI.

SUR DIVERSES CLASSES DE COURBES GAUCHES.

I.

Les courbes à courbure constante.

827. L'hélice tracée sur le cylindre de révolution est un cas particulier des courbes à courbure constante, nommées par Cesàro *cercles gauches* (*Lezioni di Geometria intrinseca,* 1896, p. 144). Le problème de la détermination de ces courbes est indéterminé. On le rend déterminé en donnant une surface sur laquelle la courbe soit placée. Alors la solution du problème dépend de l'intégration d'une équation du second ordre, qu'on obtient en égalant à une constante l'expression du rayon de courbure des courbes gauches. On peut encore le réduire immédiatement à des quadratures, comme on le verra plus loin.

Nous allons exposer quelques propriétés communes à tous les cercles gauches.

En appliquant à ces courbes la formule générale bien connue

$$R_1^2 = R^2 + r^2\left(\frac{dR}{ds}\right)^2,$$

où R désigne le rayon de courbure, r celui de torsion et R_1 le rayon de la sphère osculatrice d'une courbe gauche quelconque, on voit que *le rayon de la sphère osculatrice d'un cercle gauche est égal au rayon de courbure.*

En appliquant à la même courbe les formules générales

$$x_0 - x = Rb - r\frac{dR}{ds}c, \quad y_0 - y = Rb' - r\frac{dR}{ds}c', \quad z_0 - z = Rb'' - r\frac{dR}{ds}c'',$$

où b, b', b'' désignent les cosinus des angles que la normale principale fait avec les axes des coordonnées, c, c', c'' les angles que la binormale fait avec les mêmes axes, et x_0, y_0, z_0

les coordonnées du centre de la sphère osculatrice, on trouve les équations

$$(1) \qquad x_0 - x = Rb, \quad y_0 - y = Rb', \quad z_0 - z = Rb'',$$

d'où il résulte que *le centre de la sphère osculatrice au point* (x, y, z) *est sur la normale principale, à la distance* R *du point* (x, y, z).

828. Désignons par s_0 la longueur d'un arc quelconque du lieu des centres des sphères osculatrices de la courbe considérée, par R_0 et r_0 ses rayons de courbure et torsion, et par x_0', y_0', z_0', s_0', x', y', z', etc. les dérivées de x_0, y_0, z_0, s_0, x, y, z, par raport à s.

On a

$$s'^2_0 = x'^2_0 + y'^2_0 + z'^2_0.$$

Mais les formules de Frenet

$$(2) \qquad \frac{da}{ds} = \frac{b}{R}, \quad \frac{da'}{ds} = \frac{b'}{R}, \quad \frac{da''}{ds} = \frac{b''}{R}$$

et les équations (1) donnent

$$x_0 = x + R^2 x'', \quad y_0 = y + R^2 y'', \quad z_0 = z + R^2 z''.$$

Donc

$$s'^2_0 = 1 + R^2 (x'''^2 + y'''^2 + z'''^2) + 2R^2 (x'x''' + y'y''' + z'z''').$$

En tenant compte maintenant de la relation $x'^2 + y'^2 + z'^2 = 1$ et d'une expression de R bien connue, on trouve d'abord

$$x'x'' + y'y'' + z'z'' = 0,$$

et ensuite

$$x'x''' + y'y''' + z'z''' = -(x''^2 + y''^2 + z''^2) = -R^{-2}.$$

Pourtant

$$s^2_0 = R^4 (x'''^2 + y'''^2 + z'''^2) - 1.$$

En observant maintenant que la formule connue

$$r^{-2} = R^2 (x'''^2 + y'''^2 + z'''^2) - R^{-2} - R \frac{dR^{-1}}{ds},$$

donne, quand R est constant,

$$r^{-2} = R^2 (x'''^2 + y'''^2 + z'''^2) - R^{-2},$$

on trouve la relation

$$\frac{ds_0}{ds} = \frac{R}{r}.$$

On déduit de cette équation, en tenant compte des formules générales de la théorie des courbes gauches (P. Serret, *Théorie nouvelle des lignes à double courbure,* 1860, p. 18; Laurent, *Traité d'Analyse,* t. II, p. 380):

$$\frac{ds_0}{ds} = \frac{r_0}{R} = \frac{R_0}{r},$$

les relations remarquables suivantes:

$$(3) \qquad R_0 = R, \quad R^2 = rr_0,$$

qui déterminent les rayons de courbure et torsion du lieu des centres des sphères osculatrices d'une courbe à courbure constante quelconque donnée.

On peut voir encore, en comparant les formules (1) à celles qui déterminent les coordonnées du centre du cercle osculateur d'une courbe gauche quelconque, que, *dans les courbes à courbure constante, le centre de la sphère osculatrice à un point coïncide avec le centre du cercle osculateur au même point.*

Il résulte encore d'une proposition générale (P. Serret, l. c.) que les normales principales de la courbe primitive et du lieu des sphères osculatrices sont parallèles, et on voit par suite, en tenant compte des formules (1), que chacune de ces courbes est le lieu des centres de courbure de l'autre.

On voit enfin, en remarquant que le plan osculateur du lieu des centres de la sphère osculatrice de la courbe donnée, relatif au point (x_0, y_0, z_0), est normal à cette courbe au point (x, y, z), que les plans osculateurs des deux courbes aux points correspondants sont perpendiculaires.

On peut résumer tout ce qui précède dans le théorème suivant:

Le lieu des centres de courbure d'une ligne à courbure constante est une autre ligne à courbure constante, et égale à celle de la première. Chacune de ces courbes est le lieu des centres de courbure de l'autre. Les plans osculateurs des deux courbes aux points correspondants sont perpendiculaires l'un à l'autre.

Cette proposition a été donnée par Monge dans un mémoire inséré aux *Mémoires de l'Académie des Sciences de Paris* (1784, p. 536).

La seconde des équations (3) est attribuée par P. Serret (l. c.) à Bouquet.

829. Le problème de la détermination des courbes à courbure constante a été réduit à trois quadratures par J. Serret, dans une lettre à Liouville, qui a été insérée par ce géomètre à l'édition qu'il a publiée en 1850 de l'*Application de l'Analyse à la Géométrie* de

*

Monge (p. 558). M. Darboux donne, pour le même but, dans ses fameuses *Leçons sur la théorie générale des surfaces* (t. I, 1887, p. 43), d'autres formules, qu'il obtient par une analyse plus simple. Nous allons déduire les formules de Serret de celles de M. Darboux.

Les relations (2) donnent

$$ds = R\sqrt{da^2 + da'^2 + da''^2},$$

et par conséquent, en tenant compte des relations $\frac{dx}{ds} = a$, $\frac{dy}{ds} = a'$, $\frac{dz}{ds} = a''$, on a les formules de M. Darboux :

$$dx = Ra\sqrt{da^2 + da'^2 + da''^2}, \quad dy = Ra'\sqrt{da^2 + da'^2 + da''^2}, \quad \ldots$$

En posant $a = \varphi(t)$, $a' = \psi(t)$, $a'' = \tau(t)$, φ, ψ et τ représentant trois fonctions quelconques vérifiant la condition $\varphi^2(t) + \psi^2(t) + \tau^2(t) = 1$, et en intégrant, on obtient les équations des courbes à courbure constante.

Pour déduire les formules de Serret de celles qui précédent, nous poserons

$$a = \frac{\sin t}{\sqrt{1+\varphi^2(t)}}, \quad a' = \frac{\cos t}{\sqrt{1+\varphi^2(t)}}, \quad a'' = \frac{\varphi(t)}{\sqrt{1+\varphi^2(t)}},$$

ce qui donne

$$\sqrt{da^2 + da'^2 + da''^2} = \frac{\sqrt{1+\varphi^2(t)+\varphi'^2(t)}}{1+\varphi^2(t)} \cdot dt.$$

Pourtant

$$dx = R\frac{\sqrt{1+\varphi^2+\varphi'^2}}{(1+\varphi^2)^{\frac{3}{2}}}\sin t\, dt, \quad dy = R\frac{\sqrt{1+\varphi^2+\varphi'^2}}{(1+\varphi^2)^{\frac{3}{2}}}\cos t\, dt, \quad dz = R\frac{\sqrt{1+\varphi^2+\varphi'^2}}{(1+\varphi^2)^{\frac{3}{2}}}\varphi\, dt.$$

Ce sont les formules de Serret. Elles ont lieu quand R est constant et quand ce rayon est variable. Si R est constant, ces formules déterminent, en intégrant, les cercles gauches.

II.

Les courbes à torsion constante.

830. Le problème de la recherche des courbes à torsion constante est, comme celui qu'on vient de considérer aux paragraphes précédents, indéterminé. On peut le rendre déterminé en ajoutant la condition de que la courbe soit sur une surface donnée. Alors on le réduit à l'intégration d'une équation du troisième ordre, qu'on obtient en égalant à une constante l'expression classique du rayon de torsion. Mais on peut aussi le réduire immédiatement à trois quadratures, comme J. Serret l'a fait voir dans la lettre mentionnée au n.° 829. Les formules de Serret ont été obtenues par M. Darboux par une analyse plus simple, dans les *Leçons sur la théorie des surfaces* (p. 42), comme on va le voir.

Prenons les formules de Frenet

$$\frac{dc}{ds}=\frac{b}{r},\quad \frac{dc'}{ds}=\frac{b'}{r},\quad \frac{dc''}{ds}=\frac{b''}{r},$$

et les relations

$$a=b'c''-c'b'',\quad a'=cb''-bc'',\quad a''=bc'-cb',$$

où (a, b, c), (a', b', c'), (a'', b'', c'') sont les cosinus des angles que la tangente, la normale principale et la binormale au point (x, y, z) font respectivemente avec les axes des x, y et z, et où r est le rayon de torsion.

Il en résulte

$$a=r\left(c''\frac{dc'}{ds}-c'\frac{dc''}{ds}\right),\quad a'=r\left(c\frac{dc''}{ds}-c''\frac{dc}{ds}\right),\quad a''=r\left(c'\frac{dc}{ds}-c\frac{dc'}{ds}\right),$$

et par conséquent, puisque $a=\frac{dx}{ds}$, $a'=\frac{dy}{ds}$, $a''=\frac{dz}{ds}$,

$$dx=r(c''dc'-c'dc''),\quad dy=r(cdc''-c''dc)\quad dz=r(c'dc-cdc').$$

On obtient les équations de toutes les courbes à torsion constante en remplaçant c, c' et c'' par trois fonctions arbitraires de s vérifiant la condition $c^2+c'^2+c''^2=1$, et en intégrant ensuite.

En posant

$$\frac{c}{h}=\frac{c'}{k}=\frac{c''}{l}=\frac{1}{\sqrt{h^2+k^2+l^2}},$$

M. Darboux a déduit des équations précédentes les équations de Serret, mises sous une forme symétrique:

$$dx = r\frac{ldk - kdl}{h^2+k^2+l^2}, \quad dy = r\frac{hdl - ldh}{h^2+k^2+l^2}, \quad dz = r\frac{kdh - hdk}{h^2+k^2+l^2},$$

par lesquelles on détermine toutes les courbes à torsion constante en remplaçant deux des variables h, k, l par des fonctions arbitraires de la troisième et en intégrant ensuite les trois équations.

Nous allons donner à ces expressions une nouvelle forme, qui sera appliquée plus loin à une question importante.

Je remarque, pour cela, que les quantités p, q et l sont proportionelles aux coefficients de l'équation du plan osculateur, et que par conséquent on a

$$h = a''\frac{da'}{dt} - a'\frac{da''}{dt}, \quad k = a\frac{da''}{dt} - a''\frac{da}{dt}, \quad l = a'\frac{da}{dt} - a\frac{da'}{dt}.$$

Je pose ensuite, comme au n.º 829,

$$a = \frac{\sin t}{\sqrt{1+\varphi^2(t)}}, \quad a' = \frac{\cos t}{\sqrt{1+\varphi^2(t)}}, \quad a'' = \frac{\varphi(t)}{\sqrt{1+\varphi^2(t)}}.$$

Il vient

$$h = -\frac{\varphi' \cos t + \varphi \sin t}{1+\varphi^2}, \quad k = \frac{\varphi' \sin t - \varphi \cos t}{1+\varphi^2}, \quad l = \frac{1}{1+\varphi^2}.$$

En substituant ces valeurs dans les expressions de x, y et z, on trouve les formules

$$dx = r\frac{(\varphi+\varphi'')\sin t}{1+\varphi^2+\varphi'^2}dt, \quad dy = r\frac{(\varphi+\varphi'')\cos t}{1+\varphi^2+\varphi'^2}dt, \quad dz = r\frac{(\varphi+\varphi'')\varphi}{1+\varphi^2+\varphi'^2}dt$$

qui déterminent les courbes à torsion constante. Il suffit, pour cela, de remplacer φ par une fonction quelconque de t et d'intégrer ensuite les trois équations.

M. Darboux a appelé l'attention sur l'intérêt qu'offre la recherche de courbes algébriques jouissant de la propriété considérée, et cette question a été ensuite étudiée par divers géomètres. Ainsi M. Lyon, dans une *Thèse* publiée dans les *Annales de l'enseignement supérieur de Grenoble* (t. II, 1890, p. 353), M. Fouché, dans les *Annales scientifiques de la Faculté des Sciences de Paris* (1890, p. 335), M. Fabry, dans ce même recueil (1892, p. 177), M. Tannenberg, dans les *Comptes rendus de l'Académie des Sciences* (t CXXXVII, 1903, p. 692), ont donné des méthodes pour obtenir des courbes en nombre illimité dont la torsion est constante. M. Fabry, qui a suivi la voie la plus élémentaire, a représenté les quantités h, k et l, qui figurent dans les formules de Serret, par des expressions de la forme

$$a+b\sin\lambda\theta+c\cos\lambda\theta+d\cos\mu\theta+e\sin\mu\theta,$$

et il a ensuite déterminé les coefficients et les multiplicateurs de ces expressions de manière que la somme $h^2+k^2+l^2$ soit constante, et que les termes constants des expressions $ldk-kdl$, $hdl-ldh$, etc. disparaissent. Il a obtenu ainsi diverses courbes algébriques réelles à torsion constante, parmi lesquelles nous signalerons celle qui est représentée par les équations les plus simples, savoir (l. c., p. 189):

$$x=\frac{r\sqrt{A}}{A-1}\sin p\theta-\frac{r\sqrt{A}p}{(A+1)^2}\left[\frac{A}{q-p}\sin(q-p)\theta+\frac{1}{p+q}\sin(p+q)\theta\right],$$

$$y=\frac{r\sqrt{A}}{A-1}\cos p\theta-\frac{r\sqrt{A}p}{(A+1)^2}\left[\frac{A}{q-p}\cos(q-p)\theta+\frac{1}{p+q}\cos(p+q)\theta\right],$$

$$z=\frac{2rAp}{(A+1)^2q}\sin q\theta,$$

où

$$A=+\sqrt{\frac{q+2p}{q-2p}},\quad q>2p.$$

Les courbes à torsion constante ont été encore étudiées par M. Koenigs, dans les *Annales de la Faculté des Sciences de Toulouse* (t. I, 1887), où il s'est occupé de la forme de ces lignes, par M. Le Vasseur, dans le *Bulletin de l'Académie des Sciences de Toulouse* (1898), où il a démontré l'existence de lignes sphériques à torsion constante, etc.

III.

Courbes de Bertrand.

831. Bertrand a démontré, dans un mémoire publié dans le *Journal de Liouville* (1850, p. 332), qu'il existe une classe de courbes telles que, à chacune de ces courbes, on peut associer une autre ayant les mêmes normales principales. Ces courbes sont appelées *courbes de Bertrand.*

Soient: (C) et (C′) deux courbes de Bertrand associées; (x, y, z) et (x_1, y_1, z_1) les coordonnées de deux points correspondants; R et r les rayons de courbure et torsion de la courbe (C) au point (x, y, z); (a, a', a''), (b, b', b''), (c, c', c'') les cosinus des angles que la tangente, la normale principale et la binormale au point mentionné font respectivement avec les axes des coordonnées; et l la distance des points (x, y, z) et (x_1, y_1, z_1).

Les quantités mentionnées sont liées par les relations de Frenet:

$$(1) \qquad \frac{da}{ds} = \frac{b}{R}, \quad \frac{da'}{ds} = \frac{b'}{R}, \quad \frac{da''}{ds} = \frac{b''}{R};$$

$$(2) \qquad \frac{dc}{ds} = \frac{b}{r}, \quad \frac{dc'}{ds} = \frac{b'}{r}, \quad \frac{dc''}{ds} = \frac{b''}{r},$$

$$(3) \qquad \frac{db}{ds} = -\frac{a}{R} - \frac{c}{r}, \quad \frac{db'}{ds} = -\frac{a'}{R} - \frac{c'}{r}, \quad \frac{db''}{ds} = -\frac{a''}{R} - \frac{c''}{r}.$$

Désignons par (a_1, a_1', a_1'') les cosinus des angles que la tangente à la courbe (C') au point (x_1, y_1, z_1) fait avec les axes des coordonnées, et remarquons que les cosinus des angles que la normale principale au même point fait avec ces axes sont égaux à b, b' et b''. Nous avons

$$(4) \qquad x_1 = x + lb, \quad y_1 = y + lb', \quad z_1 = z + lb'',$$

$$(5) \qquad ba_1 + b'a_1' + b''a_1'' = 0,$$

$$(6) \qquad \frac{da_1}{ds_1} = \frac{b}{R_1}, \quad \frac{da_1'}{ds_1} = \frac{b'}{R_1}, \quad \frac{da_1''}{ds_1} = \frac{b''}{R_1},$$

s_1 étant la longueur de l'arc de la courbe (C') compris entre un point fixe et le point (x_1, y_1, z_1), et R_1 étant le rayon de courbure de cette même courbe au point (x_1, y_1, z_1).

Il résulte de l'équation (5) celle-ci:

$$b\,dx_1 + b'dy_1 + b''dz_1 = 0,$$

qui, en éliminant x_1, y_1 et z_1 au moyen des équations (4) et en tenant compte des relations

$$b\,dx + b'dy + b''dz = 0, \quad b^2 + b'^2 + b''^2 = 1, \quad b\,db + b'db' + b''db'' = 0,$$

donne $dl = 0$. On voit donc que l est constant et que, par conséquent, on a

$$a_1 = \frac{dx_1}{ds_1} = \left(\frac{dx}{ds} + l\frac{db}{ds}\right)\frac{ds}{ds_1}, \quad a_1' = \left(\frac{dy}{ds} + l\frac{db'}{ds}\right)\frac{ds}{ds_1}, \quad \ldots,$$

et, en tenant compte des relations (3),

$$(7) \qquad a_1 = \left[\left(1 - \frac{l}{R}\right)a - l\frac{c}{r}\right]\frac{ds}{ds_1}, \quad a_1' = \left[\left(1 - \frac{l}{R}\right)a' - l\frac{c'}{r}\right]\frac{ds}{ds_1}, \quad \ldots.$$

En substituant maintenant dans les équations (6) les valeurs de a_1, a_1', a_1'' données par les dernières équations, et en tenant compte des relations (1) et (2), on obtient celles-ci:

$$Aa + Bb + Cc = 0, \quad Aa' + Bb' + Cc' = 0, \quad Aa'' + Bb'' + Cc'' = 0,$$

où

$$A = \left(1 - \frac{l}{R}\right) d\frac{ds}{ds_1} - ld\left(\frac{1}{R}\right),$$

$$B = \left[\frac{1}{R}\left(1 - \frac{l}{R}\right) - \frac{l}{r^2}\right]\frac{ds}{ds_1} ds - \frac{1}{R_1} ds_1, \quad C = -\frac{l}{r} d\frac{ds}{ds_1} - ld\left(\frac{1}{r}\right),$$

d'où il résulte

$$A = 0, \quad B = 0, \quad C = 0,$$

vu que le déterminant des coefficients $a, b, \ldots$ n'est pas nul.

La première et la dernière de ces équations donnent

$$\left(1 - \frac{l}{R}\right) d\left(\frac{1}{r}\right) + \frac{1}{r} d\left(\frac{1}{R}\right) = 0,$$

et par suite, en intégrant, on a

$$\frac{l}{R} + \frac{h}{r} = 1, \tag{8}$$

h désignant la constante arbitraire.

Il résulte de ce qui précède que les *courbes de Bertrand* sont caractérisées par une relation linéaire entre les rayons de courbure et torsion (Bertrand: l. c.).

La méthode que nous venons d'employer pour démontrer ce résultat, est due à J. A. Serret (*Journal de Liouville,* 1851, p. 499). M. Darboux a suivi pour le même but une méthode cinématique très remarquable, dans ses *Leçons sur la théorie des surfaces* (t. I, p. 13). P. Serret a traité la même question par une méthode plus géométrique que celle qu'on vient d'exposer, dans sa *Théorie nouvelle des lignes à double courbure* (p. 109).

832. Les équations (7) est celles-ci:

$$a^2 + a'^2 + a''^2 = 1, \quad b^2 + b'^2 + b''^2 = 1, \quad c^2 + c'^2 + c''^2 = 1, \quad ac + a'c' + a''c'' = 0$$

donnent

$$\frac{ds_1^2}{ds^2} = \left(1 - \frac{l}{R}\right)^2 + \frac{l^2}{r^2} = \frac{l^2 + h^2}{r^2}, \tag{9}$$

et par suite, en remarquant que (C') est une courbe de Bertrand qui satisfait à l'équation qu'on obtient en changeant dans l'équation (8) l en $-l$,

$$\frac{d^2}{ds_1^2}=\frac{l^2+h^2}{r_1^2},$$

r_1 étant le rayon de torsion de (C′) au point (x_1, y_1, z_1).

On a donc $rr_1=l^2+h^2$; ce qui exprime que *le produit des rayons de torsion des courbes* (C) *et* (C′) *relatifs aux points* (x, y, z) *et* (x_1, y_1, z_1) *est constant.*

833. Si l'on désigne par ω l'angle des tangentes aux courbes (C) et (C′) aux points (x, y, z) et (x_1, y_1, z_1), on a

$$\cos\omega=aa_1+a'a_1'+a''a_1'',$$

et par conséquent, en vertu des formules (7),

$$\cos\omega=\left(1-\frac{l}{R}\right)\frac{ds}{ds_1}=\frac{h}{\sqrt{h^2+l^2}}.$$

Donc l'*angle des tangentes des courbes* (C) *et* (C′) *aux points correspondants* (x, y, z) *et* (x_1, y_1, z_1) *est constant.*

On voit aisément que cet angle est égal à celui des plans osculateurs des courbes (C) et (C′) relatifs aux points (x, y, z) et (x_1, y_1, z_1). Donc l'*angle des plans osculateurs des courbes* (C) *et* (C′) *en deux points correspondants est constant.*

Cette proposition est due à O. Bonnet, qui l'a publiée dans le *Journal de l'École Polytechnique de Paris* (cah. XXXII, p. 134).

834. L'équation $B=0$ donne, en tenant compte des relations (8) et (9),

$$\frac{1}{R_1}=\left[\frac{1}{R}\left(1-\frac{l}{R}\right)-\frac{l}{r^2}\right]\frac{ds^2}{ds_1^2}=\frac{hr-lR}{R(h^2+l^2)}.$$

On détermine par cette formule la courbure de (C′), quand on connait la courbure et la torsion de (C); ensuite la relation

$$\frac{h}{r_1}-\frac{l}{R_1}=1$$

donne la valeur de la torsion de (C′).

835. Le problème de la détermination des lignes qui vérifient l'équation (8) a été réduit aux quadratures par M. Darboux, dans l'ouvrage mentionné ci-dessus (p. 44), au moyen d'une analyse très élégante. Nous allons le résoudre ici d'une manière immédiate au moyen des formules suivantes, obtenues aux n.os 829 et 830:

$$dx = \mathrm{R}\,\frac{\sqrt{1+\varphi^2(t)+\varphi'^2(t)}\,\sin t}{[1+\varphi^2(t)]^{\frac{3}{2}}}\,dt, \quad dx = r\,\frac{[\varphi(t)+\varphi''(t)]\sin t}{1+\varphi^2(t)+\varphi'^2(t)}\,dt,$$

lesquelles ont lieu même quand R et r sont variables. On a, en effet, en remplaçant dans la formule (8) R et r par les valeurs déterminées par ces équations,

$$x = l\int\frac{\sqrt{1+\varphi^2+\varphi'^2}}{(1+\varphi'^2)^{\frac{3}{2}}}\sin t\,dt + h\int\frac{\varphi+\varphi''}{1+\varphi^2+\varphi'^2}\sin dt.$$

De même

$$y = l\int\frac{\sqrt{1+\varphi^2+\varphi'^2}}{(1+\varphi'^2)^{\frac{3}{2}}}\cos t\,dt + h\int\frac{\varphi+\varphi''}{1+\varphi^2+\varphi'^2}\cos t\,dt,$$

$$z = l\int\frac{\sqrt{1+\varphi^2+\varphi'^2}}{(1+\varphi'^2)^{\frac{3}{2}}}\varphi\,dt + h\int\frac{\varphi+\varphi''}{1+\varphi^2+\varphi'^2}\varphi\,dt,$$

où φ est une fonction arbitraire de t. Ces formules ont été données par M. Bioche dans le *Bulletin de la Société mathématique de France* (t. XVII, 1889, p. 109). Il en résulte que les courbes envisagées peuvent être représentées par les équations

$$x = lx_1 + hx_2, \quad y = ly_1 + hy_2, \quad z = lz_1 + hz_2,$$

(x_1, y_1, z_1) et (x_2, y_2, z_2) étant respectivement les coordonnées du point t d'une courbe à courbure constante et d'une courbe à torsion constante, correspondant à la même fonction $\varphi(t)$. Comme l'on a

$$\frac{dx_1}{dz_1} = \frac{\sin t}{\varphi} = \frac{dx_2}{dz_2}, \quad \frac{dy_1}{dz_1} = \frac{\cos t}{\varphi} = \frac{dy_2}{dz_2},$$

on voit que les tangentes aux deux courbes aux points correspondant à une même valeur de t sont parallèles.

836. Les courbes de Bertrand ont été l'objet de plusieurs autres travaux, que nous ne signalerons pas ici. Elles sont un cas particulier des courbes représentées par l'équation intrinsèque

$$\frac{\mathrm{A}}{\mathrm{R}} + \frac{\mathrm{B}}{\mathrm{R}r} + \frac{\mathrm{C}}{\mathrm{R}^2} + \frac{\mathrm{D}}{r^2} = 0,$$

rencontrées par M. Demoulin dans une question de Cinématique (*Bulletin de la Société mathématique de France,* t. XXI, 1893, p. 8). Ce géomètre a encore fait voir que la même équation représente, quand $C=0$, des courbes telles que, si par un point quelconque d'une de ces courbes on mène une normale N faisant un angle constant avec la normale principale en ce point, la droite N est la binormale d'une autre de ces courbes.

IV.

Sur les lignes géodésiques et les lignes de courbure de l'ellipsoïde.

837. On a étudié un grand nombre de courbes spéciales dont l'importance provient du rôle qu'elles représentent dans la théorie des surfaces sur lesquelles elles existent. Telles sont les lignes de courbure, les lignes asymptotiques, les lignes géodésiques, etc. des surfaces spéciales remarquables. Nous ne nous occuperons pas ici de ces courbes, pour n'allonger plus cet ouvrage. Il est à désirer que bientôt un traité soit consacré aux surfaces spéciales, et c'est dans un ouvrage de cette nature que les courbes mentionnées doivent être étudiées. Nous ferons une exception pour les lignes géodésiques de l'ellipsoïde, à cause de l'importance que ces lignes ont dans la Géodésie, et pour les lignes de courbure de cette même surface, à cause des relations qui existent entre elles et celles-là.

Les lignes de courbure de l'ellipsoïde ont été considérées par Monge, l'inventeur de la théorie générale des lignes de courbure, premièrement dans un mémoire inséré au *Journal de l'École Polytechnique* (cah. I, 1794, p. 145) et plus tard dans l'*Application de l'Analyse à la Géométrie* (§ XVI). La théorie de ces lignes fut continuée par C. Dupin dans ses *Développements de Géométrie,* parus en 1813.

En appliquant à l'équation

$$(1)\qquad \frac{x^2}{a^2}+\frac{y^2}{b^2}+\frac{z^2}{c^2}=1$$

l'équation classique générale des lignes de courbure, on obtient celle-ci:

$$(2)\quad a^2(b^2-c^2)xyy'^2+[b^2(a^2-c^2)x^2-a^2(b^2-c^2)y^2-a^2b^2(a^2-b^2)]y'-b^2(a^2-c^2)xy=0,$$

qui est l'équation différentielle des projections des lignes de courbure de l'ellipsoïde sur le plan xy.

Pour intégrer cette équation, Monge élimine a^2-b^2 entre elle et celle qu'on obtient en la différentiant, ce qui donne

$$\frac{y}{x}\,d^2y + d\,\frac{y}{x}\,dy = 0\,;$$

ensuite, en intégrant deux fois, on a

$$ydy \pm \frac{n^2}{m^2}\,x\,dx = 0,$$

et

$$\frac{x^2}{m^2} \pm \frac{y^2}{n^2} = 1, \tag{3}$$

m et n étant les constantes arbitraires.

Après avoir obtenue cette équation, l'éminent géomètre fait remarquer que, comme l'équation (2) est du premier ordre, l'une des constantes m et n doit dépendre de l'autre. Pour déterminer la relation entre les deux constantes, il élimine y et $\frac{dy}{dx}$ entre la dernière équation, celle qu'on obtient en la différentiant et l'équation (2), ce qui donne

$$b^2(a^2-c^2)\,m^2 \mp a^2(b^2-c^2)\,n^2 = a^2b^2(a^2-b^2).$$

Il résulte de tout ce qui précède que *les projections sur le plan xy des deux lignes de courbure qui passent par un même point, sont une ellipse et une hyperbole.*

Les lignes de courbure de l'ellipsoïde résultent donc de l'intersection d'un cylindre de base elliptique ou hyperbolique avec l'ellipsoide, et par conséquent elles appartiennent à la classe des courbes étudiées au chapitre XV sous le nom de *biquadratiques gauches.*

En éliminant x^2 ou y^2 entre l'équation (3) et celle de l'ellipsoïde, on voit que les projections des lignes de courbure considérées sur les plans yz et xz sont aussi des ellipses et des hyperboles. En éliminant x, y et z entre les mêmes équations (1) et (3) et les équations

$$\frac{X}{x} = \frac{Y}{y} = \frac{Z}{z},$$

on voit que le cône ayant le sommet au centre de l'ellipsoïde et passant par une ligne de courbure est du second ordre. Donc il passe par cette courbe trois cylindres et un cône du second ordre, ce qui est d'accord avec le théorème de Poncelet énoncé au n.° 804.

L'équation des projections des lignes de courbure sur le plan xy prend une forme symétrique en faisant $n^2 = \pm\frac{b^2(u-b^2)}{c^2-b^2}$, et par conséquent $m^2 = \frac{a^2(u-a^2)}{c^2-a^2}$, u étant une constante arbitraire. Il vient en effet

$$\frac{c^2-b^2}{b^2(u-b^2)}\,y^2 + \frac{c^2-a^2}{a^2(u-a^2)}\,x^2 = 1. \tag{4}$$

838. L'équation des quadriques ayant les mêmes foyers que l'ellipsoïde considéré et passant par le point (x, y, z) de cette surface est

$$\frac{X^2}{a^2-\lambda}+\frac{Y^2}{b^2-\lambda}+\frac{Z^2}{c^2-\lambda}=1,$$

λ représentant les racines de l'équation

$$\frac{x^2}{a^2-\lambda}+\frac{y^2}{b^2-\lambda}+\frac{z^2}{c^2-\lambda}-1=0,$$

ou

$$\lambda^2+\left(\frac{a^2-c^2}{a^2}x^2+\frac{b^2-c^2}{b^2}y^2-a^2-b^2\right)\lambda-\left(b^2x^2+a^2y^2-\frac{a^2c^2}{b^2}y^2-\frac{b^2c^2}{a^2}x^2-a^2b^2\right)=0.$$

Il est facile de voir que les racines de cette équation sont comprises respectivement entre c^2 et b^2 et entre b^2 et a^2. Donc les surfaces homofocales avec l'ellipsoïde considéré sont un hyperboloïde à une nappe et un hyperboloïde à deux nappes.

En désignant par u et v les racines de la dernière équation, on a

$$\text{(A)}\qquad \frac{x^2}{a^2-\lambda}+\frac{y^2}{b^2-\lambda}+\frac{c^2}{z-\lambda}-1=\frac{\lambda(\lambda-u)(\lambda-v)}{(a^2-\lambda)(b^2-\lambda)(c^2-\lambda)}.$$

En multipliant les deux nombres de cette identité par $\lambda-a^2$, $\lambda-b^2$ et $\lambda-c^2$ et en faisant ensuite $\lambda=a^2$, $\lambda=b^2$ et $\lambda=c^2$, respectivement, dans les trois identités obtenues, on trouve les équations

$$\text{(5)}\qquad x^2=\frac{a^2(a^2-u)(a^2-v)}{(b^2-a^2)(c^2-a^2)},\quad y^2=\frac{b^2(b^2-u)(b^2-v)}{(a^2-b^2)(c^2-b^2)},\quad z^2=\frac{c^2(c^2-u)(c^2-v)}{(a^2-c^2)(b^2-c^2)}.$$

Ces équations déterminent les coordonnées des points de l'ellipsoïde en fonction des paramètres u et v; et, si $v=f(u)$, elles déterminent les coordonnées des points de la courbe définie par cette équation, rapportée aux coordonnées curvilignes u et v.

En supposant qu'une des quantités u ou v est constante, les équations précédentes représentent respectivement les lignes d'intersection C et C′ de l'ellipsoïde avec l'un ou l'autre des hyperboloïdes homofocales.

Supposons, par exemple, que u soit constant, et éliminons v entre les deux premières équations. On obtient une équation identique à l'équation (4). En supposont v constant et en éliminant u entre les mêmes équations, on obtient la même équation (4).

Donc *les quadriques ayant les mêmes foyers que l'ellipsoïde* (1) *coupent cette surface suivant ses lignes de courbure* (Dupin).

Les équations (5) représentent donc les deux systèmes des lignes de courbure de l'ellipsoïde; l'un des systèmes correspond à prendre u constant et v variable, l'autre correspond à prendre v constant et u variable.

On peut changer dans l'analyse exposée à ce paragraphe et au paragraphe précédent b^2 en $-b^2$, ou b^2 en $-b^2$ et c^2 en $-c^2$, et on voit que chacune des trois surfaces à centre homofocales de second ordre considérées est coupée par les deux autres suivant ses lignes de courbure.

839. Représentons par s_1 et s_2 les longueurs des arcs des deux lignes de courbure qui passent par le point (x, y, z), et cherchons les expressions des différentielles de ces quantités, dont nous aurons besoin plus loin. Pour cela, nous allons employer une méthode suivie par M. Appell dans son *Traité de Mécanique* (t. 1, p. 29).

Supposons premièrement u constant, et dérivons les logarithmes des valeurs de x, y et z données par les équations (5), par rapport à v. On trouve

$$2\frac{dx}{x}=\frac{dv}{v-a^2},\quad 2\frac{dy}{y}=\frac{dv}{v-b^2},\quad 2\frac{dz}{z}=\frac{dv}{v-c^2},$$

et par conséquent

$$ds_1^2=dx^2+dy^2+dz^2=\frac{1}{4}\left[\frac{x^2}{(v-a^2)^2}+\frac{y^2}{(v-b^2)^2}+\frac{z^2}{(v-c^2)^2}\right]dv^2.$$

Mais, en dérivant par rapport à λ les deux membres de l'équation (A), et en faisant ensuite $\lambda=v$, il vient

$$\frac{x^2}{(v-a^2)^2}+\frac{y^2}{(v-b^2)^2}+\frac{z^2}{(v-c^2)^2}=\frac{v(v-u)}{(a^2-v)(b^2-v)(c^2-v)}.$$

Donc

$$ds_1^2=\frac{1}{4}\cdot\frac{v(v-u)}{(a^2-v)(b^2-v)(c^2-v)}dv^2.$$

De même, en supposant v constant, on trouve

$$ds_2^2=\frac{1}{4}\cdot\frac{u(u-v)}{(a^2-u)(b^2-u)(c^2-u)}du^2.$$

840. En passant à l'étude des *lignes géodésiques* de l'ellipsoïde, nous allons considérer premièrement l'ellipsoïde de révolution représenté par l'équation

$$(6)\qquad \frac{x^2+y^2}{a^2}+\frac{z^2}{c^2}=1.$$

En appliquant à cette surface l'équation générale des lignes géodésiques, il vient

$$x\frac{d^2y}{ds^2}-y\frac{d^2x}{ds^2}=0,$$

et, ensuite, en intégrant,

$$(7)\qquad x\frac{dy}{ds}-y\frac{dx}{ds}=k,$$

k étant la constante arbitraire.

Éliminons maintenant $\frac{dx}{ds}$, $\frac{dy}{ds}$, $\frac{dz}{ds}$ entre cette équation et celles-ci:

$$\frac{dx^2}{ds^2}+\frac{dy^2}{ds^2}+\frac{dz^2}{ds^2}=1,\quad \frac{x}{a^2}\frac{dx}{ds}+\frac{y}{a^2}\frac{dy}{ds}+\frac{z}{c^2}\frac{dz}{ds}=0;$$

on trouve, en tenant compte de l'équation (6),

$$(8)\qquad ds=\frac{\sqrt{a^2-c^2}}{c}\cdot\frac{\left(z^2+\frac{c^4}{a^2-c^2}\right)dz}{\sqrt{\left(z^2+\frac{c^4}{a^2-c^2}\right)\left(c^2\frac{a^2-k^2}{a^2}-z^2\right)}}.$$

Désignons maintenant par φ et ρ les coordonnées polaires de la projection du point (x, y, z) de la ligne géodésique considérée sur le plan xy. L'équation (7) donne, en faisant $x=\rho\cos\varphi$ et $y=\rho\sin\varphi$,

$$kds=\rho^2 d\varphi=a^2\frac{c^2-z^2}{c^2}d\varphi.$$

Donc

$$(9)\qquad d\varphi=-\frac{ck\sqrt{a^2-c^2}}{a^2}\left[\frac{dz}{\sqrt{X}}+\frac{a^2c^2}{a^2-c^2}\cdot\frac{dz}{(z^2-c^2)\sqrt{X}}\right],$$

où

$$X=\left(z^2+\frac{c^4}{a^2-c^2}\right)\left(c^2\frac{a^2-k^2}{a^2}-z^2\right).$$

L'équation (9) et la relation

$$(10)\qquad \rho^2=\frac{a^2}{c^2}(c^2-z^2)$$

déterminent les coordonnées polaires de la projection du point (x, y, z) de la courbe considérée sur le plan xy. Il en résulte que, si $c<a$ (ellipsoïde aplati), il faut qu'on ait $k<a$ pour que la courbe considérée soit réelle, et que, dans ce cas, les points réels de la courbe correspondent aux valeurs de z comprises entre $-\frac{a^2-k^2}{a^2}c^2$ et $\frac{a^2-k^2}{a^2}c^2$. Quand z varie depuis la première de ces valeurs jusqu'à l'autre, le plan passant par l'axe de rotation de l'ellipsoïde et par le point décrivant tourne autour de cet axe dans un sens constant, et ce point parcourt un arc tangent aux parallèles correspondant aux valeurs extrêmes de z. La courbe est composée d'une suite d'arcs égaux à celui qu'on vient de considérer.

Si $c>a$ (ellipsoïde allongé), les points réels de la courbe correspondent aux valeurs de z^2 inférieures à c^2 et comprises entre les nombres $\frac{c^4}{c^2-a^2}$ et $\frac{a^2-k^2}{a^2}c^2$.

Il résulte de l'équation (9) que φ peut être représenté par des fonctions elliptiques. En faisant, pour cela $z=cz_1$, il vient

$$(11) \qquad d\varphi=-\frac{k\sqrt{a^2-c^2}}{a^2}\left[\frac{dz_1}{\sqrt{X_1}}+\frac{a^2}{a^2-c^2}\cdot\frac{dz_1}{(z_1^2-1)\sqrt{X_1}}\right],$$

où

$$X_1=\left(z_1^2+\frac{c^2}{a^2-c^2}\right)\left(\frac{a^2-k^2}{a^2}-z_1^2\right).$$

En faisant $z_1^2=t+h$ et en posant

$$K=\frac{k\sqrt{a^2-c^2}}{a^2},\quad \alpha=\frac{c^2}{c^2-a^2},\quad \beta=\frac{a^2-k^2}{a^2},\quad h=\frac{1}{3}(\alpha+\beta),$$

l'équation (11) prend la forme

$$d\varphi=Ki\left[\frac{dt}{\sqrt{4t^3-g_1t-g_2}}+\frac{a^2}{a^2-c^2}\cdot\frac{dt}{(t+h-1)\sqrt{4t^3-g_1t-g_2}}\right],$$

où

$$g_1=-[3h^2-2(\alpha+\beta)h+\alpha\beta],\quad g_2=-h(h-\alpha)(h-\beta).$$

Faisons maintenant $t=\wp u$, et supposons que u_1 soit une racine de l'équation $\wp u=1-h$. Il vient

$$d\varphi=-Ki\left[du+\frac{a^2}{a^2-c^2}\cdot\frac{du}{\wp u-\wp u_1}\right].$$

Pour intégrer cette équation, appliquons une formule déjà employée au n.° 750, savoir

$$\int\frac{du}{\wp u-\wp u_1}=\frac{1}{\wp' u_1}\left[\log\frac{\sigma(u-u_1)}{\sigma(u+u_1)}+2u\,\zeta u_1\right].$$

Pour déterminer $\mathrm{p}'u_1$, remarquons qu'on a

$$\lim_{z_1=1} \frac{1}{z_1\sqrt{X_1}} = -\frac{i\sqrt{a^2-c^2}}{k},$$

et, d'un autre côté, en faisant $t_1 = 1 - h$,

$$\lim_{z_1=1} \frac{1}{z_1\sqrt{X_1}} = -2i \lim_{t=t_1} \frac{1}{\sqrt{4t^3-g_1t-g_2}} = 2i \lim_{u=u_1} \frac{1}{\mathrm{p}'u} = \frac{2i}{\mathrm{p}'u_1}.$$

Donc

$$\frac{1}{\mathrm{p}'u_1} = -\frac{\sqrt{a^2-c^2}}{2k}.$$

On a par conséquent

$$\varphi - \varphi_0 = \mathrm{G}u - \frac{i}{2}\log\frac{\sigma(u-u_1)}{\sigma(u+u_1)},$$

où $\mathrm{G} = (\zeta u_1 - \mathrm{K})\,i$.

On a aussi

$$\rho^2 = \frac{a^2}{c^2}(c^2-z^2) = a^2(1-z_1^2) = a^2(1-h-t) = a^2(t_1-t) = a^2(\mathrm{p}u_1 - \mathrm{p}u)$$
$$= a^2\frac{\sigma(u+u_1)\,\sigma(u-u_1)}{\sigma^2u\,\sigma^2u_1}.$$

Donc

$$(x+iy)^2 = \rho^2 e^{2i\varphi} = a^2\frac{\sigma^2(u+u_1)}{\sigma^2u\,\sigma^2u_1}\,e^{2i(\varphi_0+\mathrm{G}u)},$$

et par suite

$$x+iy = a\frac{\sigma(u+u_1)}{\sigma u\,\sigma u_1}\,e^{i(\varphi_0+\mathrm{G}u)}.$$

De même

$$x-iy = a\frac{\sigma(u-u_1)}{\sigma u\,\sigma u_1}\,e^{-i(\varphi_0+\mathrm{G}u)}.$$

Ces équations déterminent x et y en fonction du paramètre u à l'aide des fonctions elliptiques.

Il résulte de la formule (8) qu'on peut aussi calculer s au moyen des fonctions elliptiques. On a, en effet, en faisant $z = cz_1$ et ensuite $z_1 = t + h$,

$$ds = \sqrt{c^2-a^2}.\frac{\left(t+h+\dfrac{c^2}{a^2-c^2}\right)dt}{\sqrt{4t^3-g_1-g_2}},$$

et, en faisant $t = pu$,

$$ds = \sqrt{c^2 - a^2}\left(pu + h + \frac{c^2}{a^2 - c^2}\right) du,$$

et, en intégrant,

$$s = \sqrt{c^2 - a^2}\left[-\zeta u + \left(h + \frac{c^2}{a^2 - c^2}\right) u\right].$$

841. Nous ne nous arrêterons pas à l'étude des autres surfaces de révolution du second ordre. Nous remarquerons seulement que de l'analyse qu'on vient d'employer pour l'étude de l'ellipsoïde, on déduit les formules applicables à l'hyperboloïde à une nappe en remplaçant c^2 par $-c^2$, et celles qui ont lieu dans le cas de l'hyperboloïde à deux nappes en remplaçant a^2 par $-a^2$.

Les lignes géodésiques du cône de révolution peuvent être obtenues au moyen d'une méthode tout-à-fait élémentaire, en remarquant que les transformées de ces lignes, quand on développe le cône, sont des droites. Supposons que l'équation du cône soit

$$p^2(x^2 + y^2) = z^2,$$

et que l'équation polaire de la droite D correspondant à une géodésique, rapportée au point O correspondant au sommet du cône, comme origine, et à la parallèle à D, menée par O, comme axe, soit $\rho_1 \sin \varphi_1 = A$. En appliquant les formules de transformation indiquées au n.° 779, et en observant, pour cela, que $p = \cot \theta$, θ étant l'angle que les génératrices du cône font avec son axe, on trouve que l'équation de la projection sur le plan xy de la ligne géodésique correspondant à cette droite est

$$\rho\sqrt{1 + p^2} \sin p_1\varphi = A, \quad p_1 = \frac{1}{\sqrt{1 + p^2}}.$$

Donc *les géodésiques du cône de révolution sont identiques aux lignes étudiées au n.° 631 sous le nom d'épis.*

842. L'équation (7) est applicable à toutes les surfaces de révolution, et il en résulte une conséquence remarquable qu'on va voir.

Considérons le triangle infinitésimal formé par un arc de la géodésique compris entre le point (x, y, z) et un point infiniment voisin, par le parallèle passant par le premier point et par le méridian passant par le second. On a, en désignant par ω l'angle de la tangente à la courbe au point (x, y, z) et de la tangente au parallèle au même point, $\rho\, d\varphi = \cos \omega . ds$; mais l'équation (7), en posant $x = \rho \cos \varphi$, $y = \rho \sin \varphi$, prend la forme $\rho^2 d\varphi = k\, ds$; donc $\rho \cos \omega = k$.

Pourtant le *produit du rayon du parallèle qui passe par un point d'une ligne géodésique d'une surface de révolution et du cosinus de l'angle que ce parallèle fait avec la ligne géodésique est constant.*

*

Cette proposition a été donnée par Clairaut en 1733 dans les *Mémoires de l'Académie des Sciences de Paris.*

843. Le problème de la détermination des lignes géodésiques des surfaces de révolution a été proposé par Jean Bernoulli en 1697, et il a été résolu en 1698, dans les *Acta eruditorum* (*Opera,* t. II, p. 796 et 1023), par son frère Jacques Bernoulli, qui a donné l'équation différentielle de ces lignes. Jean Bernoulli (*Opera,* t. IV, p. 108–128) a trouvé plus tard, vers 1728, l'équation différentielle des géodésiques d'une surface quelconque, et a reconnu que leurs plans osculateurs sont normals à la surface; et, comme application de l'équation obtenue, il a retrouvé la solution que son frère avait donné pour le cas des surfaces de révolution. La même question a été étudiée par Clairaut dans le mémoire mentionné ci-dessus, et par Euler dans le tome III des *Comm. Acad. Petrop.* La publication de ces travaux est antérieure à celle de la publication des travaux de Jean Bernoulli sur ce sujet, lesquels ont paru seulement en 1742, dans le tome IV de ses *Opera.*

Les lignes géodésiques de l'ellipsoïde de révolution ont été étudiées par Legendre en 1806 dans les *Mémoires de l'Académie des Sciences de Paris,* et plus tard dans son *Traité des fonctions elliptiques* (t. I, 1825, p. 360). Il a donné des séries pour le calcul de l'angle φ et de la longueur s des arcs de la courbe, et il a exprimé ces quantités par des intégrales elliptiques de seconde et troisième espèce. Les fonctions elliptiques ont été appliquées aux mêmes courbes par Jacobi (*Werke,* t. II, p. 419).

844. Les lignes géodésiques de l'ellipsoïde à trois axes inégaux ont été aussi l'objet de beaux et importants travaux. Nous allons exposer la partie la plus essentielle de la théorie de ces lignes.

En appliquant à l'équation

$$\frac{x^2}{a^2}+\frac{y^2}{b^2}+\frac{z^2}{c^2}=1 \tag{12}$$

les équations générales des lignes géodésiques, on obtient celles-ci:

$$\frac{a^2}{x}\frac{d^2x}{ds^2}=\mu,\quad \frac{b^2}{y}\frac{d^2y}{ds^2}=\mu,\quad \frac{c^2}{z}\frac{d^2z}{ds^2}=\mu. \tag{13}$$

Différentions maintenant deux fois l'équation (12) et posons

$$\mathrm{P}=\frac{x^2}{a^4}+\frac{y^2}{b^4}+\frac{z^2}{c^4},\quad \mathrm{D}=\frac{1}{a^2}\left(\frac{dx}{ds}\right)^2+\frac{1}{b^2}\left(\frac{dy}{ds}\right)^2+\frac{1}{c^2}\left(\frac{dz}{ds}\right)^2.$$

Il vient

$$\frac{x}{a^2}\left(\frac{d^2x}{ds^2}\right)+\frac{y}{b^2}\left(\frac{d^2y}{ds^2}\right)+\frac{z}{c^2}\left(\frac{d^2z}{ds^2}\right)+\mathrm{D}=0,$$

et ensuite, en éliminant $\frac{d^2x}{ds^2}$, $\frac{d^2y}{ds^2}$ et $\frac{d^2z}{ds^2}$ au moyen des équations (13),

$$\mu P + D = 0. \tag{14}$$

Multiplions maintenant les équations (13) respectivement par $\frac{x}{a^4}\frac{dx}{ds}$, $\frac{y}{b^4}\frac{dy}{ds}$, $\frac{z}{c^4}\frac{dz}{ds}$, et ajoutons les équations résultantes, membre à membre. On trouve l'équation

$$\mu P' = D',$$

P' et D' désignant les dérivées de P et D par rapport à s.

En éliminant μ entre les dernières équations, il vient

$$PD' + DP' = 0,$$

et par conséquent, en intégrant,

$$PD = \left(\frac{x^2}{a^4} + \frac{y^2}{b^4} + \frac{z^2}{c^4}\right)\left[\frac{1}{a^2}\left(\frac{dx}{ds}\right)^2 + \frac{1}{b^2}\left(\frac{dy}{ds}\right)^2 + \frac{1}{c^2}\left(\frac{dz}{ds}\right)^2\right] = h. \tag{15}$$

h désignant une constante.

C'est l'équation différentielle du premier ordre des lignes géodésiques de l'ellipsoïde. Elle a une signification géométrique très remarquable, qu'on va voir. Observons premièrement que la distance P_1 du centre de l'ellipsoïde au plan tangent à ce solide au point (x, y, z) d'une de ces courbes a pour expression

$$P_1 = \left[\frac{x^2}{a^4} + \frac{y^2}{b^4} + \frac{z^2}{c^4}\right]^{-\frac{1}{2}} = \frac{1}{\sqrt{P}};$$

et, en second lieu, que l'équation qui détermine la longueur D_1 du demi-diamètre parallèle à la tangente à la même courbe au point (x, y, z) résulte de l'élimination de X, Y et Z parmi les équations

$$\frac{dx}{X} = \frac{dy}{Y} = \frac{dz}{Z}, \quad \frac{X^2}{a^2} + \frac{Y^2}{b^2} + \frac{Z^2}{c^2} = 1, \quad D_1^2 = X^2 + Y^2 + Z^2,$$

qui donne

$$D_1^2 = \frac{dx^2 + dy^2 + dz^2}{\frac{1}{a^2}dx^2 + \frac{1}{b^2}dy^2 + \frac{1}{c^2}dz^2} = \frac{1}{D}.$$

Donc *le produit* P_1D_1 *de la distance du centre de l'ellipsoïde au plan tangent en un point d'une ligne géodésique et du demi-diamètre parallèle à la tangente à cette courbe au même point est constant, quelle que soit la position du point.*

Cette interprétation géométrique de l'équation différentielle des lignes géodésiques est due à Joachimsthal, qui l'a publiée dans le *Journal de Crelle* (t. XXVI, 1843, p. 155). En établissant directement cette proposition par la Géométrie, on en peut déduire ensuite immédiatement l'équation différentielle des lignes géodésiques. Parmi les démonstrations de cette nature qu'on en a données, nous en mentionnerons une de Chasles, publiée dans le *Journal de Liouville* (1846, p. 13), une autre de Hart, publiée dans le *Cambridge and Dublin mathematical Journal* (t. IV, p. 84), et une autre donnée par Graves dans le *Journal de Crelle* (t. XLII, p. 279).

Il résulte de la proposition qu'on vient de démontrer, comme corollaire, que le produit PD, ainsi que P_1D_1, sont constants pour toutes les courbes passant par les ombilics de l'ellipsoïde. Pour voir cela, il suffit de tenir compte de la signification de P, D, P_1 et D_1, et de rappeler que les plans parallèles aux plans tangents à l'ellipsoïde aux ombilics, et passant par le centre, coupent ce solide suivant des cercles.

845. Le théorème qu'on vient de démontrer a été étendu par Joachimsthal aux lignes de courbure de l'ellipsoïde.

Désignons par P et Q les mêmes expressions considérées au n.° 844, mais supposons que x, y, z représentent maintenant les coordonnées d'un point d'une ligne de courbure de l'ellipsoïde. On a, en dérivant les deux membres de l'identité (A) du n.° 838 par rapport à λ et en faisant ensuite $\lambda=0$,

$$P=\frac{x^2}{a^4}+\frac{y^2}{b^4}+\frac{z^2}{c^4}=\frac{uv}{a^2b^2c^2}\cdot$$

Les équations (5) du même paragraphe donnent, en supposant u constant et en tenant compte de l'expression de ds_1,

$$\begin{aligned}D&=\frac{1}{a^2}\left(\frac{dx}{ds_1}\right)^2+\frac{1}{b^2}\left(\frac{dy}{ds_1}\right)^2+\frac{1}{c^2}\left(\frac{dz}{ds_1}\right)^2\\&=\frac{(a^2-v)(b^2-v)(c^2-v)}{v(v-u)}\left[\frac{u-a^2}{(b^2-a^2)(c^2-a^2)(v-a^2)}+\frac{u-b^2}{(a^2-b^2)(c^2-b^2)(v-b^2)}\right.\\&\qquad\left.+\frac{u-c^2}{(a^2-c^2)(b^2-c^2)(v-c^2)}\right].\end{aligned}$$

En tenant compte maintenant de l'identité

$$\begin{aligned}\frac{u-v}{(v-a^2)(v-b^2)(v-c^2)}&=\frac{u-a^2}{(b^2-a^2)(c^2-a^2)(v-a^2)}+\frac{u-b^2}{(a^2-b^2)(c^2-b^2)(v-b^2)}\\&\qquad+\frac{u-c^2}{(a^2-c^2)(b^2-c^2)(v-c^2)},\end{aligned}$$

dont le second membre résulte de la décomposition de la fonction qui figure au premier membre en des fractions simples, on trouve $D = v^{-1}$, et par conséquent

$$P_1 D_1 = abc\sqrt{\frac{1}{u}}.$$

Donc *le produit* P_1D_1 *est constant en tous les points d'une ligne de courbure.*

Il résulte de ce qui précède que les lignes de courbure et les lignes géodésiques de l'ellipsoïde vérifient la même équation différentielle de premier ordre, et elles sont pourtant tangentes. En tenant compte de la signification de P_1 et D_1, on voit encore que *le produit* P_1D_1 *est constant pour toutes les lignes géodésiques tangentes à une même ligne de courbure.*

846. Liouville a mis, dans son *Journal* (1844, p. 401), l'équation différentielle des lignes géodésiques de l'ellipsoïde sous une autre forme remarquable, qu'on va voir.

Désignons par R le rayon de courbure d'une de ces lignes, relatif au point (x, y, z). On trouve, en tenant compte des équations (13) et (14),

$$R = \left[\left(\frac{d^2x}{ds^2}\right)^2 + \left(\frac{d^2y}{ds^2}\right)^2 + \left(\frac{d^2z}{ds^2}\right)^2\right]^{-\frac{1}{2}} = \frac{1}{\mu\sqrt{P}} = \frac{\sqrt{P}}{D} = \frac{D_1^2}{P_1}.$$

Cette équation détermine le rayon de courbure des lignes géodésiques de l'ellipsoïde, et, en même temps, elle fait voir, en tenant compte de la relation (15), qu'on a

$$P^3 = h^2R^2.$$

D'un autre côté, comme le plan osculateur de la courbe au point (x, y, z) est normal à la surface de l'ellipsoïde, le théorème d'Euler sur la courbure des sections normales des surfaces donne

$$\frac{\sqrt{P^3}}{R} = \frac{\sqrt{P^3}}{R_1}\cos^2\omega + \frac{\sqrt{P^3}}{R_2}\sin^2\omega = h,$$

R_1 et R_2 désignant les rayons de courbure des sections principales et ω l'angle que le plan osculateur de la ligne géodésique fait avec un des plans de ces sections.

On peut calculer R_1 et R_2 au moyen d'une formule générale connue (Serret: *Calcul différentiel,* 1879, p. 476), d'où il résulte que R_1 et R_2 sont les racines de l'équation

$$\rho^2 - \left[\frac{b^2+a^2}{c^2}z^2 + \frac{a^2+c^2}{b^2}y^2 + \frac{b^2+c^2}{a^2}x^2\right]\sqrt{P}\,\rho + a^2b^2c^2P^2 = 0,$$

qui, en faisant $\lambda\rho = a^2b^2c^2\sqrt{P^3}$, prend la forme

$$a^2b^2c^2\left(\frac{x^2}{a^4}+\frac{y^2}{b^4}+\frac{z^2}{c^4}\right)-\left(\frac{b^2+a^2}{c^2}z^2+\frac{a^2+c^2}{b^2}y^2+\frac{b^2+c^2}{a^2}x^2\right)\lambda+\lambda^2=0.$$

En éliminant z^2 entre cette équation et l'équation (12), on obtient une autre qui coïncide avec la troisième équation du n.º 838.

Donc

$$u\mathrm{R}_1 = a^2b^2c^2\sqrt{\mathrm{P}^3}, \quad v\mathrm{R}_2 = a^2b^2c^2\sqrt{\mathrm{P}^3},$$

et par conséquent

$$u\cos^2\omega + v\sin^2\omega = a^2b^2c^2\,h = h_1. \tag{16}$$

C'est l'équation de Liouville. L'éminent géomètre l'a obtenue par des considérations de Mécanique. La démonstration que nous venons de donner est nouvelle, croyons-nous. Nous l'avons publiée dans les *Annaes da Academia Polytechnica do Porto* (t. IV, 1909).

847. Considérons le triangle infinitésimal formé par une ligne géodésique passant par un point (x, y, z) et par une ligne de courbure passant par un point infiniment voisin. On a (n.º 839)

$$\operatorname{tang}^2\omega = \left(\frac{ds_1}{ds_2}\right)^2 = -\frac{v(a^2-u)(b^2-u)(c^2-u)}{u(a^2-v)(b^2-v)(c^2-v)}\left(\frac{dv}{du}\right)^2.$$

Mais, d'un autre côté, l'équation (16) donne

$$\operatorname{tang}^2\omega = \frac{h_1-u}{v-h_1}.$$

Donc on peut mettre l'équation des lignes géodésiques sous la forme

$$\sqrt{\frac{v(v-h_1)}{(a^2-v)(b^2-v)(c^2-v)}}\,dv \pm \sqrt{\frac{u(u-h_1)}{(a^2-u)(b^2-u)(c^2-u)}}\,du = 0,$$

où les variables u et v sont séparées, et qui est intégrable par les fonctions hyper-elliptiques.

Cette réduction de la détermination des lignes géodésiques de l'ellipsoïde aux quadratures est due à Jacobi, qui l'a donnée, sous une forme trigonométrique, dans un mémoire publié en 1839 dans le *Journal de Crelle* (t. XIX, p. 309), reproduit dans le *Journal de Liouville* (1841, p. 267). L'éminent géomètre n'a pas développé la démonstration de ce résultat, mais il a indiqué la voie qu'il a suivie. Liouville (l. c.) en a donné une démonstration et a géneralisé cette methode d'intégration aux géodésiques d'une classe remarquable de surfaces.

L'innvention de Jacobi a attiré sur les lignes géodésiques et les lignes de courbure de l'ellipsoïde à trois axes inégaux l'attention des géomètres. Ainsi Joachimsthal et Liouville se sont occupés, peu de temps après cette invention, de ces lignes, comme on a déjà vu; et ensuite Michael Roberts a consacré à leur théorie un mémoire publié dans le *Journal de Liouville* (1846, p. 1), où il a indiqué diverses propriétés importantes de ces courbes, et Chasles un autre, publié dans le même volume de ce recueil (p. 5), où il a démontré par des méthodes purement géométriques les propriétés des mêmes courbes obtenues par les géomètres mentionnés et en a ajouté d'autres. Parmi ces propriétés il convient de remarquer celles qui suivent :

1.° Toutes les lignes géodésiques qui passent par un ombilic passent aussi par l'ombilic diamétralement opposé, et tontes ces lignes ont la même longueur (Roberts, l. c.).

2.° Les géodésiques passant par un point de l'ellipsoïde et par deux ombilics non opposés forment des angles égaux avec les lignes de courbure relatives au point considéré (Roberts).

3.° La somme des distances géodésiques des points d'une ligne de courbure à deux ombilics non opposés est constante (Roberts, l. c.).

4.° Les plans osculateurs aux points d'une ligne géodésique de l'ellipsoïde (ou d'une autre surface du second ordre) sont tangents à un autre surface du second ordre ayant les mêmes foyers (Chasles, l. c.).

5.° La surface développable tangente à un ellipsoïde (ou à un autre surface du second ordre) le long d'une ligne géodésique a l'arête de rebroussement sur une autre surface du second ordre; et cette dernière surface est la même pour toutes lignes géodésiques tangentes à une même ligne de courbure (Chasles, l. c.).

6.° Le cylindre ayant pour génératrice une droite parallèle à l'axe minimum de l'ellipsoïde et pour directrice une ligne de courbure coupe les plans des sections circulaires de la surface suivant des coniques ayant pour foyers les projections des ombilics sur ces plans. Cette proposition est attribuée par Roberts (l. c.) à Mac-Cullagh.

Parmi les travaux consacrés aux lignes considérées, nous signalerons encore un mémoire de Cayley publié en 1872 dans les *Memoirs of the Royal astronomical Society* (*Mathematical Papers*, t. VII, p. 493), où l'illustre géomètre s'est occupé principalement de la forme et du tracé de ces lignes.

La théorie des lignes géodésiques des hyperboloïdes à une nappe et à deux nappes à axes arbitraires est analogue à celle des lignes géodésiques de l'ellipsoïde. En changeant dans l'analyse exposée aux paragraphes précédents b^2 en $-b^2$, ou en même temps b^2 en $-b^2$ et c^2 en $-c^2$, on obtient les équations applicables aux lignes géodésiques des deux hyperboloïdes. La forme de ces lignes a été l'objet d'un mémoire remarquable de M. Hadamard, inséré au *Bulletin de la Société mathématique* (t. XXVI, p. 195).

CHAPITRE XVII.

LA POLHODIE ET L'HERPOLHODIE.

848. On démontre dans la Mécanique ([1]) que le mouvement d'un solide autour d'un point fixe est équivalent au mouvement du même solide autour d'un axe qui se déplace, en décrivant un cône elliptique ayant le sommet au point fixe considéré. Alors l'ellipsoïde d'inertie du corps tourne autour du point fixe, en restant toujours tangent à un plan invariable P, perpendiculaire à l'axe du moment des quantités de mouvement, sur lequel il roule. Le lieu des points de contact de ce plan et de l'ellipsoïde est une courbe plane auquelle Poinsot, l'inventeur de cette théorie, a donné le nom d'*herpolhodie,* dans sa célèbre *Théorie nouvelle de la rotation des corps,* mémoire présenté à l'Académie des Sciences de Paris en 1834 et publié dans le *Journal de Liouville* (1851, p. 9). L'éminent géomètre a appelé *polhodie* la courbe gauche qui résulte de l'intersection du cône mentionné avec l'ellipsoïde d'inertie. Cette dernière courbe est le lieu, sur l'ellipsoïde, des points de contact de sa surface avec le plan de l'herpolhodie.

On démontre encore dans la Mécanique que, si

$$\frac{x^2}{a^2}+\frac{y^2}{b^2}+\frac{z^2}{c^2}=1 \qquad (a>b>c)$$

est l'équation de l'ellipsoïde d'inertie, l'équation du cône mentionné est

$$(a^2-\eta^2)\frac{x^2}{a^4}+(b^2-\eta^2)\frac{y^2}{b^4}+(c^2-\eta^2)\frac{z^2}{c^4}=0,$$

η désignant la distance du centre de l'ellipsoïde au plan P. Cette distance vérifie la condition $a>\eta>c$.

([1]) Appell : *Traité de Mecanique rationnelle,* t. II, 1896, p. 211-230.

*

849. Cela posé, nous allons étudier quelques propriétés de la polhodie.

Remarquons premièrement que cette courbe peut être représentée par les deux dernières équations, et que, en éliminant entre elles successivement x, y et z, on voit que ses projections sur les plans yz et xy sont des ellipses, et que sa projection sur le plan xz est une hyperbole.

Soit r la distance du centre de l'ellipsoïde au point (x, y, z) de la polhodie. On a

$$x^2+y^2+z^2=r^2,$$

et, en résolvant cette équation et celles qui précèdent par rapport à x^2, y^2 et z^2,

$$(1)\qquad x^2=P(r^2-\alpha^2),\quad y^2=Q(r^2-\beta^2),\quad z^2=R(r^2-\gamma^2),$$

où

$$P=\frac{a^4}{(a^2-b^2)(a^2-c^2)},\quad Q=\frac{b^4}{(b^2-c^2)(b^2-a^2)},\quad R=\frac{c^4}{(c^2-a^2)(c^2-b^2)},$$

$$(2)\qquad \alpha^2=b^2+c^2-\frac{b^2c^2}{\eta^2},\quad \beta^2=a^2+c^2-\frac{a^2c^2}{\eta^2},\quad \gamma^2=a^2+b^2-\frac{a^2b^2}{\eta^2},$$

équations qui déterminent les coordonnées x, y et z des points de la polhodie en fonction du paramètre r. Il est à remarquer que les quantités P, Q et R sont liées par les relations

$$(3)\qquad P+Q+R=1,\quad P\alpha^2+Q\beta^2+R\gamma^2=0,$$

qu'on déduit de l'équation $x^2+y^2+z^2=r^2$, en remplaçant x^2, y^2 et z^2 par leurs valeurs en fonction de r et en égalant ensuite les coefficients des mêmes puissances de r dans les deux membres.

850. Dans la question de Mécanique rapportée ci-dessus, les constantes a, b et c ne sont pas tout-à-fait arbitraires: elles doivent vérifier la condition $c^2>\frac{a^2b^2}{a^2+b^2}$; et on a donc $\eta^2>\frac{a^2b^2}{a^2+b^2}$, et, en vertu de la troisième des relations (2), $\gamma^2>0$.

Remarquons, en outre, que des expressions de P, Q et R il résulte qu'on a $P>0$, $Q<0$, $R>0$, et que les deux premières relations (2) et l'inégalité $\eta>c$ donnent $\alpha^2>0$, $\beta^2>0$, d'où il résulte que les quantités α et β sont réelles.

Remarquons enfin que les équations (2) donnent ces autres:

$$\alpha^2-\beta^2=(b^2-a^2)\left(1-\frac{c^2}{\eta^2}\right),\quad \beta^2-\gamma^2=(c^2-b^2)\left(1-\frac{a^2}{\eta^2}\right),\quad \gamma^2-\alpha^2=(a^2-c^2)\left(1-\frac{b^2}{\eta^2}\right),$$

d'où il résulte qu'on a $\beta>\gamma>\alpha$ quand $\eta>b$, et $\beta>\alpha>\gamma$ quand $\eta<b$; et que les rela-

tions (1) font voir que les quantités x, y et z sont réelles quand $r \leqq \beta$ et $r \geqq \gamma$, si $\eta > b$, et quand $r \leqq \beta$ et $r \geqq \alpha$, si $\eta < b$, et imaginaires dans les autres cas. Quand ces inégalités ont lieu, l'expression

$$T = (r^2 - \alpha^2)(r^2 - \beta^2)(r^2 - \gamma^2)$$

est négative.

On déduit encore des formules précédentes les relations suivantes, qui seront appliquées plus loin:

$$\eta^2 - \alpha^2 = \frac{(\eta^2 - b^2)(\eta^2 - c^2)}{\eta^2}, \quad \eta^2 - \beta^2 = \frac{(\eta^2 - c^2)(\eta^2 - a^2)}{\eta^2}, \quad \eta^2 - \gamma^2 = \frac{(\eta^2 - c^2)(\eta^2 - b^2)}{\eta^2},$$

$$(4) \qquad \Delta = \pm \sqrt{(\eta^2 - \alpha^2)(\eta^2 - \beta^2)(\eta^2 - \gamma^2)} = \frac{(\eta^2 - a^2)(\eta^2 - b^2)(\eta^2 - c^2)}{\eta^3},$$

où l'on doit employer le signe supérieur quand $\eta < b$, et le signe inférieur quand $\eta > b$.

851. On obtient aisément l'expression de la différentielle des arcs de la polhodie. Nous avons, en effet,

$$ds^2 = \left[\frac{P}{r^2 - \alpha^2} + \frac{Q}{r^2 - \beta^2} + \frac{R}{r^2 - \gamma^2}\right] r^2\, dr^2,$$

et par suite, en éliminant P et R au moyen des équations (3),

$$ds^2 = [r^4 - (\alpha^2 + \beta^2 + \gamma^2) r^2 + Q(\beta^2 - \alpha^2)(\beta^2 - \gamma^2) + \alpha^2\beta^2 + \beta^2\gamma^2] \frac{r^2\, dr^2}{T}.$$

On peut mettre cette expression sous une autre forme, en remplaçant Q par sa valeur en fonction de α, β et γ, comme on va le voir.

Les équations (2) donnent

$$a^2 = \frac{\eta^2(\gamma^2 - b^2)}{\eta^2 - b^2}, \quad c^2 = \frac{\eta^2(\alpha^2 - b^2)}{\eta^2 - b^2}, \quad b^2 = \eta^2 - \frac{\Delta\eta}{\eta^2 - b^2},$$

et, en substituant ces valeurs de a^2, b^2 et c^2 dans l'expression de Q, on a

$$Q = \frac{b^4(\eta^2 - b^2)^2}{(b^4 - 2b^2\eta^2 + \eta^2\alpha^2)(b^4 - 2\beta^2\eta^2 + \eta^2\gamma^2)} = \frac{b^4(\eta^2 - \beta^2)}{\eta^2(\beta^2 - \gamma^2)(\beta^2 - \alpha^2)},$$

et par suite

$$Q = \frac{2\eta^4 - \eta^2(\alpha^2 + \beta^2 + \gamma^2) + \alpha^2\beta^2 - 2\Delta\eta}{(\beta^2 - \gamma^2)(\beta - \alpha^2)}.$$

En remplaçant Q par cette valeur dans l'expression de ds^2, on obtient la formule

$$ds^2 = \frac{r^2\,dr^2}{T}\left[r^4 - (\alpha^2+\beta^2+\gamma^2)\,r^2 - \eta^2(\alpha^2+\beta^2+\gamma^2) + 2\eta^4 - 2\Delta\eta + \alpha^2\beta^2 + \alpha^2\gamma^2 + \beta^2\gamma^2\right],$$

laquelle fait voir que s dépend des intégrales elliptiques.

852. Considérons maintenant l'herpolhodie. Pour cela, rapportons cette courbe à des coordonnées polaires ρ et θ, prises sur le plan de la courbe, et ayant pour pôle le pied de la perpendiculaire baissée du centre de l'ellipsoïde sur ce plan. Le triangle formé par le vecteur d'un point de la courbe, par le segment rectiligne compris entre ce point et le centre de l'ellipsoïde et par la perpendiculaire qu'on vient de mentionner, donne

$$\rho^2 = r^2 - \eta^2.$$

Quand l'ellipsoïde tourne autour du centre, la polhodie roule, sans glisser, sur l'herpolhodie, et par conséquent les différentielles des arcs des deux courbes sont égales, et nous avons

$$ds^2 = d\rho^2 + \rho^2\,d\varphi^2 = \frac{r^2\,dr^2}{r^2-\eta^2} + \rho^2\,d\varphi^2,$$

ou, en remplaçant ds par sa valeur, trouvée ci-dessus,

$$\rho^2\,d\varphi^2 = -\frac{r^2\,dr^2}{T\,(r^2-\eta^2)}\left[\eta^2 r^4 - 2\,(\eta^3-\Delta)\,\eta r^2\right.$$
$$\left.+ (\alpha^2\beta^2+\alpha^2\gamma^2+\beta^2\gamma^2)\,\eta^2 - (\alpha^2+\beta^2+\gamma^2)\,\eta^4 + 2\eta^6 - 2\Delta\eta^3 - \alpha^2\beta^2\gamma^2\right].$$

Mais

$$(\eta^3-\Delta)^2 = \eta^6 - 2\Delta\eta^3 + (\eta^2-\alpha^2)(\eta^2-\beta^2)(\eta^2-\gamma^2)$$
$$= (\alpha^2\beta^2+\alpha^2\gamma^2+\beta^2\gamma^2)\,\eta^2 - (\alpha^2+\beta^2+\gamma^2)\,\eta^4 + 2\eta^6 - 2\Delta\eta^3 - \alpha^2\beta^2\gamma^2.$$

Donc

$$\rho^2\,d\varphi^2 = -\frac{r^2\,dr^2}{T\,(r^2-\eta^2)}\left[\eta r^2 - (\eta^3-\Delta)\right]^2,$$

ou

$$(5)\qquad d\varphi = \frac{1}{\rho\sqrt{-T}}\,(\eta\rho^2+\Delta)\,d\rho,$$

où

$$T = (\rho^2+\eta^2-\alpha^2)(\rho^2+\eta^2-\beta^2)(\rho^2+\eta^2-\gamma^2).$$

Il résulte de la formule qu'on vient d'obtenir, que φ dépend des fonctions elliptiques. Mais, avant de nous occuper de la représentation de cet angle par ces fonctions, nous allons déduire directement de l'équation (5) quelques propriétés de l'herpolhodie, en parcourant la voie suivie par Resal dans le chapitre VI du tome VII de son *Traité de Mécanique générale,* et par M. Barbarin dans un écrit inséré aux *Nouvelles Annales* (1885, p. 538).

853. Pour déterminer la forme de la courbe représentée par l'équation (5), remarquons premièrement que l'égalité $\rho^2 = r^2 - \eta^2$ fait voir que ρ et r prennent en même temps leurs valeurs maxima et minima; donc nous avons, en tenant compte de ce qu'on a dit au n.º 850 sur les limites de r, $\rho \lesseqgtr \sqrt{\beta^2 - \eta^2}$ et $\rho \gtreqless \sqrt{\gamma^2 - \eta^2}$ quand $\eta > b$, $\rho \gtreqless \sqrt{\alpha^2 - \eta^2}$ si $\eta < b$. Donc *la courbe est comprise entre deux circonférences, l'une extérieure de rayon égal à* $\sqrt{\beta^2 - \eta^2}$, *et l'autre intérieure de rayon égal à* $\sqrt{\gamma^2 - \eta^2}$ *ou* $\sqrt{\alpha^2 - \eta^2}$.

En désignant par V l'angle que la tangente à la courbe au point A *(fig. 175)* fait avec le vecteur OA, nous avons la relation

$$\operatorname{tang} V = \rho \frac{d\varphi}{d\rho} = \frac{\eta\rho^2 + \Delta}{\sqrt{-T}},$$

d'où il résulte, en faisant $\rho = \sqrt{\beta^2 - \eta^2}$, $\operatorname{tang} V = -\infty$, Donc *l'herpolhodie est tangente à la circonférence extérieure au point où elle la rencontre.* De même, *la courbe est tangente à la circonférence intérieure au point où elle la rencontre.*

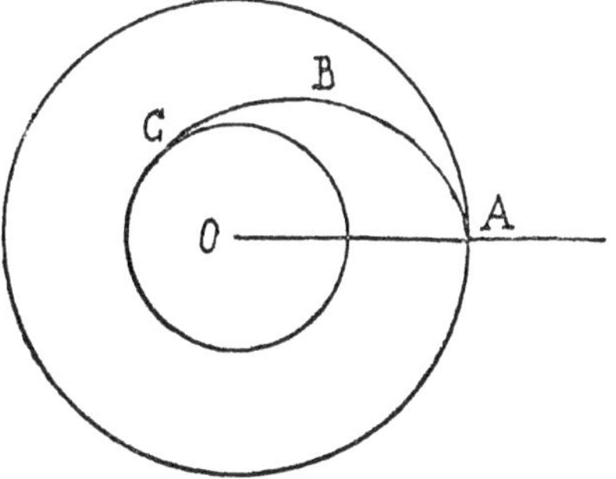

Fig. 175

854. En prenant pour axe des coordonnées polaires la droite OA, nous avons

$$\varphi = \int_{\rho}^{\sqrt{\beta^2 - \eta^2}} \frac{1}{\rho\sqrt{-T}} (\eta\rho^2 + \Delta)\, d\rho.$$

Si $\eta < b$, la quantité Δ est positive, ainsi que la quantité $\eta\rho^2 + \Delta$. Si $\eta > b$, Δ est négative, mais, en donnant à ρ^2 sa valeur minima $\gamma^2 - \eta^2$, la quantité $\eta\rho^2 + \Delta$ est positive; en effet, l'inégalité

$$\eta^2 (\gamma^2 - \eta^2)^2 > (\eta^2 - \alpha^2)(\eta^2 - \beta^2)(\eta^2 - \gamma^2)$$

équivaut à l'inégalité $\eta^4 > (\eta^2 - c^2)^2$, ou $\eta^2 - c^2 < \eta^2$. Le binome $\eta\rho^2 + \Delta$ est pourtant en tous les cas positif, si l'on donne à ρ^2 sa valeur minima.

L'égalité (5) fait voir que φ croît, quand ρ varie depuis $\sqrt{\beta^2 - \eta^2}$ jusqu'à $\sqrt{\alpha^2 - \eta^2}$ ou $\sqrt{\gamma^2 - \eta^2}$. L'arc correspondant de la courbe s'approche alors constamment de la circonférence intérieure.

Les autres arcs de l'herpolhodie sont égaux à celui qu'on vient de considérer et sont aussi tangents aux deux circonférences; ils forment une courbe continue fermée, composée d'un nombre fini de ces arcs, ou une courbe ouverte, composée d'un nombre infini des arcs considérés.

Poinsot supposait que son herpolhodie avait des points d'inflexion. Mais Hess a démontré, dans un opuscule intitulé: *Das Rollen einer Fläche zweiten Grades auf einer invariabeln Ebene* (Munich, 1880), que ce n'est pas exacte. La même remarque a été faite plus tard par M. de Sparre dans les *Comptes rendus de l'Académie des Sciences de Paris* (1884, 2.e sem., p. 906) et dans un mémoire inséré aux *Annales de la Société scientifique de Bruxelles* (t. IX, 1885, p. 49). M. de Sparre s'est basé, pour démontrer cette proposition, sur la représentation des coordonnées de la courbe par des fonctions elliptiques; mais nous allons employer pour le même but une méthode plus élémentaire suivie par Resal (l. c.).

L'équation (5) donne

$$\frac{d\rho}{d\varphi}=\frac{\rho\sqrt{-\mathrm{T}}}{\eta\rho^2+\Delta},$$

$$\frac{d^2\rho}{d\varphi^2}=\frac{\rho}{(\eta\rho^2+\Delta)^2}\left\{-\mathrm{T}+\frac{2\rho^2\eta\mathrm{T}}{\eta\rho^2+\Delta}-\rho^2[(\rho+\eta^2-\beta^2)(\rho^2+\eta^2-\gamma^2)\right.$$
$$\left.+(\rho^2+\eta^2-\alpha^2)(\rho^2+\eta^2-\gamma^2)+(\rho^2+\eta^2-\alpha^2)(\rho^2+\eta^2-\beta^2)]\right\}.$$

Mais, en désignant par R le rayon de courbure de l'herpolhodie et en posant

$$\mathrm{N}=\left[\rho\frac{d^2\rho}{d\varphi^2}-2\left(\frac{d\rho}{d\varphi}\right)^2-\rho^2\right]\frac{(\eta\rho^2+\Delta)}{\rho^2}$$
$$=\mathrm{T}(3\eta\rho^2+\Delta)-(\eta\rho^2+\Delta)^3$$
$$-\rho^2(\eta\rho^2+\Delta)[(\rho^2+\eta^2-\beta^2)(\rho^2+\eta^2-\gamma^2)+(\rho^2+\eta^2-\alpha^2)(\rho^2+\eta^2-\gamma^2),$$
$$+(\rho^2+\eta^2-\alpha^2)(\rho^2+\eta^2-\beta^2)],$$

a

$$\mathrm{R}=\frac{\left[\rho^2+\left(\frac{d\rho}{d\varphi}\right)^2\right]^{\frac{3}{2}}}{\rho^2\frac{d^2\rho}{d\varphi^2}-2\left(\frac{d\rho}{d\varphi}\right)^2-\rho^2}=\frac{\rho\left[(\eta\rho^2+\Delta)^2-\mathrm{T}\right]^{\frac{3}{2}}}{\mathrm{N}}.$$

En ordonnant l'expression de N suivant les puissances de ρ, on peut la mettre sous la forme

$$\mathrm{N}=[2\eta^3-\eta(\alpha^2+\beta^2+\gamma^2)-2\Delta]\rho^6$$
$$+\{2\eta(\eta^2-\alpha^2)(\eta^2-\beta^2)+(\eta^2-\alpha^2)(\eta^2-\gamma^2)+(\eta^2-\beta^2)(\eta^2-\gamma^2)-\Delta(6\eta^2-\alpha^2-\beta^2-\gamma^2)\}\rho^4,$$

ou, en vertu des formules (2) et (5),

$$N = [a^2 b^2 (c^2 - \eta^2) + a^2 c^2 (b^2 - \eta^2) - b^2 c^2 \eta^2] \frac{\rho^6}{\eta^3} - \frac{\Delta}{\eta^2} (a^2 b^2 + a^2 c^2 + b^2 c^2) \rho^4.$$

Cela posé, remarquons qu'il résulte de l'expression de R que les points d'inflexion de la courbe doivent vérifier l'équation $N = 0$, laquelle donne

$$\rho^2 = \frac{(\eta^2 - a^2)(\eta^2 - b^2)(\eta^2 - c^2)(a^2b^2 + a^2c^2 + b^2c^2)}{\eta^2 [a^2b^2(c^2 - \eta^2) + a^2c^2(b^2 - \eta^2) - b^2c^2\eta^2]}.$$

Si $\eta > b$, le second membre de cette égalité est positif, vu qu'on a aussi alors $a > \eta$, $c < \eta$. Mais, comme le minimum de ρ^2 est égal à $\gamma^2 - \eta^2$, et par conséquent à $\frac{(a^2 - \eta^2)(\eta^2 - b^2)}{\eta^2}$, on a

$$\frac{(a^2 - \eta^2)(\eta^2 - b^2)(\eta^2 - c^2)(a^2b^2 + a^2c^2 + b^2c^2)}{\eta^2 [a^2b^2(\eta^2 - c^2) + a^2c^2(\eta^2 - b^2) + b^2c^2\eta^2]} > \frac{(a^2 - \eta^2)(\eta^2 - b^2)}{\eta^2},$$

on par suite

$$c^2 < \frac{a^2b^2}{a^2 + b^2}.$$

Donc, l'ellipsoïde correspondant ne coïncide pas avec celui qui a été envisagé par Poinsot.

Soit maintenant $\eta < b$. Alors le numérateur de l'expression de ρ^2 est positif, et, pour que ρ soit réel, il faut que le dénominateur de la même expression soit aussi positif, c'est-à-dire qu'on ait

$$\eta^2 < \frac{2a^2b^2c^2}{a^2b^2 + a^2c^2 + b^2c^2}.$$

Mais, comme alors la valeur de ρ^2 doit être inférieure à son maximum $\beta^2 - \eta^2$, c'est-à-dire à $\frac{(a^2 - \eta^2)(\eta^2 - c^2)}{\eta^2}$, nous avons l'inégalité

$$\frac{(a^2 - \eta^2)(b^2 - \eta^2)(\eta^2 - c^2)(a^2b^2 + a^2c^2 + b^2c^2)}{\eta^2 [2a^2b^2c^2 - \eta^2(a^2b^2 + a^2c^2 + b^2c^2)]} < \frac{(a^2 - \eta^2)(\eta^2 - c^2)}{\eta^2},$$

et par suite

$$b^2 < \frac{a^2c^2}{a^2 + c^2}.$$

Or cette inégalité est incompatible avec l'hypothèse $\eta < b$, car, comme $\eta > c$ et par conséquent $\eta^2 > \frac{a^2 c^2}{a^2 + c^2}$, il résulte de l'inégalité précédente $\eta > b$.

Démontrons maintenant que l'herpolhodie ne peut pas avoir de points de rebroussement. Pour cela il suffit de remarquer que le numérateur $(\eta\rho^2 + \Delta)^2 - T$ de l'expression de R ne peut pas être nul, vu que T est négatif, et que le dénominateur de la même expression ne peut pas être infini.

855. La représentation de φ par les fonctions elliptiques peut être obtenue au moyen d'une analyse semblable à celle qu'on a exposée au n.° 840, comme on va le voir.

Posons dans l'équation (5) $\rho^2 = t + h$, et

$$\rho_1 = \eta^2 - \alpha^2, \quad \rho_2 = \eta^2 - \beta^2, \quad \rho_3 = \eta^2 - \gamma^3, \quad h = -\frac{1}{3}(\rho_1 + \rho_2 + \rho_3);$$

il vient

$$d\varphi = -i\eta \frac{dt}{\sqrt{4t^3 - g_1 t - g_2}} - \Delta i \frac{dt}{(t+h)\sqrt{4t^3 - g_1 t - g_2}},$$

où

$$g_1 = -[(h+\rho_1)(h+\rho_2) + (h+\rho_1)(h+\rho_3) + (h+\rho_2)(h+\rho_3)],$$
$$g_2 = -(h+\rho_1)(h+\rho_2)(h+\rho_3).$$

Faisons maintenant $t = \text{p}u$ et désignons par u_1 une racine de l'équation $\text{p}u = -h$. On a

$$d\varphi = \eta i\, du + \Delta i \frac{du}{\text{p}u - \text{p}u_1}.$$

Mais

$$\int \frac{du}{\text{p}u - \text{p}u_1} = \frac{1}{\text{p}'u_1}\left[\log \frac{\sigma(u-u_1)}{\sigma(u+u_1)} + 2u\,\zeta u_1\right],$$

$$\lim_{\rho=0} \frac{1}{\sqrt{T}} = \frac{1}{\sqrt{(\eta^2-\alpha^2)(\eta^2-\beta^2)(\eta^2-\gamma^2)}} = \frac{1}{\Delta},$$

$$\lim_{\rho=0} \frac{1}{\sqrt{T}} = \lim_{t=-h} \frac{2}{\sqrt{4t^3 - g_1 t - g_2}} = -\lim_{u=u_1} \frac{2}{\text{p}'u} = -\frac{2}{\text{p}'u_1}.$$

Donc

$$\varphi - \varphi_0 = Gu - \frac{i}{2} \log \frac{\sigma(u-u_1)}{\sigma(u+u_1)},$$

où $G = i(\eta - \zeta u_1)$.

On a encore

$$\rho^2 = t + h = \text{p}u - \text{p}u_1 = \frac{\sigma(u_1+u)\,\sigma(u_1-u)}{\sigma^2 u\, \sigma^2 u_1},$$

et par conséquent

$$(x+iy)^2 = \rho^2 e^{2i\varphi} = -\frac{\sigma^2(u-u_1)}{\sigma^2 u\, \sigma^2 u_1} e^{2i(\varphi_0+Gu)}.$$

Donc

$$x+iy = i\frac{\sigma(u-u_1)}{\sigma u\, \sigma u_1} e^{i(\varphi_0+Gu)}.$$

De même

$$x-iy = i\frac{\sigma(u+u_1)}{\sigma u\, \sigma u_1} e^{-i(\varphi_0+Gu)}.$$

Ces formules déterminent les coordonnées x et y des points de l'herpolhodie en fonction uniforme de u à l'aide des fonctions elliptiques.

La théorie des intégrales elliptiques a été appliquée au problème de la rotation des corps par Legendre, dans son *Traité des fonctions elliptiques* (t. I, 1825, p. 366). Les fonctions elliptiques ont été appliquées à la même question par Jacobi, dans un écrit inséré au *Journal de Crelle* (t. XXXIX, 1849, p. 293 et 299; et *Werke,* t. II, p. 291–352), par Hermite, dans son mémoire *Sur quelques applications des fonctions elliptiques* (Paris, 1885), par M. de Sparre, dans les *Annales de la Société scientifique de Bruxelles* (t. IX, 1885, p. 49), par Halphen, qui a consacré à cette doctrine deux longs et importants chapitres du tome II de son *Traité des fonctions elliptiques,* par M. Greenhill, dans l'ouvrage mentionné au n.° 759, par MM. Klein et Sommerfeld, dans le remarquable traité *Ueber die Theorie des Kreisels* (1898), par M. Marcolongo, dans les *Annali di Matematica* (série 2.ª, t. XII, 1894; série 3.ª, t. VII, 1902), etc. MM. J. Tannery et J. Molk ont exposé cette application des fonctions elliptiques dans les *Eléments de la Théorie des fonctions elliptiques* (t. IV, 1902, p. 192).

856. L'équation (5) est intégrable par des fonctions élémentaires quand $\eta = b$. On obtient alors une spirale qui, pour avoir été considérée par Poinsot dans le mémoire mentionné plus haut, est nommée *spirale de Poinsot.* Dans ce cas, on a $\alpha = \gamma = \eta$, et par conséquent

$$T = \rho^4(\rho^2 + \eta^2 - \beta^2) = \rho^4(\rho^2 - \rho_0^2), \quad \rho_0 = \sqrt{\beta^2 - \eta^2}.$$

Donc l'équation (5) se réduit à celle-ci:

$$d\varphi = \frac{\eta\, d\rho}{\rho\sqrt{\rho_0^2 - \rho^2}},$$

qui, en intégrant, donne

$$e^{\frac{\rho_0\varphi}{\eta}} = -C\frac{\sqrt{\rho_0^2-\rho^2}-\rho_0}{\rho},$$

et par conséquent

$$\frac{1}{C}e^{\frac{\rho_0\varphi}{\eta}} + Ce^{-\frac{\rho_0\varphi}{\eta}} = \frac{2\rho_0}{\rho},$$

ou, en faisant $C = e^{\frac{\rho_0 \varphi_0}{\eta}}$,

$$\rho = \frac{2\rho_0}{e^{\frac{\rho_0(\varphi-\varphi_0)}{\eta}} + e^{-\frac{\rho_0(\varphi-\varphi_0)}{\eta}}},$$

ou, en changeant la direction de l'axe des coordonnées polaires,

$$\rho = \frac{2\rho_0}{e^{\frac{\rho_0\varphi}{\eta}} + e^{-\frac{\rho_0\varphi}{\eta}}}.$$

C'est l'équation de la *spirale de Poinsot*, qui a été étudiée au n.° 481.

857. La doctrine précédente a été généralisée par divers géomètres. On a considéré l'ellipsoïde dont les axes ne vérifient pas la condition posée au n.° 850, et on a considéré aussi le cas où l'ellipsoïde est remplacé par une autre surface du second ordre à centre. L'analyse exposée aux paragraphes précédents est applicable au premier cas, mais quelques-unes des conséquences varient; dans l'autre cas, il suffit de remplacer dans la même analyse b^2 par $-b^2$ et c^2 par $-c^2$, ou seulement b^2 par $-b^2$, pour obtenir les formules respectivement applicables à l'hyperboloïde à deux nappes ou à une nappe. On peut voir dans un mémoire de M. Darboux, insérée au *Journal de Liouville* (1885, p. 403), le rôle mécanique des nouvelles polhodies et herpolhodies.

ADDITIONS.

I.

Podaires des coniques.

On a vu aux n.os 30 et 266 que les podaires de la parabole sont des cubiques circulaires et que les podaires des coniques à centre sont des quartiques bicirculaires. Il est bon de remarquer que, si le pôle coïncide avec le foyer de la parabole, la cubique se réduit à une droite tangente à la parabole au sommet et à un cercle de rayon nul; et que, si le pôle coïncide avec un foyer réel d'une ellipse ou d'une hyperbole, la quartique se réduit à un cercle de rayon nul et, respectivement, à un cercle ayant pour diamètre le grand axe de l'ellipse ou l'axe réel de l'hyperbole.

Les podaires des coniques furent considérées pour la première fois par Maclaurin dans la *Geometria organica* (1720, p. 101). Il a reconnu que la podaire de la parabole, par rapport au sommet, est la cissoïde de Dioclès, et que la podaire de l'hyperbole équilatère, par rapport au centre, est la lemniscate de Bernoulli (l. c., p. 116).

II.

Lemniscate de Bernoulli.

Le problème considéré au n.° 212 a été étudié pour la première fois par Euler dans sa *Mecanica* (t. II, 1736, p. 166). L'éminent géomètre a obtenu l'équation de la courbe qui satisfait et en a déterminé la forme, mais il n'a pas remarqué qu'elle est identique à la lemniscate considérée antérieurement par Jacques Bernoulli. Fouret a appelé l'attention sur ce point de l'histoire de la *lemniscate de Bernoulli* dans une Communication à la *Société mathématique de France* (*Bulletin*, t. XX, p. 38).

Cette passage remplace la partie du n.° 212 qui se rapporte à Bonatti.

III.

Courbe de Viviani.

La relation entre la courbe de Viviani et la strophoïde démontrée au n.° 707 a été généralisée récemment par M. Gabriel Marie, qui a reconnu que *la projection stéréographique de cette courbe sur le plan* XY (fig. 164, p. 313) *est une strophoïde, quand le centre d'inversion est un point de la courbe différent du point double. Si ce centre coïncide avec un sommet de la courbe, la strophoïde est droite; dans les autres cas, elle il est oblique.*

IV.

Courbes de Lamé et spirales sinusoïdes.

On détermine aisément l'*ordre de la courbe de Lamé* correspondant à l'équation

$$\left(\frac{x}{a}\right)^m + \left(\frac{y}{b}\right)^m = 1, \quad m = \pm\frac{p}{q}, \tag{1}$$

où p et q sont deux entiers premiers entre eux. Il suffit de remarquer, pour cela, qu'une droite arbitraire passant par l'origine des coordonnées coupe la courbe en pq points distincts ou coïncidants quand $m > 0$, et en $2pq$ points distincts ou coïncidants quand $m < 0$. Donc *l'ordre de la courbe est égal à* pq *quand l'exposant* m *est positif, et est égal à* $2pq$ *quand* m *est négatif.*

On peut déterminer ensuite la *classe* de la même courbe au moyen du théorème démontré au n.° 644, d'où il résulte que l'ordre de la polaire réciproque considérée dans ce paragraphe, est $\frac{p}{p \mp q}$. Donc la classe de la courbe (1) est $p(p+q)$ quand $m < 0$, $p(p-q)$ quand $m > 0$ et $p > q$, $2p(q-p)$ quand $m > 0$ et $p < q$.

L'ordre et la classe d'une *spirale sinusoïde* algébrique peuvent être obtenus au moyen des propositions qu'on vient d'énoncer. En effet, on peut mettre l'équation de cette courbe sous la forme

$$\rho^m = a^m \cos m\theta = a^m \frac{e^{im\theta} + e^{-im\theta}}{2}, \quad m = \frac{p}{q}, \tag{2}$$

ou, en faisant $x = \rho\cos\theta$, $y = \rho\sin\theta$,

$$(x+iy)^{-m} + (x-iy)^{-m} = 2a^{-m}.$$

Donc l'ordre et la classe de la spirale considérée sont égaux à l'ordre et à la classe de la courbe de Lamé à exposant $(-m)$, et on a le théorème suivant:

Si $m > 0$, *l'ordre de la spirale sinusoïde définie par l'équation* (2) *est* $2pq$, *et sa classe est* $p(p+q)$. *Si* $m < 0$, *l'ordre de la courbe est* pq *et la classe* $p(p-q)$, *si* $p > q$, $2p(q-p)$, *si* $q > p$.

Ce théorème a été démontré par Halphen dans l'Appendice avec lequel il a enrichi l'édition française des *Courbes planes* de Salmon (1884, p. 561 et 562.).

V.

Cubique de Tschirnhausen.

Il résulte de la doctrine exposée au n.° 677-2.° que *la première anti-podaire de la parabole par rapport au foyer, c'est-à-dire la seconde anti podaire de la droite, est la cubique de Tschirnhausen.* Cette cubique a été considérée aux n.°s 150, 568 et 695.

La rédaction des deux premières lignes du n.° 150 doit être modifiée de la manière suivante: Les paraboles divergentes à noeud dont les paramètres vérifient la condition $3a(\alpha-\gamma)=1$, furent nommées *cubiques de Tschirnhausen* par M. Archibald....

VI.

Cycliques sphériques.

Nous avons mentionné au n.° 725 les premiers travaux consacrés au cycliques sphériques. Nous croyons devoir signaler encore un mémoire important publié en 1871 par Casey dans les *Philosophical Transactions of London R. Society,* sous ce titre: *Cyclides and Sphaero-Quartics.* Ce mémoire fait suite au mémoire, mentionné au n.° 252, que l'illustre géomètre a consacré aux quartiques bicirculaires, et il a été la source de quelques travaux publiés en Angleterre sur les cycliques, parmi lesquels nous signalerons un mémoire de M. Jeffery, inséré aux *Proceedings of the London Mathematical Society* (1884, t. XVI, p. 109).

Table des courbes.

Alysoïdes: t. II, p. 15.
Anallagmatiques: t. II, p. 306-309.
Anallagmatiques du troisième ordre (vid. cubiques circulaires).
Anallagmatiques du quatrième ordre (vid. quartiques bicirculaires).
Anallagmatiques sphériques: t. II, p. 334.
Anguinea: t. I, p. 97, 98, 102, 113; t. II, p. 406.
Aranea: t. II, p. 155.
Astroïde: t. I, p 328-333, 345; t. II, p. 170, 245.
Atriphthaloïde: t. I, p. 348.

Besace: t. I, p. 269-273; t. II, p. 314-315.
Bicorne: t. I, p. 310-312.
Bifolium: t. I, p. 300-302.
Biquadratiques gauches: t. II, p. 418-425, 432-435.

Cappa: t, I, p. 274-277; t. II, p. 240, 388.
Capricorne: t. II, p. 319, 320, 386-388.
Cardioïde: t. I, p. 213-218, 233; t. II, p. 167, 170, 172, 173, 207, 271, 406-407.
Cartésiennes: t. I, p. 237-258.
Cartésiennes sphériques: t. II, p. 336.
Cassiniennes: t. I, p. 172.
Cassiniennes à n pôles: t. II, p. 275-282, 300.
Cassiniennes sphériques: t. II, p. 324.
Cercle gauche: t. II, p. 441.
Chaînette: t. II, p. 11-19, 21, 29, 227-229, 283.
Chaînette d'égale résistance: t. II, p. 27-29.
Chaînette elliptique: t. II, p. 229.
Chaînette hyperbolique: t. II, p. 229.
Chaînette parabolique: t. II, p. 229.
Chaînette sphérique: t. II, p. 359-367.
Cissoïdale de deux lignes: t. I, p. 1, 11, 16, 18, 20, 29, 30, 39, 57, 59, 79, 250.
Cissoïde de Dioclès: t. I, p. 1-11, 28, 76, 112; t. II, p. 125, 477.
Cissoïde oblique: t. I, p. 11-16.
Cissoïde de Zahradnik: t. I, p. 18-26.
Cissoïdes: t. I, p 1-26.
Clélies: t. II, p. 346-348.
Clothoïde: t. II, p. 102-107.
Cochléoïde: t. II, p. 96-101, 386.
Compagne de la cycloïde: t. II, p. 30, 142.
Conchoïde: t. I, p. 266.
Conchoïde de la droite (vid. conchoïde de Nicomède).
Conchoïde de Nicomède: t. I, p. 259-268.
Conchoïde de Sluse: t. I, p. 26-30.
Conchoïde du cercle (vid. limaçon de Pascal).
Conchoïde parabolique de Descartes: t. I, p. 106-107.
Conchoïdes des coniques: t. I, p. 320, 312-321; t. II, p. 300.
Courbe à longue inflexion: t. I, p. 326.
Courbe d'Architas: t. II, p. 435-437.
Courbe de Debeaune: t. II, p. 6-9.
Courbe de Gutschoven: t. I, p. 274-277.
Courbe de Jerabek: t. I, pag. 317-318.
Courbe de la voile: t. II, p. 13.
Courbe de Rolle: t. I, p. 115-117.
Courbe de Talbot: t. I, p. 354; t. II, p. 228.
Courbe de Viviani: t. II, p. 311-320, 478.
Courbe de Watt: t. I, p. 323-328; t. II, p. 300.
Courbe des sécantes: t. II, p. 35-36.
Courbe des sinus: t. II, p. 28-35, 142, 314, 378.

Courbe des tangentes: t. II, p. 35-36, 408.
Courbe du chien: t II, p. 254.
Courbe du diable: t. I, p. 296-297.
Courbe du pendule sphérique: t. II, p. 367-371.
Courbe élastique: t. II, p. 44-50, 54, 286.
Courbe équipotentielle de Cayley: t. I, p. 372; t. II, p. 300.
Courbe gamma: t. II, p. 56-58.
Courbe hypergéométrique: t. II, p. 56.
Courbe isochrone paracentrique: t. II, p. 50-55, 286.
Courbe lintéaire: t. II. p. 44-50.
Courbe $|\sin(x+iy)|=c$: t. II, p. 36-38.
Courbes à courbure constante: t. II, p. 441-444.
Courbes à torsion constante: t. II, p. 445-447.
Courbes aplanétiques (vid. ovales de Descartes).
Courbes cyclo-cylindriques: t. II, p. 320-324.
Courbes de Bertrand: t. II, p. 447-452.
Courbes de Cesàro: t. II, p. 273-274.
Courbes de Descartes: t. II, p. 243-244.
Courbes de direction: t. II, p. 269, 302-306.
Courbes d'Euler: t. II, p. 290-293.
Courbes de Jean Bernoulli: t. II, p. 235-237.
Courbes de Lamé: t. II, p. 244-253, 437-438, 478.
Courbes de poursuite: t. II, p. 254.
Courbes de puissance constante: t. II, p. 300-309.
Courbes de Ribaucour: t. II, p. 264, 282-286.
Courbes de Serret: t. II, p. 286-300.
Courbes de Wallis: t. II, p. 55-56.
Courbes de W. Roberts: t, II, p. 333-334.
Courbes d'inflexion proportionnelle: t. II, p. 261.
Courbes épicycliques: t. II, p. 210-211, 214.
Courbes isotropiques: t. II, p. 300.
Courbes parallèles à l'astroïde: t. I, p. 333-338.
Courbes parallèles à l'ellipse: t. I, p. 357-368.
Courbes tétraédrales symétriques: t. II, p. 437-440.
Courbes triangulaires symétriques: t. II, p. 251-253, 438-440.
Cruciforme: t. I, p. 277-284; t. II, p. 245.
Cubique d'Agnesi (vid. versiera).
Cubique de l'Hospital (vid. cubique de Tschirnhausen).
Cubique de Tschirnhausen: t. I, p. 132; t. II, p. 173, 305, 479.
Cubique gauche: t. II, p. 405, 418, 425-434, 439, 440.
Cubique mixte: t. I, p. 118-121.
Cubiques circulaires: t. I, p. 65-83, 146-150, 389; t. II, p. 300, 336.
Cubiques de Chasles: t. I, p. 143-146.
Cubiques planes: t. I, p. 125-151, 387-389; t. II, p. 423-424.
Cubo-cycloïde: t. I, p. 333.
Cycliques planes, t. II, p. 300-309.
Cycliques sphériques: t. II, p. 334-341, 479.
Cycloïde: t. II, p. 133-149, 283, 378.
Cycloïde-circulaire: t. I, p. 213.
Cycloïdes allongées et raccourcies: t. II, p. 144, 150-154.
Cycloïdes proportionnelles: t. II, p. 149.

Développante du cercle: t. II, p. 106, 195-202, 380 à 381.
Développée de la parabole (vid. parabole semi-cubique).
Développée de l'ellipse: t. I, p. 339; t. II, p. 245.
Développée de l'hyperbole: t. I, p. 343; t. II, p. 245.

Ellipse cubique: t. II, p. 427.
Ellipse logarithmique: t. II, p. 408-411.
Ellipse sphérique: t. II, p. 326-334, 337-338.
Épicycloïde de Huygens, t. II. p. 170-174, 403.
Épicycloïdes: t. II, p. 155-170, 205, 298, 300.
Épicycloïdes allongées et raccourcies: t. I, p. 209; t. II, p. 202-217.
Épicyloïdes sphériques: t. II, p. 348-353, 401-403.
Épis: t. II, p. 163, 237-240, 459.

Fleur de jasmin: t. I, p. 87.
Focal à noeud (vid. strophoïde).
Focale de Quetelet (vid. strophoïde).
Focale de Van-Rees: t. I, p. 45-58.
Folium de Descartes: t. I, p. 85-91, 94, 95, 112
Folium double: t. I, p. 300-302; t. II, p. 189-190, 300.
Folium parabolique: t. I, p. 121-125.
Folium simple: t. I, p. 297-299; t. II, p. 189, 300.
Folium triple: t. I, p. 302-305; t. II, p. 189, 300.

Galand (vid. strophoïde),

Hélices coniques: t. II, p. 389-395.
Hélices cylindriques: t. II, p. 31, 42, 373-388, 396 à 400, 401-403.
Hélices cylindro-coniques: t. II, p. 396-400.
Hélices sphériques: t. II, p. 401-403.
Herpolhodie: t. II, p. 467.
Hippopèdes: t. II, p. 312, 324-426.

Horoptère: t. II, p. 405-408, 427.
Huit: t. I, p. 272; t. II, p. 315.
Hyperbole cubique: t. II, p. 427.
Hyperbole logarithmique: t. II, p. 411-413.
Hyperboles: t. II, p. 127-130.
Hyperboles redondantes, défectives et paraboliques: t. I, p. 93.
Hyperbolismes et antihyperbolismes: t. I, p. 99, 112 à 113; t. II, p. 11, 120, 130.
Hyperbolismes des coniques: t. I, p. 93, 100-103, 108-109, 113-115, 117, 121, 124, 293-295.
Hypercycloïdes: t. II, p. 222.
Hypocycloïde à trois rebroussements, triangulaire, tricuspide ou de Steiner: t. II, p. 174-195.
Hypocycloïdes: t. II, p. 155-170, 300.
Hypocycloïdes allongées et raccourcies: t. II, p. 202 à 211.

Kampile: t. II, p. 436.
Kohlenspitzencurve (vid. puntiforme).
Kreuzcurve (vid. cruciforme).
Kukumaeïde (vid. strophoïde).

Lemniscate de Bernoulli: t. I, p. 166, 189-197, 288, 327; t. II, p. 51, 54, 271, 286, 299, 317, 323, 477.
Lemniscate de Gerono (vid. huit).
Lemniscate elliptique et lemniscate hyperbolique: t. I, p. 178-197, 327; t. II, p. 325.
Lemniscate équilatère: t. I, p. 197.
Lemniscate sphérique d'Eudoxe: t. II, p. 325.
Lemniscate sphérique de W. Roberts, t. II, p. 334.
Ligne d'intersection de deux cônes de révolution à axes parallèles: t. II, p. 415-417.
Lignes asymptotiques des hélicoïdes gauches: t. II, p. 384-385.
Lignes de courbure de l'ellipsoïde: t. II, p. 452-455.
Lignes de courbure de l'hélicoïde à plan directeur: t. II, p. 383-384.
Lignes de perspective de l'hélicoïde gauche: t. II, p. 385-386.
Lignes de poursuite: t. II, p. 254-258.
Lignes d'ombre de l'hélicoïde gauche: t. II, p. 386 à 388.
Lignes géodésiques de l'ellipsoïde: t. II, p. 455-465.
Lignes géodésiques du cône de révolution: t. II, p. 459.
Limaçon de Pascal: t. I, p. 199-218, 220, 233, 266; t. II, p. 209-210, 300.
Lituus: t. II, p 74-76.

Logarithmique: t. II, p. 1-11, 74, 383.
Logocyclique (vid. strophoïde).
Loxodromies: t. II, p. 353-359, 394.

Nephroïde: t. II, p. 170-174.
Noeuds: t. II, p. 240-244, 344, 346.

Ophiuride: t. I, p. 26.
Ovale de Cassini: t. I, p. 165-172, 175-178; t. II, p. 279, 323.
Ovale de Descartes: t. I, p. 218-233; t. II, p. 417.
Ovoïde: t. I, p. 297-299.

Parabole cubique: t. I, p. 93; t. II, p. 121-123, 234.
Parabole cubique gauche: t. II, p. 427.
Parabole de Descartes: t. I, p. 106-107, 266.
Parabole de Neil (vid. parabole semi-cubique).
Parabole de Wallis (vid. parabole cubique).
Parabole hélicoïde: t. II, p. 69.
Parabole hyperbolique cubique: t. II, p. 427.
Parabole logarithmique: t. II, p. 414-415.
Parabole semi-cubique: t. I, p. 132; t. II, p. 123-127.
Paraboles: t. II, p. 116-121.
Paraboles divergentes: t. I, p. 124-143; t. II, p. 424.
Paraboles virtuelles: t. I, p. 268-274, 293; t. II, p. 315, 325.
Paracycloïdes: t. II, p. 222.
Paradoxus de Menelaus: t. II, p. 312.
Perles de Sluse: t. II, p. 231-234.
Podaire du cercle: t. I, p. 203.
Podaires centrales des toroïdes: t. I, p. 368.
Podaires des coniques: t. I, p. 25, 203, 250; t. II, p. 477.
Polhodie: t. II, p. 467-476.
Pseudo-chaînette: t. II, p. 108-110.
Pseudo-cycloïdes: t. II, p. 218-223.
Pseudo-spirale: t. II, p. 107.
Pseudo-tractrice: t. II, p. 111-113.
Pseudo-trochoïde: t. II, p. 222.
Pseudo-versiera: t. I, p. 110-115.
Pteroïde (vid. strophoïde).
Puntiforme: t. I, p. 286-289; t. II, p. 245.

Quadratrice de Dinostrate: t. II, p. 39-44, 381.
Quartique bicirculaire: t. I, 234-258, 389-391; t. II, p. 300, 329, 336.
Quartique piriforme: t. I, p. 289-294; t. II, p. 234.
Quartiques à deux ou trois points doubles: t. I, p. 256 à 258; t. II, p. 193-195, 251, 425.

Quartiques à trois points d'inflexion doubles: t. I, p. 287-289.
Quartiques de Ruiz-Castizo: t. I, p. 306-310.
Quartiques de Wallis: t. I, p. 292-294.
Quartiques gauches: t. II, p. 418-425, 432-435.

Robervallienne: t. I, p. 111.
Rosaces: t. II, p. 162-163, 211-217, 344, 346, 348.
Roulette: t. II, p. 133.
Roulette de Delaunay: t. II, p. 223-229.
Roulette de Sturm: t. II, p. 223.

Scarabée: t. I, p. 344-348.
Sécantoïde (vid. courbe des sécantes).
Serpentine (vid. anguinea).
Sinusoïde (vid. courbe des sinus).
Spirale conique de Pappus: t. II, p. 394.
Spirale d'Archimède: t. II, p. 59-63, 197, 199-200, 210, 383, 384, 389, 392.
Spirale logarithmique conique: t. II, p. 396.
Spirale de Galilée: t. II, p. 64-67, 393-394.
Spirale de Fermat: t. II, p. 67-69.
Spirale sphérique de Pappus: t. II, p. 343-346.
Spirale de Poinsot: t. II, p. 86-89, 222, 354, 475-476.
Spirale des cosécantes hyperboliques: t. II, p. 89, 220, 356.
Spirale des cosinus hyperboliques: t. II, p. 89, 222.
Spirale des sécantes hyperboliques (vid. spirale de Poinsot).
Spirale des sinus hyperboliques: t. II, p. 89, 220, 383-384.
Spirale équiangle (vid. spirale logarithmique).
Spirale hyperbolique conique: t. II, p. 393.
Spirale logarithmique: t. II, p. 72, 76-86, 106, 107, 273, 355, 383, 396-399.
Spirales hélicoïdes: t. II, p. 69, 132.
Spirales hyperboliques: t. II, p. 72-74, 91-92, 130 à 132, 198, 378, 383, 385.
Spirales paraboliques: t. II, p. 69-72, 130-132, 392.
Spirales sinusoïdes: t. I, p. 133, t. II, p. 173, 259-274, 277, 278, 284-285, 478.
Spirale tractrice: t. II, p. 90-93, 95, 198.
Spirique de Perseus: t. I, p. 153-197; t. II, p. 325, 336-337.
Spiriques: t. I, p. 165.
Strophoïde: t. I, p. 30-45, 57, 58, 75; t. II, p. 98, 240, 318, 387.
Syntractrice: t. II, p. 24-27.

Tangentoïde (vid. courbe des tangentes).
Tangentoïdes polaires: t. II, p. 240.
Tétracuspide de Bellavitis: t. I, p. 344.
Toroïde: t. I, p. 358-368.
Tractrice: t. II, p. 15, 19-24.
Tractrice circulaire: t. II, p. 93-96.
Tractrice compliquée: t. II, p. 90.
Tractoire (vid. tractrice).
Trèfle: t. I, p. 95-96; t. II, p. 192.
Trident: t. I, p. 93, 103-107.
Trifolium (vid. folium triple).
Trisectrice de Maclaurin: t. I, p. 58-62, 88, 95.
Trochoïde: t. II, p. 133.

Velaria: t. II, p. 13.
Versiera: t. I, p. 108-115, 385-386; t. II, p. 405-406.
Visiera: t. I, p. 26, 110, 111.
Visoria: t. II, p. 10.

Table des auteurs mentionnés dans ce volume.

A

Abel, p. 272.
Allégret, p. 265, 273, 298.
Angelis (De), p. 115, 131.
Aoust, p. 359.
Apollonius, p. 377.
Appell, p. 272, 360, 363, 364, 367, 431, 432, 455, 467.
Archibald, p. 173, 479.
Archimède, p. 59, 60, 61, 62, 63, 131, 196, 197, 199, 200, 210.
Architas, p. 435, 437.
Aubry, p. 215, 237, 240, 318.

B

Badureau, p. 187.
Barbarin, p. 471.
Barbier, p. 261.
Bardin, p. 387.
Barrow, p. 35.
Bassani, p. 260, 263, 266.
Beauval (M. de), p. 20.
Beltrami, p. 22, 432.
Benthen, p. 96.
Bernoulli (Daniel), p. 156, 158.
Bernoulli (Jacques), p. 6, 8, 12, 13, 49, 50, 51, 53, 54, 69, 70, 71, 72, 77, 78, 80, 102, 117, 120, 126, 132, 138, 143, 145, 146, 156, 172, 235, 286, 311, 312, 357, 460, 477.
Bernoulli (Jean), p. 6, 8, 12, 13, 18, 19, 20, 21, 49, 54, 72, 86, 89, 123, 127, 135, 138, 139, 143, 144, 145, 146, 147, 154, 156, 159, 171, 196, 197, 210, 235, 282, 286, 349, 352, 460.
Bernoulli (Nicolas), p. 146, 147, 158, 282.
Bertini, p. 434.
Bertrand, p. 376, 447, 449.
Biermann, p. 361.
Binet, p. 50.
Bioche, p. 427, 451.
Bobillier, p. 27, 228, 359, 367.
Bolza, p. 17, 18.
Bonatti, p. 477.
Bonnet (O.), p. 270, 282, 284, 285, 450.
Booth, p. 331, 332, 408, 409, 411, 414.
Borgnet, p. 333.
Bouguer, p. 254, 258.
Boulliau, p. 138.
Bouquet, p. 443.
Boymann, p. 359.
Brassine, p. 301.
Bridgman, p. 311.
Brill (L)., p. 361.
Brocard, p. 19, 152, 155, 176, 188, 189, 191, 223, 357.
Buffone (Angelo), p. 403.

C

Cahen, p. 191.
Cantor (M.), p. 59.
Cappello, p. 320.
Carathéodory, p. 145.
Carcavy, p. 63, 66, 130, 134, 149.
Cardan, p. 169.
Casey, p. 479.
Catalan, p. 228.
Cavalieri, p. 62, 115, 116.
Cayley, p. 56, 167, 173, 187, 329, 418, 422, 465.
Cesàro (E.), p. 15, 97, 99, 102, 104, 108, 109, 111, 113, 193, 218, 227, 264, 273, 284, 441.
Ceva (Th.), p. 392, 396.
Chasles, p. 31, 121, 166, 196, 199, 200, 205, 208, 210, 332, 333, 336, 378, 383, 390, 394, 415, 416, 418, 422, 424, 426, 429, 431, 434, 462, 465.
Cifarelli, p. 26.
Clairaut, p. 196, 210, 371, 470.
Clebsch, p. 361, 422.
Collignon, p. 27, 187.
Conon, p. 59.
Coriolis, p. 27.
Cornu, p. 102, 103.
Cotes, p. 2, 5, 36, 72, 74, 75, 90, 196, 198.
Courcier, p. 336.
Cremona, p. 175, 178, 180, 184,

187, 191, 333, 425, 427, 431, 434.
Cusa, p. 133.

D

Darboux, p. 280, 324, 334, 335, 341, 420, 444, 445, 446, 449, 450, 476.
D'Arrest, p. 318, 357.
Debaune, p. 1, 6, 7, 8
De Champ (Breton), p. 301.
Delaunay, p. 223, 226, 228, 229.
Delens, p. 180, 182.
Desargues, p. 155.
Descartes, p. 1, 6, 7, 8, 77, 78, 115, 116, 134, 135, 150, 151, 152, 225, 243, 321, 322.
Dieu, p. 153.
Digby, p. 127, 128, 129.
Dinostrate, p. 39, 40, 42, 96.
Dioclès, p. 125.
Dubois-Aimé, p. 254.
Dumond, p. 435.
Dupain, p. 209.
Dupin, p. 452, 454.
Durège, p. 371.
Dürer, p. 155.

E

Emery, p. 271.
Eratosthène, p. 436.
Euler, p. 49, 56, 58, 145, 147, 156, 158, 175, 188, 218, 222, 270, 286, 287, 290, 292, 477.
Eudemus, p. 435.
Eudoxe, p. 312, 324, 436, 437.
Eutocius, p. 97, 435.
Euret, p. 245.

F

Fabry, p. 446.
Fagnano, p. 34, 216.
Falkenburg, p. 96, 97.
Fermat, p. 43, 64, 66, 67, 68, 69, 115, 116, 119, 124, 127, 128, 129, 130, 131, 134, 149, 150, 394.
Ferrers, p. 187.
Finck, p. 27.
Fischer, p. 361.
Fouché, p. 446.
Fouret, p. 44, 203, 249, 253, 382, 439, 440, 477.
Fourier, p. 121, 147.
François, p. 386.
Fréchet, p. 187.
Frenet, p. 445, 448.
Fuss, p. 158, 175, 286, 332.

G

Galilée, p. 12, 64, 133, 311, 394.
Garbinski, p. 390.
Gaultier, p. 353.
Gauss, p. 57, 58.
Geminus, p. 378.
Gergonne, p. 359.
Ghinassi, p. 1.
Gilbert, p, 245.
Gilbert (D.), p. 27.
Girard (A.), p. 356.
Gob, p. 153, 187, 188, 205.
Godefroy, p. 57, 118, 245, 249.
Goldbach, p. 57, 158, 175.
Goünther, p. 356.
Goupillière (Haton de la), p. 19, 23, 80, 84, 85, 86, 90, 92, 100, 145, 169, 260, 262, 266, 270, 271, 273, 275.
Gournerie (De la), p, 240, 245, 251, 384, 385, 386, 387, 388, 439, 440.
Goursat, p. 17, 272.
Greer, p. 187.
Grandi (Guido), p. 2, 212, 213, 215, 311, 346, 347, 348, 392, 396, 397.
Graves, p. 462.
Greenhill, p. 228, 364, 371, 475.
Gregory (James), p. 2, 36, 357.
Griss, p. 228, 371.
Grunert, p. 358.
Gudermann, p. 27, 330, 331, 332, 333, 357, 359, 360, 365, 366.
Guillery, p. 379.

H

Habich, p. 228.
Hachette, p. 353, 386.
Hadamard, p. 465.
Halley, p. 357.
Halphen, p. 48, 371, 479.
Harnack, p. 422, 425.
Hart, p. 462.
Helmholtz, p. 405.
Hermann, p. 72, 146, 282, 312, 348, 349.
Hermite, p 50, 371.
Hervey, p 162, 177.
Hess, p. 472.
Heuraet, p. 124.
Hippias, p. 40, 42.
Hobbes, p. 63.
Humbert, p. 162, 177, 269, 272, 302, 305, 335.
Huygens, p. 2, 3, 4, 5, 8, 9, 10, 12, 16, 19, 20, 21, 22, 36, 42, 49, 54, 55, 63, 95, 117, 125, 126, 127, 131, 134, 135, 136, 138, 144, 149, 150, 154, 155, 171, 195, 231, 234, 235, 236, 237, 311, 357.

J

Jacobi, p. 460, 464, 465, 475.
Jamblique, p. 96.
Jamet, p. 245, 251, 253, 439, 440.
Joachimsthal, p. 462, 465.
Juel, p. 301.
Jungius, p. 12.

K

Kapteyn, p. 109.
Klein, p. 82, 475.
Koenigs, p. 447.
Korteweg, p. 12, 13.

L

Lagrange, p. 145, 371.
Laguerre, p. 162, 177, 302, 305, 324, 334, 335, 418, 422, 432.
La Hire, p. 143, 152, 155, 158, 171, 205.
Laisant, p. 218, 359.
Lalouvère, p. 149, 311.
Lamé, p. 244.
Laquière, p. 92, 261.
Lebesgue, p. 333.
Lecornu, p. 200.
Legendre, p. 18, 58, 147, 272, 460, 475.
Léauté, p. 422, 425.
Leibniz, p. 8, 9, 10, 12, 17, 18, 20, 43, 50, 53, 54, 117, 126, 138, 145, 155, 282, 311, 357.
Lelieuvre, p. 431.
Léotaud, p. 42.
Lerch, p. 109.
Leroy, p. 245.
Levy (Lucien), p. 423.
L'Hospital, p. 2, 3, 5, 8, 117, 145, 152, 156, 210, 235, 311.
Libri, p. 60.
Lie, p. 82.
Lindlöf, p. 17, 18, 228.
Liouville, p. 294, 297, 443, 463, 464, 465.
Lobatschewsky, p. 22.
Longchamps (De), p. 175, 188, 189, 191.
Loria, p. 1, 24, 59, 77, 212, 344, 434.
Loriga, p. 23.
Loucheur, p. 208.
Lucas, p. 261, 322, 416.
Ludwig, p. 405.
Lyon, p. 446.

M

Mac-Cullagh, p. 465.
Mackay, p. 176, 178, 180, 187.
Maclaurin, p. 92, 174, 210, 259, 263, 265, 268, 270, 271, 272.
Magnus, p. 330, 333.
Mannhein, p. 196, 197.
Marcolongo, p. 475.
Marie (Gabriel), p. 315, 318, 478.
Maupertuis, p. 254, 359.
Mayer, p. 18.
Menelaus, p. 312.
Menneson, p. 218.
Mersenne, p. 19, 30, 63, 64, 77, 115, 116, 133, 134, 135, 150, 243, 321, 394.
Meusnier, p. 18.
Minding, p. 359, 360.
Mobiüs, p 428, 429, 431.
Moigno, p. 17.
Molk, p. 371, 475.
Monge, p. 380, 415, 418, 443, 452.
Mortucla, p. 59, 326.
Morley, p. 161.
Moutard, p. 306, 307.
Mylon, p. 134.

N

Neil, p. 124.
Neper, p. 8.
Neuberg, p. 97, 153, 187, 188, 190, 196, 198, 207.
Newton, p. 20, 43, 85, 120, 121, 144, 145, 155.
Nicolas, p. 2.
Nicolle, p. 205.
Nicomède, p. 40.
Nielsen, p. 57.
Nizze, p. 59.
Nunes, p. 356.

O

Offenbourg, p. 348, 352.
Ocagne (D'), p. 26, 191, 301.
Oldenbourg, p. 8, 43, 138.
Olivier (Th.), p. 378, 379, 382, 386, 387, 388, 390, 391, 393, 396.
Ovidio, p. 432.

P

Paige, p. 231.
Painvin, p. 175, 178, 184, 208, 334, 423.
Pappus, p. 40, 41, 59, 96, 312, 343, 345, 377, 381, 390, 394.
Pascal, p. 63, 133, 134, 135, 141, 150, 153, 205, 231, 233, 391.
Pascal (Ernest), p. 434.
Paucellier, p. 253, 439.
Penberton, p. 147.
Perger, p. 360.
Perks, p. 97.
Persy, p. 386.
Pesenas, p. 92.
Petersen, p. 301.
Petrarch, p. 180.
Peyrard, p. 60.
Pirondini, p. 107, 196, 202, 214, 359, 400, 403.
Pitot, p. 31, 378.
Poinsot, p. 86, 87, 88, 89, 467, 473.
Poisson, p. 48, 147.
Poleni, p. 24.
Poncelet, p. 188, 320, 334, 386, 387, 388, 417, 422, 453.
Proclus, p. 40, 97, 377, 390.
Proctor, p. 170, 211.
Puiseux, p. 107, 147, 371, 379.

Q

Quetelet, p. 415, 417, 424.
Querret, p. 254.

R

Resal, p. 471, 472.
Retali, p. 301,
Reye, p. 434.
Ribaucour, p. 282,
Riccati, p. 24.
Ricci, p. 1, 154.
Ridolfi, p. 212.
Roberts (M.), p. 282, 324, 465.
Roberts (S.), p. 161.

Roberts (W.), p. 271, 272, 279, 333, 334.
Roberval, p. 30, 32, 33, 42, 61, 63, 115, 116, 133, 134, 140, 142, 150, 311, 314, 326, 392.
Roemer, p. 155.
Roth, p. 223.
Rouquel, p. 90, 92,
Ruffini, p. 301.

S

Saavedra, p. 10.
Sain-Laurent, p. 254.
Saint-Vincent (Gr.), p. 63.
Salmon, p. 302, 304, 418, 434, 479.
Saussure, p. 222.
Schiaparelli, p. 324.
Schooten, p. 55, 124, 234,
Schoubert, p. 332.
Schröter, p. 175, 431.
Schur, p. 405.
Serret (J. A.), p. 225, 264, 269, 275, 279, 286, 287, 293, 294, 296, 300, 376, 443, 444, 445, 446, 449, 463.
Serret (P.), p. 187, 396, 397, 399, 402, 443, 449.
Seydwitz, p. 447.
Simplicius, p. 96.
Simson, p. 187.
Sluse, p. 127, 131, 231, 232, 233, 234.
Snellius, p. 356, 357.
Sparre (De), p. 371, 472, 475.
Steiner, p. 175, 176, 178, 179, 180, 187, 188, 191, 333.
Stevin, p. 356.
Sturm, p. 201, 223, 254.
Stuyvaert, p. 405, 407, 430.
Suardi, p. 212.

T

Tannenberg, p. 446.
Tannery (J.), p. 371, 475.
Tannery (P.), p. 7, 59, 64, 97, 312, 377, 437.
Taylor, p. 282.
Tissot, p. 371, 396, 399.
Todhunter, p. 17, 29.
Torricelli, p. 1, 2, 4, 77, 78, 124, 134, 392.
Torroja, p. 333, 434.
Townsend, p. 191.
Tschirnhausen, p. 171.

U

Uylenbroeck, p. 196.

V

Varignon, p. 72, 90, 130, 131, 132.
Vallès, p. 393, 398.
Vanneson, p. 320, 333, 358.
Vasseur (Le), p. 447.
Vaumesle, p. 155.
Viviani, p. 311.

W

Wantzel, p. 50.
Wallace, p. 187.
Wallis, 30, 32, 42, 55, 56, 58, 62, 63, 66, 77, 78, 99, 115, 116, 119, 124, 127, 129, 130, 133, 134, 135, 141, 150, 311.
Wallz, p. 359.
Watson, p. 178.
Weierstrass, p. 46, 47, 67, 88.
Weyl, p. 187.
Weyr (Em.), p. 434.
Wolffing, p. 97, 222.
Wolstnholm, p. 161, 207.
Wren, p. 134.

Z

Zeuthen, p. 41, 62, 63.

Table des matières.

CHAPITRE VII.

Courbes transcendantes remarquables.

Pag.

I — La logarithmique 1
II — La chaînette 11
III — La tractrice 19
IV — La syntractrice 24
V — Chaînette d'égale résistance 27
VI — Les courbes des sinus, des tangentes et des sécantes 29
VII — Sur la courbe $|\sin(x+iy)|=c$ 36
VIII — La quadratrice de Dinostrate 39
IX — La courbe élastique ou lintéaire 44
X — Courbe isochrone paracentrique 50
XI — Courbes de Wallis. Courbe gamma 55

CHAPITRE VIII.

Les spirales.

I — La spirale d'Archimède 59
II — La spirale de Galilée 64
III — La spirale de Fermat 67
IV — La spirale parabolique 69
V — La spirale hyperbolique 72
VI — Le Lituus 74
VII — La spirale logarithmique 76
VIII — La spirale de Poinsot 86
IX — La spirale tractrice 90
X — Tractrice circulaire 93
XI — La cochléoïde 96
XII — La clothoïde 102
XIII — La pseudo-chaînette 108
XIV — La pseudo-tractrice 111

CHAPITRE IX.

Les paraboles et les hyperboles générales. Les spirales correspondantes.

Pag.

I — Les paraboles 115
II — La parabole cubique. La parabole semi-cubique 121
III — Les hyperboles 127
IV — Les spirales paraboliques et hyperboliques 130

CHAPITRE X.

Les courbes cycloïdales.

I — La cycloïde ordinaire 133
II — Les cycloïdes raccourcies et allongées 150
III — Les épicycloïdes et hypocycloïdes 155
IV — L'épicycloïde de Huygens ou nephroïde 170
V — Sur l'hypocycloïde à trois rebroussements 174
VI — Les développantes du cercle 195
VII — Les épicycloïdes et les hypocycloïdes allongées et raccourcies 202
VIII — Les rosaces 211
IX — Les pseudo-cycloïdes 218
X — La roulette de Delaunay 223

CHAPITRE XI.

Sur diverses classes de courbes.

I — Les perles de Sluse 231
II — La courbe de Jean Bernoulli 235
III — Les épis 237
IV — Les noeuds. Les courbes de Descartes 240
V — Les courbes de Lamé 244
VI — Lignes de poursuite 254
VII — Les spirales sinusoïdes 259
VIII — Cassiniennes à n pôles 275
IX — Les courbes de Ribaucour 282
X — Les courbes de Serret 286
XI — Cycliques planes. Courbes de direction 300

CHAPITRE XII.

Sur les cycliques sphériques.

Pag.

I — La courbe de Viviani 311
II — Les courbes cyclo-cylindriques. Les cassiniennes sphériques 320
III — L'hyppopède d'Eudoxe 324
IV — L'ellipse sphérique. Les courbes de W. Roberts 326
V — Les cycliques sphériques 334

CHAPITRE XIII.

Sur quelques courbes sphériques.

I — La spirale de Pappus 343
II — Les clélies 346
III — Les épicycloïdes sphériques 348
IV — La loxodromie 353
V — La chaînette sphérique 359
VI — La courbe du pendule sphérique 367

CHAPITRE XIV.

Sur les hélices. Sur quelques courbes de l'hélicoïde gauche.

I — Les hélices cylindriques. Les lignes de courbure, d'ombre, de perspective etc. de l'hélicoïde gauche 373
II — Sur les hélices coniques. Sur quelques spirales coniques 389
III — Les hélices cylindro-coniques 392
IV — Les hélices sphériques. Les hélices biconiques 401

CHAPITRE XV.

Sur quelques courbes algébriques gauches.

I — Sur l'horoptère 405
II — L'ellipse logarithmique, l'hyperbole logarithmique et la parabole logarithmique 407
III — Sur l'intersection de deux cônes de révolution à axes parallèles 415
IV — Sur les cubiques gauches et les quartiques gauches 418
V — Courbe d'Architas 435
VI — Sur les courbes tétraédrales symétriques 437

CHAPITRE XVI.

Sur diverses classes de courbes gauches.

Pag

I — Les courbes à courbure constante 441
II — Les courbes à torsion constante 445
III — Courbes de Bertrand 447
IV — Sur les lignes géodésiques et les lignes de courbure de l'ellipsoïde 452

CHAPITRE XVII.

La polhodie et l'herpolhodie 467

Additions 477
Table des courbes 481
Table des auteurs mentionnés dans ce volume 485

Errata.

Page	*Ligne*	*Au lieu de:*	*Lisez:*
1	16	uno	une
3	6	maxime	maxima
6	2	Jacques	Jean
6	3	Jean	Jacques et Jean
14	1	*minime*	*minima*
15	11	*tactrices*	*tractrices*
15	28	calculée	obtenue
17	10 et 17	minime, maxime	minima, maxima
18	24, etc.	maxime	maxima
22	20	par	sous
23	22	ordonné	ordonnée
27	13	*Phylosophical*	*Philosophical*
34	17	déduire	indiquer
35	14	appele	appelle
35	26	de celles à laquelle	des lignes auxquelles
38	21 et 22	maxime, minime	maxima, minima
38	23	dans ce deuxième cas	dans ce cas
42	5	*gauche*	*à plan directeur*
45	7	coéfficient	coefficient
46	4	à	sur
48	18	$\sqrt{2a(a+c)} - (a+c)$	$x^2 = \sqrt{2a(a+c)} - (a+c)$
50	1 et 5	maxime, minime	maximum, minimum
63	31	t. II, 1889	t. III, 1889
66	6	si	quand
75	9	*au lituus*	*du lituus*
83	1	à un	à l'un
90	26	correspondant	correspondante
91	26	*logarithmique*	*hyperbolique*
98	2	*maxime ou minime*	*maxima ou minima*
112	21	qu'alors R tend	que R tend alors
123	9	s_2	s_2'
130	22	Carcavi	Carcavy
137	8	OP la	OP de la
141	5	revolution	révolution
151	13 et 19	minime, maxime	minima, maxima
159	22	$\sin\frac{R}{r}\alpha$	$\sin\frac{R}{2r}$
161	1	l'épicycloïde	la courbe (4)

Page	*Ligne*	*Au lieu de:*	*Lisez:*
167	15	X et Y de	X et Y des points de
170	22	*Treatrise*	*Treatise*
194	17	$\sqrt{AX}$, $\sqrt{BY}$, $\sqrt{CZ}$	$\sqrt{\bar{A}X}$, $\sqrt{\bar{B}Y}$, $\sqrt{\bar{C}Z}$
203	9	qui représente	et elle est
211	14	*Treatrise*	*Treatise*
212	3	liges	lignes
213	1	valeurs de	valeurs
214	18	qu'alors le rapport n est	que le rapport n est alors
223	13	conique	conique à centre
225	14	l'équation de la normale	la normale
233	13	prend la plus grand valeur	est maxima
245	14	$b = a\sqrt{-1}$	$b = a_1\sqrt{-1}$
257	2	situés	situées
265	8	*Treatrise*	*Treatise*
279	6	valeurs de	valeurs
280	16	à la classe	à une classe
282	8	ligne	lignes
288	24	$t\zeta$	t, ζ
300	29	cicliques	cycliques
306	2	$2\rho \cos^3 \frac{1}{3} p = -1$	$2\rho \cos^3 \frac{1}{3} \theta = -p$
313	14	situées	situés
313	15	tangentes	tangents
321	25	d'un	d'une
324	13	W. Roberts	Michael Roberts
325	22	$= ab^2$	$= a^2b$
325	23	distances à ces points	distances du point décrivant à ces foyers
338	22	figures	courbes
346	27	égals	égaux
356	19	*cosécants*	*cosécantes*
357	16	cosécants	cosécantes
366	14	qu'alors prennent	que prennent alors
367	1	les équations, rapportées	l'équation, rapportée
383	27	les lignes	les projections sur le plan xy des lignes
385	6	les lignes	les projections sur le plan xy des lignes
401	11	à une	à une telle
402	5	L'épicycloïde sphérique	L'épicycloïde sphérique rectifiable
403	3	épicycloïdes sphériques sont	épicycloïdes sphériques mentionnées sont
412	7	et B	et C
419	21	Le	La
422	34	quatrique	quartique
433	28	et un	et à un
439	31	mentionné	signalée
446	26	des courbes	des courbes algébriques

Supplément à l'errata du tome précédent.

Page	*Ligne*	*Au lieu de :*	*Lisez :*
8	10	publiée	publié
11	7	prop. x	n.° x
11	10	prop. v	n.° vii
21	13	correspondants à ce point, par de la	correspondant à ce point, par la
23	29	coefficients	coefficients angulaires
31	20	*Treatrise*	*Treatise*
41	3	dans les points	aux points
41	7	dans lesquels	pour lesquels
41	21	correspondantes	correspondant
45	28	correspondantes	correspondant
48	23	correspondants	correspondant
51	5	philomatique	philomathique
79	20	ce qui donne	qui donne
83	21	initiée	abordée
83	26	précédents	précédentes
85	19	emploie	emploi
85	23	addressée	adressée
87	11	synonime	synonyme
87	19	procès	procédé
92	1	qu'existent	qu'il existe
96	17	équilatère	équilatéral
116	13	minime	minima
116	22	un valeur maxime ou minime	une valeur maxima ou minima
121	5	correspondantes	correspondant
122	18	maxime et minime	maxima et minima
124	5	suprimez *le texte depuis* donc cette courbe *jusqu'à* plus loin, *et substituez le texte suivant:* donc cette courbe est inverse d'une ligne nommée folium simple, qui sera étudiée plus loin.	
131	19	maxime et minime	maxima et minima
139	21	Clebesch	Clebsch
151	29 et 36	Clebesch	Clebsch
153	7	Euclides	Euclide
154	2	on le va voir	on va le voir
157	6 et 11	maxime et minime	maxima et minima
160	24	maxime	maxima

Page	*Ligne*	*Au lieu de:*	*Lisez:*
172	27	*philomatique*	*philomathique*
206	3	une procédé	un procédé
213	4	Phylosophical	Philosophical
213	11	Ozanan	Ozanam
213	14	qu'en	qui en
213	14	on voit	on le voit
214	7	corrigez *le texte depuis* résulte *jusqu'à* valeurs, et substituez le texte suivant: résulte de la substitution dans l'équation de la droite des valeurs de x et y	
214	12	de substituer..., tangente	de la substitution..., tangente de
215	3	C'est condition..., que	La condition..., est que
216	17	*bisectrice*	*bissectrice*
216	31	à multiples	à des multiples
217	8	C'est condition..., que	La condition..., est que
220	1	correspondantes	correspondant
220	10 et 11	avec le point	à point
222	1	qu'alors prennent	que prennent alors
222	1	cou e	coupe
223	1	contradition	contradiction
223	28	maxime ou minime	maxima ou minima
224	3	maximes ou minimes	maxima ou minima
224	10 et 21	égale	égal
224	14	maxime ou minime	maxima ou minima
226	11	applicables quand les courbes sont	applicables aux courbes
226	29	verifient	vérifient
227	16	correspondants	correspondant
227	20	coïncidentes	coïncidents
231	32	il a exposé	il en a exposé
242	7	le point	les points
242	9	n.° 258	n.° 257
243	29	correspondants	correspondant
247	8	général	générale
252	19	definie	définie
253	7	(n.° 94)	(n.os 94 et 95)
253	13	s'interseptent	se rencontrent
255	12	à deux	en deux
255	31	d'une mode réel	sous forme réelle
255	22	intersepte la quartique à	rencontre la quartique en
258	12	s'interseptent	se rencontrent
262	16	correspondants	correspondant
265	9	Euclides	Euclide
265	15	p. 5	prop. 5
265	18	Archimedes	Archimède
266	6 et 22	Lecciones	Lectiones
269	2	Le besace	La besace
273	25	parceque	parce que
280	15	correspondants	correspondant
285	14	résulte de dériver ses deux membres	résulte de sa différenciation